D1824525

1 MONTH OF
FREE
READING

at
www.ForgottenBooks.com

By purchasing this book you are eligible for one month membership to ForgottenBooks.com, giving you unlimited access to our entire collection of over 1,000,000 titles via our web site and mobile apps.

To claim your free month visit:

www.forgottenbooks.com/free476558

ISBN 978-0-266-39327-6
PIBN 10476558

LEHRBUCH

DER

DIFFERENTIAL- UND INTEGRALRECHNUNG

UND DER

ANFANGSGRÜNDE DER ANALYTISCHEN GEOMETRIE.

LEHRBUCH

DER

DIFFERENTIAL- UND INTEGRALRECHNUNG

UND DER

ANFANGSGRÜNDE DER ANALYTISCHEN GEOMETRIE

MIT BESONDERER BERÜCKSICHTIGUNG

DER BEDÜRFNISSE DER STUDIERENDEN DER
NATURWISSENSCHAFTEN

BEARBEITET VON

DR. H. A. LORENTZ,

PROFESSOR AN DER UNIVERSITÄT LEIDEN.

UNTER MITWIRKUNG DES VERFASSERS

ÜBERSETZT VON

DR. G. C. SCHMIDT,

PROFESSOR AN DER KÖNIGL. FORSTAKADEMIE EBERSWALDE.

MIT 118 FIGUREN.

LEIPZIG,

VERLAG VON JOHANN AMBROSIUS BARTH.

1900.

Druck von Metzger & Wittig in Leipzig.

Vorrede.

Trotzdem heutzutage viele Vorlesungen über Differential-
und Integralrechnung vor Zuhörern gehalten werden, welche
dieses Fach hauptsächlich als Hilfsmittel zum Studium der
Naturwissenschaften benutzen wollen, existiert kaum ein Lehrbuch, welches den Bedürfnissen dieser Art von Studierenden
gerecht wird. Die vorhandenen Werke, wenigstens die holländischen, scheinen mir einerseits zu ausführlich, andererseits
von zu rein mathematischem Inhalt zu sein. Wem es hauptsächlich auf die Anwendungen ankommt, den werden manche
Betrachtungen über die Eigenschaften von krummen Linien
und Oberflächen nur wenig interessieren. Dagegen haben viele
Studierende der Naturwissenschaften wohl das Bedürfnis, zu
verstehen, auf welche Weise viele Probleme der Physik und
Mechanik auf die Grundbegriffe der Differentialrechnung führen
und nur mit Hilfe dieser Begriffe behandelt werden können.
In der Regel finden sie nicht die Zeit, um sich mit den vielen
Methoden, mit deren Hilfe der Wert von Integralen berechnet
werden kann, vertraut zu machen; indes werden sie genügende
Kenntnisse von den Anfangsgründen der Integralrechnung und
einige Übung, um Aufgaben, die auf einfache Integrale führen,
zu lösen, nicht entbehren können. Ebenso werden sie sich in der
Theorie der Differentialgleichungen auf die Behandlung einiger
der einfachsten und wichtigsten Gleichungen beschränken müssen.

Da ich kein Lehrbuch fand, welches nach diesen Grund-
sätzen geschrieben war, beschloß ich, selbst eins zusammen-
zustellen, welches rein mathematische Anwendungen in den
Hintergrund treten ließ, dagegen zur Erläuterung ausgiebig
Gebrauch machte von Beispielen aus der Mechanik und Physik.

Auch in einigen anderen Punkten bin ich von dem ge-
bräuchlichen Lehrgang abgewichen. So habe ich die TAYLOR'-

sche Reihe an der Stelle behandelt, die mir die natürlichste erschien, nämlich nach den Kapiteln über einfache und Doppel-Integrale. Ich glaubte dies ohne Bedenken thun zu können, da ja die in Betracht kommenden Leser sich nicht auf das Studium der Differentialrechnung beschränken können, sondern sich auch mit der Integralrechnung abgeben müssen. Dem Theorem von FOURIER habe ich ein eigenes Kapitel gewidmet, welches, wie ich hoffe, ohne einen vollständigen Beweis zu liefern, ein genügendes Verständnis dieses wichtigen Gegenstandes ermöglichen wird. Während ich dieses, sonst in einem elementaren Colleg nicht behandelte Theorem ziemlich ausführlich besprochen, habe ich dagegen manches, was allgemein vorgetragen wird, nur kurz entwickelt oder sogar ganz weggelassen; u. a. ist die Theorie der komplexen Größen nur soweit behandelt, als es für die Auflösung der linearen Differentialgleichungen nötig erschien.

Da ich nur die Kenntnis der Lehren der sogenannten niederen Mathematik voraussetzte, so habe ich in den ersten Kapiteln eine Einführung in die analytische Geometrie gegeben. Zwar werden wohl die meisten Leser sich noch etwas eingehender mit diesem Gegenstand beschäftigen müssen, aber manchem wird es doch willkommen sein, schon früh mit dem Gebrauch von Koordinaten und von Gleichungen, auch in der Geometrie des Raumes, vertraut zu werden.

Leiden, Mai 1882.

H. A. Lorentz.

Die vorliegende deutsche Bearbeitung dieses Lehrbuches unterscheidet sich von dem holländischen Original hauptsächlich dadurch, dass auf Wunsch von Prof. SCHMIDT ein Kapitel über die goniometrischen Funktionen und deren Anwendungen aufgenommen worden ist, und in dem ersten Kapitel einiges vorkommt, das ich früher als bekannt vorausgesetzt hatte. Auch in den übrigen Teilen des Buches sind sowohl von Prof. SCHMIDT, wie auch von mir, einige Stellen geändert worden.

Leiden, Juni 1900.

H. A. Lorentz.

Inhalt.

Seite

Kapitel   I. Algebraische Funktionen, Exponentialgrößen und Logarithmen   1

„   II. Theorie und Anwendung der goniometrischen Funktionen   36

„   III. Graphische Darstellung von Funktionen   72

„   IV. Analytische Geometrie des Raumes   107

„   V. Grundbegriffe der Differentialrechnung   124

„   VI. Regeln für die Differentiation. Anwendungen . . .   143

„   VII. Differentialquotienten höherer Ordnung   178

„   VIII. Partielle Differentialquotienten   203

„   IX. Grundbegriffe und Grundformeln der Integralrechnung   253

„   X. Doppel- und mehrfache Integrale   304

„   XI. Die Taylor'sche Reihe   342

„   XII. Hilfsmittel für die Integration   366

„   XIII. Die Fourier'sche Reihe   384

„   XIV. Differentialgleichungen   402

Auflösungen der Aufgaben   454

Kapitel I.

Algebraische Funktionen, Exponentialgrößen und Logarithmen.

§ 1. Wenn zwei Größen derart voneinander abhängen, daß zu jedem Wert der einen ein bestimmter Wert der anderen gehört, dann nennt man die eine Größe eine **Funktion** der anderen. So ist z. B. die Schwingungsdauer eines Pendels eine Funktion seiner Länge, die Intensität eines elektrischen Stromes eine Funktion des Widerstandes in der Kette, die Anziehung oder Abstoßung zweier elektrisierter Körper eine Funktion ihrer Entfernung.

Mathematisch wird der Zusammenhang zwischen den beiden Größen, die auch **Variable** oder **Veränderliche** genannt werden, durch eine Gleichung dargestellt, in der außer den beiden Variablen nur konstante Größen vorkommen dürfen. Bezeichnet z. B. x irgend eine variable Größe, und sind a, b, c u. s. w. Konstanten, so ist in jeder der folgenden Gleichungen

$$y = 3x^a + 4, \qquad y = \sqrt[m]{x^2 + p}, \qquad y = b^{cx}$$

y eine Funktion von x.

Ebenso wie in diesen Beispielen werden gewöhnlich die Veränderlichen durch die Endbuchstaben des Alphabets und die Konstanten durch andere Buchstaben bezeichnet.

Hätte man in obigen Gleichungen beliebige Werte für x angenommen, z. B. 1, 2, 3, 10, 100 oder andere, so wären dadurch die entsprechenden Werte von y bestimmt gewesen. Die Größe, deren Wert man beliebig bestimmt, nennt man die **unabhängige**, die andere dagegen die **abhängige** Größe. Wenn die beiden Variablen, wie das gewöhnlich der Fall ist,

x und y heißen, so betrachten wir in der Regel x als die unabhängig und y als die abhängig Veränderliche.

§ 2. Man teilt die Funktionen nach den Operationen, die erforderlich sind, um die abhängig Variable aus der unabhängig Variablen zu berechnen, in algebraische und transcendente. Genügen hierzu die vier Grundoperationen der Arithmetik oder eventuell die Erhebung auf eine Potenz oder die Ausziehung einer Wurzel — vorausgesetzt jedoch, daß der Exponent der Potenz oder der Wurzel eine konstante Zahl ist —, so heisst die Funktion eine algebraische. Diese zerfallen wieder in ganze Funktionen, wenn die unabhängig Variable nicht im Nenner eines Bruches vorkommt, und in gebrochene, wenn dies der Fall ist. Schließlich heißt eine algebraische Funktion rational, wenn die unabhängig Variable nirgendwo unter einem Wurzelzeichen steht, sonst irrational. Die letztere Bezeichnung rührt daher, daß die Wurzelgrößen in den meisten Fällen irrationale Zahlen sind, d. h. kein gemeinsames Maß mit der Einheit haben.

§ 3. Wir wollen zunächst auf die ganzen rationalen algebraischen Funktionen etwas näher eingehen. Dieselben lassen sich alle darstellen als die Summe von Gliedern, von denen ein jedes eine Potenz der unabhängig Variablen x mit ganzem positiven Exponenten enthält, sie haben also die Form:

$$y = p_n x^n + p_{n-1} x^{n-1} + \ldots + p_1 x + p_0, \qquad (1)$$

wo die Koeffizienten p_n, p_{n-1}, $\ldots p_0$ positive oder negative, ganze oder gebrochene konstante Zahlen oder 0 sind. Man nennt einen solchen Ausdruck auch ein Polynom, und zwar ein Polynom n^{ten} Grades, wenn, wie in unserem Beispiel, der höchste Exponent n ist.

Es ist klar, daß man durch Multiplikation von Funktionen niederen Grades miteinander Funktionen höheren Grades bilden kann. Besonders wichtig ist die Frage, zu welchen Funktionen man gelangt, wenn man eine Anzahl gleicher Faktoren ersten Grades, also zweigliedrige Ausdrücke oder Binome, miteinander multipliziert. Wir betrachten daher das Produkt:

$$y = (x + a)(x + a)(x + a) \ldots (x + a) = (x + a)^n,$$

wo also n eine ganze positive Zahl ist. Wir werden beweisen, daß

$$(x+a)^n = x^n + nx^{n-1}a + \frac{n(n-1)}{1.2}x^{n-2}a^2 +$$
$$+ \frac{n(n-1)(n-2)}{1.2.3}x^{n-3}a^3 + \ldots + a^n \qquad (2)$$

ist.

Durch Multiplikation erhält man

$$(x+a)^2 = x^2 + 2xa + a^2,$$
$$(x+a)^3 = x^3 + 3x^2a + 3xa^2 + a^3,$$
$$(x+a)^4 = x^4 + 4x^3a + 6x^2a^2 + 4xa^3 + a^4.$$

Diese letzte Gleichung kann man auch schreiben

$$(x+a)^4 = x^4 + 4x^{4-1}a + \frac{4.3}{1.2}x^{4-2}a^2 + \frac{4.3.2}{1.2.3}x^{4-3}a^3 + a^4.$$

Setzen wir in Gleichung (2) $n = 2, 3$ oder 4, so erhalten wir genau dieselben Ausdrücke, die wir hier eben abgeleitet haben. Gleichung (2) ist also jedenfalls richtig, solange n gleich 2 bez. 3, bez. 4 ist.

Multiplizieren wir jetzt Gleichung (2) mit $x + a$, so ergiebt sich

$$(x+a)^{n+1} = \begin{cases} x^{n+1} + nx^na + \frac{n(n-1)}{1.2}x^{n-1}a^2 + \frac{n(n-1)(n-2)}{1.2.3}x^{n-2}a^3 + \\ \ldots + xa^n \\ + x^na + nx^{n-1}a^2 + \frac{n(n-1)}{1.2}x^{n-2}a^3 + \\ \ldots + nxa^n + a^{n+1} \end{cases}$$

$$= \left\{ x^{n+1} + (n+1)x^na + \left[\frac{n(n-1)+2n}{1.2}\right]x^{n-1}a^2 + \right.$$
$$\left. + \left[\frac{n(n-1)(n-2)+3n(n-1)}{1.2.3}\right]x^{n-2}a^3 + \ldots + (n+1)xa^n + a^{n+1} \right\}.$$

Setzt man hierin $n+1 = m$ und vereinfacht die in den eckigen Klammern stehenden Faktoren, so erhält man

$$(x+a)^m = x^m + mx^{m-1}a + \frac{m(m-1)}{1.2}x^{m-2}a^2 +$$
$$+ \frac{m(m-1)(m-2)}{1.2.3}x^{m-3}a^3 + \ldots + a^m.$$

Dieser Ausdruck stimmt mit (2) der Form nach völlig überein. Wenn Gleichung (2) richtig ist für $n = 4$, so ist sie auch richtig, wie sich soeben ergeben, wenn n um 1 größer wird, wenn n also $= 5$ wird. Wir dürfen also weiter schließen, daß sie auch richtig bleiben wird, wenn wir nochmals mit

$(x + a)$ multiplizieren, oder was dasselbe ist, wenn $n = 0$ ist. So fortfahrend, kommen wir zu dem Resultat, daß Gleichung (2) für jede positive ganze Zahl gültig ist.[1]

Man nennt den eben behandelten Lehrsatz häufig den binomischen Lehrsatz von NEWTON.

§ 4. Da durch Multiplikation von n Faktoren ersten Grades ein Polynom n^{ten} Grades entsteht, so liegt die Frage nahe, ob umgekehrt jedes Polynom von der Form (1) in Faktoren ersten Grades zerlegt werden kann. Schreibt man für (1)

$$\left. \begin{aligned} y &= \left(x^n + \frac{p_{n-1}}{p_n} x^{n-1} + \frac{p_{n-2}}{p_n} x^{n-2} + \ldots + \frac{p_1}{p_n} x + \frac{p_0}{p_n} \right) p_n \\ &= (x^n + q_{n-1} x^{n-1} + q_{n-2} x^{n-2} + \ldots + q_1 x + q_0) p_n \end{aligned} \right\} \quad (3)$$

so ist klar, daß man behufs Beantwortung dieser Frage sich auf den Fall, wo der Koeffizient von x^n gleich 1 ist, beschränken kann, wo also

$$y = x^n + q_{n-1} x^{n-1} + q_{n-2} x^{n-2} + \ldots + q_1 x + q_0 \quad (4)$$

ist. Sei a eine beliebige positive oder negative Zahl. Dividiert man (4) durch $(x + a)$, so erhält man offenbar einen Quotienten Q, der eine Funktion $(n-1)^{\text{sten}}$ Grades ist und einen von x unabhängigen Rest R. Es besteht also die identische Gleichung

$$y = (x + a) Q + R. \quad (5)$$

In (4) oder (5) kann man für x jeden beliebigen Wert setzen, also auch $x = -a$. Da das erste Glied rechts in (5) dann verschwindet, so muß y für $x = -a$ gerade den Wert R annehmen.

Geht die Division durch $x + a$ auf, ist also $R = 0$, dann ist $-a$ eine Wurzel[2] der Gleichung

$$x^n + q_{n-1} x^{n-1} + q_{n-2} x^{n-2} + \ldots + q_1 x + q_0 = 0. \quad (6)$$

---

[1] Wir werden später beim TAYLOR'schen Lehrsatz sehen, daß eine der Gleichung (2) ähnliche Formel unter gewissen Bedingungen für jeden beliebigen Wert von n gültig ist.

[2] Unter einer Wurzel einer Gleichung verstehen wir bekanntlich jede Größe, welche der Gleichung Genüge leistet, d. h. die linke Seite gleich der rechten macht. Da nun, wenn $x = -a$ ist, $y = 0$, also $-a$ die linke Seite von (6) zu Null macht, so ist $-a$ eine Wurzel der Gleichung (6).

Umgekehrt können wir schließen, dass, wenn $-a$ eine Wurzel der Gleichung (6) ist, dann die Funktion (4) den Faktor $(x+a)$ enthält.

Um also die Faktoren des Polynoms (4) zu ermitteln, muß man die Wurzeln der Gleichung (6) suchen. Man könnte zu dem Zweck nacheinander alle Zahlen in die Gleichung (6) für x substituieren, indem man, bei $-\infty$ anfangend, die ganze Zahlenreihe in positiver Richtung durchliefe; fände man dabei eine Zahl α, die der Gleichung genügt, so ist $(x-\alpha)$ ein Faktor der Funktion y. Nachher könnte man auf ähnliche Weise weitere Wurzeln suchen. Zweckmäßiger ist es jedoch, erst y durch $x-\alpha$ zu dividieren und dann den Quotienten $n-1^{\text{sten}}$ Grades, den wir hierdurch erhalten, nämlich das Polynom

$$y' = x^{n-1} + q'_{n-2}\, x^{n-2} + \ldots + q'_0,$$

weiter zu untersuchen. Gerade so wie wir, um einen Faktor von y zu ermitteln, nur eine Wurzel der Gleichung (6) zu suchen hatten, gerade so werden wir einen Faktor von y' gefunden haben, sobald wir eine Wurzel der Gleichung

$$x^{n-1} + q'_{n-2}\, x^{n-2} + \ldots + q'_1 x + q'_0 = 0 \qquad (7)$$

ermittelt haben. Es ist also das Problem auf die Untersuchung einer Gleichung $n-1^{\text{ten}}$ Grades zurückgeführt worden.

Was nun diese neue Gleichung betrifft, so brauchen wir offenbar bei derselben die Werte von x, mit denen wir bei (6) den Versuch vergeblich gemacht haben, nicht mehr zu probieren. Wir fangen jedoch mit dem Werte α selbst an. Zeigt es sich, daß dieser eine Wurzel der Gleichung (7) ist, dann enthält y' den Faktor $x-\alpha$ und es steckt also in der ursprünglichen Funktion y der Faktor $(x-\alpha)^2$.

Erst nachdem der Versuch mit dem Werte α mißlungen ist, probieren wir, ob andere Zahlen der Gleichung (7) genügen. Ist dies mit β der Fall, so ist $x-\beta$ ein zweiter Faktor des gegebenen Polynoms. Indem wir dann y' durch diesen Faktor dividieren, gelangen wir zu einer neuen Funktion und einer derselben entsprechenden Gleichung $n-2^{\text{ten}}$ Grades. Mit dieser verfahren wir nun genau so, wie früher mit (6) und (7), und setzen diese Operationen soweit wie möglich fort. Entweder gelingt es schließlich, n Faktoren ersten Grades zu finden,

unter denen bisweilen zwei, drei oder noch mehr einander
gleich sind — oder man stößt schließlich auf eine Gleichung,
die keine Wurzeln hat; sogar die erste Gleichung (6) hätte
dieser Art sein können.

Daß es wirklich Gleichungen giebt, die keine Wurzeln
haben, dürfte aus der Theorie der quadratischen Gleichungen
bekannt sein. Der Formel

$$x^2 + q_1 x + q_0 = 0$$

entspricht kein einziger Wert von x, sobald

$$q_1{}^2 - 4 q_0 < 0$$

ist.[1]

Bekanntlich sind, wenn diese Ungleichheit nicht besteht,

$$-\tfrac{1}{2} q_1 + \tfrac{1}{2} \sqrt{q_1{}^2 - 4 q_0} \quad \text{und} \quad -\tfrac{1}{2} q_1 - \tfrac{1}{2} \sqrt{q_1{}^2 - 4 q_0}$$

die Wurzeln der quadratischen Gleichung. Auch bei Gleichungen
vom dritten und vierten Grade sind analoge Ausdrücke für
die Wurzeln bekannt. Dieselben enthalten Wurzelausdrücke
3ten und 4ten Grades und sollen hier übergangen werden, weil
sie ziemlich kompliziert und dazu von beschränktem praktischen
Nutzen sind.

§ 5. Um die Wurzeln der Gleichungen höheren Grades zu
finden, bleibt nur das Probieren übrig. Dabei erweist sich
oft folgender Satz als nützlich:

Wenn die Funktion y für zwei Werte von x, etwa für
die Werthe r und s, entgegengesetzte Zeichen annimmt, so
hat die Gleichung

$$y = 0$$

wenigstens eine Wurzel zwischen r und s.

Läßt man nämlich x allmählich von r in s übergehen,
so ändert sich auch der Wert von y ganz allmählich; y kann
aber hierbei das Vorzeichen nicht wechseln, ohne durch den
Wert 0 hindurchzugehen.

Es sei zunächst $r = -\infty$ und $s = +\infty$. Wie man leicht

---

[1] Man sagt in diesem Falle auch, die Gleichung habe zwei imaginäre oder komplexe Wurzeln. Da aber derartige Größen jetzt noch
gar keine Bedeutung für uns haben, so wollen wir lieber sagen, daß
keine Wurzeln existieren.

einsieht,[1] überwiegt für sehr grosse positive oder negative Werte von x das Glied x^n alle anderen Glieder mit niedrigeren Exponenten. Für $x = -\infty$ oder $x = +\infty$ ist also das Vorzeichen von x^n maßgebend für das ganze Polynom; letzteres ist, wenn n eine ungerade Zahl ist, positiv für $x = +\infty$ und negativ für $x = -\infty$. Eine Gleichung ungeraden Grades hat also nach dem Vorhergehenden mindestens eine Wurzel und, wenn sie deren mehrere hat, so ist die gesamte Anzahl jedenfalls ungerade, da das Polynom ja 3 oder 5 oder 7 mal u. s. w. den Wert 0 passieren könnte.[2]

Durch eine ähnliche Überlegung überzeugt man sich, daß die Gleichungen geraden Grades entweder keine einzige oder eine gerade Anzahl von Wurzeln haben.

Für $x = 0$ stimmt das Vorzeichen des Polynoms (4) mit dem von q_0 überein, da alle anderen Glieder wegfallen. Nehmen wir nun an, es sei n ungerade, es existiere also eine Wurzel, und q_0 sei positiv. Für $x = +\infty$ und für $x = 0$ ist dann der Wert des Polynoms positiv, für $x = -\infty$ dagegen negativ. Das Polynom wird offenbar $= 0$ für irgend einen negativen Wert von x. Ist q_0 dagegen negativ, so wird das Polynom $= 0$ für einen positiven Wert von x. Fassen wir diese beiden Ergebnisse zusammen, so lassen sie sich folgendermaßen ausdrücken: Wenn n ungerade ist, dann besteht jedenfalls eine

---

[1] Es sei S die Summe der in dem Polynom (4) auf x^n folgenden Glieder. Man hat dann

$$\frac{S}{x^n} = \frac{q_{n-1}}{x} + \frac{q_{n-2}}{x^2} + \ldots + \frac{q_0}{x^n}.$$

Indem man nun für x einen genügend großen Wert nimmt, kann man offenbar die rechte Seite dieser Gleichung so klein machen, wie man nur will. Man kann also für x immer eine so große positive oder negative Zahl nehmen, daß x^n die Summe S z. B. um das Hundert- oder Tausendfache übertrifft.

[2] Wer es nicht sofort einsehen sollte, daß die Gleichung eine ungerade Anzahl von Wurzeln haben muß, kann sich dies auch folgendermaßen klar machen. Sei z. B. eine Gleichung fünften Grades gegeben. Dieselbe hat nach dem Obigen mindestens eine Wurzel α. Ergiebt sich nun, daß noch eine zweite Wurzel β existiert, so entsteht, wenn man $(x - \alpha)$ und $(x - \beta)$ heraussetzt, eine Gleichung dritten Grades, die wieder mindestens eine Wurzel hat. Es existieren also entweder 1 oder 3 oder 5 Wurzeln.

Wurzel, deren Vorzeichen gerade entgegengesetzt dem von q_0 ist. Wenn n gerade und q_0 positiv ist, so läßt sich, bei geradem n, nichts über die Existenz von Wurzeln aussagen. Wenn dagegen q_0 negativ ist, dann besitzt die Gleichung, wie sich leicht nachweisen läßt, mindestens eine positive und eine negative Wurzel.

Zum Schluß soll noch ein wichtiger Satz erwähnt werden, dessen Beweis wir jedoch übergehen müssen. Gesetzt, man habe alle Wurzeln der Gleichung (6), und also auch alle Faktoren ersten Grades des Polynoms (4) gefunden. Wenn man dann dieses Polynom durch alle diese Faktoren dividiert, so ergiebt sich in den Fällen, wo die Anzahl der Wurzeln kleiner als n ist, ein gewisses Polynom als Quotient, dessen Grad nach dem über die Anzahl der Wurzeln Gesagten immer gerade sein wird. Man hat nun nachweisen können, daß dasselbe sich immer in Faktoren zweiten Grades zerlegen läßt, und daß also das ursprünglich gegebene Polynom sich immer in Faktoren zerlegen läßt, die höchstens vom zweiten Grade sind.

§ 6. Zur Erläuterung der vorstehenden Betrachtungen mögen folgende Beispiele dienen:

Die Gleichung

$$x^3 + 5x^2 - 18x - 72 = 0$$

muß, da das letzte Glied negativ ist, eine positive Wurzel haben. In der That genügt der Wert $x = 4$. Dividiert man das Polynom durch $x - 4$, so wird man auf die quadratische Gleichung

$$x^2 + 9x + 18 = 0$$

geführt, deren Wurzeln -3 und -6 sind. Das Polynom dritten Grades besteht also aus den Faktoren

$$x - 4, \; x + 3 \; \text{und} \; x + 6.$$

Die Gleichung

$$x^3 + 3x^2 + 11x + 18 = 0$$

muß eine negative Wurzel haben. Dieselbe ist -2; eine weitere Zerlegung als in die Faktoren

$$x + 2 \; \text{und} \; x^2 + x + 9$$

ist hier aber nicht möglich.

Die Gleichung vierten Grades

$$x^4 - 10\,x^3 + 17\,x^2 + 52\,x - 60 = 0$$

hat nach den Erörterungen auf S. 8 jedenfalls eine positive und eine negative Wurzel. Thatsächlich genügen ihr die Werte $x = 1$ und $x = -2$. Schafft man die entsprechenden Faktoren fort, so gelangt man zu der Gleichung

$$x^2 - 11\,x + 30 = 0,$$

welche noch die Wurzeln 5 und 6 hat. Die linke Seite der Gleichung vierten Grades läßt sich also in die Faktoren

$$x + 2, \; x - 1, \; x - 5 \; \text{und} \; x - 6$$

zerlegen.

In der Gleichung

$$x^4 - x^3 - x^2 + 6 = 0$$

kann man aus dem Vorzeichen des letzten Gliedes nichts über die Existenz von Wurzeln aussagen, und in der That ist hier nur die Zerlegung in die Faktoren

$$x^2 + 2\,x + 2 \; \text{und} \; x^2 - 3\,x + 3$$

möglich.

§ 7. Wir wollen jetzt zu den gebrochenen Funktionen übergehen, und zwar zu den Brüchen, deren Zähler und Nenner ganze rationale Funktionen der unabhängig Variablen x sind. Einen eventuellen gemeinschaftlichen Faktor des Zählers und Nenners kann man nach einem bekannten Verfahren ermitteln und durch Division wegschaffen. Ist der höchste Exponent im Zähler ebenso groß oder größer als der höchste Exponent im Nenner, dann läßt sich die Division zum Teil ausführen. Wir können uns daher auf solche Brüche

$$\frac{P}{Q} \tag{8}$$

beschränken, bei denen das Polynom P von niedrigerem Grade ist als das Polynom Q.

Wir wollen annehmen, daß der Koeffizient der höchsten, in Q vorkommenden Potenz von x 1 und ihr Exponent n ist, so daß also der Nenner des Bruches die Gestalt

$$Q = x^n + p_{n-1}x^{n-1} + \cdots + p_1 x + p_0$$

besitzt.

Lehrsatz: Läßt sich der Nenner Q in seine Faktoren ersten und zweiten Grades zerlegen, dann kann der Bruch (8) als die Summe einer gewissen Anzahl einfacherer Brüche dargestellt werden. Am einfachsten gelingt dieses, wenn der Nenner n voneinander verschiedene Faktoren ersten Grades

$$x + a, \; x + b, \; \ldots x + k$$

enthält. Man setze in diesem Falle

$$\frac{P}{Q} = \frac{\alpha}{x+a} + \frac{\beta}{x+b} + \ldots + \frac{\varkappa}{x+k}, \tag{9}$$

wo $\alpha, \beta, \ldots \varkappa$ vorläufig unbekannte Konstanten sind. Multipliziert man nun diese Gleichung mit $(x + a)(x + b) \ldots (x + k)$, d. h. mit Q, so erhält man

$$P = \alpha(x + b) \ldots (x + k) + \beta(x + a) \ldots (x + k) + \text{ u. s. w.} \tag{10}$$

Auf der rechten Seite steht hier ein Polynom vom $n - 1^{\text{sten}}$ Grade, auf der linken Seite ein Polynom von gleichem, oder vielleicht von niedrigerem Grade. Gelingt es nun, die unbekannten Konstanten $\alpha, \beta, \ldots \varkappa$ so zu bestimmen, daß in (10) jede Potenz von x rechts und links denselben Koeffizienten hat, so ist die Gleichung (10) und also auch die Gleichung (9) für alle Werte von x erfüllt. Dieses Ziel läßt sich immer erreichen, da die höchste Potenz von x in (10) x^{n-1} ist, und also die Gleichsetzung der beiderseitigen gleichstelligen Koeffizienten zu n Gleichungen führt. Dieselben sind in Bezug auf die n Unbekannten alle vom ersten Grade und lassen sich also nach bekannten Methoden auflösen.

Ist z. B. der Bruch

$$\frac{2x^2 + 20x + 12}{(x - 2)(x + 1)(x + 3)}$$

gegeben und setzt man für die „Partialbrüche"

$$\frac{\alpha}{x - 2}, \qquad \frac{\beta}{x + 1}, \qquad \frac{\gamma}{x + 3},$$

so nimmt die Gleichung (10) folgende Gestalt an:

$$2x^2 + 20x + 12 = \alpha(x + 1)(x + 3) + \beta(x - 2)(x + 3) + \\ + \gamma(x - 2)(x + 1) \tag{11}$$

oder

$$2x^2 + 20x + 12 = (\alpha + \beta + \gamma)x^2 + (4\alpha + \beta - \gamma)x + \\ + 3\alpha - 6\beta - 2\gamma.$$

Durch Gleichsetzung der gleichstelligen Koeffizienten ergiebt sich

$$\alpha + \beta + \gamma = 2, \quad 4\alpha + \beta - \gamma = 20, \quad 3\alpha - 6\beta - 2\gamma = 12,$$

und hieraus schließlich

$$\alpha = 4, \quad \beta = 1, \quad \gamma = -3.$$

Etwas anders gestaltet sich die Zerlegung, wenn der Nenner Q zwar noch aus Faktoren ersten Grades besteht, aber einige dieser Faktoren untereinander gleich sind. Während dann, gerade wie oben, zu jedem nur einmal vorkommenden Faktor $x + a$ ein Partialbruch

$$\frac{\alpha}{x + a}$$

gehört, entsprechen einem p mal vorkommenden Faktor $x + b$, also einem Faktor $(x + b)^p$, eine Reihe von p Brüchen von der Gestalt

$$\frac{\beta_p}{(x + b)^p}, \quad \frac{\beta_{p-1}}{(x + b)^{p-1}}, \quad \ldots \quad \frac{\beta_1}{x + b},$$

wo die Zähler β sämtlich Konstanten sind. Wenn man die Gleichung, welche ausdrückt, daß $\frac{P}{Q}$ der Summe der nach diesen Regeln gewählten Partialbrüchen gleich ist, mit Q multipliziert und sodann die Koeffizienten rechts und links einander gleich setzt, so wird man immer gerade die zur Bestimmung der unbekannten Konstanten erforderliche Zahl von Gleichungen, und zwar von Gleichungen ersten Grades erhalten. Als Beispiel diene der Bruch

$$\frac{1}{(x - 1)(x + 1)^2}.$$

Schreibt man

$$\frac{1}{(x - 1)(x + 1)^2} = \frac{\alpha}{x - 1} + \frac{\beta_2}{(x + 1)^2} + \frac{\beta_1}{x + 1},$$

so wird man auf die Gleichung

$$1 = \alpha(x + 1)^2 + \beta_2(x - 1) + \beta_1(x - 1)(x + 1),$$

und also auf

$$\alpha + \beta_1 = 0, \quad 2\alpha + \beta_2 = 0, \quad \alpha - \beta_2 - \beta_1 = 1$$

geführt. Die Auflösung ist

$$\alpha = \tfrac{1}{4}, \quad \beta_2 = -\tfrac{1}{2}, \quad \beta_1 = -\tfrac{1}{4}.$$

Die soeben auseinandergesetzte Methode läßt sich, mit
einer kleinen Änderung, auch dann noch anwenden, wenn der
Nenner des gegebenen Bruches sich nicht ausschließlich in
Faktoren vom ersten Grade zerlegen läßt. Wie wir sahen
(S. 8), ist immer eine Zerlegung in Faktoren zweiten Grades,
oder ersten und zweiten Grades, möglich. Wir wollen annehmen, daß diese Zerlegung ausgeführt sei und gleich den
allgemeinsten Fall betrachten.

Die in Q auftretenden Faktoren können offenbar folgende
Gestalt haben:

$$x + a, \quad (x + b)^p, \quad x^2 + cx + d, \quad (x^2 + ex + f)^q.$$

Bei der Zerlegung entsprechen den beiden zuerst genannten
Größen die bereits angegebenen Partialbrüche. Zu einem
Faktor $x^2 + cx + d$ dagegen gehört ein Partialbruch

$$\frac{\gamma x + \delta}{x^2 + cx + d}$$

und zu einem Faktor $(x^2 + ex + f)^q$ die Reihe von Brüchen

$$\frac{\varepsilon_q x + \eta_q}{(x^2 + ex + f)^q}, \quad \frac{\varepsilon_{q-1} x + \eta_{q-1}}{(x^2 + ex + f)^{q-1}}, \quad \cdots \cdots \quad \frac{\varepsilon_1 x + \eta_1}{x^2 + ex + f}.$$

Es sind hier alle mit γ, δ, ε, η bezeichneten Größen Konstanten, deren Bestimmung immer nach dem angegebenen Ver-
fahren möglich ist.

Am besten wird man dieses Verfahren durch die Behandlung einer Aufgabe verstehen.

Es soll die Funktion

$$\frac{6x^2 - 25x + 89}{x^3 - 7x^2 + 32x - 60}$$

in Partialbrüche zerlegt werden.

Auflösung. Die Faktoren des Nenners sind $x - 3$ und
$x^2 - 4x + 20$.

Deshalb setzen wir

$$\frac{6x^2 - 25x + 89}{x^3 - 7x^2 + 32x - 60} = \frac{\alpha}{x - 3} + \frac{\gamma x + \delta}{x^2 - 4x + 20},$$

also

$$6x^2 - 25x + 89 = \alpha x^2 - 4\alpha x + 20\alpha + \gamma x^2 - 3\gamma x + \delta x - 3\delta.$$

Durch Gleichsetzung der gleichstelligen Koeffizienten erhält man hieraus

$$\alpha + \gamma = 6,$$
$$-4\alpha - 3\gamma + \delta = -25,$$
$$20\alpha - 3\delta = 89,$$

also
$$\alpha = 4, \ \gamma = 2, \ \delta = -3.$$

Setzt man diese Werte oben ein, so ergiebt sich

$$\frac{6x^2 - 25x + 89}{x^3 - 7x^2 + 32x - 60} = \frac{4}{x - 3} + \frac{2x - 3}{x^2 - 4x + 20}.$$

Es möge noch bemerkt werden, daß in dem Falle, wo alle Faktoren des Nenners vom ersten Grade und voneinander verschieden sind, die Konstanten $\alpha, \beta, \ldots \varkappa$ in der Gleichung (10) mittels eines einfachen Kunstgriffes bestimmt werden können. Da nämlich die Gleichung für alle Werte von x gelten soll, so kann man auch $x = -a$ setzen. Man erhält dann sofort den Wert von α. Setzt man z. B. in (11) $x = 2$, so ergiebt sich $60 = 15\alpha$, also $\alpha = 4$.

§ 8. Mit ein paar Worten müssen wir noch auf die Brüche, deren Zähler und Nenner einen gemeinschaftlichen Faktor enthalten, eingehen. Gegeben sei z. B.

$$y = \frac{x^2 - x - 2}{x^2 + x - 6}. \tag{12}$$

Da hier sowohl im Zähler als auch im Nenner der Faktor $x - 2$ steckt, so verschwinden beide für $x = 2$, und es nimmt also für diesen Wert y die unbestimmte Gestalt $\frac{0}{0}$ an. Man kann also nicht sagen, daß die Funktion (12) für $x = 2$ irgend einen bestimmten Wert habe.

Wir wollen uns nun aber vorstellen, daß x sich dem Werte 2 allmählich nähere, ohne denselben völlig zu erreichen, und die Änderungen betrachten, die y dabei erleidet. Offenbar läßt sich statt (12) schreiben

$$y = \frac{x + 1}{x + 3}, \tag{13}$$

ein Resultat, welches man erhält, wenn man Zähler und Nenner durch $x - 2$ dividiert.

Wenn x sich dem Wert 2 nähert, so rückt y immer näher an den Wert $\frac{3}{5}$ heran, den man aus (13) durch direkte Substitution findet, und zwar kann man die Differenz zwischen y und $\frac{3}{5}$ so klein machen, wie man will, wenn nur x nahe genug bei 2 liegt. Man drückt dieses so aus, daß man sagt, es nähere sich die Funktion y für $x = 2$, dem Grenzwerte $\frac{3}{5}$.

Wenn bei fortwährender Annäherung von x an einen Wert p eine von x abhängige Größe y ebenfalls immer näher an einen Wert q heranrückt, und durch geeignete Wahl von x beliebig nahe an diesen Wert herangebracht werden kann, so sagt man, es nähere sich y dem Grenzwerte q, was man kurz ausdrückt durch die Formel

$$\text{Lim } y = q, \text{ für } x = p.[1]$$

Die obigen Worte „beliebig nahe" sind so zu verstehen, daß, wenn ε eine beliebig gewählte kleine Zahl ist, der absolute Wert der Differenz $y - q$ noch kleiner als ε werden kann.

§ 9. Unter irrationalen Funktionen verstehen wir, wie bereits erwähnt wurde, die Wurzelgrößen. Die numerischen Werte derselben lassen sich im allgemeinen weder durch eine ganze Zahl, noch durch einen Bruch, dessen Zähler und Nenner ganze Zahlen sind, also auch nicht durch einen endlichen oder periodischen Dezimalbruch darstellen. Das bekannte Verfahren der Wurzelausziehung liefert eine ins Unendliche fortlaufende Reihe von Ziffern. Wenn man nun sagt, es habe $\sqrt{2}$ den Wert $1{,}414\ldots$, so ist damit eigentlich gemeint, daß, wenn man nur Ziffern genug berechnet, man eine Zahl erhält, deren Quadrat so wenig von 2 verschieden ist, wie man nur wünscht.

Wir können das auch so ausdrücken: Wenn $a_n =$ der Zahl $1{,}414\ldots$ bis auf n Stellen ist, so ist $\text{Lim } a_n{}^2 = 2$, für $n = \infty$.

Ist der Exponent eine gerade Zahl und steht unter dem Wurzelzeichen eine negative Zahl, so besteht bekanntlich die Wurzel nicht;[2] befindet sich dagegen eine positive Zahl unter dem Wurzelzeichen, so erhält man bei geradem Exponent für die Wurzel zwei Werte, beispielsweise ist $\sqrt{9} = + 3$ und $- 3$.

---

[1] „Lim" ist eine Abkürzung von „Limes" (Grenze).

[2] Wir schließen nämlich, wie schon im § 4, imaginäre und komplexe Größen von der Betrachtung aus.

Wegen dieser Eigenschaft nennt man $\sqrt{x}$ eine **zweiwertige** Funktion von x, während im Gegensatz hierzu Funktionen wie die vorher betrachteten **einwertige** heißen.

Auch Ausdrücke wie $(3 - 2\sqrt{x})^2$ sind zweiwertige Funktionen.

In vielen Fällen schließt man den einen Wert aus, indem man z. B. festsetzt, es solle unter $\sqrt{x}$ immer der positive Wert verstanden werden.

§ 10. Wir gehen jetzt zu den **transcendenten** Funktionen über und beginnen mit den **exponentiellen**. So nennt man die Funktionen, bei denen die unabhängige Variable im Exponenten einer Potenz auftritt, wie z. B. a^x, a^{px^2}, $a^{\sqrt{x}}$. Die Grundzahl a ist hierbei eine Konstante.

Es möge daran erinnert werden, daß in der Funktion a^x, wenn a positiv ist, x jeden positiven oder negativen Wert haben kann. Setzt man für x einen Bruch $\frac{p}{q}$ (p und q ganze positive Zahlen), so versteht man bekanntlich unter a^x den Wert $\sqrt[q]{a^p}$, welche Größe man immer bis auf eine beliebige Zahl von Dezimalen berechnen kann. Ist aber x eine irrationale Zahl, etwa $\sqrt{2} = 1{,}414\ldots$, so ist a^x der Grenzwert, dem sich die Größen

$$a^{1{,}4} = \sqrt[10]{a^{14}}, \quad a^{1{,}41} = \sqrt[100]{a^{141}}, \quad a^{1{,}414} = \sqrt[1000]{a^{1414}}, \text{ u. s. w.}$$

nähern.

Ist x negativ, etwa gleich $-m$, so versteht man unter a^x die Größe $\frac{1}{a^m}$. Ist $x = 0$, so ist $a^0 = 1$.

Wie in der Algebra gezeigt wird, folgen aus diesen Definitionen die Beziehungen

$$a^x \times a^y = a^{x+y}, \qquad \frac{a^x}{a^y} = a^{x-y},$$

$$(a^x)^m = a^{mx}, \qquad \sqrt[m]{a^x} = a^{\frac{x}{m}}.$$

Läßt man, wenn $a > +1$ ist, in a^x den Exponenten von 0 ab fortwährend zunehmen, so wird a^x größer und kann dabei jeden beliebig gegebenen Wert übersteigen. Wenn a erheblich

größer als 1 ist, z. B. für $a = 2$, leuchtet dieses sofort ein.
Daß der Satz aber auch noch gilt, wenn a nur sehr wenig
größer als 1 ist, zeigt folgende Überlegung. Man kann immer
$a = 1 + \varepsilon$ setzen, wo ε eine, wenn auch kleine, positive Zahl
ist. Der Wert von a^x oder $(1 + \varepsilon)^x$ läßt sich dann, wenn x eine
positive ganze Zahl ist, nach dem binomischen Lehrsatz (§ 3)
entwickeln. Alle sich dabei ergebenden Glieder sind positiv,
und man erhält also einen zu kleinen Wert, wenn man die
Entwicklung auf die beiden ersten Glieder beschränkt. Also

$$(1 + \varepsilon)^x > 1 + x\varepsilon.$$

Soll nun a^x einen Wert p übersteigen, so hat man nur

$$x > \frac{p}{\varepsilon}$$

zu wählen, was möglich ist, wie klein ε und wie groß p auch
gewählt sein mögen.

Der bewiesene Satz läßt sich durch die Gleichung

$$a^\infty = \infty \text{ für } a > 1$$

ausdrücken. Aus derselben folgt weiter, daß, wenn x immer
größere negative Werte annimmt, a^x sich der Grenze 0 nähert.
Setzt man nämlich $x = -x'$, so ist

$$a^x = \frac{1}{a^{x'}}.$$

Bei fortwährendem Zunehmen von x', welche Größe jetzt
positiv ist, steigt $a^{x'}$ ins Unendliche; der Bruch $\frac{1}{a^{x'}}$ kann
also unter jede beliebig kleine Zahl sinken.

Die Untersuchung des Falles, wo $a < 1$ (aber immer noch
positiv) ist, läßt sich auf das oben Gefundene zurückführen.
Setzt man nämlich $a = \frac{1}{a'}$, so ist $a' > 1$ und

$$a^x = a'^{-x}.$$

Man ersieht hieraus, daß jetzt für $x = +\infty$

$$\operatorname{Lim} a^x = 0$$

ist, während für $x = -\infty$ die Funktion a^x positiv unendlich wird.

Unter den exponentiellen Funktionen spielen vor allem diejenigen eine wichtige Rolle, bei denen die Zahl 2,718...., die von NAPIER zur Grundzahl seines Logarithmensystems gewählt wurde, potenziert wird. Wie man gerade zu dieser Zahl gekommen ist, das möge das folgende Beispiel erläutern.

§ 11. Ein Kapital von a Mark wird gegen p Prozent auf Zinseszins angelegt. Wird, wie das gewöhnlich geschieht, die Rente am Ende jedes Jahres zum Kapital geschlagen, dann ist das Kapital am Ende des ersten Jahres auf $a\left(1+\frac{p}{100}\right)$, am Ende des zweiten Jahres auf $a\left(1+\frac{p}{100}\right)^2$, nach x Jahren (x eine ganze Zahl) auf

$$a\left(1+\frac{p}{100}\right)^x.$$

gewachsen. Da das Kapital jeden Augenblick Zinsen trägt, so könnte man sich auch fragen, wie hoch sich das Kapital belaufen würde, wenn die Zinsen nicht erst nach Jahresfrist, sondern jedeşmal nach Ablauf eines Augenblickes kapitalisiert werden. Offenbar wird in diesem Fall das Kapital nach x Jahren größer sein als in der vorigen Aufgabe, und ist also der soeben gefundene Wert nicht mehr richtig.

Ein besseres Resultat wird sich schon ergeben, wenn die Zinsen nach jedem halben Jahr zum Kapital geschlagen werden, damit sie mit demselben weiter verzinst werden. Dann ist das Kapital nach dem ersten halben Jahr $a\left(1+\frac{p}{200}\right)$, nach dem zweiten halben Jahr $a\left(1+\frac{p}{200}\right)^2$ und nach x Jahren

$$a\left(1+\frac{p}{200}\right)^{2x}. \tag{14}$$

Noch genauer muß das Resultat werden, wenn man an Stelle von einem halben Jahre noch kleinere Zeitintervalle der Rechnung zu Grunde legt. Teilt man die ganze Zeit, während der das Kapital auf Zinsen liegt, also die x Jahre, wo jetzt x jede willkürliche positive Zahl bedeuten kann, in kleine Teile, von denen ein jeder δ Jahr betragen möge (δ ein kleiner Bruch), und fügt jedesmal am Ende eines solchen Zeitınter-

valls die Zinsen zu dem Kapital, dann ist entsprechend (14)
der Wert des Kapitals nach x Jahren

$$a\left(1 + \frac{p\,\delta}{100}\right)^{\frac{x}{\delta}}.\qquad\qquad(15)$$

Offenbar wird das Resultat unserer Aufgabe, daß alle
Zinsen, wie klein dieselben auch sein mögen, unmittelbar nachdem sie fällig sind, dem Kapital zugeführt werden, um so besser
entsprechen, einen je kleineren Wert man für δ setzt.

Der wirkliche Wert des Kapitals nach x Jahren kann
daher als der Grenzwert angesehen werden, dem sich der Ausdruck (15) nähert, wenn darin a, p und x als Konstanten und
δ als eine fortwährend abnehmende Größe aufgefaßt werden.

Um diesen Grenzwert zu berechnen, setzen wird $\frac{p\,\delta}{100} = \varepsilon$,
und führen diesen Wert in (15) ein:

$$a\left(1 + \frac{p\,\delta}{100}\right)^{\frac{x}{\delta}} = a\,(1 + \varepsilon)^{\frac{p\,x}{100\,\varepsilon}} = a\left[(1 + \varepsilon)^{\frac{1}{\varepsilon}}\right]^{\frac{p\,x}{100}}.$$

Nähert sich δ dem Werte Null, dann ist dasselbe mit ε der
Fall. Der gesuchte Wert des Kapitals ist also

$$A = \mathrm{Lim}\left\{a\left[(1 + \varepsilon)^{\frac{1}{\varepsilon}}\right]^{\frac{p\,x}{100}}\right\},\ \text{für Lim }\varepsilon = 0.$$

Da p, x und a ihren Wert unverändert beibehalten, wenn
ε kleiner wird, so braucht man offenbar nur den Ausdruck
$\mathrm{Lim}\left[(1 + \varepsilon)^{\frac{1}{\varepsilon}}\right]$ zu berechnen, um den Wert von A zu finden.
Weil dieser Grenzwert in vielen ähnlichen Aufgaben eine große
Rolle spielt, so hat man dafür ein besonderes Symbol, nämlich e, eingeführt. Es ist also

$$e = \mathrm{Lim}\left[(1 + \varepsilon)^{\frac{1}{\varepsilon}}\right],\ \text{für Lim }\varepsilon = 0$$

und daher

$$A = a\,e^{\frac{p\,x}{100}}.$$

Daß $(1 + \varepsilon)^{\frac{1}{\varepsilon}}$ sich einem bestimmten Grenzwert nähert,
wenn ε abnimmt, läßt sich streng beweisen. Hier möge es
genügen, dies durch Einsetzen einiger Zahlen für ε nachzu-

weisen. Führt man für ε die in der ersten Zeile stehenden Werte ein, so erhält man für $(1 + \varepsilon)^{\frac{1}{\varepsilon}}$ die in der zweiten Zeile verzeichneten Werte:

$$\varepsilon = 1; \quad 0,1 \quad ; \quad 0,01 \quad ; \quad 0,001; \quad 0,0001.$$

$$(1 + \varepsilon)^{\frac{1}{\varepsilon}} = 2; \quad 2,594; \quad 2,705; \quad 2,717; \quad 2,718.$$

Die Zahlen zeigen deutlich, daß der Ausdruck $(1 + \varepsilon)^{\frac{1}{\varepsilon}}$ sich einem bestimmten Grenzwert nähert, wenn ε abnimmt. e ist eine irrationale Zahl, ihr Wert ist bis auf 7 Dezimalen genau 2,7182818.

§ 12. Eine zweite Aufgabe, die ebenfalls zu der Zahl e führt, entnehmen wir der Physik.

Gegeben sei eine für das Licht nicht völlig durchlässige Platte mit parallelen Flächen. Läßt man senkrecht auf die eine Fläche ein Bündel paralleler Lichtstrahlen von gleicher Farbe auffallen, dann ist die Intensität des aus der gegenüberliegenden Fläche austretenden Lichtes geringer als die des auffallenden. Beobachtungen haben nun gelehrt, daß die Intensitäten der beiden Lichtbündel stets bei ein und demselben Körper in einem konstanten Verhältnis zu einander stehen. Ist also I die Intensität des einfallenden Lichtes, so ist pI die des austretenden, wenn p ein echter Bruch bedeutet, der von der Dicke u. s. w. des Körpers abhängig, aber unabhängig von I ist. Stellt man hinter die erste eine in jeder Beziehung gleiche zweite Platte parallel mit der ersten auf, dann wird in dieser das Licht in genau der gleichen Weise wie in der ersten absorbiert. Um die Intensität des durch die zweite hindurchgegangenen Lichtes zu erhalten, wird man daher die Intensität des auffallenden Lichtes mit dem Bruch p multiplizieren müssen; da auf diese Platte ein Lichtbündel fällt, dessen Intensität bereits auf pI geschwächt ist, so ist die Intensität des durch beide Platten hindurchgegangenen Lichtes p^2I. In analoger Weise schließen wir, daß die Intensität des durch drei gleichartige Platten hindurchgegangenen Lichtes p^3I und durch n gleichartige Platten p^nI ist.

Nicht alle Platten absorbieren hierbei gleichviel Licht. Zieht man nämlich für jede Platte die Intensität des aus-

tretenden Lichtbündels von der des einfallenden ab, so erhält
man für die absorbierte[1] Lichtmenge nacheinander

$$(1 - p)\,I, \qquad p(1 - p)\,I, \qquad p^2(1 - p)\,I \text{ u. s. w.,} \qquad (16)$$

also Beträge, die allmählich kleiner werden. Dies rührt daher,
daß zwar von dem auffallenden Licht stets der gleiche Bruchteil absorbiert wird, aber auf die hinteren Platten weniger
Licht fällt, als auf die vorderen.

Das durch die Formeln (16) angedeutete Gesetz gilt natürlich auch dann, wenn die verschiedenen Platten sich unmittelbar berühren oder wenn sie eine einzige Platte von der n-fachen
Dicke bilden. Bei Platten von verschiedener Dicke ist die
Absorption daher nicht proportional der Dicke.

Für sehr dünne Platten gilt jedoch angenähert die Pro-
portionalität zwischen Dicke und Absorption. Denn der Grund,
weswegen die Platten weniger absorbieren in dem Maße, als
sie weiter in der Reihe stehen, ist, wie eben erwähnt, der, daß
das Licht, welches auf die zweite Platte fällt, bereits durch
die erste geschwächt ist. Diese Schwächung durch die vordere
Platte ist aber um so geringer, je dünner dieselbe ist. Sind
nun eine Anzahl von sehr dünnen, gleichartigen Platten auf-
einandergeschichtet, dann können wir annehmen, daß jede
einzelne das Licht angenähert proportional ihrer Dicke absorbiert. Der Fehler, den wir hierdurch begehen, ist um so
kleiner, je geringer die Dicke einer jeden ist.

Fällt nun ein Lichtbündel von der Intensität I auf eine
Platte, deren Dicke sehr gering, etwa $= \delta$, ist, so ist die absorbierte Lichtmenge angenähert proportional I und δ, also
$= a I \delta$, wo a unabhängig von I und δ ist und nur von der
Substanz der Platte abhängt. a bedeutet die Lichtmenge,
welche eine Platte von der Dicke 1 bei der Lichtstärke $I = 1$
absorbieren würde, wenn man die vorhin besprochene Pro-
portionalität auch auf Platten von der Dicke 1 ausdehnen
dürfte.

§ 13. Nach diesen Auseinandersetzungen wollen wir eine
Aufgabe lösen.

---

[1] Wir sehen hierbei von der Reflexion des Lichtes an den Grenzflächen der Platten ab.

Ein Körper, der aus derselben Substanz, wie die im vorigen Paragraphen besprochenen Platten besteht, ist auf der einen Seite von einer ebenen Fläche begrenzt, auf die senkrecht ein Lichtbündel von der Intensität I fällt. Wie groß ist die Intensität in irgend einem innerhalb des Körpers gelegenen Punkte P, dessen Abstand von der Grenzfläche x ist?

Wir teilen den Abstand x in eine sehr große Anzahl gleicher Teile δ und denken uns durch die Teilpunkte ebene Flächen, parallel mit der Grenzfläche gelegt. Hierdurch entstehen $\frac{x}{\delta}$ Schichten, durch die das Licht gehen muß, bevor es P erreicht. Die Absorption in der ersten Schicht ist $aI\delta$, die Intensität des hindurchgegangenen Lichtes also $I(1 - a\delta)$, die Absorption in der zweiten $I(1 - a\delta)a\delta$, die Intensität des durch die zweite Schicht hindurchgegangenen Lichtes also $I(1 - a\delta) - I(1 - a\delta)a\delta = I(1 - a\delta)^2$. Setzen wir diese Überlegung in analoger Weise fort, so ergiebt sich für die Intensität in Punkt P der Wert

$$I(1 - a\delta)^{\frac{x}{\delta}}.$$

Das Resultat ist offenbar um so genauer, je größer die Anzahl der Teilpunkte von x oder, was dasselbe ist, je kleiner δ ist. Der wirkliche Wert der Lichtstärke in P ist daher

$$i = \mathrm{Lim}\left[I(1 - a\delta)^{\frac{x}{\delta}}\right] = I \cdot \mathrm{Lim}\left[(1 - a\delta)^{\frac{x}{\delta}}\right], \text{ für } \mathrm{Lim}\, \delta = 0. \quad (17)$$

Diese Ausdrücke sind denen des § 11 ähnlich; während dort eine Zahl, die nur wenig größer war als 1, potenziert wurde, geschieht hier dasselbe mit einer nur wenig unter 1 liegenden Zahl. In beiden Fällen sind die Exponenten sehr groß. Da $a\delta$ sehr klein ist, so ist $- a\delta$ nur sehr wenig kleiner als 1. Für eine derartige Zahl läßt sich immer setzen:

$$1 - a\delta = \frac{1}{1 + \varepsilon},$$

wo dann die Größe ε gleichzeitig mit δ sich 0 nähert. Aus dieser Gleichung folgt

$$a\delta = \frac{\varepsilon}{1 + \varepsilon}, \qquad \frac{1}{\delta} = a + \frac{a}{\varepsilon}.$$

Substituiert man diese Größen in (17), so ergiebt sich

$$i = I . \operatorname{Lim} \left[(1 + \varepsilon)^{- a x - \frac{a x}{\varepsilon}} \right] \quad \text{für} \quad \operatorname{Lim} \varepsilon = 0 . \qquad (18)$$

Die Größe in der eckigen Klammer läßt sich in die Faktoren

$$(1 + \varepsilon)^{- a x} \quad \text{und} \quad (1 + \varepsilon)^{- \frac{a x}{\varepsilon}}$$

zerlegen, deren erster offenbar den Grenzwert 1 hat. Da weiter

$$(1 + \varepsilon)^{- \frac{a x}{\varepsilon}} = \left[(1 + \varepsilon)^{\frac{1}{\varepsilon}} \right]^{- a x},$$

so ist (vergl. § 11)

$$\operatorname{Lim} (1 + \varepsilon)^{- \frac{a x}{\varepsilon}} = \operatorname{Lim} \left[(1 + \varepsilon)^{\frac{1}{\varepsilon}} \right]^{- a x} = e^{- a x},$$

also die Intensität in P

$$i = I e^{- a x}.$$

§ 14. Bei den beiden Aufgaben der §§ 11 und 13 sind die unabhängig Variablen die Zeit bez. der Abstand von der Grenzfläche, die abhängig Variablen der Wert des Kapitals bez. die Lichtintensität. Zu jedem Wert der unabhängig Veränderlichen gehört ein bestimmter Wert der abhängig Variablen; nimmt die Zeit zu, so wächst das Kapital, wird der Abstand größer, so wird die Lichtintensität geringer. Trotz dieser Verschiedenheit haben beide Fälle etwas miteinander gemeinsam. Die Lichtintensität nämlich ändert sich durch die Absorption, wenn wir von einem Punkt zu einem sehr nahegelegenen übergehen, proportional der Intensität im ersten Punkt; und ebenso wächst das eine beliebige Zeit, z. B. x Jahre, auf Zinsen gelegte Kapital nachher während einer sehr kleinen Zeit um einen Betrag, der proportional dem Wert des Kapitals nach den x Jahren ist.

In allen Fällen, bei denen, wie hier, der zu einem bestimmten Wert der unabhängig Variablen (x) gehörige Wert der abhängig Variablen (y) proportional diesem Wert von y sich ändert, wenn x um einen sehr kleinen Betrag größer wird, können wir die Aufgabe genau in der gleichen Weise wie in den §§ 11 und 13 lösen. Ist für $x = 0$, $y = a$, so erhalten wir in diesen Fällen stets Formeln analog mit den früheren, nämlich

$$y = a e^{px} \quad \text{oder bez.} \quad y = a e^{-px},$$

wo p eine Konstante bedeutet.

Zum Schluß möge noch darauf aufmerksam gemacht werden, daß diese Funktionen sehr schnell zu- bez. abnehmen, wenn die unabhängig Variable wächst. Führt man für x mäßige Werte ein, so ist e^x schon sehr groß und e^{-x} sehr klein. Beides gilt in erhöhtem Maße von e^{px} bez. e^{-px}, wenn $p > 1$ ist.

§ 15. Wenn die beiden Größen x und y derart voneinander abhängen, daß zu jedem Wert von x ein bestimmter Wert von y gehört, dann kann man im allgemeinen auch umgekehrt den jedem beliebigen Wert von y entsprechenden Wert von x berechnen. Mit anderen Worten, wenn y eine Funktion von x ist, dann kann man auch y als die unabhängig Variable und x als eine Funktion von y ansehen. Nimmt man diese Umkehrung mit einer algebraischen Funktion vor, so erhält man, wenn die Auflösung nach x möglich ist, wieder eine algebraische Funktion.

Die Umkehrung der exponentiellen Funktionen führt uns zu einer neuen Art von Funktionen, nämlich zu den logarithmischen.

Die Logarithmen sind bekanntlich Exponenten einer Basis, deren Potenzen die zugehörigen Zahlen bilden, d. h. wenn $d^x = y$ ist, so nennt man x den Logarithmus von y für die Basis d, was man durch die Formel

$$x = \log_d y$$

ausdrückt. Oft läßt man den Index, der hier dazu dient, um die Basis anzugeben, fort und schreibt einfach

$$x = \log y.$$

Sind a und b zwei Exponenten und ist

$$d^a = A \quad \text{und} \quad d^b = B,$$

so leiten sich aus diesen Gleichungen die folgenden ab:

$$d^{a+b} = AB, \quad d^{a-b} = \frac{A}{B}, \quad d^{ac} = A^c, \quad d^{\frac{a}{c}} = \sqrt[c]{A},$$

oder logarithmisch geschrieben:

$$\log_d AB = a + b, \quad \log_d \frac{A}{B} = a - b, \quad \log_d A^c = ac, \quad \log_d \sqrt[c]{A} = \frac{a}{c}.$$

Diese Gleichungen drücken die bekannten und für jede Basis gültigen Sätze über den Logarithmus eines Produktes, eines Quotienten, einer Potenz oder einer Wurzel aus.

Wählt man zur Basis die Zahl 10, so gelangt man zu den gewöhnlich bei Rechnungen benutzten Brigg'schen Logarithmen. Wird dagegen als Basis die § 11 eingeführte Zahl e genommen, dann ergeben sich die sogenannten natürlichen Logarithmen. Dieselben werden mit log nat oder mit dem einfachen Buchstaben l bezeichnet.

Der Übergang von einem Logarithmensystem zum anderen ist einfach. Will man beispielsweise von den natürlichen zu anderen Logarithmen, deren Basis d ist, gelangen, so hat man (die Symbole haben dieselbe Bedeutung wie oben):

$$d^a = A,$$

hieraus folgt

$$a = \log_d A \quad \text{und} \quad a\, l d = l A,$$

also

$$\log_d A = \frac{l A}{l d}. \tag{19}$$

Ferner sei

$$e^b = A.$$

Hieraus ergiebt sich

$$b = l A \quad \text{und} \quad b \log_d e = \log_d A,$$

also

$$l A = \frac{\log_d A}{\log_d e}. \tag{20}$$

Will man von natürlichen zu den Briggs'schen oder umgekehrt von den Briggs'schen zu den natürlichen übergehen, so braucht man nur

$$l\, 10 = 2{,}3025851 \quad \text{und} \quad \log e = 0{,}4342945$$

in (19) und (20) einzusetzen, um sofort das Resultat zu erhalten. Übrigens enthalten die meisten Logarithmentafeln eine Tabelle, mit deren Hilfe die Umrechnung sich leicht ausführen läßt.

§ 16. Die bis jetzt besprochenen Funktionen lassen sich in mannigfacher Weise zu neuen verwickelteren Funktionen kombinieren, z. B.:

$$y = \frac{e^x - e^{-x}}{e^x + e^{-x}}, \quad y = x^m \, lx, \quad y = l\left(1 + \sqrt{x}\right).$$

In allen diesen und den vorher behandelten Fällen nennt man y eine **entwickelte** Funktion von x, da die Beziehung zwischen x und y in einer für y entwickelten Gleichung gegeben ist. Ist dagegen die x und y enthaltende Gleichung nicht für y aufgelöst, so ist y eine **unentwickelte** Funktion von x, beispielsweise ist in $y\,x^2 + 6\,x + 8\,y^2 x^2 = 0$, y eine unentwickelte algebraische Funktion von x. Hier könnte man freilich die Gleichung nach y auflösen. Häufig ist das aber unmöglich, und läßt sich also y, obgleich als unentwickelte Funktion gegeben, nicht in Form einer entwickelten Funktion darstellen; ja es giebt sogar Fälle, bei denen man, trotzdem man zu jedem Wert der einen Variablen den zugehörigen Wert der anderen kennt, die genaue Beziehung zwischen beiden nicht in der Gestalt einer Gleichung ausdrücken kann. So hat man beispielsweise für eine große Reihe von Temperaturen die zugehörigen Dampfdrucke des gesättigten Wasserdampfes gemessen, und aus diesen Werten kann man durch Interpolation auch für zwischenliegende Temperaturen mit genügender Genauigkeit die Dampfdrucke berechnen. Trotzdem man also zu jedem Wert der einen Variablen den zugehörigen Wert der anderen kennt, ist es noch nicht gelungen, eine Gleichung zwischen Temperatur und Dampfdruck aufzufinden. Dennoch ist der Dampfdruck als eine bekannte Funktion der Temperatur anzusehen.

Will man andeuten, daß y eine Funktion von x ist, deren Form unbekannt ist oder vorläufig unbestimmt bleiben soll, so schreibt man

$$y = F(x), \quad y = f(x), \quad y = \varphi(x)$$

oder einen ähnlichen Ausdruck. Die verschiedenen Funktionszeichen $F(x)$, $f(x)$, $\varphi(x)$ bedeuten im allgemeinen mathematische Ausdrücke verschiedener Art, oder, was dasselbe ist, y hängt in $F(x)$ in anderer Weise von x ab als in $f(x)$. Bedeutet

ξ eine konstante oder veränderliche Zahl, so bedeutet $F(\xi)$
den Wert, den man für y erhält, wenn man in $F(x)$ für x die
Größe ξ setzt. Ist z. B. $F(x) = x^p e^{qx}$, so ist $F(\xi) = \xi^p e^{q\xi}$.

§ 17. Wie bereits bemerkt, läßt sich der Zusammenhang
zwischen zwei Größen durch numerische Tabellen darstellen.

Dieselben werden gewöhnlich so eingerichtet, daß man für
die unabhängig Variable nacheinander Zahlen einführt, welche
stets um gleiche Beträge größer werden, die dazu gehörigen
Werte der abhängig Variablen berechnet und beide Größen
in verschiedene Rubriken einträgt. Wir wollen einige von
diesen aufeinanderfolgenden Werten der unabhängig Variablen mit

$$x_1, \quad x_2, \quad x_3, \quad x_4, \ldots$$

bezeichnen. Für die Differenzen: $x_2 - x_1,\ x_3 - x_2,\ x_4 - x_3 \ldots$,
welche untereinander gleich groß sind, führen wir das Symbol
$\varDelta x$ ein.[1]

Es seien weiter

$$y_1, \quad y_2, \quad y_3, \quad y_4, \ldots \tag{21}$$

die entsprechenden Werte der Funktion y, wofür wir nach
§ 16 auch

$$F(x_1), \quad F(x_2), \quad F(x_3), \quad F(x_4), \ldots \tag{22}$$

schreiben können.

Zwischen den Werten $y_1, y_2, y_3, y_4 \ldots$ besteht natürlich
ein gewisser Zusammenhang, sie bilden, wie man zu sagen
pflegt, eine Reihe oder Progression, welche je nach der
Natur der ursprünglichen Funktion sehr verschiedener Art
sein kann.

Ist z. B. die Gleichung $y = a + bx$ gegeben, dann ist $y_2 - y_1$
$= b\varDelta x,\ y_3 - y_2 = b\varDelta x,\ y_4 - y_3 = b\varDelta x$ u. s. w. Die Differenz zwischen
zwei aufeinanderfolgenden Werten von y ist also konstant.
Man nennt in diesem Falle (21) eine arithmetische Reihe.
Nennen wir die konstante Differenz $\varDelta y$, so ergiebt sich für das
n^{te} Glied

$$y_n = y_1 + (n - 1)\,\varDelta y.$$

---

[1] Der Buchstabe $\varDelta$ bedeutet keinen Faktor, mit dem man x multiplizieren muß. Das Zeichen $\varDelta$ steht statt der Worte „Zuwachs von".

Ist dagegen

$$F(x) = e^{p\,x}$$

(p konstant), so ist

$$y_1 = e^{p\,x_1}, \quad y_2 = e^{p\,x_2} = e^{p(x_1 + \varDelta x)}, \quad y_3 = e^{p\,x_3} = e^{p(x_2 + \varDelta x)}, \quad \text{u. s. w.}$$

Jedes Glied der Reihe (21) ergiebt sich also jetzt aus dem Vorhergehenden durch Multiplikation mit $e^{p\varDelta x}$. Eine derartige Reihe, bei der zwischen zwei aufeinander folgenden Gliedern immer dasselbe Verhältnis besteht, heißt eine geometrische. Ist das erste Glied a und das genannte Verhältnis r, so sind die folgenden Glieder ar, ar^2 u. s. w. Das n^{te} Glied ist in diesem Falle ar^{n-1}.

Für $r > 1$ oder < -1 wachsen beim Forschreiten in der Reihe die absoluten Werte der Glieder ins Unendliche. Liegt dagegen r zwischen -1 und $+1$, ist also r ein positiver oder negativer echter Bruch, so nähern sich die Glieder dem Grenzwert 0.

§ 18. Es lassen sich immer, welcher Art die Funktion $F(x)$ auch sein mag, die Differenzen $y_2 - y_1, y_3 - y_2, y_4 - y_3 \ldots$ bilden. Diese Größen, die wir mit $\varDelta y_1, \varDelta y_2, \varDelta y_3 \ldots$ bezeichnen wollen, sind im allgemeinen voneinander verschieden; sie werden aber, ebenso wie die Zahlen (21) selbst, eine gewisse Gesetzmäßigkeit aufweisen, und also wieder eine „Reihe" bilden. Auch hier können wir die Differenzen je zweier aufeinanderfolgender Glieder, d. h. $\varDelta y_2 - \varDelta y_1, \varDelta y_3 - \varDelta y_2$ u. s. w., berechnen. Man nennt diese die Differenzen zweiter Ordnung der ursprünglichen Reihe und bezeichnet sie demgemäß mit dem Zeichen $\varDelta^2$. Um sie voneinander zu unterscheiden, nennen wir die erste $\varDelta^2 y_1$, die zweite $\varDelta^2 y_2$ u. s. w.

In dieser Weise kann man fortfahren und successive die Differenzen dritter, vierter Ordnung u. s. w. berechnen, was in dem folgenden Schema angedeutet ist:

$$y_1, \qquad y_2, \qquad y_3, \qquad y_4, \qquad y_5 \ .$$
$$\varDelta y_1, \qquad \varDelta y_2, \qquad \varDelta y_3, \qquad \varDelta y_4 \ldots,$$
$$\varDelta^2 y_1, \qquad \varDelta^2 y_2, \qquad \varDelta^2 y_3 \ldots,$$
$$\varDelta^3 y_1, \qquad \varDelta^3 y_2 \ldots,$$
$$\text{u. s. w.}$$

Es ist nun eine interessante Frage, wie sich die Zahlen $y_2, y_3, y_4 \ldots$ wieder aus der ersten Zahl y_1, der ersten der mit Δ bezeichneten Differenzen, also Δy_1, der ersten Differenz zweiter Ordnung $\Delta^2 y_1$ u. s. w. aufbauen lassen. Die Antwort ergiebt sich in einfacher Weise, wenn man in Betracht zieht, daß die Größen Δy_2, Δy_3, $\Delta y_4 \ldots$ in derselben Beziehung zu Δy_1, $\Delta^2 y_1$, $\Delta^3 y_1 \ldots$ stehen, wie y_2, y_3, $y_4 \ldots$ zu y_1, Δy_1, $\Delta^2 y_1 \ldots$

Zunächst ist

$$y_2 = y_1 + \Delta y_1 \quad \text{und} \quad \Delta y_2 = \Delta y_1 + \Delta^2 y_1.$$

Durch Addition dieser Werte findet man

$$y_3 = y_1 + 2\,\Delta y_1 + \Delta^2 y_1.$$

Ebenso ist

$$\Delta y_3 = \Delta y_1 + 2\,\Delta^2 y_1 + \Delta^3 y_1.$$

Da nun $y_4 = y_3 + \Delta y_3$ ist, so folgt aus den beiden letzten Formeln

$$y_4 = y_1 + 3\,\Delta y_1 + 3\,\Delta^2 y_1 + \Delta^3 y_1.$$

Um y_5 zu erhalten, hat man zu diesem Ausdrucke wieder

$$\Delta y_4 = \Delta y_1 + 3\,\Delta^2 y_1 + 3\,\Delta^3 y_1 + \Delta^4 y_1$$

zu addieren.

Während in dem für y_3 gefundenen Ausdrucke Binomialkoeffizienten zweiten Grades auftreten, erscheinen in y_4 und y_5 die Binomialkoeffizienten dritten und vierten Grades (vergl. § 3). Wir dürfen also erwarten, daß in y_n (d. h. in dem n^{ten} Gliede unserer Reihe) die Binomialkoeffizienten des $n-1^{\text{ten}}$ Grades vorkommen werden. Eine nähere Betrachtung der Bildungsweise der Koeffizienten bestätigt dieses, und es ist somit

$$\left. \begin{aligned} y_n = y_1 &+ \frac{n-1}{1}\,\Delta y_1 + \frac{(n-1)(n-2)}{1 \cdot 2}\,\Delta^2 y_1 + \\ &+ \frac{(n-1)(n-2)(n-3)}{1 \cdot 2 \cdot 3}\,\Delta^3 y_1 + \ldots \end{aligned} \right\} \quad (23)$$

Das letzte Glied, das man niederzuschreiben hat, ist offenbar $\Delta^{n-1} y_1$, weil ja bei dem angewandten Additionsverfahren die weiteren Differenzen $\Delta^n y_1$, $\Delta^{n+1} y_1$ u. s. w. keinen Einfluß auf y_n haben können.

§ 19. In einigen Fällen bricht die rechte Seite der Gleichung (23) schon früher ab. Ebenso nämlich wie bei einer gewöhnlichen arithmetischen Reihe die Differenzen erster Ordnung untereinander gleich sind, so kann es auch vorkommen, daß die Differenzen zweiter Ordnung gleiche Werte haben, oder daß dieses mit den Differenzen dritter Ordnung der Fall ist. Für den ersten Fall liefert z. B. die Reihe

$$0, \quad 2, \quad 6, \quad 12, \quad 20 \tag{24}$$

und für den zweiten Fall

$$1, \quad 8, \quad 27, \quad 64, \quad 125 \tag{25}$$

ein Beispiel.

Im allgemeinen nennt man die Progression (21) eine arithmetische Reihe k^{ter} Ordnung, wenn die mit $\varDelta^k$ bezeichneten Differenzen gleich werden. Natürlich sind dann alle noch höheren Differenzen null, und, sobald $n > k$ ist, wird die rechte Seite von (23) bei dem Gliede mit $\varDelta^k y$ abbrechen.

Es ist übrigens leicht, sich Beispiele für derartige Reihen zu verschaffen. Will man eine Reihe k^{ter} Ordnung bilden, so kann man die $k + 1$ ersten Glieder nach Belieben wählen. Aus denselben findet man die Differenzen $\varDelta y_1, \varDelta^2 y_1, \ldots \varDelta^k y_1$ und aus diesen mittels der Formel (23) die weiteren Glieder der Reihe. Setzt man in dieser Formel $n = 1, 2 \ldots k + 1$, so bekommt man natürlich die angenommenen Zahlen y_1, $y_2, \ldots y_{k+1}$ wieder zurück.

§ 20. Sehr bemerkenswert ist folgender Satz: Wenn $F(x)$ eine ganze rationale Funktion k^{ten} Grades ist, so ist die aus derselben abgeleitete Reihe (22) eine arithmetische Reihe k^{ter} Ordnung.

Um dieses zu beweisen, wollen wir der Differenz $\varDelta x$ ein für allemal einen bestimmten Wert beilegen und die Differenz

$$F(x + \varDelta x) - F(x)$$

betrachten.

Dieselbe hängt von x ab, ist also eine Funktion von x, und die Differenzen $\varDelta y_1, \varDelta y_2, \varDelta y_3$ u. s. w. sind eben die Werte dieser Funktion für die Werte $x_1, x_2, x_3 \ldots$ der unabhängig Variablen.

Ist nun

$$F(x) = a x^k + b x^{k-1} + \ldots + p,$$

so ergiebt sich

$$F(x + \Delta x) - F(x) = a\{(x + \Delta x)^k - x^k\} \atop {} + b\{(x + \Delta x)^{k-1} - x^{k-1}\} + \ldots \quad \bigg\} \quad (26)$$

Hier lassen sich die Potenzen von $x + \Delta x$ nach dem binomischen Lehrsatz (§ 3) entwickeln, wobei sich die Glieder mit x^k wegheben. Die Funktion (26) ist also ein Polynom $(k-1)^{\text{ten}}$ Grades, d. h.:

Wenn $y_1, y_2, y_3 \ldots$ die successiven Werte einer Funktion k^{ten} Grades sind, so sind $\Delta y_1, \Delta y_2, \Delta y_3 \ldots$ die successiven Werte einer Funktion $(k-1)^{\text{ten}}$ Grades. Ebenso sind $\Delta^2 y_1$, $\Delta^2 y_2, \Delta^2 y_3 \ldots$ die Werte einer Funktion $(k-2)^{\text{ten}}$ Grades. Schließen wir in dieser Weise weiter, so ergiebt sich, daß $\Delta^{k-1} y_1, \Delta^{k-1} y_2, \Delta^{k-1} y_3 \ldots$ die den Werten $x_1, x_1 + \Delta x$, $x_1 + 2\Delta x \ldots$ entsprechenden Werte einer Funktion ersten Grades sind. Dann haben also die Differenzen $\Delta^k y_1, \Delta^k y_2$, $\Delta^k y_3 \ldots$ denselben Wert, was wir beweisen sollten.

Es geht aus diesem Satze hervor, daß z. B. die k^{ten} Potenzen der natürlichen Zahlen $1, 2, 3 \ldots$ eine arithmetische Progression k^{ter} Ordnung bilden. Die oben als Beispiele angeführten Reihen (24) und (25) werden erhalten, wenn man für $x_1, x_2, x_3 \ldots$ die Werte $1, 2, 3 \ldots$ wählt, und das eine Mal $F(x) = x^2 - x$, das andere Mal $F(x) = x^3$ setzt.

Wir bemerken noch, daß auch die Formel (23) mit dem eben bewiesenen Satze in Einklang steht. Es steht nämlich in dieser Formel auf der rechten Seite, wenn sie ohne unser Zutbun, wegen des Verschwindens der Differenzen höherer Ordnung, bei dem Gliede mit $\Delta^k x$ abbricht, ein Polynom, das in Bezug auf n vom k^{ten} Grade ist, und es müssen sich daher die Glieder einer Reihe k^{ter} Ordnung ergeben, wenn man für n eine Reihe äquidistanter Werte einsetzt. In der That ergeben die Substitutionen $n = 1, 2, 3 \ldots$ die Reihe $y_1, y_2, y_3 \ldots$

Wir werden nun aber auch eine Reihe derselben Art erhalten, wenn wir für n die Zahlen $0, \dfrac{1}{q}, \dfrac{2}{q}, \dfrac{3}{q}$ u. s. w., wo q irgend eine positive ganze Zahl ist, substituieren. Die so entstehende Reihe unterscheidet sich von (21) dadurch, daß zwischen je zwei aufeinanderfolgende Glieder der letzteren

$q - 1$ neue Glieder eingeschaltet, oder, wie man sagt, inter-poliert sind.

§ 21. Gegeben sei eine arithmetische Reihe erster Ord-nung. Man soll die Summe der n ersten Glieder derselben bestimmen. Die arithmetische Reihe hat nach dem Vorher-gehenden die Gestalt:

$$a, \quad a + d, \quad a + 2d, \quad a + 3d \ldots, \quad u - 2d, \quad u - d, \quad u,$$

wo u das n^{te} Glied bedeutet. u ist $= a + (n - 1)d$.

Die Summe ist also

$$S = a + a + d + a + 2d + \ldots + u - 2d + u - d + u$$

oder wenn wir sie in umgekehrter Reihenfolge schreiben

$$S = u + u - d + u - 2d + \ldots + a + 2d + a + d + a.$$

Durch Addition dieser beiden Gleichungen findet man

$$2S = n(a + u), \quad \text{also} \quad S = \frac{n}{2}(a + u).$$

Setzt man für u seinen Wert ein, so ergiebt sich

$$S = \frac{n}{2}\{2a + (n - 1)d\}.$$

Soll die Summe S aller Glieder der geometrischen Reihe

$$a, \quad ar, \quad ar^2, \quad ar^3, \quad \ldots \quad ar^{n-1}$$

ermittelt werden, dann multipliziert man

$$S = a + ar + ar^2 + ar^3 + \ldots ar^{n-1}$$

mit r, wodurch sich ergiebt

$$rS = ar + ar^2 + ar^3 + ar^4 + \ldots + ar^n.$$

Durch Subtraktion der zweiten Gleichung von der ersten erhält man

$$S - rS = a - ar^n,$$
$$S(1 - r) = a(1 - r^n),$$
$$S = a\frac{1 - r^n}{1 - r}.$$

Auch für eine arithmetische Reihe höherer Ordnung läßt sich eine Summenformel aufstellen. Wir gewinnen dieselbe, indem wir aus der gegebenen Reihe

$$y_1, \quad y_2, \quad y_3, \quad y_4 \ldots \tag{27}$$

eine neue Reihe mit den Gliedern

$$s_0 = 0, \quad s_1 = y_1, \quad s_2 = y_1 + y_2, \quad s_3 = y_1 + y_2 + y_3 \quad \text{u. s. w.} \quad (28)$$

bilden, deren $(n + 1)^{\text{tes}}$ Glied s_n offenbar eben die Summe der n ersten Glieder von (27) ist.

Von dieser neuen Reihe berechnen wir nun, gerade so, wie wir es im § 18 mit der Reihe (21) machten, die Differenzen erster, zweiter, dritter Ordnung u. s. w. Die Differenzen in der Reihe (28) sind $y_1, y_2, y_3, y_4 \ldots$, und es stimmen folglich die weiteren Differenzen mit den in § 18 angegebenen überein, nur daß jetzt z. B. $\varDelta^2 y_1$, $\varDelta^2 y_2$ u. s. w. die Differenzen dritter Ordnung sind. Der Wert von s_n kann also in derselben Weise wie früher der von y_n berechnet werden; wir haben nur in der Formel (23)

$$y_1, \quad \varDelta y_1, \quad \varDelta^2 y_1 \ldots \quad \text{und} \quad n$$

durch

$$0, \quad y_1, \quad \varDelta y_1 \ldots \quad \text{und} \quad n + 1$$

zu ersetzen. Es ergiebt sich dann

$$s_n = \frac{n}{1} y_1 + \frac{n(n-1)}{1 \cdot 2} \varDelta y_1 + \frac{n(n-1)(n-2)}{1 \cdot 2 \cdot 3} \varDelta^2 y_1 + \ldots \quad (29)$$

Bilden die gegebenen Zahlen eine arithmetische Reihe k^{ter} Ordnung, so bricht (wenn $n > k$ ist), die Summenformel bei dem Gliede mit $\varDelta^k y_1$ ab.

Als Beispiel möge die Reihe dienen, welche aus den zweiten Potenzen der Zahlen $1, 2, 3 \ldots$ besteht. Hier ist $\varDelta y_1 = 3$, $\varDelta^2 y_1 = 2$, und also nach einiger Umformung

$$s_n = \tfrac{1}{6} n(n+1)(2n+1).$$

Ebenso wird man für die Summe der n ersten Glieder der Reihe

$$1^3, \quad 2^3, \quad 3^3 \ldots$$

den Wert

$$\tfrac{1}{4} n^2 (n+1)^2$$

finden.

§ 22. Es liegt oft der Fall vor, daß man von einer abhängigen Variablen y nur die Werte kennt, welche bestimmten vereinzelten Werten der unabhängigen Variablen x entsprechen, und daß man dennoch y auch für dazwischen liegende Werte von x zu ermitteln wünscht. Man versucht in diesem Falle

die gegebenen, etwa durch Beobachtung gewonnenen Werte
der Funktion durch eine Gleichung zwischen x und y auszudrücken; nachdem dieses vollkommen oder mit einer gewissen
Annäherung gelungen ist, substituiert man in diese Gleichung
die Werte von x, für welche man die Werte von y zu berechnen wünscht.

Oft genügt es, nur einige von den gegebenen Funktions-
werten in Betracht zu ziehen und y als eine ganze rationale
Funktion von x aufzufassen. Am einfachsten liegen die Verhältnisse, wenn, falls den Werten x_1 und x_2 der unabhängig
Variablen die gegebenen Werte y_1 und y_2 entsprechen, y als
eine Funktion ersten Grades dargestellt werden kann.
Setzt man

$$y = a + bx, \tag{30}$$

so ergeben sich die Konstanten a und b aus den Bedingungsgleichungen

$$y_1 = a + bx_1, \qquad y_2 = a + bx_2,$$

so daß

$$y = y_1 + \frac{y_2 - y_1}{x_2 - x_1}(x - x_1) \tag{31}$$

wird.

Man erhält übrigens diese Formel sofort, wenn man darauf
achtet, daß bei einer Funktion ersten Grades zwischen den
gleichzeitigen Änderungen von x und y ein konstantes Verhält-
nis besteht, und daß also, wenn x sich nur um einen gewissen
Bruchteil der ganzen Änderung $x_2 - x_1$ ändert, y, von dem
Werte y_1 ab gerechnet, eben denselben Bruchteil des ganzen
Zuwachses $y_2 - y_1$ erfährt. Hierauf beruht das gewöhnliche
Interpolationsverfahren, welches z. B. bei dem Gebrauch der
Logarithmentafeln immer in Anwendung kommt.

Genauer ist es in den meisten Fällen, wenn man von
drei aufeinanderfolgenden Werten, y_1, y_2, y_3, Gebrauch macht
und eine Gleichung zweiten Grades anwendet, z. B.

$$y = a + bx + cx^2.$$

Die sonst ziemlich mühsame Berechnung der Konstanten
a, b, c vereinfacht sich erheblich, wenn die Differenzen $x_2 - x_1$
und $x_3 - x_2$ gleich sind; in diesem Falle läßt sich die Inter-

polation auf die Formeln der vorhergehenden Paragraphen zurückführen. Setzt man nämlich

$$n = 1 + \frac{x - x_1}{x_2 - x_1},$$

so kann man y auch als eine Funktion von n betrachten. Da nun den Werten x_1, x_2, x_3 die Werte $n = 1, 2, 3$ entsprechen, so muß für $n = 1, 2, 3$, $y = y_1, y_2, y_3$ werden. Man betrachte nun y_1, y_2, y_3 als die ersten Glieder einer arithmetischen Reihe zweiter Ordnung und bilde die Differenzen $\Delta y_1 = y_2 - y_1$ und $\Delta^2 y_1 = (y_3 - y_2) - (y_2 - y_1)$. Die aus (23) abzuleitende Formel

$$y = y_1 + (n - 1) \Delta y_1 + \tfrac{1}{2} (n - 1)(n - 2) \Delta^2 y_1 \qquad (32)$$

liefert uns dann die gesuchte Darstellung der Funktion.

Zur Erläuterung möge folgendes Beispiel dienen. Gesetzt, es sei y der BRIGGS'sche Logarithmus von x und man kenne für die Zahlen

$$x_1 = 1210; \quad x_2 = 1220 \quad \text{und} \quad x_3 = 1230$$

die Logarithmen

$$y_1 = 3{,}0827854; \quad y_2 = 3{,}0863598 \quad \text{und} \quad y_3 = 3{,}0899051.$$

Für den Logarithmus von 1217 würde dann die einfache Interpolationsformel (31) den Werth 3,0852875 ergeben. Will man die Formel (32) anwenden, so ist in derselben

$$\Delta y_1 = 0{,}0035744, \quad \Delta^2 y_1 = -\,0{,}00000291, \quad n = 1{,}7$$

zu setzen. Man gelangt dadurch zu dem Werte 3,0852906. Dieser Wert ist wirklich bis auf 7 Stellen genau.

§ 23. Oft hängt der Wert einer Variablen nicht nur von einer einzigen anderen, sondern von zwei oder noch mehr ab. So ist das Volum einer Gasmasse eine Funktion von Druck und Temperatur, die Schwingungsdauer eines Pendels eine Funktion seiner Länge und der Intensität der Schwerkraft. In dergleichen Fällen haben wir es mit Funktionen von zwei oder mehr unabhängig Variablen zu thun. Auch hier kann die abhängig Variable eine entwickelte oder unentwickelte Funktion der unabhängig Variablen sein, und es kann infolgedessen alles in § 16 Auseinandergesetzte direkt auf diese Funktionen übertragen werden. Will oder kann man nicht die genaue Beziehung zwischen den abhängig und unabhängig Variablen angeben, so schreibt man entsprechend § 16:

$$z = F(x, y), \quad z = f(x, y), \quad v = \psi(x, y, z) \text{ u. s. w.}$$

Die Reihenfolge, in der man x, y, $z \ldots$ schreibt, ist nicht gleichgültig. Eine Änderung in der Reihenfolge bedeutet nämlich einen Tausch der unabhängig Variablen untereinander. Ist z. B.

$$F(x, y) = x^2 y, \text{ so ist } F(y, x) = y^2 x.$$

Aufgaben.

1. Die Gleichung

$$x^n + p_{n-1} x^{n-1} + \ldots + p_1 x + p_0 = 0 \qquad (1)$$

besitze die n Wurzeln

$$\alpha_1, \quad \alpha_2 \ldots \alpha_n.$$

Zu beweisen, daß

$$p_{n-1} = -(\alpha_1 + \alpha_2 + \ldots + \alpha_n)$$

und

$$p_0 = \alpha_1 \alpha_2 \ldots \alpha_n$$

ist.

2. Wenn die Größe x mit einer anderen y durch die Formel

$$x = F(y)$$

zusammenhängt, so liefert die Substitution dieses Wertes in (1) eine neue Gleichung mit y, derart, daß jeder Wurzel dieser letzten Gleichung einer Wurzel von (1) entspricht.

Man leite aus (1) eine Gleichung ab, deren Wurzeln das c-fache der Wurzeln von (1) sind.

3. Aus der Gleichung

$$x^3 + 2 x^2 - 13 x + 10 = 0$$

eine andere Gleichung abzuleiten, deren Wurzeln um a größer sind, als die Wurzeln der gegebenen Gleichung, und die Zahl a so zu bestimmen, daß in der neuen Gleichung das Glied mit dem Quadrat der Unbekannten fehlt.

4. Die Brüche

$$\frac{4x+11}{(x-4)(x+2)(x+5)}, \quad \frac{x^2+x+1}{(x+1)^3}, \quad \frac{x^2+6}{(x^2+x+1)(x^2-x+1)}$$

in Partialbrüche zu zerlegen.

5. Die Summe

$$1^4 + 2^4 + 3^4 + \ldots + n^4$$

zu berechnen.

Kapitel II.

Theorie und Anwendung der goniometrischen Funktionen.

§ 24. Um zu der Definition der verschiedenen goniometrischen Funktionen zu gelangen, wollen wir von dem Begriff der Richtung einer geraden Linie ausgehen. Bekanntlich kann man längs einer Geraden in zwei Richtungen fortschreiten, z. B. auf einer Horizontalen von links nach rechts, oder umgekehrt. Wir wollen nun bei jeder Geraden nur die eine dieser Richtungen berücksichtigen und die andere gänzlich beiseite lassen.

Vorläufig beschränken wir uns auf Richtungen, die alle in ein und derselben Ebene liegen. Wir stellen diese dar durch gerade, aus einem festen Punkt O in der Ebene gezogene Linien und vergleichen sie mit der Richtung einer festliegenden Linie oder „Achse" OX (Fig. 1). Die Reihenfolge der Buchstaben OX deutet darauf hin, daß wir nur die Richtung von O nach X unserer Betrachtung zu Grunde legen. Eine jede Richtung, z. B. OL, ist dann durch den Sinn und die Größe einer von OX nach OL gehenden Drehung bestimmt, oder, wie man zu sagen pflegt, durch das algebraische Zeichen und die Größe des Winkels zwischen OL und OX. Wir setzen

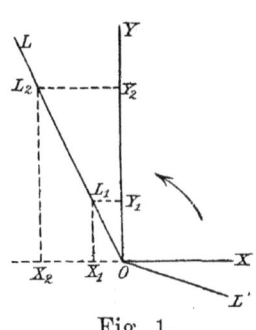

Fig. 1.

voraus, daß die positive Drehungsrichtung diejenige ist, die in Figg. 1 und 2 durch die Pfeile angedeutet ist. Es bildet also in Fig. 1 OL einen positiven stumpfen Winkel mit OX, OL' einen Winkel zwischen $+270^0$ und $+360^0$. Da man eine Drehung nach beiden Richtungen beliebig weit fortsetzen kann, so können die positiven oder negativen Winkel auch beliebig groß sein.

Während nun jeder Winkel eine einzige Richtung OL bestimmt, kann man nicht umgekehrt sagen, daß eine gegebene Richtung nur einen einzigen bestimmten Winkel mit OX bildet. In Fig. 1 bildet OL mit OX auch einen Winkel zwischen -180^0 und -270^0; ebenso kann man von einem negativen spitzen Winkel zwischen OL' und OX reden. Ist der Winkel zwischen OX und OL (Fig. 2) $+30^0$, so gelangt man auch ebensogut von der ersten nach der zweiten Richtung durch Drehungen um $+390^0$, $+750^0$, -330^0 oder -690^0. Wenn einer der Winkel a heißt, so sind offenbar alle übrigen in dem Ausdruck $a + n \times 360^0$ enthalten, wo n, wie das auch in der Folge der Fall sein soll, eine positive oder negative ganze Zahl bedeutet. Wir werden in einigen Fällen durch geeignete Voraussetzungen diese Unbestimmtheit beseitigen; vorläufig halten wir aber an obiger Auffassung fest.

Selbstverständlich kommt es, wenn von dem Winkel zwischen OL und OX die Rede ist, gar nicht auf die Lage von OL, sondern nur auf die Richtung an. Jede parallel zu OL gezogene Gerade bildet mit OX denselben Winkel wie OL selbst.

Wie alle algebraische Größen können auch Winkel durch Addition und Subtraktion miteinander verbunden werden, und es lassen sich diese Operationen in einfacher Weise geometrisch deuten. Wenn man z. B., von OX ausgehend, durch eine positive oder negative Drehung a nach der Richtung L gelangt und von dieser durch eine neue Drehung b von beliebigem Vorzeichen nach der Richtung M, so bildet letztere mit OX den Winkel $a + b$. Man überzeuge sich davon, daß dieses für alle Kombinationen der Vorzeichen von a und b zutrifft, und daß die drei in Betracht kommenden Geraden sich nicht in einem Punkte zu schneiden brauchen.

§ 25. Eine Strecke AB von bestimmter Länge, die auf

eine gerade Linie von einem Punkte A aus nach einer bestimmten Richtung aufgetragen ist, nennt man einen Vektor. Die Richtung kann man wie in § 24 durch die Reihenfolge der Buchstaben A und B oder dadurch andeuten, daß man vor die Zahl, welche die Größe des Vektors angiebt, das Zeichen $+$ setzt, wenn die Richtung des Vektors dieselbe ist wie die, welche in § 24 für die Richtung der geraden Linie festgelegt wurde, und das Zeichen $-$, wenn das Entgegengesetzte der Fall ist.

Die soeben erwähnte, mit dem richtigen Vorzeichen versehene Zahl wollen wir die algebraische Größe des Vektors nennen; wir werden dieselbe oft mit einem griechischen Buchstaben bezeichnen.

Wenn auf verschiedenen Linien von derselben Richtung eine Anzahl gleicher und gleichgerichteter Vektoren aufgetragen werden, so haben diese alle offenbar dieselbe algebraische Größe.

Wir denken uns jetzt wieder die feste Achse OX und eine zweite Richtung OL, die mit OX einen Winkel a bildet. Auf OL tragen wir einen beliebigen Vektor $L_1 L_2$ auf, dessen (positive oder negative) algebraische Größe λ heiße. Wenn wir nun aus L_1 und L_2 Lote auf OX fällen, dann bestimmen die Fußpunkte X_1 und X_2 einen neuen Vektor, den man die Projektion von $L_1 L_2$ auf OX nennt. Das Vorzeichen dieses neuen Vektors ist positiv, wenn die Richtung $X_1 X_2$ mit der Richtung OX zusammenfällt, negativ, wenn das Entgegengesetzte der Fall ist.

Die algebraische Größe des projektierten Vektors sei ξ. Mittels einfacher geometrischer Sätze läßt sich beweisen, daß das Verhältnis $\frac{\xi}{\lambda}$ sich nicht ändert, wenn man den Vektor $L_1 L_2$ durch einen anderen von beliebiger Größe ersetzt, der auf OL oder auf einer zu OL parallelen Geraden in derselben oder in der entgegengesetzten Richtung wie $L_1 L_2$ aufgetragen ist. Das Verhältnis kann mithin nur von dem Winkel a abhängen. Wir nennen dasselbe den Kosinus des Winkels und bezeichnen es kurz mit cos a, so daß

$$\cos a = \frac{\xi}{\lambda}$$

ist.

Zur Erläuterung möge Fig. 1 dienen. Wenn die positiven Zahlen p und q die absoluten Längen von $L_1 L_2$ und $X_1 X_2$ darstellen, so ist die algebraische Größe des einen Vektors $+ p$, und die des anderen $- q$.[1] Der Kosinus des positiven stumpfen Winkels XOL hat also den negativen Wert $- \dfrac{q}{p}$.

Wir überlassen es dem Leser, sich durch weitere Figuren völlige Klarheit über die gegebene Definition zu verschaffen, und gehen zu den übrigen goniometrischen Funktionen über.

§ 26. Wir nehmen zunächst noch eine zweite feste Richtung OY an (Fig. 1), die mit OX einen positiven rechten Winkel bildet. Wir projizieren den auf der beliebigen Linie OL liegenden Vektor $L_1 L_2$ auch auf OY, und bezeichnen die algebraische Größe der Projektion $Y_1 Y_2$ mit η. Das Verhältnis $\dfrac{\eta}{\lambda}$, welches wieder eine Funktion des Winkels a ist, nennt man den Sinus des Winkels a.

Wir wollen jetzt noch das Verhältnis

$$\frac{\eta}{\xi}$$

und die reziproken Werte der bisher besprochenen drei Verhältnisse, also

$$\frac{\lambda}{\xi}, \qquad \frac{\lambda}{\eta}, \qquad \frac{\xi}{\eta}$$

ins Auge fassen. Man nennt ersteres die Tangente und die drei letzteren die Sekante, die Kosekante und die Kotangente des Winkels. Also ist in gebräuchlicher Abkürzung

$$\sin a = \frac{\eta}{\lambda}, \qquad \operatorname{tg} a = \frac{\eta}{\xi},$$

$$\sec a = \frac{\lambda}{\xi}, \qquad \operatorname{cosec} a = \frac{\lambda}{\eta}, \qquad \cot a = \frac{\xi}{\eta}.$$

---

[1] Denken wir uns, wir hätten die Richtung OX als die einzige, welche in Betracht kommt, festgelegt, so wäre durch die algebraische Größe und das Zeichen des Winkels a die Richtung OL als die einzige, welche wir zu berücksichtigen brauchen, bestimmt. Tragen wir nun $L_1 L_2$ in Richtung OL auf, so ist $L_1 L_2$ positiv, die Projektion, welche die entgegengesetzte Richtung wie OX besitzt, also negativ. Würde man $L_1 L_2$ in Richtung LO auftragen, so wäre $L_1 L_2$ negativ und $X_1 X_2$ positiv.

Wenn die positive Zahl r die absolute Länge der Strecke $Y_1 Y_2$ in Fig. 1 bedeutet, so hat der Sinus des positiven stumpfen Winkels XOL den Wert $+ \frac{r}{p}$. Die Tangente ist $- \frac{r}{q}$, die Sekante $- \frac{p}{q}$, die Kosekante $+ \frac{p}{r}$ und die Kotangente $- \frac{q}{r}$.

§ 27. Der Anfänger möge sich durch die Betrachtung vieler Figuren eine Übersicht über die Werte und Vorzeichen der goniometrischen Funktionen für positive und negative Winkel verschiedener Größe verschaffen. Wir müssen uns in dieser Hinsicht auf einige kurze Bemerkungen beschränken.

a) Da sämtliche goniometrische Funktionen von der Lage von OL in Bezug auf OX und OY abhängen, so müssen die goniometrischen Funktionen von zwei Winkeln, die um 360^0 voneinander verschieden sind, dieselben sein.

b) Das Vorzeichen der Funktionen hängt davon ab, in welchem Quadranten der Winkel liegt. Man sagt nämlich, der Winkel liege im ersten, zweiten, dritten positiven Quadranten u. s. w., wenn er zwischen 0^0 und $+ 90^0$, zwischen $+ 90^0$ und $+ 180^0$, zwischen $+ 180^0$ und $+ 270^0$ u. s. w. liegt. Der Winkel befindet sich im ersten negativen Quadranten, wenn er zwischen 0^0 und $- 90^0$ liegt u. s. w.

Im ersten positiven Quadranten haben λ, ξ und η dasselbe Vorzeichen, und sind somit alle goniometrischen Funktionen positiv. Die Vorzeichen für den zweiten positiven Quadranten sind bereits (§ 26) mitgeteilt.

c) Für einige spezielle Werte des Winkels lassen sich die goniometrischen Funktionen mittels bekannter geometrischer Sätze berechnen. Z. B.

$$\sin 30^0 = \tfrac{1}{2}, \quad \cos 315^0 = \tfrac{1}{2}\sqrt{2}, \quad \operatorname{tg}(- 45^0) = - 1,$$
$$\sec 240^0 = - 2.$$

Die Werte für die Winkel 0^0, $\pm 90^0$, $\pm 180^0$ u. s. w. lassen sich leicht ermitteln. Auf einige derselben kommen wir noch zurück.

d) Man kann sich die Aufgabe, einen Überblick über die Werte und Vorzeichen der goniometrischen Funktionen zu gewinnen, dadurch erleichtern, daß man den einen Endpunkt von sämtlichen in Betracht kommenden Vektoren in O legt und demjenigen Vektor, der den Nenner des betrachteten Bruches bildet, die algebraische Größe $+1$ giebt. Es wird dann die betreffende goniometrische Funktion unmittelbar durch den Zähler des Bruches gegeben. Ersetzt man außerdem die Projektion η eines in O anfangenden Vektors OP auf OY durch das aus P auf OX oder der Verlängerung von OX gefällte Lot, dessen Vorzeichen sodann dadurch zu bestimmen ist, ob es auf der einen oder der anderen Seite von OX liegt, so gelangt man zu der in Fig. 2 gegebenen Darstellung.

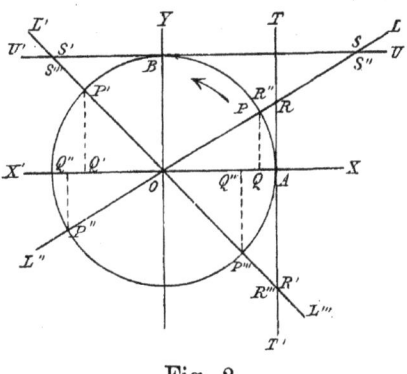

Fig. 2.

Man sieht in derselben wieder die beiden festen Achsen OX (von links nach rechts laufend) und OY (von unten nach oben laufend), sowie den die positive Drehungsrichtung andeutenden Pfeil. Es ist weiter ein Kreis beschrieben worden, dessen Radius gleich der Länge 1 ist. In seinen Schnittpunkten mit OX und OY sind die Berührungslinien AT und BU in Richtung von OY und OX gezogen; OX, AT und BU sind rückwärts nach OX', AT', BU' verlängert.

Der eine Schenkel des Winkels ist immer OX, der andere kann verschiedene Lagen haben, etwa für Winkel in den vier ersten positiven Quadranten die Lagen OL, OL', OL'', OL'''. Schneidet nun dieser Schenkel den Kreis in P (oder P', P'', P'''), so giebt uns die Länge der von diesem Punkte auf OX (oder OX') gefällten Senkrechten PQ (oder $P'Q'$, $P''Q''$, $P'''Q'''$) den numerischen Wert des Sinus. Der Kosinus ist durch die Entfernung OQ (oder OQ', OQ'', OQ''') gegeben. Der Sinus ist positiv oder negativ, je nachdem der Schnittpunkt des Schenkels mit dem Kreise oberhalb oder unterhalb OX liegt. Dagegen hängt das Zeichen des Kosinus davon ab, ob die genannten Senkrechten rechts oder links von O liegen.

Der Schenkel OL (OL', OL'', OL''') schneidet die Berührungslinie AT in R (R', R'', R''') und die Gerade BU in

S (S', S'', S'''). Die Tangente des Winkels ist gleich der Strecke AR bez. AR' resp. AR'' oder AR'''. Sie ist positiv, wenn der Schnittpunkt des eines Schenkels mit der Berührungslinie oberhalb A liegt. Desgleichen liefert uns die Entfernung des zweiten Schnittpunktes von B den Wert der Kotangente, und ist diese Funktion positiv oder negativ, je nachdem dieser Schnittpunkt rechts oder links von B liegt. Endlich erblicken wir in OR (OR', OR'', OR''') die Sekante und in OS (OS', OS'', OS''') die Kosekante, und zwar ist hier das positive Zeichen in Anwendung zu bringen, wenn diese Vektoren die Richtung des Schenkels OL (OL', OL'', OL''') haben, das negative dagegen, wenn sie jener Richtung entgegengesetzt sind.

e) Die Änderungen, welche die goniometrischen Funktionen erleiden, wenn der Winkel größer wird, lassen sich leicht aus der Figur ersehen, wenn man den Schenkel OL im Kreise herumdreht, wobei sich z. B. Q der Linie $X'X$ und R der Linie $T'T$ entlang verschiebt.

Der Sinus und Kosinus wandern zwischen den äußersten Werten -1 und $+1$ hin und her; in dem Augenblicke, wo sie das Zeichen wechseln, ist ihr Wert 0, und zwar verschwindet die eine Funktion, wenn die andere $+1$ oder -1 ist.

Die Tangente und Kotangente können alle positive und negative Werte annehmen, die Sekante und Kosekante alle Werte, mit Ausnahme derjenigen, die zwischen -1 und $+1$ liegen. Auch diese vier Funktionen ändern wiederholt das Zeichen; jedoch werden sie dabei niemals 0.

Wenn der bewegliche Schenkel von OX ab in positiver Richtung gedreht wird, steigt der Punkt R immer höher, und es kann AR beliebig groß werden, wenn nur der Winkel nahe genug an 90^0 herankommt. Die Tangente wird also jetzt $+\infty$. Hat man den Wert 90^0 passiert, so kommt der Schnittpunkt R' auf AT' zum Vorschein, und zwar zunächst in sehr großer Tiefe, so daß man sagen kann, daß beim Hineintreten in den zweiten Quadranten die Tangente mit dem Wert $-\infty$ anfängt.

§ 28. Die goniometrischen Funktionen positiver spitzer Winkel lassen sich als die Verhältnisse zwischen den Seitenlängen eines rechtwinkligen Dreiecks auffassen. Ist ABC (Fig. 3) ein solches Dreieck, und nennen wir die Seiten wie üblich a, b, c und die spitzen Winkel B und C, so findet man sofort aus den Definitionen

$$\sin B = \frac{b}{a}, \quad \cos B = \frac{c}{a}, \quad \text{tg } B = \frac{b}{c}, \quad \cot B = \frac{c}{b},$$

und ähnliche Formeln für den Winkel C.

Es bestehen nun Tabellen, die sogenannten Sinustafeln, in denen für jeden Winkel zwischen 0^0 und 90^0 die numerischen Werte der goniometrischen Funktionen an-gegeben sind; wie diese berechnet worden sind, wird später auseinandergesetzt werden. Mittels derartiger Tabellen kann man auch umgekehrt zu jedem Werte irgend einer goniometrischen Funktion den entsprechen-

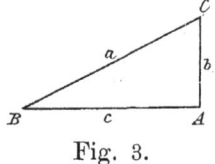

Fig. 3.

den Winkel finden, und es ist nun klar, daß obige Formeln, in Verbindung mit der Beziehung

$$a^2 = b^2 + c^2,$$

die Lösung mancher Probleme über rechtwinklige Dreiecke ermöglichen. Zunächst kann man, sobald neben dem rechten Winkel noch zwei voneinander unabhängige Elemente (Seiten oder Winkel) des Dreiecks gegeben sind, die übrigen Elemente berechnen. Sind z. B. die eine Kathete c und der anliegende Winkel B bekannt, so hat man

$$C = 90^0 - B, \quad b = c \text{ tg } B, \quad a = \frac{c}{\cos B}.$$

Es lassen sich aber auch andere Größen, z. B. der Inhalt des Dreiecks, das aus A auf die Hypotenuse gefällte Lot und der Radius des eingeschriebenen Kreises mit Leichtigkeit bestimmen.

Eine gewisse Gewandtheit in der Behandlung derartiger Probleme wird jedem sehr zu statten kommen.

Da die goniometrischen Funktionen häufig mit anderen Größen multipliziert oder durch andere dividiert werden müssen, so empfiehlt sich, wenn eine große numerische Genauigkeit verlangt wird, das Rechnen mit Logarithmen; man hat daher Tafeln zusammengestellt, die für spitze Winkel die Logarithmen des Sinus, Kosinus u. s. w. (log sin, log cos u. s. w.) enthalten. Mittels derselben findet man auch sofort die Größe eines Winkels, von dem der Logarithmus seines Sinus, Kosinus, seiner Tangente oder Kotangente gegeben ist.

Oft enthalten die Sinustafeln gar nicht die Werte der goniometrischen Funktionen selbst, sondern nur die Logarithmen.

Bei einfachen Rechnungen, wie sie in der Praxis häufig vorkommen, genügt es, mit drei Stellen zu arbeiten. Die Anwendung der Logarithmen ist in diesem Falle kaum zu empfehlen.

§ 29. Wir kehren jetzt zu der Betrachtung ganz beliebiger Winkel zurück und wollen einige wichtige Formeln zusammenstellen, die sich unmittelbar aus der Definition der goniometrischen Funktionen ableiten lassen.

a) Erstens ist

$$\text{tg } a = \frac{\sin a}{\cos a}, \quad \cot a = \frac{\cos a}{\sin a},$$

$$\cot a = \frac{1}{\text{tg } a}, \quad \sec a = \frac{1}{\cos a}, \quad \operatorname{cosec} a = \frac{1}{\sin a}.$$

b) Man dividiere die zwischen den in §§ 25 und 26 eingeführten Größen bestehende Gleichung

$$\xi^2 + \eta^2 = \lambda^2$$

der Reihe nach durch λ^2, ξ^2 und η^2. Man findet dann

$$\cos^2 a + \sin^2 a = 1, \quad 1 + \text{tg}^2 a = \sec^2 a, \quad 1 + \cot^2 a = \operatorname{cosec}^2 a.$$

c) Aus den Definitionen folgt

$$\sin(-a) = -\sin a, \quad \cos(-a) = \cos a, \quad \text{tg}(-a) = -\text{tg } a$$

und ähnliche Formeln für $\sec(-a)$, $\operatorname{cosec}(-a)$ und $\cot(-a)$.

d) Ebenso lehrt die Betrachtung der Figur 2:

$$\cos(180^0 - a) = -\cos a, \quad \cos(180^0 + a) = -\cos a,$$
$$\cos(360^0 - a) = \cos a,$$

$$\sin(180^0 - a) = \sin a, \qquad \sin(180^0 + a) = -\sin a,$$
$$\sin(360^0 - a) = -\sin a$$

u. s. w.

§ 30. Diese Beziehungen finden häufig Anwendung. Man ist z. B. oft in der Lage, die goniometrischen Funktionen des Supplementes eines Winkels mit den entsprechenden Funktionen des Winkels selbst zu vergleichen. Der Kosinus, die Sekante, die Tangente und Kotangente der Winkel a und $180^0 - a$ haben entgegengesetzte Vorzeichen. Dagegen sind die Vorzeichen des Sinus eines Winkels und seines Supplementwinkels die gleichen. Wenn z. B. zwei gerade Linien sich unter einem Winkel A schneiden und von dem Schnittpunkte ab auf der einen Linie eine Strecke von der Länge l auf-getragen wird, so ist der Endpunkt dieser Strecke um $l \sin A$ von der anderen Linie entfernt, wobei es gleichgültig ist, ob man unter A den spitzen oder den stumpfen Winkel versteht.

Aus den Definitionen und den Formeln läßt sich leicht ableiten, wie weit ein Winkel durch eine der goniometrischen Funktionen bestimmt ist. Es existieren z. B. unendlich viele Winkel, deren Sinus gleich einem gegebenen Wert q (natürlich zwischen -1 und $+1$) ist. Ist a einer dieser Winkel, so genügt auch der Winkel $180^0 - a$ der Bedingung, und ebenso alle Winkel, die sich von einem dieser beiden um $n \times 360^0$ unterscheiden.

Der Bedingung, daß die Tangente einen gegebenen Wert haben soll, genügt eine Reihe von Winkeln, die mit der kon-stanten Differenz 180^0 aufeinander folgen.

Mit dieser Unbestimmtheit hängt der Umstand zusammen, daß man, wenn eine der goniometrischen Funktionen gegeben ist, zwar mittels der Formeln des letzten Paragraphen Werte für alle anderen finden kann, daß dabei aber in einigen Fällen das Vorzeichen unbestimmt bleibt. Ist z. B. für $\sin a$ der positive Wert q gegeben, so folgt aus der Beziehung zwischen dem Sinus und dem Kosinus

$$\cos a = \pm \sqrt{1 - q^2}.$$

Das obere Zeichen gilt für den Winkel im ersten positiven Quadranten, dessen Sinus q ist, das untere Zeichen aber für das Supplement dieses Winkels, dessen Sinus ebenfalls q ist.

Da, abgesehen von dem Vorzeichen, eine goniometrische Funktion eines Winkels die fünf übrigen bestimmt, so ist es nicht erlaubt, die Werte zweier Funktionen beliebig zu wählen. Wenn z. B. ξ und η ganz beliebige Zahlen sind, so stehen im allgemeinen die Bedingungen, daß $\sin \alpha = \xi$ und $\cos \alpha = \eta$ sein soll, miteinander in Widerspruch; es sei denn, daß gerade

$$\xi^2 + \eta^2 = 1$$

ist. Wohl kann man aber, wenn ξ und η beliebig gegebene Zahlen sind, einen Winkel a so bestimmen, daß sein Kosinus und sein Sinus sich wie ξ und η verhalten. Oder, was auf dasselbe hinauskommt, man kann immer den Faktor λ und den Winkel a so wählen, daß

$$\xi = \lambda \cos a \quad \text{und} \quad \eta = \lambda \sin a \tag{1}$$

ist. Man kann sogar noch die Bedingung hinzufügen, daß λ positiv sein soll.

Durch Quadrierung und Addition der beiden Gleichungen ergiebt sich nämlich

$$\lambda^2 = \xi^2 + \eta^2;$$

wählt man nun für λ den positiven Wert $\sqrt{\xi^2 + \eta^2}$, so hat man zur Bestimmung von a

$$\cos a = \frac{\xi}{\sqrt{\xi^2 + \eta^2}}, \qquad \sin a = \frac{\eta}{\sqrt{\xi^2 + \eta^2}}.$$

Da jetzt das Zeichen, sowohl des Kosinus, wie auch des Sinus festgelegt ist, so giebt es in den ersten vier Quadranten nur einen einzigen Winkel, der den Bedingungen genügt.

§ 31. Gegeben seien (Figg. 4 und 5) die festen Axen OX und OY und eine Gerade OL, die mit OX den beliebigen positiven oder negativen Winkel a bildet. Durch Drehung von

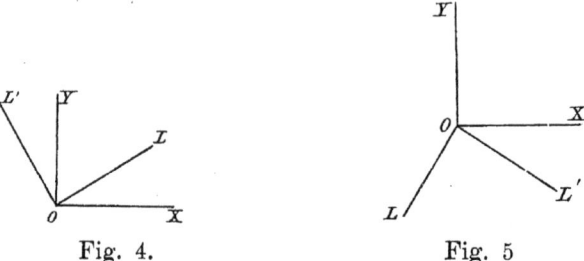

Fig. 4.   Fig. 5

OL in positiver Richtung um 90^0 erhält man eine neue Linie OL', welche mit OX den Winkel $90^0 + a$ bildet. Da nun durch eine Drehung um 90^0 OX und OL in OY und OL' übergehen, so muß OL' dieselbe Lage gegen OY haben, wie OL gegen OX. Wählt man also auf OL und OL' zwei gleiche Strecken, etwa mit den Anfangspunkten in O, so muß die algebraische Größe der Projektion der ersten auf OX dieselbe sein, wie die der Projektion der zweiten auf OY. Also

$$\sin(90^0 + a) = \cos a.$$

Diese Formel ist ganz allgemein. Wir dürfen daher in derselben a durch $- a$ ersetzen; wir finden dann, weil $\cos(-a) = \cos a$ ist,

$$\sin(90^0 - a) = \cos a.$$

Hieraus folgt durch Vertauschung von a und $90^0 - a$

$$\cos(90^0 - a) = \sin a,$$

und ferner, unter Berücksichtigung früherer Formeln,

$$\operatorname{tg}(90^0 - a) = \cot a, \quad \sec(90^0 - a) = \operatorname{cosec} a.$$

Der Kosinus, die Kotangente und die Kosekante eines Winkels sind also dem Sinus, bez. der Tangente resp. der Sekante des Komplementwinkels gleich.

Weitere Beziehungen sind

$$\cos(90^0 + a) = - \sin a, \quad \operatorname{tg}(90^0 + a) = - \cot a,$$
$$\sin(270^0 + a) = - \cos a \ \text{u. s. w.}$$

Alle diese Formeln lassen sich auch direkt aus einer Figur und in mannigfacher Weise auseinander ableiten. Dies möge dem Leser überlassen bleiben. Übrigens kann man die zuletzt gefundenen Beziehungen dahin zusammenfassen, daß die goniometrischen Funktionen von $n \times 90^0 \pm a$, was ihre absoluten Werte betrifft, für gerade n mit den entsprechenden Funktionen von a selbst, und für ungerade n mit denen von $90^0 - a$ übereinstimmen. Prägt man sich diese Regel ein, so hat man nur noch das Zeichen richtig zu wählen, und dazu braucht es, da ja die Formeln allgemein sind, nur der Betrachtung irgend eines besonders einfachen Falles mittels einer Figur. Man gewöhne sich daran, die Figuren nicht wirklich zu zeichnen, sondern sich dieselben nur vorzustellen.

§ 32. Den weiteren Auseinandersetzungen schicken wir einige Definitionen und einen Satz aus der Theorie der Vektoren voraus. Wenn (Fig. 6) der Endpunkt B eines Vektors AB mit dem Anfangspunkte eines zweiten BC zusammenfällt und dann A mit C verbunden wird,

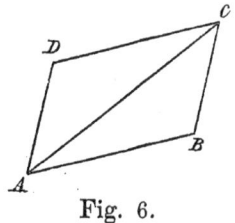

Fig. 6.

so sagt man, daß der Vektor AC aus AB und BC zusammengesetzt ist. Man nennt AC den resultierenden Vektor, AB und BC die Komponenten.

Zwei Vektoren von derselben Richtung und Größe werden als gleich betrachtet — sie besitzen ja auch dieselbe algebraische Größe (§ 25).

Zieht man nun von A aus einen Vektor AD, der, was Richtung und Größe anbetrifft, mit BC übereinstimmt, so sagt man auch, daß AC aus AB und AD zusammengesetzt sei.

Offenbar entsteht durch die Verbindung von D mit C ein Parallelogramm. Also: wenn zwei Vektoren AB und AD, deren Anfangspunkte zusammenfallen, zu einem resultierenden Vektor vereinigt werden sollen, so hat man nur mit Hilfe der beiden Seiten AB und AD ein Parallelogramm zu zeichnen, und darin, von jenem Anfangspunkte aus, die Diagonale zu ziehen.

Man kann auch umgekehrt AB und AD erhalten, wenn AC gegeben ist. Zieht man nämlich (Fig. 7) von dem An-

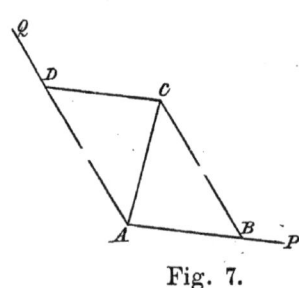

Fig. 7.

fangspunkte A aus zwei gerade Linien AP und AQ, die mit dem Vektor AC in einer Ebene liegen, im übrigen aber willkürlich sind, so kann man ein Parallelogramm konstruieren, dessen Diagonale AC ist, während die Seiten auf AP und AQ liegen. Man sagt jetzt: man habe den Vektor AC nach den Richtungen AP und AQ zerlegt.

Wenn wir in ähnlicher Weise den auf der Linie OL liegenden Vektor (siehe §§ 25 und 26), dessen algebraische Größe wir λ nannten, nach OX und OY zerlegen, erhalten wir gerade die beiden früher betrachteten Projektionen, deren algebraische Größen ξ und η, oder

$$\lambda \cos a \quad \text{und} \quad \lambda \sin a$$

sind.

§ 33. Der im Anfange des letzten Paragraphen erwähnte Satz lautet folgendermaßen: Wenn zwei Vektoren AB und AD (Figg. 8 oder 9) und auch der resultierende Vektor AC auf eine beliebige Gerade AP projiziert werden, so ist die algebraische Größe der Projektion von AC gleich der Summe der algebraischen Größen der Projektionen von AB und AD.

Um dieses zu beweisen, bemerken wir vorher folgendes:

Wenn man auf einer und derselben geraden Linie von einem Punkte A aus zunächst einen Vektor AB aufträgt, und dann vom Endpunkte desselben aus einen zweiten Vektor BC, so ist offenbar die algebraische Größe des Vektors AC gleich der Summe der algebraischen Größen der Vektoren AB und BC,

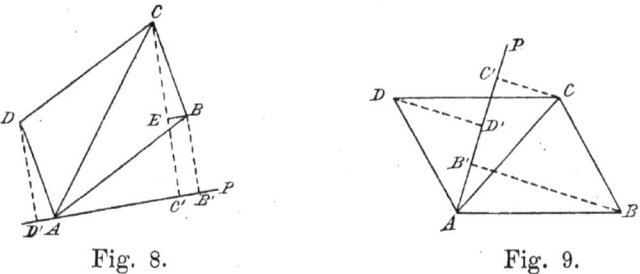

Fig. 8.   Fig. 9.

und zwar trifft das zu für alle Kombinationen der Vorzeichen von AB und BC, also sowohl wenn diese Vektoren dieselbe, als wenn sie entgegengesetzte Richtung haben. Geht man z. B. von A aus in positiver Richtung um drei Längeneinheiten weiter, und dann in negativer Richtung um acht Einheiten, so ist man schließlich in negativer Richtung um fünf Einheiten von A entfernt.

Projiciert man nun die Eckpunkte B und C eines Parallelogramms $ABCD$ (Figg. 8 und 9) auf eine beliebige, durch A gehende Gerade, und erhält man dadurch die Punkte B' und C', so läßt sich auf die algebraischen Größen der Vektoren AB', $B'C'$ und AC' das Gesagte anwenden, woraus sich der angeführte Satz ergiebt. Es ist dabei noch zu bemerken, daß man die algebraische Größe der Projektion von BC durch die algebraische Größe der Projektion des gleichen Vektors AD ersetzen kann.

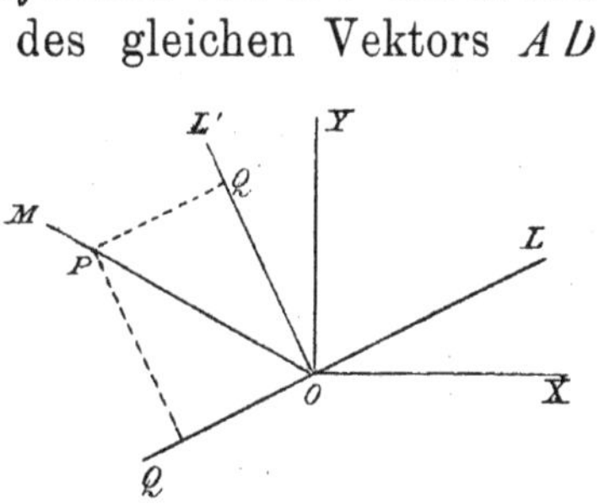

§ 34. Dieser Satz soll nun dazu dienen, die wichtigen Formeln für den Sinus und den Kosinus der Summe und der Differenz zweier Winkel abzuleiten. Zu dem Zwecke denken wir uns wieder — die Fig. 10 möge zur Erläuterung dienen — die Axen OX und OY, sowie die Geraden OL und OL', welche aus OX und OY durch eine Drehung a ent-

Fig. 10.

standen sind. Es ist also der Winkel zwischen OL und OX a, und der Winkel zwischen OL' und OX $90^0 + a$.

Es sei weiter OM eine beliebige Gerade, die mit OL den Winkel b und also mit OX den Winkel $a + b$ bildet. Auf derselben wählen wir einen Vektor (etwa OP) von der algebraischen Größe μ, und zerlegen diesen nach OL und OL'. Die algebraischen Größen der Komponenten (OQ und OQ') nennen wir λ und λ'; es ist dann

$$\lambda = \mu \cos b, \qquad \lambda' = \mu \sin b.$$

Wir wollen nun den Vektor und seine Komponenten auf OX projizieren. Da hierbei die drei Winkel $a + b$, a und $90^0 + a$ in Betracht kommen, so sind die algebraischen Größen der drei Komponenten:

$\mu \cos(a + b)$,

$\lambda \cos a = \mu \cos a \cos b$,

$\lambda' \cos(90^0 + a) = \mu \cos(90^0 + a) \sin b = -\mu \sin a \sin b$.

Wenn wir nun den § 33 bewiesenen Satz anwenden, erhalten wir nach Division durch μ die erste der vier Formeln

$$\cos(a + b) = \cos a \cos b - \sin a \sin b, \qquad (2)$$

$$\cos(a - b) = \cos a \cos b + \sin a \sin b, \qquad (3)$$

$$\sin(a + b) = \sin a \cos b + \cos a \sin b, \qquad (4)$$

$$\sin(a - b) = \sin a \cos b - \cos a \sin b. \qquad (5)$$

Zu der zweiten Formel gelangt man, wenn man in der ersten b durch $- b$ ersetzt, zu der dritten und vierten, wenn man in der ersten und zweiten $90^0 + a$ statt a schreibt.

Wie aus der Ableitung hervorgeht, gelten die Gleichungen für alle positive und negative Werte von a und b.

§ 35. Aus den bisher aufgestellten Formeln lassen sich nun noch viele Relationen ableiten.

a) Durch Division ergiebt sich aus (4) und (2)

$$\operatorname{tg}(a + b) = \frac{\operatorname{tg} a + \operatorname{tg} b}{1 - \operatorname{tg} a \operatorname{tg} b},$$

und ebenso aus (5) und (3):

$$\operatorname{tg}(a - b) = \frac{\operatorname{tg} a - \operatorname{tg} b}{1 + \operatorname{tg} a \operatorname{tg} b}.$$

b) In (2) und (4) setze man $b = a$. Es ist dann

$$\cos 2a = \cos^2 a - \sin^2 a,$$

wofür sich auch schreiben läßt

$$\cos 2a = 2 \cos^2 a - 1 \qquad (6)$$

oder

$$\cos 2a = 1 - 2 \sin^2 a, \qquad (7)$$

und

$$\sin 2a = 2 \sin a \cos a.$$

Weiter, wenn man in (2) und (4) $b = 2a$ setzt und die Werte von $\cos 2a$ und $\sin 2a$ berücksichtigt, nach einiger Umformung

$$\cos 3a = 4 \cos^3 a - 3 \cos a,$$

$$\sin 3a = 3 \sin\ a - 4 \sin^3 a.$$

In ähnlicher Weise findet man auch Formeln für den Sinus und den Kosinus eines beliebigen Vielfachen des Winkels.

c) Durch Addition und Subtraktion von (2) und (3), wenn man gleichzeitig $a + b = p$ und $a - b = q$ setzt, gelangt man zu den Formeln

$$\cos p + \cos q = 2 \cos \tfrac{1}{2}(p + q) \cos \tfrac{1}{2}(p - q), \qquad (8)$$

$$\cos p - \cos q = 2 \sin \tfrac{1}{2}(p + q) \sin \tfrac{1}{2}(q - p), \qquad (9)$$

und ebenso schließt man aus (4) und (5):

$$\sin p + \sin q = 2 \sin \tfrac{1}{2}(p + q) \cos \tfrac{1}{2}(p - q), \qquad (10)$$

$$\sin p - \sin q = 2 \cos \tfrac{1}{2}(p + q) \sin \tfrac{1}{2}(p - q). \qquad (11)$$

Diese Beziehungen werden sowohl bei der Transformation goniometrischer Formeln, als auch bei numerischen Rechnungen vielfach angewandt.

d) Wir lösen die Gleichungen (6) und (7) nach $\cos a$ und $\sin a$ auf und ersetzen gleichzeitig a durch $\tfrac{1}{2} a$. Als Resultat erhalten wir

$$\cos \tfrac{1}{2} a = \pm \sqrt{\frac{1 + \cos a}{2}}, \qquad \sin \tfrac{1}{2} a = \pm \sqrt{\frac{1 - \cos a}{2}} \qquad (12)$$

Man erkennt wohl ohne weiteres, weswegen hier die doppelten Vorzeichen stehen und auch stehen bleiben müssen, solange nichts näheres über den Winkel a angegeben ist. Liegt derselbe zwischen 0^0 und 180^0, so liegt $\tfrac{1}{2} a$ im ersten positiven Quadranten; dann gelten nur die oberen Vorzeichen.

Mit Hilfe der Formeln (12) lassen sich die goniometrischen Funktionen jedes gegebenen Winkels A mit beliebiger Genauigkeit numerisch berechnen. Man kann nämlich den Kosinus und den Sinus für $\dfrac{90^0}{2}$, $\dfrac{90^0}{4}$ u. s. w. und im allgemeinen, wenn n eine ganze Zahl ist, für $\dfrac{90^0}{2^n}$ und dann auch für alle Vielfache dieses letzten Winkels berechnen. Nachdem man für n eine beliebige Zahl gewählt hat, kann man immer eine ganze Zahl k angeben, derart daß A zwischen

$$k \cdot \frac{90^0}{2^n} \quad \text{und} \quad (k+1)\frac{90^0}{2^n}$$

liegt. Die Differenz dieser beiden Winkel ist $\dfrac{90^0}{2^n}$; dieselbe läßt sich, wenn nur die Zahl n genügend groß gewählt wird, immer so klein machen, daß die beiden Winkel in demselben Quadranten liegen wie A. Ist dies erreicht, dann ist auch der Kosinus von A von dem Kosinus dieser beiden Winkel eingeschlossen und ist daher bis auf so viele Dezimalen bekannt, als in den numerischen Werten jener beiden Kosinus übereinstimmende Ziffern vorhanden sind. Die Anzahl der letzteren läßt sich aber beliebig weit steigern, weil man die Differenz

$$\frac{90^0}{2^n}$$

so klein machen kann, wie man will.

§ 36. Nachdem wir hiermit das Wesentlichste aus der „Goniometrie" erschöpft haben, müssen wir noch auf die Anwendungen etwas näher eingehen. Zunächst wollen wir nachweisen, wie man auch bei schiefwinkligen Dreiecken aus gegebenen Elementen (Seiten oder Winkeln) die unbekannten berechnen kann. (Ebene Trigonometrie).

Wir bezeichnen das spitze oder stumpfwinklige Dreieck (Figg. 11 oder 12) mit ABC, die Winkel, die jetzt wie in der Planimetrie als positiv und kleiner als 180^0 betrachtet werden, mit A, B und C, die Längen der denselben gegenüberliegenden Seiten mit a, b und c (positive Zahlen).

Bekanntlich ist nun das Dreieck durch drei voneinander unabhängige Elemente bestimmt; es müssen sich daher aus diesen die drei unbekannten Elemente berechnen lassen. Dazu dienen Gleichungen, welche die Seitenlängen und die goniometrischen Funktionen der Winkel miteinander verbinden, und

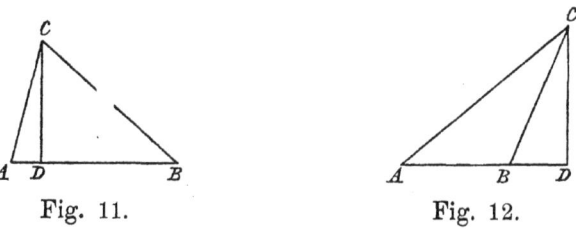

Fig. 11.   Fig. 12.

zwar würde es eigentlich genügen, drei voneinander unabhängige Gleichungen aufzustellen, da sich hieraus drei Unbekannte berechnen lassen. Es ist indessen leicht, eine größere Zahl von Gleichungen zu gewinnen.

a) Man fälle aus C ein Lot CD auf die Seite c, dessen Länge sowohl gleich $a \sin B$, als auch gleich $b \sin A$ ist; diese Ausdrücke gelten sowohl, wenn A und B spitz sind, als auch, wenn einer dieser Winkel stumpf ist. Also:

$$a \sin B = b \sin A. \tag{13}$$

Zu dieser Formel gesellen sich noch zwei ähnliche, und alle drei lassen sich in die sogenannte Sinusregel zusammenfassen:

$$\frac{a}{\sin A} = \frac{b}{\sin B} = \frac{c}{\sin C}.$$

b) Indem wir das soeben genannte Lot fällten, projicierten wir die Seiten a und b auf c; offenbar erhält man die Seite c (vergl. § 33), wenn man die absoluten Werte der Projektionen addiert oder voneinander subtrahiert, und zwar muß addiert werden, wenn A und B beide spitz sind, subtrahiert, wenn einer dieser Winkel stumpf ist. Indem wir nun berücksichtigen, daß der Kosinus eines stumpfen Winkels negativ ist, erhalten wir für beide Fälle

$$c = a \cos B + b \cos A. \tag{14}$$

Für a und b gelten analoge Formeln.

c) Aus (14) folgt

$$a \cos B = c - b \cos A.$$

Quadrieren wir nun diese Gleichung und ebenso (13) und addieren die so erhaltenen Resultate, so ergiebt sich die Kosinusformel:

$$a^2 = b^2 + c^2 - 2\,bc\cos A \qquad (15)$$

und analog:

$$b^2 = a^2 + c^2 - 2\,ac\cos B,$$

$$c^2 = a^2 + b^2 - 2\,ab\cos C.$$

Betrachtet man wieder $b \cos A$ als die Projektion von b auf c, so drückt (15) den bekannten planimetrischen Satz aus: Das Quadrat einer Seite ist gleich der Summe der Quadrate der beiden anderen, vermehrt oder vermindert um das doppelte Produkt aus der einen und der Projektion der anderen auf sie, und zwar vermehrt oder vermindert, je nachdem der der zuerst genannten Seite gegenüberliegende Winkel stumpf oder spitz ist. Selbstverständlich hätte man auch aus diesem Satz Formel (15) ableiten können. Man überzeuge sich auch bei dieser Ableitung, daß die Gleichung (15) sowohl für einen spitzen, als auch für einen stumpfen Winkel A gilt.

§ 37. In aller Kürze sollen jetzt die verschiedenen bei der Auflösung ebener Dreiecke vorkommenden Fälle besprochen werden.

a) Gegeben sind die drei Seiten a, b und c. Es soll der Winkel A berechnet werden.

Man findet aus (15)

$$\cos A = \frac{b^2 + c^2 - a^2}{2\,bc},$$

und hieraus, mittels der Formeln (12), die für die Rechnung bequemeren Gleichungen

$$\cos \tfrac{1}{2} A = \sqrt{\frac{s\,(s-a)}{b\,c}}, \quad \sin \tfrac{1}{2} A = \sqrt{\frac{(s-b)\,(s-c)}{b\,c}},$$

wo s den halben Umfang bedeutet.

Weshalb die Wurzelgrößen hier mit dem positiven Zeichen zu nehmen sind, wurde schon unter § 27, d angegeben.

Ferner ist

$$\operatorname{tg} \tfrac{1}{2} A = \sqrt{\frac{(s-b)\,(s-c)}{s\,(s-a)}}$$

und

$$\sin A = 2 \sin \tfrac{1}{2} A \cos \tfrac{1}{2} A = \frac{2}{b\,c} \sqrt{s\,(s-a)\,(s-b)\,(s-c)}.$$

Mit Hilfe der Sinusregel findet man jetzt unmittelbar $\sin B$ und $\sin C$.

b) Gegeben sind die Seiten b und c und der eingeschlossene Winkel A. Es sollen a, B und C ermittelt werden. Man findet a mittels der Kosinusformel (15), die man in verschiedener Weise umformen kann. Es ist z. B.

$$a^2 = (b - c)^2 + 4\,b\,c\,\sin^2 \tfrac{1}{2}\,A,$$

also, wenn man einen Hilfswinkel φ aus der Gleichung

$$\operatorname{tg} \varphi = \frac{2 \sin \frac{1}{2} A}{b - c} \sqrt{b\,c}$$

berechnet,

$$a^2 = (b - c)^2 (1 + \operatorname{tg}^2 \varphi) = \frac{(b - c)^2}{\cos^2 \varphi},$$

$$a = \pm \frac{b - c}{\cos \varphi},$$

wo natürlich das Zeichen so zu wählen ist, daß a positiv wird. Nachdem a gefunden ist, findet man B und C mit Hilfe der Sinusregel.

Man kann aber auch umgekehrt mit der Berechnung der unbekannten Winkel anfangen. Man hat nämlich die beiden Gleichungen

$$B + C = 180^0 - A, \tag{16}$$

und

$$\sin B : \sin C = b : c,$$

deren Auflösung in folgender Weise gelingt. Aus der letzten Gleichung folgt

$$(\sin B + \sin C) : (\sin B - \sin C) = (b + c) : (b - c),$$

oder, wenn man die Formeln (10) und (11) anwendet,

$$\operatorname{tg} \tfrac{1}{2}(B + C) : \operatorname{tg} \tfrac{1}{2}(B - C) = (b + c) : (b - c).$$

Da $B + C$ durch die Formel (16) gegeben ist, so folgt aus der letzten Gleichung $B - C$, so daß man auch B und C selbst und schließlich a mittels der Sinusregel berechnen kann.

c) Gegeben seien zwei Seiten a und b und der der einen derselben gegenüberliegende Winkel A, den wir als spitz voraussetzen wollen. Wir berechnen c aus der in Bezug auf diese Unbekannte quadratischen Gleichung (15) und finden

$$c = b \cos A \pm \sqrt{a^2 - b^2 \sin^2 A}. \tag{17}$$

Es sind nun verschiedene Fälle zu unterscheiden, die sich am besten durch eine Figur erläutern lassen. Um dieselbe zu konstruieren, tragen·wir auf dem einen Schenkel (Fig. 13) des Winkels A eine Strecke $AC = b$ auf und schlagen, um den dritten Eckpunkt zu finden, um C einen Kreis mit dem Radius a.

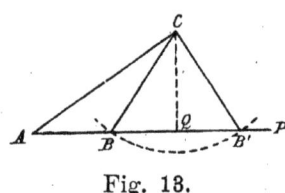

Fig. 13.

Wir fällen aus C auf den Schenkel AP ein Lot CQ, dessen Länge $b \sin A$ ist.

Wäre nun $a < CQ$ oder $a < b \sin A$, so würde der genannte Kreis den Schenkel AP gar nicht erreichen. Kein einziges Dreieck würde der Aufgabe genügen, was sich auch in der Gleichung (17) durch den negativen Wert von $a^2 - b^2 \sin^2 A$ ergeben würde.

Ist $a = CQ$ oder $a = b \sin A$, so berührt der Kreis den Schenkel AP in Q; es ergiebt sich ein rechtwinkliges Dreieck ACQ, dessen Seite AQ oder c sowohl nach der Figur als auch nach der Formel gleich $b \cos A$ ist.

Ist drittens $a > b \sin A$, aber $< b$, so ergeben sich bei der Konstruktion zwei Dreiecke, etwa ACB und ACB'. Dem entsprechen jetzt die beiden Wurzeln (17) der Gleichung, und man sieht leicht, wie der Umstand, daß B und B' gleich weit von Q entfernt sind, in der Formel zum Ausdruck kommt.

Man erhält aber nur wieder ein einziges Dreieck, sobald nicht nur $a > b \sin A$, sondern auch $> b$ ist. Der eine Wert (17) ist dann negativ, er fällt fort, da in allen unseren trigonometrischen Formeln vorausgesetzt wird, daß a, b, c positive Zahlen sind. In der Figur liegt jetzt der eine Punkt, in welchem der Kreis die Linie AP schneidet, links von A.

Die Formel (17) ist zwar instruktiv, aber in den meisten Fällen wird man es bei der numerischen Rechnung vorziehen, zuerst den Winkel B zu berechnen. Es folgt nämlich aus der Sinusregel

$$\sin B = \frac{b \sin A}{a}. \tag{18}$$

Da zu einem gegebenen Werte des Sinus zwei Winkel, ein spitzer und ein stumpfer, gehören, so ergiebt sich auch aus (18), daß unsere Aufgabe nicht eindeutig bestimmt ist.

Ist $a < b \sin A$, so ist die rechte Seite von (18) > 1, und es existiert kein Wert für B.

Ist $a = b \sin A$, so wird $\sin B = 1$, und das Dreieck rechtwinklig.

Ist $a > b \sin A$, aber $< b$, so findet man die soeben genannten zwei Werte für B, denen die Dreiecke ACB und ACB' entsprechen.

Schließlich, wenn $a > b$ ist, so ergeben sich zwar noch aus (18) zwei Werte für B, aber eben weil $\sin B < \sin A$ wird, ist der spitze Winkel $< A$ und der stumpfe $> 180^0 - A$. Letzteres ist aber in einem Dreieck unmöglich.

In jeder Hinsicht stehen also die aus (18) gezogenen Schlüsse mit dem aus (17) oder aus der Figur abgeleiteten im Einklang.

Den Fall, daß der gegebene Winkel A stumpf ist, überlassen wir dem Leser.

d) Sind eine Seite des Dreiecks und zwei Winkel gegeben, so genügt die Sinusregel zur Berechnung der beiden unbekannten Seiten.

§ 38. Wir wollen zum Schluß unsere goniometrischen Formeln noch zur Lösung einiger stereometrischer Probleme anwenden. Wir schicken voraus, daß der § 33 bewiesene Satz über die Projektionen eines Vektors und seiner Komponenten auch dann gilt, wenn die Richtung, auf welche man projiciert, nicht in der den Vektor und seine Komponenten enthaltenden Ebene liegt. Außerdem läßt sich der Satz noch erweitern, indem man den Vektor nicht in zwei, sondern in drei (oder sogar in beliebig viele) Komponenten zerlegt. Man kann nämlich, nachdem die Zerlegung von AC in AB und AD (Fig. 7) stattgefunden hat, den einen der beiden letzteren Vektoren, etwa AB, wieder durch zwei Komponenten ersetzen, und man sieht leicht ein, daß sodann diese beiden mit AD die drei Seiten eines Parallelepipeds bilden, dessen Diagonale AC ist. Drei von einem Punkte O aus gezogene Vektoren OA, OB, OC (Fig. 14) lassen sich demgemäß in der Weise zu einem einzigen zusammensetzen, daß man ein Parallelepiped konstruiert, dessen Kanten OA, OB, OC sind, und daß man in demselben die Diagonale OD zieht.

Umgekehrt läßt sich ein gegebener Vektor OD mit Hilfe
eines Parallelepipeds nach drei beliebig gewählten Richtungen
OX, OY, OZ zerlegen. Ist nun noch OL eine beliebige Richtung im Raume, und projiciert man OA, OB, OC und OD
auf dieselbe, so ist immer die algebraische Größe der Projektion von OD die Summe der algebraischen Größen der
übrigen Projektionen.

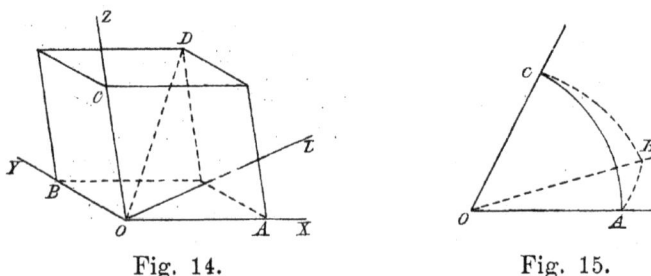

Fig. 14.   Fig. 15.

Bekanntlich spielt in der Geometrie des Raumes die dreiseitige körperliche Ecke eine ähnliche Rolle, wie das Dreieck
in der Planimetrie. Dieselbe entsteht, wenn man von einem
Punkt im Raum drei gerade Linien, welche nicht in derselben
Ebene liegen, zieht und durch je zwei derselben eine Ebene
legt (Fig. 15). Seiten nennt man die spitzen oder stumpfen
Winkel, welche die geraden Linien, die sogenannten Kanten,
miteinander bilden, Kantenwinkel (oder kurz Winkel)
die Winkel zwischen den Ebenen BOC, COA und AOB. Wir
wollen die an den Kanten OA, OB, OC liegenden Winkel
mit A, B, C und die denselben gegenüberliegenden Seiten mit
a, b, c bezeichnen.

Zwischen den goniometrischen Funktionen dieser sechs
„Elemente" bestehen nun eine große Zahl von Beziehungen,
deren Untersuchung Gegenstand der „sphärischen Trigonometrie" ist. Dieser Name rührt daher, daß man statt einer
dreiseitigen körperlichen Ecke auch ebensogut das sphärische
Dreieck, welches aus einer um den Scheitel als Mittelpunkt beschriebenen Kugel durch die dreiseitige Ecke herausgeschnitten
wird, den folgenden Betrachtungen zu Grunde legen kann (Fig. 15).
Die Kanten bestimmen auf der Kugelfläche die Eckpunkte A,
B und C des sphärischen Dreiecks; die dieselben verbindenden
Bogen größter Kreise sind die Seiten, welche in Winkelmaß

auszudrücken sind, und unter den Winkeln des Dreiecks
versteht man die Winkel, welche die Seiten in den Eckpunkten
miteinander bilden. Offenbar stimmen Seiten und Winkel des
Dreiecks mit denen der dreiseitigen körperlichen Ecke überein.

§ 39. Wir wollen jetzt die wichtigsten Formeln der sphärischen Trigonometrie ableiten. In Fig. 16 seien OA, OB
und OC die Kanten, als positiv wählen
wir bei jeder derselben die Richtung
von O nach A, B bez. C. V und W
sind diejenigen Teile der Ebenen AOB
und AOC, welche auf derselben Seite
von OA liegen, wie die Kante OB oder
die Kante OC. Ziehen wir nun in diesen
Halbebenen die Geraden OF und OG

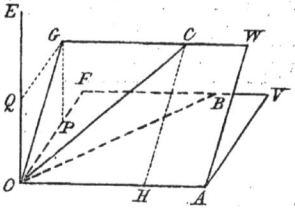

Fig. 16.

senkrecht zu OA, so ist FOG der Kantenwinkel A der dreiseitigen Ecke; in der Figur ist derselbe als spitz vorausgesetzt,
jedoch gelten die folgenden Betrachtungen ebensogut, wenn
er stumpf ist. Auch die Seiten b und c, d. h. die Winkel,
welche OC und OB mit OA bilden, brauchen nicht wie in
der Figur spitz zu sein.

Wir ziehen ferner noch eine Linie OE senkrecht zur
Ebene V, und zwar nach der Seite, wo die Halbebene W, und
also auch die Linien OC und OG liegen. Es bildet dann OE
sowohl mit OC wie auch mit OG einen spitzen Winkel. Der
Winkel GOE ist in unserer Figur $90° - A$; wäre A stumpf,
so wäre er $= A - 90°$.

Wir wollen nun auf der dritten Kante einen Vektor OC
von der Länge 1, also von der algebraischen Größe $+1$ auftragen, und denselben nach den drei zu einander senkrechten
Richtungen OA, OF und OE zerlegen. Zu dem Zwecke zerlegen wir zunächst OC in OH und OG, und den Vektor OG
dann weiter in OP und OQ.

Offenbar ist nun, es möge die Seite AOC oder b spitz
oder stumpf sein, die algebraische Größe von OH:

$$\cos b,$$

und die algebraische Größe von OG:

$$\sin b.$$

Daraus folgt dann, daß sowohl bei einem spitzen, wie auch bei einem stumpfen Kantenwinkel A die algebraischen Größen der Komponenten OP und OQ

$$\sin b \cos A \quad \text{und} \quad \sin b \sin A$$

sind.

Da der Vektor OQ die Projektion von OC auf OE ist, so ergiebt sich durch eine analoge Beweisführung wie soeben für die algebraische Größe von OQ außer dem eben gefundenen Wert $\sin b \sin A$ noch $\sin a \sin B$. Es ist also

$$\sin b \sin A = \sin a \sin B,$$

welches Resultat sich mit den beiden analogen Gleichungen in die Formel:

$$\frac{\sin a}{\sin A} = \frac{\sin b}{\sin B} = \frac{\sin c}{\sin C} \tag{19}$$

zusammenfassen läßt. Die Ähnlichkeit dieser Beziehungen mit der Sinusregel der ebenen Trigonometrie fällt sofort ins Auge.

§ 40. Zu anderen wichtigen Formeln gelangt man, wenn man den Vektor OC und seine Komponenten OH, OP und OQ auf OB projiciert und den § 38 erwähnten Satz anwendet. Da die vier Vektoren mit OB die Winkel a, c, $\pm(90^0 - c)$ und 90^0 bilden, so sind die algebraischen Größen der vier Projektionen

$$\cos a, \quad \cos b \cos c, \quad \sin b \sin c \cos A \quad \text{und} \quad 0.$$

So findet man die erste der folgenden Formeln:

$$\left. \begin{array}{l} \cos a = \cos b \cos c + \sin b \sin c \cos A \\ \cos b = \cos c \cos a + \sin c \sin a \cos B \\ \cos c = \cos a \cos b + \sin a \sin b \cos C. \end{array} \right\} \tag{20}$$

Man nennt diese oft die Grundformeln der sphärischen Trigonometrie, weil sich aus denselben alle anderen Formeln ableiten lassen. Da die Gleichungen unabhängig voneinander sind, so genügen sie, sobald drei der Elemente a, b, c, A, B, C gegeben sind, um die drei übrigen zu berechnen.

Während in den Grundformeln neben den drei Seiten jedesmal ein Winkel vorkommt, giebt es analoge Beziehungen zwischen je einer Seite und den drei Winkeln. Um diese abzuleiten, wähle man einen beliebigen Punkt O' im Inneren der dreiseitigen Ecke $OABC$, und fälle aus demselben die Lote $O'A'$, $O'B'$ und $O'C'$ auf die Ebenen OBC, OCA und OAB. Diese Lote betrachten wir als die Kanten einer neuen dreiseitigen Ecke, deren Kantenwinkel wir mit A', B', C' bezeichnen, während die gegenüberliegenden Seiten a', b', c' heißen mögen. Nach einem bekannten stereometrischen Satze sind nun die Winkel von $O'A'B'C'$ die Supplemente der Seiten von $OABC$; ebenso sind die Seiten von $O'A'B'C'$ die Supplemente der Winkel von $OABC$. D. h.:

$$A' = 180^0 - a, \qquad a' = 180^0 - A \text{ u. s. w.} \qquad (21)$$

Wendet man die Formeln (20) auf die neue dreiseitige Ecke an, so ist z. B.

$$\cos a' = \cos b' \cos c' + \sin b' \sin c' \cos A'.$$

Substituiert man in diese Gleichung und in die analogen die Werte (21), so erhält man

$$\left.\begin{aligned}
\cos A &= - \cos B \cos C + \sin B \sin C \cos a \\
\cos B &= - \cos C \cos A + \sin C \sin A \cos b \\
\cos C &= - \cos A \cos B + \sin A \sin B \cos c.
\end{aligned}\right\} \qquad (22)$$

§ 41. Aus den Formeln (20) ergeben sich unmittelbar die Werte der Winkel, wenn die der Seiten gegeben sind. Es ist z. B.

$$\cos A = \frac{\cos a - \cos b \cos c}{\sin b \sin c},$$

woraus sich die Formeln

$$\cos \tfrac{1}{2} A = \sqrt{\frac{\sin s \sin (s-a)}{\sin b \sin c}}, \qquad \sin \tfrac{1}{2} A = \sqrt{\frac{\sin (s-b) \sin (s-c)}{\sin b \sin c}}$$

ableiten lassen, die denen des § 37 a) analog sind. Unter s ist hier die halbe Summe der Seiten zu verstehen.

In ähnlicher Weise können die Gleichungen (22) dazu dienen, die Seiten aus den Winkeln zu berechnen. Aus der ersten folgt z. B., wenn $A + B + C = 2S$ gesetzt wird,

$$\sin \tfrac{1}{2} a = \sqrt{- \frac{\cos S \cos (S-A)}{\sin B \sin C}}, \qquad \cos \tfrac{1}{2} a = \sqrt{\frac{\cos (S-B) \cos (S-C)}{\sin B \sin C}}.$$

§ 42. Selbstverständlich vereinfachen sich auch die Formeln der sphärischen Trigonometrie erheblich, sobald einer der Winkel ein rechter ist, wenn man es also mit einer dreiseitigen Ecke zu thun hat, bei der zwei Seitenflächen senkrecht aufeinander stehen. Ist A der rechte Winkel, so sind a, b, c, B, C die Elemente, die noch in den Formeln stehen bleiben.

Sofort folgt aus (19), wenn man $A = 90^0$ setzt,

$$\sin b = \sin a \sin B, \tag{23}$$

$$\sin c = \sin a \sin C, \tag{24}$$

aus der ersten der Formeln (20)

$$\cos a = \cos b \cos c, \tag{25}$$

und aus den Formeln (22)

$$\cos a = \cot B \cot C,$$
$$\cos B = \sin C \cos b, \tag{26}$$
$$\cos C = \sin B \cos c.$$

Wenn man nun weiter (26) mit (23) multipliziert und durch (24) dividiert, erhält man

$$\sin c = \operatorname{tg} b \cot B,$$

und in ähnlicher Weise

$$\sin b = \operatorname{tg} c \cot C;$$

multipliziert man schließlich (24) mit (25) und dividiert durch (26), so ergiebt sich

$$\cos B = \operatorname{tg} c \cot a,$$

welcher Gleichung wir noch die ähnlich gestaltete

$$\cos C = \operatorname{tg} b \cot a$$

hinzufügen können.

Die zehn Formeln, die wir für die rechtwinkligen sphärischen Dreiecke abgeleitet haben, lassen sich in eine einzige Regel zusammenfassen. Wenn man nämlich an dem Umfange des Dreiecks entlang geht, folgen die in den Gleichungen vorkommenden Elemente in der Reihenfolge

$$b, \; C, \; a, \; B, \; c$$

aufeinander. Man ersetze nun die beiden Katheten b und c durch ihre Komplementwinkel und ordne die fünf Größen

$$90^0 - b, \; C, \; a, \; B, \; 90^0 - c,$$

so, daß sie auf einem Kreis zu liegen kommen:

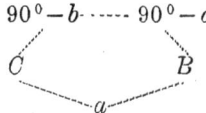

Die Regel lautet dann: der Kosinus einer dieser fünf Größen ist gleich dem Produkte aus den Kotangenten der beiden neben ihr stehenden und dem Produkt aus den Sinus der nicht neben ihr stehenden Größen. In der That erhält man, wenn man diese Regel anwendet, die oben erwähnten zehn Formeln.

In Betreff weiterer Einzelheiten müssen wir auf die Lehrbücher über sphärische Trigonometrie verweisen.

§ 43. Im Vorhergehenden ist stets angenommen worden, daß die Größe eines Winkels in Graden, Minuten und Sekunden ausgedrückt sei. Von jetzt an soll eine neue Einheit eingeführt werden, nämlich die dem Winkel entsprechende Bogenlänge eines Kreises, der mit dem Radius 1 um den Scheitelpunkt als Mittelpunkt beschrieben ist. Nach diesem Maßsystem sind die Winkel 360^0, 180^0, 90^0 durch 2π, π, $\dfrac{\pi}{2}$ auszudrücken; die Winkeleinheit ist ein Winkel von $\dfrac{360^0}{2\pi} = 57^0\,18'$.

Durch diese neuen Einheiten werden viele Formeln sehr vereinfacht. Dieses rührt daher, daß wir jetzt für sehr kleine Bogen den Sinus gleich dem Bogen selbst setzen können; denn das Verhältnis aus dem Sinus eines Bogens und dem Bogen selbst nähert sich der Einheit, wenn der Bogen fortwährend kleiner wird, was folgendermaßen bewiesen werden kann.

Für jeden Wert von x zwischen 0 und $\frac{1}{2}\pi$ ist

$$\sin x < x, \qquad \operatorname{tg} x > x$$

oder

$$\frac{\sin x}{x} < 1, \qquad \frac{\sin x}{x} > \cos x,$$

es liegt daher der Wert des Verhältnisses $\dfrac{\sin x}{x}$ zwischen 1 und cos x. Läßt man nun x kleiner werden, dann nähert sich cos x

dem Grenzwerte 1, und da $\frac{\sin x}{x}$ zwischen 1 und $\cos x$ liegt, so muß der Grenzwert des Verhältnisses $\frac{\sin x}{x}$ gleich 1 sein. Daher ist

$$\text{Lim} \frac{\sin x}{x} = 1, \text{ wenn } \text{Lim } x = 0 \cdot$$

§ 44. Wenn y jedesmal, nachdem x — von welchem Anfangswert man auch ausgehen mag — um einen bestimmten Wert a größer geworden ist, seinen ursprünglichen Wert wieder annimmt, so nennt man y eine periodische Funktion von x und a ihre Periode. Teilt man bei einer solchen Funktion alle Werte, welche die unabhängig Variable durchlaufen kann, in gleiche Intervalle von der Länge a, dann wiederholen sich in jedem Intervall die Werte der Funktion in genau derselben Weise.

Sämtliche goniometrischen Funktionen besitzen diese Eigenschaft der Periodizität, und zwar kehren $\sin x$, $\cos x$, $\sec x$ und $\csc x$ nach einer Periode 2π zu ihrem ursprünglichen Wert zurück. Bei der Tangente und Kotangente liegen die Verhältnisse etwas anders, als bei den eben erwähnten Funktionen. Wenn eine Funktion denselben Wert wieder annimmt, nachdem die unabhängig Variable um a größer geworden ist, so ist dasselbe natürlich auch der Fall, wenn die unabhängig Veränderliche um $2a$, $3a$, $4a$ .... na, wo n eine ganze Zahl bedeutet, zunimmt. Man kann daher auch der Funktion die Periode $2a$ oder $3a$ u. s. w. zuschreiben. Indessen versteht man gewöhnlich unter der Periode der Funktion den kleinsten aller in Betracht kommenden Werte. In diesem Sinn ist π, und nicht 2π die Periode von $\operatorname{tg} x$ und $\cot x$.

Ist $y = \sin 3x$, so ist y ebenfalls eine periodische Funktion von x, deren Periode $\frac{2}{3}\pi$ ist. Ebenso ist die Periode von $\sin kx$ oder $\cos kx$, wo k eine konstante Zahl bedeutet, $\frac{2\pi}{k} \cdot$ Soll die Periode gleich einem vorgeschriebenen Wert T sein, dann hat man $k = \frac{2\pi}{T}$ zu setzen, wodurch die goniometrischen Funktionen in $\sin \frac{2\pi}{T} x$ und $\cos \frac{2\pi}{T} x$ übergehen. Wenn der Bogen außer dem von x abhängigen Glied noch eine additive Konstante[1] enthält, so ist dies auf die Periode ohne Einfluß. So ist z. B. $\frac{2\pi}{k}$ die Periode von $a\sin(kx + p)$ und $a\cos(kx + p)$.

Verwickelter liegen die Verhältnisse bei den goniometrischen Funktionen von Bögen, die kompliziertere Funktionen der unabhängig Variablen sind. Die Funktion $\sin kx^2$ z. B. kehrt zwar stets zu demselben Wert zurück, wenn der Bogen kx^2 eine Reihe von um 2π auseinanderliegenden Werten annimmt, aber die Werte von x, für welche dies zutrifft, liegen nicht gleich weit voneinander ab. Es ist deshalb $\sin kx^2$ keine periodische Funktion von x in dem gewöhnlichen Sinne des Wortes.

§ 45. Wegen ihrer soeben besprochenen Eigenschaften werden die goniometrischen Funktionen häufig in der Physik angewandt. Als Beispiel führen wir die einfach harmonische oder schwingende Bewegung an, die wir im Folgenden etwas näher untersuchen wollen. Lassen wir einen Punkt P (Fig. 17) den Kreis APB mit konstanter Geschwindigkeit durchlaufen, dann schwingt offenbar seine Projektion Q auf der Mittellinie AB auf und ab. Um diese schwingende Bewegung mathematisch zu beschreiben, muß man angeben, an welcher Stelle von AB sich Q in jedem Augenblick befindet. Den letzteren

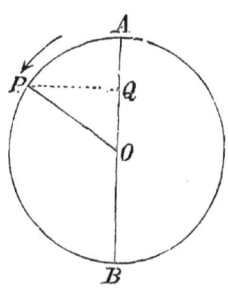

Fig. 17.

bestimmen wir durch die seit einer willkürlichen Anfangszeit verflossene Zeit t, wobei negative Werte von t Zeiten, die vor der Anfangszeit lagen, bedeuten. Die Stelle, wo sich gerade Q befindet, messen wir durch den Abstand y vom Mittelpunkt O, wobei OA als positive und OB als negative Richtung angenommen werden soll. Unsere Aufgabe besteht nun darin, y als eine Funktion von t zu ermitteln.

Wir rechnen die Zeit von dem Augenblick an, wo der bewegliche Punkt sich in A befindet, a sei der Radius OA, T die Umlaufszeit. Aus $OQ = OP \cos POQ$ folgt unmittelbar

---

[1] Eine additive Konstante ist eine solche, die mit anderen Größen durch Addition verbunden ist.

$$y = a \, \cos 2\pi \frac{t}{T},$$

welche Formel, wovon man sich leicht überzeugen kann, für jeden positiven und negativen Wert von t die Größe und das Vorzeichen von y genau wiedergiebt.

Hätte man die Zeit von dem Augenblick an gerechnet, wo der schwingende Punkt in Richtung von O nach A den Mittelpunkt O gerade verläßt, dann ergiebt sich (Fig. 18) aus

$$OQ = OP \sin MOP$$

$$y = a \, \sin 2\pi \frac{t}{T}.$$

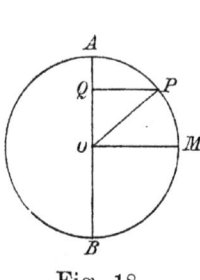

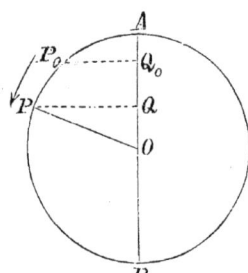

Fig. 18.   Fig. 19.

Da man die Wahl des Anfangspunktes der Zeitrechnung nicht stets in der Gewalt hat, so müssen wir noch den Fall besprechen, daß der auf dem Kreis sich bewegende Punkt sich, wenn $t = 0$ ist, in einem willkürlichen Punkt P_0 (Fig. 19) befindet. Bestimmt man dessen Lage durch den Bogen $AP_0 = 2\pi p$, und sind zur Zeit t die beweglichen Punkte in P und Q, so ist

$$\text{Bogen } AP = 2\pi \left(\frac{t}{T} + p \right)$$

und

$$y = a \, \cos 2\pi \left(\frac{t}{T} + p \right).$$

Die Größe a nennen wir die **Amplitude** und T die **Schwingungsdauer**. p bestimmt die **Phase** der Schwingung zur Zeit $t = 0$.

§ 46. Mit einigen Worten müssen wir noch auf Funktionen, die als Summe von zwei oder mehr verschiedenen goniometrischen Funktionen dargestellt werden können, eingehen. Wir betrachten zunächst solche Funktionen, welche durch Addition von zwei goniometrischen Funktionen von derselben Periode entstanden sind, z. B.

$$y = a_1 \cos 2\pi\left(\frac{t}{T} + p_1\right) + a_2 \cos 2\pi\left(\frac{t}{T} + p_2\right), \qquad (27)$$

wo wiederum t die unabhängig Veränderliche, T die Periode und a_1, a_2, p_1 und p_2 beliebige Konstanten bedeuten. Es bedarf wohl keines besonderen Beweises, daß die Summe (27) dieselbe Periode wie die Einzelglieder besitzen muß. Mit Hilfe der Formel (2) (§ 34) entwickeln wir (27) und stellen die Glieder etwas anders zusammen.

$$\left. \begin{aligned} y &= (a_1 \cos 2\pi p_1 + a_2 \cos 2\pi p_2) \cos 2\pi\frac{t}{T} \\ &\quad - (a_1 \sin 2\pi p_1 + a_2 \sin 2\pi p_2) \sin 2\pi\frac{t}{T} \cdot \end{aligned} \right\} \qquad (28)$$

Wir sahen schon früher (§ 30), daß zwei gegebene Zahlen α und β sich stets in die Form

$$\alpha = r \cos \varphi \quad \text{und} \quad \beta = r \sin \varphi$$

bringen lassen. Wir können demnach für die Koeffizienten von $\cos\frac{2\pi t}{T}$ und $\sin\frac{2\pi t}{T}$ in (28) setzen

$$\left. \begin{aligned} a_1 \cos 2\pi p_1 + a_2 \cos 2\pi p_2 &= A \cos 2\pi P, \\ a_1 \sin 2\pi p_1 + a_2 \sin 2\pi p_2 &= A \sin 2\pi P, \end{aligned} \right\} \qquad (29)$$

woraus die Größen A und P (beide sind natürlich konstant) berechnet werden können. Hierdurch geht y über in

$$y = A \cos 2\pi\left(\frac{t}{T} + P\right). \qquad (30)$$

Durch Addition der beiden periodischen Kosinusfunktionen ergiebt sich also eine neue von ganz derselben Form. Quadriert man die Gleichungen (29) und addiert die Resultate, so erhält man

$$A^2 = a_1{}^2 + a_2{}^2 + 2 a_1 a_2 \cos 2\pi(p_1 - p_2).$$

Die hier gewonnenen Resultate sind besonders wichtig für die Theorie des Schalles und des Lichtes.

Sind mehr als zwei goniometrische Funktionen von derselben Periode gegeben, so lassen sich dieselben in ähnlicher

Weise wie oben zusammenfassen; man erhält schließlich eine einzelne Funktion von derselben Form wie die gegebenen.

Auch durch Addition von goniometrischen Funktionen mit verschiedener Periode können wieder periodische Funktionen entstehen. So ist z. B. die Periode von

$$y = a_1 \sin x + a_2 \sin 2x + a_3 \sin 3x + \dots + a_n \sin nx$$

2π, da alle Glieder denselben Wert annehmen, wenn x um 2π größer wird.

In diesem Fall läßt sich y jedoch nicht mehr durch eine einzige goniometrische Funktion von der Periode 2π darstellen. Mit anderen Worten: wir haben jetzt durch Addition von goniometrischen Funktionen eine kompliziertere periodische Funktion gewonnen.

§ 47. Durch Umkehrung der goniometrischen Funktionen entstehen die cyklometrischen. In Fig. 20 sei der Radius

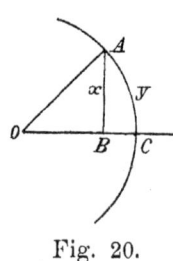

Fig. 20.

$= 1$, $AB = x$ und der Bogen $AC = y$. Dann ist $x = \sin y$. Es ist also y der Bogen, dessen Sinus gleich x ist. Man schreibt dies:

$$y = \text{arc} \sin x.$$

In analoger Weise sind die Symbole arc $\cos x$, arc tg x, arc sec x u. s. w. aufzufassen.

Selbstverständlich lassen sich aus den Eigenschaften der goniometrischen Funktionen alle Eigenschaften der cyklometrischen ableiten. So entspricht der Periodizität der goniometrischen die Vieldeutigkeit der cyklometrischen Funktionen. Kennt man z. B. den einem bestimmten Wert von x entsprechenden Bogen y, so genügt nicht nur dieser Wert der Gleichung $y = \text{arc} \sin x$, sondern auch alle Bögen, die um 2π größer oder kleiner sind. Bei arc $\sin x$ existieren sogar noch mehr Werte, da der Sinus eines Bogens gleich dem Sinus seines Supplements ist. In ähnlicher Weise gehören auch zu arc $\cos x$ zwei Serien von Werten; die eine Reihe ergiebt sich aus der anderen durch Umkehrung der Vorzeichen, also etwa

$$a - 4\pi, \quad a - 2\pi, \quad a, \quad a + 2\pi, \quad a + 4\pi,$$
$$-a + 4\pi, \quad -a + 2\pi, \quad -a, \quad -a - 2\pi, \quad -a - 4\pi \text{ u. s. w.}$$

Da die Periode der Tangente π beträgt, so genügt, wenn x gleich einer bestimmten Zahl ist, nicht nur ein bestimmter Wert von y der Gleichung $y = \operatorname{arc\,tg} x$, sondern auch die Werte $y + \pi$, $y + 2\pi$, $y + 3\pi$ u. s. w., $y - \pi$, $y - 2\pi$, $y - 3\pi$ u. s. w. Ähnliches gilt von $\operatorname{arc\,cot} x$.

Die Vieldeutigkeit in den Werten der cyklometrischen Funktionen wird oft durch geeignete Voraussetzungen beseitigt.

§ 48. Die bisher behandelten Funktionen können in mannigfacher Weise miteinander kombiniert werden, wodurch sehr verwickelte Funktionen entstehen können. Beispielsweise läßt sich eine gewisse Bewegung eines Punktes längs einer Geraden darstellen durch die Gleichung:

$$y = a e^{-\lambda t} \cos 2\pi \left(\frac{t}{T} + p \right), \qquad (31)$$

wo t die Zeit, y den Abstand von einem festen Punkt und λ eine positive Konstante bedeuten. Diese Gleichung unterscheidet sich von der letzten Gleichung in § 45 nur durch den Faktor $e^{-\lambda t}$. Wir haben es hier wieder mit einer schwingenden Bewegung zu thun, da $\cos 2\pi \left(\frac{t}{T} + p \right)$ abwechselnd positiv und negativ wird, wenn t zunimmt. Aber der im Lauf der Zeit stets kleiner werdende Faktor $e^{-\lambda t}$ bewirkt, daß der schwingende Punkt sich allmählich immer weniger von der Ruhelage entfernt, die Amplituden nehmen also mit der Zeit ab und nähern sich 0.

Die Formel (31) stellt eine durch Reibung gedämpfte schwingende Bewegung dar.

Aufgaben.

1. Den unbekannten Winkel x zu bestimmen aus der Gleichung
$$a \cos x + b \sin x = c.$$

2. Wie lang ist die Seite des einem Kreise vom Halbmesser r eingeschriebenen regelmäßigen 7-Ecks?

3. Innerhalb eines gegebenen Winkels $AOB = \varphi$ ist eine gerade Linie OC derart gezogen, daß die Entfernungen eines ihrer Punkte von den Schenkeln OA und OB sich wie die gegebenen Zahlen m und n verhalten. Es sollen die Winkel AOC und BOC bestimmt werden.

4. Die Projektionen einer auf OC (siehe die vorige Aufgabe) liegenden Strecke auf OA und OB verhalten sich wie die gegebenen Zahlen a und b. Es sollen wieder die Winkel AOC und BOC bestimmt werden.

5. Auf einer geraden Linie sind zunächst zwei Punkte A und C gegeben, und dann zwei weitere Punkte B und D, der eine auf der Strecke AC, der andere außerhalb derselben, die der Bedingung

$$AB : CB = AD : CD$$

genügen. (Man nennt das System der vier Punkte in diesem Falle eine harmonische Punktreihe.)

Man verbinde A, B, C und D mit einem beliebigen Punkte P. Es soll bewiesen werden, daß

$$\sin APB : \sin CPB = \sin APD : \sin CPD.$$

Weiter soll gezeigt werden, daß die dieser letzteren Proportion genügenden Strahlen PA, PB, PC, PD (man bezeichnet ein derartiges System als ein harmonisches Strahlenbüschel) eine beliebige Gerade in einer harmonischen Punktreihe schneiden, so daß, wenn a, b, c, d die Schnittpunkte sind,

$$ab : cb = ad : cd.$$

6. In einem Parallelogramm $ABCD$ sind die Seiten AB und AD, sowie der eingeschlossene Winkel A gegeben. Die Länge der Diagonale AC zu berechnen.

7. Es soll der Inhalt eines Dreiecks bestimmt werden, a) wenn ein Winkel und die beiden anliegenden Seiten, b) wenn eine Seite und die Winkel an derselben gegeben sind.

8. Außerhalb eines Kreises mit dem Mittelpunkte M und dem Radius r ist ein Punkt P, in der Entfernung $MP = a$ vom Mittelpunkte gegeben. Durch denselben zieht man eine Gerade, die mit PM den Winkel φ bildet. Wie weit sind die Schnittpunkte dieser Geraden mit dem Kreise von P entfernt?

9. Ein beliebiges, in einer Ebene V liegendes Vieleck wird auf eine Ebene W, die mit V den Winkel α bildet, projiziert. Es soll bewiesen werden, daß zwischen dem Inhalt I des Vielecks und dem Inhalt I' der Projektion die Beziehung

$$I' = I \cos \alpha$$

besteht.

10. Es sollen die Kantenwinkel eines regulären Tetraeders und eines regulären Oktaeders bestimmt werden.

11. Zwei gerade Linien OA und OB bilden miteinander den Winkel a, und mit der Vertikalen die Winkel p und q. Es soll die Projektion des Winkels AOB auf eine horizontale Ebene bestimmt werden.

12. Welchem Grenzwert nähern sich die folgenden Ausdrücke, wenn x sich der in der Klammer stehenden Zahl nähert?

$$\frac{x^2 + 2x - 35}{x^2 - 8x + 15} \, (x = 5), \qquad \frac{3x^2 + 2x + 4}{2x^2 + x + 5} \, (x = \infty),$$

$$\frac{a\,x^m + b}{c\,x^n + d} \, (x = \infty), \qquad \frac{\sin a x}{x} \, (x = 0), \qquad \frac{\operatorname{tg} x}{x} \, (x = 0),$$

$$\frac{1 - \cos x}{x^2} \, (x = 0), \qquad \frac{\sin 3x}{x - \pi} \, (x = \pi), \qquad (1 - 3x)^{\frac{1+x}{x}} \, (x = 0),$$

$$(1 + a \sin x)^{\frac{1}{x}} \, (x = 0), \qquad (1 + x^2)^{\frac{1}{x}} \, (x = 0), \qquad (1 + x)^{\frac{1}{x^2}} \, (x = 0).$$

13. In einer ebenen Fläche sind zwei gerade Linien L_1 und L_2 senkrecht zu einander gezogen. Eine dritte Linie AB von unveränderlicher Länge wird so bewegt, daß der eine ihrer Endpunkte längs L_1 und der andere längs L_2 gleitet, wobei sie in abwechselnder Reihenfolge den Schnittpunkt O von L_1 und L_2 passieren. Es soll bewiesen werden, daß, wenn A eine harmonische Bewegung ausführt, B ebenfalls sich harmonisch bewegt.

Ist dies auch noch der Fall, wenn der Winkel zwischen L_1 und L_2 ein schiefer ist?

Der Winkel zwischen L_1 und L_2 sei wieder ein rechter. Welche Funktionen der Zeit sind dann der Winkel zwischen AB und L_1 (oder L_2) und der Abstand von O bis AB?

14. Es soll

$$a_1 \cos 2\pi \left(\frac{t}{T} + p_1 \right) + a_2 \cos 2\pi \left(\frac{t}{T} + p_2 \right) + \ldots$$
$$+ a_n \cos 2\pi \left(\frac{t}{T} + p_n \right)$$

so zusammengefaßt werden, daß das Resultat nur eine einzige goniometrische Funktion enthält.

15. Es soll

$$a_1 \cos 2\pi \left(\frac{t}{T} + p_1 \right) + a_2 \sin 2\pi \left(\frac{t}{T} + p_2 \right)$$

so zusammengefaßt werden, daß das Resultat nur eine einzige goniometrische Funktion enthält.

16. Wann ist

$$\cos \alpha x \cos \beta x + \cos \gamma x \cos \delta x$$

eine periodische Funktion von x?

17. Es soll bewiesen werden, daß, bei gehöriger Berücksichtigung der Vielwertigkeit der cyklometrischen Funktionen,

$$\text{arc} \sin x + \text{arc} \sin y = \text{arc} \sin \left(x \sqrt{1 - y^2} + y \sqrt{1 - x^2} \right)$$

und

$$\text{arc tg } x + \text{arc tg } y = \text{arc tg } \frac{x + y}{1 - xy}$$

ist.

Kapitel III.

Graphische Darstellung von Funktionen.

Grundlagen der analytischen Geometrie der Ebene.

§ 49. Der Zusammenhang zwischen zwei oder mehr Veränderlichen wird häufig durch eine geometrische Figur veranschaulicht. Wir beschränken uns vorläufig auf den Fall, daß nur zwei Variable gegeben sind; die Figur, welche die Beziehung zwischen beiden veranschaulichen soll, kann dann in einer ebenen Fläche konstruiert werden.

Wir ziehen in einer Ebene zwei Senkrechte (Fig. 21) OX und OY. Die Lage irgend eines Punktes in der Ebene, z. B. von P, ist dann durch die Länge der Abstände PB von OY und PA von OX bestimmt, wenn man außerdem weiß, auf welcher Seite von jeder der beiden Linien der Punkt liegt. Man braucht nämlich nur den einen Abstand von O aus auf OX abzutragen und in dem so gefundenen Punkt A eine Senkrechte gleich dem anderen Abstand zu errichten. Diese beiden Grössen OA und AP (oder BP und AP, resp. OA und OB), welche die Lage des Punktes P bestimmen, nennt man die **Parallelkoordinaten** oder kurzweg **Koordinaten** des Punktes, die Linien OX und OY die **Koordinatenachsen** und ihren Schnittpunkt O den **Ursprung** oder **Anfangspunkt der Koordinaten.** Man hat sich ferner geeint, durch das Vorzeichen anzudeuten, auf welcher Seite der Achsen P liegt, so daß Vorzeichen und Größe der Koordinaten die Lage von P völlig bestimmen. Die Richtungen OX und OY sehen wir nämlich als die positiven, die entgegengesetzten Richtungen als die negativen an und erteilen dementsprechend den Koordinaten das positive oder negative Vorzeichen, je nachdem sie, von O ab gerechnet, mit der positiven oder negativen Achsenrichtung zusammenfallen.

Die Koordinate, welche auf der Achse OX liegt, oder derselben parallel läuft, bezeichnen wir mit dem Buchstaben x, die andere mit y.

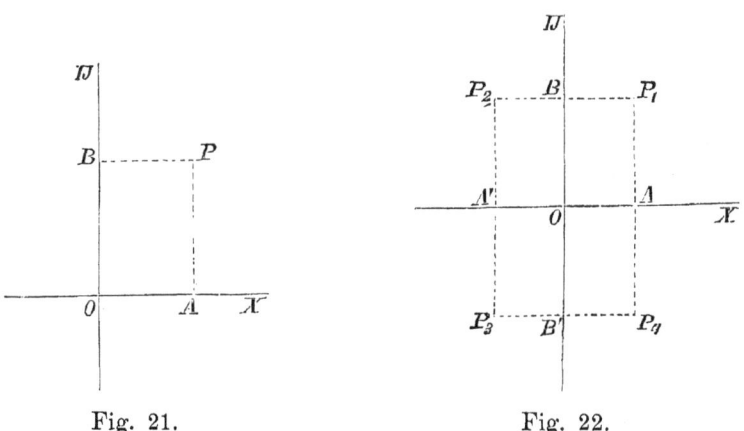

Fig. 21.   Fig. 22.

Sind mehrere Punkte gegeben, so unterscheidet man ihre Koordinaten durch Indices, z. B. x_1, y_1, x_2, y_2 u. s. w. Sind in Fig. 22 die Koordinaten der Punkte P_1, P_2, P_3, P_4, x_1, y_1 bez. x_2, y_2 u. s. w., so ist offenbar

$$x_2 = -x_1, \qquad y_2 = y_1,$$
$$x_3 = -x_1, \qquad y_3 = -y_1,$$
$$x_4 = x_1, \qquad y_4 = -y_1.$$

In welchem Quadranten ein Punkt liegt, darüber giebt uns also das Vorzeichen Auskunft.

Die beiden Koordinaten spielen ganz dieselbe Rolle, ein eigentlicher Unterschied besteht zwischen ihnen nicht. Man kann sich indes vorstellen, daß man, um die Lage von P mit Hilfe seiner Koordinaten zu ermitteln, stets zuerst auf der x-Achse die Koordinate x abschneidet und in dem dadurch gefundenen Punkt die Senkrechte $AP = y$ errichtet. Dementsprechend nennt man die x-Koordinate häufig die Abscisse und die y-Koordinate die Ordinate.

§ 50. Da die Lage eines Punktes durch seine beiden Koordinaten gegeben ist, so wird man offenbar die Lage eines Systems von Punkten dadurch bestimmen können, daß man die Koordinaten eines jeden einzelnen Punktes angiebt. Verschiedene in dem System vorkommende Größen, wie die Länge von Linien, die Größe von Winkeln, der Inhalt von Flächenteilen, lassen sich dann durch Rechnung finden.

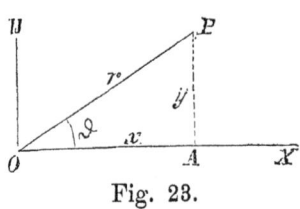

Fig. 23.

Gegeben seien die Koordinaten x und y eines Punktes P; es soll die Länge und die Richtung der Linie OP (Fig. 23) ermittelt werden.

Die Richtung von OP bestimmen wir durch die Größe des Winkels ϑ, den OP mit OX bildet, wobei wir die positive Drehungsrichtung so wählen, daß OY mit OX einen positiven rechten Winkel bildet (vergl. §§ 24 und 26). Aus der Figur ergiebt sich sofort

$$r = \sqrt{x^2 + y^2},$$

$$\cos \vartheta = \frac{x}{r}, \qquad \sin \vartheta = \frac{y}{r},$$

$$\operatorname{tg} \vartheta = \frac{y}{x}.$$

Diese Formeln gelten ganz allgemein, welche Lage P auch haben mag, nur muß man in Betreff des Vorzeichens das in § 49 Gesagte berücksichtigen.

Gegeben seien zwei Punkte P_1 und P_2 mit den Koordinaten x_1, y_1 bez. x_2, y_2 (Fig. 24). Es soll ihr Abstand und die Richtung von $P_1 P_2$ ermittelt werden.

Es ist $OD = x_1$, $OE = x_2$, $DP_1 = y_1$, $EP_2 = y_2$. Für den Abstand $P_1 P_2 = l$ findet man

$$l = \sqrt{P_1 C^2 + P_2 C^2} = \sqrt{(x_2 - x_1)^2 + (y_2 - y_1)^2}.$$

Ferner ist, wenn ϑ der Winkel ist, den die Richtung von P_1 nach P_2 mit OX bildet,

$$\cos \vartheta = \frac{x_2 - x_1}{l},$$

$$\sin \vartheta = \frac{y_2 - y_1}{l},$$

$$\operatorname{tg} \vartheta = \frac{y_2 - y_1}{x_2 - x_1}.$$

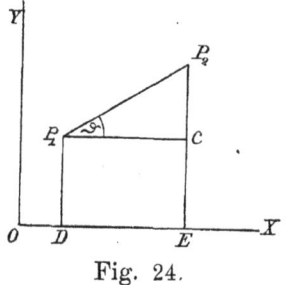

Fig. 24.

Der Leser möge sich selbst davon überzeugen, daß diese Formeln gültig bleiben, in welchen Quadranten P_1 und P_2 auch liegen mögen.

§ 51. Die beschriebene graphische Darstellung wird häufig zur Veranschaulichung des Zusammenhangs zwischen zwei Veränderlichen benutzt. Man kann nämlich bei jeder Funktion der unabhängig Variablen nacheinander verschiedene Werte beilegen, die dazu gehörigen Werte der abhängig Variablen ermitteln und jedes Paar von einander entsprechenden Werten, das man in dieser Weise erhält, durch die Lage eines Punktes darstellen, indem man den Wert der unabhängig Veränderlichen als Abscisse und den Wert der abhängig Veränderlichen als Ordinate in die Figur einträgt. Natürlich ist dabei zunächst die Länge der Strecke festzusetzen, die dem Wert 1 der Veränderlichen entsprechen soll.

Durch alle gefundenen Punkte läßt sich schließlich eine Linie ziehen, deren Lauf ein Bild von den gleichzeitigen Änderungen der beiden Größen giebt.

Ein Beispiel möge dies Verfahren erläutern. Gegeben sei

$$y = 2 + x - x^2.$$

Setzt man hierin für x die Zahlen

$$-1;\ 0;\ 0{,}5;\ 1;\ 1{,}5;\ 2;\ 3,$$

so ergiebt sich

$$y = 0;\ 2;\ 2{,}25;\ 2;\ 1{,}25;\ 0;\ -4.$$

Als Einheit wählen wir die Strecke OB (Fig. 25). Wenn $x = -1$, also wenn die Abscisse $= OF = OB$ ist, ist $y = 0$; der

diesem Werte entsprechende Punkt F liegt auf der Abscissenachse in der Entfernung -1 vom Ursprung. Wenn $x = 0$,
ist $y = 2$; der diesem Wert entsprechende Punkt liegt auf der
Ordinatenachse in der Entfernung
$Og = 2$ vom Ursprung. Wenn
$x = + 0,5$, so müssen wir von
der auf OX in A errichteten Senkrechten ein Stück $= 2,25$ abschneiden; wir gelangen so zum
Punkt a. Wenn wir so weiter
fortfahren und durch alle gefundenen Punkte eine Kurve ziehen,
so erhalten wir die Linie $Fgabc De$.

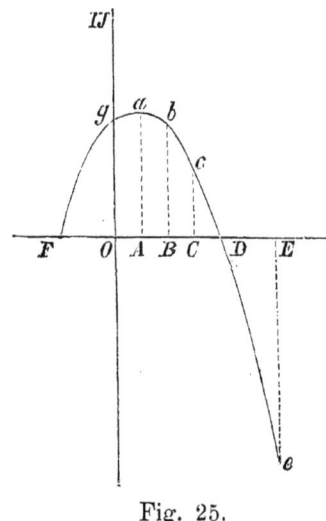

Fig. 25.

Es läßt sich aus dieser Kurve
der jedem Wert der unabhängig
Variablen entsprechende Wert der
abhängig Variablen ablesen. Man
hat nur nötig, in dem betreffenden
Punkt der Abscissenachse eine
Senkrechte zu OX zu errichten. Die Länge der letzteren von
der Abscissenachse bis zu dem Punkt, wo sie die Kurve
schneidet, giebt dann unmittelbar den Wert von y.

Ebenso wie die Figur die algebraische Beziehung zwischen
x und y geometrisch veranschaulicht, lassen sich auch umgekehrt die Eigenschaften der Kurve mit Hilfe von algebraischen
Betrachtungen aus der Gleichung — die man deshalb die
Gleichung der Linie nennt — ableiten.

§ 52. In den folgenden Paragraphen sollen die wichtigsten
Funktionen graphisch dargestellt werden. Wir beginnen mit
der einfachsten,

$$y = px,$$

wo p eine Konstante ist. Wenn $x = 0$, ist $y = 0$, die Linie
geht also durch den Ursprung. Setzt man für x nacheinander
verschiedene Werte, berechnet die zugehörigen Werte von y
und trägt dieselben in das Koordinatensystem ein, so erhält
man eine gerade Linie OL (Fig. 26). Die Richtung derselben
ist gegeben durch die Gleichung (§ 50)

$$\operatorname{tg} LOX = \frac{y}{x} = p.$$

Ist p positiv, so liegt die Linie innerhalb des Winkels XOY und seines Scheitelwinkels; wenn p negativ, innerhalb der beiden anderen durch die Koordinatenachsen gebildeten Winkel (siehe Fig. 27).

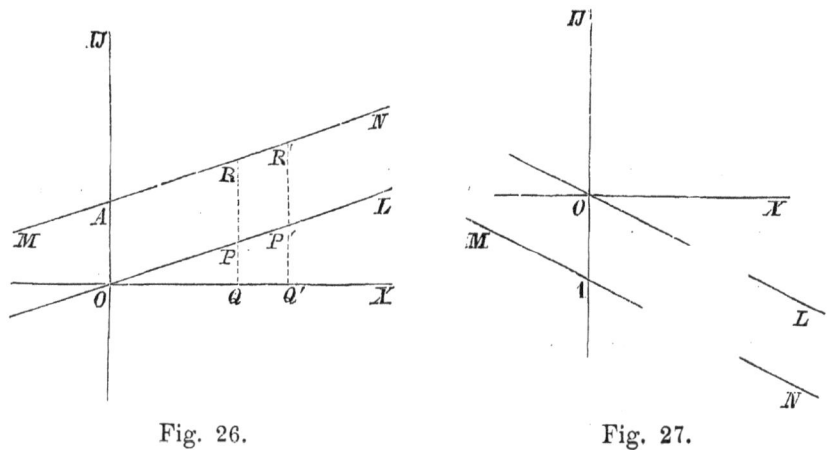

Fig. 26.   Fig. 27.

Man kann aus dem Gesagten leicht ableiten, welche Linie die Funktion

$$y = px + q$$

darstellt. Denn konstruiert man zuerst eine Linie

$$y = px,$$

dann braucht man nur (Fig. 26) zu allen Ordinaten QP, $Q'P'$ u. s. w. ein Stück PR, $P'R'$ u. s. w. $= q$ hinzuzufügen, um die Linie $y = px + q$ zu erhalten. Die so konstruierte Linie MN läuft parallel mit OL und schneidet die Ordinatenachse in A, so daß $OA = q$ ist. Ist q positiv, dann liegt die Linie oberhalb OL, wenn q negativ, unterhalb OL. Die Tangente des Winkels zwischen MN und der Abscissenachse ist wieder $= p$. Wenn p negativ und $q = 0$, so ergiebt sich, wie bereits gesagt, die Linie OL (Fig. 27); wenn p und q negativ, MN (Fig. 27).

Der Anfänger thut gut, für p und q verschiedene positive und negative Zahlen einzusetzen und die betreffenden Linien zu konstruieren.

Da man durch Auflösung der allgemeinen Gleichung

$$Ax + By + C = 0$$

stets eine Formel von der Gestalt $y = px + q$ erhält, so
ist sie ebenfalls die Gleichung einer geraden Linie. Man
nennt alle algebraischen Funktionen ersten Grades, wie $px + q$,
lineare Funktionen, und alle Gleichungen mit zwei (oder
auch mit mehr) Variabeln, solange nur die letzteren weder
in höherem als dem ersten Grade, noch miteinander multipliziert vorkommen, lineare Gleichungen.

Es verdient noch bemerkt zu werden, daß in der Gleichung einer geraden Linie zwei Konstanten (p und q oder die
Verhältnisse von A, B und C) vorkommen, die nicht verändert
werden können, ohne daß die Linie eine andere Lage erhält.
Auch die Gleichungen von krummen Linien enthalten außer
den Koordinaten x und y Konstanten a, b, c u. s. w. Werden
die letzteren verändert, so ändert sich auch die Kurve. Zum
Teil behält sie aber dabei dieselben Eigenschaften — eine
Gerade $y = px + q$ bleibt z. B. eine Gerade, wenn man auch
p und q ändert —, so daß alle Linien, welche sich nur durch
die Konstanten a, b, c u. s. w. unterscheiden, zu derselben
Klasse gerechnet werden können. Man nennt die Konstanten
auch häufig Parameter.

§ 53. Wir gehen jetzt über zu den Gleichungen zweiten
Grades und beginnen mit der Gleichung für den Kreis.

Liegt der Koordinatenursprung
im Mittelpunkt und ist a der Radius, dann folgt unmittelbar aus
der Fig. 28:

$$x^2 + y^2 = a^2$$

oder

$$y = \pm \sqrt{a^2 - x^2}.$$

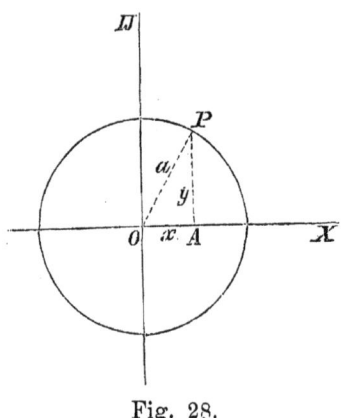

Fig. 28.

Zu jedem Wert von x ge-
hören zwei Werte von y, also
zwei Punkte, von denen der eine
ebenso hoch über der Abscissenachse liegt, wie der andere unter-
halb derselben. Wenn $x > a$ oder $- x > a$, so existiert kein
Wert für y.

§ 54. Die Ellipse ist eine krumme Linie, welche die
Eigenschaft besitzt, daß die Summe der Abstände irgend eines

Punktes derselben von zwei festen Punkten F und G stets gleich groß ist (Fig. 29). Die beiden festen Punkte F und G heißen Brennpunkte und die Abstände Leitstrahlen oder Radiusvektoren. Wir wählen die Mitte von FG als Ursprung der Koordinaten und lassen die eine Achse mit FG zusammenfallen, während die andere senkrecht auf FG steht. Die obenerwähnte Summe der Abstände von den beiden Brennpunkten sei $2a$ und $OG = c$. Für einen beliebigen Punkt P der Ellipse mit den Koordinaten x und y ist

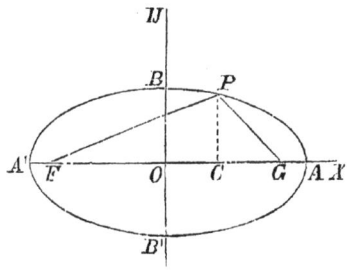

Fig. 29.

$$PF = \sqrt{(x + c)^2 + y^2},$$
$$PG = \sqrt{(x - c)^2 + y^2},$$

also

$$PF + PG = \sqrt{(x + c)^2 + y^2} + \sqrt{(x - c)^2 + y^2} = 2a.$$

Diese Gleichung läßt sich noch bedeutend vereinfachen. Zu dem Zweck schreiben wir sie folgendermaßen:

$$2a - \sqrt{(x - c)^2 + y^2} = \sqrt{(x + c)^2 + y^2}$$

und erheben sie ins Quadrat. Wir erhalten nach einer weiteren Umformung

$$(a^2 - c^2)\,x^2 + a^2\,y^2 = a^2(a^2 - c^2).$$

Setzt man zur Vereinfachung

$$a^2 - c^2 = b^2,$$

was erlaubt ist, da $a > c$ sein muß, so ergiebt sich

$$\frac{x^2}{a^2} + \frac{y^2}{b^2} = 1.$$

Jedem Wert von x entsprechen zwei Werte von y. Wenn $x = 0$, ist $y = \pm b$; wenn $x = a$, ist $y = 0$; es ist daher $OA = a$ und $OB = b$. Man nennt OA die halbe große Achse und OB die halbe kleine Achse. (Der Name Achse oder Symmetrieachse rührt daher, daß zu beiden Seiten einer solchen Linie alles symmetrisch liegt.) Wenn $b = a$, geht die Ellipse in den Kreis über; man kann daher den Kreis als einen besonderen Fall der Ellipse ansehen.

§ 55. Löst man die Gleichung der Ellipse nach y auf, so ergiebt sich

$$y = \pm \frac{b}{a} \sqrt{a^2 - x^2},$$

während man für den Kreis mit dem Radius a

$$y = \pm \sqrt{a^2 - x^2}$$

erhält. Die beiden Werte unterscheiden sich voneinander nur durch den konstanten Faktor $\frac{b}{a}$. Wird also um den Mittelpunkt O der Ellipse (Fig. 30) mit dem Radius a ein Kreis beschrieben, so ist das Verhältnis zweier beliebiger Ordinaten, z. B. CQ und CP, die derselben Abscisse entsprechen, konstant. Eine ähnliche Beziehung besteht auch zwischen der Ellipse und dem Kreis, der über der kleinen Achse als Mittellinie beschrieben werden kann. Hieraus folgt, daß man eine Ellipse erhält, wenn man in einem Kreise einen Durchmesser zieht und die Abstände aller Punkte der Peripherie vom Durchmesser in einem konstanten Verhältnis vergrößert oder verkleinert.

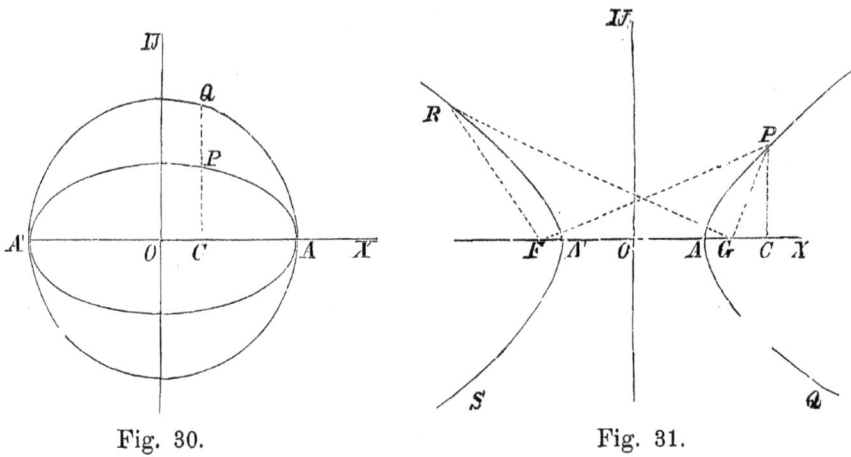

Fig. 30.   Fig. 31.

§ 56. Bei der Hyperbel existieren ebenso wie bei der Ellipse zwei Brennpunkte F und G (Fig. 31); bei dieser Kurve ist aber die Differenz der beiden von den Brennpunkten nach einem Punkte der Linie gezogenen Leitstrahlen konstant. Die Kurve besteht aus zwei Zweigen, PQ und RS, die sich nach beiden Seiten bis in die Unendlichkeit erstrecken. Wir verbinden F mit G und wählen die Verbindungslinie, wie bei der Ellipse, zu der x-Koordinatenachse, die andere Achse steht senkrecht auf dieser in der Mitte von FG. Wir setzen wie bei der Ellipse $OG = c$ und die konstante Differenz der Leitstrahlen $= 2a$. Dann ist für irgend einen Punkt P der krummen Linie, dessen Koordinaten x und y sind,

$$\sqrt{(x+c)^2+y^2} - \sqrt{(x-c)^2+y^2} = \pm\, 2a,$$

wobei das obere oder untere Vorzeichen gilt, je nachdem der Punkt auf dem einen oder anderen Zweig liegt. Durch eine ähnliche Rechnung wie bei der Ellipse ergiebt sich wieder

$$(a^2 - c^2)\, x^2 + a^2 y^2 = a^2 (a^2 - c^2).$$

Es ist aber jetzt $a < c$. Wir setzen daher $a^2 - c^2 = -\, b^2$ und erhalten die Hyperbelgleichung

$$\frac{x^2}{a^2} - \frac{y^2}{b^2} = 1.$$

Ist $y = 0$, so ist $x = \pm\, a$. Die Strecken OA und OA' haben also die Länge a.

§ 57. Zieht man durch O zwei gerade Linien OD und OE (Fig. 32), deren Gleichungen

$$y = +\frac{b}{a}x \quad \text{und} \quad y = -\frac{b}{a}x$$

sind, und vergleicht die zu einer gleichen Abscisse gehörenden Ordinaten der Geraden und der Hyperbel, z. B.

$$CQ = \frac{b}{a}x,$$

$$CP = \frac{b}{a}\sqrt{x^2 - a^2},$$

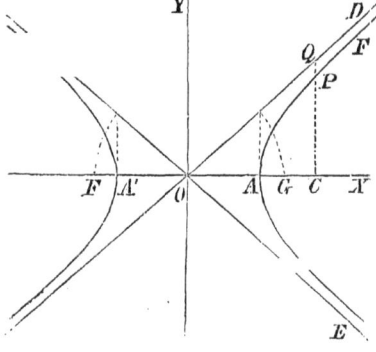

Fig. 32.

so ergiebt sich, daß $CP < CQ$ ist und daß der Hyperbelzweig AF mithin stets unter der Geraden OD bleibt. Die Differenz der beiden Ordinaten ist

$$PQ = \frac{b}{a}\left[x - \sqrt{x^2 - a^2}\right],$$

wofür man auch schreiben kann, nachdem man mit $x + \sqrt{x^2 - a^2}$ multipliziert und dividiert hat,

$$PQ = \frac{ab}{x + \sqrt{x^2 - a^2}}.$$

Bei wachsendem x nähert sich PQ dem Grenzwerte 0.
Die krumme Linie AF kommt also der Geraden OD beliebig nahe.

Ähnlich liegen die Verhältnisse bei den übrigen Zweigen
der Hyperbel. Man nennt solche Gerade, wie OD und OE,
Asymptoten. Dieselben können bei der Hyperbel leicht konstruiert werden, wenn man die Brennpunkte und die konstante
Differenz $2a$ der Leitstrahlen kennt. Man hat nämlich nur
nötig, in dem Endpunkte A der Abscisse $= a$ ein Lot von der
Länge $\sqrt{c^2 - a^2}$ zu errichten und den Endpunkt des Lotes mit
O zu verbinden.

§ 58. Ähnlich wie in den beiden behandelten Beispielen
wird auch in anderen Fällen eine Kurve definiert durch eine
allen ihren Punkten gemeinsame Eigenschaft, oder, wie man
sich auszudrücken pflegt, als der geometrische Ort aller
Punkte, denen diese Eigenschaft zukommt. Um die Gleichung
der Kurve zu erhalten, braucht
man nur die Eigenschaft ihrer
Punkte, m. a. W. die Bedingung,
der dieselben genügen sollen,
algebraisch auszudrücken.

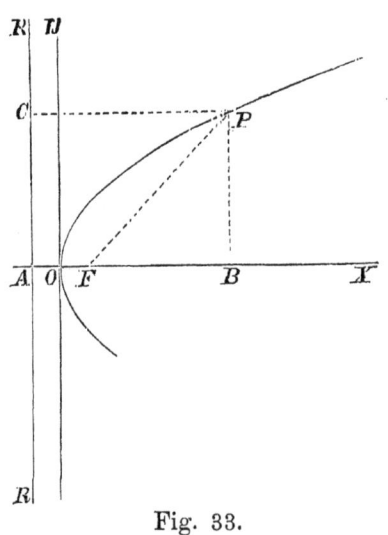

Fig. 33.

Der geometrische Ort aller
Punkte (Fig. 33), die gleich
weit entfernt sind von einer gegebenen Geraden RR und einem
festen Punkte F (dem Brennpunkte) wird Parabel ge-
nannt. Wir setzen das Lot
$FA = p$, und wählen den Hal-
bierungspunkt O desselben zum
Anfangspunkt der Koordinaten.
Die Achse OX legen wir längs
OF, die Achse OY also parallel zu RR.

Die Entfernungen irgend eines Punktes P mit den Koordinaten x und y von F und der Linie RR sind dann:

$$PF = \sqrt{FB^2 + PB^2} = \sqrt{(x - \tfrac{1}{2}p)^2 + y^2},$$
$$PC = \qquad AB \qquad = x + \tfrac{1}{2}p.$$

Da nach der Definition $PC = PF$ sein soll, also auch $PC^2 = PF^2$, so folgt

$$(x - \tfrac{1}{2}p)^2 + y^2 = x^2 + px + \tfrac{1}{4}p^2$$

oder

$$y^2 = 2px.$$

Die drei Linien: Parabel, Ellipse und Hyperbel werden häufig mit dem allgemeinen Namen Kegelschnitte benannt, weil sie auf der Oberfläche eines Rotationskegels entstehen, wenn man denselben mittels Ebenen nach verschiedenen Richtungen schneidet.

§ 59. Wir haben bei der Ableitung der bisher besprochenen Gleichungen die Koordinatenachsen stets so gewählt, daß ihre Lage in Beziehung zu der zu untersuchenden Figur eine möglichst einfache war. Im Laufe von mathematischen Untersuchungen kommt es indes häufig vor, daß man andere Koordinatensysteme einführen muß. Kennt man die Gleichung der Linie, bezogen auf das alte Koordinatensystem, dann läßt sich die Gleichung in Bezug auf das neue Koordinatensystem durch einfache geometrische Betrachtungen ableiten.

Das neue Koordinatensystem kann aus dem alten auf dreierlei Weise entstanden sein: 1. durch parallele Verschiebung; 2. durch Drehung; 3. durch Verschiebung und Drehung.

Fall I. Das neue Koordinatensystem ist aus dem ursprünglichen durch parallele Verschiebung entstanden. Seien OX und OY (Fig. 34) die ursprünglichen, $O'X'$ und $O'Y'$ die neuen Koordinatenachsen, seien a und b die Koordinaten von O' in Bezug auf OX und OY, x und y die ursprünglichen, x' und y' die neuen Koordinaten von irgend einem Punkte, so ist

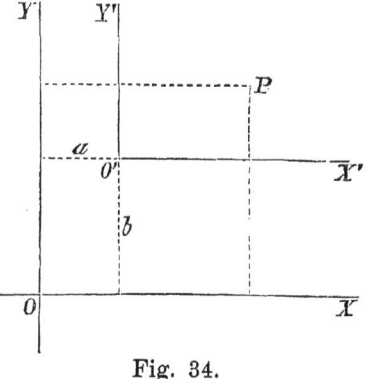

Fig. 34.

$$x = x' + a, \qquad y = y' + b.$$

Diese beiden Gleichungen sind ganz allgemein, welches auch die Vorzeichen der darin vorkommenden Größen sein mögen.

Fall II. Das neue Koordinatensystem ist aus dem ursprünglichen durch Drehung entstanden. OX und OY (Fig. 35) seien
wieder die ursprünglichen, OX' und OY' die neuen Koordinatenachsen, α der Drehungswinkel. Um nun die Beziehung zwischen
den alten Koordinaten von P, x, y (OA, AP), und den neuen,
x', y' (OA', $A'P$), zu ermitteln, beachte man, daß OA und AP
die Projektionen der gebrochenen Linie $OA'P$ auf OX und
OY sind. Daraus folgt:

$$x = x' \cos \alpha - y' \sin \alpha,$$
$$y = x' \sin \alpha + y' \cos \alpha.$$

Der Leser möge sich selbst davon überzeugen, daß diese
beiden Gleichungen ganz allgemein, d. h. für beliebige positive
und negative Werte von α, x' und y' gültig sind.

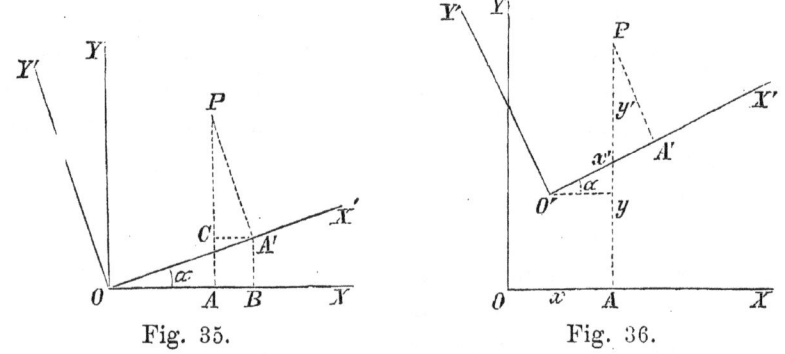

Fig. 35.   Fig. 36.

Fall III. Das neue Koordinatensystem ist aus dem alten
durch parallele Verschiebung und Drehung entstanden (Fig. 36).
Es seien wieder a und b die Koordinaten von O' in Bezug
auf OX und OY. Durch Kombination der Gleichungen von
Fall I und II ergiebt sich unmittelbar:

$$\left.\begin{array}{l} x = a + x' \cos \alpha - y' \sin \alpha, \\ y = b + x' \sin \alpha + y' \cos \alpha. \end{array}\right\} \qquad (1)$$

Wir sind jetzt in den Stand gesetzt, die Gleichung irgend
einer Linie, welche in Bezug auf ein Koordinatensystem OX,
OY gegeben ist, in Bezug auf ein anderes System $O'X'$, $O'Y'$
aufzustellen. Zu dem Zweck brauchen wir nur die auf der
rechten Seite von (1) stehenden Ausdrücke in die gegebene
Gleichung für x und y einzusetzen. Es ist nämlich klar, daß

man in dieser Weise eine Beziehung zwischen x' und y' erhält, der alle Punkte der Linie Genüge leisten. Führt man dies beim Kreis, und bei der Ellipse, Hyperbel und Parabel durch, so erhält man im Vergleich zu früher ziemlich komplizierte Gleichungen.

Umgekehrt kann man aber auch manchmal eine verwickelte Gleichung einer krummen Linie durch Transformation auf ein anderes Koordinatensystem vereinfachen.

§ 60. Ein Beispiel möge zur Erläuterung dienen. Ein Punkt bewege sich in einer Ebene so, daß seine Projektionen auf den Koordinatenachsen OX und OY hin- und herschwingen nach den Gleichungen

$$x = a \cos 2\pi \frac{t}{T}, \qquad (2)$$

$$y = b \cos 2\pi \left(\frac{t}{T} + p \right), \qquad (3)$$

wo t die Zeit und T die Periode bedeuten (vgl. § 45). Welche Bahn beschreibt der Punkt selbst? Um diese Aufgabe zu lösen, muß man t aus (2) und (3) eliminieren; man erhält dann nämlich eine Beziehung zwischen x und y, welche, eben weil sie t nicht mehr enthält, in jedem Punkte der Bahn gilt und welche daher die Gleichung der Bahn ist. Um die Elimination auszuführen, entwickeln wir die zweite Gleichung und schreiben

$$\frac{y}{b} = \cos 2\pi \frac{t}{T} \cos 2\pi p - \sin 2\pi \frac{t}{T} \sin 2\pi p$$

und substituieren hierin die aus (2) folgenden Werte

$$\cos 2\pi \frac{t}{T} = \frac{x}{a},$$

$$\sin 2\pi \frac{t}{T} = \pm \sqrt{1 - \frac{x^2}{a^2}}.$$

Hierdurch erhalten wir

$$\frac{y}{b} = \frac{x}{a} \cos 2\pi p \mp \sqrt{1 - \frac{x^2}{a^2}} \sin 2\pi p,$$

oder

$$-\frac{y}{b} + \frac{x}{a} \cos 2\pi p = \pm \sqrt{1 - \frac{x^2}{a^2}} \sin 2\pi p.$$

Erheben wir diese Gleichung ins Quadrat, so ergiebt sich

$$\frac{x^2}{a^2} - 2\cos 2\pi p \frac{xy}{ab} + \frac{y^2}{b^2} = \sin^2 2\pi p\,, \qquad (4)$$

eine Gleichung, die sich von der früheren Ellipsengleichung durch das Glied mit xy unterscheidet.

Da die ersten Potenzen von x und y fehlen, so folgt aus (4), daß, wenn die Werte $x = \alpha$, $y = \beta$ der Gleichung genügen, auch $-\alpha$ und $-\beta$ dies thun. Geometrisch bedeutet dies, daß jedem Punkt P der Bahn des Punktes ein anderer Punkt P' entspricht, der auf der Verbindungslinie des Ursprungs O mit P, aber auf der entgegengesetzten Seite von O so liegt, daß $OP = OP'$ ist. Wegen dieser Eigenschaft nennt man O den Mittelpunkt der Bahn. Da nun die Lage des Ursprungs des Koordinatensystems in Bezug auf die Bahn bereits die möglichst einfache ist, so würde durch eine Verschiebung des Koordinatensystems die Gleichung der Kurve nur verwickelter werden. (In der That würden durch diese Transformation noch die ersten Potenzen von x und y auftreten). Wir versuchen daher, ob sich nicht durch eine Drehung des Koordinatensystems Gleichung (4) vereinfachen läßt. Der vorläufig unbestimmte Drehungswinkel sei α. Um nun die Gleichung in Bezug auf die neuen Achsen OX' und OY' zu erhalten, müssen wir in (4) die auf S. 84 abgeleiteten Werte substituieren, nämlich:

$$x = x'\cos\alpha - y'\sin\alpha,$$
$$y = x'\sin\alpha + y'\cos\alpha.$$

Hierdurch geht (4) über in

$$\left[\left(\frac{1}{a^2} + \frac{1}{b^2}\right) + \left(\frac{1}{a^2} - \frac{1}{b^2}\right)\cos 2\alpha - \frac{2\cos 2\pi p}{ab}\sin 2\alpha\right] x'^2$$
$$- 2\left[\left(\frac{1}{a^2} - \frac{1}{b^2}\right)\sin 2\alpha + \frac{2\cos 2\pi p}{ab}\cos 2\alpha\right] x'y'$$
$$+ \left[\left(\frac{1}{a^2} + \frac{1}{b^2}\right) - \left(\frac{1}{a^2} - \frac{1}{b^2}\right)\cos 2\alpha + \frac{2\cos 2\pi p}{ab}\sin 2\alpha\right] y'^2$$
$$= 2\sin^2 2\pi p\,.$$

Wir bestimmen den Winkel α so, daß in dieser Gleichung das Glied mit $x'y'$ wegfällt. Dazu muß

$$\operatorname{tg} 2\alpha = \frac{2ab}{a^2 - b^2}\cos 2\pi p$$

sein. Unter den verschiedenen Winkeln, welche dieser Gleichung genügen, wählen wir den aus, für welchen

$$\sin 2\alpha = \frac{2\,a\,b\,\cos 2\pi p}{\sqrt{a^4 + 2\,a^2 b^2 \cos 4\pi p + b^4}}$$

und

$$\cos 2\alpha = \frac{a^2 - b^2}{\sqrt{a^4 + 2\,a^2\,b^2 \cos 4\pi p + b^4}}$$

ist. Die Gleichung der Bahn wird dann

$$\left.\begin{aligned}
&[a^2 + b^2 - \sqrt{a^4 + 2\,a^2 b^2 \cos 4\pi p + b^4}]\,x'^2 \\
&+ [a^2 + b^2 + \sqrt{a^4 + 2\,a^2 b^2 \cos 4\pi p + b^4}]\,y'^2 = 2\,a^2 b^2 \sin^2 2\pi p.
\end{aligned}\right\} \quad (5)$$

Da hier alle Glieder positiv sind (von dem ersten läßt sich dies leicht beweisen), so kann man

$$\frac{2\,a^2 b^2 \sin^2 2\pi p}{a^2 + b^2 - \sqrt{a^4 + 2\,a^2 b^2 \cos 4\pi p + b^4}} = a'^2$$

und

$$\frac{2\,a^2 b^2 \sin^2 2\pi p}{a^2 + b^2 + \sqrt{a^4 + 2\,a^2 b^2 \cos 4\pi p + b^4}} = b'^2$$

setzen. Führt man dies in (5) ein, so ergiebt sich

$$\frac{x'^2}{a'^2} + \frac{y'^2}{b'^2} = 1,$$

die Ellipsengleichung. Der Punkt bewegt sich also auf einer Ellipse, deren halbe große und kleine Achse a' und b' sind und deren Achsen OX' und OY' um den Winkel α gegen die ursprünglichen Koordinatenachsen gedreht sind.

§ 61. Ähnlich wie wir im vorigen Paragraphen, um die Bahn des Punktes zu bestimmen, die Zeit t aus den beiden Gleichungen (2) und (3) eliminiert haben, können wir auch in anderen Fällen verfahren. Sobald durch die Gleichungen

$$x = \varphi(t) \quad \text{und} \quad y = \psi(t)$$

die Koordinaten eines Punktes als Funktionen der Zeit gegeben sind, erhält man nach der Elimination von t unmittelbar die Bahn des Punktes. Übrigens kommen auch Fälle vor, in denen die beiden Koordinaten eines beweglichen Punktes sich zunächst nicht als Funktionen der Zeit, sondern einer anderen unabhängig Variablen darstellen lassen. Auch dann bleibt die oben benutzte Methode anwendbar. Welches die Bedeutung der unabhängig Variablen auch sein mag, stets ergiebt sich nach ihrer Elimination die Gleichung für die Bahn des Punktes.

Ein einfaches Beispiel soll dies noch erläutern. Gegeben sei eine gerade Linie AB (Fig. 37) von der Länge a, die mit ihren Endpunkten längs den beiden Koordinatenachsen gleitet. Auf der Linie befinde sich ein Punkt P. Welche Bahn legt nun dieser während der Bewegung der Linie zurück? Als unabhängig Variable wählen wir hier den Winkel α, den die Linie mit der x-Achse bildet. Die Koordinaten von P seien x und y, und der Abstand von P zu dem Endpunkte A, der sich auf der Achse OX bewegt, heiße l.

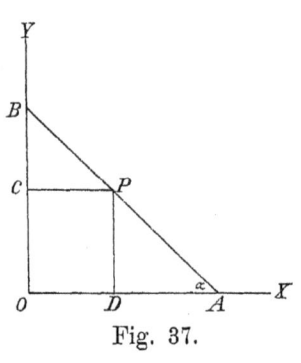

Fig. 37.

Es ist dann

$$y = l \sin \alpha$$

und

$$x = (a - l) \cos \alpha.$$

Wir haben nun aus diesen Gleichungen α zu eliminieren. Zu diesem Zwecke leiten wir aus denselben ab

$$\sin^2 \alpha + \cos^2 \alpha = \frac{y^2}{l^2} + \frac{x^2}{(a-l)^2}$$

oder

$$\frac{y^2}{l^2} + \frac{x^2}{(a-l)^2} = 1.$$

Es zeigt sich also, daß der Punkt P eine Ellipse beschreibt.

§ 62. Statt auf ein rechtwinkliges Koordinatensystem ist es bisweilen zweckmäßiger, die Figuren auf ein schiefwinkliges Koordinatensystem zu beziehen. Sind OX und OY (Fig. 38) die einen beliebigen Winkel miteinander bildenden Koordinatenachsen, so ziehe man aus dem betrachteten Punkt P die Linien PB und PA parallel zu diesen Achsen. Die Koordinaten des Punktes (Fig. 38) sind dann OA und OB oder die gleich großen Strecken BP und AP. In betreff der Vorzeichen der Koordinaten gilt dasselbe wie beim rechtwinkligen System (vergl. § 49).

Durch einfache Überlegungen, die denen des § 59 analog sind, kann man die in Bezug auf ein rechtwinkliges Koordinatensystem gegebenen Koordinaten eines Punktes oder die

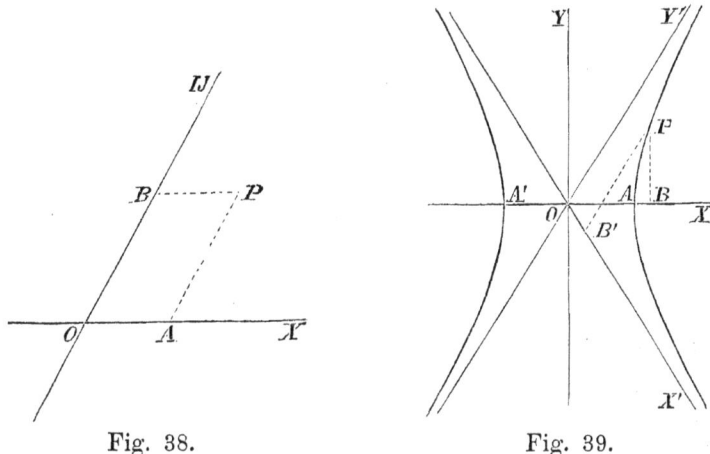

Fig. 38.   Fig. 39.

Gleichung einer Linie so transformieren, daß sie sich auf ein gegebenes schiefwinkliges Koordinatensystem beziehen. Wir wollen dies mit der Hyperbel, deren Gleichung

$$\frac{x^2}{a^2} - \frac{y^2}{b^2} = 1 \tag{6}$$

ist, durchführen. Wir wählen die Asymptoten OX' und OY' zu Koordinatenachsen (Fig. 39). Die Koordinaten irgend eines Punktes der Kurve, z. B. P, sind

$$OB = x, \quad BP = y, \quad OB' = x', \quad B'P = y'.$$

Da OB und BP die Projektionen der gebrochenen Linie $OB'P$ auf die OX- und OY-Achse sind, so ergiebt sich unter Berücksichtigung von § 57, wenn man gleichzeitig die Größe c (vergl. § 56) einführt:[1]

---

[1] Man beachte, daß

$$\operatorname{tg} XOY' = \frac{b}{a},$$

und also

$$\sin XOY' = \frac{b}{\sqrt{a^2 + b^2}} = \frac{b}{c}$$

und

$$\cos XOY' = \frac{a}{\sqrt{a^2 + b^2}} = \frac{a}{c}.$$

$$x = \frac{a}{c}(x' + y')$$

$$y = \frac{b}{c}(-x' + y').$$

Durch Substitution dieser Werte in (6) ergiebt sich

$$x'y' = \tfrac{1}{4}c^2.$$

Aus dieser einfachen Gleichung ersieht man sofort, daß y' abnimmt, wenn x' größer wird, ferner, daß für $x' = \infty$ Lim $y' = 0$ ist, und umgekehrt, daß x' kleiner wird, wenn y' zunimmt.

Offenbar stellt nun eine jede Gleichung

$$xy = p,$$

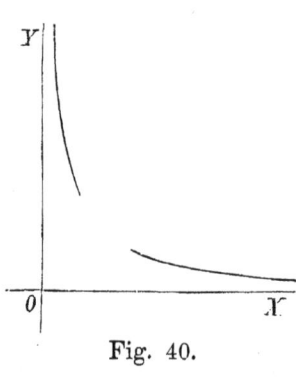

Fig. 40.

wo p eine Konstante bedeutet, eine Hyperbel dar, deren Asymptoten mit den Koordinatenachsen zusammenfallen. Stehen diese letzteren senkrecht aufeinander, dann entspricht der Gleichung eine Hyperbel mit zu einander senkrechten Asymptoten. Aus dem § 57 Gesagten geht hervor, daß dieser Fall eintritt, wenn $a = b$ ist. Die Hyperbel heißt sodann eine gleichseitige (Fig. 40).

§ 63. Während die Gleichung einer geraden Linie vom ersten Grade ist, sind die Gleichungen der Ellipse (und auch des Kreises), der Hyperbel und der Parabel vom zweiten Grade. Dies gilt nicht allein in Bezug auf die früher gewählten Achsensysteme, sondern auch in Bezug auf jedes Achsensystem. Denn da die Transformationsformeln (§ 59) für den Übergang von einem Achsensystem zu einem anderen alle linear (vergl. § 52) sind, so kann durch die Transformation der Grad der Gleichungen nicht geändert werden.

Wenn die Gleichungen zweier gerader oder krummer, in einer Ebene liegender Linien gegeben sind, so kann man die Werte von x und y suchen, welche beiden Gleichungen gleichzeitig genügen. Ein Punkt mit diesen Koordinaten gehört dann beiden Linien an. Offenbar schneiden sich die beiden Linien in so vielen Punkten, als man bei der Auflösung ihrer

Gleichungen Paare zusammengehörender Werte für x und y erhält, die beiden Gleichungen genügen. Sind die beiden Linien gerade, dann sind ihre Gleichungen vom ersten Grade, und es genügt nur ein Wertepaar für x und y beiden Gleichungen; es existiert also nur ein einziger Schnittpunkt. Sind eine Gerade und eine Ellipse, Parabel oder Hyperbel gegeben, dann muß man, um die eventuellen Schnittpunkte zu ermitteln, eine Gleichung vom ersten Grade mit einer vom zweiten Grade kombinieren.

Es sei z. B. die Gleichung der geraden Linie

$$A x + B y + C = 0. \tag{7}$$

Lösen wir diese zunächst nach y auf, so ergiebt sich

$$y = - \frac{A}{B} x - \frac{C}{B}. \tag{8}$$

Substituiert man nun diesen Wert in die Gleichung der gegebenen Kurve, so erhält man eine in Bezug auf x quadratische Gleichung, welche zwei Wurzeln haben kann. Sind diese x_1 und x_2, so sind dies die Abscissen der Schnittpunkte, während man die Ordinaten derselben findet, wenn man in (8) $x = x_1$ oder $x = x_2$ setzt.

Man sieht hieraus, daß, gerade so wie der Kreis, auch die Ellipse, die Hyperbel und die Parabel von einer geraden Linie höchstens in zwei Punkten geschnitten werden können. Offenbar können aber auch Fälle vorkommen, wo die erwähnte quadratische Gleichung gar keine Wurzeln hat.

Eine Gleichung zwischen x und y heißt eine algebraische vom n^{ten} Grade, wenn sie in der Gestalt

$$F(x, y) = 0 \tag{9}$$

geschrieben werden kann, wo die links stehende Funktion eine Summe von Gliedern, wie

$$a\, x^p y^q$$

ist, mit ganzen positiven Exponenten p und q, und der höchste Wert von $p + q$ gleich n ist.

Sollen nun die Schnittpunkte der durch eine derartige Gleichung bestimmten Kurve mit der Geraden (7) bestimmt werden, so kann man wieder den Wert (8) in (9) substituieren. Man gelangt dadurch zu einer Gleichung n^{ten} Grades in Bezug auf x, und da diese, wie wir wissen, höchstens n Wurzeln hat, so giebt es jetzt höchstens n Schnittpunkte.

Wegen der innigen Beziehung, die also zwischen dem Grad der Gleichung einer krummen Linie und einer wichtigen geometrischen Eigenschaft besteht, ist es gerechtfertigt, daß man die Linien nach dem Grade ihrer algebraischen Gleichung klassifiziert; man spricht daher von Linien ersten, zweiten, dritten u. s. w. Grades.

In betreff der Gleichungen zweiten Grades möge noch erwähnt werden, daß jede derselben, wenn überhaupt eine krumme Linie, immer eine Ellipse (eventuell einen Kreis), oder eine Hyperbel, bez. Parabel giebt.

Wegen des großen Reichtums von Formen, die schon bei den Linien dritten Grades und in noch größerem Maße bei den Linien höheren Grades auftreten, ist die Theorie derselben äußerst verwickelt. Sie kann hier übergangen werden, da die Linien höheren Grades mit nur wenigen Ausnahmen in der Physik keine Verwendung finden.

§ 64. Wir gehen jetzt zu der graphischen Darstellung einiger transcendenten Funktionen über.

Gegeben sei die Gleichung

$$y = a\,e^{p\,x}$$

(a und p positive Konstanten), deren graphische Darstellung Fig. 41 wiedergiebt. Wenn $x = 0$ ist, ist $y = a$. Die krumme

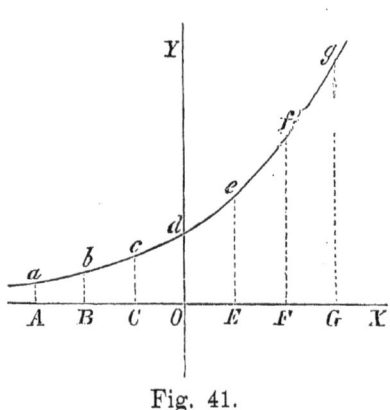

Fig. 41.

Linie schneidet also die Ordinatenachse in der Entfernung a vom Ursprung. Nimmt x zu, dann wird auch y größer, nimmt x ab, dann wird y kleiner. Wenn $x = \infty$, ist $y = \infty$; wenn $x = -\infty$, ist $y = 0$ (siehe § 10). Während also die krumme Linie auf der Seite der positiven Abscissen bis in die Unendlichkeit steigt, nähert sie sich auf der anderen Seite asymptotisch der x-Achse. Charakteristisch für die Linie ist, daß ihre Ordinaten, wie Aa, Bb, Cc, Od u. s. w., die gleich weit voneinander entfernt sind, eine geometrische Reihe bilden.

Die Konstante a beeinflußt die Größe der Ordinaten; setzt man für a nacheinander zwei verschiedene Zahlen, so ist das Verhältnis der mit Hilfe dieser Zahlen berechneten, zu derselben Abscisse gehörenden Ordinaten dasselbe wie das der Zahlen selbst.

In welcher Weise die krumme Linie sich ändert, wenn man für p verschiedene Zahlen setzt, läßt sich ebenfalls leicht ermitteln. Konstruiert man nämlich die Kurve, deren Gleichung

$$y = a\, e^{p'x}$$

ist, so ergiebt sich unmittelbar, daß die zu einer bestimmten Abscisse gehörende Ordinate ebenso groß ist als die Ordinate, welche in der soeben betrachteten krummen Linie zu einer $\dfrac{p'}{p}$ mal größeren Abscisse gehört. Man kann also die eine Kurve aus der anderen ableiten, indem man die Ordinaten unverändert läßt, alle Abscissen aber im Verhältnis $\dfrac{p'}{p}$ verkleinert oder, wie man auch sagen kann, indem man die Figur in Richtung der x-Achse zusammendrückt bez. auszieht, während man die Dimensionen in Richtung der y-Achse unverändert läßt.

Ein Beispiel haben wir hierfür schon bei der Ellipse kennen gelernt, die ja ein nach einer Richtung ausgezogener Kreis ist.

Die allgemeinen Gleichungen für die erwähnte Formänderung lassen sich leicht aufstellen. Soll die krumme Linie, deren Gleichung

$$y = F(x)$$

gegeben ist, eine solche Formänderung erleiden, daß die Länge aller Abscissen α mal größer wird, so ergiebt sich als Gleichung für die neue Linie

$$y = F\left(\frac{x}{\alpha}\right).$$

Ebenso ist

$$f\left(\frac{x}{\alpha},\, \frac{y}{\beta}\right) = 0$$

die Gleichung einer Linie, die aus der Linie

$$f(x,\, y) = 0$$

entstanden ist dadurch, daß alle Abscissen α mal und alle

Ordinaten β mal größer geworden sind. Ist $\alpha = \beta$, dann sind beide Linien einander ähnlich.

Auf die übrigen exponentiellen Funktionen brauchen wir nicht näher einzugehen, da für sie das oben Auseinandergesetzte mit geringen Abweichungen gilt. Der Leser möge sich selbst die Kurven

$$y = a\,e^{-px}$$

und
$$y = -\,a\,e^{-px}$$

konstruieren.

§ 65. Der goniometrischen Gleichung

$$y = \sin x$$

entspricht Fig. 42.

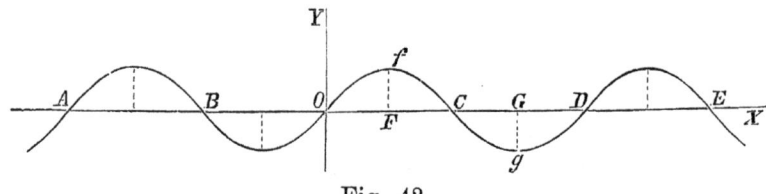

Fig. 42.

Die Kurve schneidet die x-Achse in einer Anzahl von Punkten A, B, O, C u. s. w., die um die Strecke π voneinander entfernt sind. In der Mitte zwischen zwei Schnittpunkten ist die Ordinate abwechselnd $+1$ und -1. Man erkennt deutlich in der Figur die Periodizität der Funktion.

Die Linie

$$y = \cos x$$

unterscheidet sich in der Form nicht von der vorigen, nur ist sie in Richtung der negativen Abscissen um $\tfrac{1}{2}\pi$ verschoben.

Die krummen Linien, deren Gleichungen

$$y = a\,\sin(kx + p)$$
und
$$y = a\,\cos(kx + p)$$

sind, schneiden die Abscissenachse in Punkten, die um $\dfrac{\pi}{k}$ voneinander entfernt sind; bei der ersten ist $-\dfrac{p}{k}$, bei der zweiten $-\dfrac{p}{k} + \dfrac{\pi}{2k}$ die Abscisse eines dieser Schnittpunkte. Die Ordinate schwankt zwischen den äußersten Werten $-a$ und $+a$ hin und her. Die Größe k bestimmt also den Abstand der einzelnen Schnittpunkte auf der x-Achse voneinander, p die Lage dieser Schnittpunkte und a schließlich die größten Entfernungen von der x-Achse. Ändert man p, so wird die Linie einfach in Richtung der x-Achse verschoben; ändert man a, so werden alle Ordinaten in demselben Verhältnis vergrößert oder verkleinert; einer Änderung von k entspricht schließlich ein Zusammendrücken bez. ein Auseinanderziehen der Figur in Richtung der x-Achse (vgl. den vorigen Paragraphen).

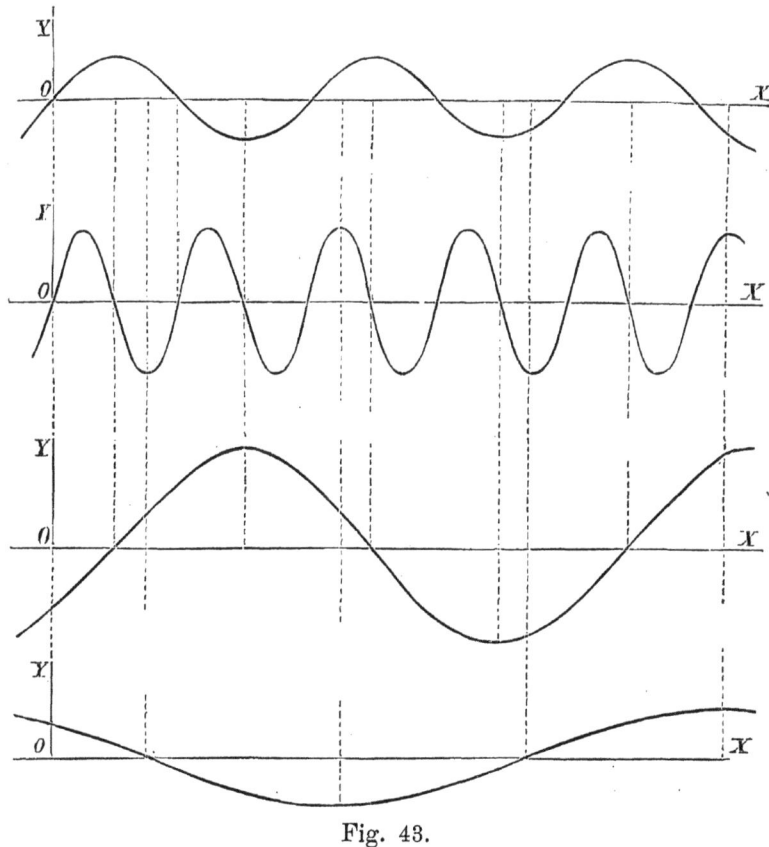

Fig. 43.

Zur Erläuterung mögen die Linien Fig. 43 dienen, die den folgenden Gleichungen entsprechen:

$$y = \sin x,$$
$$y = 1{,}5 \sin 2x,$$
$$y = 2 \sin\left(\tfrac{1}{2}x - \tfrac{1}{4}\pi\right),$$
$$y = \cos\left(\tfrac{1}{3}x + \tfrac{1}{4}\pi\right).$$

Die hier besprochenen Kurven werden Sinusoiden oder einfache Wellenlinien genannt. Der doppelte Abstand zweier aufeinanderfolgender Schnittpunkte der Kurve mit der Abscissenachse, d. h. die Periode der Funktion, heißt die Wellenlänge.

§ 66. Ist y gleich der Summe zweier goniometrischer Funktionen, so braucht man nur auf ein und demselben Achsensysteme zuerst die Linie, welche dem ersten Glied entspricht, und darauf die Linie, die das zweite Glied darstellt, zu konstruieren und die algebraische Summe der Ordinaten, welche zu ein und derselben Abscisse gehören, zu bilden und als neue Ordinate einzuführen, um die Beziehung zwischen x und y graphisch darzustellen.

Ist z. B.

$$y = a \sin(kx + p) + b \sin(kx + q),$$

so konstruiert man zuerst die Kurve, welche der Gleichung

$$y = a \sin(kx + p),$$

und darauf die Linie, welche der Gleichung

$$y = b \sin(kx + q)$$

entspricht. L_1 und L_2 mögen diese Kurven sein (Fig. 44). Addiert man nun die zu derselben Abscisse gehörenden Ordinaten algebraisch, z. B. $AP + AQ = AR$, $BS - BT = BU$ u. s. w., so ergiebt sich die gesuchte Kurve; dieselbe ist in der Figur durch die Linie L_3 dargestellt.

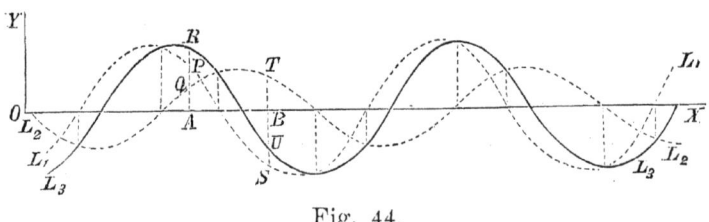

Fig. 44.

Dasselbe Verfahren läßt sich auch anwenden, wenn y gleich der Summe von mehr als zwei goniometrischen Funktionen ist.

Aus den Erörterungen des § 46 folgt, daß man durch Zusammensetzung von zwei oder mehr Sinusoiden mit gleicher Wellenlänge wieder eine ähnliche Sinusoide erhält (vgl. Fig. 44).

Addiert man die zu einer gemeinschaftlichen Abscisse gehörenden Ordinaten zweier Sinusoiden, deren Wellenlängen
ganze Vielfache voneinander sind, so resultiert eine Linie, die
zwar aus aufeinanderfolgenden kongruenten Teilen besteht,
aber keine Sinusoide mehr ist (Fig. 45). Dies stimmt mit dem
in § 46 Angeführten überein, daß man durch Addition von
goniometrischen Funktionen verwickeltere periodische Funktionen erhalten kann.

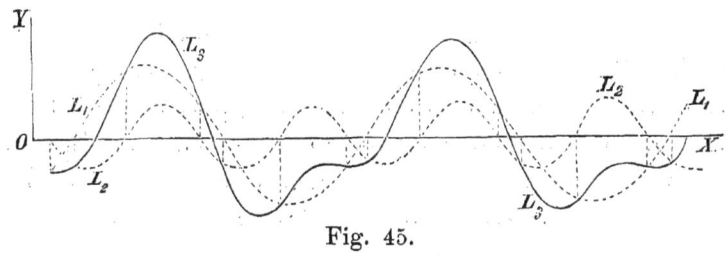

Fig. 45.

Auf die übrigen goniometrischen Funktionen, welche wir
im vorigen Kapitel besprochen haben, brauchen wir nicht näher
einzugehen.

Die Funktion

$$y = a\,e^{-lx} \cos\left(kx + p\right)$$

ist in Fig. 46 dargestellt, die wohl keiner näheren Erläuterung
bedarf.

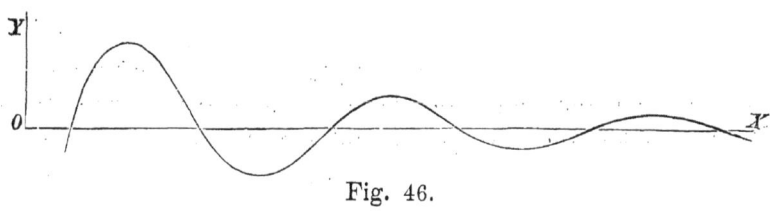

Fig. 46.

Die durch Umkehrung der besprochenen Funktionen entstehenden neuen Funktionen werden natürlich durch genau
dieselben Figuren dargestellt wie die ursprünglichen. Beispielsweise gilt Fig. 41 nicht nur für die Funktion $y = a e^{px}$,
sondern auch für $x = \dfrac{1}{p} l\left(\dfrac{y}{a}\right)$ und Fig. 42 für $y = \sin x$
und $x = \arcsin y$.

§ 67. Wir wollen jetzt noch einmal auf die Schnittpunkte
einer Kurve mit einer geraden Linie zurückkommen und

speziell die Schnittpunkte derselben mit einer der Koordinatenachsen, z. B. der x-Achse, betrachten.

Ist die Gleichung der Kurve in der Form

$$y = f(x) \qquad (10)$$

gegeben, wo $f(x)$ eine algebraische oder transcendente Funktion ist, so sind die Abscissen der gesuchten Punkte offenbar
die Wurzeln der Gleichung

$$f(x) = 0. \qquad (11)$$

Lassen sich diese durch Rechnung bestimmen, so ist damit
zu gleicher Zeit die geometrische Aufgabe gelöst. Umgekehrt
läßt sich aber auch eine Gleichung graphisch auflösen.

Ist dieselbe in der Gestalt (11) gegeben, so kann man
immer die durch (10) bestimmte Kurve zeichnen und in der
Zeichnung die Abscissen der Schnittpunkte mit der x-Achse
messen; dadurch hat man dann die Wurzeln der Gleichung
gefunden.

Es ist klar, daß die Kurve, wenn sie in einem ununter-
brochenen Zuge verläuft, zwischen zwei Punkten P und Q, die
auf verschiedenen Seiten der x-Achse liegen, diese letztere
jedenfalls einmal schneiden muß, und daß, wenn sie das mehrere
Male thut, die Anzahl der Schnittpunkte zwischen P und Q
notwendig ungerade sein wird. Zwischen zwei Punkten P und
Q, die auf derselben Seite der x-Achse liegen, giebt es dagegen
entweder keine oder eine gerade Anzahl von Schnittpunkten.
Diese Sätze entsprechen den in § 5 angeführten. In diesen letzteren war allerdings nur von ganzen algebraischen Funktionen
die Rede. Aber auch wenn die linke Seite der Gleichung (11)
eine Funktion anderer Art ist, darf man behaupten, daß, sobald die den Werten x_1 und x_2 entsprechenden Funktionswerte $f(x_1)$ und $f(x_2)$ entgegengesetzte Zeichen haben, wenigstens eine Wurzel zwischen x_1 und x_2 liegen wird. Jedoch
ist dabei notwendige Voraussetzung, daß die Funktion zwischen
x_1 und x_2 sich ganz allmählich ändere. Obgleich z. B. tg x
für $x = \frac{1}{4}\pi$ positiv und für $x = \frac{3}{4}\pi$ negativ ist, verschwindet
diese goniometrische Funktion für keinen zwischenliegenden
Wert.

Um dies an einem Beispiele zu erläutern, wollen wir die
transcendente Gleichung

$$\text{tg}\,x = x, \tag{12}$$

oder

$$\text{tg}\,x - x = 0$$

betrachten. Derselben genügt offenbar der Wert $x = 0$; außerdem hat die Gleichung aber je eine Wurzel im dritten, fünften, siebenten positiven Quadranten u. s. w., und ebenso in den entsprechenden negativen Quadranten. Um dieses z. B. für den dritten positiven Quadranten zu beweisen, bemerken wir, daß am Anfange desselben $\text{tg}\,x$ den Wert 0 hat, und also $\text{tg}\,x - x$ negativ ist; daß aber beim Durchlaufen des Quadranten $\text{tg}\,x$ bis $+\infty$, und x nur bis zu $+\frac{3}{2}\pi$ steigt, und mithin die Differenz schließlich positiv werden muß.

Mittels Betrachtungen, die wir später kennen lernen werden, läßt sich nachweisen, daß die Differenz $\text{tg}\,x - x$, während x von π bis $\frac{3}{2}\pi$ wächst, sich fortwährend in derselben Richtung ändert; daraus folgt, daß es nur eine Wurzel in dem betrachteten Intervalle geben kann.

In dem zweiten, vierten, sechsten positiven oder negativen Quadranten können keine Wurzeln liegen; hier haben ja $\text{tg}\,x$ und x entgegengesetzte Vorzeichen.

Will man die Wurzeln der Gleichung einer graphischen Darstellung entnehmen, so könnte man die Kurve

$$y = \text{tg}\,x - x$$

zeichnen. Einfacher ist es jedoch, die Kurve

$$y = \text{tg}\,x$$

zu benutzen und die Schnittpunkte derselben mit der durch

$$y = x$$

bestimmten geraden Linie aufzusuchen.

§ 68. Um eine Funktion graphisch darzustellen, braucht man nicht notwendig die algebraische Beziehung zwischen den beiden Variablen zu kennen; es genügt, wenn für eine Reihe von Werten der unabhängig Variablen die zugehörigen Werte der abhängig Veränderlichen bekannt sind. Ein der Physik entlehntes Beispiel möge erläutern, wie man in diesem Falle zu verfahren hat. Es sei bei verschiedenen Temperaturen bestimmt worden, wie viel Gramm eines Salzes sich in 1 Liter Wasser lösen. Man zeichne ein rechtwinkliges Koordinatensystem und wähle eine Linie von bestimmter Länge, die eine Temperaturdifferenz von 1°, und eine zweite, welche 1 Gramm Salz darstellen soll. Man trage dann weiter auf der Abscissenachse die Temperaturen, auf der Ordinatenachse die Anzahl Gramme, die sich in 1 Liter lösen, auf und suche jedesmal den durch die zu einander gehörenden Koordinaten bestimmten Punkt. Nachdem man auf diese Weise eine Anzahl von Punkten erhalten hat, ziehe man durch dieselben eine Linie; diese stellt dann das Gesetz der Abhängigkeit der Löslichkeit von der Temperatur dar. Für verschiedene Salze sind auf diese Weise die in Fig. 47 gezeichneten Linien erhalten worden.

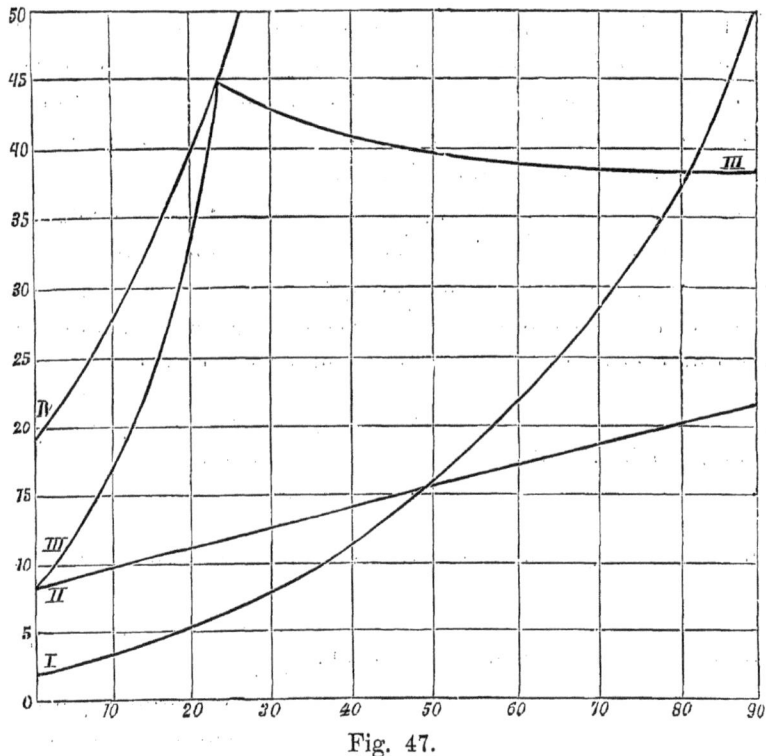

Fig. 47.

Man ersieht aus demselben, wie bei *II* die Löslichkeit eine lineare Funktion der Temperatur ist, und wie sie bei *III* anfangs steigt, um dann zu fallen. Die Löslichkeit des Körpers *I* ist bei niederen Temperaturen geringer als die der Körper *II* und *III*, bei höheren Temperaturen jedoch größer u. s. w.

Auch um die Beziehung zwischen Dampfdruck und Temperatur darzustellen und in zahllosen anderen Fällen wird dieses Verfahren angewandt.

Selbstverständlich ist die Wahl der Einheiten für die Abscisse und Ordinate willkürlich; legt man andere Einheiten der Figur zu Grunde, so erleidet dieselbe die in § 64 besprochene Formänderung.[1]

Sobald man für eine genügende Anzahl von Werten der unabhängig Variablen die zugehörigen Werte der abhängig Veränderlichen ermittelt und mit Hilfe derselben die Kurve gezeichnet hat, kann man natürlich auch für zwischenliegende Werte der Abscisse den Wert der Funktion aus der Kurve ablesen. Man nennt dies Verfahren die graphische Interpolation.

Man erreicht durch die graphische Darstellung noch den Vorteil, daß man häufig die direkt gemessenen Größen in gewissem Grade verbessern kann. Da nämlich allen unseren Messungen Fehler anhaften, so besitzt die durch alle, in der oben beschriebenen Weise erhaltenen Punkte gezogene Linie eine Anzahl Knicke, die im allgemeinen der Wirklichkeit nicht entsprechen, sondern nur von Versuchsfehlern herrühren. Zeichnet man nun die Linie derart, daß sie glatt und gleichförmig verläuft, und sich dabei möglichst wenig von den Punkten entfernt, so eliminiert man wenigstens zum Teil die Versuchsfehler, wenn man aus der Kurve die zusammengehörenden Werte der beiden Variablen abliest.

§ 69. Anstatt der bisher besprochenen rechtwinkligen Koordinaten benutzt man häufig Polarkoordinaten, um die Lage eines Punktes festzulegen. Die Lage von P (Fig. 48) wird dann bestimmt durch die Länge des aus einem festen Punkt O gezogenen Radiusvektors oder Leitstrahls OP und die Richtung der Linie OP. Die letztere wird durch den Winkel ϑ gegeben, den OP mit

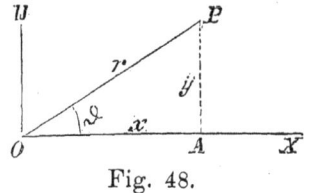

Fig. 48.

---

[1] Die Ausführung der graphischen Darstellungen wird sehr erleichtert durch die Benutzung des sogenannten Millimeterpapiers, das mit kleinen Quadraten von 1 mm Seitenlänge bedruckt ist. Dasselbe ist käuflich zu haben. Es läßt sich natürlich auch bei der graphischen Auflösung der Gleichungen anwenden.

einer festliegenden Linie OX bildet. Man nennt ϑ die Anomalie, O den Pol und OX die polare Achse.

Mit Hilfe der Formeln des § 50 kann man leicht von rechtwinkligen zu Polarkoordinaten übergehen. Ist die Gleichung
einer Kurve in rechtwinkligen Koordinaten gegeben, so braucht
man nur in dieselbe

$$x = r \cos \vartheta \quad \text{und} \quad y = r \sin \vartheta$$

zu substituieren, um eine Beziehung zwischen r und ϑ zu erhalten. Macht man z. B. bei einer Ellipse den Mittelpunkt
zum Pol und die große Achse zur polaren Achse, dann ergiebt sich

$$r^2 \left(\frac{\cos^2 \vartheta}{a^2} + \frac{\sin^2 \vartheta}{b^2} \right) = 1.$$

Die Polargleichung einer krummen Linie läßt sich im
allgemeinen in die Form

$$r = F(\vartheta) \qquad\qquad (13)$$

bringen. Nimmt hierin $F(\vartheta)$ nach einem Zuwachse um 2π
wieder seinen ursprünglichen Wert an, so wird r ebenfalls
nach einer ganzen Drehung zu seinem ursprünglichen Wert
zurückkehren. Dies wird stets der Fall sein, wenn eine aus
O gezogene gerade Linie die Kurve nur in einem einzigen
Punkte schneidet, was beim Kreise, bei der Ellipse u. s. w.
eintreten kann. Nimmt dagegen r fort-
während zu oder ab, wenn ϑ größer
wird, so geht die Linie (13) in
schneckenförmigen Windungen um
den Pol herum; sie bildet eine Spirale. Als Beispiel führen wir die
Archimedische Spirale an (Fig. 49)

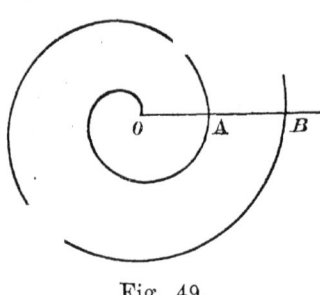

Fig. 49.

$$r = \frac{a}{2\pi} \vartheta ,$$

wo a eine Konstante bedeutet. Für $\vartheta = 0$ ist $r = 0$; für
$\vartheta = 2\pi$ ist $r = a$; für $\vartheta = 2 \cdot 2\pi$ ist $r = 2a$ u. s. w.

§ 70. In ähnlicher Weise, wie im Vorhergehenden bei
der ebenen Fläche, läßt sich die Lage eines Punktes auch auf
jeder krummen Fläche mittels „Koordinaten" bestimmen. Bei
einer Kugeloberfläche — dies ist der wichtigste Fall — kann
man folgendermaßen verfahren.

Wir ziehen auf der Kugel (Fig. 50) einen festliegenden größten Kreis OAB und senkrecht hierauf einen zweiten größten Kreis, der durch den gegebenen Punkt Q geht. Nehmen wir noch einen festliegenden Punkt O auf dem Kreise OAB an, dann bestimmen die Bögen OA und AQ die Lage des Punktes Q. Der Bogen OA wird positiv nach einer bestimmten Richtung, etwa in Richtung OAB, genommen, während AQ positiv oder negativ genannt wird, je nachdem Q auf der einen Seite von OAB oder auf der anderen liegt. Soll der Punkt alle Stellen der Oberfläche betreten, so muß OA von 0 bis 2π, AQ von $-\frac{1}{2}\pi$ bis $+\frac{1}{2}\pi$

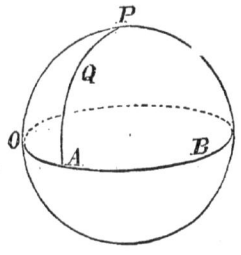

Fig. 50.

gezählt werden. In der Geographie und Astronomie wird dies Koordinatensystem vielfach benutzt.

Aufgaben.

1. In ein rechtwinkliges Koordinatensystem[1] ist ein Dreieck so gezeichnet, daß die eine Spitze mit dem Ursprung zusammenfällt. Die Koordinaten der anderen Eckpunkte sind x_1, y_1 und x_2, y_2. Wie groß ist der Inhalt des Dreiecks?

2. Die Koordinaten der Eckpunkte eines Dreiecks sind

$$x_1,\ y_1;\quad x_2,\ y_2;\quad x_3,\ y_3.$$

Wie groß ist sein Inhalt?

3. Gegeben sind zwei Punkte P_1 und P_2 mit den Koordinaten x_1, y_1 und x_2, y_2. Es sollen die Koordinaten zweier Punkte bestimmt werden, von denen der eine auf der Verbindungslinie P_1P_2, der andere auf der Verlängerung liegt und deren Abstände von P_1 resp. P_2 sich wie $m_1 : m_2$ verhalten.

4. Es soll die Gleichung aufgestellt werden:

a) von einer geraden Linie, die durch den Ursprung und einen Punkt mit den Koordinaten x_1, y_1 geht;

b) von einer geraden Linie, die durch zwei Punkte mit den Koordinaten x_1, y_1 resp. x_2, y_2 geht;

---

[1] Auch in den weiteren Aufgaben wende man, wenn das eine Vereinfachung herbeiführt, rechtwinklige Koordinaten an.

c) von einer geraden Linie, welche durch einen Punkt mit den Koordinaten x_1, y_1 geht und parallel läuft mit einer gegebenen geraden Linie, deren Gleichung $Ax + By + C = 0$ ist.

5. Es soll die Gleichung der Geraden aufgestellt werden, die von den beiden Achsen die Stücke a und b abschneidet.

6. Die Gleichungen zweier gerader Linien sind

$$y = px + q \quad \text{und} \quad y = p'x + q'.$$

Es sollen die Koordinaten ihres Schnittpunktes und der Winkel, den sie miteinander bilden, ermittelt werden.

7. Es soll dieselbe Aufgabe wie in (6) gelöst werden, wenn die Gleichungen in der Form

$$Ax + By + C = 0 \quad \text{und} \quad A'x + B'y + C' = 0$$

gegeben sind.

8. Gegeben sind eine gerade Linie L

$$Ax + By + C = 0$$

und ein Punkt P mit den Koordinaten x_1, y_1. Es soll ermittelt werden:

a) die Gleichung der durch P senkrecht zu L gezogenen Linie;

b) die Koordinaten des Schnittpunktes Q;

c) der Abstand PQ.

9. Wie lautet die Gleichung eines Kreises mit dem Radius r, dessen Mittelpunkt die Koordinaten a und b hat? Als besondere Fälle sind hier zu behandeln, daß der Kreis durch den Ursprung geht, und daß er die beiden Koordinatenachsen berührt.

10. Welchen Bedingungen müssen die Koeffizienten genügen, damit die Gleichung

$$Ax^2 + Bxy + Cy^2 + Dx + Ey + F = 0$$

einen Kreis darstellt?

11. Es soll die Gleichung des geometrischen Ortes aller Punkte gesucht werden, für welche die Entfernungen von zwei festen Punkten in einem bestimmten Verhältnis zu einander stehen. Zu beweisen, daß der geometrische Ort ein Kreis ist.

12. Eine Ellipse, deren Gleichung

$$\frac{x^2}{a^2} + \frac{y^2}{b^2} = 1,$$

und eine gerade Linie, deren Gleichung

$$y = p\,x + q$$

ist, sind gegeben. Von den Konstanten a, b, p und q hängt es ab, ob die beiden Linien zwei Punkte, oder einen, oder schließlich keinen Punkt gemeinsam haben. Es ist zu untersuchen, wie die Konstanten beschaffen sein müssen, damit diese verschiedenen Fälle eintreten.

13. Es soll die Gleichung einer Ellipse aufgestellt werden in Bezug auf ein Koordinatensystem, das aus den Halbierungslinien der Winkel zwischen der großen und kleinen Achse besteht.

14. Eine gerade Linie schneidet eine Hyperbel in den Punkten A und B und ihre Asymptoten in P und Q. Es ist zu beweisen, daß $AP = BQ$ ist (man wähle die Asymptoten zu Koordinatenachsen, § 62).

15. Ein Körper wird mit der Geschwindigkeit v in eine Richtung geworfen, die mit dem Horizont den Winkel α bildet. Wählt man als Ursprung der Koordinaten den Punkt, wo die Bewegung beginnt, die x-Achse vertikal nach unten, die y-Achse horizontal, dann sind nach t Sekunden die Koordinaten des Körpers

$$x = \tfrac{1}{2}\,g\,t^2 - v \sin \alpha \,.\, t,$$

$$y = v \cos \alpha \,.\, t,$$

wo g die Beschleunigung durch die Schwerkraft (eine Konstante) bedeutet. Es ist die Gleichung für die Bahn aufzustellen und nachzuweisen, daß die letztere eine Parabel ist.

16. Eine gerade Linie und ein Punkt F außerhalb derselben sind gegeben. Ein zweiter Punkt P soll der Bedingung genügen, daß seine Abstände von der Geraden und von F in einem gegebenen Verhältnis stehen. Es soll die Gleichung des geometrischen Ortes von P abgeleitet und mittels dieser Gleichung bewiesen werden, daß der geometrische Ort je nach dem Wert des genannten Verhältnisses eine Ellipse, Hyperbel oder Parabel ist.

17. Gegeben sind die Gleichungen zweier beliebiger Linien L_1 und L_2

$$\varphi\,(x, y) = 0 \quad \text{und} \quad \psi\,(x, y) = 0.$$

Es ist zu beweisen, daß die Linie, deren Gleichung

$$\varphi\,(x, y) + \lambda\,\psi\,(x, y) = 0,$$

wo λ einen willkürlichen konstanten Faktor bedeutet, durch die Schnittpunkte von L_1 und L_2, wenn es ^solche giebt, geht. Ferner soll bewiesen werden, daß, wenn L_1 und L_2 Kreise sind, auch die neue Linie im allgemeinen ein Kreis ist, daß aber für einen bestimmten Wert von λ die dritte Gleichung die Gerade darstellt, welche die Schnittpunkte von L_1 und L_2 verbindet.

18. Es ist der Abstand zweier Punkte $AB = 2a$ gegeben. Man sucht den geometrischen Ort eines dritten Punktes P von solcher Lage, daß das Produkt aus seinen beiden Abständen von A und B gleich ist einer gegebenen Zahl b^2. (Man lege die x-Achse in AB und die y-Achse senkrecht darauf durch die Mitte von AB. Man betrachte die drei Hauptfälle, wo $b > a$, $b = a$, $b < a$ ist und zeichne die verschiedenen Linien. Dieselben werden Lemniscaten genannt.)

19. Die Koordinaten eines sich bewegenden Punktes sind

$$x = a \cos 2\pi \left(\frac{t}{T} + p \right),$$

$$y = a \cos 4\pi \frac{t}{T},$$

wo t die Zeit bedeutet. (Die Bewegung der Projektionen auf die Koordinatenachsen ist also eine harmonische; die Schwingungsdauer der einen ist jedoch nur halb so groß wie die der anderen.) Es soll die Gleichung der Bahn aufgestellt und dieselbe für einige Werte von p konstruiert werden. (Figuren von Lissajous. Besondere Fälle $p = 0$ und $p = \frac{1}{8}$.)

20. Es sollen in die Gleichung

$$y = a \sin p\, x^2$$

für x eine Reihe von verschiedenen Werten gesetzt und die betreffende Linie konstruiert werden.

21. Konstruiere die Linie

$$y = \frac{1}{2h} (e^{hx} + e^{-hx})$$

(Kettenlinie).

22. Es soll die Polargleichung der geraden Linie aufgestellt werden. (Pol und Achse sind willkürlich zu wählen.)

23. Es soll die Polargleichung des Kreises aufgestellt werden, wenn die Polarachse durch den Mittelpunkt geht.

24. Es sollen die Polargleichungen der Ellipse, Parabel und Hyperbel aufgestellt werden, wenn der eine Brennpunkt der Pol und die durch diesen Brennpunkt gehende Symmetrieachse die polare Achse ist.

25. Konstruiere die hyperbolische Spirale

$$r = \frac{a}{\vartheta}$$

und die logarithmische Spirale

$$r = a\, e^{b\,\vartheta}.$$

(Man erteile in dem zweiten Falle ϑ auch negative Werte.)

26. Gegeben sind die geographischen Längen l_1 und l_2 und die geographischen Breiten b_1 und b_2 zweier Punkte auf der Erdoberfläche. Den zwischen diesen Punkten liegenden Bogen des größten Kreises zu berechnen.

Kapitel IV.

Analytische Geometrie des Raumes.

§ 71. Zur Fixierung eines im Raume befindlichen Punktes benutzt man ein den ebenen Parallelkoordinaten (§ 49) analoges System räumlicher Parallelkoordinaten.

Man denke sich (Fig. 51) drei in einem Punkt O sich schneidende, zu einander senkrechte Linien OX, OY, OZ und durch je zwei derselben ebene Flächen, die Koordinatenebenen, gelegt. Um die Lage des Punktes P zu bestimmen, fälle man auf diese drei Ebenen Lote PA, PB und PC. Durch deren Länge ist die Lage von P vollkommen fixiert, sobald man

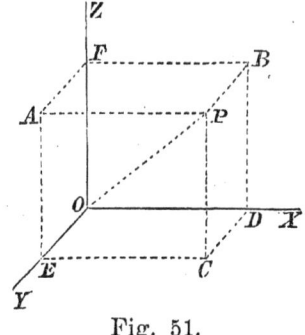

Fig. 51.

noch weiß, auf welchen Seiten der Ebenen P liegt.

Konstruiert man ein rechtwinkliges Parallelepipedon, dessen

Kanten den Koordinatenachsen parallel laufen und dessen gegenüberliegende Ecken O und P sind, so kann man anstatt der Koordinaten von P, PA, PB und PC, auch die Kanten OD, OE und OF setzen. Man pflegt die Koordinaten durch die Buchstaben x, y und z zu bezeichnen und sie als positiv zu betrachten, wenn sie von O aus in Richtung OX, OY und OZ laufen, als negativ, wenn ihre Richtung die entgegengesetzte ist.

Wie auch die Vorzeichen von x, y und z sein mögen, stets ist der Abstand des Punktes P vom Ursprung O des Koordinatensystems durch die Gleichung

$$r^2 = x^2 + y^2 + z^2 \qquad (1)$$

gegeben.

Seien α, β und γ die Winkel, welche OP mit OX, OY, OZ bildet. Offenbar sind diese Winkel nicht unabhängig voneinander, denn wenn zwei gegeben sind, sind nur noch zwei Richtungen für OP möglich. Da OD, OE und OF die Projektionen von r auf die Koordinatenachsen sind, so ist

$$x = r\cos\alpha, \qquad y = r\cos\beta, \qquad z = r\cos\gamma. \qquad (2)$$

Diese Gleichungen gelten ganz allgemein, wo auch immer P liegen möge, da das Vorzeichen von x, y und z stets mit dem von $\cos\alpha$, $\cos\beta$ und $\cos\gamma$ übereinstimmen muß (vergl. § 25). Substituiert man (2) in (1), so folgt

$$\cos^2\alpha + \cos^2\beta + \cos^2\gamma = 1, \qquad (3\,\mathrm{a})$$

eine Gleichung, welche den Zusammenhang zwischen den drei Winkeln ausdrückt. Wir wollen fortan unter den Richtungskonstanten einer geraden Linie die Kosinusse der Winkel verstehen, welche dieselbe mit den Koordinatenachsen bilden. Bezeichnen wir die Richtungskonstanten einer geraden Linie durch l, m und n, so ist also

$$l^2 + m^2 + n^2 = 1. \qquad (3\,\mathrm{b})$$

§ 72. Gegeben seien zwei Punkte P_1 und P_2 mit den Koordinaten x_1, y_1, z_1 und x_2, y_2, z_2. Wir konstruieren ein Parallelepipedon, wie es Fig. 52 zeigt, dessen gegenüberliegende Ecken P_1 und P_2 sind. Die Länge der Kanten desselben sind $\pm(x_2 - x_1)$, $\pm(y_2 - y_1)$, $\pm(z_2 - z_1)$.

Die Länge des Abstandes $P_1 P_2$, die Diagonale in dem Parallelepipedon ist bestimmt durch

$$r^2 = (x_2 - x_1)^2 + (y_2 - y_1)^2 + (z_2 - z_1)^2. \qquad (4)$$

Ferner sind die Kosinusse der Winkel, welche der von P_1 nach P_2 gezogene Vektor mit den positiven Koordinatenachsen bildet, gegeben durch:

$$\cos \alpha = \frac{x_2 - x_1}{r},$$

$$\cos \beta = \frac{y_2 - y_1}{r},$$

$$\cos \gamma = \frac{x_2 - x_1}{r}.$$

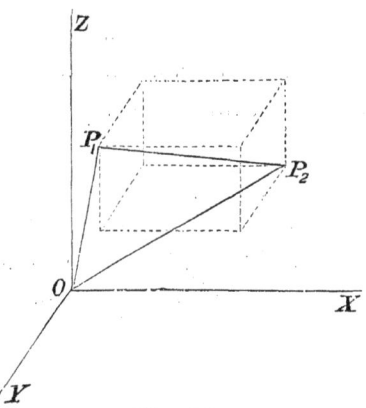

Fig. 52.

Offenbar genügen auch hier $\cos \alpha$, $\cos \beta$ und $\cos \gamma$ der Gleichung (3 a), was von vornherein zu erwarten war, da man jede Linie ohne Veränderung der Richtungskonstanten nach dem Koordinatenanfang verschieben kann.

§ 73. Man kann in Fig. 52 den Abstand $P_1 P_2 = r$ auch durch die Abstände $O P_1 = r_1$ und $O P_2 = r_2$ und den Winkel $P_1 O P_2 = \vartheta$ ausdrücken. Es ist nämlich

$$r^2 = r_1{}^2 + r_2{}^2 - 2 r_1 r_2 \cos \vartheta.$$

Hieraus folgt

$$\cos \vartheta = \frac{r_1{}^2 + r_2{}^2 - r^2}{2 r_1 r_2}.$$

Da nun

$$r_1{}^2 = x_1{}^2 + y_1{}^2 + z_1{}^2,$$

$$r_2{}^2 = x_2{}^2 + y_2{}^2 + z_2{}^2,$$

so ergiebt sich

$$\cos \vartheta = \frac{x_1{}^2 + y_1{}^2 + z_1{}^2 + x_2{}^2 + y_2{}^2 + z_2{}^2 - [(x_2 - x_1)^2 + (y_2 - y_1)^2 + (z_2 - x_1)^2]}{2 r_1 r_2}$$

$$= \frac{x_1 x_2 + y_1 y_2 + z_1 z_2}{r_1 r_2}.$$

Nennen wir nun weiter die Winkel, welche $O P_1$ mit den positiven Achsen bildet, α_1, β_1, γ_1 und die entsprechenden Winkel von $O P_2$ α_2, β_2, γ_2, so ist

$$x_1 = r_1 \cos \alpha_1, \qquad x_2 = r_2 \cos \alpha_2, \qquad y_1 = r_1 \cos \beta_1 \text{ u. s. w.}$$

Daher

$$\cos \vartheta = \cos \alpha_1 \cos \alpha_2 + \cos \beta_1 \cos \beta_2 + \cos \gamma_1 \cos \gamma_2, \quad (5\,a)$$

oder wenn wir die Richtungskonstanten mit l_1, m_1, n_1, l_2, m_2, n_2 bezeichnen

$$\cos \vartheta = l_1 l_2 + m_1 m_2 + n_1 n_2. \quad (5\,b)$$

Mittels dieser Formel läßt sich der Winkel zwischen zwei Geraden berechnen, wenn deren Neigungen gegen die Koordinatenachsen gegeben sind.

Es läßt sich die Beziehung (5 a) auch unmittelbar aus dem § 38 erwähnten Satze ableiten. Man wähle auf der einen Geraden OL_2 (Fig. 53) einen beliebigen Punkt P, dessen Koordinaten $OB = x$, $BA = y$ und $AP = z$ sind, während die Länge von OP r heißt. Die Projektion des Vektors OP auf OL_1 ist nun einmal

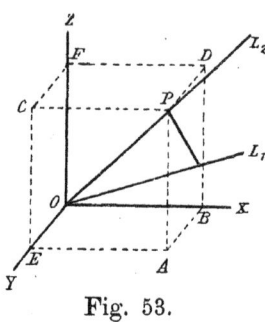

Fig. 53.

$$r \cos \vartheta,$$

aber auch gleich der algebraischen Summe der Projektionen von OB, BA und AP. Also

$$r \cos \vartheta = x \cos \alpha_1 + y \cos \beta_1 + z \cos \gamma_1,$$

was wieder auf (5 a) zurückführt, weil

$$x = r \cos \alpha_2, \quad y = r \cos \beta_2, \quad z = r \cos \gamma_2$$

ist.

Selbstverständlich ist die Gültigkeit der Formel 5 a oder 5 b nicht auf den Fall beschränkt, daß die beiden Linien durch den Ursprung gehen, sie können eine beliebige Lage haben.

Stehen sie senkrecht aufeinander, ist also $\vartheta = 90^0$, so hat man die Bedingung

$$\left. \begin{array}{l} \cos \alpha_1 \cos \alpha_2 + \cos \beta_1 \cos \beta_2 + \cos \gamma_1 \cos \gamma_2 = 0 \\ \text{oder} \quad\quad l_1 l_2 + m_1 m_2 + n_1 n_2 = 0. \end{array} \right\} \quad (6)$$

Sind zwei beliebige Vektoren von den Längen r_1 und r_2, und mit den Komponenten x_1, y_1, z_1, x_2, y_2, z_2 gegeben, dann besteht immer zwischen dem Winkel, den sie miteinander, und den Winkeln, die sie mit den Achsen bilden, die Beziehung (5 a). Multipliziert man diese mit $r_1 r_2$, so ergiebt sich

$$r_1 r_2 \cos \vartheta = r_1 r_2 (\cos \alpha_1 \cos \alpha_2 + \cos \beta_1 \cos \beta_2 + \cos \gamma_1 \cos \gamma_2);$$

da $r_1 \cos \alpha_1 = x_1$, $r_2 \cos \alpha_2 = x_2$ u. s. w. ist, so geht die letzte Formel über in

$$r_1 r_2 \cos \vartheta = x_1 x_2 + y_1 y_2 + z_1 z_2.$$

Sollen die beiden Vektoren r_1 und r_2 senkrecht aufeinander stehen, so muß sein

$$x_1 x_2 + y_1 y_2 + z_1 z_2 = 0.$$

§ 74. Ist $z = f(x, y)$, also z eine Funktion von zwei unabhängig Variablen, so wird man, um die Beziehung zwischen x, y und z durch eine Figur im Raume graphisch darzustellen, folgendermaßen vorgehen können. Man setze für x und y willkürliche Werte und trage dieselben nach einer beliebigen Lineareinheit in die x, y-Ebene (nämlich in die Ebene XOY) eines dreiachsigen Koordinatensystems so ein, wie wir es § 51 ausführlich beschrieben haben. Wir gelangen so zu einem Punkt Q. Aus der Gleichung $z = f(x, y)$ berechne man für die angenommenen Werte von x und y den Wert von z und trage letzteren auf der in Q auf der x, y-Ebene errichteten Senkrechten, und zwar nach der durch das Vorzeichen von z bestimmten Seite ab. Offenbar genügen die Koordinaten des so erhaltenen Punktes P der Gleichung: $z = f(x, y)$. Da man für x und y ganz beliebige Werte einsetzen kann, so kann der Punkt Q die ganze x, y-Ebene durchlaufen; jeder Lage von Q entsprechen im allgemeinen ein (oder mehr) Punkte P. Es bedarf wohl kaum der Erwähnung, daß alle diese so bestimmten Punkte auf einer gewissen Oberfläche liegen. Diese Fläche ist nun eben die gesuchte graphische Darstellung im Raume, und die Gleichung $z = f(x, y)$ wird die Gleichung der Fläche genannt.

Obwohl man sich die Oberfläche meistens sehr gut vorstellen kann, zieht man häufig, auch bei drei veränderlichen Größen, eine graphische Darstellung in der Ebene vor, wobei man folgendermaßen zu Werke geht.

Man erteilt der einen unabhängig Variablen, sagen wir x, einen bestimmten konstanten Wert x_1, die Funktion z hängt dann nur noch von y ab, eine Abhängigkeit, die durch eine krumme Linie in einer Ebene graphisch dargestellt werden kann. Hierauf setzt man für x einen anderen Wert x_2 und zeichnet in dasselbe Achsensystem mit denselben Lineareinheiten eine zweite krumme Linie, welche für diesen Wert von x die Beziehung zwischen y und z darstellt. Selbstverständlich wird im allgemeinen diese letztere Linie sich von der ersteren unterscheiden. Konstruiert man in ähnlicher Weise die zu einer Reihe von passend gewählten Werten von x gehörigen Kurven, so stellt die ganze Figur die Beziehung zwischen x, y und z dar. Zieht man in der Figur eine Linie senkrecht zur y-Achse, dann geben die Schnittpunkte dieser Geraden mit den verschiedenen krummen Linien unmittelbar die einem und demselben Wert von y und den angenommenen Werten von x entsprechenden Werte von z.

Man kann diese Konstruktionsmethode z. B. anwenden, um die Beziehung zwischen Druck, Volumen und Temperatur einer Gasmasse darzustellen. Man zeichne zu dem Zweck die krummen Linien, welche bei verschiedenen konstanten Temperaturen den Zusammenhang zwischen Druck und Volumen angeben.

Diese eben beschriebene Konstruktionsmethode kommt auf dasselbe heraus, als ob man durch die bei der graphischen Darstellung im Raume erhaltene Figur eine Reihe von Durchschnitten legt. Denn die krumme Linie, welche bei einem bestimmten Werte von $x = x_1$ die Beziehung zwischen y und z darstellt, ist der Durchschnitt der Oberfläche mit der senkrecht zur x-Achse in der Entfernung x_1 vom Ursprunge errichteten ebenen Fläche.

§ 75. Im Folgenden sollen die Gleichungen einiger der einfachsten Flächen besprochen werden. Wir beginnen mit der Ebene.

Aus dem Koordinatenanfang O fälle man ein Lot OA auf die Ebene U (Fig. 54). Durch die Länge δ desselben, verbunden mit den Winkeln α, β und γ, welche das Lot mit den Koordinatenachsen bildet, ist die Lage von U völlig bestimmt. Diese Größen müssen daher als Parameter in der Gleichung der Ebene vorkommen.

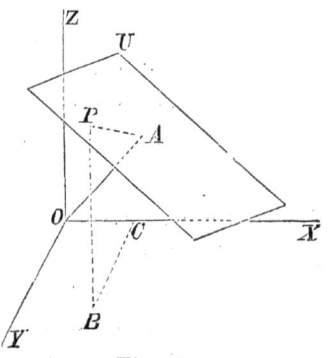

Fig. 54.

Sei $P(x, y, z)$ ein beliebiger Punkt in der Ebene. Da offenbar die Projektion der gebrochenen Linie $OCBP$ auf das genannte Lot gleich OA sein muß, so ergiebt sich

$$x \cos \alpha + y \cos \beta + z \cos \gamma = \delta. \tag{7}$$

Die Gleichung einer Ebene ist also vom ersten Grad. Umgekehrt läßt sich nachweisen, daß jede lineare Gleichung

$$Ax + By + Cz + D = 0, \tag{8}$$

welche Werte die Konstanten A, B, C und D auch haben mögen, eine ebene Fläche darstellt. Um dieses einzusehen, bestimme man zunächst eine Richtung so, daß die Kosinusse der Winkel α, β, γ, welche sie mit den Koordinatenachsen bildet, sich verhalten wie $A : B : C$, daß also die Beziehung besteht

$$\cos \alpha : \cos \beta : \cos \gamma = A : B : C. \tag{9}$$

Es ist dies die Richtung der Linie, welche aus O nach einem Punkte mit den Koordinaten A, B und C gezogen werden kann, wie eine leichte Überlegung mit Hilfe von Fig. 51 zeigt. Aus (9) folgt

$$\cos^2 \alpha : \cos^2 \beta : \cos^2 \gamma = A^2 : B^2 : C^2,$$

$$(\cos^2 \alpha + \cos^2 \beta + \cos^2 \gamma) : \cos^2 \alpha = (A^2 + B^2 + C^2) : A^2$$

oder

$$\cos \alpha = \frac{A}{\sqrt{A^2 + B^2 + C^2}}, \tag{10}$$

da $\cos^2 \alpha + \cos^2 \beta + \cos^2 \gamma = 1$ ist. In ähnlicher Weise findet man

$$\left. \begin{aligned} \cos \beta &= \frac{B}{\sqrt{A^2 + B^2 + C^2}}, \\ \cos \gamma &= \frac{C}{\sqrt{A^2 + B^2 + C^2}}. \end{aligned} \right\} \tag{11}$$

Dividiert man nun die gegebene Gleichung (8) durch $\sqrt{A^2 + B^2 + C^2}$, so ergiebt sich mit Hilfe von (10) und (11)

$$x \cos \alpha + y \cos \beta + z \cos \gamma = - \frac{D}{\sqrt{A^2 + B^2 + C^2}}, \tag{12}$$

eine Gleichung, die der Form nach genau mit (7) übereinstimmt. Gleichung (12) oder die identische (8) ist die Gleichung einer ebenen Fläche, die senkrecht zu der durch α, β, γ

bestimmten Richtung steht. Der Abstand der Ebene vom Ursprung ist $-\dfrac{D}{\sqrt{A^2 + B^2 + C^2}}$.

§ 76. Wenn die Koordinaten eines Punktes nicht wie
soeben einer, sondern zwei linearen Gleichungen genügen
sollen, so muß der Punkt sowohl in der durch die erste, als
auch in der durch die zweite Gleichung bestimmten Ebene
liegen. Dem System der beiden Gleichungen entspricht also
die gerade Linie, in der sich die Ebenen schneiden. Die
beiden linearen Gleichungen, durch welche in dieser Weise
eine im Raum gegebene gerade Linie sich darstellen läßt,
können noch verschiedene Gestalt haben.
Man kann z. B. die Gleichungen anwenden, durch welche die Projektionen der Linie auf zwei Koordinatenebenen bestimmt werden. Die
Gleichungen der Projektionen ab und
$a'b'$ auf die Ebenen XOZ und YOZ
(Fig. 55) sind offenbar von der Form

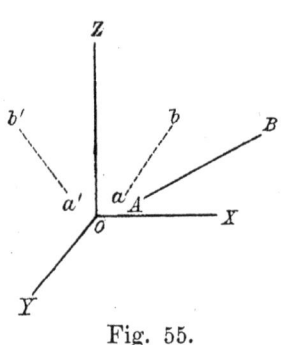

Fig. 55.

$$x = pz + q\,, \qquad (13)$$
$$y = p'z + q'\,, \qquad (14)$$

wo p und p' die Tangenten der Winkel sind, die ab und $a'b'$
mit der z-Achse bilden, und q und q' die Stücke, die ab und
$a'b'$ von der x-Achse, bez. y-Achse abschneiden.

Man sieht wohl unmittelbar ein, daß die drei Koordinaten
x, y, z eines Punktes von AB selbst den beiden Gleichungen
(13) und (14) genügen, und daß jede dieser Gleichungen auch
als die Gleichung einer Ebene aufgefaßt werden kann.

Geht man nämlich von einem beliebigen Punkte aus, der
in der Projektion ab liegt, dessen Koordinaten x und z also
der Gleichung (13) genügen, so werden auch alle Punkte des in
diesem Fußpunkte auf XOZ errichteten Lotes die Gleichung
befriedigen, da alle diese Punkte dasselbe x und dasselbe z
haben, wie der Fußpunkt. Im Raume entspricht daher der
Gleichung (13) die Ebene, welche alle jene in den verschiedenen Punkten von ab errichteten Lote enthält, d. h. die durch
ab senkrecht zur Ebene XOZ gelegte Ebene. Ähnliches gilt
von der zweiten Gleichung.

Sind zwei beliebige Gleichungen
$$f(x, y, z) = 0,$$
$$\varphi(x, y, z) = 0$$
gegeben, so stellt, wie wir schon wissen, jede derselben eine Oberfläche dar; dem System der beiden Gleichungen entspricht daher die Schnittlinie dieser Oberflächen, eine Linie, die im allgemeinen nicht in einer Ebene liegt und sodann eine Kurve doppelter Krümmung genannt wird.

Umgekehrt läßt sich jede beliebig im Raume gegebene Kurve durch zwei Gleichungen darstellen. Man kann ja zwei unter den unzähligen Oberflächen, welche durch die Linie gelegt werden können, auswählen; jeder derselben genügt eine Gleichung zwischen den drei Koordinaten.

§ 77. Bei geeigneter Wahl der Koordinatenachsen läßt sich die Gleichung der in der niederen Geometrie behandelten gekrümmten Flächen leicht angeben.

Um z. B. die Gleichung der Oberfläche eines Umdrehungscylinders zu finden, dessen Achse mit der z-Achse zusammenfällt (Fig. 56), beachte man, daß der Abstand aller Punkte der Oberfläche von der z-Achse gleich groß, $= a$ ist. Aus der Figur ergiebt sich unmittelbar

$$x^2 + y^2 = a^2. \tag{15}$$

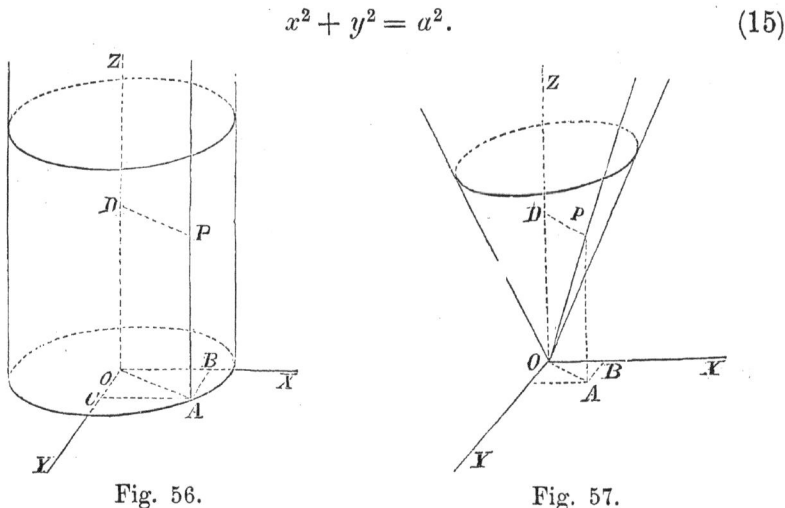

Fig. 56. Fig. 57.

Bei einem Umdrehungskegel (Fig. 57) mit der Spitze in O und der z-Achse als Drehungsachse ist für jeden Punkt P, wenn der halbe Scheitelwinkel φ ist,

$$PD = OD\,\operatorname{tg}\varphi,$$

woraus unmittelbar die Gleichung

$$x^2 + y^2 = z^2\,\operatorname{tg}^2\varphi \qquad (16)$$

folgt.

Bei einer Kugel vom Radius a, dessen Mittelpunkt mit dem Koordinatenursprung zusammenfällt, ist

$$x^2 + y^2 + z^2 = a^2. \qquad (17)$$

§ 78. Die drei soeben besprochenen Oberflächen sind die einfachsten Repräsentanten gewisser allgemeiner Klassen von Flächen, welche wir hier noch kurz besprechen wollen.

Entsteht eine Fläche dadurch, daß eine gerade Linie sich parallel mit sich selbst verschiebt (ohne dabei in einer und derselben Ebene zu bleiben), so wird sie cylindrisch genannt. Legt man nun die z-Achse der beschreibenden Linie parallel, so kann die Gleichung der Oberfläche z nicht enthalten. Denn man bleibt auf der Fläche, wenn man, von einem Punkt derselben ausgehend, x und y konstant hält und z beliebig ändert. Der Gleichung der Fläche muß dabei fortwährend Genüge geleistet werden, was nicht möglich wäre, wenn dieselbe z enthielte. Die allgemeine Gleichung der Cylinderfläche ist also (vergl. Formel 15)

$$f(x,y) = 0.$$

Man kann diese Beziehung auch als die Gleichung einer in der x, y-Ebene gelegenen Linie betrachten. Offenbar ist die Linie die Schnittlinie der x, y-Ebene mit dem Cylinder, welche Schnittlinie auch häufig Leitlinie genannt wird.

Beispielsweise ist

$$\frac{x^2}{a^2} + \frac{y^2}{b^2} = 1$$

die Gleichung eines elliptischen Cylinders.

Eine zweite allgemeine Klasse von Oberflächen ist die der Kegelflächen. Eine solche wird beschrieben von einer geraden Linie, die bei ihrer Bewegung fortwährend durch einen festen Punkt O geht, aber wiederum nicht in einer und derselben Ebene bleibt. Wir wählen den Punkt O zum Anfangspunkt der Koordinaten. Gehen wir nun von einem Punkte der Fläche aus, so bewegen wir uns offenbar auf der beschreibenden Linie und bleiben also auf der Fläche, wenn wir x, y und z in demselben Verhältnis größer oder kleiner werden lassen. Wir können das auch so ausdrücken: Ob ein Punkt P auf der Kegelfläche liegt, das hängt gar nicht von seinem Abstande von O, sondern nur von der Richtung der Linie OP ab. Da nun diese Richtung durch die Verhältnisse von x, y, z bestimmt wird, so muß die Gleichung der Oberfläche so geschrieben werden können, daß sie nur diese Verhältnisse, z. B. $\frac{x}{z}$ und $\frac{y}{z}$, enthält. Die allgemeine Formel ist also

$$F\left(\frac{x}{z},\ \frac{y}{z}\right) = 0.$$

Die Gleichung (16) nimmt thatsächlich diese Form an, wenn man sie durch z^2 dividiert.

Ist endlich eine willkürliche Umdrehungsoberfläche, deren Umdrehungsachse die z-Achse ist, gegeben, so ist für alle Punkte mit gleichem z der Abstand: $\varrho = \sqrt{x^2 + y^2}$ von der z-Achse gleich groß. Die Gleichung der Umdrehungsoberfläche kann also nur ϱ und z enthalten und ist von der Form

$$\varphi\,(\varrho, z) = 0$$

(vergl. (15), (16) und (17)).

Betrachtet man die Punkte der Umdrehungsfläche, die in einer durch die Achse gehenden Ebene liegen, so kann man z und ϱ als gewöhnliche rechtwinklige Koordinaten in dieser Ebene ansehen. Obige Gleichung stellt dann den Durchschnitt der Umdrehungsoberfläche mit der Ebene, den sogenannten Meridiandurchschnitt dar.

§ 79. In ähnlicher Weise, wie im vorigen Kapitel durch eine einfache Formänderung ein Kreis in eine Ellipse überging, können auch Figuren im Raume nach einer bestimmten Richtung auseinandergezogen oder zusammengedrückt werden, so daß alle Abmessungen nach dieser Richtung sich in demselben Verhältnis verändern, während alle Linien senkrecht hierzu unverändert bleiben. Unterwirft man z. B. die Kugeloberfläche: $x^2 + y^2 + z^2 = a^2$ einer derartigen Formänderung in Richtung der z-Achse, so daß das von der z-Achse abgeschnittene Stück, welches ursprünglich die Länge a hatte, in c ($>$ oder $< a$) übergeht, dann ergiebt sich die Gleichung für

die neue Oberfläche, wenn man in der Gleichung der Kugelfläche z durch $\dfrac{a}{c}\,z$ ersetzt.[1] Die Gleichung ist also:

$$\frac{x^2 + y^2}{a^2} + \frac{x^2}{c^2} = 1.$$

Man kann sich diese Oberfläche entstanden denken durch
die Umdrehung einer Ellipse mit den halben Achsen a und
c um die Achse c. Man nennt die Figur daher ein Umdrehungsellipsoid.

Eine neue Oberfläche erhält man, wenn man die besprochene Operation zum zweiten Mal ausführt, aber jetzt nach
einer anderen Richtung. Wird nämlich durch Auseinanderziehen oder Zusammendrücken in Richtung der y-Achse das
auf dieser Achse ursprünglich abgeschnittene Stück a in b
verwandelt, dann stellt die Gleichung

$$\frac{x^2}{a^2} + \frac{y^2}{b^2} + \frac{x^2}{c^2} = 1$$

die neue Oberfläche dar. Diese führt den Namen dreiachsiges
Ellipsoid (oder kurzweg Ellipsoid). Sie schneidet von den
Koordinatenachsen, vom Ursprung ab gerechnet, die Stücke
a, b und c ab und wird von den Achsenebenen nach Ellipsen
geschnitten. Man erhält z. B. als Gleichung des Durchschnittes
mit der xy-Ebene, indem man $z = 0$ setzt,

$$\frac{x^2}{a^2} + \frac{y^2}{b^2} = 1.$$

§ 80. Auch in der analytischen Geometrie des Raumes
lassen sich aus den auf ein bestimmtes Koordinatensystem gegebenen Koordinaten eines Punktes die Koordinaten in Bezug
auf ein anderes Achsensystem berechnen. Soll z. B. der Anfangspunkt verlegt werden, während die neuen Koordinatenachsen und Ebenen den alten parallel bleiben, so ist, wenn
x', y', z' die neuen, x, y, z die alten Koordinaten eines Punktes P

---

[1] Sind nämlich x, y, z die Koordinaten eines Punktes der neuen
Fläche, so sind die Koordinaten des Punktes, aus dem er entstanden ist:

$$x, \quad y, \quad \frac{a}{c}\,z.$$

Diese Werte müssen also der Gleichung der Kugelfläche genügen.

und a, b, c die Koordinaten des neuen Anfangspunktes O' in Bezug auf die ursprünglichen Achsen bedeuten,

$$x = x' + a,$$
$$y = y' + b,$$
$$z = z' + c.$$

Diese Ausdrücke in die gegebene Gleichung einer Fläche, oder die Gleichungen einer Linie eingesetzt, geben die Beziehung zwischen den neuen Koordinaten x', y', z'.

Man kann auch leicht von einem Koordinatensystem zu einem anderen mit demselben Anfangspunkt, aber mit anderen Achsenrichtungen übergehen. Um diesen Fall allgemein zu behandeln, wollen wir annehmen, daß das neue System ein schiefwinkliges ist. Man kann nämlich (vergl. Fig. 51), auch wenn OX, OY, OZ schief zu einander stehen, aus P in der Richtung der Achsen die Linien PA, PB, PC ziehen, welche die Koordinatenebenen in den Punkten A, B, C schneiden. Diese Linien oder auch die Kanten OD, OE, OF des jetzt schiefwinkligen Parallelepipeds sind jetzt die Koordinaten des Punktes P.

Seien OX, OY, OZ (Fig. 58) die alten rechtwinkligen und OX', OY', OZ' die neuen schiefwinkligen Koordinatenachsen. Werden nun die neuen Koordinaten x', y', z' eines Punktes P auf die alte Achse OX projiziert, indem man jede mit dem Kosinus des Winkels multipliziert, den sie mit dieser Achse macht, so ist die algebraische Summe jener drei Projektionen gleich der auf der Achse OX gemessenen alten Koordinate x (vergl. § 38).

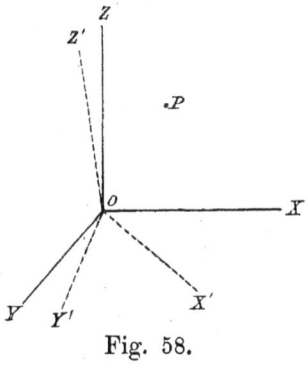

Fig. 58.

Da ähnliches auch von den Projektionen auf die beiden anderen Achsen gilt, so hat man einfach, wenn die in Betracht kommenden Winkel durch die leicht verständlichen Zeichen $(x'x)$ u. s. w. angedeutet werden,

$$x = x' \cos(x'x) + y' \cos(y'x) + z' \cos(z'x),$$
$$y = x' \cos(x'y) + y' \cos(y'y) + z' \cos(z'y),$$
$$z = x' \cos(x'z) + y' \cos(y'z) + z' \cos(z'z).$$

Unter den neun Winkeln, welche die neuen Achsen mit den alten bilden, sind sechs voneinander unabhängig, da die Winkel, welche eine Richtung mit OX, OY, OZ bildet, der Gleichung 3a (§ 71) Genüge leisten müssen. Also

$$\cos^2(x'x) + \cos^2(x'y) + \cos^2(x'z) = 1,$$
$$\cos^2(y'x) + \cos^2(y'y) + \cos^2(y'z) = 1,$$
$$\cos^2(z'x) + \cos^2(z'y) + \cos^2(z'z) = 1.$$

Sollen die neuen Achsen wieder senkrecht aufeinander stehen, also die Winkel $(x'y')$, $(x'z')$ und $(y'z')$ rechte sein, so müssen zu den eben aufgestellten Bedingungen noch folgende hinzugefügt werden (vergl. Gleichung 6, § 73).

$$\cos(x'x)\cos(y'x) + \cos(x'y)\cos(y'y) + \cos(x'z)\cos(y'z) = 0,$$
$$\cos(x'x)\cos(z'x) + \cos(x'y)\cos(z'y) + \cos(x'z)\cos(z'z) = 0,$$
$$\cos(y'x)\cos(z'x) + \cos(y'y)\cos(z'y) + \cos(y'z)\cos(z'z) = 0.$$

Da wir jetzt sechs Bedingungsgleichungen haben, so sind von den neun Winkeln nur drei voneinander unabhängig, wovon man sich auch leicht durch eine geometrische Betrachtung überzeugen kann.

Man sieht unmittelbar, daß durch die Koordinatenverwandlung der Grad der Gleichungen nicht geändert wird. Der Grad ist also ein unveränderliches Kennzeichen der Oberfläche, und ebenso wie früher die Linien, so können auch die Oberflächen nach ihrem Grad klassifiziert werden.

Die Oberflächen von §§ 77 und 79 sind vom zweiten Grad. Zu dieser Klasse gehören noch eine Reihe anderer Oberflächen, z. B. die, welche durch Umdrehung einer Parabel oder Hyperbel um eine Symmetrieachse entstehen, ferner die Cylinderflächen, deren Leitlinie eine Kurve vom zweiten Grade ist, und ebenso die Kegelflächen, die entstehen, wenn die durch den festen Punkt O gehende Linie bei ihrer Bewegung längs einer gegebenen Linie vom zweiten Grade gleitet.

Mit dem Grade der Oberflächen hängt die Beschaffenheit ihrer ebenen Durchschnitte zusammen. Gesetzt, wir wollen den Durchschnitt einer Fläche zweiten Grades mit einer Ebene V bestimmen. Wir können dann zunächst das Koordinatensystem in der Weise umwandeln, daß V eine der Koordinatenebenen, etwa die xy-Ebene wird. Nachher haben wir dann, um die

Gleichung des Schnittes zu erhalten, nur $z = 0$ zu setzen. Da nun bei der Transformation der Grad ungeändert geblieben ist, so wird die Schnittlinie im allgemeinen eine Kurve vom zweiten Grade sein. Beispielsweise wird ein Ellipsoid von einer Ebene in einer Ellipse geschnitten, und entstehen, wie bereits erwähnt wurde, Ellipsen, Hyperbel, Parabel, wenn man einen Umdrehungskegel durch Ebenen nach verschiedenen Richtungen schneidet.

§ 81. Auch durch Polarkoordinaten kann die Lage eines Punktes im Raume bestimmt werden, oder, was dasselbe ist, es können die rechtwinkligen Koordinaten eines Punktes in Polarkoordinaten verwandelt werden.

Sei P (Fig. 59) der gegebene Punkt mit den Koordinaten x, y, z; sei der Radiusvektor $OP = r$, der Winkel $XOP = \vartheta$ und der Winkel, welchen die Ebene XOP mit der Ebene XOY bildet, φ, so ist

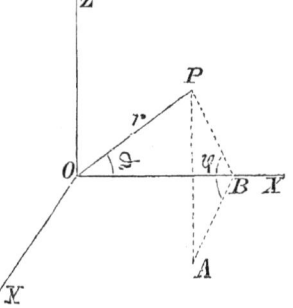

Fig. 59.

$$x = r \cos \vartheta,$$
$$y = r \sin \vartheta \cos \varphi,$$
$$z = r \sin \vartheta \sin \varphi.$$

(Man vergleiche [§ 70] die Ortsbestimmung eines Punktes auf einer Kugelfläche.) Soll der Punkt P den ganzen unendlichen Raum durchlaufen, so muß r von 0 bis ∞, ϑ von 0 bis π und φ von 0 bis 2π genommen werden.

§ 82. Das Grundprinzip der analytischen Geometrie des Raumes, die Ortsbestimmung eines Punktes durch seine Koordinaten, dient nicht allein dazu, um die Beziehung zwischen drei Variablen graphisch darzustellen, oder umgekehrt, um die Eigenschaften irgend einer Oberfläche durch algebraische Berechnung zu ermitteln, sondern es findet noch vielfach anderweitig Anwendung; so z. B., wenn die Bewegung eines Punktes im Raume beschrieben werden soll, wobei man jede seiner Koordinaten als Funktion der Zeit auffassen muß u. s. w. Wir werden später einer Reihe von Beispielen aus der Physik begegnen, weswegen sie hier übergangen werden können.

Aufgaben.

1. Der Inhalt einer geschlossenen, in einer ebenen Fläche gelegenen Figur ist I. Wird sie auf die Koordinatenebenen XOY, YOZ, ZOX projiziert, so entstehen neue Figuren, deren Inhalte $I_{x,y}$, $I_{y,z}$, $I_{z,x}$ seien. Es ist zu beweisen, daß

$$I^2 = I_{x,y}^2 + I_{y,z}^2 + I_{z,x}^2.$$

2. Die Koordinaten zweier Punkte P_1 und P_2 sind x_1, y_1, z_1 und x_2, y_2, z_2. Wie groß ist der Inhalt des Dreiecks, dessen Eckpunkte P_1, P_2 und der Ursprung des Koordinatensystems sind?

3. Unter dem Schwerpunkte zweier Massenpunkte versteht man den auf der Verbindungslinie so gelegenen Punkt, daß die Abstände von den beiden Punkten sich umgekehrt wie die Massen verhalten. Soll der Schwerpunkt eines Systems von Punkten $P_1, P_2, P_3 \ldots P_n$, deren Massen $m_1, m_2, m_3 \ldots m_n$ sind, ermittelt werden, dann suche man zuerst den Schwerpunkt von P_1 und P_2; derselbe sei in Q gelegen. Man bringe dann weiter in Q die Masse $m_1 + m_2$ an und bestimme nach obiger Regel den Schwerpunkt von Q und P_3; dieser sei in R gelegen. In R denke man sich, analog wie vorher, eine Masse $m_1 + m_2 + m_3$ und kombiniere diesen Punkt in der angegebenen Weise mit P_4. So fortfahrend erhält man schließlich, nachdem man alle Punkte berücksichtigt hat, den gesuchten Schwerpunkt oder Massenmittelpunkt M. Wenn nun die Koordinaten der Punkte P_1, $P_2 \ldots P_n$ gegeben sind, nämlich $x_1, y_1, z_1, x_2, y_2, z_2 \ldots, x_n, y_n, z_n$, welches sind dann die Koordinaten von M?

4. Gegeben sind eine ebene Fläche, deren Gleichung

$$Ax + By + Cz + D = 0$$

sei, und außerhalb derselben ein Punkt $P(x_1, y_1, z_1)$. Wie groß ist der Abstand des Punktes von der Ebene?

5. Eine ebene Fläche schneidet von den Koordinatenachsen die Stücke a, b und c ab. Wie lautet die Gleichung der Ebene?

6. Eine Ebene, welche durch den Ursprung geht, bildet mit den Koordinatenachsen gleiche Winkel. Wie lautet ihre Gleichung?

7. Es ist die allgemeine Gleichung einer Kugeloberfläche aufzustellen, die durch den Koordinatenursprung geht.

8. Es soll bewiesen werden, daß bei der § 79 besprochenen Formänderung jede ebene Fläche eine ebene Fläche und jede gerade Linie eine gerade Linie bleibt.

9. Die Gleichung einer Oberfläche

$$F(x, y, z) = 0$$

sei gegeben. Wie wird sich die Gleichung ändern, wenn man die Figur nach einer Richtung, welche die Winkel α, β und γ mit den Achsen bildet, so auseinanderzieht, daß alle Abmessungen nach dieser Richtung p-mal größer werden und alle Abmessungen senkrecht zu dieser Richtung unverändert bleiben?

10. Es soll bewiesen werden, daß bei einer solchen Auseinanderziehung jede Oberfläche des zweiten Grades in eine andere von demselben Grade übergeht.

11. Wenn ein Ellipsoid durch eine Reihe paralleler, ebener Flächen geschnitten wird, dann sind alle Durchschnitte ähnliche Ellipsen, deren Mittelpunkte auf einer geraden Linie liegen.

12. Es ist die Gleichung der Oberfläche aufzusuchen, die durch Umdrehung einer Parabel um ihre Achse entsteht (Umdrehungsparaboloid).

13. Durch wieviel Punkte ist eine Oberfläche vom zweiten Grade bestimmt?

14. Die Polarkoordinaten zweier Punkte r_1, ϑ_1, φ_1 und r_2, ϑ_2, φ_2 sind gegeben. Wie groß ist ihr Abstand?

15. Es soll bewiesen werden, daß es bei einem beliebigen Ellipsoid zwei Richtungen giebt, in denen eine Ebene dasselbe so schneidet, daß der Durchschnitt kreisförmig ist.

16. Eine beliebige gerade Linie, welche die z-Achse kreuzt, wird um diese Achse herumgedreht. Es soll die Gleichung der entstehenden Fläche aufgestellt und die Gestalt des Meridians ermittelt werden.

Kapitel V.

Grundbegriffe der Differentialrechnung.

§ 83. Wir gehen jetzt über zu einer näheren Betrachtung der Veränderungen, welche eine Funktion durch Zu- oder Abnahme der unabhängig Variablen erfährt. Die Untersuchung dieser Veränderungen ist die Aufgabe der Differentialrechnung. Wir beginnen mit einigen Beispielen.

Um ein vollständiges Bild von der Bewegung eines Punktes zu erhalten, müssen wir nicht nur seine Bahn kennen, sondern auch die Zeit, in welcher die einzelnen Teile derselben durchlaufen werden.

Am einfachsten liegen die Verhältnisse bei der gleichförmigen Bewegung, bei der in gleichen Zeiten, wie groß oder klein dieselben auch gewählt sein mögen, gleiche Wege zurückgelegt werden. Den in der Zeiteinheit zurückgelegten Weg betrachten wir als das Maß für die Geschwindigkeit der Bewegung; zur Abkürzung nennen wir diesen Weg selbst auch die Geschwindigkeit. Ist τ ein willkürliches Zeitintervall, das größer oder kleiner als die Zeiteinheit sein mag, und σ der während dieses Zeitintervalles zurückgelegte Weg, so ist also die Geschwindigkeit $\frac{\sigma}{\tau}$.

Auch bei der ungleichförmigen Bewegung reden wir von der Geschwindigkeit. Nehmen wir an, der Punkt habe in dem Intervall τ die Strecke σ zurückgelegt, so können wir den Quotienten $\frac{\sigma}{\tau}$ bilden. Dieser ist gleich der Geschwindigkeit eines Punktes, der bei einer gleichförmigen Bewegung in derselben Zeit τ ebensoweit gekommen sein würde, wie der betrachtete Punkt bei seiner ungleichförmigen Bewegung wirklich gekommen ist. Man nennt diese Geschwindigkeit die mittlere Geschwindigkeit während der Zeit τ. Gesetzt nun, wir kennten diese mittlere Geschwindigkeit für Zeitintervalle von je einer vollen Sekunde, also auch die jedesmal in einer vollen Sekunde zurückgelegten Wege, so könnten wir uns schon ein angenähertes Bild von der Bewegung machen. Vollständiger wird das Bild sein, wenn wir für jede $^1/_{10}$ Sekunde die Geschwindigkeit und den in dieser Zeit zurückgelegten Weg kennen, noch vollständiger, wenn wir die mittlere Geschwindigkeit für Zeitintervalle von $^1/_{100}$, $^1/_{1000}$ Sekunde u. s. w. angeben können. In dieser Weise gelangt man dazu, den Grenzwert zu betrachten, dem sich $\frac{\sigma}{\tau}$ nähert, wenn τ und damit auch σ sich der Null nähern. Diesen Grenzwert nennen wir jetzt die Geschwindigkeit, d. h. wir definieren letztere bei der ungleichförmigen Bewegung durch die Gleichung

$$v = \text{Lim}\,\frac{\sigma}{\tau}, \quad \text{für Lim}\,\tau = 0. \tag{1}$$

Um die Definition zu vervollständigen, fügen wir noch folgendes hinzu:

Wenn wir die Geschwindigkeit für einen bestimmten Augenblick ermitteln wollen, betrachten wir ein Zeitintervall τ, das in diesem Augenblick beginnt. Um den Grenzwert (1) zu bestimmen, lassen wir τ fortwährend abnehmen, während wir den Anfangspunkt dieses Intervalles, d. h. den der Rechnung zu Grunde gelegten Augenblick, unverändert lassen.

Sobald für jeden Augenblick die Geschwindigkeit und ihre Richtung bekannt sind, kann man die Bewegung des Punktes von Augenblick zu Augenblick verfolgen und man besitzt daher ein vollständiges Bild seiner Bewegung.

§ 84. Für Lim $\frac{\sigma}{\tau}$ führt man gewöhnlich ein anderes Symbol ein. Gegeben sei wieder die Bahn des sich bewegenden Punktes. Wir rechnen die Zeit t von einem festen Augenblick an, und bestimmen die Lage des Punktes durch die längs der Bahn gemessene Entfernung s von einem festen Punkte der Bahn, welche Entfernung wir in der einen Richtung positiv und in der entgegengesetzten Richtung negativ nennen. Es ist also s eine Funktion der Zeit t.

Zu einer bestimmten Zeit t möge jene Entfernung den Wert s haben, den wir als positiv voraussetzen wollen. Am Ende eines auf t folgenden Zeitintervalles wird, falls die Bewegung so geschieht, dass s mit der Zeit wächst, diese Entfernung etwas größer sein. Das Zeitintervall τ können wir nun als einen Zuwachs der Zeit t betrachten; wir bezeichnen es deshalb durch das Symbol $\varDelta t$ (vergl. § 17).

Entsprechend sehen wir den zurückgelegten Weg σ als den Zuwachs der Entfernung s an und bezeichnen denselben mit $\varDelta s$. $\varDelta s$ ist also die Zunahme der abhängig Variablen, wenn die unabhängig Variable um $\varDelta t$ grösser wird.

Die mittlere Geschwindigkeit während $\varDelta t$ ist nach § 83 dann $\frac{\varDelta s}{\varDelta t}$ und die Geschwindigkeit zur Zeit t

$$v = \mathrm{Lim}\, \frac{\varDelta s}{\varDelta t} \quad \text{für} \quad \mathrm{Lim}\, \varDelta t = 0. \tag{2}$$

Beispiel: Gegeben sei

$$s = a t^2,$$

wo a eine konstante Größe ist.

Wie groß ist der Grenzwert $\mathrm{Lim}\, \dfrac{\varDelta s}{\varDelta t}$?

Geht t in $t + \varDelta t$ über, so nimmt auch s zu, und es ist der neue Wert

$$a(t + \varDelta t)^2.$$

Subtrahiert man hiervon den alten Wert, so ergiebt sich

$$\varDelta s = a(t + \varDelta t)^2 - a t^2$$
$$= 2 a t \varDelta t + a \varDelta t^2.$$

Hieraus [1] folgt

$$\frac{\varDelta s}{\varDelta t} = 2 a t + a \varDelta t.$$

Machen wir nun $\varDelta t$ immer kleiner und kleiner, so nähert sich $a \varDelta t$ dem Wert 0.

Folglich ist

$$v = \mathrm{Lim}\, \frac{\varDelta s}{\varDelta t} = 2 a t.$$

§85. Im vorigen Paragraphen wurde die Geschwindigkeit v zur Zeit t als der Grenzwert der mittleren Geschwindigkeit während eines unmittelbar auf t folgenden Zeitintervalles angesehen. Zu demselben Resultat kommt man, wenn man ein t unmittelbar vorhergehendes Zeitintervall der Überlegung und Rechnung zu Grunde legt.

Um dieses einzusehen, betrachten wir zwei gleiche Zeitintervalle τ, deren eines im Augenblick t endet, während das

---

[1] In der vorhergehenden Formel ist unter $\varDelta t^2$ das Quadrat von $\varDelta t$ zu verstehen. Den Zuwachs von t^2 würde man mit $\varDelta(t^2)$ bezeichnen.

andere zu dieser Zeit beginnt. Bei der ungleichförmigen Bewegung wird man dann für beide Zeitintervalle verschiedene Werte für $\frac{\sigma}{\tau}$ erhalten, die sich jedoch einander immer mehr nähern werden, je kleiner man τ macht; es wird dann nämlich, was in dem einen Intervall geschieht, immer weniger verschieden sein, von dem was in dem anderen Intervall vorgeht.[1] Hieraus folgt, daß $\mathrm{Lim}\,\frac{\sigma}{\tau}$ für beide betrachtete Zeitintervalle gleich groß ist.

Auch wenn wir $\mathrm{Lim}\,\frac{\sigma}{\tau}$ für ein dem Zeitpunkte t vorangehendes Zeitintervall berechnen wollen, können wir die Schreibweise (2) anwenden. Es sind jetzt, wenn wir von der Zeit t und dem derselben entsprechenden Wert von s ausgehen, τ und σ als gleichzeitige Abnahmen von t und s zu betrachten. Wir können aber eine Abnahme als eine negative Zunahme auffassen und, wie man leicht sieht, gilt dann noch immer die Formel (2). Nur sind jetzt $\varDelta t$ und $\varDelta s$ negativ, was aber auf das Vorzeichen von v keinen Einfluß hat.

Bewegt sich ein Punkt in der entgegengesetzten Richtung zu der Richtung, welche wir als positiv ansehen, so nimmt beim Wachsen von t die Entfernung s ab. Wenn $\varDelta t$ positiv ist, ist also $\varDelta s$ negativ, und umgekehrt. $\mathrm{Lim}\,\frac{\varDelta s}{\varDelta t}$ stellt uns wieder die Grösse der Geschwindigkeit dar, aber ihr negativer Wert zeigt uns, daß ihre Richtung der als positiv angenommenen entgegengesetzt ist. Die Formel (2) giebt also in allen Fällen das Vorzeichen und die Größe von v genau an.

Man wird sich leicht davon überzeugen können, daß dieses auch noch gilt, wenn s selbst zu der betrachteten Zeit einen negativen Wert hat.

§ 86. Der analytischen Geometrie entnehmen wir ein weiteres Beispiel. Gegeben sei auf einer Kurve (Fig. 60) der Punkt P. Wir wählen einen zweiten Punkt Q und verbinden P mit Q. Lassen wir Q in Q' übergehen, so ändert sich die Richtung der Sekante; sie geht aus PQ in PQ' über. Je mehr

---

[1] Hierbei ist angenommen, wie es in der Folge stets sein soll, daß sich die Bewegung nicht sprungweise ändert.

wir Q dem Punkt P nähern, desto näher rückt die Verbindungslinie an eine bestimmte Linie RR' heran, welche wir die Berührungslinie oder die Tangente
an die gegebene Kurve in
Punkt P nennen. Es sei die
Gleichung der Kurve bekannt,
also die Ordinate y als Funktion von x gegeben. Wir können
uns vorstellen, daß wir die Koordinaten von Q dadurch erhalten
haben, daß die Koordinaten von
P (x und y) größer geworden sind;
die dabei stattfindenden Zu-

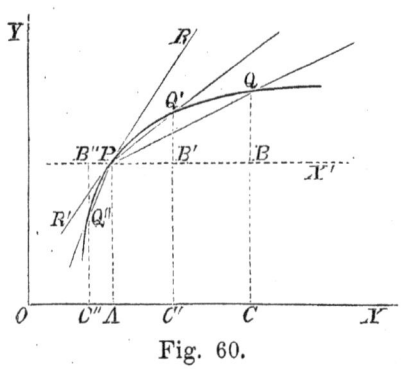

Fig. 60.

nahmen nennen wir $\varDelta x$ und $\varDelta y$. Sei PX' parallel mit OX
gezogen, dann ist $PB = \varDelta x$, $BQ = \varDelta y$ und

$$\operatorname{tg} QPX' = \frac{\varDelta y}{\varDelta x}\,.$$

Nähert sich Q dem Punkt P, dann nehmen $\varDelta x$ und $\varDelta y$
ab; sie sind z. B., wenn Q in Q' übergegangen ist, gleich
PB' und $B'Q'$. Das Verhältnis $\frac{\varDelta y}{\varDelta x}$ ist aber auch hier ebenso wie vorher gleich der trigonometrischen Tangente des
Winkels zwischen der Verbindungslinie und OX. Der Grenzwert dieses Winkels ist offenbar der Winkel RPX', welchen
die Tangente mit OX bildet. Nennen wir denselben ϑ, dann
ist also

$$\operatorname{tg}\vartheta = \operatorname{Lim}\frac{\varDelta y}{\varDelta x}\,, \quad \text{für} \quad \operatorname{Lim}\varDelta x = 0\,. \tag{3}$$

Anstatt P mit Q zu verbinden, können wir P ebensogut
mit einem Punkt Q'' verbinden, dessen Abscisse kleiner ist,
als die von P. Rückt nun Q'' immer näher an P heran, so
geht die Verbindungslinie auch hier in die Tangente RR'
über. Die Formel (3) gilt auch jetzt noch, nur ist $\varDelta x = -B''P$,
$\varDelta y = -Q''B''$. Mithin ist

$$\operatorname{tg} Q''PB'' = \frac{-B''Q''}{-PB''} = \frac{\varDelta y}{\varDelta x}\,,$$

also wieder

$$\operatorname{tg}\vartheta = \operatorname{Lim}\frac{\varDelta y}{\varDelta x}\,, \quad \text{für} \quad \operatorname{Lim}\varDelta x = 0\,.$$

Man beachte noch, daß man in der Formel (3) unter ϑ nach Belieben den Winkel $X'PR$ oder den Winkel $X'PR'$ verstehen kann. Diese Winkel unterscheiden sich um π voneinander, haben also die gleiche trigonometrische Tangente.

In Fig. 60 nahm y beim Zunehmen von x zu. In Fig. 61 ist das Entgegengesetzte der Fall, es erhalten daher Δx und Δy entgegengesetzte Vorzeichen. Seien die Koordinaten von P (Fig. 61) x und y, so sind die Koordinaten von Q $x + \Delta x$ und $y + \Delta y$, wobei $\Delta x = + PB$ und $\Delta y = - QB$. Für den Punkt Q' ist $\Delta x = - B'P$, $\Delta y = + B'Q'$. $\mathrm{Lim} \frac{\Delta y}{\Delta x}$ ist also negativ. Die Formel (3) bleibt gültig, nur ist in diesem Fall tg ϑ negativ und, in der That liegt ja der Winkel ϑ, welchen die Tangente mit der positiven Richtung der Abscisse bildet, $R'PX'$ im zweiten Quadranten; die trigonometrische Tangente desselben ist also negativ.

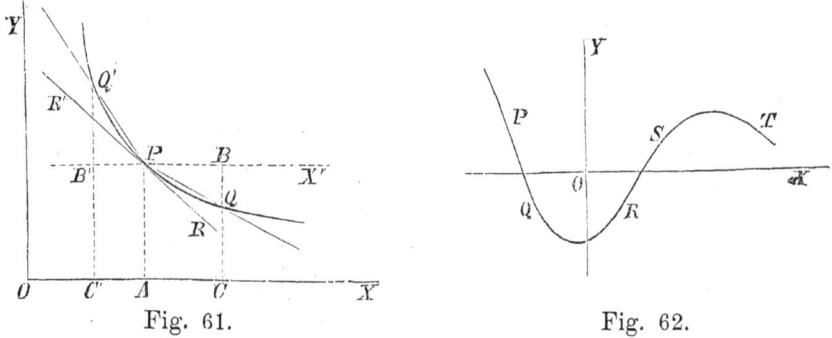

Fig. 61.   Fig. 62.

Das positive oder negative Vorzeichen von $\mathrm{Lim} \frac{\Delta y}{\Delta x}$ giebt uns Auskunft, ob eine Kurve steigt oder fällt. Wir sagen, daß eine Kurve steigt, wenn man auf ihr, in Richtung der positiven x-Achse gehend, sich zugleich in Richtung der positiven y-Achse fortbewegt; sie sinkt, wenn das Gegenteil der Fall ist.[1] Im ersten Fall, z. B. in den Punkten R und S (Fig. 62), entspricht einer positiven Zunahme von x eine posi-

---

[1] Man verwechsele das Steigen oder Fallen einer Kurve nicht mit dem Entfernen von der x-Achse oder dem Annähern an dieselbe. Eine Kurve kann beim Steigen sich der x-Achse nähern oder sich von ihr entfernen, es hängt dies nur davon ab, auf welcher Seite der Achse die Kurve liegt.

tive Zunahme von y. Lim $\frac{\Delta y}{\Delta x}$ ist daher positiv. Im zweiten
Fall, z. B. in den Punkten P, Q und T, sind die Vorzeichen
von Δy und Δx entgegengesetzt und Lim $\frac{\Delta y}{\Delta x}$ ist daher negativ. Übrigens ist auch dann noch die Richtung der Tangente
durch (3) bestimmt, wenn in dem betrachteten Punkte die
Koordinaten beide, oder eine von beiden negativ sind.

§ 87. Gegeben sei die Gleichung einer Parabel: $y = ax^2$.
Es soll die Lage der Tangente in verschiedenen Punkten bestimmt werden. Eine mit dem Beispiele § 84 (S. 126) übereinstimmende Rechnung lehrt, daß

$$\operatorname{tg}\vartheta = \operatorname{Lim}\frac{\Delta y}{\Delta x} = 2\,ax.$$

Für $x = 0$ ist $\operatorname{tg}\vartheta$, also auch $\vartheta = 0$, die Tangente fällt
in diesem Punkt mit der Abscissenachse zusammen. Werden
in P_1, P_2, P_3, (Fig. 63), deren Abscissen im Verhältnis von
1 : 2 : 3 stehen, Tangenten P_1R_1,
P_2R_2, P_3R_3 gezogen, so müssen
die trigonometrischen Tangenten
der Winkel, welche diese Linien
mit der x-Achse bilden, nach
der eben entwickelten Formel sich
ebenfalls wie 1 : 2 : 3 verhalten. In
zwei Punkten, P_2 und P_4, deren
Abscissen gleich sind, aber entgegengesetzte Vorzeichen haben
(die Ordinaten sind nach der
Gleichung der Parabel dann ebenfalls gleich groß und besitzen

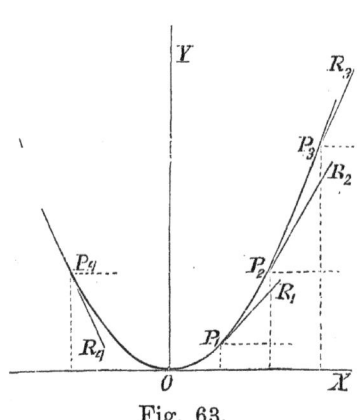

Fig. 63.

dasselbe Vorzeichen), werden die Tangenten der Winkel, welche
die Berührungslinien P_2R_2 und P_4R_4 mit der positiven Richtung der x-Achse bilden, gleich groß sein, doch ist ihr Vorzeichen entgegengesetzt. Der eine Winkel ist spitz, der andere
stumpf.

Die Gleichung der Kurve (Fig. 64) ist:

$$y = ax^3.$$

Geht x in $x + \Delta x$ über, dann wird die Ordinate

$$a\,(x + \Delta x)^3.$$

Also:
$$\Delta y = a\,(x + \Delta x)^3 - a x^3$$
$$= 3\,a x^2\,\Delta x + 3\,a x\,\Delta x^2 + a\,\Delta x^3,$$
$$\frac{\Delta y}{\Delta x} = 3\,a x^2 + 3\,a x\,\Delta x + a\,\Delta x^2.$$

Beim Übergang zur Grenze verschwinden die beiden letzten Glieder, also wird

$$\operatorname{tg}\vartheta = \operatorname{Lim}\frac{\Delta y}{\Delta x} = 3\,a x^2.$$

Verhalten sich die Abscissen der Punkte P_1, P_2, P_3 u. s. w. wie $1:2:3$ u. s. w., dann verhalten sich die trigonometrischen Tangenten der Winkel, welche die Berührungslinien in diesen Punkten mit OX bilden, wie die zweiten Potenzen dieser Zahlen. Der Wert von ϑ bleibt unverändert, d. h. die Tangenten behalten ihre Richtung, wenn bei konstanter Größe das Vorzeichen von x geändert wird, wovon man sich leicht überzeugen kann, wenn man z. B. in P_4 und P_2 die Tangenten an die Kurve zieht.

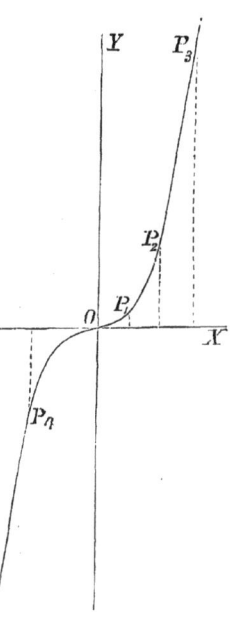

Fig. 64.

§ 88. Auch in vielen anderen Fällen wird man auf den Grenzwert des Verhältnisses zwischen den gleichzeitigen Änderungen einer unabhängig und einer abhängig Variablen geführt. Man hat daher für diesen Grenzwert eine einfachere Bezeichnungsweise eingeführt. Man ersetzt nämlich das Symbol „Δ" durch „d", und da dies ausschließlich geschieht, wenn die Zunahmen sich der Null nähern und wenn von dem Grenzwert des Verhältnisses die Rede ist, so braucht man das letztere nicht besonders hervorzuheben. Anstatt des weitschweifigen Ausdruckes

$$\operatorname{Lim}\frac{\Delta y}{\Delta x}, \quad \text{für} \quad \operatorname{Lim}\Delta x = 0$$

tritt der einfache: $\frac{dy}{dx}$. Die Formeln (2) und (3) können jetzt in der Form geschrieben werden:

$$v = \frac{ds}{dt} \quad \text{und} \quad \operatorname{tg}\vartheta = \frac{dy}{dx}.$$

9*

Größen, die sich der Null nähern, nennt man unendlich klein; demgemäß heißen dx und dy die unendlich kleinen Zunahmen von x und y. Diese Zuwächse werden auch Differentiale genannt und dementsprechend $\frac{dy}{dx}$ Differentialquotient, im Gegensatz zu dem Differenzquotienten $\frac{\Delta y}{\Delta x}$.

§ 89. Ist $y = F(x)$, so ist nach der gegebenen Definition der Differentialquotient:

$$\frac{dy}{dx} = \text{Lim}\ \frac{F(x + \Delta x) - F(x)}{\Delta x}, \quad \text{für}\quad \text{Lim}\ \Delta x = 0. \quad (4)$$

Unter x ist hier der bestimmte Wert zu verstehen, für den man $\frac{dy}{dx}$ berechnen will; von diesem Wert ist der Differentialquotient im allgemeinen abhängig; so ist in § 84 $\frac{ds}{dt}$ oder die Geschwindigkeit v abhängig von der Zeit; in § 87 ist $\frac{dy}{dx}$ oder tg ϑ eine Funktion von x. In der That lehrt ja ein Blick auf die Figg. 60 bis 64, daß die Richtung der Tangenten je nach dem Wert, welchen man x erteilt, ganz verschieden ist. Es ist also $\frac{dy}{dx}$ wieder eine Funktion von x. Im Gegensatz zu der ursprünglichen Funktion ($y = F(x)$, $y = \varphi(x)$ u. s. w.) nennt man $\frac{dy}{dx}$ auch die abgeleitete oder derivierte Funktion und schreibt sie häufig: $F'(x)$, $\varphi'(x)$ u. s. w.

Für (4) kann man also auch schreiben:

$$F'(x) = \text{Lim}\ \frac{F(x + \Delta x) - F(x)}{\Delta x}, \quad \text{für}\quad \text{Lim}\ \Delta x = 0.$$

§ 90. Wie aus den Entwickelungen der §§ 85 und 86 hervorgeht, kann der Differentialquotient sowohl positiv als auch negativ sein. Das positive resp. negative Vorzeichen von $\frac{dy}{dx}$ zeigt an, daß y bei der Zunahme von x größer resp. kleiner wird. Die Größe des Differentialquotienten ist die Änderung der Funktion pro Einheit der Änderung der unabhängig Variabeln, wie sich diese Änderung aus der Betrachtung unendlich kleiner Zuwächse ergiebt. Die Größe des Differentialquotienten ist also ein Maß für die Änderungsgeschwindigkeit der Funktion.

Ein paar Beispiele sollen noch den Nutzen des Differentialquotienten erläutern. Die Geschwindigkeit eines sich bewegenden Punktes ist im allgemeinen eine Funktion der Zeit t. Nimmt die erstere in willkürlich gewählten gleichen Zeitteilen (Stunden, Minuten, Sekunden u. s. w.) um gleich viel zu, so ist die Bewegung eine gleichförmig beschleunigte; die Zunahme der Geschwindigkeit v in der Zeiteinheit nennt man Beschleunigung. Ist die Bewegung eine beliebige, so verstehen wir unter der Beschleunigung den Differentialquotienten $\frac{dv}{dt}$, oder, wie man sagt, den Differentialquotienten der Geschwindigkeit nach der Zeit. (Man denke hierbei an eine geradlinige Bewegung.)

Ist ein Körper wärmer als seine Umgebung, so wird er Wärme abgeben, wodurch seine Temperatur ϑ mit der Zeit t sinkt. Die Abkühlung kann schneller oder langsamer vor sich gehen. Sinkt die Temperatur in gleichen Zeiten um gleich viel, dann ist die Abkühlungsgeschwindigkeit gleich der in der Zeiteinheit stattgefundenen Temperaturabnahme. Besteht das ebenerwähnte Verhältnis zwischen Abkühlung und Zeit nicht, dann ist $-\frac{d\vartheta}{dt}$ ein Maß für die Abkühlungsgeschwindigkeit. (Das negative Vorzeichen ist hier angewandt, weil $\frac{d\vartheta}{dt}$ einen negativen Wert hat, da die Temperatur mit der Zeit ja abnimmt; die Geschwindigkeit der „Abkühlung" muß dagegen positiv sein.)

Fließt eine Flüssigkeit in einer Röhre, dann ändert sich der Druck p längs der Röhre von Punkt zu Punkt. Er ist eine Funktion des Abstandes x des betrachteten Punktes von einem festen Punkte, etwa der Einströmungsöffnung der Röhre. Der Differentialquotient $\frac{dp}{dx}$ giebt uns die Änderung des Druckes für die Längeneinheit der Röhre; er ist mit umgekehrtem Vorzeichen das Druckgefälle längs der Röhre.

§ 91. In Fig. 65 sei J der Inhalt der Fläche $A_0 P_0 A P$, also der Fläche, welche von der Kurve $P_0 P$, der Abscissenachse OX, der festen Ordinate $A_0 P_0$ und einer zweiten Ordinate AP begrenzt wird. Sind die Gleichung der Kurve und $A_0 P_0$ gegeben, dann ist der Inhalt der Fläche nur noch von der zur Endordinate AP gehörenden Abscisse $OA = x$ abhängig, ist also eine Funktion von x. Es soll der Differentialquotient $\dfrac{dJ}{dx}$ gesucht werden.

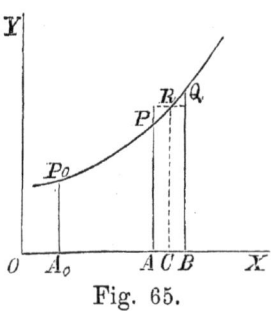

Fig. 65.

Läßt man x um $\varDelta x = AB$ zunehmen, dann wandert die Endordinate von AP nach BQ, und J nimmt um den Inhalt der Fläche $APQB$ zu. Da die Endordinate jetzt größer ist, als vorher, so ist offenbar $\varDelta J$ größer als das aus AB als Grundlinie und AP als Höhe gebildete Rechteck, dagegen kleiner als das aus AB und BQ gebildete Rechteck. Es muß also irgendwo zwischen AP und BQ eine Ordinate CR liegen, so daß ein Rechteck, welches auf der Grundlinie AB mit dieser Höhe CR beschrieben wird, gerade gleich $\varDelta J$ ist, d. h.

$$\frac{\varDelta J}{\varDelta x} = CR.$$

Läßt man jetzt $\varDelta x$ sich 0 nähern, also BQ an AP heranrücken, dann muß CR, das ja stets zwischen AP und BQ liegt, ebenfalls AP als Grenzwert haben. Ist y die der Abscisse x entsprechende Ordinate, dann ist also

$$\frac{dJ}{dx} = y.$$

Der Differentialquotient der betrachteten ebenen Fläche ist also gleich der letzten Ordinate.

§ 92. Die bis jetzt vorkommenden Gleichungen enthielten nur das Verhältnis zweier unendlich kleiner Größen. Indessen wendet man auch Formeln an, in denen dieses Verhältnis nicht direkt auftritt.

Statt der Gleichung

$$\frac{\delta}{\varepsilon} = p,$$

in der δ und ε unendlich kleine Größen sind, und p eine endliche[1] Größe bedeutet, schreibt man auch

$$\delta = p\,\varepsilon.$$

---

[1] So nennt man jede nicht unendlich kleine oder unendlich große Größe.

Die Bedeutung einer solchen Gleichung mit unendlich kleinen Größen ist nun aber nicht, daß die Gleichheit für irgend welche bestimmte Werte jener Größen wirklich besteht, sondern daß, nachdem man durch eine der unendlich kleinen Größen dividiert hat, die beiden Seiten der Gleichung denselben Grenzwert haben, oder auch, was auf dasselbe hinauskommt, daß das Verhältnis der beiden Seiten sich dem Grenzwerte 1 nähert. In diesem Sinne darf man, wenn $y = F(x)$ ist, schreiben

$$dy = F'(x)\, dx.$$

§ 93. Die in den §§ 83 und 86 behandelten Probleme sind nicht die ersten, bei denen wir unendlich kleine Größen angetroffen haben. Die Zeiten, nach deren Verlauf in § 11 die Zinsen dem Kapital zugeschlagen werden mußten, die Dicke der Schichten, in welche wir § 13 den absorbierenden Körper zerlegten, waren unendlich klein. Dasselbe gilt von den Seiten des regelmäßigen Vielecks (Polygons), das man in der niederen Geometrie zur Berechnung des Kreisumfanges benutzt. Auch in vielen anderen Aufgaben leistet die Zerlegung in unendlich kleine Größen oder „Elemente" gute Dienste.

Man unterscheidet unendlich kleine Größen verschiedener Ordnung. Wenn die Größe δ sich dem Werte 0 nähert, so nimmt auch δ^2 fortwährend ab, aber rascher als δ, so daß bald δ^2 viel kleiner ist als δ selbst, und das Verhältnis $\frac{\delta^2}{\delta}$ den Grenzwert 0 hat. Noch rascher als δ^2 nimmt δ^3 ab u. s. w. Man drückt diesen Unterschied dadurch aus, daß man δ eine unendlich kleine Größe erster Ordnung, δ^2 eine Größe zweiter Ordnung nennt u. s. w. Jede Größe ε, deren Verhältnis zu δ einen endlichen Grenzwert hat, wird dann ebenfalls unendlich klein erster Ordnung genannt; hat dagegen $\frac{\varepsilon}{\delta^2}$ einen endlichen Grenzwert, so ist ε von der zweiten Ordnung, und im allgemeinen wird ε eine Größe n^{ter} Ordnung genannt (n ist eine ganze positive Zahl), wenn $\frac{\varepsilon}{\delta^n}$ endlich bleibt.

Man wird leicht einsehen, daß die Division einer unendlich kleinen Größe durch eine andere niederer Ordnung einen Quotienten ergibt, dessen Grenzwert 0 ist, und daß das Produkt zweier unendlich kleiner Größen von den Ordnungen m und n, von der Ordnung $m + n$ ist.

Ein paar Beispiele mögen dies noch erläutern. Seien die Höhe, Länge und Tiefe eines Körpers unendlich klein von der ersten Ordnung, dann ist die Oberfläche von der zweiten, der Inhalt von der dritten Ordnung.

Es sei x ein unendlich kleiner Bogen von der ersten Ordnung, dann sind $\sin x$ und $\operatorname{tg} x$ ebenfalls von der ersten Ordnung, denn die Grenzwerte von $\dfrac{\sin x}{x}$ und $\dfrac{\operatorname{tg} x}{x}$ sind gleich 1 (§ 43). $1 - \cos x$ ist dagegen von der zweiten Ordnung, da

$$\frac{2 \sin^2 \dfrac{x}{2}}{x^2}$$ endlich ist.

Aus dieser letzteren Bemerkung geht hervor, daß die Projektion einer Strecke a auf eine Linie, die mit a einen unendlichen kleinen Winkel x erster Ordnung bildet, nur um eine Größe zweiter Ordnung von a selbst verschieden ist. Die Differenz ist ja $a - a \cos x = a(1 - \cos x)$.

Im allgemeinen wird man bei einem Problem, in dem mehrere unendlich kleine Größen in Betracht kommen, eine derselben als von der ersten Ordnung annehmen; die successiven Potenzen derselben bilden dann gewissermaßen eine Größenskala, mit der alle anderen Größen verglichen werden können. Freilich wird man die Wahl der Größe erster Ordnung in der Weise treffen müssen, daß alle Größen in die Skala passen.

§ 94. Sei δ eine unendlich kleine Größe der ersten Ordnung, ε der zweiten, η der dritten u. s. w., dann ist das Verhältnis von $\delta + \varepsilon + \eta + \ldots$ zu einer anderen unendlich kleinen Größe δ_0:

$$\frac{\delta + \varepsilon + \eta \ldots}{\delta_0} = \frac{\delta}{\delta_0}\left(1 + \frac{\varepsilon}{\delta} + \frac{\eta}{\delta} + \ldots\right). \tag{5}$$

Unter dem Verhältnisse zweier unendlich kleiner Größen ist immer der Grenzwert des Verhältnisses zu verstehen. Da nun $\dfrac{\varepsilon}{\delta}$, $\dfrac{\eta}{\delta}$ u. s. w. sämtlich den Grenzwert 0 haben, so können wir schreiben:

$$\frac{\delta + \varepsilon + \eta + \ldots}{\delta_0} = \frac{\delta}{\delta_0}.$$

Wenn in $\delta' + \varepsilon' + \eta' + \ldots$ die einzelnen aufeinander folgenden Glieder stets unendlich kleine Größen von höherer Ordnung sind, dann ist:

$$\frac{\delta + \varepsilon + \eta + \ldots}{\delta' + \varepsilon' + \eta' + \ldots} = \frac{\delta}{\delta'} \cdot \frac{1 + \frac{\varepsilon}{\delta} + \frac{\eta}{\delta} + \ldots}{1 + \frac{\varepsilon'}{\delta'} + \frac{\eta'}{\delta'} + \ldots}.$$

Der letzte Faktor nähert sich dem Werte 1; wir können also für den gegebenen Bruch setzen

$$\frac{\delta}{\delta'}.$$

Ebenso folgt aus der Gleichung:

$$\delta + \varepsilon + \eta + \ldots = \delta' + \varepsilon' + \eta' + \ldots$$
$$\delta = \delta',$$

da ja die Bedeutung der Gleichung eben diese ist, daß das Verhältnis der Ausdrücke rechts und links den Grenzwert 1 hat. In allen diesen Fällen konnten unendlich kleine Größen höherer Ordnung neben denen niederer Ordnung weggelassen werden.

Daß man dabei auch nicht den geringsten Fehler begeht, rührt daher, daß man dem Verhältnis unendlich kleiner Größen, und einer Gleichung zwischen solchen Größen die oben angegebene eigentümliche Bedeutung beilegt.

Es bedarf wohl kaum der Erwähnung, daß jede unendlich kleine Größe neben einer endlichen Größe weggelassen werden darf.

§ 95. In einigen Fällen muß man jedoch vorsichtig sein. Ist z. B. x unendlich klein und kommt nur das Verhältnis von $1 + \sin x$ zu anderen Größen in Betracht, dann kann $\sin x$ weggelassen werden. Dies darf aber nicht mehr geschehen, wenn $\cos x$ von $1 + \sin x$ abgezogen werden soll, denn in

$$1 - \cos x + \sin x \qquad (6)$$

ist
$$1 - \cos x = 2 \sin^2 \frac{x}{2},$$

also eine unendlich kleine Größe zweiter Ordnung; in (6) muß also gerade $\sin x$ stehen bleiben.

§ 96. Ein Beispiel möge noch zur Erläuterung des in den vorigen Paragraphen besprochenen dienen. Sei $r = F(\vartheta)$ die Polargleichung der Kurve (Fig. 66). Es soll die Richtung der Tangente PT im Punkte P, dessen Koordinaten ϑ und r sind, bestimmt werden. Seien die Koordinaten eines zweiten Punktes Q $\vartheta + \varDelta\vartheta$ und $r + \varDelta r$, dann ist, wenn $PR \perp OQ$ gezogen ist

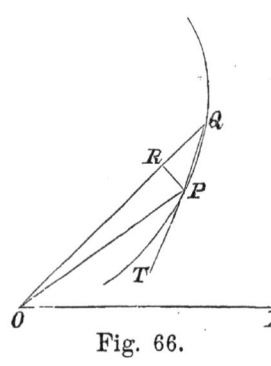

Fig. 66.

$$OR = r \cos \varDelta\vartheta,$$

$$\text{also } QR = r(1 - \cos \varDelta\vartheta) + \varDelta r,$$

$$PR = r \sin \varDelta\vartheta,$$

$$\operatorname{tg} OQP = \frac{PR}{RQ} = \frac{r \sin \varDelta\vartheta}{r(1 - \cos \varDelta\vartheta) + \varDelta r}.$$

Läßt man jetzt $\varDelta\vartheta$ und damit $\varDelta r$ abnehmen, dann nähert sich Q dem Punkte P, PQ der Tangente und $\angle OQP$ dem $\angle OPT$. Da $1 - \cos \varDelta\vartheta = 2 \sin^2 \frac{1}{2} \varDelta\vartheta$, also unendlich klein von der zweiten Ordnung und $\operatorname{Lim} \frac{\sin \varDelta\vartheta}{\varDelta\vartheta} = 1$ ist, so ergiebt sich:

$$\operatorname{tg} OPT = r \frac{d\vartheta}{dr} = \frac{F(\vartheta)}{F'(\vartheta)}.^{[1]} \tag{7}$$

Man kann den Beweis kürzer fassen, wenn man von vornherein von unendlich kleinen Größen ausgeht und die unendlich kleinen Größen der 2ten Ordnung wegläßt, weil es sich um das Verhältnis zweier Größen 1ter Ordnung handelt. Sei $QOP = d\vartheta$, die unendlich kleine Zunahme von ϑ. Zieht man $PR \perp OQ$, dann ist (§ 93) $OR = OP = r$, $QR = dr$, $PR = rd\vartheta$. Da $\angle OPT = \operatorname{Lim} \angle OQP$, so erhält man unmittelbar Gleichung (7).

§ 97. Ähnlich ist das folgende Beispiel. Um im Punkt P einer Ellipse mit den Brennpunkten F und G (Fig. 67) die Lage der Tangente RR' zu bestimmen, wählen wir einen zweiten Punkt Q, unendlich nahe an P. Wir ziehen PF, PG, QF, QG und $PC \perp FQ$, $QD \perp GP$. Beim Übergang von P

---

[1] Da $r = F(\vartheta)$, so ist $\frac{dr}{d\vartheta} = F'(\vartheta)$. Durch Einsetzen dieser Werte in $r \frac{d\vartheta}{dr}$ erhält man $\frac{F(\vartheta)}{F'(\vartheta)}$.

nach Q nimmt der eine Leitstrahl um QC zu, der andere um PD ab. Es ist aber die Summe der Leitstrahlen konstant, folglich $QC = PD$. Da $\angle PCQ = PDQ$, so ist

$$\triangle PQC \cong \triangle QPD,$$

daher

$$\angle PQC = \angle QPD.$$

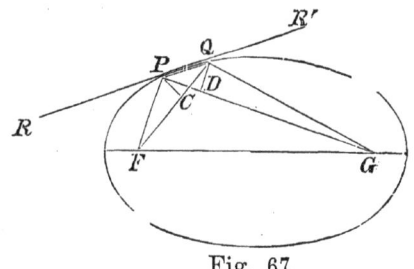

Fig. 67.

Beim Übergang zur Grenze wird $\angle PQC = \angle RPF$ und $\angle QPD = \angle R'PG$. Die Tangente bildet also mit den Leitstrahlen gleiche Winkel, $RPF = R'PG$.

§ 98. Das Verhältnis eines Bogens einer Kurve zu der zugehörigen Sehne wird sich der Einheit um so mehr nähern, je kleiner beide sind. Sind beide unendlich klein, so begeht man keinen Fehler, wenn man sie vertauscht, also den unendlich kleinen Bogen als eine Gerade betrachtet.

Es sei eine Kurve im Raum gegeben. Die Lage eines Punktes P auf derselben bestimmen wir durch die längs der Kurve gemessene Entfernung s von einem festen Punkte A. Es sind dann die rechtwinkligen Koordinaten x, y, z von P als Funktionen von s zu betrachten; diese Größen werden sich um dx, dy, dz ändern, wenn s um ds zunimmt, d. h. wenn wir von P zu einem unendlich nahe gelegenen Punkte P' fortschreiten. Das Element PP' hat die Richtung der Berührungslinie in P; es möge mit den positiven Achsenrichtungen die Winkel α, β, γ bilden, und zwar beziehen sich, wenn wir ds positiv wählen, diese Winkel auf die Richtung, in der s zunimmt. Die Größen dx, dy, dz können nach Umständen positiv oder negativ sein. In jedem Falle sind dieselben aber die algebraischen Größen (§ 25) der Projektionen des Vektors PP' auf OX, OY, OZ. Es ist also

$$dx = ds \cos \alpha, \quad dy = ds \cos \beta, \quad dz = ds \cos \gamma,$$

und

$$ds = \sqrt{dx^2 + dy^2 + dz^2}.$$

Bewegt sich der Punkt P längs der Kurve, dann sind sowohl s als auch x, y, z Funktionen von t und man hat:

$$\frac{dx}{dt} = \frac{ds}{dt} \cos \alpha, \quad \frac{dy}{dt} = \frac{ds}{dt} \cos \beta, \quad \frac{dz}{dt} = \frac{ds}{dt} \cos \gamma \, .$$

$$\frac{ds}{dt} = \sqrt{\left(\frac{dx}{dt}\right)^2 + \left(\frac{dy}{dt}\right)^2 + \left(\frac{dz}{dt}\right)^2} \, .$$

Offenbar sind $\frac{dx}{dt}$, $\frac{dy}{dt}$, $\frac{dz}{dt}$ die Geschwindigkeiten, mit denen sich die Projectionen längs den Koordinatenachsen bewegen; $\frac{ds}{dt}$ ist die Geschwindigkeit des Punktes selbst. Wird dieselbe als ein Vektor in Richtung der Tangente aufgefaßt, dann sind ihre Komponenten $\frac{ds}{dt} \cos \alpha$ u. s. w. Dieselben sind also nach obigen Formeln gleich den Geschwindigkeiten der Projektionen.

Liegt die Kurve in einer Ebene, so sind die Gleichungen einfacher; dann ist z. B., wenn die Tangente einen Winkel ϑ mit der x-Achse bildet:

$$dx = ds \cos \vartheta, \qquad dy = ds \sin \vartheta \, ,$$

$$ds = \sqrt{dx^2 + dy^2} \, .$$

§ 99. Das Verhältnis zwischen den gleichzeitigen Zuwächsen zweier veränderlicher Größen hat, wie wir sahen, den Differentialquotient zum Grenzwert; wenn also die Zuwächse sehr klein sind, wird das Verhältnis nur wenig von dem Differentialquotienten abweichen und ohne großen Fehler diesem Quotienten gleich gesetzt werden dürfen. So gilt, was völlig richtig ist für unendlich kleine Größen, annäherungsweise für sehr kleine Größen. Einen kleinen Bogen einer Kurve wird man z. B. als gerade betrachten dürfen.

Die successiven Potenzen irgend einer sehr kleinen Größe werden eine Skala von Größen verschiedener Ordnung bilden, und man wird in annähernden Berechnungen eine kleine Größe höherer Ordnung neben einer Größe niederer Ordnung vernachlässigen dürfen.

Ist h sehr klein, und bedeutet f eine Funktion, so ist annähernd

$$f(x + h) - f(x) = h f'(x),$$

oder

$$f(x + h) = f(x) + h f'(x) \, . \tag{8}$$

Es sei z. B. $f(x) = x^3$; dann ist $f'(x) = 3x^2$ (vergl. § 87), also

$$(x + h)^3 = x^3 + 3x^2 h.$$

Hier könnte man die Genauigkeit weiter treiben, und für die Funktion setzen $x^3 + 3x^2 h + 3xh^2$, oder, indem man noch das Glied h^3 hinzufügt, ein völlig genaues Resultat erhalten. Wie sich auch bei anderen Funktionen Gleichungen aufstellen lassen, die genauer sind als (8), soll später erörtert werden.

Als sehr kleine Größen dürfen gewöhnlich die Fehler betrachtet werden, die bei der Ausführung von Messungen begangen werden. Gesetzt, man habe eine Größe p durch Messung bestimmt, und aus derselben durch Rechnung eine andere $q = f(p)$ abgeleitet. Ist dann p mit dem kleinen Fehler δ behaftet, so wird der Einfluß dieses Fehlers in q durch $f'(p)\delta$ gegeben.

Das gewöhnliche Interpolationsverfahren, das bei der Benutzung numerischer Tabellen in Anwendung kommt (§ 22), kommt darauf hinaus, daß man für ein kleines Intervall die Änderungen der Funktion denen der unabhängig Veränderlichen proportional setzt; wir können darin also eine Anwendung der Formel (8) erblicken.

Aufgaben.

1. Der von einem Punkt durchlaufene Weg s ist mit der Zeit durch folgende Gleichung verknüpft:

$$s = at^3.$$

Es soll die Geschwindigkeit berechnet werden.

2. Es soll die Richtung der Tangente an eine Kurve bestimmt werden, deren Gleichung: $y = \alpha x^3 + \beta x^2$ ist.

3. Die Gleichung einer Kurve, bezogen auf schiefwinkelige Koordinaten, sei: $y = F(x)$. Wie kann man die Richtung der Tangente bestimmen?

4. Wann ist der Differentialquotient von: $y = \sin(kx + p)$ positiv und wann negativ?

5. Ein Stück einer Ebene sei begrenzt durch die rechtwinkeligen Koordinatenachsen, eine Kurve und eine zur Abscisse x gehörige Ordinate. Der Inhalt desselben sei, für einen be-

liebigen Wert von x, $= a x^3$ (a Konstante). Hieraus soll die Gleichung der Kurve abgeleitet werden.

6. Der Inhalt eines Körpers, welcher von einer oder mehreren festen Flächen eingeschlossen ist und weiter begrenzt wird einerseits durch die yz-Ebene und andererseits durch eine im Abstande x der yz-Ebene parallele Fläche, sei J. Was ist die geometrische Bedeutung von $\dfrac{dJ}{dx}$?

7. Wenn δ unendlich klein von der ersten Ordnung ist, von welcher Ordnung sind dann die Ausdrücke

$$l(1 + \delta) \quad \text{und} \quad \operatorname{cosec} \delta - \cot \delta?$$

8. Das Volumen eines Körpers sei eine Funktion der Temperatur t, und zwar nach folgender Gleichung: $v = a + bt + ct^2 + dt^3$. Wie groß ist die Ausdehnung für eine sehr kleine Temperaturerhöhung τ (oder dt)?

9. Es soll bewiesen werden, daß der kubische Ausdehnungskoeffizient gleich dem dreifachen linearen ist.

10. Für jeden Punkt einer Kurve bestehe zwischen den Abständen u und v von zwei festen Punkten F und G (die Radiusvektoren) die Relation: $v = F(u)$. Welche Beziehung besteht zwischen den Winkeln, welche die Tangente mit den beiden Radiusvektoren im Berührungspunkt bildet? Anwendung auf die Hyperbel.

11. Es soll bewiesen werden, daß der Winkel, welchen der vom Brennpunkt nach einem beliebigen Punkt der Parabel gezogene Radiusvektor mit der durch denselben Punkt gezogenen Tangente bildet, gleich dem Winkel ist, den die Tangente mit der Achse bildet. (Man kann dies aus dem Resultat von § 87 oder direkt aus der Grundeigenschaft der Parabel ableiten.)

12. Was kann man aus den Eigenschaften der Ellipse und der Hyperbel, wovon in Aufgabe 16 (S. 105) die Rede war, in Betreff der Tangenten an diese Kurven ableiten?

Kapitel VI.

Regeln für die Differentiation. Anwendungen.

§ 100. Um den Differentialquotient einer Funktion

$$y = F(x)$$

zu finden oder, wie man auch sagt, um die Funktion zu differentiieren, kann man stets von der Gleichung:

$$\frac{dy}{dx} = \operatorname{Lim} \frac{F(x + \varDelta x) - F(x)}{\varDelta x}, \quad \text{für} \quad \operatorname{Lim} \varDelta x = 0 \qquad (1)$$

ausgehen.

Ist

$$y = x^m,$$

wo m zunächst eine ganze positive Konstante bedeutet, dann ist

$$\frac{dy}{dx} = \operatorname{Lim} \frac{(x + \varDelta x)^m - x^m}{\varDelta x}.$$

Mittels des binomischen Lehrsatzes läßt sich diese Gleichung folgendermaßen umformen:

$$\frac{dy}{dx} = \operatorname{Lim} \left[m x^{m-1} + \frac{m(m-1)}{1 \cdot 2} x^{m-2} \varDelta x + \ldots \right],$$

also

$$\frac{d(x^m)}{dx} = m x^{m-1}, \qquad (2)$$

da alle Glieder, welche $\varDelta x$ oder eine Potenz von $\varDelta x$ enthalten, beim Übergang zur Grenze zugleich mit $\varDelta x$ verschwinden.

Ist m ein positiver Bruch $= \frac{p}{q}$, wo p und q ganze Zahlen sind, dann ist

$$y^q = x^p$$

$$(y + \varDelta y)^q = (x + \varDelta x)^p.$$

Zieht man hiervon die vorige Gleichung ab und wendet wieder den binomischen Lehrsatz an, dann ergiebt sich nach einer kleinen Umformung:

$$\frac{\varDelta y}{\varDelta x} = \frac{p x^{p-1} + \frac{p(p-1)}{1 \cdot 2} x^{p-2} \varDelta x + \ldots}{q y^{q-1} + \frac{q(q-1)}{1 \cdot 2} y^{q-2} \varDelta y + \ldots},$$

also
$$\frac{dy}{dx} = \frac{p\,x^{p-1}}{q\,y^{q-1}},$$

woraus, da $y = x^{\frac{p}{q}}$ und $\frac{p}{q} = m$, durch Substitution wieder Formel (2) entsteht.

Ist der Exponent m negativ, etwa $= -m'$, also $y = x^{-m'}$, wobei m' eine ganze oder gebrochene Zahl sein kann, dann ist:

$$\frac{dy}{dx} = \operatorname{Lim} \frac{(x + \varDelta x)^{-m'} - x^{-m'}}{\varDelta x}$$

$$= \operatorname{Lim} \left[\frac{\dfrac{1}{(x + \varDelta x)^{m'}} - \dfrac{1}{x^{m'}}}{\varDelta x} \right]$$

$$= -\operatorname{Lim} \left[\frac{(x + \varDelta x)^{m'} - x^{m'}}{\varDelta x} \cdot \frac{1}{x^{m'}(x + \varDelta x)^{m'}} \right].$$

Der Grenzwert des ersten Ausdruckes in der Klammer ist gleich dem Differentialquotienten von $x^{m'}$, d. h. $m' x^{m'-1}$; der Grenzwert des zweiten Ausdruckes, in welchem $x + \varDelta x$ in x übergeht, ist $\dfrac{1}{x^{2m'}}$, also

$$\frac{dy}{dx} = -m' \frac{x^{m'-1}}{x^{2m'}} = -m' x^{-m'-1}.$$

Ersetzt man hierin $-m'$ durch m, so erhält man wieder Gleichung (2).

Wir sind also zu dem Resultat gelangt, daß der Differentialquotient von $y = x^m$, wo m eine positive oder negative, ganze oder gebrochene Zahl sein kann, gegeben ist durch die Formel

$$\frac{dy}{dx} = m x^{m-1},$$

woraus folgt
$$dy = m x^{m-1}\,dx,$$
$$d(x^m) = m x^{m-1}\,dx.$$

Man erhält also den Differentialquotienten, wenn man mit dem Exponenten m multipliziert und zu gleicher Zeit den Exponenten um 1 erniedrigt, d. h. durch x dividiert.

Hat man sich diese Regel eingeprägt, so kann man direkt alle Wurzeln der unabhängig Variablen und alle Brüche, deren

Nenner eine Potenz oder eine Wurzel dieser Variablen und deren Zähler 1 ist, differentiieren.

Zur Übung möge man die folgenden Funktionen differentiieren:[1]

$$\frac{d}{dx}\left(\sqrt{x}\right) = \frac{1}{2\sqrt{x}}, \qquad \frac{d}{dx}\left(x^2\sqrt{x}\right) = \frac{5}{2}x\sqrt{x},$$

$$\frac{d}{dx}\left(\sqrt[3]{x}\right) = \frac{1}{3\sqrt[3]{x^2}}, \qquad \frac{d}{dx}\left(\frac{1}{x}\right) = -\frac{1}{x^2},$$

$$\frac{d}{dx}\left(\frac{1}{x^2}\right) = -\frac{2}{x^3}, \qquad \frac{d}{dx}\left(\frac{1}{x^p}\right) = -\frac{p}{x^{p+1}},$$

$$\frac{d}{dx}\left(\frac{1}{x\sqrt{x}}\right) = -\frac{3}{2x^2\sqrt{x}}, \qquad \frac{d}{dx}\left(\frac{1}{\sqrt[5]{x}}\right) = -\frac{1}{5x\sqrt[5]{x}}.$$

Wie man sieht, tritt in dem Differentialquotienten einer Wurzelgröße immer die gleichnamige Wurzel auf. Ist die Wurzelgröße mehrwertig (§ 9), so muß man, wie aus der Ableitung hervorgeht, in der ursprünglichen Funktion und in dem Differentialquotienten denselben Wert wählen.

§ 101. Ein konstanter Faktor geht bei der Differentiation als konstanter Faktor in das Differentialverhältnis über.

Wenn $y = af(x)$, wo a eine Konstante bedeutet, so ist

$$y + \varDelta y = af(x + \varDelta x),$$
$$\varDelta y = af(x + \varDelta x) - af(x),$$
$$\varDelta y = a\left[f(x + \varDelta x) - f(x)\right],$$
$$\frac{dy}{dx} = a \operatorname{Lim}\frac{f(x + \varDelta x) - f(x)}{\varDelta x} = af'(x).$$

Der Differentialquotient von $y = ax^m$ ist hiernach:

$$\frac{dy}{dx} = amx^{m-1}. \quad \text{(Vergl. die Beispiele § 87.)}$$

Der Differentialquotient der Summe mehrerer Funktionen ist gleich der Summe der Differentialquotienten dieser einzelnen Funktionen.

---

[1] In den folgenden Gleichungen ist $\frac{d}{dx}(y)$ nur eine andere Schreibart für $\frac{dy}{dx}$.

Sind u, v und w Funktionen von x und ist $y = u + v + w$, so ist

$$y + \Delta y = u + \Delta u + v + \Delta v + w + \Delta w,$$

also

$$\Delta y = \Delta u + \Delta v + \Delta w.$$

$$\frac{\Delta y}{\Delta x} = \frac{\Delta u}{\Delta x} + \frac{\Delta v}{\Delta x} + \frac{\Delta w}{\Delta x}.$$

$$\frac{dy}{dx} = \frac{du}{dx} + \frac{dv}{dx} + \frac{dw}{dx}.$$

Ist $y = au + bv - cw$, wo u, v und w wieder Funktionen von x und a, b und c Konstanten sind, so ist:

$$\frac{d(au + bv - cw)}{dx} = a\frac{du}{dx} + b\frac{dv}{dx} - c\frac{dw}{dx}.$$

Eine additive konstante Größe ist bei der Differentiation ohne Einfluß.

Ist $\qquad y = f(x) + A,\qquad$ so ist

$$y + \Delta y = f(x + \Delta x) + A,$$

$$\Delta y = f(x + \Delta x) - f(x),$$

$$\frac{dy}{dx} = \mathrm{Lim}\,\frac{f(x + \Delta x) - f(x)}{\Delta x} = f'(x).$$

Zur Übung differentiire man die folgenden beiden Ausdrücke:

$$\frac{d}{dx}\left[(1 + x^2)^3\right] = \frac{d}{dx}(1 + 3x^2 + 3x^4 + x^6) =$$

$$= 6x + 12x^3 + 6x^5$$

und

$$\frac{d}{dx}\left(\frac{x - 1}{\sqrt[3]{x} - 1}\right) = \frac{d}{dx}\left(\sqrt[3]{x^2} + \sqrt[3]{x} + 1\right) = \frac{2}{3\sqrt[3]{x}} + \frac{1}{3\sqrt[3]{x^2}}.$$

§ 102. Der Differentialquotient einer exponentiellen Funktion läßt sich leicht aus den Überlegungen des ersten Kapitels ableiten. Aus Betrachtungen wie die §§ 11 und 13 mitgeteilten ergiebt sich, daß $y = ae^{px}$ die Funktion ist, welche für $x = 0$ den Wert a hat, und deren dem sehr kleinen (wir sagen jetzt besser dem unendlich kleinen) Zuwachse δ von x entsprechende Zunahme gefunden wird, wenn man den Wert, welchen y schon hat, mit $p\delta$ multipliziert. Hieraus folgt, daß man den

Differentialquotient erhält, wenn man $p\,\delta y$ durch δ dividiert, also:

$$\frac{d\left(a\,e^{px}\right)}{dx} = py = ap\,e^{px}.$$

Ebenso findet man:

$$\frac{d\left(a\,e^{-px}\right)}{dx} = -\,ap\,e^{-px}.$$

Setzt man in der ersten Gleichung $a = 1$ und $p = 1$, so erhält man:

$$\frac{d\left(e^{x}\right)}{dx} = e^{x}. \tag{3}$$

Der Differentialquotient der Exponentialfunktion e^x ist also der Funktion selbst gleich.

Man kann dieses Resultat noch auf anderem Wege ableiten. Ist

$$y = e^x,$$

dann ist

$$\frac{dy}{dx} = \operatorname{Lim}\frac{e^{x+\varDelta x} - e^x}{\varDelta x} = e^x\operatorname{Lim}\frac{e^{\varDelta x} - 1}{\varDelta x}.$$

Je kleiner $\varDelta x$ wird, desto mehr nähert sich $e^{\varDelta x}$ dem Werte 1. Der Ausdruck $e^{\varDelta x} - 1$ nähert sich also dem Werte 0. Setzen wir nun für diesen Ausdruck ε, dann ist $\varDelta x = l(1 + \varepsilon)$, also

$$\frac{dy}{dx} = e^x\operatorname{Lim}\frac{\varepsilon}{l(1 + \varepsilon)} = e^x\operatorname{Lim}\frac{1}{\dfrac{1}{\varepsilon}\,l(1 + \varepsilon)} = e^x\operatorname{Lim}\frac{1}{l\left[(1 + \varepsilon)^{\frac{1}{\varepsilon}}\right]},$$

für $\operatorname{Lim}\varepsilon = 0$.

Da nun nach § 11 der Grenzwert von $(1 + \varepsilon)^{\frac{1}{\varepsilon}} = e$ ist, also $\operatorname{Lim} l(1 + \varepsilon)^{\frac{1}{\varepsilon}} = l\,e = 1$, so ist

$$\frac{dy}{dx} = e^x.$$

Ist $y = a^x$, so findet man den Differentialquotienten, wenn man berücksichtigt, daß $a^x = e^{x\,la}$ ist und in die obige Formel für den Differentialquotient von e^{px} den Faktor p durch la ersetzt. Man erhält dann:

$$\frac{d\left(a^{x}\right)}{dx} = a^x\,la.$$

§ 103. Die Differentialquotienten der goniometrischen Funktionen lassen sich leicht mit Hilfe einfacher goniometrischer Formeln ableiten. Aus

$$y = \sin x$$

folgt

$$\frac{dy}{dx} = \text{Lim} \frac{\sin (x + \varDelta x) - \sin x}{\varDelta x} = \text{Lim} \frac{\sin \frac{1}{2} \varDelta x}{\frac{1}{2} \varDelta x} \cdot \cos (x + \tfrac{1}{2} \varDelta x),$$

da $\sin a - \sin b = 2 \sin \frac{1}{2} (a - b) \cos \frac{1}{2} (a + b)$ ist.

Je kleiner $\varDelta x$ wird, desto mehr nähert sich nach § 43 das Verhältnis zwischen dem Sinus des Bogens $\frac{1}{2} \varDelta x$ und diesem Bogen selbst der Einheit, also

$$\frac{d (\sin x)}{dx} = \cos x. \tag{4}$$

Ist $y = \cos x$, so ist

$$\varDelta y = \cos (x + \varDelta x) - \cos x.$$

Nach der Formel $\cos a - \cos b = - 2 \sin \frac{1}{2} (a + b) \sin \frac{1}{2} (a - b)$ erhält man

$$\varDelta y = - 2 \sin (x + \tfrac{1}{2} \varDelta x) \cdot \sin \tfrac{1}{2} \varDelta x,$$

$$\frac{dy}{dx} = - \text{Lim} \frac{\sin \frac{1}{2} \varDelta x}{\frac{1}{2} \varDelta x} \cdot \sin (x + \tfrac{1}{2} \varDelta x).$$

Wie wir vorhin gesehen haben, ist $\text{Lim} \dfrac{\sin \frac{1}{2} \varDelta x}{\frac{1}{2} \varDelta x} = 1$, also

$$\frac{d (\cos x)}{dx} = - \sin x. \tag{5}$$

Weiter hat man

$$\frac{d (\text{tg } x)}{dx} = \text{Lim} \frac{\text{tg} (x + \varDelta x) - \text{tg } x}{\varDelta x}$$

$$= \text{Lim} \frac{\dfrac{\sin (x + \varDelta x)}{\cos (x + \varDelta x)} - \dfrac{\sin x}{\cos x}}{\varDelta x}$$

$$= \text{Lim} \frac{\dfrac{\cos x \sin (x + \varDelta x) - \sin x \cos (x + \varDelta x)}{\cos x \cos (x + \varDelta x)}}{\varDelta x},$$

also, da $\sin (a - b) = \sin a \cos b - \cos a \sin b$ ist,

$$\frac{d (\text{tg } x)}{dx} = \text{Lim} \frac{\sin \varDelta x}{\varDelta x} \cdot \frac{1}{\cos (x + \varDelta x) \cos x},$$

$$\frac{d (\text{tg } x)}{dx} = \frac{1}{\cos^2 x}. \tag{6}$$

In ähnlicher Weise ergiebt sich:

$$\frac{d\,(\cot x)}{dx} = -\,\frac{1}{\sin^2 x}\,. \tag{7}$$

Der Leser möge zur Übung die Rechnung selber durchführen.

Nach (6) ist der Differentialquotient von tg x stets positiv,
diese goniometrische Funktion muß also mit wachsendem x
fortwährend zunehmen. Wie
dieses geschieht, läßt sich
durch die graphische Dar-
stellung (Fig. 68) erläutern.
Da tg x für $x = 0$ und allgemein für $x = \pm\,n\,\pi$ verschwindet, so wird die Kurve $y = $ tg x
die x-Achse im Koordinatenursprung und in unzähligen
anderen, gleichweit von einander abstehenden Punkten
schneiden. Für $x = \frac{1}{2}\,\pi$ wird
$y = \pm\,\infty$. Ist x nur wenig
kleiner als $\frac{1}{2}\,\pi$, so wird tg x

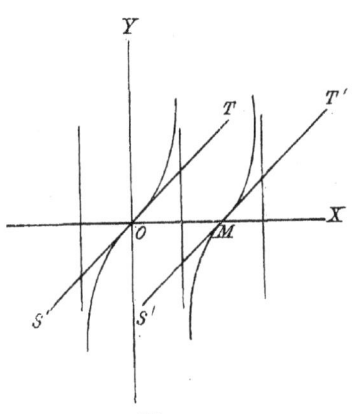

Fig. 68.

sehr groß und positiv; ist die Abscisse etwas größer als $\frac{1}{2}\,\pi$,
so wird tg x sehr groß, aber negativ. Die Kurve besteht aus
einer unbegrenzten Anzahl identisch gleicher Zweige, deren
jeder sich sowohl in Richtung der positiven, wie auch der
negativen y ins Unendliche erstreckt. In jedem dieser Zweige
nehmen nun wirklich x und y gleichzeitig zu.

Den plötzlichen Sprüngen von $+\,\infty$ in $-\,\infty$ entspricht
kein Differentialquotient, weil von letzterem nur die Rede ist,
wenn eine Funktion sich allmählich ändert.

Während tg x für bestimmte Werte von x plötzlich aus
$+\,\infty$ in $-\,\infty$ übergeht, kommen auch Fälle vor, in denen
eine Funktion einen Sprung von einem endlichen Werte in
einen anderen, ebenfalls endlichen Wert macht. In allen diesen
Fällen nennen wir die Funktion diskontinuierlich, im
Gegensatz zu den kontinuierlichen. Oft werden wir stillschweigend einen kontinuierlichen Verlauf der Funktionen
voraussetzen.

In der Physik kommen häufig diskontinuierliche Funktionen vor. So nimmt z. B. die Dichte beim Übergang aus Luft in einen flüssigen oder festen Körper sprungweise zu. Dergleichen Diskontinuitäten sind jedoch oft nur scheinbare; in Wirklichkeit kann der eben genannte Körper von der Luft durch eine dünne Übergangsschicht, in der sich die Dichte zwar schnell aber doch allmählich ändert, geschieden sein. Besteht aber thatsächlich eine Diskontinuität, so ist es doch in theoretischen Betrachtungen häufig zweckmäßig, zuerst einen kontinuierlichen Übergang vorauszusetzen und dann erst zu untersuchen, wie sich die so erhaltenen Resultate modifizieren, wenn der Übergang immer rascher und schließlich diskontinuierlich wird.

§ 104. Der Differentialquotient einer goniometrischen Funktion ändert sich ebenso wie diese selbst periodisch, und zwar mit derselben Periode. In (6) nehmen z. B. $\dfrac{1}{\cos^2 x}$ und tg$x$ stets wieder denselben Wert an, wenn x um π wächst. Übrigens folgt, wie man leicht einsehen wird, aus der Definition einer periodischen Funktion allgemein, daß ihr Differentialquotient ebenfalls periodisch ist. Bei einer oscillierenden Bewegung ist z. B. die Geschwindigkeit nach jeder Oscillation ebenso groß wie vorher.

§ 105. Den Differentialquotient des Produktes uv zweier Funktionen von x erhält man in folgender Weise

$$\frac{d(uv)}{dx} = \mathrm{Lim}\, \frac{(u + \varDelta u)(v + \varDelta v) - uv}{\varDelta x}$$

$$= \mathrm{Lim}\left(u\frac{\varDelta v}{\varDelta x} + v\frac{\varDelta u}{\varDelta x} + \varDelta u\frac{\varDelta v}{\varDelta x}\right)$$

$$= u\frac{dv}{dx} + v\frac{du}{dx}. \tag{8}$$

Das dritte Glied in der vorletzten Zeile verschwindet, da es neben dem Faktor $\dfrac{\varDelta v}{\varDelta x}$, der den endlichen Grenzwert $\dfrac{dv}{dx}$ hat, noch den Faktor $\varDelta u$ enthält, der fortwährend abnimmt.

Beispiele:

$$\frac{d}{dx}(e^{px}\sin a x) = e^{px}(p\sin a x + a\cos a x),$$

$$\frac{d}{dx}(x^m e^{px}) = e^{px}(m x^{m-1} + p x^m).$$

In ähnlicher Weise erhält man für den Differentialquotienten eines Produktes von drei Funktionen:

$$\frac{d(uvw)}{dx} = uv\frac{dw}{dx} + vw\frac{du}{dx} + wu\frac{dv}{dx}, \qquad (9)$$

eine Formel, welche leicht auf eine größere Anzahl von Faktoren erweitert werden kann.

Für den Differentialquotienten des Quotienten $\frac{u}{v}$ findet man:

$$\frac{d}{dx}\left(\frac{u}{v}\right) = \text{Lim} \frac{\dfrac{u+\varDelta u}{v+\varDelta v} - \dfrac{u}{v}}{\varDelta x} = \text{Lim} \frac{v\dfrac{\varDelta u}{\varDelta x} - u\dfrac{\varDelta v}{\varDelta x}}{v(v+\varDelta v)}$$

$$\frac{d}{dx}\left(\frac{u}{v}\right) = \frac{v\dfrac{du}{dx} - u\dfrac{dv}{dx}}{v^2}. \qquad (10)$$

Durch Anwendung dieser Formel läßt sich z. B. der Differentialquotient von $\operatorname{tg} x$ aus den Differentialquotienten von $\sin x$ und $\cos x$ ableiten.

$$\frac{d(\operatorname{tg} x)}{dx} = \frac{d}{dx}\left(\frac{\sin x}{\cos x}\right) = \frac{\cos x\dfrac{d(\sin x)}{dx} - \sin x\dfrac{d(\cos x)}{dx}}{\cos^2 x}$$

$$= \frac{\cos^2 x + \sin^2 x}{\cos^2 x} = \frac{1}{\cos^2 x}.$$

§ 106. Aus den Differentialquotienten der exponentiellen und goniometrischen Funktionen können die der logarithmischen und cyklometrischen leicht abgeleitet werden. Ist

$$y = lx,$$

dann ist

$$x = e^y,$$

$$\frac{dx}{dy} = e^y.$$

Wenn $\varDelta x$ und $\varDelta y$ die gleichzeitigen Zunahmen von x und y sind, so hat natürlich das Verhältnis $\frac{\varDelta y}{\varDelta x}$ den umgekehrten Wert wie das Verhältnis $\frac{\varDelta x}{\varDelta y}$. Es muß mithin der Grenzwert des ersten Verhältnisses, d. h. $\frac{dy}{dx}$, auch den umge-

kehrten Wert haben wie der Grenzwert $\frac{dx}{dy}$ des zweiten Verhältnisses.   Also im vorliegenden Fall

$$\frac{dy}{dx} = \frac{1}{e^y},$$

oder

$$\frac{d(lx)}{dx} = \frac{1}{x}. \tag{11}$$

Ist die Basis des Logarithmensystems nicht e, sondern
z. B. d, so hat man nach S. 24

$$\log_d x = \frac{lx}{ld}$$

$$\frac{d(\log_d x)}{dx} = \frac{1}{x\,ld}.$$

§ 107. Man soll

$$y = \text{arc sin}\,x$$

differentiieren.   Es ist

$$x = \sin y,$$

$$\frac{dx}{dy} = \cos y,$$

$$\frac{dy}{dx} = \frac{1}{\cos y} = \pm\frac{1}{\sqrt{1 - \sin^2 y}} = \pm\frac{1}{\sqrt{1 - x^2}},$$

$$\frac{d(\text{arc sin}\,x)}{dx} = \pm\frac{1}{\sqrt{1 - x^2}}. \tag{12}$$

Wir haben es hier mit dem Differentialquotienten einer
mehrwertigen Funktion zu thun, und wollen hieran noch
folgende Bemerkung knüpfen. Gesetzt, dem Werte x der
unabhängig Variablen entsprechen eine Anzahl verschiedener
Werte von y, etwa y_1, y_2, y_3 u. s. w. Geht dann x in
$x + \varDelta x$ über, so verwandelt sich y_1 in $y_1 + \varDelta y_1$, y_2 in $y_2 + \varDelta y_2$
u. s. w., und für den Differenzquotient ergeben sich die Werte
$\frac{\varDelta y_1}{\varDelta x}$, $\frac{\varDelta y_2}{\varDelta x}$, $\frac{\varDelta y_3}{\varDelta x}$ u. s. w. Daraus geht hervor, daß der Differentialquotient einer vieldeutigen Funktion im allgemeinen
ebensoviele Werte als die Funktion selbst hat.

Jeder Wert von $\frac{dy}{dx}$ gehört dabei zu einem bestimmten
Wert von y selbst.

Durch eine geometrische Betrachtung läßt sich dies leicht klar machen. Haben wir eine Kurve, die durch eine der x-Achse parallele Gerade in mehreren Punkten geschnitten wird, so werden im allgemeinen die Tangenten in diesen Punkten verschiedene Richtungen haben.

Es ist jedoch möglich, daß die verschiedenen Werte des Differentialquotienten alle oder zum Teil zusammenfallen. Dies ist der Fall in (12), wo ungeachtet der unendlichen Anzahl Werte von arc sin x der Differentialquotient nur zwei Werte, nämlich $+\dfrac{1}{\sqrt{1-x^2}}$ und $-\dfrac{1}{\sqrt{1-x^2}}$, hat. Die Schnittpunkte der Sinusoide

$$y = \text{arc sin } x$$

mit einer der y-Achse parallelen Geraden können je nach der Richtung der Tangente in zwei Gruppen geteilt werden, so daß in allen Punkten ein und derselben Gruppe die Tangenten dieselben Richtungen haben.

Wenn nicht das Gegenteil ausdrücklich hervorgehoben wird, werden wir unter arc sin x einen Bogen verstehen, dessen Kosinus positiv ist. Dann fällt in (12) der eine Wert weg, und man hat:

$$\frac{d(\text{arc sin } x)}{dx} = \frac{1}{\sqrt{1-x^2}}. \tag{13}$$

In ganz ähnlicher Weise ergiebt sich:

$$\frac{d(\text{arc cos } x)}{dx} = -\frac{1}{\sqrt{1-x^2}}. \tag{14}$$

Hier ist arc cos x der Einschränkung unterworfen, daß sein Sinus positiv ist.

Um $y = \text{arc tg } x$ zu differentiieren, verfährt man folgendermaßen:

$$y = \text{arc tg } x\,,$$

$$x = \text{tg } y\,,$$

$$\frac{dx}{dy} = \frac{1}{\cos^2 y} = \sec^2 y = 1 + \text{tg}^2 y\,,$$

$$\frac{dy}{dx} = \frac{1}{1 + \text{tg}^2 y} = \frac{1}{1 + x^2}.$$

$$\frac{d(\text{arc tg } x)}{dx} = \frac{1}{1 + x^2}. \tag{15}$$

In ähnlicher Weise erhält man

$$\frac{d\,(\text{arc cot}\,x)}{dx} = -\frac{1}{1+x^2}. \qquad (16)$$

Die Ausdrücke (13) und (14), ebenso (15) und (16) unterscheiden sich voneinander nur durch das Vorzeichen. Es rührt dies daher, daß $\text{arc sin}\,x + \text{arc cos}\,x$ und ebenso $\text{arc tg}\,x + \text{arc cot}\,x$ gleich einer konstanten Größe sind. In Fig. 69 ist z. B.

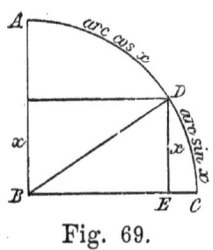

Fig. 69.

$$\text{arc sin}\,x = CD,$$
$$\text{arc cos}\,x = AD,$$
$$\text{arc sin}\,x + \text{arc cos}\,x = CD + AD = \tfrac{1}{2}\pi,$$
$$\text{arc sin}\,x = -\,\text{arc cos}\,x + \tfrac{1}{2}\pi.$$

Da bei der Differentiation die konstante Größe $\tfrac{1}{2}\pi$ wegfällt, so können sich die Differentialquotienten von $\text{arc sin}\,x$ und $\text{arc cos}\,x$ nur durch das Vorzeichen voneinander unterscheiden.

§ 108. Um verwickeltere Funktionen zu differentiieren, betrachtet man häufig y nicht geradeswegs als Funktion von x, sondern als eine Funktion einer anderen Größe u, die ihrerseits wieder von x abhängt. Ist z. B.

$$y = e^{x^2},$$

dann setzt man $x^2 = u$ und erhält so

$$y = e^u.$$

Es sei nun in einem derartigen Falle $\varDelta x$ ein Zuwachs von x, $\varDelta u$ die dadurch hervorgerufene Zunahme von u, und $\varDelta y$ die entsprechende Änderung von y. Natürlich ist dann

$$\frac{\varDelta y}{\varDelta x} = \frac{\varDelta y}{\varDelta u}\,\frac{\varDelta u}{\varDelta x};$$

es ist also $\dfrac{dy}{dx}$ gleich dem Grenzwert des Produktes $\dfrac{\varDelta y}{\varDelta u}\,\dfrac{\varDelta u}{\varDelta x}$. Der Grenzwert des zweiten Faktors ist $\dfrac{du}{dx}$, des ersten $\dfrac{dy}{du}$, wobei y als eine Funktion von u angesehen wird. Also ist

$$\frac{dy}{dx} = \frac{dy}{du}\,\frac{du}{dx}. \qquad (17)$$

Der erste Faktor $\dfrac{dy}{du}$ wird zunächst als Funktion von u erhalten; substituiert man in derselben für u die durch diesen Buchstaben dargestellte Funktion von x, so ergiebt sich auch $\dfrac{dy}{dx}$ als Funktion von x.

Im obigen Beispiel ist

$$\frac{dy}{du} = e^u, \qquad\qquad \frac{du}{dx} = 2x,$$

$$\frac{dy}{dx} = \frac{dy}{du}\frac{du}{dx} = 2x\, e^{x^2}.$$

Man kann auch Formeln aufstellen, welche nicht die Differentialquotienten, sondern die Differentiale, d. h. die gleichzeitigen unendlich kleinen Zuwächse von y, u und x enthalten, übrigens aber mit den obigen Formeln gleichbedeutend sind. (Vergl. § 92.) Aus $y = e^u$ folgt z. B.

$$dy = e^u\, du$$

und aus

$$u = x^2$$

$$du = 2x\, dx.$$

Indem man diesen Wert von du in die Formel für dy einführt, ergiebt sich

$$dy = 2x\, e^u\, dx = 2x\, e^{x^2}\, dx.$$

Als weiteres Beispiel betrachten wir die Funktion $y = \sin mx$. Setzt man $mx = u$, so ist

$$y = \sin u,$$
$$dy = \cos u\, du,$$
$$du = m\, dx,$$
$$dy = m\, \cos mx\, dx,$$
$$\frac{dy}{dx} = m\, \cos mx.$$

In ähnlicher Weise findet man:

$$\frac{d\,(\cos mx)}{dx} = -\, m\, \sin mx,$$

$$\frac{d\,[\sin\,(px + q)]}{dx} = p\, \cos\,(px + q),$$

$$\frac{d\,[\cos\,(px + q)]}{dx} = -\, p\, \sin\,(px + q).$$

Für die Geschwindigkeit der durch

$$y = a \cos 2\pi \left(\frac{t}{T} + p \right)$$

dargestellten einfachen harmonischen Bewegung (§ 45) findet man

$$v = \frac{dy}{dt} = - \frac{2\pi a}{T} \sin 2\pi \left(\frac{t}{T} + p \right).$$

Wenn man beachtet, daß $\sec x = \frac{1}{\cos x}$ und $\operatorname{cosec} x = \frac{1}{\sin x}$ ist, so kann man jetzt auch diese Funktionen leicht differentiieren. Man wird finden

$$\frac{d\,(\sec x)}{dx} = \frac{\sin x}{\cos^2 x}$$

und

$$\frac{d\,(\operatorname{cosec} x)}{dx} = - \frac{\cos x}{\sin^2 x}.$$

§ 109. In jedem der folgenden Übungsbeispiele wird man sofort sehen, welche Funktion für u zu nehmen ist. Es empfiehlt sich übrigens, in nicht zu schwierigen Fällen den Buchstaben u gar nicht niederzuschreiben, sondern alles sofort in x auszudrücken.

$$\frac{d}{dx}\left[(1 + x^2)^3\right] = 3\,(1 + x^2)^2 . 2\,x = 6\,x\,(1 + x^2)^2 \quad \text{(vergl. § 101)};$$

$$\frac{d}{dx}\left[\frac{1}{a + bx + cx^2}\right] = - \frac{b + 2\,cx}{(a + bx + cx^2)^2};$$

$$\frac{d}{dx}\left[\sqrt{a + bx}\right] = \frac{b}{2\,\sqrt{a + bx}};$$

$$\frac{d}{dx}\left(e^{px}\right) = p\,e^{px};$$

$$\frac{d}{dx}\left[F(a + bx)\right] = b\,F'(a + bx),$$

z. B.
$$\frac{d}{dx}\left[l\,(a + bx)\right] = \frac{b}{a + bx};$$

$$\frac{d}{dx}\left[e^{F(x)}\right] = F'(x)\,e^{F(x)},$$

z. B.
$$\frac{d}{dx}\left(e^{x^m}\right) = m\,x^{m-1}\,e^{x^m},$$

$$\frac{d}{dx}\left(e^{\sin x}\right) = e^{\sin x} \cos x;$$

$$\frac{d}{dx}\left[l\{F(x)\}\right] = \frac{F'(x)}{F(x)},$$

z. B.
$$\frac{d}{dx}(l\sin x) = \frac{\cos x}{\sin x} = \cot x,$$

$$\frac{d}{dx}(l\,l\,x) = \frac{1}{x\,l\,x};$$

$$\frac{d}{dx}\left[\{F(x)\}^m\right] = m\{F(x)\}^{m-1}F'(x),$$

z. B.
$$\frac{d}{dx}(\sin^m x) = m\,\sin^{m-1}x\,\cos x;$$

$$\frac{d}{dx}\left[\mathrm{arc\,tg}\,\frac{x}{\alpha}\right] = \frac{\alpha}{\alpha^2 + x^2}.$$

§ 110. In noch verwickelteren Fällen wird man u nicht geradeswegs als eine Funktion von x, sondern als eine Funktion einer anderen Variablen v ansehen, welche letztere Größe dann direkt von x abhängt. Da nun

$$\frac{du}{dx} = \frac{du}{dv}\frac{dv}{dx},$$

so ist
$$\frac{dy}{dx} = \frac{dy}{du}\frac{du}{dv}\frac{dv}{dx}.$$

Ist z. B.
$$y = e^{\sqrt[3]{a + bx^2}},$$

dann setze man
$$a + bx^2 = v$$

und
$$\sqrt[3]{v} = u,$$

woraus
$$y = e^u.$$

Man erhält so

$$\frac{dy}{dx} = \frac{2bx}{3\sqrt[3]{(a + bx^2)^2}}\,e^{\sqrt[3]{a + bx^2}}.$$

Kombiniert man die Regeln der letzten Paragraphen mit denen von §§ 101 und 105, dann kann man, wenn man die Differentialquotienten von x^m, e^x, $\sin x$, $\cos x$, $\mathrm{tg}\,x$, $\cot x$, $l\,x$, $\mathrm{arc\,sin}\,x$, $\mathrm{arc\,cos}\,x$, $\mathrm{arc\,tg}\,x$ dem Gedächtnis eingeprägt hat, viele sehr verwickelte Funktionen differentiieren. Man findet z. B.

$$\frac{d}{dx}\left[\sqrt{\frac{1+x}{1-x}}\right] = \frac{1}{2} \cdot \frac{\frac{d}{dx}\left[\frac{1+x}{1-x}\right]}{\sqrt{\frac{1+x}{1-x}}} =$$

$$= \frac{1}{2}\sqrt{\frac{1-x}{1+x}} \cdot \frac{(1-x)+(1+x)}{(1-x)^2} = \frac{1}{(1-x)\sqrt{1-x^2}},$$

$$\frac{d}{dx}\left[x^m\sqrt{a+bx+cx^2}\right] = mx^{m-1}\sqrt{a+bx+cx^2} +$$

$$+ \frac{1}{2}x^m\frac{b+2cx}{\sqrt{a+bx+cx^2}} =$$

$$= \frac{\{am+b(\frac{1}{2}+m)x+c(1+m)x^2\}x^{m-1}}{\sqrt{a+bx+cx^2}},$$

$$\frac{d}{dx}\left[l\{b+2cx+2\sqrt{c(a+bx+cx^2)}\}\right] =$$

$$= \frac{2c+\frac{c(b+2cx)}{\sqrt{c(a+bx+cx^2)}}}{b+2cx+2\sqrt{c(a+bx+cx^2)}} = \sqrt{\frac{c}{a+bx+cx^2}},$$

$$\frac{d}{dx}\left[\frac{\operatorname{tg}(\alpha-x)}{\operatorname{tg}(\alpha+x)}\right] =$$

$$= \frac{\operatorname{tg}(\alpha+x)\cdot\frac{-1}{\cos^2(\alpha-x)} - \operatorname{tg}(\alpha-x)\cdot\frac{1}{\cos^2(\alpha+x)}}{\operatorname{tg}^2(\alpha+x)} =$$

$$= -\frac{\sin 2\alpha\,\cos 2x}{\sin^2(\alpha+x)\cos^2(\alpha-x)}.$$

§ 111. Es sei $y = f(x)$ die Gleichung einer Kurve (Fig. 70), in welcher wir einen beliebigen Punkt M mit den Koordinaten x, y annehmen wollen. Denken wir uns in diesem Punkte an die Kurve eine Tangente gelegt und bezeichnen wir den Neigungswinkel derselben gegen die Abscissenachse mit ϑ, so ist nach § 86

$$\operatorname{tg}\vartheta = \frac{dy}{dx} = f'(x).$$

Die Stücke der Berührenden und der Normalen, welche zwischen der Abscissenachse und dem Punkte M der Kurve liegen, nennt man kurzweg Tangente, resp. Normale; wir wollen sie mit T und N bezeichnen. Die Projektionen dieser

Strecken auf die Abscissenachse nennt man Subtangente (*St*) und Subnormale (*Sn*).

In der Fig. 70 ist also:

$$T = MB,$$
$$N = MC,$$
$$St = BD,$$
$$Sn = CD,$$

und es ist:

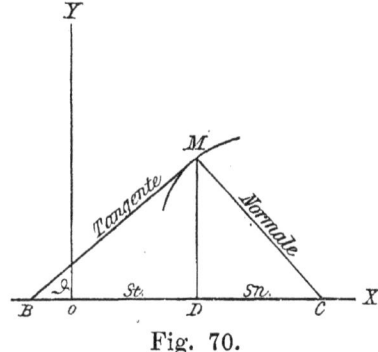

Fig. 70.

$$Sn = y \operatorname{tg} \vartheta = y \frac{dy}{dx},$$

$$St = y \cot \vartheta = y \frac{dx}{dy},$$

$$T = \sqrt{y^2 + (St)^2} = y \sqrt{1 + \left(\frac{dx}{dy}\right)^2},$$

$$N = \sqrt{y^2 + (Sn)^2} = y \sqrt{1 + \left(\frac{dy}{dx}\right)^2}.$$

§ 112. Aus der Gleichung der Parabel (§ 58)

$$y = \sqrt{2px}$$

folgt

$$\frac{dy}{dx} = \sqrt{\frac{p}{2x}}.$$

Da dieser Wert um so kleiner ist, je größer x ist, so wird der Neigungswinkel der Tangente gegen die Abscissenachse mit wachsendem x immer kleiner, d. h. die Richtung der Tangente nähert sich mit wachsendem x immer mehr der Abscissenachse, während sie bei der Hyperbel sich der Asymptote nähert. Hieraus ergiebt sich, daß eine jede Hyperbel, deren Brennpunkte auf der Parabelachse liegen, stets stärker steigen muß als die Parabel, falls nur x hinreichend groß gewählt wird.

Setzen wir die Werte von y und $\frac{dy}{dx}$ in unsere allgemeinen Formeln ein, so ergiebt sich jetzt (Fig. 71):

$$Sn = AB = y \frac{dy}{dx} = p = 2\,OF,$$

$$St = AC = y \frac{dx}{dy} = 2\,x,$$

$$N = y\sqrt{1 + \left(\frac{dy}{dx}\right)^2} = \sqrt{2px + p^2},$$

$$T = y\sqrt{1 + \left(\frac{dx}{dy}\right)^2} = \sqrt{2px + 4x^2}.$$

Da $AC = 2x$, so ist der Schnittpunkt der Tangente mit der Achse ebensoweit von O entfernt, als A (die Projektion von P auf die Abscissenachse). Die Gleichungen lehren noch eine merkwürdige Eigenschaft der Parabel, daß die Subnormale für alle Punkte gleich lang, nämlich immer dem Parameter p gleich ist.

Zieht man vom Brennpunkt F den Radiusvektor FP, so ist dieser nach der Definition der Parabel (§ 58) $= x + \frac{1}{2}p$. Andererseits ist, wie oben gefunden wurde,

$$OC = OA = x,$$

mithin, da $OF = \frac{1}{2}p$,

$$CF = x + \frac{1}{2}p.$$

Das Dreieck FCP ist also ein gleichschenkliges, daher

$$\angle FCP = \angle FPC.$$

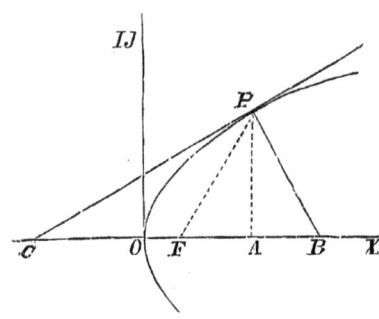

Die Berührungslinie bildet also gleiche Winkel mit dem Radiusvektor und der Abscissenachse.

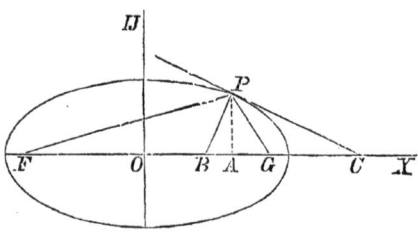

Fig. 71.   Fig. 72.

§ 113. Aus der Gleichung der Ellipse (§ 54)

$$y = \frac{b}{a}\sqrt{a^2 - x^2}$$

folgt für einen Punkt mit positiven Koordinaten, z. B. P (Fig. 72):

$$\frac{dy}{dx} = -\frac{b}{a}\frac{x}{\sqrt{a^2 - x^2}},$$

also, wenn PC die Berührungslinie ist,

$$\operatorname{tg} PCO = \frac{b}{a} \, \frac{x}{\sqrt{a^2 - x^2}} = \frac{b^2 x}{a^2 y} \cdot$$

Durch Einsetzen dieses Wertes in die allgemeinen Gleichungen von § 111 erhält man leicht T, St, N und Sn. Die Subtangente $AC = \dfrac{a^2 - x^2}{x}$. Da dieser Wert ausschließlich von a und x abhängt, so folgt, daß, wenn man auf ein und derselben Strecke als Achse verschiedene Ellipsen beschreibt, alle Tangenten an Punkten, deren Projektionen auf jene Achse zusammenfallen, die letztere in ein und demselben Punkte schneiden. Unter den genannten Ellipsen befindet sich auch ein Kreis; es besteht also eine einfache Beziehung zwischen den Tangenten einer Ellipse und des auf einer ihrer Achsen als Halbmesser beschriebenen Kreises (vergl. § 55).

Die Lage der Normale wird bestimmt durch die Gleichung

$$Sn = BA = \frac{b^2 x}{a^2}$$

und für die Abstände der Punkte B und C vom Mittelpunkt O findet man:

$$OB = OA - BA = x - \frac{b^2 x}{a} = \frac{(a^2 - b^2)\, x}{a^2},$$

$$OC = OA + AC = x + \frac{a^2 - x^2}{x} = \frac{a^2}{x} \cdot$$

Wir berechnen aus dem ersten Werte das Verhältnis der Stücke BF und BG, in welche die Normale die Strecke zwischen den Brennpunkten teilt. Es ist

$$OF = OG = c = \sqrt{a^2 - b^2},$$

$$BF = c + OB = c + \frac{(a^2 - b^2)x}{a^2} = c + \frac{c^2 x}{a^2},$$

$$BG = c - OB = c - \frac{c^2 x}{a^2},$$

also

$$BF : BG = \left(1 + \frac{cx}{a^2}\right) : \left(1 - \frac{cx}{a^2}\right) \cdot$$

Andererseits sind die Entfernungen PF und PG, wenn man den Wert

$$y^2 = \frac{b^2}{a^2}(a^2 - x^2)$$

berücksichtigt,

$$PF = \sqrt{(c+x)^2 + y^2} = \sqrt{(c+x)^2 + \frac{b^2}{a^2}(a^2 - x^2)} =$$

$$= \sqrt{a^2 + 2cx + \frac{c^2}{a^2}x^2} = a + \frac{cx}{a},$$

$$PG = a - \frac{cx}{a}.$$

Aus dem Gefundenen folgt die Proportion

$$BF : BG = PF : PG.$$

Nach einem bekannten planimetrischen Satze halbiert also die Normale PB den Winkel zwischen den Leitstrahlen; es müssen daher auch die Winkel, welche die Berührungslinie mit den Leitstrahlen bildet, gleich sein (§ 97).

§ 114. Sind x und y als Funktionen einer dritten Variablen λ (z. B. der Zeit t) gegeben, so kann man auch sagen, es hänge y durch Vermittelung von λ von x ab. Es ist dann nach § 108

$$\frac{dy}{dx} = \frac{dy}{d\lambda} \cdot \frac{d\lambda}{dx} = \frac{\dfrac{dy}{d\lambda}}{\dfrac{dx}{d\lambda}}.$$

Als Beispiel betrachten wir die Tangente an der Cykloide. Wenn ein Kreis MB (Fig. 72) auf einer Geraden OX fortrollt, so beschreibt jeder Punkt der Peripherie dieses Kreises eine

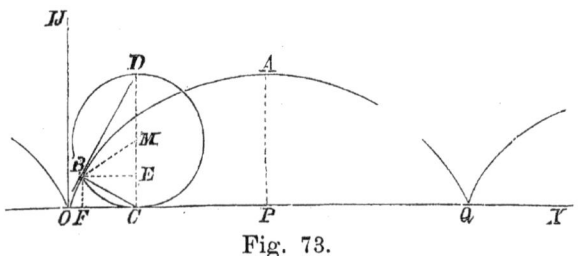

Fig. 73.

Kurve, die man Cykloide nennt, und die aus einer Aufeinanderfolge kongruenter Teile, wie OAQ besteht. Ein Punkt des Kreises soll ursprünglich auf der Geraden OX im Punkte O liegen; rollt der Kreis so weit, daß der Mittelpunkt, welcher ursprünglich sich auf OY befand, nach M gelangt, so wird jener Punkt seinen Ort verändern und nach B gelangen.

Die Koordinaten des Punktes B sind

$$OF = x, \qquad BF = y.$$

Ist ferner der Centriwinkel BMC gleich λ und der Radius r, so ist

$$OC = \text{Bogen } BC = r\lambda,$$

$$FC = BE = r\sin\lambda,$$

$$EM = r\cos\lambda,$$

$$x = OF = OC - FC = r\lambda - r\sin\lambda = r(\lambda - \sin\lambda),$$

$$y = BF = MC - ME = r - r\cos\lambda = r(1 - \cos\lambda).$$

Der Winkel λ ist hier also die unabhängig Variable, von der sowohl x als auch y abhängen, und man hat

$$\frac{dx}{d\lambda} = r(1 - \cos\lambda),$$

$$\frac{dy}{d\lambda} = r\sin\lambda.$$

$$\operatorname{tg}\vartheta = \frac{dy}{dx} = \frac{\sin\lambda}{1 - \cos\lambda} = \cot\tfrac{1}{2}\lambda,$$

also $\vartheta = \tfrac{1}{2}\pi - \tfrac{1}{2}\lambda$. Hieraus folgt, daß die Berührungslinie in B durch den höchsten Punkt D des Kreises geht, denn es ist $\angle BDC = \tfrac{1}{2}\angle BMC = \tfrac{1}{2}\lambda$, und also der Winkel, den BD mit OX bildet, $\tfrac{1}{2}\pi - \tfrac{1}{2}\lambda$.

Die Normale in B geht durch den tiefsten Punkt C des Kreises.

§ 115. Die Relation zwischen x und y ist oft in Gestalt einer unentwickelten Gleichung gegeben. Wir werden später sehen, wie man dann, ohne die Gleichung nach y aufzulösen (was oft gar nicht möglich ist), immer den Wert von $\frac{dy}{dx}$ bestimmen kann; jetzt können wir aber schon zeigen, wie das in gewissen einfachen Fällen möglich ist.

Die Gleichung habe z. B. die Form

$$\varphi(y) = \psi(x). \tag{18}$$

Substituierte man hier in dem Ausdruck links den Wert von y, als Funktion von x betrachtet, so wäre auch dieser Ausdruck eine Funktion von x, und zwar genau die Funktion $\psi(x)$.

Für den Differentialquotienten dieser Funktion läßt sich nach § 108 schreiben

$$\varphi'(y)\frac{dy}{dx}.$$

Der Differentialquotient muß aber auch $\psi(x)$ sein. Also

$$\varphi'(y)\frac{dy}{dx} = \psi'(x),$$

$$\frac{dy}{dx} = \frac{\psi'(x)}{\varphi'(y)}.$$

Ist die Gleichung

$$\frac{x^2}{a^2} + \frac{y^2}{b^2} = 1 \qquad (19)$$

gegeben, so bemerken wir, daß die linke Seite, wenn man sich darin für y den in x ausgedrückten Wert substituiert denkt, eine Funktion wird, deren Differentialquotient nach x, nach §§ 101 und 108

$$\frac{2x}{a^2} + \frac{2y}{b^2}\frac{dy}{dx}$$

ist. Da aber diese Funktion für jeden Wert von x gleich 1 sein muß, so muß der Differentialquotient 0 sein. Also

$$\frac{2x}{a^2} + \frac{2y}{b^2}\frac{dy}{dx} = 0,$$

$$\frac{dy}{dx} = -\frac{b^2 x}{a^2 y}$$

(vergl. § 113).

Man kann in diesen Fällen auch mit Differentialen operieren. Wenn x um dx und zu gleicher Zeit y um dy zunimmt, so erleiden $\varphi(y)$ und $\psi(x)$ die Zuwächse

$$\varphi'(y)\,dy \quad \text{und} \quad \psi'(x)\,dx.$$

Soll nun auch nach diesen Änderungen die Relation (18) bestehen bleiben, so müssen die Funktionen links und rechts gleiche Änderungen erleiden. Hieraus folgt

$$\varphi'(y)\,dy = \psi'(x)\,dx,$$

was uns wieder den oben angegebenen Wert für $\frac{dy}{dx}$ giebt.

In ähnlicher Weise folgt aus (19)

$$\frac{2x}{a^2}\,dx + \frac{2y}{b^2}\,dy = 0.$$

§ 116. Übungsaufgaben. Aus

$$y = \log \operatorname{tg} x$$

folgt

$$\frac{dy}{dx} = \frac{2 \log e}{\sin 2x}.$$

Für kleine Zunahmen von x hat man also annähernd

$$\Delta y = \frac{2 \log e}{\sin 2x} \Delta x.$$

Nimmt z. B. der Bogen um $10''$ zu und benutzt man die gewöhnlichen Logarithmen mit der Basis 10, so ist

$$\Delta x = \frac{10 . \pi}{180 . 60 . 60} = 0{,}000\,048\,48\,,$$

$$\Delta y = \frac{0{,}000\,042\,11}{\sin 2x}.$$

Für $x = 45^0$ wird

$$\Delta y = 0{,}000\,042\,1\,,$$

für $x = 15^0$

$$\Delta y = 0{,}000\,084\,2\,.$$

Dies sind auch wirklich die Zahlen, die man in den Sinustafeln als Diff. $\log \operatorname{tg} x$ angegeben hat.

§ 117. Nach MAGNUS stellt die empirische Formel

$$p = a . b^{\frac{t}{\gamma + t}}$$

die Beziehung zwischen der Temperatur t und der Spannkraft p des gesättigten Wasserdampfes dar. a, b und γ sind Konstanten. Mit Hilfe des Differentialquotienten

$$\frac{dp}{dt} = \frac{a\,\gamma . lb}{(\gamma + t)^2}\, b^{\frac{t}{\gamma + t}}$$

kann man die Zunahme von p für eine kleine Temperaturerhöhung finden. Ist die Temperatur in gewöhnlicher Weise in Graden ausgedrückt, so giebt der Ausdruck rechts annähernd die Zunahme der Dampfspannung für die Temperaturerhöhung von t^0 auf $t + 1^0$.

Benutzt man die REGNAULT'sche Formel

$$\log p = a + b . \alpha^t - c . \beta^t,$$

so bestimmt sich $\dfrac{dp}{dt}$ aus

$$\log e . \frac{1}{p} \frac{dp}{dt} = bl\alpha . \alpha^t - cl\beta . \beta^t.$$

§ 118. Nach dem Coulomb'schen Gesetz ziehen sich zwei ungleichnamige Magnetpole an, mit einer Kraft, welche dem Produkt ihrer magnetischen Massen proportional, dem Quadrat der Entfernung umgekehrt proportional ist. Dasselbe Gesetz gilt auch für die Abstoßung gleichnamiger magnetischer Pole. Die Wirkung läßt sich also darstellen durch den Ausdruck

$$c \frac{\mu \mu'}{r^2},$$

wo μ und μ' die Polstärken bedeuten und c eine Konstante ist. An den Endpunkten einer sehr kleinen Magnetnadel denken wir uns nun zwei entgegengesetzte Pole von der Stärke μ, im Abstande δ voneinander gelegen. Auf der Verlängerung ihrer Verbindungslinie, und zwar dem Nordpol gegenüber, befinde sich ein Nordpol eines anderen Magneten von der Stärke μ', und zwar in einer Entfernung r vom Nordpol der Nadel. Dieser Pol μ' wird dann von dem Nordpol der Nadel mit der oben angegebenen Kraft abgestoßen, von dem Südpol dagegen angezogen mit einer Kraft

$$c \frac{\mu \mu'}{(r + \delta)^2}.$$

Die resultierende Kraft ist eine Abstoßung

$$c \mu \mu' \left[\frac{1}{r^2} - \frac{1}{(r + \delta)^2} \right] = - c \mu \mu' \left[\frac{1}{(r + \delta)^2} - \frac{1}{r^2} \right].$$

Setzen wir $\frac{1}{r^2} = y$, so ist der Ausdruck in der Klammer die Zunahme von y, wenn r um δ wächst. Ist nun δ sehr klein im Vergleich zu r, so können wir es als ein Differential dr auffassen. Wir erhalten dann

$$\frac{1}{(r + \delta)^2} - \frac{1}{r^2} = \frac{dy}{dr} \, dr = \frac{d\left(\frac{1}{r^2}\right)}{dr} \, dr.$$

Setzt man für dr seinen Wert δ ein, so erhält man folgenden Ausdruck für die resultierende Kraft:

$$- c \mu \mu' \delta \cdot \frac{d}{dr}\left(\frac{1}{r^2}\right) = \frac{2 c \mu \mu' \delta}{r^3}.$$

§ 119. Bekanntlich ist die Beziehung zwischen der Intensität i eines elektrischen Stromes und der Ablenkung φ der Nadel einer Tangentenbussole gegeben durch die Gleichung

$$i = a \operatorname{tg} \varphi,$$

wo a eine Konstante ist, die von Apparat zu Apparat verschieden ist. Aus

$$\Delta i = \frac{a}{\cos^2 \varphi} \Delta \varphi$$

kann man den Einfluß einer kleinen Intensitätsänderung auf die Ablenkung der Nadel berechnen. Die letzte Gleichung kann auch dazu dienen, den in der Bestimmung der Stromstärke vorgekommenen Fehler Δi zu berechnen, falls die abgelesene Ablenkung mit dem kleinen Fehler $\Delta \varphi$ behaftet ist. Für den relativen Fehler (Fehler in i, ausgedrückt als Bruchteil von i) erhält man

$$\frac{\Delta i}{i} = \frac{\Delta \varphi}{\sin \varphi \cos \varphi} = \frac{2 \Delta \varphi}{\sin 2 \varphi}.$$

Für den gleichen Wert von $\Delta \varphi$ wird also dieser relative Fehler am kleinsten sein, wenn $\sin 2 \varphi$ möglichst groß ist, also die Ablenkung 45^0 beträgt.

§ 120. Manchmal kommt der Fall vor (z. B. bei einer transzendenten Gleichung), daß man den numerischen Wert einer Unbekannten nur durch eine Annäherungsmethode ermitteln kann. Sobald man dann auf die eine oder andere Weise einen Wert gefunden hat, der nur wenig von dem wahren abweicht, kann man diesen durch Anwendung einer Differentialformel verbessern.

Es soll z. B. x aus der Gleichung

$$x - e \sin x = p$$

berechnet werden, worin e und p bekannte konstante Größen sind. Durch Einsetzen eines Wertes x_1 habe man für die Funktion links anstatt p den sehr nahen Wert p_1 erhalten. x_1 ist also noch mit einem kleinen Fehler behaftet, den man folgendermaßen bestimmen kann. Sei $x = x_1 + \Delta x$ der wirkliche, der Gleichung genügende Wert, so hat man

$$x_1 + \Delta x - e \sin (x_1 + \Delta x) = p,$$

also, wenn wir hiervon die Gleichung $x_1 - e \sin x_1 = p_1$ subtrahieren,

$$x_1 + \Delta x - x_1 - e \sin (x_1 + \Delta x) + e \sin x_1 = p - p_1,$$
$$\Delta x - e \cos x_1 \, \Delta x = p - p_1,$$
$$\Delta x = \frac{p - p_1}{1 - e \cos x_1}.$$

Da $x = x_1 + \Delta x$, so ist also der wahre Wert der Unbekannten x

$$x_1 + \frac{p - p_1}{1 - e \cos x_1}.$$

§ 121. Wie schon mehrfach bemerkt, zeigt das positive
oder negative Vorzeichen des Differentialquotienten einer Funktion y an, ob sie bei Zunahme der unabhängig Variablen x zu-
oder abnimmt. Es ist nun möglich, daß für einen bestimmten
Wert a von x der Differentialquotient 0 wird und dabei das Vorzeichen ändert. Ist das Vorzeichen für $x < a$ positiv, für $x > a$
negativ, dann steigt die Funktion bis $x = a$, um danach zu
fallen. Ihr Wert für $x = a$ ist demnach größer, als die unmittelbar vorhergehenden und die unmittelbar folgenden Werte (Fig. 74).
Man sagt in diesem Falle, die Funktion besitzt an der Stelle
$x = a$ ein Maximum. Wenn umgekehrt $\frac{dy}{dx}$ erst negativ, später
positiv ist, so hat die Funktion an der Stelle $x = a$ ein

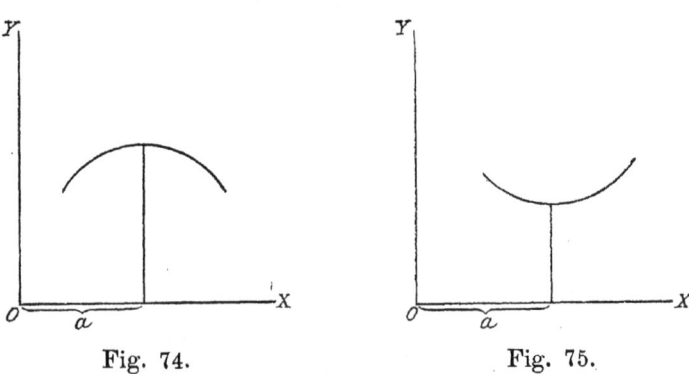

Fig. 74.   Fig. 75.

Minimum, d. h. ihr Wert ist bei $x = a$ kleiner als die unmittelbar vorhergehenden und folgenden Werte (Fig. 75). Eine
Funktion kann, nachdem sie ein Maximum erreicht hat, später
durch eine neue Steigung noch größer werden, ein Maximum

ist daher nicht notwendig der größte aller Werte der Funktion. Darum war es notwendig in der oben gegebenen Definition von unmittelbar vorhergehenden und folgenden Werten zu sprechen. Dieselbe Bemerkung gilt für ein Minimum.

Damit ein Maximum oder Minimum eintritt, genügt es nicht, daß der Differentialquotient für einen bestimmten Wert der unabhängig Variablen 0 wird, sondern er muß auch sein Vorzeichen wechseln. Die Geschwindigkeit eines sich bewegenden Punktes kann z. B. einen Augenblick 0 sein; bewegt er sich darauf in derselben Richtung weiter, so ist in diesem Augenblick die Entfernung s (§ 84) von einem festen Punkte der Bahn weder ein Maximum, noch ein Minimum. Ebenso kann eine Kurve, nachdem sie stets steigend einen Punkt erreicht hat, wo die Tangente der x·Achse parallel läuft, also $\frac{dy}{dx} = 0$ ist, darauf weiter steigen (siehe Fig. 76). Die Ordinate ist dann in jenem Punkte kein Maximum oder Minimum.

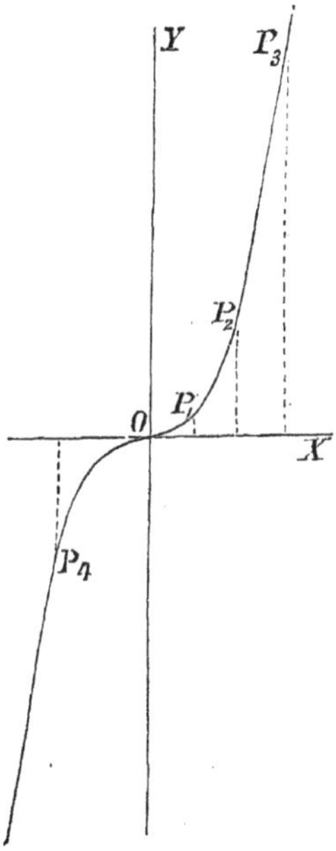

§ 122. Aufgabe. Die Grundlinie und Höhe eines Rechtecks zu bestimmen, welches bei gegebenem Umfang $2p$ den größten Inhalt I hat.

Ist x die Grundlinie, dann ist $p - x$ die Höhe und der Inhalt

$$I = x(p - x).$$

Fig. 76.

Läßt man x von 0 bis p zunehmen, so erhält man eine Schaar von Rechtecken. Die Änderung des Inhaltes bei Änderung von x ist gegeben durch

$$\frac{dI}{dx} = p - 2x.$$

Da dieser Ausdruck für $x = \frac{1}{2}p$ gleich 0 wird und für Werte, welche $< \frac{1}{2}p$ positiv, für Werte, welche $> \frac{1}{2}p$ negativ ist, so ist der Inhalt für $x = \frac{1}{2}p$ ein Maximum. Unter allen Rechtecken von gegebenem Umfang hat also das Quadrat den größten Inhalt.

Soll umgekehrt die Grundlinie und Höhe eines Rechtecks bestimmt werden, welches bei gegebenem Inhalt I, den möglichst kleinsten Umfang hat, dann setzen wir die Grundlinie wieder $= x$; die Höhe ist dann $\dfrac{I}{x}$ und der halbe Umfang

$$p = x + \frac{I}{x},$$

also
$$\frac{dp}{dx} = 1 - \frac{I}{x^2}.$$

Hieraus folgt, daß für $x = \sqrt{I}$ der Umfang ein Minimum wird. Unter allen Rechtecken von gleichem Inhalte hat also das Quadrat den kleinsten Umfang, was man übrigens auch aus dem Resultat der vorigen Aufgabe hätte ableiten können.

§ 123. Der Differentialquotient einer willkürlichen algebraischen Funktion vom zweiten Grade

$$y = a + b\,x + c\,x^2$$

ist vom ersten Grade

$$\frac{dy}{dx} = b + 2\,c\,x.$$

Da für $x = -\dfrac{b}{2c}$ der Differentialquotient $= 0$ wird und, wenn x diesen Wert passiert, sein Vorzeichen ändert, so wird die Funktion bei diesem Wert von x ein Maximum oder Minimum. Es sei z. B.

$$y = 2 + x - x^2,$$

also
$$\frac{dy}{dx} = 1 - 2\,x.$$

Wenn $x = \frac{1}{2}$, ist $\dfrac{dy}{dx} = 0$. Für kleinere Werte von x ist $\dfrac{dy}{dx}$ positiv, für größere negativ, also hat die Funktion bei $x = \frac{1}{2}$ ein Maximum. Diesem Wert entspricht der Punkt a der Kurve[1] Fig. 25, Seite 76.

---

[1] Sobald dieser Punkt bekannt ist, liegt es auf der Hand, durch Verschiebung der Koordinatenachsen nach demselben hin (§ 59) die Gleichung zu vereinfachen. Es ergiebt sich dann sofort, daß die Kurve eine Parabel ist.

§ 124. Zuweilen ergiebt sich durch eine einfache Überlegung, ob eine Funktion ein Maximum oder Minimum hat.
Sei z. B. gegeben

$$y = (x - a_1)^2 + (x - a_2)^2 + \ldots + (x - a_n)^2,$$

wo a_1, a_2, $a_3 \ldots a_n$ Konstanten sind. Wenn $x = +\infty$, ist
$y = \infty$, wenn $x = -\infty$, ist y ebenfalls ∞, also muß sicher
für irgend einen Wert von x die Funktion ein Minimum haben.
Thatsächlich geht bei Zunahme von x

$$\frac{dy}{dx} = 2\left[nx - (a_1 + a_2 + a_3 + \ldots + a_n)\right]$$

von negativen zu positiven Werten über, wenn

$$x = \frac{a_1 + a_2 + \ldots + a_n}{n}$$

ist.

Wenn y eine algebraische Funktion n^{ten} Grades ist, ist $\frac{dy}{dx}$
vom $n - 1^{\text{ten}}$ Grade. $\frac{dy}{dx}$ kann also für höchstens $n - 1$ verschiedene Werte von x gleich 0 werden, und y kann daher
höchstens $n - 1$ Maxima oder Minima haben. Ihre Zahl kann
jedoch kleiner sein, da eine Gleichung $n - 1^{\text{ten}}$ Grades nicht
immer $n - 1$ Wurzeln hat, und da es außerdem möglich ist,
daß für die Werte von x, bei denen $\frac{dy}{dx} = 0$ ist, kein Maximum oder Minimum eintritt (siehe § 121).

§ 125. Die Gleichung einer Kurve, auf rechtwinkelige
Koordinaten bezogen, sei

$$A x^2 + 2 B x y + C y^2 = D,$$

wo A, B, C und D Konstanten sind. Es soll untersucht
werden, wie sich die Länge des von O nach einem Punkte P
der Kurve gezogenen Leitstrahls ändert, wenn derselbe um O
herumgedreht wird.

Führt man Polarkoordinaten r und ϑ ein (§ 69), so wird
die Gleichung

$$r^2 (A \cos^2 \vartheta + 2 B \sin \vartheta \cos \vartheta + C \sin^2 \vartheta) = D,$$

$$r^2 = \frac{D}{A \cos^2 \vartheta + 2 B \sin \vartheta \cos \vartheta + C \sin^2 \vartheta};$$

man braucht also nur zu untersuchen, wie sich die Größe

$$A \cos^2 \vartheta + 2 B \sin \vartheta \cos \vartheta + C \sin^2 \vartheta,$$

die wir s nennen wollen, mit ϑ ändert.

Es ist

$$\frac{ds}{d\vartheta} = (C - A) \sin 2 \vartheta + 2 B \cos 2 \vartheta,$$

also, wenn man (vergl. § 30)

$$C - A = \gamma \cos \varphi, \qquad 2 B = \gamma \sin \varphi$$

setzt, wo γ und φ konstante Größen sind,

$$\frac{ds}{d\vartheta} = \gamma \sin (2 \vartheta + \varphi).$$

Man sieht hieraus, daß bei fortwährender Zunahme von ϑ der Differentialquotient $\frac{ds}{d\vartheta}$ das Zeichen wechselt, wenn

$$\vartheta = - \tfrac{1}{2} \varphi$$

und wenn

$$\vartheta = \tfrac{1}{2} \pi - \tfrac{1}{2} \varphi,$$

und zwar geht $\frac{ds}{d\vartheta}$ das eine Mal von — in +, das andere Mal von + in — über.

Wir folgern hieraus, daß es zwei zu einander senkrechte Richtungen giebt, derart, daß der Leitstrahl für die eine ein Minimum und für die andere ein Maximum wird. (Vergl. hiermit die Bestimmung der Achsen der Ellipse in § 60.)

§ 126. Ein letztes Beispiel entnehmen wir der Physik. ABC (Fig. 77) sei der Durchschnitt eines Prismas mit einer Ebene senkrecht zur brechenden Kante. Ein Lichtstrahl PQ werde durch das Prisma nach QR, darauf nach RS gebrochen. Es wird gefragt, bei welchem Einfallswinkel der gebrochene Strahl am wenigsten von seiner ursprünglichen Richtung abgelenkt wird. Man hat, wenn n der Brechungsexponent ist:

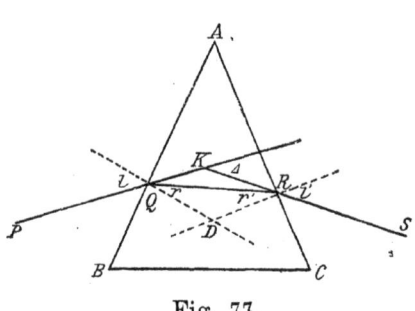

Fig. 77.

$$\left.\begin{array}{l} \sin i = n \sin r\,, \\[4pt] r + r' = A\,^{1}, \\[4pt] \sin i' = n \sin r'. \end{array}\right\} \qquad (21)$$

Sobald i gegeben ist, kann man aus diesen Gleichungen r, r' und i' und dadurch die Richtung des austretenden Strahles berechnen.

Damit ist auch der Ablenkungswinkel $\varDelta$ bekannt:

$$\varDelta = i + i' - A\,.$$

Ändert sich die Richtung des einfallenden Strahles, so ändert sich auch $\varDelta$. Lassen wir i die unendlich kleine Zunahme di erfahren, dann sind die hierdurch hervorgerufenen Veränderungen von r, r', i' und $\varDelta$ bestimmt durch die Gleichungen:

$$\cos i\, di = n \cos r\, dr\,,$$
$$dr + dr' = 0\,,$$
$$\cos i'\, di' = n \cos r'\, dr'\,,$$
$$d\varDelta = di + di'\,,$$

die aus den obenstehenden durch Differentiation erhalten werden. Es lassen sich nun der Reihe nach dr, dr', di' und $d\varDelta$ durch di ausdrücken. Dadurch ergiebt sich

$$d\varDelta = \left(1 - \frac{\cos i \cos r'}{\cos r \cos i'}\right) di\,.$$

Um nun zu entscheiden, ob beim Wachsen von i die Ablenkung größer oder kleiner wird, muß man untersuchen, ob

$$\frac{\cos i \cos r'}{\cos r \cos i'} < \text{oder} > 1\,,$$

oder ob

$$\frac{\cos i}{\cos r} < \text{oder} > \frac{\cos i'}{\cos r'}$$

ist. Der Einfachheit halber legen wir die zweiten Potenzen dieser Größen der Untersuchung zu Grunde, da man diese mit

---

[1] Da die Summe der Winkel des Vierecks $AQDR$ 360° beträgt, so ist $\angle QDR = 180° - \angle A$. Da $r + r' = 180° - \angle QDR$, so ist $r + r' = \angle A$. Ferner ist $\angle KQR = i - r$ und $\angle KRQ = i' - r'$, mithin der Ablenkungswinkel $\varDelta$ als Außenwinkel des Dreiecks QKR gleich $i - r + i' - r'$, d. h. $\varDelta = i + i' - A$.

Hilfe der Gleichungen (21) in r und r' ausdrücken kann. Man hat also zu entscheiden, ob

$$\frac{1 - n^2 \sin^2 r}{1 - \sin^2 r} \quad < \text{ oder } > \quad \frac{1 - n^2 \sin^2 r'}{1 - \sin^2 r'}$$

ist. Statt dieser Größen kann man auch schreiben

$$n^2 - \frac{n^2 - 1}{1 - \sin^2 r} \quad \text{und} \quad n^2 - \frac{n^2 - 1}{1 - \sin^2 r'}$$

und man sieht jetzt leicht ein, daß das erste oder zweite Ungleichheitszeichen gelten muß, je nachdem

$$r \; > \text{ oder } < \; r'$$

ist. Hierbei ist n als > 1 vorausgesetzt.

Nimmt der Einfallswinkel i von 0 an zu, dann fängt auch r mit dem Werte 0 an, und ist also, da $r + r' = \varDelta$ ist, zuerst $r < r'$. Die Ablenkung $\varDelta$ wird also beim Zunehmen von r kleiner. Ist i so groß geworden, daß $r > r'$ ist, so wird beim weiteren Wachsen $\varDelta$ nicht mehr kleiner, sondern größer werden. Hieraus folgt, daß $\varDelta$ für $r = r'$, d. h. für $i = i'$ ein Minimum ist.

Aufgaben.

Es sollen die folgenden Funktionen differentiiert werden:

1. $4x^3 - 3x^2 \sqrt{x} + 2x^2 - 5x\sqrt{x} - 2x + 3\sqrt{x}$;

2. $\dfrac{1}{x^2 \sqrt[5]{x}}$;   3. $\dfrac{1-x}{\sqrt[3]{x}}$;   4. $\dfrac{1 + \sqrt{x} + \sqrt[3]{x^2} + x}{\sqrt{x}}$;

5. $(a + bx^p)^q$;   6. $\dfrac{1+x}{1+x^2}$;   7. $\left(\dfrac{x^2}{1+x^2}\right)^n$;

8. $x(a + x)^2 (b - x)$;   9. $\dfrac{1}{(a + bx + cx^2)^n}$;

10. $x(a + bx + cx^2)^n$;   11. $(1 + x^2)^2 (1 - x + x^2)^3$;

12. $\dfrac{3 + 2x}{1 + x + 2x^2}$;   13. $\sqrt{1 - x^2}$;   14. $\dfrac{x}{\sqrt{1 + x}}$;

15. $\sqrt{\dfrac{1 + x}{1 - x}}$;   16. $\dfrac{\sqrt{a + x}}{\sqrt{a} + \sqrt{x}}$;   17. $\sqrt[3]{\dfrac{1 - x^3}{(1 + x^3)^2}}$;

18. $\dfrac{x}{\sqrt{a + bx^2}}$;   19. $\sqrt{a + bx + cx^2}$;

20. $\dfrac{x}{\sqrt[3]{a + bx + cx^2}}$;   21. $\sqrt[5]{1 + 3x}$;   22. $\dfrac{1}{x + \sqrt{1 - x^2}}$;

23. $[x + \sqrt{1 - x^2}]^n$;   24. $\dfrac{\sqrt{1 + x^2} + \sqrt{1 - x^2}}{\sqrt{1 + x^2} - \sqrt{1 - x^2}}$;

25. $x^{m-1}(a + bx^n)^{\frac{p}{q}}$;   26. e^{3x^2} ;   27. $e^{p + qx + rx^2}$;

28. $a^{-\frac{1}{x}}$;   29. $\dfrac{e^x - e^{-x}}{e^x + e^{-x}}$;   30. $e^{\frac{x}{1+x}}$;

31. $p^{\sqrt{1 - x^2}}$;   32. $x\,lx - x$;   33. $l(a + bx^2)$;

34. $l(p + qx + rx^2)$;   35. $l(e^x + e^{-x})$;

36. $l[\beta x + \sqrt{\alpha^2 + \beta^2 x^2}]$;

37. $(x - 1)e^{2x} + 4xe^x + x + 2$;   38. $e^x\,lx$;

39. $l\left[\dfrac{b + 2cx + \sqrt{b^2 - 4ac}}{b + 2cx - \sqrt{b^2 - 4ac}}\right]$;   40. $\sin^2 3x$;

41. $\sin^p x \cos^q x$;   42. $\dfrac{\sin(\alpha - x)}{\sin(\alpha + x)}$;   43. $\dfrac{\sin x}{x}$;

44. $x^m \sin px$;   45. $\operatorname{tg} x - x$;   46. $\dfrac{\sin nx}{\sin x}$;

47. $\dfrac{\sin^2 x}{\sin(a + x)\sin(a - x)}$;   48. $\sqrt{\sin(p + x)\sin(p - x)}$;

49. $\sqrt{1 - a \sin^2 x}$;   50. $\dfrac{2a \sin x}{1 + 2a \cos x + a^2}$;

51. $\operatorname{tg}(\sqrt{1 - x})$;   52. $\dfrac{\sin 2a - \sin 2x}{\sin 2a + \sin 2x}$;

53. $\operatorname{tg} x \operatorname{tg}\tfrac{1}{2}x$;   54. $e^{ax} \cos \beta x$;   55. $\dfrac{e^x \cos x}{1 + e^x \sin x}$;

56. $e^{1 + \operatorname{tg} x}$;   57. $l\left(\dfrac{\alpha + \beta \operatorname{tg} x}{\alpha - \beta \operatorname{tg} x}\right)$;   58. $l \operatorname{tg}\tfrac{1}{2}x$;

59. $\arcsin(ax)$;   60. $\operatorname{arc\,tg}\left(\dfrac{1 - x}{1 + x}\right)$;

61. $x \arcsin x + \sqrt{1 - x^2}$;   62. $\sin(2 \arcsin x)$;

63. $\arcsin \dfrac{b + 2cx}{\sqrt{b^2 - 4ac}}$;

64. $\dfrac{\varepsilon \sin x}{1 + \varepsilon \cos x} - \dfrac{1}{\sqrt{\varepsilon^2 - 1}} l\left(\dfrac{\sqrt{\varepsilon + 1} + \sqrt{\varepsilon - 1}\,\operatorname{tg}\tfrac{1}{2}x}{\sqrt{\varepsilon + 1} - \sqrt{\varepsilon - 1}\,\operatorname{tg}\tfrac{1}{2}x}\right)$.

65. Es soll die Geschwindigkeit und Beschleunigung eines Punktes, der sich nach der Gleichung

$$y = a e^{-\lambda t} \cos 2\pi \left(\frac{t}{T} + p \right)$$

bewegt, berechnet werden.

66. Es soll die Richtung der Tangente an eine Hyperbel bestimmt werden, und zwar unter Benutzung sowohl der § 56, als auch auf Grund der § 62 abgeleiteten Gleichung. Es soll auch bewiesen werden, daß die Punkte, wo die Tangente die Asymptoten schneidet, in gleichen Abständen vom Berührungspunkt liegen. (Vergl. Aufgabe 14, S. 105.)

67. Es soll die Richtung und Größe der Geschwindigkeit eines Punktes, dessen Koordinaten zur Zeit t

$$x = a \cos 2\pi \left(\frac{t}{T} + p \right), \qquad y = a \cos 4\pi \frac{t}{T}$$

sind, bestimmt werden. (Vergl. Aufgabe 19, S. 106.)

68. Welche Richtung hat die Tangente der Kettenlinie

$$y = \frac{1}{2h} (e^{hx} + e^{-hx})?$$

69. Es soll die Richtung der an die Archimedische Spirale (§ 69), an die hyperbolische und logarithmische Spirale (Aufgabe 25, S. 107) gezogenen Tangenten bestimmt werden.

70. Eine Gasmaße, die anfangs unter dem Druck p_0 bei der absoluten Temperatur T_0 das Volum v_0 einnimmt, dehnt sich aus, ohne daß dabei Wärme zu- oder abgeführt wird. Es seien während der Ausdehnung die gleichzeitigen Werte von Druck, Temperatur und Volum p, T und v, dann ist:

$$\frac{p}{p_0} = \left(\frac{v_0}{v} \right)^k; \qquad \frac{p v}{T} = \frac{p_0 v_0}{T_0},$$

wo k eine Konstante ist. Welcher Zusammenhang besteht zwischen den gleichzeitigen unendlich kleinen Änderungen von Druck, Volum und Temperatur?

71. Wie ändert sich die Stärke eines elektrischen Stromes, wenn sich der Widerstand in der Kette unendlich wenig ändert?

72. Wie groß ist $\log(1 + \delta)$, wenn δ sehr klein ist?

73. Nach der Dispersionsformel von CHRISTOFFEL ist der Brechungsindex eines Lichtstrahls von der Wellenlänge λ:

$$n = \frac{n_0 \sqrt{2}}{\sqrt{1 + \dfrac{\lambda_0}{\lambda}} + \sqrt{1 - \dfrac{\lambda_0}{\lambda}}}.$$

λ_0 und n_0 sind Konstanten. Welche Veränderung von n entspricht einer sehr kleinen Änderung von λ?

74. Ein vor einer Linse befindlicher leuchtender Punkt wird der Achse entlang unendlich wenig verrückt; wie ändert sich die Bildweite?

75. Es ist der Winkel zu berechnen, den zwei im Spektrum dicht bei einander gelegene Lichtstrahlen (z. B. die den beiden Natriumlinien entsprechenden) miteinander bilden nach ihrem Durchgang durch ein Prisma, auf welches sie unter einem gegebenen Winkel fallen. Der Unterschied $d\lambda$ der Wellenlängen und die Dispersionsformel $n = F(\lambda)$ (vergl. die vorletzte Aufgabe) für den Stoff, aus dem das Prisma besteht, sind gegeben.

76. Es ist zu untersuchen, ob die Funktion

$$x^m (b - x)^n$$

ein Maximum oder Minimum hat.

77. Zwei zu einander senkrechte Achsen OX und OY und ein Punkt P sind gegeben. Es soll durch P eine Linie so gezogen werden, daß die Länge des Stückes zwischen den Schnittpunkten der Linie mit OX und OY ein Minimum ist.

78. In eine gegebene Kugel soll ein Cylinder so eingezeichnet werden, daß sein Inhalt ein Maximum ist.

79. Es soll auf einer geraden Linie ein Punkt bestimmt werden, so daß die Summe der zweiten Potenzen seiner Abstände von zwei gegebenen Punkten ein Minimum ist.

80. Für welche Werte von x wird

$$\left(\frac{\sin x}{x}\right)^2$$

ein Maximum?

81. Eine Gerade L und außerhalb derselben zwei Punkte A_1 und A_2 sind gegeben. Ein Punkt soll sich von A_1 längs einer Geraden nach einem Punkt P auf L und von P wiederum längs einer Geraden nach A_2 bewegen. Wenn diese Bewegungen

mit den vorgeschriebenen Geschwindigkeiten v_1 und v_2 vor sich gehen sollen, wie muß dann P gewählt werden, damit die Zeit, welche für die ganze Bewegung nötig ist, ein Minimum wird?

82. Zwei Drähte aus verschiedenen Metallen A und B, welche die Eigenschaft besitzen, daß an ihrer Berührungsstelle eine elektromotorische Kraft von A nach B wirkt, die durch den Ausdruck $a + bt + ct^2$ als Funktion der Temperatur t gegeben ist, sind miteinander zu einer Kette verbunden. Die Temperatur der einen Berührungsstelle wird auf t_0 konstant gehalten. Wie hoch muß man die andere Berührungsstelle erwärmen, damit die elektromotorische Kraft in der Kette ein Maximum oder ein Minimum wird?

Kapitel VII.

Differentialquotienten höherer Ordnung.

§ 127. Der Differentialquotient ist im allgemeinen wieder eine Funktion der unabhängig Variablen. Will man die Veränderungen ermitteln, welche derselbe beim Zu- oder Abnehmen dieser Variablen erfährt, so muß man ihn nochmals differentiieren, also die ursprüngliche Funktion zweimal differentiieren. Man erhält so den Differentialquotienten zweiter Ordnung oder den zweiten Differentialquotienten der ursprünglichen Funktion. Man schreibt denselben (y ursprüngliche Funktion, x unabhängig Variable)

$$\frac{d\left(\frac{dy}{dx}\right)}{dx}$$

oder

$$\frac{d}{dx}\left(\frac{dy}{dx}\right).$$

Ist z. B. eine geradlinige Bewegung eines Punktes durch eine Gleichung von der Form

$$s = F(t)$$

dargestellt (§ 84), dann ist die Geschwindigkeit

$$v = \frac{ds}{dt} = F'(t).$$

v oder $\frac{ds}{dt}$ ist also wieder eine Funktion von t, und für die Beschleunigung ergiebt sich nach § 90:

$$\frac{dv}{dt} = \frac{d}{dt}\left(\frac{ds}{dt}\right).$$

Ist $s = at^2$, so ist

$$v = 2at$$

und die Beschleunigung $= 2a$.

§ 128. Ist $y = f(x)$ die Gleichung einer Kurve, so zeigt uns, rechtwinklige Koordinaten vorausgesetzt, $\frac{dy}{dx} = \operatorname{tg}\vartheta$ die Richtung der Tangente, und also auch die Richtung der Kurve an. Diese Richtung ist von Punkt zu Punkt verschieden, sie hängt also von x ab. Untersucht man die Änderungen, welche $\operatorname{tg}\vartheta$ und ϑ selbst von Punkt zu Punkt erleiden, so lernt man die Richtungsänderung oder, wie man auch zu sagen pflegt, die Krümmung der Kurve kennen. Diese muß also mit dem zweiten Differentialquotient $\frac{d(\operatorname{tg}\vartheta)}{dx}$ oder $\frac{d}{dx}\left(\frac{dy}{dx}\right)$ zusammenhängen.

Schon das Vorzeichen dieses zweiten Differentialquotienten hat eine wichtige geometrische Bedeutung. Legt man durch einen Punkt P einer Kurve an dieselbe eine Tangente, so nennen wir die Kurve konkav nach oben, wenn die Kurve

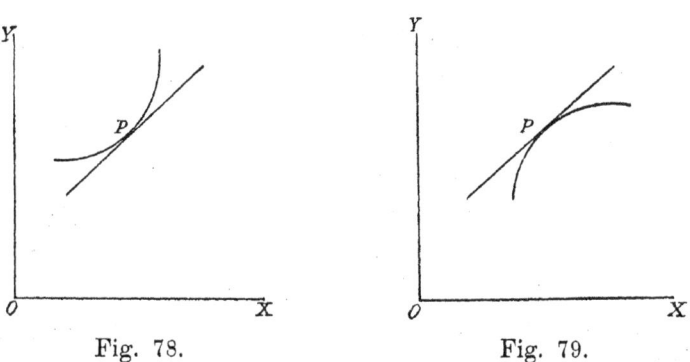

Fig. 78.   Fig. 79.

in der Nähe des Berührungspunktes P auf beiden Seiten von diesem Punkt oberhalb der Tangente liegt (Fig. 78), dagegen

konvex nach oben, wenn die Kurve in der Nähe des Berührungspunktes P unterhalb der im Punkt P an die Kurve
gezogenen Tangente liegt (Fig. 79).

Geht eventuell die Kurve in einem Punkt P aus der Konkavität in die Konvexität über, oder umgekehrt aus der Konvexität in die Konkavität (Figg. 80 und 81), dann nennt man
P einen Wendepunkt. Wenn man in einem solchen Punkt
an die Kurve eine Tangente zieht, so liegen die benachbarten
Punkte der Kurve auf der einen Seite des Wendepunktes
oberhalb dieser Tangente, auf der anderen Seite unterhalb
derselben.

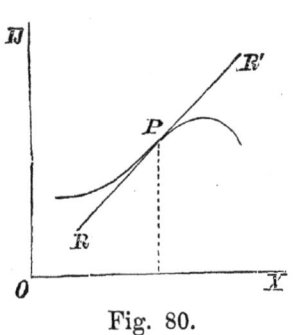

Fig. 80.

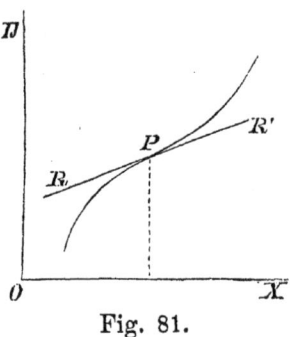

Fig. 81.

Wir ziehen die y-Achse nach oben und erinnern uns, daß
die gleichzeitigen Änderungen eines Winkels ϑ und seiner
Tangente immer dasselbe Vorzeichen haben (§ 103). Ist $\frac{d\,(\operatorname{tg}\vartheta)}{dx}$
oder $\frac{d}{dx}\left(\frac{dy}{dx}\right)$ positiv, d. h. nimmt beim Zunehmen der
Abscisse $\operatorname{tg}\vartheta$ und auch ϑ selbst zu, so ist, wie die
Figur unmittelbar zeigt, die Kurve nach oben konkav.
Ist $\frac{d\,(\operatorname{tg}\vartheta)}{dx}$ oder $\frac{d}{dx}\left(\frac{dy}{dx}\right)$ negativ, so ist die Kurve nach
oben konvex. Ist der zweite Differentialquotient für
irgend einen bestimmten Wert der Abscisse, etwa $x = a$,
gleich 0, und geht er, wenn x diesen Wert passiert,
von positiven zu negativen Werten über (Fig. 80) oder
umgekehrt (Fig. 81), so hat die Kurve für $x = a$ einen
Wendepunkt.

Im Wendepunkt hat $\operatorname{tg}\vartheta$ und auch ϑ selbst stets ein
Maximum (Fig. 80) oder Minimum (Fig. 81).

Beispiele: **Es** soll untersucht werden, ob die Kurve

$$y = x^2 + ax + b$$

konvex oder konkav nach oben ist und ob sie einen Wendepunkt besitzt.

Man erhält durch Differentiation

$$\frac{dy}{dx} = 2x + a, \qquad \frac{d}{dx}\left(\frac{dy}{dx}\right) = 2.$$

Da der letzte Wert stets positiv ist, so ist die Kurve überall nach oben konkav.

Man soll in derselben Weise die Kurve

$$y = b + (c - x)^3$$

untersuchen. Durch Differentiation erhält man

$$\frac{dy}{dx} = -3(c - x)^2, \qquad \frac{d}{dx}\left(\frac{dy}{dx}\right) = 6(c - x).$$

Für $x = c$ ist $\frac{dy}{dx} = 0$. Da $\frac{dy}{dx}$ negativ ist für die unmittelbar dem Werte $x = c$ vorhergehenden und folgenden Werte, so hat die Ordinate unserer Kurve weder ein Maximum, noch ein Minimum.

Da für $x = c$, $\frac{d}{dx}\left(\frac{dy}{dx}\right) = 0$, und für $x < c$ dieser Differentialquotient positiv, für $x > c$ negativ ist, so entspricht dem Wert $x = c$ ein Wendepunkt. Vor demselben ist unsere Kurve konkav, hinter demselben konvex nach oben (Fig. 82).

§ 129. Es soll jetzt nachgewiesen werden, daß die **Größe** des zweiten Differentialquotienten uns lehrt, ob eine Kurve **mehr oder weniger stark gekrümmt** ist.

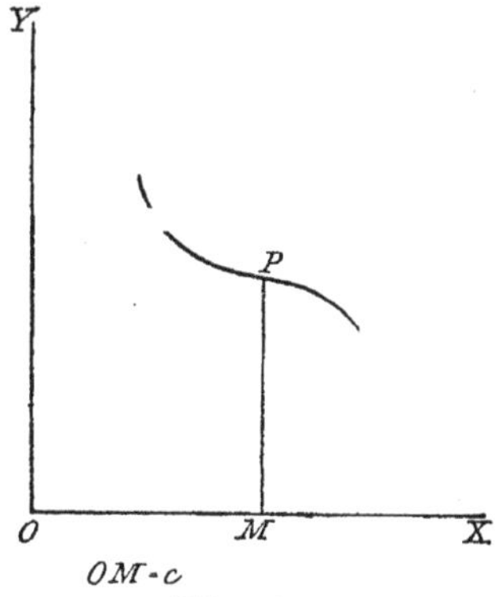

Die Richtungsänderung längs eines Kurvenstückes wird bestimmt durch den Winkel, den die Tangente am Ende mit der am Anfang des Kurvenstückes bildet. Ein Punkt

OM = c

Fig. 82.

bewege sich z. B. auf einem Kreis von P nach P' (Fig. 83). Am Anfang ist die Richtung der Bewegung durch die Tangente PR,

am Ende durch die Tangente $P'R'$ bestimmt. Die Richtungsänderung ist also durch den Winkel $QP'R'$ gegeben, und
diesen können wir durch den gleich großen Centriwinkel PMP'

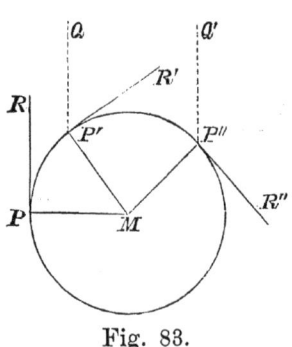

Fig. 83.

ersetzen. Ebenso ist die Richtungsänderung längs des Kreisbogens PP''
durch den Winkel $Q'P''R''$ oder durch
den gleich großen Winkel PMP'' bestimmt. Man sieht hieraus, wie bei
ein und demselben Kreis die Richtungsänderung direkt proportional der Länge
des betrachteten Bogens ist. Man wird
in dieser Weise von selbst darauf geführt, die Richtungsänderung pro Einheit der Länge ins Auge zu fassen; diese
betrachten wir als ein Maß der Krümmung und nennen sie
auch kurz die Krümmung. Man erhält dieselbe, wenn man die
Richtungsänderung längs eines beliebigen Bogens, etwa PP',
d. h. den Winkel PMP' durch die Bogenlänge PP' dividiert.
Letztere ist aber gleich dem Produkt aus dem Centriwinkel
und dem Radius R, und es ist daher die Krümmung $= \dfrac{1}{R}$.
Dieselbe ist also um so größer, je kleiner der Radius ist.

Im Gegensatz zum Kreise zeigen bei allen anderen Kurven
verschiedene Bögen von gleicher Länge ungleiche Richtungs-
änderungen, und erhält man daher für zwei beliebig gewählte
Bögen verschiedene Resultate, wenn man jedesmal die Richtungsänderung längs des Bogens durch seine Länge dividiert.

Man kann den in dieser Weise für irgend ein Kurven-
stück gefundenen Quotienten füglich die mittlere Richtungsänderung pro Längeneinheit oder die mittlere Krümmung des betreffenden Kurvenstückes nennen.

Will man aber die Krümmung von Punkt zu Punkt über-
blicken, so liegt es nahe, den Grenzwert zu betrachten, dem
sich die mittlere Krümmung nähert, wenn man den Anfangspunkt P des Bogens festhält, die Länge desselben aber fortwährend kleiner werden läßt. Diesen Grenzwert nennt man
jetzt die Krümmung im Punkte P. Man kann dieselbe auch
definieren als die Richtungsänderung pro Einheit der Länge,

berechnet aus der Richtungsänderung längs eines unendlich kleinen Bogens.

§ 130. Gegeben sei die Gleichung der Kurve (Fig. 84), bezogen auf rechtwinklige Koordinaten. Dann erhalten wir durch Differentiation von y nach x die Tangente des Winkels zwischen der an jeden Punkt der Kurve gezogenen Berührungslinie und der Abscissenachse, z. B. des Winkels $RPX' = \vartheta$. Von den beiden Richtungen der Tangente wollen wir die als die positive betrachten, in der x zunimmt, so daß also $\cos\vartheta$ stets positiv ist, $\operatorname{tg}\vartheta$ aber nach Umständen positiv oder negativ. Um nun die Krümmung in P zu bestimmen, gehen wir in der soeben festgelegten Richtung um den unendlich kleinen Bogen

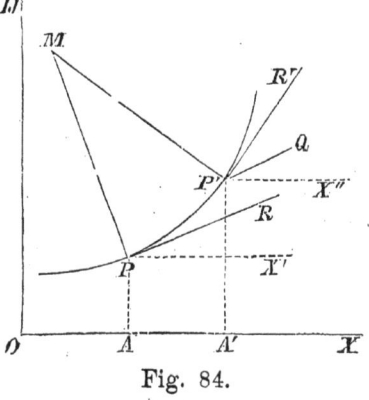

Fig. 84.

$PP' = ds$ weiter; es ist ds eine positive Größe. In P' bildet die Tangente mit der Abscissenachse den Winkel $R'P'X''$. Wir ziehen $P'Q$ parallel PR. $\angle QP'X''$ ist dann gleich ϑ, $\angle R'P'Q = d\vartheta$. Es soll nun zunächst die Größe des Winkels $d\vartheta$, die Richtungsänderung längs PP', berechnet werden.

Beim Übergang von P nach P' wächst die Abscisse um
$$AA' = dx = \cos\vartheta \cdot ds.$$

Infolgedessen wächst auch $\operatorname{tg}\vartheta$ oder $\dfrac{dy}{dx}$, und zwar um $\dfrac{d(\operatorname{tg}\vartheta)}{dx} \cdot dx = \dfrac{d}{dx}\left(\dfrac{dy}{dx}\right)dx$. Wir haben also

$$d(\operatorname{tg}\vartheta) = \frac{d(\operatorname{tg}\vartheta)}{dx} \cdot dx = \cos\vartheta\,\frac{d}{dx}\left(\frac{dy}{dx}\right)ds\,.$$

Da $d(\operatorname{tg}\vartheta) = \dfrac{d\vartheta}{\cos^2\vartheta}$, so ist

$$d\vartheta = \cos^2\vartheta\, d(\operatorname{tg}\vartheta),$$

also
$$d\vartheta = \cos^3\vartheta\,\frac{d}{dx}\left(\frac{dy}{dx}\right)ds\,.$$

Dividieren wir $d\vartheta$ durch ds, dann erhalten wir die Krümmung in P. Es braucht wohl kaum daran erinnert zu werden, daß die vorstehenden Gleichungen so aufzufassen sind, wie § 92 dargelegt wurde.

Will man nicht gleich Differentiale einführen, so läßt sich der Beweis der letzten Formel folgendermaßen einkleiden. Wir bezeichnen mit Δx einen beliebigen Zuwachs der Abscisse, mit Δs den entsprechenden Teil der Kurve PP', mit $\Delta \vartheta$, Δy die entsprechenden Änderungen von ϑ und y. Es ist offenbar

$$\frac{\Delta \vartheta}{\Delta s} = \frac{\dfrac{\Delta (\operatorname{tg} \vartheta)}{\Delta x} \cdot \dfrac{\Delta x}{\Delta s}}{\dfrac{\Delta (\operatorname{tg} \vartheta)}{\Delta \vartheta}}.$$

Diese Gleichung muß bestehen bleiben, wenn wir alle Änderungen unendlich klein machen, also gilt

$$\frac{d \vartheta}{d s} = \frac{\dfrac{d (\operatorname{tg} \vartheta)}{d x} \cdot \dfrac{d x}{d s}}{\dfrac{d (\operatorname{tg} \vartheta)}{d \vartheta}}.$$

Da $\operatorname{tg} \vartheta = \dfrac{dy}{dx}$ und $\cos \vartheta = \dfrac{dx}{ds}$, so finden wir für die Krümmung

$$\frac{d \vartheta}{d s} = \frac{\dfrac{d}{dx}\left(\dfrac{dy}{dx}\right) \cos \vartheta}{\dfrac{1}{\cos^2 \vartheta}} = \cos^3 \vartheta \, \frac{d}{dx}\left(\frac{dy}{dx}\right).$$

Gewöhnlich giebt man, um die Kurve zu charakterisieren, nicht die Krümmung an, sondern den sogenannten **Krümmungsradius** ϱ, d. h. den Radius desjenigen Kreises, welcher dieselbe Krümmung hat, wie das unendlich kleine bei P befindliche Stück der Kurve. Da nun die Krümmung dieses Kreises nach dem vorigen Paragraphen $\dfrac{1}{\varrho}$ ist, so folgt aus der Definition, daß $\varrho = \dfrac{ds}{d\vartheta}$ ist, also

$$\varrho = \frac{1}{\cos^3 \vartheta \, \dfrac{d}{dx}\left(\dfrac{dy}{dx}\right)},$$

oder

$$\varrho = \frac{\left[1 + \left(\dfrac{dy}{dx}\right)^2\right]^{3/2}}{\dfrac{d}{dx}\left(\dfrac{dy}{dx}\right)}. \tag{1}$$

Diese Formel ergiebt für ϱ bald das positive, bald das negative Vorzeichen, und es erhebt sich also die Frage, welche Bedeutung dieses haben kann. Da wir ds stets positiv rechnen, so hängt das Vorzeichen, welches wir für die Krümmung $\frac{d\vartheta}{ds}$, oder den reziproken Wert, den Krümmungsradius $\frac{ds}{d\vartheta}$ finden, nur von dem Vorzeichen von $d\vartheta$ ab. Von P nach P' wächst die Abscisse x; ob dabei ϑ zu- oder abnimmt, das hängt davon ab, ob die Kurve nach oben konkav oder konvex ist. Im ersten Falle wird also das Verhältnis von $d\vartheta$ und ds positiv, im zweiten Falle negativ.

Das Vorzeichen des Ausdruckes (1) stimmt hiermit überein. Den Zähler, der statt $\frac{1}{\cos^3\vartheta}$ steht, haben wir hier nach dem über $\cos\vartheta$ Gesagten mit dem positiven Vorzeichen zu versehen. Der Nenner aber ist positiv, wenn die Kurve konkav, und negativ, wenn dieselbe konvex nach oben ist.

§ 131. Der Krümmungsradius läßt sich auch als das Resultat einer geometrischen Konstruktion darstellen. Man ziehe in den Punkten P und P' (Fig. 84) Normalen an die Kurve. Dieselben schneiden sich in einem Punkte M, und es läßt sich nun zeigen, daß M sich einer bestimmten Grenzlage nähert, wenn P' immer näher an P heranrückt und daß der Grenzwert der Linie PM gerade der Krümmungsradius ϱ ist.

Wir verbinden P mit P' und fällen außerdem aus P ein Lot l auf MP'. (In der Figur sind diese Linien nicht gezeichnet.)

In dem Dreieck MPP' ist

$$PM = \frac{PP'}{\sin PMP'} \cdot \sin PP'M = \frac{PP'}{\sin PMP'} \cdot \frac{l}{PP'}\cdot$$

Gehen wir zu den Grenzwerten über, so fallen die Linien l und PP' zusammen; der Faktor $\frac{l}{PP'}$ hat also den Grenzwert 1. In dem Faktor

$$\frac{PP'}{\sin PMP'}$$

läßt sich die Sehne PP' durch den Bogen $PP' = ds$, und $\sin PMP'$ durch den Winkel PMP' ersetzen. Da nun dieser

Winkel zwischen den Normalen in P und P' dem Winkel $QP'R' = d\vartheta$ zwischen den Tangenten gleich ist, so ist

$$\operatorname{Lim} PM = \frac{ds}{d\vartheta},$$

also

$$\operatorname{Lim} PM = \varrho.$$

Der Punkt M in seiner Grenzlage heißt **Krümmungs-mittelpunkt** und der um denselben beschriebene Kreis, welcher die Kurve in P berührt, **Krümmungskreis.** Aus der Figur sieht man sofort, daß der Krümmungsmittelpunkt immer auf der Seite liegt, nach der die Kurve konkav ist, also bald oberhalb, bald unterhalb der Kurve. Diesem Unterschiede entsprechen die verschiedenen Vorzeichen, welche (1) für ϱ ergeben kann.

§ 132. **Beispiel.** Es soll der Krümmungsradius der Parabel bestimmt werden, deren Gleichung

$$y^2 = 2px$$

ist.

$$\frac{dy}{dx} = \sqrt{\frac{p}{2x}},$$

$$\frac{d}{dx}\left(\frac{dy}{dx}\right) = -\frac{1}{2}\sqrt{\frac{p}{2x^3}},$$

$$\varrho = -\sqrt{\frac{(p+2x)^3}{p}}.$$

Im Scheitel, wo $x = 0$, hat die Parabel dieselbe Krümmung, wie ein Kreis mit dem Radius p ($p = $ das Doppelte des Abstandes des Scheitels vom Brennpunkt). Nimmt x zu, so wird ϱ immer größer, die Krümmung $\frac{1}{\varrho}$ also immer kleiner.

§ 133. Wir wollen jetzt ein Problem der Mechanik behandeln, bei dem die Krümmung einer Kurve in Betracht kommt. Ein Punkt bewege sich in irgend einer Weise auf der Kurve SS' (Fig. 85). Es ändert sich dann im allgemeinen die Größe der Geschwindigkeit und außerdem auch ihre Richtung von Ort zu Ort. Die Geschwindigkeit zur Zeit t, wenn der Punkt sich in P befindet, möge durch die Linie PQ, die Geschwindigkeit zu einer späteren Zeit t', wenn der Punkt nach P' gekommen ist, durch $P'Q'$ dargestellt werden. Die

Richtung dieser Geschwindigkeiten fällt natürlich mit den an die Kurve in P und P' gezogenen Tangenten zusammen. Man kann sich nun vorstellen, daß die Geschwindigkeit in P' aus der ursprünglichen Geschwindigkeit dadurch entstanden ist, daß der Punkt neben dieser letzteren noch eine neue Ge-schwindigkeit erhalten hat, welche mit der ursprünglichen nach der für die Zusammen-setzung von Vektoren (§ 32) gegebenen Regel vereinigt worden ist. Um diese „hin-

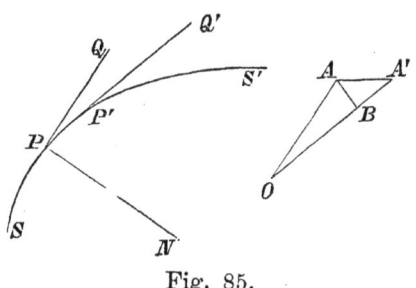

Fig. 85.

zugekommene" Geschwindigkeit zu bestimmen, ziehen wir von einem willkürlichen Punkt O zwei Linien OA und OA' parallel und gleich groß mit PQ und $P'Q'$. Der Vektor AA' stellt dann die Geschwindigkeit dar, welche wir der nrsprünglichen haben hinzufügen müssen, damit wir die Resultierende OA' erhalten. Wir definieren nun die Beschleunigung des Punktes als die Geschwindigkeitsänderung pro Zeiteinheit, berechnet aus der während einer unendlich kleinen Zeit stattfindenden Geschwindig-keitsänderung. D. h. wenn die Bewegung von P nach P' in der Zeit Δt stattfindet, so ist die Größe der Beschleunigung gleich dem Grenzwert, dem sich $\dfrac{AA'}{\Delta t}$ nähert, wenn Δt fortwährend abnimmt (wobei der Anfangswert von t festgehalten wird). Wir legen weiter der Beschleunigung die Richtung bei, der sich die Richtung von AA' nähert. Wir machen noch darauf aufmerk-sam, daß das Wort „Beschleunigung" hier in einem etwas anderen Sinne als früher (§ 90) benutzt wird. Dort änderte sich nur die Größe der Geschwindigkeit, nicht aber ihre Rich-tung; hier ändert sich entweder die Richtung allein, oder sonst Richtung und Größe zu gleicher Zeit. Übrigens umfaßt die obige allgemeine Definition die in jenem Paragraphen ge-gebene.

§ 134. Wir wollen zunächst den Fall betrachten, daß sich ein Punkt mit gleichförmiger Geschwindigkeit auf einer ebenen Kurve SS' (Fig. 86) bewegt. Da dann das Dreieck OAA' gleichschenklig ist, nähert sich AA' einer Richtung senkrecht zu OA. Die Richtung der Beschleunigung fällt daher mit der Normalen im Punkte P, also mit PN, zusammen, und zwar ist dieselbe, wie die Figur zeigt, nach der konkaven Seite gerichtet. Um ihre Größe zu finden, nehmen wir an, daß der Bogen PP' unendlich klein sei $= ds$. Die unendlich kleine Geschwindigkeit AA' ist gleich dem Produkt aus dem Winkel AOA', den wir ε nennen wollen und der Geschwindigkeit $OA = v$, also

$$AA' = v\varepsilon,$$

$$\frac{AA'}{dt} = \frac{v\varepsilon}{dt}.$$

Da $\angle AOA' = \varepsilon$ die Richtungsänderung der Bahn längs PP' darstellt, so ist $\frac{\varepsilon}{ds}$ die Krümmung der Bahn in P (§ 130), also, wenn wir mit ϱ den Krümmungsradius bezeichnen,

$$\frac{\varepsilon}{ds} = \frac{1}{\varrho}, \qquad \varepsilon = \frac{ds}{\varrho}.$$

Setzen wir dies in die obige Gleichung ein, so geht dieselbe über in

$$\frac{AA'}{dt} = \frac{v}{\varrho}\frac{ds}{dt} = \frac{v^2}{\varrho}, \tag{2}$$

da ja $\frac{ds}{dt} = v$ ist.

Die Beschleunigung in der Richtung der Normalen, die sogenannte Normalbeschleunigung, ist also dem Quadrate der Geschwindigkeit direkt, dem Krümmungradius indirekt proportional.

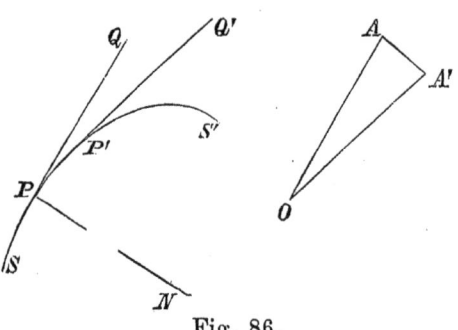

Fig. 86.

Um für den allgemeinen Fall (Fig. 85), wo sich außer der Richtung auch die Größe der Geschwindigkeit ändert, die Beschleunigung zu bestimmen, betrachten wir wiederum ein unendlich kleines Stück der Bahn PP'. Wir ziehen in dem Dreieck OAA' die Linie $AB \perp OA'$. Die unendlich kleine Geschwindigkeitsänderung AA' können wir uns nun als zusammengesetzt aus den Geschwindigkeitsänderungen AB und BA' denken. Demgemäß kann man jetzt von zwei Beschleunigungen $\dfrac{AB}{dt}$ und $\dfrac{BA'}{dt}$ in den Richtungen AB und BA' reden. Die wirkliche Beschleunigung ergiebt sich aus diesen beiden, wenn man dieselben wie Vektoren zusammensetzt.

Was nun zunächst die Richtungen dieser beiden Beschleunigungen betrifft, so wird nach dem Übergang zur Grenze AB senkrecht auf OA stehen und BA' die Richtung von OA haben. Die erste Komponente der Beschleunigung ist also normal zur Bahn, die zweite tangential gerichtet.

Für die Größe[1] der ersten Komponente ergiebt sich wieder der Ausdruck (2) und für die Größe der Tangentialbeschleunigung

$$\frac{dv}{dt}. \tag{3}$$

Mit Weglassung von unendlich kleinen Größen zweiter Ordnung darf man nämlich schreiben

$$BA' = OA' - OA = dv.$$

Ist die Bewegung geradlinig ($\varrho = \infty$), so ist die Normalbeschleunigung 0, und es bleibt nur die Tangentialbeschleunigung übrig.

§ 135. Im allgemeinen ist auch der zweite Differentialquotient wieder eine Funktion der unabhängig Variablen; er läßt sich also abermals differentiieren. Dadurch erhält man den dritten Differentialquotienten; differentiiert man diesen, so gelangt man zum vierten u. s. w. Ist x die unabhängig Variable, y die Funktion, dann könnte man die verschiedenen Differentialquotienten folgendermaßen schreiben:

$$\frac{dy}{dx}, \qquad \frac{d}{dx}\left(\frac{dy}{dx}\right), \qquad \frac{d}{dx}\left[\frac{d}{dx}\left(\frac{dy}{dx}\right)\right] \text{ u. s. w.}$$

An Stelle dieser schwerfälligen Symbole hat man einfachere eingeführt.

Um dieselben kennen zu lernen, wollen wir von § 18 ausgehen. Die daselbst angeführten Differenzen erster, zweiter

---

[1] Wir beschränken uns auch hier auf eine Bewegung in der Ebene.

Ordnung u. s. w. bezogen sich alle auf einen bestimmten Wert des Zuwachses $\varDelta x$. Wir können nun die Differenz erster Ordnung, $\varDelta y_1$, durch $\varDelta x$ dividieren und erhalten dann den Differenzquotienten

$$\frac{\varDelta y_1}{\varDelta x},$$

dessen Grenzwert, wenn $\varDelta x$ fortwährend abnimmt,

$$\frac{dy}{dx}$$

ist.

Wenn $\varDelta x$ sich der Null nähert, nehmen auch die Differenzen zweiter Ordnung ab, und zwar noch rascher als die Differenzen erster Ordnung. Es läßt sich nun zeigen, daß das Verhältnis

$$\frac{\varDelta^2 y_1}{\varDelta x^2} \tag{4}$$

einen endlichen Grenzwert hat und daß dieser eben der Wert des zweiten Differentialquotienten ist.

Um dieses zu beweisen, bemerken wir zunächst, daß, sobald der Wert von $\varDelta x$ festgelegt ist, für jede gegebene Funktion φ der Differenzquotient

$$\frac{\varDelta \varphi}{\varDelta x} \tag{5}$$

berechnet werden kann. Derselbe ist im allgemeinen eine Funktion von x, d. h. des dem Zuwachs $\varDelta x$ vorangehenden Wertes. Die durch (5) angedeutete Operation hat einige Ähnlichkeit mit dem Differentiieren und geht hierin über, wenn $\varDelta x$ fortwährend abnimmt.

Für (4) kann man nun schreiben

$$\frac{\varDelta^2 y_1}{\varDelta x^2} = \frac{\dfrac{\varDelta y_2}{\varDelta x} - \dfrac{\varDelta y_1}{\varDelta x}}{\varDelta x}.$$

Im Zähler stehen hier zwei aufeinanderfolgende Werte der Funktion $\frac{\varDelta y}{\varDelta x}$, und zwar die Werte, welche x_2 und x_1 entsprechen. Der Zähler selbst ist also der Zuwachs, den $\frac{\varDelta y}{\varDelta x}$ erleidet, wenn x um $\varDelta x$ zunimmt, und der Bruch selbst ist der Differenzquotient der Funktion $\frac{\Delta y}{\Delta x}$. Mit anderen Worten: man erhält (4), wenn man von der ursprünglichen Funktion zweimal nacheinander den Differenzquotienten bildet, und es muß also dieses Verhältnis den Ausdruck, den man durch zweimalige Differentiation erhält, zum Grenzwerte haben.

Für diesen Grenzwert könnte man nun schreiben

$$\mathrm{Lim}\ \frac{\Delta^2 y}{\Delta x^2}\ ;$$

ähnlich wie bei dem Quotienten erster Ordnung ersetzt man aber auch hier das Δ durch ein d und läßt das Zeichen „Lim" weg. Man schreibt also

$$\frac{d^2 y}{d x^2},$$

und dieses ist die übliche Bezeichnungsweise für den zweiten Differentialquotienten.

Für die weiteren benutzt man die Zeichen

$$\frac{d^3 y}{d x^3}, \qquad \frac{d^4 y}{d x^4}\ \text{u. s. w.,}$$

zu denen man in ähnlicher Weise gelangt.

Für die Formel (1) kann man jetzt schreiben

$$\varrho = \frac{\left[1 + \left(\dfrac{d y}{d x}\right)^2\right]^{3/2}}{\dfrac{d^2 y}{d x^2}}\ .$$

§ 136. Da der zweite, dritte, vierte u. s. w. Differentialquotient wieder Funktionen von x sind, so nennt man sie auch die zweite, dritte, vierte u. s. w. abgeleitete Funktion und schreibt sie analog wie in § 89, wenn $y = F(x)$ die ursprüngliche Funktion ist

$$\frac{d^2 y}{d x^2} = F''(x), \qquad \frac{d^3 y}{d x^3} = F'''(x) \ \ldots\ .$$

Man findet auch manchmal für die aufeinanderfolgenden Differentialquotienten die Schreibweise

$$y',\qquad y'',\qquad y'''\,\cdot\cdot$$

oder $\qquad\quad \dot{y},\qquad \ddot{y},\qquad \dddot{y}\,\cdot\cdot$

§ 137. Zur Berechnung der Differentialquotienten höherer Ordnung braucht man nur die Regeln des vorigen Kapitels wiederholt anzuwenden. Manchmal läßt sich für die verschiedenen abgeleiteten Funktionen eine einfache allgemeine Regel aufstellen.

Ist

$$y = x^m,$$

dann ist

$$\frac{dy}{dx} = m\,x^{m-1},$$

$$\frac{d^2y}{dx^2} = m\,(m-1)\,x^{m-2}$$

und allgemein

$$\frac{d^n y}{dx^n} = m\,(m-1)\,\ldots\,(m-n+1)\,x^{m-n}.$$

Ist $m = 4$, so kann man Differentialquotienten bis zur vierten Ordnung ableiten, die folgenden sind 0; ist $m = 6$, so ist der letzte Differentialquotient, der nicht verschwindet, von der sechsten Ordnung. Der Leser möge sich hiervon selber überzeugen. Bei wiederholten Differentiationen einer ganzen rationalen algebraischen Funktion (§ 3) fallen nacheinander alle Glieder fort, zuerst das konstante Glied und zuletzt das Glied mit dem höchsten Exponenten.

§ 138. Aus

$$y = e^{px}$$

erhält man nacheinander

$$\frac{dy}{dx} = p\,e^{px}, \qquad\qquad \frac{d^2y}{dx^2} = p^2 e^{px} \text{ u. s. w.}$$

Noch einfacher liegen die Verhältnisse bei der Funktion e^x; hier sind alle abgeleiteten Funktionen gleich der ursprünglichen e^x.

Im folgenden sind noch einige höhere Differentialquotienten abgeleitet:

$$y = \sin px, \qquad\qquad z = \cos px,$$

$$\frac{dy}{dx} = p\cos px, \qquad\qquad \frac{dz}{dx} = -p\sin px,$$

$$\frac{d^2y}{dx^2} = -p^2\sin px, \qquad\qquad \frac{d^2z}{dx^2} = -p^2\cos px,$$

$$\frac{d^3 y}{dx^3} = - p^3 \cos p\,x\,, \qquad \frac{d^3 z}{dx^3} = p^3 \sin p\,x\,,$$

$$\frac{d^4 y}{dx^4} = p^4 \sin p\,x\,, \qquad \frac{d^4 z}{dx^4} = p^4 \cos p\,x\,.$$

In diesen Formeln treten immer höhere Potenzen von p auf, während gleichzeitig die Sinus mit den Kosinus abwechseln. Nach zwei Differentiationen nimmt die Funktion ihren ursprünglichen, aber mit entgegengesetztem Vorzeichen und mit einem anderen konstanten Faktor versehenen Wert wieder an. Hieraus folgt, daß bei der einfachen harmonischen Bewegung (§ 45) die Beschleunigung (zweiter Differentialquotient) dem Abstand von der Gleichgewichtslage (ursprüngliche Funktion) proportional, und nach der Gleichgewichtslage hin gerichtet ist.

Es verdient noch hervorgehoben zu werden, daß man, wenn die Differentialquotienten einer Funktion für einen bestimmten Wert $x = a$ berechnet werden sollen, zuerst die Differentiation ausführen und erst nachher $x = a$ substituieren muß. Hätte man schon in $\frac{dy}{dx} = F'(x)$ den Wert a eingesetzt, so könnte man aus dem gefundenen Werte $F'(a)$ den zweiten Differentialquotienten nicht mehr ableiten. Seiner Bedeutung nach hängt ja auch $F''(a)$ nicht bloß von dem einen Werte $F'(a)$ des ersten Differentialquotienten ab; $F''(a)$ wird vielmehr bestimmt durch die Änderung, welche $F'(x)$ in der Nähe von $x = a$ erleidet.

§ 139. Die Regel von § 105 über die Differentiation eines Produktes zweier Funktionen von x läßt sich auch bei der Berechnung der Differentialquotienten höherer Ordnung anwenden.

Bevor wir die allgemeinen Formeln aufstellen, geben wir ein Beispiel. Gegeben sei

$$y = e^{px} x^m.$$

Es soll der zweite Differentialquotient dieser Funktion ermittelt werden.

Wir setzen $e^{px} = u$, $x^m = v$ und erhalten dann nach der allgemeinen Regel

$$\frac{dy}{dx} = u\frac{dv}{dx} + v\frac{du}{dx},$$

$$\frac{dy}{dx} = e^{px}[m x^{m-1} + p x^m].$$

Dieses ist wieder ein Produkt; differentiiren wir dasselbe wieder nach der allgemeinen Regel, so erhalten wir den zweiten Differentialquotienten, nämlich

$$\frac{d^2y}{dx^2} = e^{px}[p m x^{m-1} + p^2 x^m] + e^{px}[m(m-1)x^{m-2} + p m x^{m-1}],$$

$$\frac{d^2y}{dx^2} = e^{px}[m(m-1)x^{m-2} + 2 p m x^{m-1} + p^2 x^m].$$

Ist im allgemeinen

$$y = uv,$$

so findet man durch Differentiation von

$$\frac{dy}{dx} = u\frac{dv}{dx} + v\frac{du}{dx},$$

wo jedes Glied wieder ein Produkt zweier Funktionen ist,

$$\frac{d^2y}{dx^2} = u\frac{d^2v}{dx^2} + 2\frac{du}{dx}\frac{dv}{dx} + v\frac{d^2u}{dx^2}.$$

Der dritte Differentialquotient ergiebt sich hieraus in ähnlicher Weise

$$\frac{d^3y}{dx^3} = u\frac{d^3v}{dx^3} + 3\frac{du}{dx}\frac{d^2v}{dx^2} + 3\frac{d^2u}{dx^2}\frac{dv}{dx} + v\frac{d^3u}{dx^3},$$

und ebenso der vierte, fünfte u. s. w.

Auch die Regel von § 108 kann in ähnlicher Weise bei der Ableitung der höheren Differentialquotienten angewandt werden. Ist z. B.

$$u = e^x,$$

$$y = \sin u,$$

so ist

$$\frac{dy}{dx} = \frac{dy}{du}\frac{du}{dx} = \cos u \cdot e^x.$$

Um jetzt den zweiten Differentialquotienten $\frac{d^2y}{dx^2}$ zu ermitteln, differentiire man das Produkt rechts nach der gewöhnlichen Regel, also

$$\frac{d^2y}{dx^2} = \cos u \frac{d(e^x)}{dx} + e^x \frac{d(\cos u)}{dx}.$$

Da nun

$$\frac{d(\cos u)}{dx} = \frac{d(\cos u)}{du}\frac{du}{dx} = -\sin u\,\frac{du}{dx}$$

ist, so wird

$$\frac{d^2 y}{dx^2} = \cos u \,.\, e^x - e^x \sin u\,\frac{du}{dx},$$

oder, indem man für u seinen Wert einsetzt,

$$\frac{d^2 y}{dx^2} = e^x \cos e^x - e^{2x} \sin e^x .$$

Auch für derartige Fälle läßt sich eine allgemeine Formel entwickeln.

Hängt y von u ab und u seinerseits von x, so ist zunächst

$$\frac{dy}{dx} = \frac{dy}{du}\frac{du}{dx}.$$

Um $\dfrac{d^2 y}{dx^2}$ zu bilden, hat man also ein Produkt zu differentiieren. Der Differentialquotient des zweiten Faktors ist $\dfrac{d^2 u}{dx^2}$; um den ersten nach x zu differentiieren, beachte man, daß ebenso wie y selbst auch $\dfrac{dy}{du}$ eine Funktion von u ist. Man differentiiere also nach u und multipliziere das Resultat mit $\dfrac{du}{dx}$. D. h.

$$\frac{d}{dx}\left(\frac{dy}{du}\right) = \frac{d^2 y}{du^2}\frac{du}{dx}.$$

Schließlich wird

$$\frac{d^2 y}{dx^2} = \frac{dy}{du}\frac{d^2 u}{dx^2} + \frac{d^2 y}{du^2}\left(\frac{du}{dx}\right)^2.$$

Der dritte Differentialquotient ist

$$\frac{d^3 y}{dx^3} = \frac{dy}{du}\frac{d^3 u}{dx^3} + 3\frac{d^2 y}{du^2}\frac{du}{dx}\frac{d^2 u}{dx^2} + \frac{d^3 y}{du^3}\left(\frac{du}{dx}\right)^3.$$

§ 140. Sind x und y Funktionen einer dritten Variablen λ, so kann man nach § 114 den Differentialquotienten ableiten, ohne λ zu eliminieren. Dasselbe gilt von den höheren Differentialquotienten. Es ist nach § 114

$$y' = \frac{dy}{dx} = \frac{\dfrac{dy}{d\lambda}}{\dfrac{dx}{d\lambda}}. \tag{6}$$

Da $\frac{dy}{d\lambda}$ und $\frac{dx}{d\lambda}$ Funktionen von λ sind, so ist y' ebenfalls eine Funktion von λ. Durch nochmalige Anwendung der eben benutzten Regel erhält man also

$$\frac{dy'}{dx} = \frac{\dfrac{dy'}{d\lambda}}{\dfrac{dx}{d\lambda}} = \frac{\dfrac{d}{d\lambda}\left(\dfrac{\frac{dy}{d\lambda}}{\frac{dx}{d\lambda}}\right)}{\dfrac{dx}{d\lambda}}.$$

Um $\dfrac{d}{d\lambda}\left(\dfrac{\frac{dy}{d\lambda}}{\frac{dx}{d\lambda}}\right)$ zu bestimmen, benutzen wir die allgemeine Regel § 105

$$\frac{d}{dx}\left(\frac{u}{v}\right) = \frac{v\,\dfrac{du}{dx} - u\,\dfrac{dv}{dx}}{v^2},$$

also wird

$$\frac{d}{d\lambda}\left(\frac{\frac{dy}{d\lambda}}{\frac{dx}{d\lambda}}\right) = \frac{\dfrac{dx}{d\lambda}\dfrac{d^2y}{d\lambda^2} - \dfrac{dy}{d\lambda}\dfrac{d^2x}{d\lambda^2}}{\left(\dfrac{dx}{d\lambda}\right)^2},$$

woraus folgt

$$\frac{d^2y}{dx^2} = \frac{\dfrac{dx}{d\lambda}\dfrac{d^2y}{d\lambda^2} - \dfrac{dy}{d\lambda}\dfrac{d^2x}{d\lambda^2}}{\left(\dfrac{dx}{d\lambda}\right)^3}. \tag{7}$$

Für die Cykloide ist z. B. § 114

$$x = r(\lambda - \sin\lambda), \qquad y = r(1 - \cos\lambda),$$

$$\frac{dy}{dx} = \frac{\sin\lambda}{1 - \cos\lambda}.$$

$$\frac{d^2y}{dx^2} = -\frac{1}{r(1 - \cos\lambda)^2}.$$

Für den Krümmungsradius findet man nach Formel (1)

$$\varrho = -2^{3/2}\, r\,(1 - \cos\lambda)^{1/2}.$$

§ 141. Im folgenden soll noch eine Anwendung der Formel (7) gegeben werden. Bewegt sich ein Punkt im Raum, dann kann man die Geschwindigkeit v, die er zu einer beliebigen Zeit t hat, nach drei zu einander senkrechten Koordinatenachsen zerlegen; wir wollen die Komponenten durch v_x, v_y und v_z bezeichnen. Vergleicht man die Geschwindigkeit des Punktes zur Zeit t, OA (Fig. 85, § 133) mit der zur Zeit $t + dt$, OA', so ergiebt sich sofort, daß die Projektionen des Vektors AA' auf die drei Koordinatenachsen gleich den Differenzen der Projektionen von OA' und OA sind. Dieselben sind also gleich den Zunahmen, die v_x, v_y und v_z während der Zeit dt erfahren, also gleich dv_x, dv_y und dv_z.

Die Beschleunigung hat nun, wie wir sahen, die Richtung des unendlich kleinen Vektors AA', und die Größe derselben wird erhalten, wenn wir AA' durch dt dividieren. Die Komponenten der Beschleunigung nach den Koordinatenachsen ergeben sich also, wenn man die Komponenten von AA' durch dt dividiert. Dieselben sind also

$$\frac{dv_x}{dt}, \qquad \frac{dr_y}{dt}, \qquad \frac{dv_z}{dt}, \qquad (8)$$

d. h. sie sind ebenso groß wie die Beschleunigungen, mit denen die Projektionen des beweglichen Punktes auf die Achsen sich bewegen. Da $v_x = \frac{dx}{dt}$, $v_y = \frac{dy}{dt}$, $v_z = \frac{dx}{dt}$, so läßt sich für (8) auch schreiben

$$\frac{d^2x}{dt^2}, \qquad \frac{d^2y}{dt^2}, \qquad \frac{d^2x}{dt^2}.$$

Nach § 134 waren die Komponenten der Beschleunigung in Richtung der Tangente und Normalen $\frac{dv}{dt}$ und $\frac{v^2}{\varrho}$. Die Komponenten der Beschleunigung in Richtung der Achsen sind nach dem Vorhergehenden $\frac{d^2x}{dt^2}$, $\frac{d^2y}{dt^2}$, $\frac{d^2x}{dt^2}$. Mit Hilfe der Formel (7) lassen sich nun, wenn die Bewegung in einer Ebene stattfindet und wir also nur zwei Koordinaten x und y einführen, aus den Komponenten der Beschleunigung in Richtung dieser beiden Achsen die Komponenten in Richtung der Tangente und Normalen ableiten.

§ 142. Um dieses durchzuführen, gehen wir von dem § 33 bewiesenen Satz aus: Projiciert man einen aus zwei Komponenten zusammengesetzten Vektor auf eine beliebige Richtung, so muß dasselbe herauskommen, wie wenn man die einzelnen Komponenten auf jene Richtung projiciert und diese

Projektionen algebraisch addiert. Projicieren wir also die Beschleunigungen in Richtung der Achsen auf die Tangente und Normale der Bahn und addieren diese Projektionen, so erhalten wir direkt die Beschleunigungen in Richtung der Tangente und Normalen. Bildet die Tangente mit der x-Achse den Winkel ϑ, die Normale also den Winkel $90^0 + \vartheta$, so sind die Projektionen der ersten Beschleunigungskomponente $\frac{d^2x}{dt^2}$, deren Richtung mit der x-Achse übereinstimmt, auf die Richtung der Tangente und Normalen

$$\cos \vartheta \, \frac{d^2x}{dt^2} \quad \text{und} \quad - \sin \vartheta \, \frac{d^2x}{dt^2},$$

die der Komponente $\qquad \frac{d^2y}{dt^2}$,

$$\sin \vartheta \, \frac{d^2y}{dt^2} \quad \text{und} \quad \cos \vartheta \, \frac{d^2y}{dt^2}.$$

Durch Addition findet man für die Tangentialbeschleunigung T und die Normalbeschleunigung N

$$T = \cos \vartheta \, \frac{d^2x}{dt^2} + \sin \vartheta \, \frac{d^2y}{dt^2}. \tag{9}$$

$$N = - \sin \vartheta \, \frac{d^2x}{dt^2} + \cos \vartheta \, \frac{d^2y}{dt^2}. \tag{10}$$

Da $\qquad\qquad \cos \vartheta = \dfrac{dx}{ds} = \dfrac{\dfrac{dx}{dt}}{v}$

und $\qquad\qquad \sin \vartheta = \dfrac{dy}{ds} = \dfrac{\dfrac{dy}{dt}}{v}$,

so geht (9) über in

$$T = \frac{1}{v} \left(\frac{dx}{dt} \frac{d^2x}{dt^2} + \frac{dy}{dt} \frac{d^2y}{dt^2} \right).$$

Ist u eine beliebige Funktion von t, dann ist stets:

$$u \frac{du}{dt} = \tfrac{1}{2} \frac{d(u^2)}{dt}.$$

Hieraus folgt, wenn man für u erst $\frac{dx}{dt}$, dann $\frac{dy}{dt}$ setzt

$$\left(\frac{dx}{dt} \frac{d^2x}{dt^2} + \frac{dy}{dt} \frac{d^2y}{dt^2} \right) = \tfrac{1}{2} \frac{d}{dt} \left(\frac{dx}{dt} \right)^2 + \tfrac{1}{2} \frac{d}{dt} \left(\frac{dy}{dt} \right)^2$$

$$= \tfrac{1}{2} \frac{d(v^2)}{dt} = \frac{v \, dv}{dt}.$$

Hierdurch geht (9) über in

$$T = \frac{dv}{dt}.$$

In ähnlicher Weise erhält man aus (10)

$$N = \frac{1}{v}\left(\frac{dx}{dt}\frac{d^2y}{dt^2} - \frac{dy}{dt}\frac{d^2x}{dt^2}\right).$$

Kombiniert man diese Gleichung mit (7), in welcher Gleichung wir λ durch t ersetzen können, weil ja x und y beide von t abhängen, so erhält man

$$N = \frac{1}{v}\left(\frac{dx}{dt}\right)^3 \frac{d^2y}{dx^2}.$$

Setzt man hierin schließlich für $\frac{d^2y}{dx^2}$ den aus (1) folgenden Wert ein, so wird

$$N = \frac{\frac{1}{v}\left(\frac{dx}{dt}\right)^3\left\{1 + \left(\frac{dy}{dx}\right)^2\right\}^{3/2}}{\varrho} = \frac{\frac{1}{v}\left\{\left(\frac{dx}{dt}\right)^2 + \left(\frac{dy}{dt}\right)^2\right\}^{3/2}}{\varrho} = \frac{v^2}{\varrho}.$$

Wir haben also aus den Komponenten der Beschleunigung in Richtung der Achsen die Normal- und Tangentialbeschleunigung berechnet.

§ 143. Nach § 121 hat die Funktion: $y = f(x)$ ein Maximum oder Minimum, wenn der Differentialquotient $\frac{dy}{dx}$ für einen bestimmten Wert a von x gleich 0 wird und das Zeichen wechselt, und zwar besteht ein Maximum, wenn beim Zunehmen von x der Differentialquotient von positiven zu negativen Werten übergeht, und ein Minimum, wenn dabei ein Übergang von negativen zu positiven Werten stattfindet. Im ersten Fall nimmt $\frac{dy}{dx}$ ab, $\frac{d^2y}{dx^2}$ muß also negativ sein; im zweiten Fall nimmt $\frac{dy}{dx}$ zu, $\frac{d^2y}{dx^2}$ muß also positiv sein. Umgekehrt muß auch, sobald für den Wert $x = a$, $\frac{dy}{dx} = 0$ und $\frac{d^2y}{dx^2}$ negativ oder positiv ist, $\frac{dy}{dx}$ sein Vorzeichen ändern und y ein Maximum oder Minimum werden. Wir haben also folgende einfache Regel, um zu entscheiden, ob ein Maximum oder Minimum vorliegt.

Wenn für irgend einen Wert von x, $f'(x) = 0$ ist und $f''(x)$ positiv, so hat die Funktion für diesen Wert von x ein Minimum. Ist dagegen $f''(x)$ negativ, so hat die Funktion $f(x)$ für jenen Wert von x ein Maximum.

Auf den Fall, wo für $x = a$ auch $\dfrac{d^2 y}{dx^2}$ (oder $f''(x)$) verschwindet, kommen wir später zurück.

Zur Bestätigung dieser Regel können die Beispiele von §§ 122—125 dienen. Wir fügen noch ein neues hinzu.

Es soll der Gang der Funktion

$$y = x^3 - 9x^2 + 15x - 3$$

untersucht werden.

Durch Differentiation findet man

$$\frac{dy}{dx} = 3x^2 - 18x + 15,$$

$$\frac{d^2 y}{dx^2} = 6x - 18.$$

Der erste Differentialquotient ist 0 für

$$x = 1 \quad \text{und} \quad x = 5.$$

Für diese Werte von x ist $\dfrac{d^2 y}{dx^2} = -12$ und $+12$. y ist also ein Maximum für $x = 1$, ein Minimum für $x = 5$. Bei $x = 1$ geht $\dfrac{dy}{dx}$ von positiven zu negativen Werten über, bei $x = 5$ geht $\dfrac{dy}{dx}$ von negativen zu positiven Werten über.

Die Funktion besitzt, da $\dfrac{dy}{dx}$ für keine anderen Werte von x das Zeichen wechselt, keine weiteren Maxima, noch Minima.

Nach dem Vorhergehenden ist es leicht, sich eine Vorstellung von dem Gang der Funktion zu bilden. Ist $x = -\infty$, so ist auch $y = -\infty$, nimmt x zu, dann steigt auch y; für $x = 0$ ist $y = -3$. Das Wachsen der Funktion hält an, bis bei $x = 1$ das Maximum $+4$ erreicht ist. Für $x > 1$ sinkt die Funktion, und zwar, bis sie für $x = 5$ den Minimumwert -28 annimmt. Bei weiterem Zunehmen von x steigt y fortwährend, so daß für $x = \infty$ auch $y = \infty$ wird.

Der Leser möge sich diese Schlüsse durch eine graphische Darstellung veranschaulichen.

Aufgaben.

1. Es sollen einige Differentialquotienten der folgenden Funktionen ermittelt werden:

$$\sqrt{x}, \quad (a + bx)^p, \quad lx, \quad \sin(a + bx),$$
$$\sin^m x, \quad x^m \sin px, \quad e^{px} \cos qx.$$

2. Wie lauten die zweiten Differentialquotienten von

$$e^u, \quad \sin u, \quad \text{arc tg } u, \quad \frac{u}{v}, \quad uvw,$$

wenn u, v, w Funktionen von x sind?

3. Die Geschwindigkeit und Beschleunigung des Schwerpunktes eines Systems materieller Punkte durch die Geschwindigkeiten und Beschleunigungen der einzelnen Punkte auszudrücken. (Vergl. Aufgabe 3, S. 122.)

4. Es soll der Krümmungsradius der Ellipse und Hyperbel berechnet werden.

5. Es soll der Krümmungsradius der gleichseitigen Hyperbel berechnet werden, indem man von ihrer Asymptotengleichung ausgeht (§ 62).

6. Berechne $\frac{d^2y}{dx^2}$ aus der Gleichung

$$\frac{x^m}{a^m} + \frac{y^m}{b^m} = 1.$$

7. Wie lautet $\frac{d^2y}{dx^2}$, wenn

$$x = a \cos \vartheta \quad \text{und} \quad y = b \sin \vartheta \quad (a, b \text{ Konstanten}).$$

8. Die Bewegung eines Punktes ist bestimmt durch die Gleichungen

$$x = a \cos 2\pi \frac{t}{T}, \qquad y = b \sin 2\pi \frac{t}{T}.$$

Es soll Größe und Richtung der Beschleunigung bestimmt werden.

9. In Formel 7, S. 196, ist der zweite Differentialquotient für den Fall, daß x und y von λ abhängen, entwickelt worden. Es soll der dritte Differentialquotient entwickelt werden.

10. Welchen Wert muß die Konstante m haben, damit

$$y = e^{mx}$$

der Gleichung

$$A \frac{d^2y}{dx^2} + B \frac{dy}{dx} + C = 0$$

genüge? (A, B und C Konstanten.)

11. Es soll bewiesen werden, daß, welche konstanten Werte C_1 und C_2 auch haben mögen,

$$y = C_1 \sin nx + C_2 \cos nx + \frac{\cos mx}{n^2 - m^2}$$

stets der Gleichung

$$\frac{d^2y}{dx^2} + n^2 y = \cos mx$$

genügt.

12. Es soll der Verlauf der Funktion

$$y = \frac{x^2 - x + 1}{x^2 + x - 1}$$

untersucht werden.

13. Ebenso der Funktion

$$y = \sin x \,(1 + \cos x).$$

14. Die Beziehung zwischen Druck p, Volumen v und Temperatur t eines Gases ist durch die van der Waals'sche Gleichung

$$\left(p + \frac{a}{v^2}\right)(v - b) = R\,(1 + \alpha t)$$

bestimmt, wo a, b, R und α positive Konstanten sind. Es sollen die gleichzeitigen Änderungen von v und p bei konstanter Temperatur t diskutiert werden. (Man betrachte v als die unabhängig, p als die abhängig Variable.)

Kapitel VIII.

Partielle Differentialquotienten.

§ 144. Es giebt viele Fälle, in denen eine Größe von zwei oder mehr unabhängig Variablen abhängt. Wir wollen mit dem Fall zweier unabhängig Variablen x und y anfangen. Diese sollen die rechtwinkligen Koordinaten eines Punktes in einer Ebene sein; die abhängig Variable φ sei irgend eine Größe, die in jedem Punkte dieser Ebene einen bestimmten Wert hat, aber von Punkt zu Punkt veränderlich ist. Diese Größe kann z. B. die Strecke z sein, welche eine Oberfläche S von dem im Punkte (x, y) errichteten Lote abschneidet. Es kann auch φ irgend eine physikalische Bedeutung haben, z. B. die Temperatur oder die Dichte einer elektrischen Ladung in dem betrachteten Punkte der Fläche. Sollten x und y nicht direkt Koordinaten sein, sondern eine andere Bedeutung haben, so könnten wir immer eine Hilfsfigur konstruieren, in der x und y als Koordinaten eines Punktes eingetragen werden; in jedem Punkte dieser Figur können wir uns dann den entsprechenden Funktionswert verzeichnet denken.

§ 145. Es sei φ_P der Wert der abhängig Variablen in dem Punkte P (Fig. 87) mit den Koordinaten x, y. Wollen wir untersuchen, wie sich φ ändert, wenn wir nach irgend einem anderen Punkt übergehen, so müssen wir unterscheiden, in welcher Richtung diese Bewegung vor sich geht, ob in Richtung der x-Achse, oder in Richtung der y-Achse, oder in einer beliebigen Richtung. Bewegt sich der Punkt von P längs der mit OX parallelen Linie PX', so können wir φ als eine Funktion von x allein

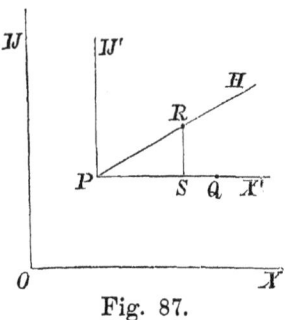

Fig. 87.

betrachten, und die Änderung von φ durch den Differentialquotienten bestimmen, den wir durch eine gewöhnliche Differentiation nach x bei konstantem y erhalten. Dagegen ist x konstant, wenn sich der Punkt P parallel mit OY längs der Linie PY' verschiebt. In diesem Falle haben wir in gewöhn-

licher Weise nach y zu differentiieren. Solche Differentialquotienten, bei deren Ableitung nur eine der unabhängig
Variablen als veränderlich betrachtet wird, während die andere
konstant gelassen wird, nennen wir partielle Differentialquotienten und schreiben sie [1]

$$\frac{\partial \varphi}{\partial x}, \qquad \frac{\partial \varphi}{\partial y}.$$

Beispiele: Man soll die partiellen Differentialquotienten von

$$\varphi = x^3 y^2$$

ableiten.

Betrachtet man y als konstante Größe, so ergiebt sich:

$$\frac{\partial \varphi}{\partial x} = 3 x^2 y^2,$$

und ebenso, wenn man x als konstant ansieht

$$\frac{\partial \varphi}{\partial y} = 2 x^3 y.$$

Ist

$$\varphi = x^y,$$

so findet man, indem man das eine Mal y, das andere Mal x
als Konstante behandelt

$$\frac{\partial \varphi}{\partial x} = y x^{y-1}, \qquad \frac{\partial \varphi}{\partial y} = x^y \, lx.$$

Ebenso wie hier sind die partiellen Differentialquotienten
im allgemeinen noch Funktionen von x und y. Man schreibt
sie deswegen auch in Übereinstimmung mit der Schreibweise
§ 89, wenn $f(x, y)$ die ursprüngliche Funktion ist

$$f_x{}'(x,y) = \frac{\partial \varphi}{\partial x}, \qquad f_y{}'(x,y) = \frac{\partial \varphi}{\partial y}$$

und nennt sie die ersten partiellen abgeleiteten Funktionen nach x und nach y.

---

[1] Einige Autoren benutzen an Stelle dieser Symbole die gewöhn-
lichen: $\dfrac{d\varphi}{dx}, \dfrac{d\varphi}{dy}$, andere schließen sie in Klammern ein $\left(\dfrac{\partial \varphi}{\partial x}\right), \left(\dfrac{\partial \varphi}{\partial y}\right)$,
wieder andere schreiben $\dfrac{d_x \varphi}{dx}, \dfrac{d_y \varphi}{dy}$ oder zeigen durch einen Index an,
welche Variable konstant bleibt, also: $\left(\dfrac{\partial \varphi}{\partial x}\right)_y, \left(\dfrac{\partial \varphi}{\partial y}\right)_x.$

§ 146. Den partiellen Differentialquotienten nach x erhält man nach dem Vorhergehenden, indem man x um Δx wachsen läßt, also indem man von P (Fig. 87) in Richtung der x-Achse um $PQ = \Delta x$ nach Q fortschreitet, den zu $x + \Delta x$ gehörigen Wert von φ ins Auge faßt und hiervon den ursprünglichen Wert von φ (in P) abzieht. Man hat dann diese Differenz durch Δx zu dividieren und schließlich Δx unendlich klein werden zu lassen. Also:

$$\frac{\partial \varphi}{\partial x} = \mathrm{Lim}\, \frac{\varphi_Q - \varphi_P}{PQ}, \quad \text{für } \mathrm{Lim}\, PQ = 0. \tag{1}$$

In ähnlicher Weise kann man auch die Änderung von φ berechnen, wenn sich der Punkt in einer willkürlichen Richtung, etwa PH — wir wollen sie der Kürze halber h nennen — fortbewegt. Wir berechnen z. B., wenn der Punkt nach R gelangt

$$\mathrm{Lim}\, \frac{\varphi_R - \varphi_P}{PR}, \quad \text{für } \mathrm{Lim}\, PR = 0.$$

Diesen Ausdruck können wir ebensogut wie (1) als einen Differentialquotienten betrachten. Wir nennen ihn den Differentialquotienten nach der Richtung h, und bezeichnen ihn mit $\frac{\partial \varphi}{\partial h}$, wo also im Nenner die Länge einer unendlich kleinen Strecke in der Richtung h steht, und im Zähler die beim Durchlaufen dieser Strecke stattfindende Zunahme von φ. Wenn man übrigens statt des ursprünglichen Koordinatensystems neue Achsen einführt, deren eine die Richtung PH hat, und die darauf bezügliche Koordinate h nennt, so ist das oben eingeführte $\frac{\partial \varphi}{\partial h}$ nichts anderes, als der partielle Differentialquotient von φ nach dieser Koordinate.

§ 147. Obschon es nach dem Vorhergehenden in jedem Punkte eine unendlich große Anzahl von Differentialquotienten geben muß, läßt sich beweisen, daß sie alle sich auf die beiden partiellen Differentialquotienten $\frac{\partial \varphi}{\partial x}$ und $\frac{\partial \varphi}{\partial y}$ zurückführen lassen, daß also die Änderung von φ in jeder beliebigen Richtung durch $\frac{\partial \varphi}{\partial x}$ und $\frac{\partial \varphi}{\partial y}$ vollständig bestimmt ist.

Wir können von P (Fig. 87) nach R auf verschiedenen Wegen gelangen, entweder direkt oder z. B. längs der gebrochenen Linie PSR. Für den Wert der Differenz $\varphi_R - \varphi_P$ ist es völlig gleichgültig, ob wir den Punkt R direkt oder auf Umwegen erreicht haben, d. h. die Zunahme, die φ beim Übergange von P nach R erfährt, ist gleich der algebraischen Summe der einzelnen Zunahmen von φ beim Übergange von P nach S und von S nach R. Es ist also

$$\varphi_R - \varphi_P = (\varphi_S - \varphi_P) + (\varphi_R - \varphi_S). \qquad (2)$$

Dividieren wir diese Gleichung durch PR, so ergiebt sich, wenn wir den Winkel, den die Richtung h mit OX bildet, ϑ nennen,

$$\frac{\varphi_R - \varphi_P}{PR} = \frac{\varphi_S - \varphi_P}{PS} \cos \vartheta + \frac{\varphi_R - \varphi_S}{RS} \sin \vartheta. \qquad (3)$$

Je näher R an P heranrückt, desto kleiner werden PS und SR, sowie die Differenzen $\varphi_S - \varphi_P$ und $\varphi_R - \varphi_S$, während $\sin \vartheta$ und $\cos \vartheta$ konstant bleiben. Rückt R unendlich nahe an P heran, dann gehen die in (3) stehenden Verhältnisse in die Grenzwerte über und wir erhalten

$$\mathrm{Lim} \frac{\varphi_R - \varphi_P}{PR} = \cos \vartheta . \mathrm{Lim} \frac{\varphi_S - \varphi_P}{PS} + \sin \vartheta . \mathrm{Lim} \frac{\varphi_R - \varphi_S}{RS} .$$

Der Grenzwert linker Hand ist offenbar der Wert des Differentialquotienten $\frac{\partial \varphi}{\partial h}$ im Punkte P, und ebenso ist der erste Grenzwert rechts der Differentialquotient $\frac{\partial \varphi}{\partial x}$. Was den dritten Grenzwert in der Gleichung betrifft, so bemerken wir, daß, wenn der Punkt S festgehalten würde und der Punkt R sich der Linie SR entlang demselben näherte, das Verhältnis

$$\frac{\varphi_R - \varphi_S}{RS}$$

sich immer mehr dem für den Punkt S gültigen Differentialquotienten

$$\frac{\partial \varphi}{\partial y}$$

nähern würde. In Wirklichkeit findet nun auch die Annäherung von R an S statt, aber zu gleicher Zeit verschiebt sich der Punkt S nach P hin; für den Grenzwert ist also schließlich der Wert des Differentialquotienten $\frac{\partial \varphi}{\partial y}$ in P zu setzen. Wir erhalten also

$$\frac{\partial \varphi}{\partial h} = \frac{\partial \varphi}{\partial x} \cos \vartheta + \frac{\partial \varphi}{\partial y} \sin \vartheta, \qquad (4)$$

wo für sämtliche Differentialquotienten die dem Punkte P entsprechenden Werte zu setzen sind. Die Formel gilt für jeden Wert von ϑ.

Der Beziehung zwischen den Differentialquotienten entspricht eine ähnliche zwischen den Differentialen. Schreitet man von P in der Richtung h um die unendlich kleine Strecke dh weiter, so erleiden x und y die Zunahmen

$$dx = \cos \vartheta\, dh \quad \text{und} \quad dy = \sin \vartheta\, dh.$$

Die Zunahme von φ, welche wir $d\varphi$ nennen wollen, ist

$$d\varphi = \frac{\partial \varphi}{\partial h}\, dh,$$

also nach (4)

$$d\varphi = \frac{\partial \varphi}{\partial x}\, dx + \frac{\partial \varphi}{\partial y}\, dy. \qquad (5)$$

Das erste Glied rechts ist die Zunahme, welche φ erfährt, wenn, bei konstantem y, die Variable x die unendlich kleine Zunahme dx erleidet. Das zweite Glied hat eine ähnliche Bedeutung, und die Gleichung selbst drückt also folgenden Satz aus:

Wenn x und y zu gleicher Zeit die unendlich kleinen Zunahmen dx und dy erleiden, so ist der Zuwachs von φ die algebraische Summe der Zunahmen, welche stattfinden würden, wenn das eine Mal nur x und das andere Mal nur y geändert worden wäre.

Fast scheint dieser Satz selbstverständlich zu sein, aber das ist er doch nicht. Zwar wird immer, sogar bei endlichen Änderungen, die durch gleichzeitige Änderung von x und y hervorgerufene Zunahme einer Funktion in zwei Teile zerlegt werden können, indem man zuerst x sich ändern läßt, und dann y, während für x der neue Wert festgehalten wird. Das wurde eben durch die Gleichung (2) ausgedrückt. Aber in der Gleichung (5) war die Rede von den Änderungen, die φ erleidet, wenn man das eine Mal nur x und das andere Mal nur y sich ändern läßt, und dabei jedesmal von den dem Punkte P entsprechenden Anfangswerten ausgeht.

In diesem Sinne gilt die Gleichung nur für unendlich kleine
Änderungen.

§ 148. Sind $\frac{\partial \varphi}{\partial x}$ und $\frac{\partial \varphi}{\partial y}$ bekannt, so ist nach (4) $\frac{\partial \varphi}{\partial h}$
völlig bestimmt, wenn man für ϑ irgend einen bestimmten
Wert einführt. Für $\vartheta = 0$ ist $\frac{\partial \varphi}{\partial h} = \frac{\partial \varphi}{\partial x}$, für $\vartheta = \frac{1}{2}\pi$ ist
$\frac{\partial \varphi}{\partial h} = \frac{\partial \varphi}{\partial y}$. Für $\vartheta = \pi$, resp. $\frac{3}{2}\pi$ ist $\frac{\partial \varphi}{\partial h} = -\frac{\partial \varphi}{\partial x}$, resp. $= -\frac{\partial \varphi}{\partial y}$.
Im allgemeinen wechselt das zweite Glied von (4) sein Vor-
zeichen, wenn ϑ um π zunimmt. Dies rührt daher, daß die
Funktion φ, wenn sie bei der Bewegung von P aus in irgend
einer Richtung zunimmt, bei der Bewegung in die entgegengesetzte Richtung abnimmt.

Im ersten Falle ist $\frac{\partial \varphi}{\partial h}$ positiv, im zweiten Falle negativ;
es muß hiernach eine bestimmte Richtung geben, für die
$\frac{\partial \varphi}{\partial h} = 0$ ist. Der Winkel, welchen diese Richtung mit der
x-Achse bildet — wir wollen ihn ϑ_1 nennen — wird bestimmt
durch die Gleichung

$$\frac{\partial \varphi}{\partial x} \cos \vartheta_1 + \frac{\partial \varphi}{\partial y} \sin \vartheta_1 = 0$$

oder durch

$$\cos \vartheta_1 = \frac{\dfrac{\partial \varphi}{\partial y}}{\sqrt{\left(\dfrac{\partial \varphi}{\partial x}\right)^2 + \left(\dfrac{\partial \varphi}{\partial y}\right)^2}}, \tag{6}$$

$$\sin \vartheta_1 = -\frac{\dfrac{\partial \varphi}{\partial x}}{\sqrt{\left(\dfrac{\partial \varphi}{\partial x}\right)^2 + \left(\dfrac{\partial \varphi}{\partial y}\right)^2}}. \tag{7}$$

Setzt man die sich hieraus ergebenden Werte von $\frac{\partial \varphi}{\partial x}$
und $\frac{\partial \varphi}{\partial y}$ in (4) ein, so erhält man

$$\frac{\partial \varphi}{\partial h} = \sqrt{\left(\frac{\partial \varphi}{\partial x}\right)^2 + \left(\frac{\partial \varphi}{\partial y}\right)^2} \cdot \sin(\vartheta - \vartheta_1).$$

Ist $\vartheta = \frac{1}{2}\pi + \vartheta_1$, so ist der Wert von $\frac{\partial \varphi}{\partial h}$ am größten,
d. h. in einer Richtung senkrecht zu der Richtung, in welcher
φ sich nicht ändert, ändert sich die Funktion am raschesten,

während für zwei Richtungen, die zu beiden Seiten gleich weit von dieser Richtung entfernt sind, $\dfrac{\partial \varphi}{\partial h}$ gleich groß ist.

§ 149. Geometrisch läßt sich die Formel (4) in folgender Weise deuten. Es sei die Gleichung einer Oberfläche: $z = f(x, y)$. Legt man nun zuerst y einen konstanten Wert bei, so erhält man die Gleichung der Kurve AC (Fig. 88), in welcher die Fläche von der Ebene $PX'CA$ (welche parallel der x, z-Ebene läuft) geschnitten wird; daher ist $\dfrac{\partial z}{\partial x}$ die Tangente des Winkels, welcher durch die in A an die Kurve AC gelegte berührende Gerade und die x-Achse gebildet wird.

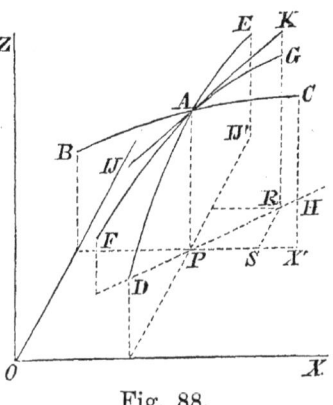

Fig. 88.

Ebenso ist $\dfrac{\partial z}{\partial y}$ die trigonometrische Tangente des Winkels, welchen die Berührungslinie an den Schnitt AE, deren Ebene $PY'EA$ senkrecht zur x-Achse steht, mit der y-Achse bildet.

Wir ziehen jetzt in der Ebene XOY durch P die Gerade PH in der Richtung h ($\angle\, HPX' = \vartheta$), und schneiden die Oberfläche durch die Ebene APH. An die Schnittkurve AG legen wir die Berührungslinie AK.

Wenn wir die Ebene APH um die Ordinate AP herumdrehen, erhalten wir jedesmal wieder eine neue Schnittkurve mit der Oberfläche und eine neue Berührungslinie in A. Die Gleichung (4) lehrt nun, daß alle diese Berührungslinien in einer Ebene liegen.

Beweis. Es seien a, b, c die Koordinaten von A, x, y, z die Koordinaten eines beliebigen Punktes K der Berührungslinie AK, PR die Projektion von AK auf die xy-Ebene, PS die Projektion von PR auf PX', p der Wert von $\dfrac{\partial z}{\partial x}$ im Punkte A, q der Wert von $\dfrac{\partial z}{\partial y}$, α der Winkel, den AK mit PH bildet. Man hat dann

$$\operatorname{tg} \alpha = \frac{\partial z}{\partial h} = p \cos \vartheta + q \sin \vartheta.$$

Setzt man nun $PR = l$, so ist

$$x - a = l \cos \vartheta \,,$$
$$y - b = l \sin \vartheta \,,$$
$$z - c = l \operatorname{tg} \alpha = p l \cos \vartheta + q l \sin \vartheta \,.$$

Aus diesen Gleichungen folgt

$$z - c = p\,(x - a) + q\,(y - b).$$

Dieser Relation, welche neben x, y, z nur die Konstanten a, b, c, p und q enthält, genügen alle Punkte sämtlicher in A gezogenen Berührungslinien. Da die Gleichung in Bezug auf x, y, z vom ersten Grade ist, so stellt dieselbe eine Ebene dar.

Diese alle Tangenten enthaltende Ebene[1] nennt man die Berührungsebene an die Fläche, und eine senkrecht zu derselben im Berührungspunkte gezogene Linie die Normale der Fläche.

Ebenso wie man sagen kann, daß ein unendlich kleines Stück einer Kurve mit der Tangente zusammenfällt, so fällt auch ein unendlich kleiner Teil einer gekrümmten Fläche mit der Berührungsebene zusammen.

Das folgt auch unmittelbar aus der Gleichung (5). Wenn nämlich x, y, z die Koordinaten irgend eines Punktes der Fläche sind, der unendlich wenig von A mit den Koordinaten a, b, c entfernt ist, so kann man schreiben

$$x - a = dx, \quad y - b = dy, \quad z - c = dz \,,$$

also nach (5)

$$z - c = p\,(x - a) + q\,(y - b) \,,$$

die Gleichung der Tangentialebene.

§ 150. Die Betrachtungen der vorhergehenden Paragraphen lassen sich leicht auf drei unabhängig Variable ausdehnen. Ist $\varphi = f(x, y, z)$, so ergeben sich die partiellen Differentialquotienten

$$\frac{\partial \varphi}{\partial x}, \qquad \frac{\partial \varphi}{\partial y}, \qquad \frac{\partial \varphi}{\partial z},$$

wenn man jedesmal nur eine Variable als veränderlich und die beiden anderen als konstant betrachtet.

---

[1] In einigen Ausnahmefällen, z. B. an der Spitze eines Kegels besteht keine Berührungsebene in diesem Sinne.

Diese drei Änderungen kann man sich veranschaulichen, wenn x, y, z rechtwinklige Koordinaten eines Punktes im Raume sind und φ irgend eine physikalische Größe, z. B. die Dichte eines Körpers bedeutet, welche von Punkt zu Punkt sich ändert, aber in jedem Punkte einen ganz bestimmten Wert hat. Ist dann P (Fig. 89) der Punkt, der den anfänglich für x, y, z gewählten Werten entspricht, dann stellen $\dfrac{\partial \varphi}{\partial x}$, $\dfrac{\partial \varphi}{\partial y}$, $\dfrac{\partial \varphi}{\partial z}$ die Geschwindigkeiten dar, mit welchen die Funktion sich ändert, wenn man von P aus längs PX', PY' und PZ' in Richtung der Koordinatenachsen

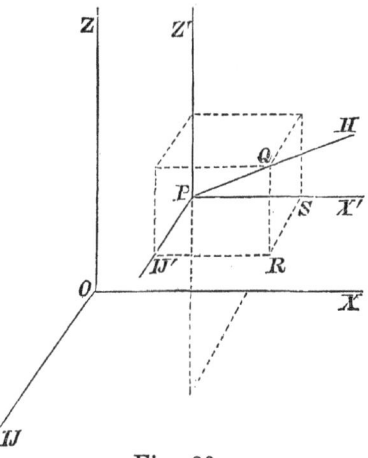

Fig. 89.

fortschreitet. Bei einer unendlich kleinen Bewegung nach der willkürlichen Richtung PH werden x, y, z zu gleicher Zeit sich ändern, und zwar x um PS, y um SR und z um RQ; wir nennen diese Zunahmen dx, dy, dz. Der Zuwachs von φ ist dann

$$d\varphi = \varphi_Q - \varphi_P = (\varphi_S - \varphi_P) + (\varphi_R - \varphi_S) + (\varphi_Q - \varphi_R).$$

Die drei Ausdrücke auf der rechten Seite sind jedoch

$$\left(\frac{\partial \varphi}{\partial x}\right)_P dx, \qquad \left(\frac{\partial \varphi}{\partial y}\right)_S dy, \qquad \left(\frac{\partial \varphi}{\partial z}\right)_R dz,$$

wo mit $\left(\dfrac{\partial \varphi}{\partial x}\right)_P$ der Wert des partiellen Differentialquotienten im Punkte P bezeichnet ist u. s. w.

Nun sind die Werte von $\left(\dfrac{\partial \varphi}{\partial y}\right)_S$ und $\left(\dfrac{\partial \varphi}{\partial z}\right)_R$ nicht identisch mit den Werten von $\left(\dfrac{\partial \varphi}{\partial y}\right)_P$ und $\left(\dfrac{\partial \varphi}{\partial z}\right)_P$, da ja die Koordinaten von S resp. R andere sind, als die von P. Da aber die Strecken PS und SR unendlich klein sind, und die Differenz einer Funktion in zwei in unendlich kleinem Abstande voneinander gelegenen Punkten unendlich klein ist, so ist $\left(\dfrac{\partial \varphi}{\partial y}\right)_S - \left(\dfrac{\partial \varphi}{\partial y}\right)_P$ unendlich klein. Es ist nun $\left(\dfrac{\partial \varphi}{\partial y}\right)_S$ noch mit der

14*

unendlich kleinen Größe dy zu multiplizieren; wir können daher, wenn wir Größen zweiter Ordnung weglassen, für $\left(\dfrac{\partial \varphi}{\partial y}\right)_S$ auch $\left(\dfrac{\partial \varphi}{\partial y}\right)_P$ schreiben. Ähnliches gilt für $\left(\dfrac{\partial \varphi}{\partial x}\right)_R$. Es ist daher

$$d\varphi = \frac{\partial \varphi}{\partial x}\, dx + \frac{\partial \varphi}{\partial y}\, dy + \frac{\partial \varphi}{\partial z}\, dz, \tag{8}$$

wo mit den drei Differentialquotienten die Werte in P gemeint sind.

Dividiert man diese Gleichung durch PQ, dann wird das erste Glied $\dfrac{\varphi_Q - \varphi_P}{PQ}$, welchen Grenzwert man den Differentialquotienten von φ in Richtung PH nennen kann. Deuten wir letztere durch h an und nennen wir α, β, γ die Winkel, welche sie mit den Koordinatenachsen bildet, dann erhalten wir die der Gleichung (4) entsprechende Beziehung

$$\frac{\partial \varphi}{\partial h} = \frac{\partial \varphi}{\partial x} \cos \alpha + \frac{\partial \varphi}{\partial y} \cos \beta + \frac{\partial \varphi}{\partial z} \cos \gamma. \tag{9}$$

§ 151. Die Beziehung (9) läßt sich in folgender Weise geometrisch deuten. Da in dem betrachteten Punkte $\dfrac{\partial \varphi}{\partial x}$, $\dfrac{\partial \varphi}{\partial y}$, $\dfrac{\partial \varphi}{\partial z}$ bestimmte Werte, etwa p, q, r haben, so kann man einen Vektor ϱ konstruieren, dessen Komponenten gleich diesen Werten sind. Aus der Gleichung (9) folgt (vergl. § 38), daß man, um den Wert von $\dfrac{\partial \varphi}{\partial h}$ zu erhalten, nur den Vektor ϱ auf die Richtung h zu projizieren hat.

Die Projektion und also der Wert des Differentialquotienten ist am größten, wenn h mit der Richtung von ϱ zusammenfällt. Dieser Vektor giebt also die Richtung an, in der sich die Funktion am geschwindesten ändert, und die Größe ϱ desselben bestimmt den Wert des Differentialquotienten nach dieser Richtung. Diese Größe ist

$$\sqrt{\left(\frac{\partial \varphi}{\partial x}\right)^2 + \left(\frac{\partial \varphi}{\partial y}\right)^2 + \left(\frac{\partial \varphi}{\partial z}\right)^2}.$$

Bildet die Richtung h irgend einen Winkel ϑ mit der Richtung der raschesten Änderung, so wird die erwähnte Projektion

$$\varrho \cos \vartheta,$$

und also

$$\frac{\partial \varphi}{\partial h} = \cos \vartheta \sqrt{\left(\frac{\partial \varphi}{\partial x}\right)^2 + \left(\frac{\partial \varphi}{\partial y}\right)^2 + \left(\frac{\partial \varphi}{\partial z}\right)^2}.$$

Für alle Richtungen, die senkrecht auf dem Vektor ϱ stehen, ist $\frac{\partial \varphi}{\partial h} = 0$.

Mittels dieses Satzes kann man die Richtung der Normale zu einer Fläche, deren Gleichung in der Form

$$F(x, y, z) = C$$

(C konstant) gegeben ist, bestimmen.

Die Funktion $F(x, y, z)$ hat natürlich in jedem Punkt des Raumes, auch außerhalb der Fläche, einen gewissen Wert, nur ist dieser Wert außerhalb der Fläche von C verschieden.

Soll nun die Richtung der Normale in einem Punkte P der Fläche bestimmt werden, so berechnen wir die daselbst geltenden Werte der partiellen Differentialquotienten, die wir kurz mit

$$\frac{\partial F}{\partial x}, \qquad \frac{\partial F}{\partial y}, \qquad \frac{\partial F}{\partial z}$$

bezeichnen wollen. Konstruiert man jetzt den obengenannten Vektor ϱ, dessen Komponenten diese Differentialquotienten sind, so wissen wir, daß bei einer unendlich kleinen Verschiebung senkrecht zu ϱ die Funktion F sich nicht ändert. Andererseits ist es klar, daß, eben weil F auf der Oberfläche konstant ist, jede unendlich kleine Verschiebung, bei der F sich nicht ändert, in der Fläche liegen muß. Der Vektor ϱ fällt mithin mit der Normalen zusammen, und die Richtungskonstanten der letzteren müssen sich wie die Komponenten von ϱ verhalten, d. h., wenn die Normale mit den Koordinatenachsen die Winkel α, β, γ bildet,

$$\cos \alpha : \cos \beta : \cos \gamma = \frac{\partial F}{\partial x} : \frac{\partial F}{\partial y} : \frac{\partial F}{\partial z}, \tag{10}$$

und (vergl. die Gleichungen (10) und (11) von § 75)

$$\cos \alpha = \frac{\dfrac{\partial F}{\partial x}}{\sqrt{\left(\dfrac{\partial F}{\partial x}\right)^2 + \left(\dfrac{\partial F}{\partial y}\right)^2 + \left(\dfrac{\partial F}{\partial z}\right)^2}},$$

$$\cos \beta = \frac{\dfrac{\partial F}{\partial y}}{\sqrt{\left(\dfrac{\partial F}{\partial x}\right)^2 + \left(\dfrac{\partial F}{\partial y}\right)^2 + \left(\dfrac{\partial F}{\partial z}\right)^2}},$$

$$\cos \gamma = \frac{\dfrac{\partial F}{\partial z}}{\sqrt{\left(\dfrac{\partial F}{\partial x}\right)^2 + \left(\dfrac{\partial F}{\partial y}\right)^2 + \left(\dfrac{\partial F}{\partial z}\right)^2}}.$$

§ 152. **Beispiele.** Gegeben sei die Gleichung einer Kugel mit dem Radius a. Es sollen die Stellungswinkel der Normalen berechnet werden.

Legen wir den Ursprung des Koordinatensystems in den Mittelpunkt der Kugel, so ist die Gleichung derselben

$$x^2 + y^2 + z^2 = a^2.$$

Hieraus folgt

$$\frac{\partial F}{\partial x} = 2x, \qquad \frac{\partial F}{\partial y} = 2y, \qquad \frac{\partial F}{\partial z} = 2z$$

und

$$\cos \alpha : \cos \beta : \cos : \gamma = x : y : z.$$

Aus der letzten Gleichung folgt, daß die Normale durch den Mittelpunkt geht.

Bei dem dreiachsigen Ellipsoid (§ 79), dessen Gleichung

$$\frac{x^2}{a^2} + \frac{y^2}{b^2} + \frac{z^2}{c^2} = 1,$$

ergiebt sich

$$\frac{\partial F}{\partial x} = \frac{2x}{a^2}, \qquad \frac{\partial F}{\partial y} = \frac{2y}{b^2}, \qquad \frac{\partial F}{\partial z} = \frac{2z}{c^2},$$

$$\cos \alpha : \cos \beta : \cos \gamma = \frac{x}{a^2} : \frac{y}{b^2} : \frac{z}{c^2}.$$

Ist die Gleichung der Oberfläche in der Form

$$z = f(x, \, y) \text{ oder } f(x, \, y) - z = 0$$

gegeben, also $F(x, y, z) = f(x, y) - z$, dann wird

$$\frac{\partial F}{\partial x} = \frac{\partial f}{\partial x}, \qquad \frac{\partial F}{\partial y} = \frac{\partial f}{\partial y}, \qquad \frac{\partial F}{\partial z} = -1.$$

Hieraus folgt

$$\cos \alpha : \cos \beta : \cos \gamma = \frac{\partial f}{\partial x} : \frac{\partial f}{\partial y} : -1,$$

$$\cos \alpha : \cos \beta : \cos \gamma = \frac{\partial z}{\partial x} : \frac{\partial z}{\partial y} : -1.$$

Die letztere Gleichung läßt sich aus der § 149 abgeleiteten Gleichung der Berührungsebene ableiten. (Vergl. § 75.)

§ 153. Die vorhergehenden Betrachtungen lassen sich auf beliebig viele unabhängig Variable ausdehnen. Nennen wir diese $x, y, z, u, v \ldots$ und sei

$$\varphi = F(x, y, z, u, v \ldots).$$

Man kann diese Funktion nach jeder der Variablen partiell differentiiren, also z. B. den Differentialquotienten

$$\frac{\partial \varphi}{\partial z}$$

bilden. Die Bedeutung desselben ist diese, daß, wenn z um dz zunimmt, während alle übrigen unabhängig Variablen konstant bleiben,

$$\frac{\partial \varphi}{\partial z} dz$$

der Zuwachs der Funktion ist, und zwar sind hier in $\frac{\partial \varphi}{\partial z}$ die Werte einzusetzen, welche $x, y, z, u, v \ldots$ vor der Änderung dz gerade hatten.

Wir gehen jetzt von gewissen Anfangswerten

$$x, y, z, u, v \ldots \tag{11}$$

aus und lassen die Variablen gleichzeitig um

$$dx, dy, dz, du, dv \ldots$$

zunehmen. Es soll die dadurch hervorgebrachte unendlich kleine Zunahme $d\varphi$, welche wir das totale Differential nennen, berechnet werden. Dieselbe ist offenbar die Summe der Zunahmen, welche φ erleidet, wenn zunächst x um dx zunimmt, dann, während x seinen neuen Wert behält, y um dy, ferner z um dz, u. s. w. Wir betrachten eine dieser partiellen Zunahmen, etwa die vierte. Dieselbe ist

$$F(x + dx, y + dy, z + dz, u + du, v \ldots)$$
$$- F(x + dx, y + dy, z + dz, u, v \ldots)$$

und läßt sich darstellen durch

$$\frac{\partial \varphi}{\partial u} du, \tag{12}$$

wenn man den Differentialquotienten für die Werte

$$x + dx, y + dy, z + dz, u, v \ldots .$$

der unabhängig Variablen nimmt.

Wir können nun aber ebensogut in $\dfrac{\partial \varphi}{\partial u}$ die ursprünglichen Werte

$$x, \quad y, \quad z, \quad u, \quad v \ldots .$$

einsetzen. Der Wert, den wir dann für den Differentialquotienten erhalten, weicht unendlich wenig von dem in (12) vorkommenden Werte ab. Auf die Größe (12) selbst hat das also einen Einfluß zweiter Ordnung, den wir vernachlässigen können.

Wir dürfen somit alle partiellen Zunahmen von φ berechnen mittels der für die ursprünglichen Werte genommenen partiellen Differentialquotienten. Das totale Differential ist daher

$$d\varphi = \frac{\partial \varphi}{\partial x} dx + \frac{\partial \varphi}{\partial y} dy + \frac{\partial \varphi}{\partial z} dz + \frac{\partial \varphi}{\partial u} du \ldots ., \qquad (13)$$

d. h. es ist die Summe der sogenannten partiellen Differentiale, mit welchem Ausdruck man die Zunahmen meint, wenn man, immer wieder von den ursprünglichen Werten ausgehend, jedesmal einer einzigen Variablen ihre Änderung erteilt.

§ 154. Beispiele. Die Beziehung zwischen Druck p, Volum v und Temperatur t einer Gasmasse ist gegeben durch den Ausdruck

$$v = \frac{R(1 + \alpha t)}{p},$$

wo R und α Konstanten sind. Steigt bei konstantem Druck die Temperatur um dt, dann ist die Änderung des Volums

$$\frac{\partial v}{\partial t} dt = \frac{\alpha R}{p} dt.$$

Wird dagegen bei konstanter Temperatur der Druck um dp erhöht, so erleidet das Volum die Zunahme

$$\frac{\partial v}{\partial p} dp = -\frac{R(1 + \alpha t)}{p^2} dp.$$

Das negative Vorzeichen zeigt an, daß das Volum bei Druckzunahme kleiner wird.

Ändern sich Temperatur und Druck gleichzeitig, dann ist die totale Änderung des Volums

$$dv = \frac{\partial v}{\partial t} dt + \frac{\partial v}{\partial p} dp$$

oder
$$dv = \frac{\alpha R}{p} dt - \frac{R(1 + \alpha t)}{p^2} dp.$$

§ 155. Will man wissen, wie sich eine Flüssigkeit oder ein Gas bewegt, so muß man die Komponenten u, v, w der Geschwindigkeit in Bezug auf drei zu einander senkrechte Achsen in jedem Augenblick und in jedem Punkt kennen.

Sind x, y, z die Koordinaten eines Punktes im Raum, ist ferner t die seit einem bestimmten Augenblick verflossene Zeit, dann müssen u, v, w als Funktionen von x, y, z, t betrachtet werden, da ja die Geschwindigkeit von Punkt zu Punkt und ebenso mit der Zeit sich ändert.

Läßt man zunächst x, y, z konstant und ändert nur t, dann erhält man die Geschwindigkeit der Flüssigkeitsteilchen, die sich nacheinander in dem Punkt mit den Koordinaten x, y, z befinden.

Will man dagegen zu ein und derselben Zeit die Geschwindigkeit der verschiedenen Flüssigkeitsteilchen miteinander vergleichen, dann muß man die Werte von u, v, w im Punkt mit den Koordinaten x, y, z mit der Geschwindigkeit an anderen Stellen vergleichen. Man kann sich nun die Frage stellen, wie sich die Geschwindigkeitskomponente u eines bestimmten Flüssigkeitsteilchens, das sich zur Zeit t in dem Punkt (x, y, z) des Raumes befindet, während der Zeit dt ändert. Da in dieser Zeit die Koordinaten des Teilchens um $dx = u\,dt$, $dy = v\,dt$, $dz = w\,dt$ zunehmen, so ist die gesuchte Änderung

$$du = \frac{\partial u}{\partial t} dt + \frac{\partial u}{\partial x} dx + \frac{\partial u}{\partial y} dy + \frac{\partial u}{\partial z} dz$$

$$= \left(\frac{\partial u}{\partial t} + u \frac{\partial u}{\partial x} + v \frac{\partial u}{\partial y} + w \frac{\partial u}{\partial z} \right) dt.$$

§ 156. Selbstverständlich gilt (13) streng nur für unendlich kleine Größen. Man wendet die Gleichung jedoch auch häufig für sehr kleine endliche Größen an; man rechnet dann mit diesen sehr kleinen Größen, als wären sie unendlich klein. Bezeichnen wir dieselben durch Δx, Δy, Δz . . . ., so ist der Zuwachs der Funktion $\Delta \varphi$

$$\Delta \varphi = \frac{\partial \varphi}{\partial x} \Delta x + \frac{\partial \varphi}{\partial y} \Delta y + \frac{\partial \varphi}{\partial z} \Delta z + \frac{\partial \varphi}{\partial u} \Delta u + \ldots .$$

Als solche sehr kleine Größen kann man gewöhnlich die Messungsfehler ansehen. Wird eine Größe dadurch gefunden, daß man die Resultate verschiedener Messungen miteinander kombiniert, so ist der Totalfehler im Resultat gleich der Summe der Einzelfehler, die die Ungenauigkeit der einzelnen Messungen in dem Resultat hervorbringt. Ein Beispiel wird dies klar machen.

Um das spezifische Gewicht s eines Körpers zu bestimmen, hat man ihn erst in der Luft, dann unter Wasser gewogen. Die Resultate dieser Wägungen seien p und q, dann ist

$$s = \frac{p}{p - q}$$

und die Formel

$$\Delta s = - \frac{q}{(p - q)^2} \Delta p + \frac{p}{(p - q)^2} \Delta q$$

zeigt an, um wieviel man das spezifische Gewicht des Körpers zu groß erhalten hat, wenn man sich bei der Wägung in der Luft um Δp und bei der Wägung im Wasser um Δq geirrt hat.

§ 157. Auch die für die Differentialquotienten nach irgend einer Richtung (§§ 147 und 150) abgeleiteten Resultate lassen sich für den Fall beliebig vieler unabhängig Variablen verallgemeinern. Zunächst bemerken wir, daß beim Fortschreiten nach einer bestimmten Richtung (vergl. Fig. 87 und 89) ganz bestimmte Verhältnisse zwischen den gleichzeitigen Änderungen der Koordinaten bestehen. In Fig. 87 ist

$$\Delta x : \Delta y = \cos \vartheta : \sin \vartheta$$

und in Fig. 89

$$\Delta x : \Delta y : \Delta z = \cos \alpha : \cos \beta : \cos \gamma ,$$

wenn wir jedesmal nach PH fortschreiten.

Analog hiermit wollen wir, wenn beliebig viele Variable $x, y, z, u, v \ldots$ vorliegen, von einem Fortschreiten in einer bestimmten Richtung h reden, wenn die gleichzeitigen Änderungen $\Delta x, \Delta y, \Delta z, \Delta u \ldots$ in bestimmten, durch eine Reihe von Zahlen $\alpha, \beta, \gamma, \delta \ldots$ gegebenen Verhältnissen zu einander stehen, wenn also

$$\Delta x : \Delta y : \Delta z : \Delta u : \ldots = \alpha : \beta : \gamma : \delta : \ldots \qquad (14)$$

Um nun soviel wie möglich mit dem Früheren in Übereinstimmung zu bleiben, wollen wir noch festsetzen, daß die die Richtung h bestimmenden Zahlen α, β, γ, δ . . . . der Bedingung

$$\alpha^2 + \beta^2 + \gamma^2 + \delta^2 + \ldots = 1 \qquad (15)$$

genügen. Es wird hierdurch die Allgemeinheit nicht beeinträchtigt, denn es kommt in (14) nur auf die Verhältnisse zwischen α, β, γ, δ . . . . an. Wären uns also solche Zahlen gegeben, daß die Summe ihrer Quadrate von 1 verschieden, etwa s^2, wäre, so brauchten wir sie alle nur durch s zu dividieren, damit sie der Gleichung (15) genügten. Die so erhaltenen Zahlen würden wir dann zur Charakterisierung der Richtung h benutzen.

Da beim Fortschreiten nach h die Zunahmen Δx, Δy, Δz, Δu . . . . der Bedingung (14) zu genügen haben, so können wir für dieselben auch schreiben

$$\Delta x = \alpha \varepsilon, \quad \Delta y = \beta \varepsilon, \quad \Delta z = \gamma \varepsilon, \quad \Delta u = \delta \varepsilon \ldots,$$

wo ε irgend eine bestimmte Größe ist.

Es leuchtet ein, daß, während α, β, γ, δ . . . . die Richtung bestimmen, es von dem Wert von ε abhängt, wie weit wir in dieser Richtung gehen. Wir können also ε die Strecke nennen, um welche wir in der Richtung h fortschreiten.

Es sei nun ε unendlich klein und ferner ω die unendlich kleine Zunahme irgend einer von x, y, z, u . . . . abhängigen Größe φ. Wir nennen dann $\frac{\omega}{\varepsilon}$ den Differentialquotienten von φ in Richtung h und bezeichnen ihn durch $\frac{\partial \varphi}{\partial h}$.

Da nun nach (13)

$$\omega = \frac{\partial \varphi}{\partial x} \alpha \varepsilon + \frac{\partial \varphi}{\partial y} \beta \varepsilon + \frac{\partial \varphi}{\partial z} \gamma \varepsilon + \frac{\partial \varphi}{\partial u} \delta \varepsilon + \ldots,$$

so wird

$$\frac{\partial \varphi}{\partial h} = \alpha \frac{\partial \varphi}{\partial x} + \beta \frac{\partial \varphi}{\partial y} + \gamma \frac{\partial \varphi}{\partial z} + \delta \frac{\partial \varphi}{\partial u} + \ldots \qquad (16)$$

In dieser Formel sind die Formeln (4) und (9) als spezielle Fälle enthalten.

Wir wollen schließlich noch bemerken, daß man nach irgend einer durch die Zahlen α, β, γ, δ . . . . bestimmten Richtung h differentiieren kann, welches auch die Anfangswerte von x, y, z, u .... seien. Das Resultat wird immer durch die Formel (16) bestimmt, wobei natürlich $\dfrac{\partial \varphi}{\partial x}$, $\dfrac{\partial \varphi}{\partial y}$, $\dfrac{\partial \varphi}{\partial z}$ u. s. w. von den Anfangswerten der unabhängig Variablen abhängen.

§ 158. Sind die partiellen Differentialquotienten wieder Funktionen der unabhängig Variablen, so können sie nochmals differentiiert werden.

Man erhält so partielle Differentialquotienten höherer Ordnung. Es sei φ eine Funktion von x und y. Differentiiert man $\dfrac{\partial \varphi}{\partial x}$ nach x und y, so erhält man

$$\frac{\partial}{\partial x}\left(\frac{\partial \varphi}{\partial x}\right) \quad \text{und} \quad \frac{\partial}{\partial y}\left(\frac{\partial \varphi}{\partial x}\right), \qquad (17)$$

ebenso aus $\dfrac{\partial \varphi}{\partial y}$

$$\frac{\partial}{\partial x}\left(\frac{\partial \varphi}{\partial y}\right) \quad \text{und} \quad \frac{\partial}{\partial y}\left(\frac{\partial \varphi}{\partial y}\right). \qquad (18)$$

Dieses schreibt man gewöhnlich kürzer, und zwar

für (17) $\qquad \dfrac{\partial^2 \varphi}{\partial x^2} \quad \text{und} \quad \dfrac{\partial^2 \varphi}{\partial y\, \partial x}$,

für (18) $\qquad \dfrac{\partial^2 \varphi}{\partial x\, \partial y} \quad \text{und} \quad \dfrac{\partial^2 \varphi}{\partial y^2}$.

Der Zähler zeigt in diesen Formeln an, wie oft differentiiert worden ist, der Nenner, nach welchen Variablen und in welcher Reihenfolge. Stets ist nach der Variablen, welche am meisten rechts steht, zuerst differentiiert worden, z. B. ist in

$$\frac{\partial^6 \varphi}{\partial x^2\, \partial y\, \partial z^3}$$

zuerst dreimal nach z, dann einmal nach y, schließlich zweimal nach x differentiiert worden.

§ 159. Es soll jetzt bewiesen werden, daß es auf den Wert der entstehenden abgeleiteten Funktion keinen Einfluß hat, ob man φ zuerst nach x und dann nach y differentiiert, oder ob man erst nach y und dann nach x differentiiert, daß also

$$\frac{\partial^2 \varphi}{\partial x\, \partial y} = \frac{\partial^2 \varphi}{\partial y\, \partial x}. \qquad (19)$$

Wir wollen (vergl. § 135) zunächst statt der Differentialquotienten die Differenzquotienten betrachten. Es seien x und y die rechtwinkeligen Koordinaten in einer Ebene (Fig. 90) und es mögen Δx und Δy gewisse konstante Werte haben. Ist nun ψ irgend eine Funktion, so verstehen wir unter $\Delta_x \psi$ in einem Punkte P die Zunahme, welche ψ erleidet, wenn man von P aus in der Richtung der x-Achse um Δx fortschreitet, und unter dem Differenzquotienten

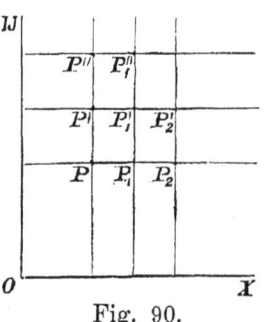

Fig. 90.

$$\frac{\Delta_x \psi}{\Delta x} \quad \text{oder} \quad \frac{\Delta_x}{\Delta x}(\psi)$$

das Verhältnis dieser Zunahme zu Δx.

Ähnliche Bedeutungen legen wir den Zeichen $\Delta_y \psi$ und

$$\frac{\Delta_y \psi}{\Delta y} \quad \text{oder} \quad \frac{\Delta_y}{\Delta y}(\psi)$$

bei.

Es ist z. B., wenn die vertikalen Linien um die gleichen Abstände Δx und die horizontalen Linien um die gleichen Strecken Δy voneinander entfernt sind, und φ die gegebene Funktion ist

$$\left[\frac{\Delta_x}{\Delta x}(\varphi)\right]_P = \frac{\varphi_{P_1} - \varphi_P}{\Delta x}, \qquad \left[\frac{\Delta_x}{\Delta x}(\varphi)\right]_{P_1} = \frac{\varphi_{P_2} - \varphi_{P_1}}{\Delta x},$$

$$\left[\frac{\Delta_y}{\Delta y}(\varphi)\right]_P = \frac{\varphi_{P'} - \varphi_P}{\Delta y}, \qquad \left[\frac{\Delta_y}{\Delta y}(\varphi)\right]_{P_1} = \frac{\varphi_{P_1'} - \varphi_{P_1}}{\Delta y}$$

u. s. w.

Da die in dieser Weise erhaltenen Differenzquotienten selbst wieder von x und y abhängen, so können die Operationen

$$\frac{\Delta_x}{\Delta x} \quad \text{und} \quad \frac{\Delta_y}{\Delta y} \tag{20}$$

wiederum auf dieselben angewandt werden. Läßt man nun Δx und Δy fortwährend kleiner werden, so gehen diese Operationen bei der Grenze in die durch

$$\frac{\partial}{\partial x} \quad \text{und} \quad \frac{\partial}{\partial y}$$

bezeichneten partiellen Differentialquotienten über. Wir werden

daher diese Differentiationen miteinander vertauschen dürfen,
wenn eine Vertauschung der Operationen (20) erlaubt ist.

Wir haben demnach nur zu beweisen, daß

$$\frac{\Delta_x}{\Delta x}\left[\frac{\Delta_y}{\Delta y}(\varphi)\right] = \frac{\Delta_y}{\Delta y}\left[\frac{\Delta_x}{\Delta x}(\varphi)\right] \tag{21}$$

ist.

Wir berechnen den Wert beider Größen für den Punkt P.
Es ist

$$\frac{\Delta_x}{\Delta x}\left[\frac{\Delta_y}{\Delta y}(\varphi)\right] = \frac{\left(\frac{\Delta_y\,\varphi}{\Delta y}\right)_{P_1} - \left(\frac{\Delta_y\,\varphi}{\Delta y}\right)_P}{\Delta x} = \frac{\dfrac{\varphi_{P_1'} - \varphi_{P_1}}{\Delta y} - \dfrac{\varphi_{P'} - \varphi_P}{\Delta y}}{\Delta x}$$

und ebenso

$$\frac{\Delta_y}{\Delta y}\left[\frac{\Delta_x}{\Delta x}(\varphi)\right] = \frac{\left(\frac{\Delta_x\,\varphi}{\Delta x}\right)_{P'} - \left(\frac{\Delta_x\,\varphi}{\Delta x}\right)_P}{\Delta y} = \frac{\dfrac{\varphi_{P_1'} - \varphi_{P'}}{\Delta x} - \dfrac{\varphi_{P_1} - \varphi_P}{\Delta x}}{\Delta y}.$$

Man sieht sofort, daß diese beiden Ausdrücke einander
gleich sind.

§ 160. Der Satz, daß der Wert der Differentialquotienten von der Reihenfolge der Differentiationen
unabhängig ist, gilt auch dann noch, wenn x und y eine
andere Bedeutung als die im vorigen Paragraphen angenom-
mene haben; denn wir können uns ja stets eine Hilfsfigur mit
den rechtwinkligen Koordinaten x und y denken und φ als
eine von diesen Koordinaten abhängige Größe auffassen. Ja
der Satz bleibt bestehen, wenn φ eine Funktion von mehr als
zwei Variablen ist; denn enthält die Funktion z. B. z, so
bleibt diese Variable doch bei den Differentiationen nach x und
y konstant. Ebenso gilt der Satz, wenn φ schon aus einer
anderen Funktion durch Differentiation entstanden ist. Hieraus
folgt, daß, wenn eine Funktion beliebig viele Male nach einigen
Variablen differentiiert werden soll, es auf die Reihenfolge
dieser Operationen gar nicht ankommt. Denn man kann zwei
aufeinanderfolgende Differentiationen miteinander vertauschen,
und wenn man das mehrere Male thut, jede beliebige Reihenfolge der verschiedenen Operationen erhalten. Das Endresultat
hängt nur davon ab, wie viele Male nach jeder Variablen
zu differentiieren ist.

§ 161. Zur Erläuterung der in den vorhergehenden Paragraphen gegebenen Formeln und Sätze diene folgendes Bei-

spiel. Gegeben seien zwei Punkte im Raume P und P' mit den rechtwinkligen Koordinaten x, y, z, x', y', z'. Ihr Abstand (§ 72)

$$r = \sqrt{(x - x')^2 + (y - y')^2 + (z - z')^2}$$

ist eine Funktion der sechs Koordinaten.

Durch Differentiieren nach x erhält man hieraus

$$\frac{\partial r}{\partial x} = \frac{1}{2} \frac{1}{\sqrt{(x - x')^2 + (y - y')^2 + (z - z')^2}} \cdot 2(x - x')$$

$$= \frac{x - x'}{r}.$$

Ebenso

$$\frac{\partial r}{\partial y} = \frac{y - y'}{r}, \qquad\qquad \frac{\partial r}{\partial z} = \frac{z - z'}{r}.$$

Diese Formeln lassen sich leichter durch Differentiation der Gleichung

$$r^2 = (x - x')^2 + (y - y')^2 + (z - z')^2$$

erhalten. Nimmt hierin x um dx zu und wächst demzufolge r um dr, so müssen die links und rechts stehenden Ausdrücke gleiche Zunahmen erfahren, also

$$2 r \, dr = 2(x - x') \, dx,$$

$$\frac{\partial r}{\partial x} = \frac{x - x'}{r},$$

in Übereinstimmung mit der obigen Gleichung.

Da $\dfrac{x - x'}{r}$, $\dfrac{y - y'}{r}$, $\dfrac{z - z'}{r}$ die Kosinusse der Winkel zwischen $P'P$ und den Koordinatenachsen sind, so ergiebt sich aus unseren Formeln, daß $\dfrac{\partial r}{\partial x}$, $\dfrac{\partial r}{\partial y}$, $\dfrac{\partial r}{\partial z}$ gerade diesen Kosinussen gleich sind. Bedeutet h irgend eine Richtung, so ist auch $\dfrac{\partial r}{\partial h}$ gleich dem Kosinus des Winkels zwischen $P'P$ und h; denn es ist nach § 150

$$\frac{\partial r}{\partial h} = \frac{x - x'}{r} \cos \alpha + \frac{y - y'}{r} \cos \beta + \frac{z - z'}{r} \cos \gamma,$$

also gleich jenem Kosinus (§ 73). Dieses Resultat läßt sich auch leicht folgendermaßen gewinnen. Bewegt man P (Fig. 91) in der Richtung h um die unendlich kleine Strecke PQ, dann geht der Abstand r in $P'Q$ über.   Fällt man $QR \perp P'P$, dann ist $P'R$ nur um eine unendlich kleine Größe zweiter Ordnung von $P'Q$ verschieden (§ 93), so daß beide Größen miteinander vertauscht werden dürfen.   Es ist daher PR die Zunahme von r und

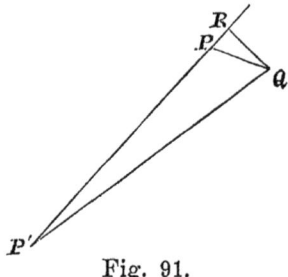

Fig. 91.

$$\frac{\partial r}{\partial h} = \frac{PR}{PQ} = \cos RPQ.$$

Wir bemerken noch, daß

$$\frac{\partial r}{\partial x'} = \frac{x' - x}{r}, \qquad \frac{\partial r}{\partial y'} = \frac{y' - y}{r},$$

$$\frac{\partial r}{\partial z'} = \frac{z' - z}{r}$$

ist, und daß diese Größen sich von $\dfrac{\partial r}{\partial x}$, $\dfrac{\partial r}{\partial y}$, $\dfrac{\partial r}{\partial z}$ nur durch das Vorzeichen unterscheiden.   Es hängt dies damit zusammen, daß der Abstand zwischen P und P', wenn man beide Punkte um dieselbe Strecke in derselben Richtung bewegt, unverändert bleibt.

§ 162.   Da die Differentialquotienten $\dfrac{\partial r}{\partial x}$, $\dfrac{\partial r}{\partial y}$, $\dfrac{\partial r}{\partial z}$ häufig vorkommen, so dürfte es zweckmäßig sein, sie dem Gedächtnis einzuprägen; es lassen sich dann leicht mittels der früheren Regeln viele andere Differentialquotienten ermitteln.   Z. B.

$$\frac{\partial^2 r}{\partial x^2} = \frac{\partial}{\partial x}\left(\frac{x - x'}{r}\right) = \frac{1}{r} \cdot \frac{\partial}{\partial x}(x - x') + (x - x')\frac{\partial}{\partial x}\left(\frac{1}{r}\right)$$

$$= \frac{1}{r} - \frac{x - x'}{r^2} \cdot \frac{\partial r}{\partial x} = \frac{1}{r} - \frac{(x - x')^2}{r^3},$$

$$\frac{\partial^2 r}{\partial y^2} = \frac{1}{r} - \frac{(y - y')^2}{r^3},$$

$$\frac{\partial^2 r}{\partial z^2} = \frac{1}{r} - \frac{(z - z')^2}{r^3}.$$

Ferner ist

$$\frac{\partial^2 r}{\partial y\,\partial x} = \frac{\partial}{\partial y}\left(\frac{x - x'}{r}\right) = -\frac{x - x'}{r^2}\frac{\partial r}{\partial y} = -\frac{(x - x')(y - y')}{r^3}.$$

Denselben Wert findet man, dem Satze von § 159 entsprechend, wenn man r erst nach y und dann nach x differentiiert.

Ebenso wie r selbst, wird auch jede Funktion $F(r)$ dieser Größe von den sechs Koordinaten abhängen und nach denselben differentiiert werden können. Wendet man die Regel von § 108 an, so ergiebt sich

$$\frac{\partial}{\partial x}\left[F(r)\right] = F'(r)\frac{\partial r}{\partial x} = F'(r)\frac{x - x'}{r},$$

$$\frac{\partial^2}{\partial x^2}\left[F(r)\right] = \frac{\partial}{\partial x}\left[(x - x')\frac{F'(r)}{r}\right] =$$

$$= \frac{F'(r)}{r} + \frac{(x - x')^2}{r}\frac{d}{dr}\left[\frac{F'(r)}{r}\right] =$$

$$= \frac{F'(r)}{r} + (x - x')^2\left\{\frac{F''(r)}{r^2} - \frac{F'(r)}{r^3}\right\},$$

$$\frac{\partial^2}{\partial x\,\partial y}\left[F(r)\right] = (x - x')(y - y')\left\{\frac{F''(r)}{r^2} - \frac{F'(r)}{r^3}\right\}.$$

Es ist z. B.

$$\frac{\partial}{\partial x}\left[\frac{1}{r}\right] = -\frac{x - x'}{r^3},$$

$$\frac{\partial^2}{\partial x^2}\left[\frac{1}{r}\right] = -\frac{1}{r^3} + \frac{3(x - x')^2}{r^5},$$

$$\frac{\partial^2}{\partial x\,\partial y}\left[\frac{1}{r}\right] = \frac{3(x - x')(y - y')}{r^5}.$$

§ 163. In welcher Weise diese und ähnliche Formeln in der Physik sich verwerten lassen, möge folgendes Problem zeigen. In einem Punkte P mit den Koordinaten x, y, z befinde sich die magnetische Menge μ; liegt in einem Abstand r von demselben in einem zweiten Punkte $P'(x', y', z')$ die magnetische Menge 1, so erfährt diese eine Abstoßung $\frac{\mu}{r^2}$, wenn die Magnetismen auf beiden Punkten gleichartig sind. Die Komponente der Abstoßung nach der x-Achse ist

$$\frac{\mu}{r^2}\frac{x' - x}{r} = \mu\frac{x' - x}{r^3}. \tag{22}$$

Ändern P oder P' ihre Lage, so ändert sich auch die zwischen den beiden Punkten wirkende Kraft. Die Differenziierung von (22) nach den Variablen x, y, z giebt uns Auskunft, wie sich die Kraft ändert, wenn nur P seinen Ort ändert, P' dagegen an seiner ursprünglichen Stelle bleibt. Wir verschieben nun P in Richtung h nach dem sehr nahen Punkte Q, dessen Abstand von $P = l$ sei, dann befindet

sich die magnetische Menge μ — wir wollen annehmen, es sei
Nordmagnetismus — jetzt in Q. Wir denken uns nun noch
an der ursprünglichen Stelle P eine gleich große magnetische
Menge, aber von entgegengesetztem Vorzeichen, also Südmagne-
tismus, so daß ein kleiner Magnet entsteht mit den Polen P
und Q. Die Wirkung auf P' in Richtung der x-Achse ist
jetzt gleich der Summe der Projektionen der beiden Kräfte,
welche vom Nord- und Südpol ausgehen, oder was dasselbe
ist, gleich der Projektion der Wirkung des Nordmagnetismus
in Q vermindert um die Projektion der Wirkung einer gleichen
Quantität Nordmagnetismus in P. Diese Differenz ist gleich
dem Zuwachs, den (22) beim Übergang von P nach Q erfährt,
also, wenn l sehr klein ist, gleich

$$\mu\, l\, \frac{\partial}{\partial h}\left[\frac{x'-x}{r^3}\right].$$

Bildet h mit den Achsen die Winkel α, β, γ, so ist nach
Formel (9), § 150

$$\mu\, l\, \frac{\partial}{\partial h}\left[\frac{x'-x}{r^3}\right] =$$

$$= \mu l\left\{\cos\alpha\,\frac{\partial}{\partial x}\left[\frac{x'-x}{r^3}\right] + \cos\beta\,\frac{\partial}{\partial y}\left[\frac{x'-x}{r^3}\right] + \cos\gamma\,\frac{\partial}{\partial z}\left[\frac{x'-x}{r^3}\right]\right\}$$

$$= \mu l\left\{-\frac{\cos\alpha}{r^3} + 3\frac{x'-x}{r^5}\left[(x'-x)\cos\alpha + (y'-y)\cos\beta + (z'-z)\cos\gamma\right]\right\}.$$

In ähnlicher Weise lassen sich die Kräfte, welche in Richtung der y- und z-Achse auf P' wirken, bestimmen.

§ 164. Der § 159 bewiesene Satz giebt uns noch zu
folgender Bemerkung Anlaß. Sind zwei Funktionen X und Y
gegeben, die beide von x und y abhängen, dann giebt es in
gewissen Fällen eine Funktion φ, die partiell nach x und y
differentiiert, X und Y liefert, aber im allgemeinen besteht
eine solche Funktion nicht. Ist

$$X = \frac{\partial\varphi}{\partial x} \qquad \text{und} \qquad Y = \frac{\partial\varphi}{\partial y}, \tag{23}$$

so ist

$$\frac{\partial X}{\partial y} = \frac{\partial^2\varphi}{\partial y\,\partial x} \qquad \text{und} \qquad \frac{\partial Y}{\partial x} = \frac{\partial^2\varphi}{\partial x\,\partial y},$$

folglich, auf Grund des erwähnten Satzes,

$$\frac{\partial X}{\partial y} = \frac{\partial Y}{\partial x}. \tag{24}$$

Also nur wenn (24) erfüllt ist, kann eine Funktion φ existieren, die, partiell nach x und y differentiiert, X und Y liefert. Bei den Gleichungen

$$X = x^2 + y^2, \qquad Y = xy$$

ist die Bedingungsgleichung (24) nicht erfüllt, da

$$\frac{\partial X}{\partial y} = 2y, \qquad \frac{\partial Y}{\partial x} = y.$$

Es ist daher nicht möglich, jetzt eine Funktion φ zu bestimmen, die (23) genügt. Bei den Gleichungen

$$X = 3x^2 y, \qquad Y = x^3$$

dagegen ist $\quad \dfrac{\partial X}{\partial y} = 3x^2, \qquad \dfrac{\partial Y}{\partial x} = 3x^2,$

also Gleichung (24) erfüllt. In der That braucht man jetzt nur

$$\varphi = x^3 y$$

zu setzen, um X und Y in der Form (23) schreiben zu können.

In analoger Weise ergiebt sich, daß, wenn X, Y, Z Funktionen von drei unabhängig Variablen x, y, z sind, nur dann eine Funktion φ existieren kann, die partiell nach x, y, z differentiiert, X, Y, Z ergiebt, wenn die folgenden Bedingungsgleichungen erfüllt sind

$$\frac{\partial Y}{\partial z} = \frac{\partial Z}{\partial y}, \qquad \frac{\partial Z}{\partial x} = \frac{\partial X}{\partial z}, \qquad \frac{\partial X}{\partial y} = \frac{\partial Y}{\partial x}.$$

Diese Gleichungen sind nämlich notwendige Folgen der Gleichungen

$$X = \frac{\partial \varphi}{\partial x}, \qquad Y = \frac{\partial \varphi}{\partial y}, \qquad Z = \frac{\partial \varphi}{\partial z}. \qquad (25)$$

§ 165. Ein im Raume beweglicher Punkt sei einer Kraft unterworfen, deren Richtung und Größe von der Lage des Punktes abhängen. Die Komponenten X, Y, Z dieser Kraft nach drei zu einander senkrechten Achsen sind dann Funktionen der Koordinaten x, y, z. In einigen speziellen Fällen sind nun diese Funktionen derart, daß sie sich als die partiellen Differentialquotienten einer einzigen Funktion darstellen, und also in der Form (25) schreiben lassen. Nehmen wir zunächst einmal an, daß ein fester Punkt P' mit den Koordinaten x', y', z' in der Entfernung r auf $P(x, y, z)$ abstoßend wirke mit einer Kraft $f(r)$, dann ist, da $\dfrac{x-x'}{r}$, $\dfrac{y-y'}{r}$, $\dfrac{z-z'}{r}$ die Kosinusse der Winkel zwischen $P'P$ und den Koordinatenachsen sind

$$X = \frac{x-x'}{r}f(r), \qquad Y = \frac{y-y'}{r}f(r), \qquad Z = \frac{z-z'}{r}f(r).$$

Hat nun $f(r)$ eine einfache Form, dann kann man leicht eine andere Funktion $F(r)$ angeben, die, nach r differentiiert, $f(r)$ liefert. Ist z. B. $f(r) = \frac{1}{r^2}$ oder $f(r) = r$, dann ist $F(r) = -\frac{1}{r}$, resp. $\frac{1}{2}r^2$. Wie sich später zeigen wird, besteht auch bei verwickelterer Gestalt von $f(r)$ immer eine zweite Funktion $F(r)$, derart, daß

$$f(r) = F'(r).$$

Es ist dann (vergl. § 162)

$$\frac{\partial}{\partial x}[F(r)] = F'(r)\frac{\partial r}{\partial x} = F'(r)\frac{x-x'}{r} = f(r)\frac{x-x'}{r}.$$

Da X ebenfalls $= f(r)\dfrac{x-x'}{r}$, so ist

$$X = \frac{\partial}{\partial x}[F(r)].$$

In analoger Weise ergiebt sich

$$Y = \frac{\partial}{\partial y}[F(r)], \qquad Z = \frac{\partial}{\partial z}[F(r)].$$

Es lassen sich also jetzt die Komponenten in der oben erwähnten Weise darstellen.

Dies ist gleichfalls möglich, wenn eine beliebige Anzahl fester Punkte P_1', P_2' u. s. w. abstoßend oder anziehend auf P wirken. Es seien für diese Punkte x_1', y_1', z_1', x_2', y_2', z_2' u. s. w. die Koordinaten, r_1, r_2 u. s. w. die Entfernungen von P, $f_1(r_1)$. $f_2(r_2)$ u. s. w. die Abstoßungen. Wir verstehen dabei im allgemeinen unter f_1, f_2 u. s. w. Funktionen verschiedener Art, da ja die verschiedenen Wirkungen nicht dasselbe Gesetz zu befolgen brauchen. Hat eine dieser Funktionen einen negativen Wert, so bedeutet das eine Anziehung.

Die Komponenten der auf P wirkenden Kraft sind jetzt:

$$X = \frac{x - x_1{}'}{r_1} f_1(r_1) + \frac{x - x_2{}'}{r_2} f_2(r_2) + \cdots$$

$$Y = \frac{y - y_1{}'}{r_1} f_1(r_1) + \frac{y - y_2{}'}{r_2} f_2(r_2) + \cdots$$

$$Z = \frac{z - z_1{}'}{r_1} f_1(r_1) + \frac{z - z_2{}'}{r_2} f_2(r_2) + \cdots$$

Führen wir eine Reihe von Funktionen

$$F_1(r_1), \quad F_2(r_2) \text{ u. s. w.}$$

ein, welche mit $f_1(r_1)$, $f_2(r_2)$ u. s. w. in einem solchen Zusammenhange stehen, daß

$$f_1(r_1) = F_1{}'(r_1), \qquad f_2(r_2) = F_2{}'(r_2) \cdots$$

ist, so läßt sich nach dem oben Gesagten für die Komponenten schreiben

$$X = \frac{\partial}{\partial x}[F_1(r_1)] + \frac{\partial}{\partial x}[F_2(r_2)] + \cdots,$$

$$\text{u. s. w.;}$$

wenn man also

$$\varphi = F_1(r_1) + F_2(r_2) + \cdots$$

setzt, so werden die Ausdrücke für die Kraftkomponenten die Form (25) annehmen.

Die Funktion φ, welche nach den Koordinaten differentiiert die Kraftkomponenten liefert, spielt in der Physik eine wichtige Rolle; man nennt sie Kraftfunktion oder Potentialfunktion. Differentiiert man dieselbe nach einer willkürlichen Richtung h, so ergiebt sich die Projektion der Kraft auf diese Richtung. Den Beweis hierfür überlassen wir dem Leser.

§ 166. Man erhält in den Fällen, wo eine Kraftfunktion φ existiert, ein anschauliches Bild von der Art und Weise, wie sich die Kraft von Punkt zu Punkt ändert, wenn man durch alle Punkte, für die φ gleich groß ist, sich eine Fläche gelegt denkt; in dieser Fläche ist dann

$$\varphi = C,$$

wo C eine Konstante bedeutet. Legt man dieser letzteren nacheinander verschiedene Werte bei, so erhält man eine Reihe derartiger Flächen, die sogenannten äquipotentiellen

Flächen. Offenbar geht durch jeden Punkt des Raumes eine dieser Flächen.

Aus den Erörterungen des § 151 geht nun unmittelbar hervor, daß die Kraft selbst, deren Komponenten

$$X = \frac{\partial \varphi}{\partial x}, \qquad Y = \frac{\partial \varphi}{\partial y}, \qquad Z = \frac{\partial \varphi}{\partial z}$$

sind, in jedem Punkte des Raumes senkrecht zu der durch diesen Punkt gelegten äquipotentiellen Fläche steht.

Den einfachsten Fall einer Kraftfunktion liefert uns die Schwerkraft. Auf den Punkt P (x, y, z), dessen Masse gleich der Einheit sei, wirke die Schwerkraft g, dann ist, wenn wir die z-Achse vertikal nach unten legen

$$X = 0, \quad Y = 0, \quad Z = g.$$

Die Kraftfunktion ist[1]

$$\varphi = g z,$$

und die äquipotentiellen Flächen, welche durch die Gleichung

$$g z = C$$

dargestellt werden, sind horizontale Ebenen.

Wirkt außer der Schwerkraft noch eine andere Kraft in der Verlängerung des auf die z-Achse gefällten Lotes und proportional der Länge dieses Lotes[2], so ist

$$X = p x, \qquad Y = p y, \qquad Z = g,$$

wo p eine Konstante bedeutet. Jetzt ist

$$\varphi = \tfrac{1}{2} p \, (x^2 + y^2) + g z.\text{[1]}$$

Die äquipotentiellen Flächen

$$\tfrac{1}{2} p \, (x^2 + y^2) + g z = C$$

sind Umdrehungsparaboloide (§ 78).

---

[1] In welcher Weise diese Gleichung aus den vorhergehenden erhalten wird, wird in der Integralrechnung gelehrt. Der Leser überzeuge sich jetzt, daß sich durch Differentiation von φ nach x, y, z die Werte von X, Y, Z ergeben.

[2] Die Centrifugalkraft, welche auftritt, wenn das System, zu dem der Punkt P gehört, um die z-Achse rotiert, würde diesen Bedingungen genügen.

Wird schließlich P von einem einzigen festen Punkt P' abgestoßen mit einer Kraft $\frac{c}{r^2}$, dann ist, wenn P' in den Koordinatenursprung gelegt wird,

$$X = \frac{cx}{r^3}, \qquad Y = \frac{cy}{r^3}, \qquad Z = \frac{cz}{r^3}$$

und

$$\varphi = -\frac{c}{r}.$$

Die äquipotentiellen Flächen sind Kugeln, deren Mittelpunkt P' ist.

§ 167. Ebenso wie wir z. B. $\frac{\partial \varphi}{\partial x}$ noch einmal nach x differentiieren können, läßt sich auch das § 157 betrachtete $\frac{\partial \varphi}{\partial h}$ nochmals nach h differentiieren. Da nämlich, wie dort schon bemerkt wurde, bei gegebenen α, β, γ, δ ...., d. h. bei gegebener Richtung h, $\frac{\partial \varphi}{\partial h}$ eine Funktion von x, y, z, u .... ist, so können wir mit $\frac{\partial \varphi}{\partial h}$ genau so verfahren, wie mit der ursprünglichen Funktion φ.

Wir wollen das kurz ausführen. Es war

$$\frac{\partial \varphi}{\partial h} = \alpha \frac{\partial \varphi}{\partial x} + \beta \frac{\partial \varphi}{\partial y} + \gamma \frac{\partial \varphi}{\partial z} + \ldots.$$

Wir schreiben dafür

$$\frac{\partial \varphi}{\partial h} = \left(\alpha \frac{\partial}{\partial x} + \beta \frac{\partial}{\partial y} + \gamma \frac{\partial}{\partial z} + \ldots. \right) \varphi,$$

wo nun die eingeklammerten Zeichen dazu dienen sollen, die Operation anzugeben, der die Funktion φ unterworfen wird, d. h. die Operation, welche darin besteht, daß man φ nach x, y, z .... differentiiert, die Resultate der Reihe nach mit α, β, γ .... multipliziert und schließlich addiert.

Soll nun $\frac{\partial \varphi}{\partial h}$ nochmals nach h differentiiert, also $\frac{\partial^2 \varphi}{\partial h^2}$ berechnet werden, so ist dieselbe Operation auf $\frac{\partial \varphi}{\partial h}$, also schließlich zweimal nacheinander auf φ anzuwenden. Um das auszudrücken, hängen wir dem Zeichen der Operation den Index 2 an, wir schreiben also

$$\frac{\partial^2 \varphi}{\partial h^2} = \left(\alpha \frac{\partial}{\partial x} + \beta \frac{\partial}{\partial y} + \gamma \frac{\partial}{\partial z} + \ldots. \right)^2 \varphi.$$

Eine ähnliche Schreibweise benutzen wir auch für die höheren Differentialquotienten, also

$$\frac{\partial^3 \varphi}{\partial h^3} = \left(\alpha \frac{\partial}{\partial x} + \beta \frac{\partial}{\partial y} + \gamma \frac{\partial}{\partial z} + \dots \right)^3 \varphi \quad \text{u. s. w.}$$

Es ist leicht, die obigen Ausdrücke weiter zu entwickeln. Hat man es mit nur zwei unabhängig Variablen x und y zu thun, so ist

$$\frac{\partial \varphi}{\partial h} = \left(\alpha \frac{\partial}{\partial x} + \beta \frac{\partial}{\partial y} \right) \varphi = \alpha \frac{\partial \varphi}{\partial x} + \beta \frac{\partial \varphi}{\partial y} \cdot$$

In dem §§ 144 u. flg. betrachteten Fall ist $\alpha = \cos \vartheta$ und $\beta = \sin \vartheta$.

Die Wiederholung der Operation ergiebt

$$\frac{\partial^2 \varphi}{\partial h^2} = \alpha \frac{\partial}{\partial x} \left(\alpha \frac{\partial \varphi}{\partial x} + \beta \frac{\partial \varphi}{\partial y} \right) + \beta \frac{\partial}{\partial y} \left(\alpha \frac{\partial \varphi}{\partial x} + \beta \frac{\partial \varphi}{\partial y} \right)$$

$$= \alpha^2 \frac{\partial^2 \varphi}{\partial x^2} + \alpha \beta \frac{\partial^2 \varphi}{\partial x \partial y} + \beta \alpha \frac{\partial^2 \varphi}{\partial y \partial x} + \beta^2 \frac{\partial^2 \varphi}{\partial y^2},$$

also, wenn man die Gleichung (19) beachtet,

$$\frac{\partial^2 \varphi}{\partial h^2} = \alpha^2 \frac{\partial^2 \varphi}{\partial x^2} + 2 \alpha \beta \frac{\partial^2 \varphi}{\partial x \partial y} + \beta^2 \frac{\partial^2 \varphi}{\partial y^2} \cdot \qquad (26)$$

Ebenso findet man

$$\frac{\partial^3 \varphi}{\partial h^3} = \alpha^3 \frac{\partial^3 \varphi}{\partial x^3} + 3 \alpha^2 \beta \frac{\partial^3 \varphi}{\partial x^2 \partial y} + 3 \alpha \beta^2 \frac{\partial^3 \varphi}{\partial x \partial y^2} + \beta^3 \frac{\partial^3 \varphi}{\partial y^3} \cdot$$

Auf die Analogie dieser Entwickelungen mit denen des binomischen Lehrsatzes brauchen wir wohl nur hinzuweisen.

§ 168. Es soll jetzt das Vorhergehende auf die Krümmung von Oberflächen angewandt werden. In einem Punkte O einer Fläche legen wir die Berührungsebene und wählen diese als xy-Ebene eines rechtwinkligen Koordinatensystems, dessen z-Achse also mit der Normale zusammenfällt. Es ist dann im Punkte O

$$\frac{\partial z}{\partial x} = 0, \qquad \frac{\partial z}{\partial y} = 0 \cdot \qquad (27)$$

Zur Veranschaulichung denken wir uns die Figur so gestellt, daß die Achse OZ vertikal nach oben zeigt.

Wir legen nun durch diese Achse eine beliebige Ebene, welche die xy-Ebene nach einer Linie OH, deren Richtung wir h nennen, schneidet; wir bestimmen dieselbe durch den Winkel ϑ, welchen sie mit OX bildet. Es soll für den Punkt O der Krümmungsradius ϱ oder die Krümmung $\frac{1}{\varrho}$ des Durchschnittes dieser Ebene mit der Fläche berechnet werden.

Die Schnittkurve beziehen wir auf OH und OZ als Koordinatachsen und nennen die Koordinaten eines Punktes h und z. Nach der Formel (1) des vorigen Kapitels (S. 184) ist

$$\frac{1}{\varrho} = \frac{\dfrac{\partial^2 z}{\partial h^2}}{\left[1 + \left(\dfrac{\partial z}{\partial h}\right)^2\right]^{3/2}},$$

also, da aus (27) folgt

$$\frac{\partial z}{\partial h} = 0,$$

$$\frac{1}{\varrho} = \frac{\partial^2 z}{\partial h^2}.$$

Aus der Formel

$$\frac{\partial z}{\partial h} = \frac{\partial z}{\partial x} \cos \vartheta + \frac{\partial z}{\partial y} \sin \vartheta$$

folgt durch nochmalige Differentiation (man vergleiche Formel (26), § 167)

$$\frac{\partial^2 z}{\partial h^2} = \cos^2 \vartheta \frac{\partial^2 z}{\partial x^2} + 2 \sin \vartheta \cos \vartheta \frac{\partial^2 z}{\partial x \partial y} + \sin^2 \vartheta \frac{\partial^2 z}{\partial y^2},$$

und zwar gelten diese Formeln in jedem beliebigen Punkte der Schnittkurve. Wir wenden die zweite derselben jetzt auf den Punkt O an.

Zur Abkürzung setzen wir für die daselbst geltenden Werte

$$\frac{\partial^2 z}{\partial x^2} = r, \qquad \frac{\partial^2 z}{\partial x \partial y} = s, \qquad \frac{\partial^2 z}{\partial y^2} = t.$$

Die gesuchte Krümmung wird dann

$$\frac{1}{\varrho} = r \cos^2 \vartheta + 2 s \sin \vartheta \cos \vartheta + t \sin^2 \vartheta.$$

Drehen wir jetzt die schneidende Ebene um die Normale herum, so erhalten wir immer wieder einen anderen „Normalschnitt"; hierbei ändert sich die Krümmung, da, während r, s und t konstant bleiben, der Winkel ϑ variiert.

Die Funktion von ϑ mit der wir es jetzt zu thun haben, hat dieselbe Gestalt wie der Ausdruck, den wir § 125 zu untersuchen hatten. Wir können hieraus sofort schließen, daß es zwei bestimmte, zu einander senkrechte Normalschnitte giebt, die sich dadurch auszeichnen, daß die Krümmung für den einen ein Maximum und für den anderen ein Minimum ist. Man nennt diese beiden die Hauptnormalschnitte und die Krümmungsradien derselben die Hauptkrümmungs- radien.

Die Formeln vereinfachen sich erheblich, wenn wir die x- und y-Achse in der Berührungsebene so wählen, daß die- selben gerade in den Hauptnormalschnitten liegen. Setzen wir für diesen Fall

$$\frac{\partial^2 z}{\partial x^2} = r_1 , \qquad \frac{\partial^2 z}{\partial x \, \partial y} = s_1 , \qquad \frac{\partial^2 z}{\partial y^2} = t_1 ,$$

so finden wir für die Krümmung eines Normalschnittes, dessen Ebene mit dem ersten Hauptnormalschnitt den Winkel ϑ bildet

$$\frac{1}{\varrho} = r_1 \cos^2 \vartheta + 2 s_1 \sin \vartheta \cos \vartheta + t_1 \sin^2 \vartheta .$$

Da nun aber diese Krümmung für $\vartheta = 0$ ein Maximum oder Minimum sein soll, so muß für diesen Wert von ϑ der Differentialquotient nach ϑ verschwinden, und dieses ist, wie man leicht sieht, nur möglich, wenn

$$s_1 = 0.$$

Also:

$$\frac{1}{\varrho} = r_1 \cos^2 \vartheta + t_1 \sin^2 \vartheta .$$

Setzt man hier $\vartheta = 0$ und $\vartheta = \frac{1}{2} \pi$, so muß man natür- lich die Hauptkrümmungen erhalten; bezeichnen wir die Hauptkrümmungsradien mit R_1 und R_2, so ist also $r_1 = \dfrac{1}{R_1}$, $t_1 = \dfrac{1}{R_2}$ und

$$\frac{1}{\varrho} = \frac{\cos^2 \vartheta}{R_1} + \frac{\sin^2 \vartheta}{R_2} . \tag{28}$$

Aus dieser Formel geht hervor, daß man die Krümmung aller Normalschnitte berechnen kann, sobald man die Haupt- krümmungsradien kennt.

Die Krümmung eines Normalschnittes kann positiv oder negativ sein (§ 130). Positiv ist dieselbe, wenn die Schnittkurve nach oben konkav, negativ dagegen, wenn die Kurve nach oben konvex ist.

Haben R_1 und R_2 dasselbe Vorzeichen, so stimmen nach (28) auch die Vorzeichen aller Krümmungsradien ϱ mit den Vorzeichen von R_1 und R_2 überein. Man kann dann sagen, daß im betrachteten Punkt die Fläche nach oben konkav oder konvex ist.

Wenn dagegen R_1 und R_2 entgegengesetzte Vorzeichen haben, so ist die Fläche in der einen Richtung nach oben und in der anderen Richtung nach unten konkav. Dieser Fall ist bei einer sattelförmigen Fläche realisiert.

Haben R_1 und R_2 gleiche Vorzeichen und auch gleiche Werte, so sind nach der Formel (28) alle ϱ einander gleich. Mit diesem Fall hat man es zu thun in jedem Punkte einer Kugel und an den Polen eines Umdrehungsellipsoids.

Übrigens kann man sich in einfachen Fällen durch unmittelbare Anschauung von der Existenz und der Lage der beiden Hauptschnitte eine Vorstellung bilden.

Der Ausdruck $\frac{1}{2}\left(\dfrac{1}{R_1} + \dfrac{1}{R_2}\right)$ wird oft die **mittlere Krümmung der Fläche** genannt.

§ 169. Auch bei Funktionen von zwei oder mehr unabhängig Variablen können Maxima oder Minima auftreten. Wir beschränken uns zunächst auf den Fall, wo φ eine Funktion von zwei unabhängig Veränderlichen, x und y, ist. Faßt man x und y als die rechtwinkligen Koordinaten in einer Ebene auf (§ 144), dann kann es in einem Punkte P (Koordinaten a und b) vorkommen, daß, wenn man in irgend einer Richtung h durch ihn hindurchgeht, unsere Funktion φ in diesem Punkt aus dem Wachsen in das Abnehmen oder umgekehrt übergeht, also φ ein Maximum resp. Minimum ist. Dabei kann dies der Fall sein für alle Richtungen, nach denen man durch den Punkt P hindurchgehen kann, oder nur für einige. Auch ist es sehr gut möglich, daß φ in Bezug auf einige Richtungen ein Maximum, in Bezug auf andere ein Minimum ist.

Faßt man φ als die dritte Koordinate eines Punktes auf und stellt den Verlauf der Funktion durch eine Fläche dar, so würde der letztere Fall eintreten, wenn die Fläche in der Nähe des Punktes mit den Koordinaten a und b sattelförmig wäre.

Soll φ in Bezug auf alle Richtungen ein Maximum oder Minimum sein, so muß (§ 121) für jede Richtung $\frac{\partial \varphi}{\partial h} = 0$ sein. Da nach Formel (4), S. 207

$$\frac{\partial \varphi}{\partial h} = \frac{\partial \varphi}{\partial x} \cos \vartheta + \frac{\partial \varphi}{\partial y} \sin \vartheta$$

ist, so ist die notwendige und hinreichende Bedingung hierfür, daß für $x = a$ und $y = b$

$$\frac{\partial \varphi}{\partial x} = 0 \qquad \text{und} \qquad \frac{\partial \varphi}{\partial y} = 0.$$

Um zu entscheiden, ob wir es nun wirklich mit einem Maximum oder Minimum zu thun haben, müssen wir untersuchen, ob $\frac{\partial \varphi}{\partial h}$ sein Vorzeichen wechselt (vergl. § 121) und in welchem Sinn dies geschieht, wenn man in der Richtung h durch P hindurchgeht. Wie wir schon wissen (vergl. § 143), hängt dies vom zweiten Differentialquotienten, also hier von $\frac{\partial^2 \varphi}{\partial h^2}$ ab. Es folgt nun aus der Formel für $\frac{\partial \varphi}{\partial h}$ durch abermalige Differentiation (man vergleiche Formel (26), § 167),

$$\frac{\partial^2 \varphi}{\partial h^2} = \cos^2 \vartheta \frac{\partial^2 \varphi}{\partial x^2} + 2 \sin \vartheta \cos \vartheta \frac{\partial^2 \varphi}{\partial x \partial y} + \sin^2 \vartheta \frac{\partial^2 \varphi}{\partial y^2},$$

oder, wenn wir zur Abkürzung

$$\frac{\partial^2 \varphi}{\partial x^2} = r, \qquad \frac{\partial^2 \varphi}{\partial x \partial y} = s, \qquad \frac{\partial^2 \varphi}{\partial y^2} = t$$

setzen,

$$\frac{\partial^2 \varphi}{\partial h^2} = r \cos^2 \vartheta + 2 s \sin \vartheta \cos \vartheta + t \sin^2 \vartheta.$$

Untersuchen wir zunächst, unter welchen Bedingungen dieser Ausdruck für alle Werte des Winkels ϑ positiv ist. Da derselbe für $\vartheta = 0$ in r und für $\vartheta = \frac{1}{2}\pi$ in t übergeht, so muß $r > 0$ und $t > 0$ sein. Es läßt sich weiter schreiben

$$\frac{\partial^2 \varphi}{\partial h^2} = \left(\sqrt{r} \cos \vartheta + \frac{s}{\sqrt{r}} \sin \vartheta \right)^2 + \left(t - \frac{s^2}{r} \right) \sin^2 \vartheta \, .$$

Dieser Ausdruck reduziert sich auf

$$\frac{\partial^2 \varphi}{\partial h^2} = \left(t - \frac{s^2}{r} \right) \sin^2 \vartheta \, ,$$

wenn man

$$\operatorname{tg} \vartheta = -\frac{r}{s}$$

setzt. Soll also auch für den hierdurch bestimmten Wert von ϑ der zweite Differentialquotient positiv sein, so muß $t - \frac{s^2}{r} > 0$, oder, da wir schon wissen, daß r positiv ist, $rt - s^2 > 0$ sein. Findet aber diese Ungleichheit statt, so ist $\frac{\partial^2 \varphi}{\partial h^2}$ als Summe zweier Quadrate für alle Werte von ϑ positiv.

Die notwendigen und ausreichenden Bedingungen für ein absolutes Minimum sind also

$$r > 0 \, , \qquad t > 0 \, , \qquad rt - s^2 > 0 \, ,$$

wobei noch zu bemerken ist, daß die zweite Bedingung in der ersten und dritten enthalten ist.

In ähnlicher Weise findet man als Bedingungen für ein absolutes Maximum

$$r < 0 \, , \qquad t < 0 \, , \qquad rt - s^2 > 0 \, .$$

Sobald $rt - s^2 > 0$ ist, tritt entweder der erste oder der zweite Fall ein. Ist dagegen $rt - s^2 < 0$, so hat man es je nach der für h gewählten Richtung mit einem Maximum oder einem Minimum zu thun. Wir haben dann nämlich

$$\frac{\partial^2 \varphi}{\partial h^2} = r \sin^2 \vartheta \, (\cot \vartheta - m)(\cot \vartheta - n) \, ,$$

wo

$$m = -\frac{s}{r} + \frac{1}{r}\sqrt{s^2 - rt} \, , \qquad n = -\frac{s}{r} - \frac{1}{r}\sqrt{s^2 - rt}$$

ist.

Der Differentialquotient hat nun das eine oder das andere Vorzeichen, je nachdem $\cot \vartheta$ zwischen den Größen m und n oder außerhalb dieses Intervalles liegt.

§ 170. Ist φ eine Funktion von mehr als zwei Variablen, etwa eine Funktion von x, y, z, u . . . ., so lassen sich die etwaigen Maxima und Minima in analoger Weise wie im vorigen Paragraphen ermitteln.

Damit φ für gewisse Werte x_1, y_1, z_1, u_1 . . . . ein Maximum oder Minimum ist, muß für jede Richtung h $\frac{\partial \varphi}{\partial h} = 0$ sein. Hieraus und aus Gleichung (16), S. 219 folgt, da die die Richtung bestimmenden Größen α, β, γ, δ . . . . sehr verschiedene Werte haben und auch alle, mit Ausnahme einer einzigen gleich 0 sein können,

$$\frac{\partial \varphi}{\partial x} = 0, \quad \frac{\partial \varphi}{\partial y} = 0, \quad \frac{\partial \varphi}{\partial z} = 0, \quad \frac{\partial \varphi}{\partial u} = 0 \ldots (29)$$

Sind diese Gleichungen erfüllt, so ist offenbar auch für jede Richtung $\frac{\partial \varphi}{\partial h} = 0$. Um zu entscheiden, ob man es dann auch wirklich mit Maxima oder Minima zu thun hat, sind ähnlich wie im vorhergehenden Paragraphen die zweiten Differentialquotienten $\frac{\partial^2 \varphi}{\partial h^2}$ heranzuziehen. Dadurch wird die Untersuchung oft sehr erschwert.

Zuweilen kann man jedoch aus der Natur der vorliegenden Funktion direkt erkennen, ob für die betreffenden Werte von x, y, z, u . . . . ein Maximum oder Minimum existiert.

§ 171. Mit einem derartigen Falle hat man es z. B. bei der Berechnung von Beobachtungsresultaten nach der Methode der kleinsten Quadrate zu thun.

Alle unsere Messungen sind mit Fehlern behaftet, die durch Unvollkommenheit unserer Sinnesorgane und Instrumente oder durch andere störende Einflüsse entstehen. Wir nehmen an, daß die Fehler einmal in einem Sinn, das andere Mal in entgegengesetztem Sinn ungefähr in gleichem Maße auftreten. Ist dies der Fall, so kann man die Resultate bis zu einem gewissen Grad von den Fehlern befreien, wenn man die Messungen wiederholt. Handelt es sich dabei um die direkte Ausmessung einer einzigen Größe, dann ist der Mittelwert aller Einzelresultate, d. h. die Summe aller Werte dividiert durch die Anzahl, der wahrscheinlichste Wert.

In vielen Fällen liegen die Verhältnisse verwickelter insofern, als mehrere Größen zu ermitteln sind, die nicht direkt durch Messung gefunden, sondern erst aus anderen Größen berechnet werden müssen. Von einem Stab sei beispielsweise bekannt, daß er sich bei Erwärmung nach der Formel

$$l = p + qt$$

ausdehnt, wo l die Länge, p und q Konstanten und t die Temperatur bedeuten. Will man p und q aus Beobachtungen ableiten, so wird man im Hinblick auf die jeder Messung anhaftenden Fehler die Länge des Stabes nicht nur bei zwei verschiedenen Temperaturen, sondern bei mehreren t_1, t_2, t_3 u. s. w. bestimmen. Ergeben sich hierbei als Resultate die Längen l_1, l_2, l_3 u. s. w., dann hat man zur Berechnung von p und q eine Anzahl von Gleichungen, nämlich

$$\left.\begin{aligned} p + qt_1 &= l_1 \\ p + qt_2 &= l_2 \\ p + qt_3 &= l_3 \\ \text{u. s. w.} \end{aligned}\right\} \qquad (30)$$

Wären alle Messungen vollkommen genau, so würde man, welche zwei dieser Gleichungen man auch der Rechnung zu Grunde legen würde, stets dieselben Werte für p und q erhalten. In Wirklichkeit wird dies nie der Fall sein, und es erhebt sich da die Frage, welche Werte von p und q als die wahrscheinlich richtigsten sich aus den Gleichungen ergeben. Würde man für p und q bestimmte Werte setzen und daraus die Länge des Stabes bei verschiedenen Temperaturen berechnen, so würde die berechnete Länge von der direkt beobachteten abweichen. Die Fehler

$$p + qt_1 - l_1, \qquad p + qt_2 - l_2, \qquad p + qt_3 - l_3 \text{ u. s. w. } (31)$$

sind offenbar Funktionen der für p und q angenommenen Werte. Aus Betrachtungen über die Wahrscheinlichkeit des Auftretens größerer und kleinerer Fehler hat man nun abgeleitet, daß die wahrscheinlichsten Werte für p und q diejenigen sind, für welche die Summe der zweiten Potenzen der Fehler, also die Größe

$$S = (p + qt_1 - l_1)^2 + (p + qt_2 - l_2)^2 + \ldots,$$
$$S = \Sigma (p + qt - l)^2 \qquad (32)$$

möglichst klein ist.

Es leuchtet wohl unmittelbar ein, daß für diese Summe ein Minimum existieren muß. Es ist nämlich S immer positiv, welche Werte man auch für p und q einsetzt, und von einer Anzahl positiver Zahlen muß immer eine die allerkleinste sein.

S kann freilich nicht Null werden; das wäre nur möglich, wenn alle Gleichungen (30) genau erfüllt wären, was eben durch die Beobachtungsfehler verhindert wird.

Ohne auf die Ableitung aus der Wahrscheinlichkeitsrechnung einzugehen, kann man leicht einsehen, daß diejenigen Werte von p und q, welche S zu einem Minimum machen, auch solche sind, die sich allen Beobachtungen ziemlich gut anschmiegen. Wenn nämlich die Summe der Quadrate der Differenzen (31) klein wird, kann keine einzige dieser Differenzen einen beträchtlichen Wert haben; man wird sich daher von keinem einzigen der Beobachtungsresultate gar zu weit entfernen.

§ 172. Die Werte von p und q, für welche S ein Minimum ist, berechnen wir aus den Gleichungen (vergl. § 170)

$$\frac{\partial S}{\partial p} = 0, \qquad \frac{\partial S}{\partial q} = 0,$$

woraus sich ergiebt

$$(p + q t_1 - l_1) + (p + q t_2 - l_2) + \dots = 0$$
$$\text{und} \quad t_1(p + q t_1 - l_1) + t_2(p + q t_2 - l_2) + \dots = 0, \quad \Big\} \ (33)$$

oder, wenn n die Anzahl der Messungen bedeutet,

$$p n + q \, \Sigma t - \Sigma l = 0,$$
$$p \, \Sigma t + q \, \Sigma t^2 - \Sigma l t = 0.$$

Aus diesen Gleichungen mit bekannten Koeffizienten lassen sich p und q leicht berechnen. Es leuchtet nun auch ohne eine Untersuchung über die zweiten Differentialquotienten sofort ein, daß die für p und q gefundenen Werte wirklich ein Minimum ergeben. Denn einerseits wissen wir, wie bereits bemerkt wurde, im voraus, daß ein Minimum existiert, und müssen die diesem Minimum entsprechenden Werte von p und q den Gleichungen (33) genügen. Andererseits können diese Gleichungen, da sie linear sind, durch keine anderen Werte befriedigt werden.

Hätte man ein und dieselbe Größe mehrere Male gemessen und würde man ihren wahrscheinlichsten Wert nach der Methode der kleinsten Quadrate berechnen, so würde man den gewöhnlichen Mittelwert erhalten (vergl. § 124).

§ 173. Die Methode der kleinsten Quadrate kann auch bei mehr als zwei unbekannten Größen angewandt werden. Sollen p, q, r, s .... berechnet werden aus den linearen Gleichungen

$$l_1 = \alpha_1 p + \beta_1 q + \gamma_1 r + \delta_1 s + \ldots.$$
$$l_2 = \alpha_2 p + \beta_2 q + \gamma_2 r + \delta_2 s + \ldots.$$
$$l_3 = \alpha_3 p + \beta_3 q + \gamma_3 r + \delta_3 s + \ldots. \text{ u. s. w.}[1],$$

wo l_1, l_2, l_3 .... Messungsresultate und α_1, β_1, γ_1, δ_1 ...., α_2, β_2, γ_2, δ_2 .... u. s. w. bekannte Koeffizienten sind, so würden die wahrscheinlichsten Werte sich aus der Regel ergeben, daß die Summe der Quadrate der Fehler, nämlich

$$S = (\alpha_1 p + \beta_1 q + \gamma_1 r + \delta_1 s + \ldots. - l_1)^2 +$$
$$(\alpha_2 p + \beta_2 q + \gamma_2 r + \delta_2 s + \ldots. - l_2)^2 + \text{ u. s. w.,}$$

ein Minimum sein muß. Die Bedingungen hierfür,

$$\frac{\partial S}{\partial p} = 0, \quad \frac{\partial S}{\partial q} = 0, \quad \frac{\partial S}{\partial r} = 0, \quad \frac{\partial S}{\partial s} = 0 \text{ u. s. w.,}$$

geben zur Ermittelung der Unbekannten soviel Gleichungen vom ersten Grade, als Unbekannte zu berechnen sind.

Die auseinandergesetzte Methode leistet gute Dienste in allen Fällen, wo eine Reihe von Messungen durch eine empirische Formel dargestellt werden soll, in welcher nur einige linear vorkommende Konstanten vorläufig unbekannt sind. Hat man z. B. für einige Lichtstrahlen mit verschiedenen Wellenlängen λ die Brechungsindices n bestimmt und will man die Beziehung zwischen beiden durch die Formel

$$n = A + \frac{B}{\lambda^2} + \frac{C}{\lambda^4}$$

ausdrücken, dann wird man, um einen möglichst guten Anschluß zwischen den beobachteten und berechneten Werten zu erhalten, A, B und C so bestimmen, daß die Summe der

---

[1] Natürlich wird hierbei vorausgesetzt, daß die Anzahl der Gleichungen größer ist als die der Unbekannten.

Quadrate der Differenzen zwischen den beobachteten und den nach der Formel berechneten Brechungsindices möglichst klein wird.

§ 174. Auch aus nicht linearen Gleichungen können die wahrscheinlichsten Werte der unbekannten Größen mit Hilfe der Methode der kleinsten Quadrate berechnet werden. Sollen z. B. p, q, r, s .... aus den nicht linearen Gleichungen

$$l_1 = F_1 (p, q, r, s \ldots),$$
$$l_2 = F_2 (p, q, r, s \ldots),$$
$$l_3 = F_3 (p, q, r, s \ldots) \text{ u. s. w.}$$

berechnet werden, so würde man wieder dieselben so bestimmen, daß die Summe S der Quadrate der Größen:

$$F_1 (p, q, r, s \ldots) - l_1, \quad F_2 (p, q, r, s \ldots) - l_2 \text{ u. s. w.}$$

ein Minimum würde. Die erforderliche Anzahl von Gleichungen hätte man dann in

$$\frac{\partial S}{\partial p} = 0, \qquad \frac{\partial S}{\partial q} = 0, \qquad \frac{\partial S}{\partial r} = 0 \text{ u. s. w.}$$

Jedoch wäre die Auflösung dieser Gleichungen, die nicht mehr linear sind, in vielen Fällen sehr schwierig. Durch einen einfachen Kunstgriff gelingt es indessen stets, die Aufgabe auf lineare Gleichungen zurückzuführen. Angenommen, man hätte auf diesem oder jenem Wege für die Unbekannten die angenäherten Werte p_0, q_0, r_0, s_0 .... gewonnen, die nur noch kleiner Verbesserungen bedürfen. Bezeichnen wir diese mit p', q', r', s' .... und setzen wir also

$$p = p_0 + p', \quad q = q_0 + q', \quad r = r_0 + r', \quad s = s_0 + s' \text{ u. s. w.,}$$

so dürfen wir, wenn p', q', r', s' .... sehr klein sind, schreiben (vergl. § 156)

$$F_1(p, q, r \ldots) = F_1(p_0, q_0, r_0 \ldots) + \frac{\partial F_1}{\partial p} p' + \frac{\partial F_1}{\partial q} q' + \frac{\partial F_1}{\partial r} r' + \ldots$$

In dieser Gleichung sind uns das erste Glied auf der rechten Seite und ebenso die Koeffizienten $\frac{\partial F_1}{\partial p}$, $\frac{\partial F_1}{\partial q}$ .... bekannt, da wir in diesen abgeleiteten Funktionen die Werte $p = p_0$, $q = q_0$, $r = r_0$ .... einsetzen dürfen.

Aus der Gleichung

$$l_1 = F_1(p, q, r \ldots)$$

ergiebt sich nun

$$\frac{\partial F_1}{\partial p} p' + \frac{\partial F_1}{\partial q} q' + \frac{\partial F_1}{\partial r} r' + \ldots = l_1 - F_1(p_0, q_0, r_0 \ldots).$$

Analoge lineare Gleichungen erhält man mit l_2, l_3.... Aus denselben lassen sich die Verbesserungen p', q', r'.... nach der Methode der kleinsten Quadrate berechnen. In der eben geschilderten Weise werden z. B. die vorläufig berechneten Elemente einer Planeten- oder Kometenbahn so verbessert, daß die letztere sich möglichst gut an alle ausgeführten Ortsbestimmungen des Himmelskörpers anschließt.

Glaubt man, daß unter einer Anzahl von Messungen einige zuverlässiger sind, als die anderen, so kann man dies in Rechnung bringen, indem man verfährt, als ob die Beobachtungen, welche man für besonders gelungen hält, nicht einmal, sondern zwei- oder noch mehrere Male und zwar mit demselben Resultat ausgeführt wären. Wollte man z. B. in der Aufgabe § 171 der ersten Messung ein doppelt so großes „Gewicht" zuerkennen, als den übrigen, so würde man p und q so bestimmen müssen, daß

$$S = 2(p + q\,t_1 - l_1)^2 + (p + q\,t_2 - l_2)^2 + \ldots$$

ein Minimum würde. In der That wirft dann die erste Messung mehr Gewicht in die Wagschale, als die übrigen.

§ 175. Wir wollen zum Schluß noch zeigen, wie die partiellen Differentialquotienten bei dem Differentiieren einer Funktion Verwendung finden.

Wir differentiierten § 108 eine Funktion y, die nicht direkt, sondern durch Vermittelung einer Variablen u von x abhängt.

Es sei jetzt y eine Funktion von u, v, w ...., die alle wieder Funktionen von x seien. Wächst x um dx und erfahren demzufolge u, v, w .... die Zuwächse du, dv, dw....., dann ist nach § 153 der Zuwachs von y

$$dy = \frac{\partial y}{\partial u} du + \frac{\partial y}{\partial v} dv + \ldots$$

und nach Division mit dx

$$\frac{dy}{dx} = \frac{\partial y}{\partial u}\frac{du}{dx} + \frac{\partial y}{\partial v}\frac{dv}{dx} + \dots \qquad (34)$$

Die hier vorkommenden Differentialquotienten $\frac{du}{dx}$, $\frac{dv}{dx}$ ....
sind direkt Funktionen von x, die partiellen Differentialquotienten
$\frac{\partial y}{\partial u}$, $\frac{\partial y}{\partial v}$ .... dagegen zunächst Funktionen von u, v ....
Da aber u, v .... Funktionen von x sind, so lassen sich
$\frac{\partial y}{\partial u}$, $\frac{\partial y}{\partial v}$ ...., und also auch $\frac{dy}{dx}$, als Funktionen von x darstellen. Man wird sogar oft $\frac{dy}{dx}$ sofort in dieser Form nieder-
schreiben können.

Wie sich aus Formel (34) ergiebt, besteht der Differentialquotient $\frac{dy}{dx}$ aus einer Anzahl von Teilen, deren erster sich
ergeben würde, wenn v, w.... konstant wären und nur u von x
abhinge, der zweite, wenn nur v variabel wäre u. s. w.

Die Formel (34) enthält die allgemeine Regel für die in
§ 105 besprochenen speziellen Fälle. Aus

$$y = uv$$

folgt

$$\frac{\partial y}{\partial u} = v, \quad \frac{\partial y}{\partial v} = u$$

und also in Übereinstimmung mit dem früher gefundenen
Resultat

$$\frac{dy}{dx} = v\frac{du}{dx} + u\frac{dv}{dx}.$$

Ebenso ergiebt sich aus

$$y = \frac{u}{v},$$

$$\frac{\partial y}{\partial u} = \frac{1}{v}, \quad \frac{\partial y}{\partial v} = -\frac{u}{v^2}$$

$$\frac{dy}{dx} = \frac{v\dfrac{du}{dx} - u\dfrac{dv}{dx}}{v^2}.$$

Ist

$$y = u^v,$$

dann ergiebt sich

$$\frac{\partial y}{\partial u} = v\,u^{v-1}, \qquad \frac{\partial y}{\partial v} = u^v\,lu,$$

so daß

$$\frac{dy}{dx} = v\,u^{v-1}\frac{du}{dx} + u^v\,lu\,\frac{dv}{dx}.$$

So ist z. B.

$$\frac{d}{dx}(x^x) = x^x\,(1 + lx).$$

Es verdient noch bemerkt zu werden, daß, wenn $u, v \ldots$ und also auch y außer von x noch von anderen Veränderlichen $x' \ldots$ abhängen, die Formel (34) gültig bleibt, wenn man die letztgenannten Größen als Konstanten betrachtet. Um dies auszudrücken, schreibt man dann besser

$$\frac{\partial y}{\partial x} = \frac{\partial y}{\partial u}\frac{\partial u}{\partial x} + \frac{\partial y}{\partial v}\frac{\partial v}{\partial x} + \cdots \qquad (35)$$

§ 176. Gegeben seien zwei Linien S und S' und auf denselben zwei feste Punkte A und A' (Fig. 92). Die Lage irgend eines Punktes P auf S bestimmen wir durch die längs der Linie in bestimmter Richtung gemessene Entfernung s von A, ebenso die Lage eines Punktes P' auf S' durch die längs S' gemessene Entfernung s' von A'.

Wir denken uns ein rechtwinkliges Koordinatensystem, dann sind die Koordinaten x, y, z von P Funktionen von s, und die Koordinaten x', y', z' von P' Funktionen von s'. Der Abstand $PP' = r$,

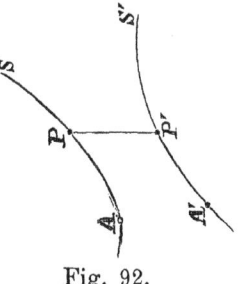

Fig. 92.

der direkt von x, y, z, x', y', z' abhängt, hängt also indirekt von s und s' ab. Also ist

$$\frac{\partial r}{\partial s} = \frac{\partial r}{\partial x}\frac{dx}{ds} + \frac{\partial r}{\partial y}\frac{dy}{ds} + \frac{\partial r}{\partial z}\frac{dz}{ds}. \qquad (36)$$

Nach § 161 sind $\dfrac{\partial r}{\partial x}, \dfrac{\partial r}{\partial y}, \dfrac{\partial r}{\partial z}$ die Kosinusse der Winkel, welche die von P' nach P gezogene Gerade mit den Koordinatenachsen bildet.

Ebenso stellen (§ 98) $\dfrac{dx}{ds}, \dfrac{dy}{ds}, \dfrac{dz}{ds}$ die Kosinusse der Winkel dar, welche ein Element der Linie S bei P mit den Achsen bildet.

Deshalb ist

$$\frac{\partial r}{\partial s} = \cos \vartheta,$$

wenn ϑ den Winkel bedeutet, den das genannte Element mit $P'P$ bildet.

Ebenso ist

$$\frac{\partial r}{\partial s'} = \cos \vartheta',$$

wenn ϑ' den Winkel bedeutet, den ein Element der Linie S' bei P' mit der Verbindungslinie, in entgegengesetzter Richtung wie soeben genommen, bildet.

Nach dem schon § 161 gefundenen, enthalten übrigens diese Gleichungen nichts neues.

Um auch $\dfrac{\partial^2 r}{\partial s\,\partial s'}$ zu ermitteln, schreiben wir für (36)

$$\frac{\partial r}{\partial s} = \frac{x - x'}{r}\frac{dx}{ds} + \frac{y - y'}{r}\frac{dy}{ds} + \frac{z - z'}{r}\frac{dz}{ds}$$

und behalten im Auge, daß x, y, z, $\dfrac{dx}{ds}$, $\dfrac{dy}{ds}$, $\dfrac{dz}{ds}$ unabhängig von s' sind, daß dagegen x', y', z' und demzufolge auch r von s' abhängen.

Man findet dann:

$$\frac{\partial^2 r}{\partial s\,\partial s'} = -\frac{1}{r}\left(\frac{dx}{ds}\frac{dx'}{ds'} + \frac{dy}{ds}\frac{dy'}{ds'} + \frac{dz}{ds}\frac{dz'}{ds'}\right) -$$

$$- \left[(x - x')\frac{dx}{ds} + (y - y')\frac{dy}{ds} + (z - z')\frac{dz}{ds}\right] \cdot \frac{1}{r^2}\frac{\partial r}{\partial s'} =$$

$$= -\frac{1}{r}\left(\frac{dx}{ds}\frac{dx'}{ds'} + \frac{dy}{ds}\frac{dy'}{ds'} + \frac{dz}{ds}\frac{dz'}{ds'}\right) - \frac{1}{r}\frac{\partial r}{\partial s}\frac{\partial r}{\partial s'}.$$

Nennen wir den Winkel, den die beiden, bei den Punkten P und P' liegenden Linienelemente ds und ds' miteinander bilden, ε, so ist

$$\cos \varepsilon = \frac{dx}{ds}\frac{dx'}{ds'} + \frac{dy}{ds}\frac{dy'}{ds'} + \frac{dz}{ds}\frac{dz'}{ds'}.$$

Also

$$\frac{\partial^2 r}{\partial s\,\partial s'} = -\frac{\cos \varepsilon + \cos \vartheta \cos \vartheta'}{r}$$

und

$$\cos \varepsilon = -r\frac{\partial^2 r}{\partial s\,\partial s'} - \frac{\partial r}{\partial s}\frac{\partial r}{\partial s'}.$$

Diese Formeln sind namentlich für die Elektrodynamik wichtig.

§ 177. In § 115 sahen wir, wie man in einigen einfachen Fällen den Differentialquotienten einer unentwickelten
Funktion ableiten kann, ohne daß man die Gleichung nach der
abhängig Variablen aufzulösen braucht. Dieses läßt sich jetzt
folgendermaßen verallgemeinern. Gegeben sei die Gleichung

$$F(x, y) = C, \tag{37}$$

wo C eine Konstante ist. Wenn man nun, ausgehend von
einem bestimmten Wert von x und dem dazu gehörigen von y,
welcher der Gleichung (37) Genüge leistet, beide Variable
unendlich wenig, um dx und dy, wachsen läßt, dann wird im
allgemeinen auch die Funktion $F(x, y)$ einen anderen Wert
annehmen.

Ihr Zuwachs wird nach § 147 gleich sein

$$\frac{\partial F}{\partial x} dx + \frac{\partial F}{\partial y} dy,$$

wenn wir die Funktion der Kürze halber mit F bezeichnen.

Sollen auch die neuen Werte von x und y der Gleichung (37)
Genüge leisten, so können dx und dy nicht beide beliebig gewählt werden, denn es muß

$$F(x, y) + \frac{\partial F}{\partial x} dx + \frac{\partial F}{\partial y} dy = C$$

sein, und also

$$\frac{\partial F}{\partial x} dx + \frac{\partial F}{\partial y} dy = 0.$$

Hieraus folgt

$$\frac{dy}{dx} = - \frac{\dfrac{\partial F}{\partial x}}{\dfrac{\partial F}{\partial y}}. \tag{38}$$

Man kann diese Formel auch auf folgende Weise ableiten.
Da y eine Funktion von x ist, so hängt $F(x, y)$ auf zweifache
Weise von x ab, nämlich erstens direkt und zweitens indirekt
durch Vermittelung von y. Wir können also die Formel (34)
(§ 175) anwenden, indem wir y durch F, u durch x und v
durch y ersetzen und erhalten

$$\frac{dF}{dx} = \frac{\partial F}{\partial x} + \frac{\partial F}{\partial y} \frac{dy}{dx}. \tag{39}$$

Diese Gleichung würde gelten, welche Funktion y auch

von x wäre. Soll aber y gerade in solcher Weise von x abhängen, daß $F(x, y)$ den konstanten Wert C erhält, so muß

$$\frac{dF}{dx} = 0$$

sein, also

$$\frac{\partial F}{\partial x} + \frac{\partial F}{\partial y} \frac{dy}{dx} = 0, \qquad (40)$$

woraus die Formel (38) sofort folgt.

§ 178. In ähnlicher Weise läßt sich $\frac{d^2 y}{dx^2}$ berechnen.

Da $\frac{\partial F}{\partial x}$, $\frac{\partial F}{\partial y}$ und $\frac{dy}{dx}$ Funktionen von x sind, so erhalten
wir aus (40), indem wir die Regel für die Differentiation eines
Produktes anwenden,

$$\frac{d}{dx}\left(\frac{\partial F}{\partial x}\right) + \frac{d}{dx}\left(\frac{\partial F}{\partial y}\right)\frac{dy}{dx} + \frac{\partial F}{\partial y}\frac{d^2 y}{dx^2} = 0. \qquad (41)$$

Nun ist analog Formel (39)

$$\frac{d}{dx}\left(\frac{\partial F}{\partial x}\right) = \frac{\partial^2 F}{\partial x^2} + \frac{\partial^2 F}{\partial x\,\partial y}\frac{dy}{dx},$$

$$\frac{d}{dx}\left(\frac{\partial F}{\partial y}\right) = \frac{\partial^2 F}{\partial x\,\partial y} + \frac{\partial^2 F}{\partial y^2}\frac{dy}{dx}.$$

Durch Einsetzen dieser Werte in (41) erhält man

$$\frac{\partial^2 F}{\partial x^2} + 2\frac{\partial^2 F}{\partial x\,\partial y}\frac{dy}{dx} + \frac{\partial^2 F}{\partial y^2}\left(\frac{dy}{dx}\right)^2 + \frac{\partial F}{\partial y}\frac{d^2 y}{dx^1} = 0.$$

Setzt man hierin aus (40) den Wert für $\frac{dy}{dx}$ ein, so hat
man $\frac{d^2 y}{dx^2}$ als eine Funktion von x und y.

Man kann diesen Wert von $\frac{d^2 y}{dx^2}$ auch dadurch erhalten,
daß man (38) direkt nach x differentiiert. Man erhält dann

$$\frac{d^2 y}{dx^2} = \frac{\dfrac{\partial F}{\partial x}\dfrac{d}{dx}\left(\dfrac{\partial F}{\partial y}\right) - \dfrac{\partial F}{\partial y}\dfrac{d}{dx}\left(\dfrac{\partial F}{\partial x}\right)}{\left(\dfrac{\partial F}{\partial y}\right)^2}$$

oder

$$\frac{d^2 y}{dx^2} = \frac{\dfrac{\partial F}{\partial x}\left(\dfrac{\partial^2 F}{\partial x\,\partial y} + \dfrac{\partial^2 F}{\partial y^2}\dfrac{dy}{dx}\right) - \dfrac{\partial F}{\partial y}\left(\dfrac{\partial^2 F}{\partial x^2} + \dfrac{\partial^2 F}{\partial x\,\partial y}\dfrac{dy}{dx}\right)}{\left(\dfrac{\partial F}{\partial y}\right)^2}.$$

Der Leser möge sich selbst davon überzeugen, daß man auf beide Weisen denselben Wert für $\dfrac{d^2 y}{dx^2}$ erhält.

§ 179. Wir behandeln schließlich noch einen allgemeinen Fall. Gegeben seien p Variable x_1, x_2, ... x_p, die miteinander durch die folgenden q Gleichungen verbunden sind $(q < p)$

$$F_1(x_1, x_2, x_3 \ldots x_p) = 0,$$
$$F_2(x_1, x_2, x_3 \ldots x_p) = 0,$$
$$\cdots \cdots \cdots \cdots$$
$$\cdots \cdots \cdots \cdots$$
$$F_q(x_1, x_2, x_3 \ldots x_p) = 0.$$

Man kann dann von den Variablen $p - q = r$, also z. B. x_1, x_2, x_3 .... x_r, als die unabhängig Veränderlichen betrachten, von denen die übrigen x_{r+1}, x_{r+2} .... x_p abhängen, und eine jede dieser letzteren Größen partiell nach einer der unabhängig Variablen differentiieren. Dabei brauchen wir, ähnlich wie in den vorigen Paragraphen, die Gleichungen nicht erst nach den abhängig Variablen aufzulösen. Es kommt in der ersten Funktion F_1 die unabhängig Variable x_1 in zweierlei Weise vor, einmal direkt, und zweitens durch Vermittelung der abhängig Variablen x_{r+1}, x_{r+2} .... x_p. Durch partielle Differentiation nach x_1, d. h. indem man x_2 .... x_r als konstant betrachtet, ergiebt sich also [vergl. Gleichung (40)]

$$\frac{\partial F_1}{\partial x_1} + \frac{\partial F_1}{\partial x_{r+1}} \frac{\partial x_{r+1}}{\partial x_1} + \frac{\partial F_1}{\partial x_{r+2}} \frac{\partial x_{r+2}}{\partial x_1} + \ldots \frac{\partial F_1}{\partial x_p} \frac{\partial x_p}{\partial x_1} = 0$$

und ebenso

$$\frac{\partial F_2}{\partial x_1} + \frac{\partial F_2}{\partial x_{r+1}} \frac{\partial x_{r+1}}{\partial x_1} + \frac{\partial F_2}{\partial x_{r+2}} \frac{\partial x_{r+2}}{\partial x_1} + \ldots \frac{\partial F_2}{\partial x_p} \frac{\partial x_p}{\partial x_1} = 0 \text{ u. s. w.}$$

Diese Gleichungen enthalten zweierlei partielle Differentialquotienten. Es sind nämlich F_1, F_2 .... Funktionen der p Variablen x_1 .... x_p, so daß in den partiellen Differentialquotienten dieser Funktionen jedesmal $p - 1$ Variable als konstant betrachtet sind. Dagegen wurden x_{r+1} .... x_p als Funktionen der r Veränderlichen x_1 .... x_r aufgefaßt und sind also bei den Differentiationen wie $\dfrac{\partial x_{r+1}}{\partial x_1}$ jedesmal $r - 1$ Größen als konstant vorausgesetzt.

Wir haben jetzt q Gleichungen mit den q Unbekannten

$$\frac{\partial x_{r+1}}{\partial x_1}, \qquad \frac{\partial x_{r+2}}{\partial x_1} \ldots \frac{\partial x_p}{\partial x_1},$$

während die verschiedenen Differentialquotienten von F_1, $F_2 \ldots$ u. s. w. bekannte Funktionen von x_1, x_2, $x_3 \ldots x_p$ sind. Da die Gleichungen linear sind, können sie stets aufgelöst werden, wodurch die unbekannten Differentialquotienten als Funktionen von x_1, x_2, $x_3 \ldots x_p$ gewonnen werden. Natürlich können die Differentialquotienten der abhängig Variablen nach x_2, $x_3 \ldots x_r$ auf dieselbe Weise berechnet werden.

Aufgaben.

1. Wie lauten die ersten und zweiten partiellen Differentialquotienten von

$$x^m y^n, \qquad \sqrt{\frac{x}{y}}, \qquad F(xy), \qquad F(x+y),$$

$$x^m \cos py, \qquad x^m e^{py}, \qquad e^{px} \cos qy, \qquad e^{\alpha x + \beta y},$$

$$e^{\alpha x^2 + \beta xy + \gamma y^2}, \qquad \operatorname{arc\,tg}\left(\frac{x}{y}\right),$$

$$r = \sqrt{x^2 + y^2}, \qquad \frac{1}{r}, \qquad F(r)?$$

2. Es soll bewiesen werden, daß

$$\frac{\partial^2 \left(\frac{1}{r}\right)}{\partial x^2} + \frac{\partial^2 \left(\frac{1}{r}\right)}{\partial y^2} + \frac{\partial^2 \left(\frac{1}{r}\right)}{\partial z^2} = 0,$$

wenn r die Entfernung zweier Punkte mit den Koordinaten x, y, z und x', y', z' ist.

3. Welche Werte erhält man für

$$\frac{\partial^2 r}{\partial x^2} + \frac{\partial^2 r}{\partial y^2} + \frac{\partial^2 r}{\partial z^2},$$

$$\frac{\partial^2 (lr)}{\partial x^2} + \frac{\partial^2 (lr)}{\partial y^2} + \frac{\partial^2 (lr)}{\partial z^2}$$

und im allgemeinen für

$$\frac{\partial^2 F(r)}{\partial x^2} + \frac{\partial^2 F(r)}{\partial y^2} + \frac{\partial^2 F(r)}{\partial z^2}?$$

4. Ferner für

$$\left(\frac{\partial^2}{\partial x^2} + \frac{\partial^2}{\partial y^2} + \frac{\partial^2}{\partial z^2}\right) [x\,F(r)]$$

und

$$\left(\frac{\partial^2}{\partial x^2} + \frac{\partial^2}{\partial y^2} + \frac{\partial^2}{\partial z^2}\right) [x\,y\,F(r)].^1$$

5. Es soll bewiesen werden, daß

$$\frac{\partial}{\partial x}\left(\frac{\partial^2}{\partial x^2} + \frac{\partial^2}{\partial y^2} + \frac{\partial^2}{\partial z^2}\right)\varphi = \left(\frac{\partial^2}{\partial x^2} + \frac{\partial^2}{\partial y^2} + \frac{\partial^2}{\partial z^2}\right)\frac{\partial \varphi}{\partial x}.$$

6. Eine Funktion φ der rechtwinkligen Koordinaten x und y eines Punktes kann auch als eine Funktion der Polarkoordinaten r und ϑ aufgefaßt werden. Es sollen die ersten und zweiten Differentialquotienten nach x und y durch die Differentialquotienten nach r und ϑ ausgedrückt werden. (Man stelle sich vor, daß φ durch Vermittelung von r und ϑ von x und y abhängt.)

7. Eine Größe ψ sei eine Funktion der rechtwinkligen Koordinaten x, y, z eines Punktes im Raume, und also auch der Polarkoordinaten r, ϑ und φ (§ 81). Es sollen die ersten und zweiten Differentialquotienten nach x, y, z in den Differentialquotienten nach den Polarkoordinaten r, ϑ und φ ausgedrückt werden. Ferner soll

$$\frac{\partial^2\psi}{\partial x^2} + \frac{\partial^2\psi}{\partial y^2} + \frac{\partial^2\psi}{\partial z^2}$$

in derselben Weise ausgedrückt und das erhaltene Resultat mit dem der Aufgabe 3 verglichen werden.

8. Welchen Bedingungen müssen die Konstanten α und β in der Funktion

$$y = e^{\alpha x + \beta t + \gamma}$$

genügen, damit

$$\frac{\partial^2 y}{\partial x^2} = A\,\frac{\partial^2 y}{\partial t^2} + B\,\frac{\partial y}{\partial t}$$

sei?

---

^{1} $\left(\dfrac{\partial^2}{\partial x^2} + \dfrac{\partial^2}{\partial y^2} + \dfrac{\partial^2}{\partial z^2}\right) F$ bedeutet, daß die Funktion F zweimal nach x, y und z differentiiert und die erhaltenen Werte addiert werden sollen.

9. Gegeben seien zwei kleine Magnete (vergl. § 163) in beliebiger gegenseitiger Lage. Wie groß ist die x-Komponente der Kraft, mit welcher der eine Magnet auf den anderen wirkt?

10. Die beiden krummen Linien, von denen § 176 die Rede war, sollen Leitungsdrähte darstellen, welche in Richtung der positiven s und s' von elektrischen Strömen mit den Intensitäten i und i' durchflossen werden. Nach dem Gesetze von AMPÈRE ziehen sich dann die beiden Elemente ds und ds' an mit einer Kraft, die gegeben ist durch die Formel

$$\frac{A\,i\,i'\,ds\,ds'}{r^2}\,(2\cos\varepsilon + 3\cos\vartheta\,\cos\vartheta')$$

($A = $ const). Es soll bewiesen werden, daß man hierfür auch schreiben kann

$$\frac{-4\,A\,i\,i'\,ds\,ds'}{\sqrt{r}}\,\frac{\partial^2(\sqrt{r})}{\partial s\,\partial s'}.$$

11. In einem Körper werden zwei Linien L und L' gezogen, die mit den Koordinatenachsen die Winkel α, β, γ, resp. α', β', γ' bilden. Wenn jetzt der Körper in den Richtungen der Achsen unendlich kleine Dilatationen erleidet, so daß die Dimensionen in diesen Richtungen $1 + \delta$, $1 + \varepsilon$, $1 + \zeta$ (δ, ε, ζ unendlich klein) mal größer werden, wie ändert sich dann der Winkel zwischen L und L'?

12. Ein dreiachsiges Ellipsoid weicht unendlich wenig von einer Kugel ab. Es soll der unendlich kleine Winkel zwischen der Normalen in irgend einem Punkte und der Verbindungslinie dieses Punktes mit dem Mittelpunkte bestimmt werden.

13. Es soll bewiesen werden, daß in einem Punkte P einer Umdrehungsoberfläche der eine Hauptkrümmungsradius der Krümmungsradius des Meridians ist, der andere der Teil der Normalen dieser Linie, der sich zwischen P und dem Schnittpunkte mit der Achse befindet.

14. Es soll die mittlere Krümmung in irgend einem Punkte der Oberfläche berechnet werden, die entsteht, wenn die Kettenlinie (Aufgabe 21, S. 106) um die x-Achse rotiert.

15. Auf einen materiellen Punkt mit den rechtwinkligen Koordinaten x, y, z wirkt eine Kraft mit den Komponenten

$$X = p\,\frac{3\,x^2 - r^2}{r^5}, \qquad Y = p\,\frac{3\,x\,y}{r^5}, \qquad Z = p\,\frac{3\,x\,z}{r^5}$$

$(r^2 = x^2 + y^2 + z^2)$. Besteht in diesem Falle eine Kraftfunktion, und wie lautet dieselbe?

16. Gegeben sind n Punkte $P_1, P_2 \ldots P_n$ mit den rechtwinkligen Koordinaten x_1, y_1, z_1; x_2, y_2, z_2 u. s. w. Für welche Lage eines Punktes A wird die Summe der Quadrate der Entfernungen $AP_1, AP_2 \ldots AP_n$ zu einem Minimum?

17. Wenn für irgend einen Stoff zwischen dem Druck p, dem Volum v und der Temperatur t eine Beziehung besteht, dann kann man v als Funktion von p und t ansehen und die Differentialquotienten $\dfrac{\partial v}{\partial p}$ und $\dfrac{\partial v}{\partial t}$ bilden. Man kann jedoch auch, indem man v konstant läßt, den Differentialquotienten $\dfrac{\partial p}{\partial t}$ bilden. Es soll $\dfrac{\partial p}{\partial t}$ mit Hilfe der beiden zuerst genannten Differentialquotienten ausgedrückt werden.

Kapitel IX.

Grundbegriffe und Grundformeln der Integralrechnung.

§ 180. Wenn eine Größe y als eine Funktion $F(x)$ der Variablen x gegeben ist, so liefert uns die Differentialrechnung in der abgeleiteten Funktion: $\dfrac{dy}{dx} = f(x)$ ein Maß für die Geschwindigkeit, mit der y sich ändert, wenn x zunimmt. Oft ist es aber notwendig, umgekehrt aus dem Differentialquotienten, also aus den Änderungen einer Funktion, diese selbst, soweit das möglich ist, abzuleiten. Dies ist die Aufgabe der Integralrechnung.

Beim Differentiieren werden zwei aufeinanderfolgende Werte einer Funktion voneinander subtrahiert. In der Integralrechnung handelt es sich dagegen um die Bestimmung einer Summe. Ist nämlich der Differentialquotient $\dfrac{dy}{dx}$ für verschiedene Werte von x gegeben, so kennt man die Zunahme von y für sehr

kleine (eigentlich unendlich kleine) Zuwächse von x. Mittels
einer Addition läßt sich hieraus der einer beliebigen Änderung
von x entsprechende Zuwachs von y ermitteln, und zwar ist
diese Differenz der Werte von y, welche bestimmten Werten
von x entsprechen, das einzige, was sich, wenn sonst nichts
bekannt ist, aus dem gegebenen Differentialquotienten ableiten läßt.

§ 181. Ein paar Beispiele mögen das Additionsverfahren,
mit dem wir es in der Integralrechnung zu thun haben, erläutern.

Die Gleichung der Kurve (Fig. 93), auf rechtwinklige Koordinaten bezogen, sei
$$y = f(x).$$
Es soll der Inhalt der Ebene $APQB$ bestimmt werden,
welche von der Kurve und der x-Achse begrenzt wird und
zwischen den Ordinaten AP und BQ

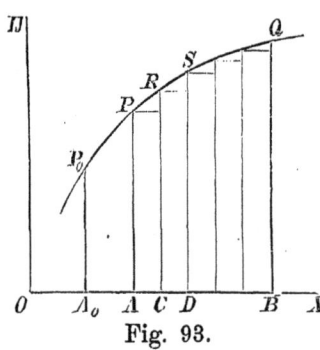

Fig. 93.

liegt. Behufs Lösung dieser Aufgabe
teilen wir die Gerade AB in eine
Anzahl Teile AC, CD u. s. w. und
ziehen durch die Teilpunkte Senkrechte parallel zu OY. Irgend einen
der Teile von AB, z. B. CD, wollen
wir mit $\varDelta x$ bezeichnen; der Inhalt
des auf diesem Teil stehenden Streifens $CRSD$ ist gleich dem Produkt:
Grundlinie multipliziert mit einer
Ordinate, die irgendwo zwischen C und D liegt (vergl. § 91,
S. 134). Ist y die Ordinate in C, so können wir für die
Ordinate, mit welcher wir $\varDelta x$ multiplizieren müssen, um den
Inhalt $CRSD$ zu erhalten, immer $y + \varepsilon$ schreiben, wo ε eine
Größe ist, die sich der Null nähert, wenn $\varDelta x$ fortwährend ab-
nimmt. Es ist nun
$$\text{Inhalt } CRSD = y\varDelta x + \varepsilon\varDelta x.$$
Einen ähnlichen Ausdruck können wir für jeden der
Streifen, in welche der Flächeninhalt $APBQ$ geteilt worden
ist, aufstellen, wenn wir jedesmal y und ε passend wählen.
Also ist, wenn wir alle die einzelnen Flächenteile summieren,
$$\text{Inhalt } APQB = \sum y\,\varDelta x + \sum \varepsilon\,\varDelta x.$$

Diese Gleichung gilt, wie groß die Anzahl der Teile, in die man AB zerlegt hat, auch sein mag. Lassen wir diese Anzahl fortwährend zunehmen, so daß die Länge jedes Teiles sich der Null nähert, so wird auch der Grenzwert

$$\text{Lim} \sum y \, \Delta x + \text{Lim} \sum \varepsilon \, \Delta x$$

noch immer dem gesuchten Inhalt gleich sein.

Es läßt sich nun zeigen, daß

$$\text{Lim} \sum \varepsilon \, \Delta x = 0.$$

Zu dem Zwecke bemerken wir, daß, sobald man AB in irgend einer bestimmten Weise zerlegt hat, alle Größen ε ganz bestimmte Werte haben. Unter denselben ist einer am kleinsten — wir wollen ihn ε_1 nennen — und einer am größten, ε_2, so daß also $\varepsilon_2 - \varepsilon_1$ positiv ist, und alle anderen Werte von ε zwischen ε_1 und ε_2 liegen.

Ersetzt man nun in $\sum \varepsilon \, \Delta x$ jedes ε durch ε_1, so wird die Summe offenbar zu klein; ersetzt man dagegen jedes ε durch ε_2, so erhält man für die Summe einen zu großen Wert. Da nun

$$\sum \varepsilon_1 \, \Delta x = \varepsilon_1 \sum \Delta x = \varepsilon_1 \times AB$$

und

$$\sum \varepsilon_2 \, \Delta x = \varepsilon_2 \sum \Delta x = \varepsilon_2 \times AB$$

ist, so liegt $\sum \varepsilon \, \Delta x$ zwischen $\varepsilon_1 \times AB$ und $\varepsilon_2 \times AB$. Läßt man nun alle Δx abnehmen, so nähern sich auch alle ε, und also auch die äußersten Werte ε_1 und ε_2 der Null. Die Produkte $\varepsilon_1 \times AB$ und $\varepsilon_2 \times AB$, und demzufolge auch die zwischen beiden liegende Summe $\sum \varepsilon \, \Delta x$ haben daher den Grenzwert Null. Wir erhalten somit

$$\text{Inhalt } APBQ = \text{Lim} \sum y \, \Delta x = \text{Lim} \sum f(x) \, \Delta x, \qquad (1)$$

d. h. der Inhalt ist der Grenzwert, dem sich die Summe der in der Figur gezeichneten Rechtecke nähert.

Dieser Grenzwert läßt sich, wenn man die Anzahl der Teile Δx genügend steigert, mit jedem beliebigen Grad der Annäherung ermitteln. Zwar wird dabei jedes Glied der Summe äußerst klein, aber das wird durch die Zunahme der Anzahl der Glieder kompensiert. ($\sum \varepsilon \, \Delta x$ dagegen nähert sich dem Werte Null, weil hier die Glieder in viel höherem Maße abnehmen, als in $\sum y \, \Delta x$.)

§ 182. Ein Punkt bewege sich längs einer gegebenen Bahn mit einer Geschwindigkeit v, die für jeden Augenblick bekannt ist, v ist also eine Funktion der Zeit, es ist $v = f(t)$. Wir fragen uns, welchen Weg legt der Punkt zwischen zwei durch die Zeiten t_1 und t_2 bestimmten Augenblicken zurück? Um diese Aufgabe zu lösen, teilen wir das ganze Zeitintervall $t_2 - t_1$ in eine große Anzahl kleiner Teile. Es sei Δt einer dieser Teile, v die Geschwindigkeit am Anfang desselben und Δs der in demselben zurückgelegte Weg. Wäre die Bewegung gleichförmig, so hätte man

$$\Delta s = v\,\Delta t.$$

Bei einer ungleichförmigen Bewegung gilt diese Gleichung nicht mehr. Wir müssen bei derselben, um Δs zu erhalten, Δt mit der mittleren Geschwindigkeit multiplizieren. Für diese können wir setzen $v + \varepsilon$, wo ε eine Größe ist, die sich nicht näher angeben läßt, von der wir aber wissen, daß sie sich der Null nähert, wenn Δt fortwährend abnimmt. Es ist ja v der Grenzwert der mittleren Geschwindigkeit. Wir haben jetzt

$$\Delta s = (v + \varepsilon)\,\Delta t = v\,\Delta t + \varepsilon\,\Delta t.$$

Eine ähnliche Gleichung läßt sich für jedes der Zeitintervalle Δt aufstellen, doch ist dabei zu beachten, daß v und ε für jedes Zeitintervall andere Werte annehmen. Addiert man nun alle diese kleinen Wegstrecken, so erhält man den ganzen während $t_2 - t_1$ zurückgelegten Weg. Derselbe ist also

$$\sum v\,\Delta t + \sum \varepsilon\,\Delta t.$$

Läßt man jetzt alle Zeitteile Δt immer kleiner und kleiner werden, so bleibt dieses Resultat stets richtig. Es muß also auch die Summe der Grenzwerte der beiden Glieder, d. h.

$$\mathrm{Lim} \sum v\,\Delta t + \mathrm{Lim} \sum \varepsilon\,\Delta t$$

den zurückgelegten Weg darstellen. Nun ist aber $\mathrm{Lim} \sum \varepsilon\,\Delta t = 0$, — der Beweis läßt sich in ähnlicher Weise führen, wie für $\mathrm{Lim} \sum \varepsilon\,\Delta x$ im letzten Paragraphen — und wir finden also für den zurückgelegten Weg

$$\mathrm{Lim} \sum v\,\Delta t = \mathrm{Lim} \sum f(t)\,\Delta t. \tag{2}$$

§ 183. Die beiden oben behandelten Probleme lassen sich noch etwas anders fassen. Man kann in Fig. 93 die Ordinate $A_0 P_0$ ein für allemal festlegen und den Inhalt der Fläche zwischen dieser Ordinate und einer anderen, die zur Abscisse x gehört, mit J bezeichnen. Es ist dann $\frac{dJ}{dx} = y = f(x)$ (§ 91). Andererseits bedeutet J den Inhalt $A_0 P_0 P A$, wenn man $x = O A$ und den Inhalt $A_0 P_0 Q B$, wenn man $x = O B$ setzt. Der Inhalt $A P Q B$, für den wir den Wert (1) fanden, ist also die Zunahme von J, wenn x von $O A$ in $O B$ übergeht.

Analog hiermit kann man sagen, man habe in § 182 die Zunahme berechnet, welche eine Funktion, deren Differentialquotient v oder $f(t)$ ist, erleidet, wenn t von t_1 bis t_2 wächst. Denn, wenn s die längs der Bahn gemessene Entfernung von einem festen Punkte ist, so ist einerseits $\frac{ds}{dt} = v$ und andererseits der im Intervall $t_2 - t_1$ zurückgelegte Weg gleich der Zunahme von s in dieser Zeit.

Im allgemeinen wird man auf Ausdrücke wie (1) und (2) geführt, wenn der Differentialquotient $f(x)$ einer Funktion $y = F(x)$ gegeben ist, und wenn die Zunahme von y, die dem Übergange von $x = a$ in $x = b$ entspricht, berechnet werden soll. Man zerlege das Intervall von a bis b in kleine Teile, nenne $\varDelta x$ einen derselben, $\varDelta y$ die entsprechende Zunahme von y und verstehe unter $f(x)$ den Wert der gegebenen Funktion am Anfange des Intervalles $\varDelta x$. Da, für Lim $\varDelta x = 0$,

$$\operatorname{Lim} \frac{\varDelta y}{\varDelta x} = f(x)$$

ist, so setzen wir

$$\frac{\varDelta y}{\varDelta x} = f(x) + \varepsilon,$$

wo dann ε zugleich mit $\varDelta x$ verschwindet. Aus dieser Gleichung folgt

$$\varDelta y = f(x) \varDelta x + \varepsilon \varDelta x,$$

und für die ganze Zunahme

$$F(b) - F(a) = \sum f(x) \varDelta x + \sum \varepsilon \varDelta x.$$

Nähern sich alle $\varDelta x$ dem Werte Null, so verschwindet $\sum \varepsilon \varDelta x$, also

$$F(b) - F(a) = \operatorname{Lim} \sum f(x) \varDelta x. \tag{3}$$

§ 184. Solche Grenzwerte von Summen, wie wir sie in den vorhergehenden Paragraphen betrachtet haben, kommen so häufig vor, daß man dafür besondere Symbole eingeführt hat. Da jedes Glied der Summe sich der Null nähert, während die Gliederzahl fortwährend zunimmt, so sagt man, es handele sich um die Summe unendlich vieler unendlich kleiner Größen. Wie in der Differentialrechnung läßt man das Zeichen Lim fort und schreibt statt Δx wieder dx. Außerdem benutzt man statt $\sum$ ein anderes Summenzeichen, nämlich $\int$ (Integralzeichen). Ferner setzt man bei diesem Zeichen noch den Anfangs- und Endwert der unabhängig Variablen, und zwar den ersten unten, den letzteren oben. Formel (3) geht hierdurch über in

$$F(b) - F(a) = \int_a^b f(x)\,dx. \tag{4}$$

Man nennt $\int_a^b f(x)\,dx$ das bestimmte Integral von $f(x)$ zwischen den Grenzen a und b. „Integral" wird der Ausdruck genannt, weil derselbe die volle oder ganze Zunahme von $F(x)$ im Gegensatz zu den unendlich kleinen Zunahmen darstellt. „Bestimmt" heißt das Integral im Gegensatz zu dem sogenannten „unbestimmten Integral", das wir später kennen lernen werden.

Die Glieder $f(x)\,dx$, aus denen sich das Integral zusammensetzt, nennt man die Elemente des Integrals. Jedes derselben ist ein unendlich kleines von derselben Ordnung, wie dx, sagen wir von der ersten Ordnung. Dahingegen waren die Größen $\varepsilon\,\Delta x$ in §§ 181 und 182 unendlich klein zweiter Ordnung. Ebenso wie diese Größen wegfielen, so darf man im allgemeinen in jedem Elemente eines Integrals unendlich kleine Größen zweiter oder höherer Ordnung weglassen, ohne daß hierdurch der geringste Fehler entsteht. Es darf also auch ein Element durch jede andere Größe ersetzt werden, deren Verhältnis zu dem Elemente beim fortwährenden Abnehmen von Δx den Grenzwert 1 hat. Zwei Größen erster Ordnung, deren Verhältnis diese Eigenschaft besitzt, können ja nur um eine Größe höherer Ordnung voneinander differieren.

Es ist daher nicht notwendig, daß in dem Elemente $f(x)\,dx$ der erste Faktor gerade den Wert der Funktion unmittelbar vor dem Zuwachse dx bedeutet, sondern man darf unter $f'(x)$ ebensogut den dem Ende dieses Zuwachses entsprechenden oder einen beliebigen, während des Zuwachses vorkommenden Wert verstehen. Alle diese Werte unterscheiden sich voneinander nur um unendlich kleine Größen, die in dem Produkte mit dx Größen zweiter Ordnung liefern.

Die Elemente des Integrals können sowohl positiv als auch negativ sein. Nicht nur kann $f(x)$ verschiedene Vorzeichen haben, sondern auch die Differentiale dx brauchen nicht, wie wir es in den Beispielen voraussetzten, positiv zu sein. Dieselben sind in dem Problem des letzten Paragraphen negativ, sobald $a > b$ ist; der Übergang von a nach b läßt sich dann in unendlich kleine Abnahmen zerlegen.

Man ersieht hieraus, wie notwendig es ist, auf die gehörige Stellung des Anfangs- und Endwertes, des einen unter, und des anderen über dem Integralzeichen, zu achten. Vertauscht man die beiden Grenzen miteinander, so erhalten sämtliche Elemente, und demzufolge auch das ganze Integral das entgegengesetzte Vorzeichen. Dem entspricht auch die Formel (4), deren linke Seite bei dieser Vertauschung in $F(a) - F(b)$ übergeht.

§ 185. Zuweilen kann man die in der Formel

$$\int_a^b f(x)\,dx = \mathrm{Lim} \sum f(x)\,\varDelta x \tag{5}$$

vorgeschriebenen Operationen direkt ausführen.

Beispiel I: Die Geschwindigkeit eines frei fallenden Körpers ist direkt proportional der seit dem Beginn der Bewegung verflossenen Zeit t; es ist also

$$v = g\,t, \tag{6}$$

wo g eine Konstante ist. Der während der Zeit t_1, vom Beginn der Bewegung an gerechnet, zurückgelegte Weg ist nach Formel (2), S. 256

$$s = \mathrm{Lim} \sum v\,\varDelta t = \int_0^{t_1} v\,dt = \int_0^{t_1} g\,t\,dt. \tag{7}$$

Um diesen Grenzwert zu berechnen, teilen wir das Zeitintervall t_1 in eine Anzahl (n) gleicher Teile $\varDelta t$.[1] Die Geschwindigkeit zu Anfang des ersten Zeitintervalls $\varDelta t$ ist nach (6) Null, die bei Beginn des zweiten $g\,\varDelta t$, die bei Beginn des dritten $2g\,\varDelta t$ u. s. w. Setzt man diese Werte ein, so ergiebt sich

$$\sum v\,\varDelta t = g\,\varDelta t.\varDelta t + 2g\,\varDelta t.\varDelta t + \ldots + (n-1)g\,\varDelta t.\varDelta t =$$
$$= \frac{g\,t_1{}^2}{n^2}[1 + 2 + 3 + \ldots + (n-1)],$$

da $\varDelta t = \dfrac{t_1}{n}$ ist, woraus durch Summation der arithmetischen Reihe folgt

$$\sum v\,\varDelta t = \frac{1}{2}\,\frac{n(n-1)}{n^2}\cdot g\,t_1{}^2.$$

Schreibt man den Bruch in der Form $1 - \dfrac{1}{n}$ und läßt man n unendlich groß werden, dann ergiebt sich[2]

$$s = \int\limits_0^{t_1} g\,t\,dt = \tfrac{1}{2}g\,t_1{}^2.$$

Beispiel II. Es soll der Inhalt einer Pyramide bestimmt werden, deren Grundfläche G und deren Höhe H ist.

Wir legen in der Entfernung x von der Spitze eine Ebene parallel der Grundfläche durch die Pyramide; ihr Flächeninhalt sei I. Dann ist

$$G : I = H^2 : x^2,$$

also
$$I = \frac{G}{H^2}\,x^2.$$

Legen wir nun noch eine zweite Fläche im Abstande $x + dx$, parallel der ersten, durch die Pyramide, dann ist der

---

[1] Man könnte das Zeitintervall auch in eine Anzahl ungleicher Teile zerlegen, die Rechnung würde dadurch aber verwickelter.

In den allgemeinen Betrachtungen der vorhergehenden Paragraphen haben wir über die Gleichheit oder Ungleichheit der Teile $\varDelta x$ keine Voraussetzung gemacht. Wie die Zerlegung auch ausgeführt sein mag, stets wird man, falls nur sämtliche $\varDelta x$ sich der Null nähern, denselben Grenzwert für die betrachtete Summe finden.

[2] Hätte man jedes Zeitteilchen $\varDelta t$ multipliziert mit der Geschwindigkeit am Ende desselben, dann hätte man anstatt der Reihe $1 + 2 + 3 + \ldots + (n-1)$ die Reihe $1 + 2 + 3 + \ldots + (n-1) + n$ erhalten. Der Wert von Lim $\sum v\,\varDelta t$ würde aber derselbe geblieben sein.

Inhalt des Elementes, welches wir aus der Pyramide geschnitten haben, bei Vernachlässigung unendlich kleiner Größen der zweiten Ordnung oder, was dasselbe ist, indem wir es auffassen als ein Prisma mit unendlich kleiner Höhe

$$\frac{G}{H^2} x^2 \, dx.$$

Addieren wir alle Volumelemente, die sich aus der Pyramide in ähnlicher Weise herausschneiden lassen, so erhalten wir für den Inhalt des Körpers

$$\int_0^H \frac{G}{H^2} x^2 \, dx.$$

Um die Berechnung durchzuführen, teilen wir die Höhe in eine Anzahl (n) gleicher Teile $\varDelta x$ und legen durch die Teilpunkte parallel der Grundfläche Ebenen durch die Pyramide. Der Inhalt des auf der Grundfläche $\frac{G}{H^2} x^2$ errichteten Prismas mit der Höhe $\varDelta x$ ist

$$\frac{G}{H^2} x^2 \, \varDelta x.$$

Die Summe aller auf ähnliche Weise erhaltenen Prismen ist

$$\sum \frac{G}{H^2} x^2 \, \varDelta x =$$

$$= \frac{G}{H^2} [(\varDelta x)^2 . \varDelta x + (2 \varDelta x)^2 . \varDelta x + \ldots + \{(n-1)\varDelta x\}^2 . \varDelta x] =$$

$$= \frac{G H}{n^3} [1^2 + 2^2 + 3^2 + \ldots + (n-1)^2].$$

Die Summe der eingeklammerten arithmetischen Reihe zweiter Ordnung ist nach Formel (29), S. 32

$$= \tfrac{1}{6} n (n-1)(2n-1).$$

Also $\qquad \sum \frac{G}{H^2} x^2 \varDelta x = \tfrac{1}{6} G H \left(1 - \frac{1}{n}\right)\left(2 - \frac{1}{n}\right).$

Lassen wir hierin n unendlich groß werden, so ergiebt sich der Inhalt der Pyramide

$$\int_0^H \frac{G}{H^2} x^2 \, dx = \tfrac{1}{3} G H.$$

Für das Resultat ist es gleichgültig, ob wir die auf den einzelnen Grundflächen nach oben oder nach unten errichteten Prismen unserer Rechnung zu Grunde legen, oder, was dasselbe ist, ob wir den Inhalt der Pyramide als den Grenzwert der Summe der eingeschriebenen oder umgeschriebenen Prismen auffassen.

§ 186. Die folgenden Beispiele sollen zeigen, wie auch viele andere geometrische Probleme auf bestimmte Integrale führen. Die Gleichung der Kurve AB (Fig. 94), auf Polarkoordinaten bezogen, sei

$$r = F(\vartheta).$$

Die Winkel, welche die beiden Radiivektoren OA und OB mit der x-Achse bilden, seien ϑ_1 und ϑ_2. Man soll den Inhalt des Sektors AOB berechnen.

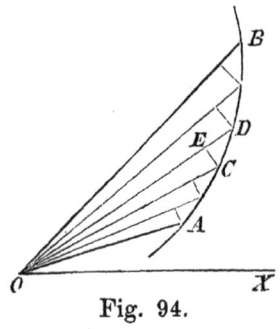

Fig. 94.

Wir teilen die ganze Fläche durch eine Reihe von Radiivektoren in eine Anzahl unendlich kleiner Flächenstücke und nennen die Winkel, welche zwei beliebige, aufeinanderfolgende Radiivektoren, z. B. OC und OD mit der x-Achse bilden, ϑ und $\vartheta + d\vartheta$. Da das unendlich kleine Flächenelement OCD sich nur um ein unendlich kleines zweiter Ordnung von dem Kreissektor OCE unterscheidet, so können wir beide miteinander vertauschen. Nun ist $CE = r\,d\vartheta$, also $OCE = \frac{1}{2}r^2 d\vartheta$ und

$$\text{Inhalt } OAB = \int_{\vartheta_1}^{\vartheta_2} \tfrac{1}{2} r^2\, d\vartheta = \tfrac{1}{2} \int_{\vartheta_1}^{\vartheta_2} [F(\vartheta)]^2\, d\vartheta. \qquad (8)$$

Da $[F(\vartheta)]^2$ eine Funktion von ϑ ist, so hat man hier ein bestimmtes Integral von derselben Art wie in § 184. Geometrisch bedeutet Gleichung (8), daß der Sektor OAB der Grenzwert ist, dem sich die Summe der in der Figur gezeichneten Kreissektoren nähert.

§ 187. Auch die Länge einer Kurve kann man durch ein bestimmtes Integral darstellen. Teilt man in Fig. 93 die Strecke AB in unendlich viele dx, so wird auch der Bogen PQ durch die in den Teilpunkten errichteten Senkrechten auf der x-Achse in unendlich viele Teile geteilt. Nennen wir irgend eins der letzteren ds, und ϑ den Winkel, welchen dieses Element ds (oder die Tangente in dem betreffenden Punkt) mit der x-Achse bildet, dann ist

$$ds = \sec \vartheta \, dx \,,$$

also wenn die Gleichung in der Form

$$y = f(x)$$

gegeben ist,

$$ds = dx \sqrt{1 + \left(\frac{dy}{dx}\right)^2}$$

$$= dx \sqrt{1 + [f'(x)]^2}\,.$$

Hier ist $\sqrt{1 + [f'(x)]^2}$ eine bekannte Funktion von x. Durch Integration erhält man hieraus, wenn $OA = a$ und $OB = b$,

$$\text{Bogen } PQ = \int_a^b \sqrt{1 + [f'(x)]^2} \, dx \,.$$

§ 188. Die Methode, die wir § 185 zur Ermittelung des Inhaltes einer Pyramide benutzt haben, läßt sich auf andere Körper übertragen. Man denke sich zu dem Zwecke durch den Körper parallel der y, z-Ebene eine Reihe von unendlich nahen Durchschnitten gelegt. Der Inhalt des Volumelementes, welches zwischen den beiden von der y, z-Ebene um x und $x + dx$ entfernten Flächen liegt, ist, wenn S der Inhalt des in der Entfernung x liegenden Querschnittes bedeutet, $S \, dx$.[1] Der Inhalt des Teiles, welchen die Ebenen $x = a$ und $x = b$ aus dem Körper herausschneiden, ist daher

$$I = \int_a^b S \, dx \,. \tag{9}$$

Am einfachsten ist die Berechnung, wenn die Oberfläche des Körpers eine Umdrehungsoberfläche, deren Achse mit der x-Achse zusammenfällt, ist. Bei dem Körper, der durch Umdrehung der Fläche $APQB$ (Fig. 93) um die x-Achse entsteht, ist

$$S = \pi y^2 = \pi [f(x)]^2 \,.$$

---

[1] S ist natürlich im allgemeinen eine Funktion von x.

Der Inhalt des Körpers ist also

$$I = \pi \int_a^b [f(x)]^2 \, dx. \tag{10}$$

Auch die Größe der Oberfläche dieses Körpers kann leicht durch ein bestimmtes Integral ausgedrückt werden. Irgend eins der Linienelemente, z. B. RS, beschreibt bei seiner Umdrehung die Oberfläche eines unendlich kleinen abgestumpften Kegels, deren Größe

$$2\pi CR \times RS = 2\pi y \, ds = 2\pi f(x) \sqrt{1 + [f'(x)]^2} \, dx$$

ist. Die Größe der durch den Bogen PQ beschriebenen Oberfläche ist daher

$$O = 2\pi \int_a^b f(x) \sqrt{1 + [f'(x)]^2} \, dx. \tag{11}$$

§ 189. In der Physik kommen bestimmte Integrale sehr häufig vor. Wie wir § 182 sahen, kann der Weg eines sich bewegenden Punktes aus seiner Geschwindigkeit berechnet werden. In analoger Weise ergiebt sich, wenn die Tangentialbeschleunigung p als eine Funktion der Zeit gegeben ist (§ 134), für die Differenz der Geschwindigkeit zur Zeit t_1 und zur Zeit t_2

$$\int_{t_1}^{t_2} p \, dt.$$

Wenn ein Punkt, auf den eine konstante Kraft K wirkt, sich längs eines Weges s, der mit der Kraft den Winkel α bildet, fortbewegt, so ist die von der Kraft geleistete Arbeit

$$K s \cos \alpha.$$

Bewegt sich der Punkt auf einer Kurve, die mit der Richtung einer veränderlichen Kraft in jedem Punkte andere Winkel einschließt, und auf · den die Lage des Punktes durch die Bogenlänge s (§ 84) bestimmt wird, so kann man die Bewegung längs des unendlich kleinen Kurvenelements ds als eine geradlinige auffassen und annehmen, daß auf dieser Strecke ds weder die Größe, noch die Richtung der Kraft sich ändert.

Die Arbeit der Kraft während dieser unendlich kleinen Bewegung ist

$$K \cos \alpha \, ds,$$

wo nun $K \cos \alpha$ eine Funktion von s ist. Durch Integration findet man hieraus für die von der Kraft längs des Weges $s_2 - s_1$ geleistete Arbeit

$$\int_{s_1}^{s_2} K \cos \alpha \, ds.$$

Unter der spezifischen Wärme c eines Stoffes versteht man diejenige Wärmemenge, welche man der Masseneinheit zuführen muß, um seine Temperatur um einen Grad zu steigern. Sind je nach der Anfangstemperatur des Körpers für eine bestimmte Erwärmung verschiedene Wärmemengen nötig, so ist diese Definition in der Weise zu verstehen, daß man c mittels einer Proportion aus der für eine unendlich kleine Temperaturerhöhung erforderlichen Wärmemenge ableitet. Es ist jetzt c eine Funktion der Temperatur, und die Gesamtwärme, welche nötig ist, um die Temperatur von t_1 auf t_2 zu steigern, ist

$$\int_{t_1}^{t_2} c \, dt.$$

Die Erfahrung hat gelehrt, daß die durch einen elektrischen Strom von der Intensität i in einem Leiter entwickelte Wärme $a i^2$ ist, wo a von der Natur des Leiters abhängt. Ändert sich die Intensität des Stromes mit der Zeit, dann kann man trotzdem die entwickelte Wärme berechnen, wenn man annimmt, daß der Strom während der unendlich kleinen Zeit dt konstant bleibt. Die Wärmeentwickelung während des Zeitelements dt ist $a i^2 dt$. Die in der Zeit $t_2 - t_1$ entwickelte Wärme ist also

$$a \int_{t_1}^{t_2} i^2 \, dt.$$

Im allgemeinen wird man bei einem Phänomen, das nicht fortwährend in derselben Weise vor sich geht, am ehesten zu einfachen Gesetzen gelangen, wenn man dasselbe in unendlich kleine Teile zerlegt. Der Übergang von unendlich kleinen zu endlichen Größen geschieht dann mit Hilfe einer Integration.

§ 190. In den Fällen, wo man nicht, wie in dem § 185, durch eine einfache Rechnung den Wert des bestimmten Integrals finden kann — und diese Fälle sind bei weitem die häufigsten — verfährt man anders, um zum Ziel zu gelangen. Man sucht nämlich eine Funktion, deren Differentialquotient gleich dem in dem bestimmten Integral $\int_a^b f(x)\,dx$ vorkommenden $f(x)$ ist. Ist $F(x)$ eine solche Funktion, so ist das Integral gleich der Zunahme, welche diese Funktion erleidet, wenn x von a in b übergeht (vergl. Formel (4)). Man hat also nur in $F(x)$ für x zunächst die untere und sodann die obere Grenze zu substituieren, und den ersten sich hierbei ergebenden Wert von dem zweiten zu subtrahieren, um den Wert des bestimmten Integrals $\int_a^b f(x)\,dx$ zu erhalten.

Soll z. B. das Integral

$$s = \int_0^{t_1} g\,t\,dt$$

bestimmt werden, so beachte man, daß die Funktion $g\,t$ der Differentialquotient von $\frac{1}{2}g\,t^2$ ist. Für $t = 0$ wird letzterer Ausdruck Null, für $t = t_1$ wird derselbe $\frac{1}{2}g\,t_1{}^2$; also

$$s = \tfrac{1}{2}g\,t_1{}^2.$$

Desgleichen genügt zur Bestimmung von

$$J = \int_0^H \frac{G}{H^2}\,x^2\,dx$$

die Bemerkung, daß sich die Funktion $\frac{G}{H^2}\,x^2$ durch Differentiation von

$$\frac{G}{3\,H^2}\,x^3 \tag{12}$$

ergiebt. Wenn man hierin für x die Werte Null und H einführt, so ergiebt sich Null und $\frac{1}{3}GH$; es ist daher

$$J = \tfrac{1}{3}GH.$$

Die Bedingung, dass der Differentialquotient der Funktion gleich $f(x)$ sein soll, reicht zur Bestimmung derselben nicht völlig aus; denn man kann derselben immer eine beliebige additive Konstante hinzufügen, ohne daß dies den Differentialquotienten ändert. Eine solche unbestimmte Konstante werden wir immer mit dem Buchstaben C bezeichnen; ist also $F(x)$ eine Funktion, die der gestellten Bedingung genügt, so schreiben wir allgemeiner für die Funktion $F(x) + C$. Übrigens sind in diesem Ausdrucke alle Funktionen enthalten, deren Differentialquotient $f(x)$ ist. Wenn nämlich zwei Funktionen denselben Differentialquotienten haben, so ist der Differentialquotient ihrer Differenz Null, und also diese Differenz selbst konstant.

Die durch die Hinzufügung von C ausgedrückte Unbestimmtheit hat auf die oben angegebene Ableitung des bestimmten Integrals gar keinen Einfluß. Wenn man in die mit C behaftete Funktion einmal $x = a$ und dann $x = b$ setzt, und die Resultate voneinander subtrahiert, so fällt C fort.

Man hätte z. B. bei der Bestimmung des Pyramideninhaltes statt (12)

$$\frac{G}{3\,H^2}\,x^3 + C$$

setzen können. Für $x = 0$ hätte sich dann der Wert C, und für $x = H$ der Wert $\frac{1}{3}\,GH + C$ ergeben; die Differenz ist wieder $\frac{1}{3}\,GH$.

Welche Bedeutung die Funktion $F(x)$ selbst hat, ist in jedem speziellen Falle leicht anzugeben. Ist z. B. die Geschwindigkeit $v = f(t)$ gegeben, so stellt offenbar, da $v = \frac{ds}{dt}$ ist, die Funktion $F(t)$, deren Differentialquotient $f(t)$ ist, den zur Zeit t zurückgelegten Weg s dar und die Unbestimmtheit rührt daher, daß man diesen Weg von einem beliebigen Anfangspunkte ab rechnen kann.

Man nennt auch die Funktion, die $f(x)$ zum Differentialquotienten und also $f(x)\,dx$ zum Differential hat, ein Integral, aber zur Unterscheidung von der § 184 betrachteten Größe wird dieselbe das unbestimmte Integral von $f(x)$ oder auch von $f(x)\,dx$ genannt. Man benutzt für dasselbe das Zeichen

$$\int f(x)\,dx,$$

so daß also

$$\int f'(x)\,dx = F(x) + C$$

ist.

Aus dem unbestimmten Integral ergiebt sich nun das bestimmte Integral zwischen den Grenzen a und b durch Einsetzung dieser Werte und nachherige Subtraktion, was man oft durch die Zeichen

$$\left| F(x) \right|_{x=a}^{x=b} \quad \text{oder} \quad \left| F(x) \right|_{a}^{b}$$

ausdrückt. Dieselben sind also gleichbedeutend mit

$$F(b) - F(a).$$

Der Nutzen dieser Berechnungsweise bestimmter Integrale besteht nun darin, daß man häufig das unbestimmte Integral durch Umkehrung der Ergebnisse der Differentialrechnung leicht angeben kann.

§ 191. Es sollen jetzt die einfachsten Formeln für unbestimmte Integrale mitgeteilt werden. Aus der Regel für die Differentiierung einer Potenz folgt

$$\int x^m\,dx = \frac{1}{m+1}\,x^{m+1} + C.$$

Um eine Potenz von x zu integrieren hat man also mit x zu multiplizieren und durch den neuen Wert des Exponenten zu dividieren.

Diese Regel gilt für alle positiven und negativen, gebrochenen und ganzen Werte von m mit Ausnahme von $m = -1$. Besondere Fälle sind z. B.

$$\int dx = x + C, \qquad \int x\,dx = \tfrac{1}{2}\,x^2 + C,$$

$$\int x^4\,dx = \tfrac{1}{5}\,x^5 + C, \qquad \int \frac{dx}{x^2} = -\frac{1}{x} + C,$$

$$\int \frac{dx}{x^5} = -\frac{1}{4\,x^4} + C, \qquad \int \sqrt{x}\,dx = \tfrac{2}{3}\,x\sqrt{x} + C,$$

$$\int \frac{dx}{\sqrt{x}} = 2\sqrt{x} + C, \qquad \int \frac{dx}{x\sqrt[3]{x^2}} = -\tfrac{3}{2}\frac{1}{\sqrt[3]{x^2}} + C.$$

Das Integral $\int \dfrac{dx}{x}$ findet man durch Umkehrung der Formel (11), § 106

$$\int \frac{dx}{x} = lx + C.$$

Weiter ergiebt sich

$$\int e^x \, dx = e^x + C,$$

$$\int \sin x \, dx = -\cos x + C, \qquad \int \cos x \, dx = \sin x + C,$$

$$\int \frac{dx}{\cos^2 x} = \operatorname{tg} x + C, \qquad \int \frac{dx}{\sin^2 x} = -\cot x + C,$$

$$\int \frac{dx}{\sqrt{1 - x^2}} = \arcsin x + C, \qquad \int \frac{dx}{1 + x^2} = \operatorname{arc\,tg} x + C.$$

Wir fügen noch einige weitere Grundformeln bei, die, wie später gezeigt werden soll, aus den obenstehenden abgeleitet werden können. Der Leser möge sich jetzt durch Differentiation der rechts stehenden Ausdrücke von der Richtigkeit derselben überzeugen.

$$\int \frac{dx}{1 - x^2} = \tfrac{1}{2} l\left(\frac{1 + x}{1 - x}\right) + C, \quad \text{oder} \quad = \tfrac{1}{2} l\left(\frac{x + 1}{x - 1}\right) + C,$$

je nachdem $x <$ oder > 1 ist.

$$\int \frac{dx}{\sqrt{x^2 + 1}} = l\left[x + \sqrt{x^2 + 1}\right] + C,$$

$$\int \frac{dx}{\sqrt{x^2 - 1}} = l\left[x + \sqrt{x^2 - 1}\right] + C.$$

§ 192. Das Integral einer Summe (oder Differenz) von Funktionen ist gleich der Summe (oder Differenz) der Integrale dieser einzelnen Funktionen, und ein konstanter Faktor, mit dem eine Funktion multipliziert ist, geht ungeändert in ihr Integral über. Gesetzt z. B., es handle sich um das Integral

$$\int (au + bv - cw + \ldots) \, dx,$$

wo u, v, w .... Funktionen von x, und a, b, c .... Konstanten sind, und es sei gelungen, die Integrale

$$\int u \, dx, \qquad \int v \, dx, \qquad \int w \, dx \ldots$$

zu bestimmen, d. h. Funktionen aufzufinden, deren Differentialquotienten u, v, w .... sind. Man bilde dann den Ausdruck

$$a \int u \, dx + b \int v \, dx - c \int w \, dx + \ldots$$

Differenziiert man diesen nach x, so ergiebt sich nach § 101 $au + bv - cw + \ldots$. Die Funktion genügt also der gestellten Bedingung, d. h.

$$\int(au + bv - cw + \ldots)dx = a\int u\,dx + b\int v\,dx - c\int w\,dx + \ldots \quad (13)$$

Wir haben hier auf der rechten Seite keine additive Konstante hinzugefügt, weil wir uns denken können, daß jedes der Integrale $\int u\,dx$, $\int v\,dx \ldots$ bereits eine solche Konstante enthält, woraus sich dann von selbst ergiebt, daß (13) eine Konstante enthält. Man kann aber auch in den einzelnen Integralen die Konstanten fortlassen; dann ist schließlich noch eine hinzuzufügen.

Eine mit (13) übereinstimmende Formel gilt auch für bestimmte Integrale. Sind die Grenzen p und q, so ist

$$\int_p^q(au + bv - cw + \ldots)dx = a\int_p^q u\,dx + b\int_p^q v\,dx - c\int_p^q w\,dx + \ldots$$

Man gewinnt diese Formel entweder aus (13), indem man hier einmal $x = p$ und dann $x = q$ setzt und die Resultate voneinander subtrahiert, oder direkt aus der ursprünglichen Definition eines bestimmten Integrals.

Beispiele:

$$\int\frac{1+x}{x^2}\,dx = \int\frac{dx}{x^2} + \int\frac{dx}{x} = -\frac{1}{x} + lx + C,$$

$$\int x(1-x)^2\,dx = \int(x - 2x^2 + x^3)\,dx = \tfrac{1}{2}x^2 - \tfrac{2}{3}x^3 + \tfrac{1}{4}x^4 + C,$$

$$\int\frac{1-x^3}{1-x}\,dx = \int(1 + x + x^2)\,dx = x + \tfrac{1}{2}x^2 + \tfrac{1}{3}x^3 + C.$$

§ 193. Aus § 105 folgt, daß, wenn u und v Funktionen von x sind und du, dv dem Zuwachs dx entsprechen

$$d(uv) = u\,dv + v\,du.$$

Also $\qquad\qquad u\,dv = d(uv) - v\,du.$

Da das unbestimmte Integral von $d(uv)$ natürlich uv ist, so ist

$$\int u\,dv = uv - \int v\,du. \quad (14)$$

Will man in dieser Formel hervorheben, ꞏdaß die Differentiale du und dv den Zuwachs dx als Faktor enthalten, dann hat man nur, wenn die abgeleiteten Funktionen von u und v durch u' und v' dargestellt werden, zu schreiben: $du = u' dx$, $dv = v' dx$, wodurch man erhält

$$\int uv' dx = uv - \int vu' dx. \tag{15}$$

Es läßt sich also ein Integral auf ein anderes zurückführen, sobald die zu integrierende Funktion sich in zwei Faktoren u und v' zerlegen und sich das Integral v der einen angeben läßt. Man integriert dann zunächst, als wäre der andere Faktor u konstant, man hat dann aber von der so erhaltenen Funktion uv ein neues Integral zu subtrahieren. In diesem erscheint die soeben durch Integration des einen Faktors erhaltene Funktion v, multipliziert mit dem Differential des Faktors u, den man zunächst ungeändert gelassen hat. Dieses Integrationsverfahren heißt teilweise Integration. Sie kann häufig mit Erfolg zur Bestimmung von $\int u\, dv$ angewendet werden, nämlich dann, wenn $\int v\, du$ entweder unmittelbar mit Hilfe der bereits abgeleiteten Formeln angegeben werden kann, oder wenigstens einfacher als $\int u\, dv$ ist.

Den Formeln (14) und (15) braucht keine Integrationskonstante beigefügt zu werden, da das zweite Glied $\int v\, du$ oder $\int vu' dx$ ein unbestimmtes Integral darstellt, und infolgedessen bei der Entwickelung von selbst eine Konstante auftritt.

Ein paar Beispiele mögen zur Erläuterung der wichtigen Formeln (14) und (15) dienen.

Es soll $\int lx\, dx$ bestimmt werden. Wir setzen $u = lx$, $v = x$, dann ist

$$\int lx\, dx = x\, lx - \int x \cdot \frac{dx}{x} = x\, lx - x + C.$$

Setzt man $u = lx$ und $v = \frac{1}{2} x^2$, dann erhält man

$$\int x\, lx\, dx = \int lx\, . d\left(\tfrac{1}{2} x^2\right) = \tfrac{1}{2} x^2\, lx - \tfrac{1}{2} \int x^2 \cdot \frac{dx}{x} = \tfrac{1}{2} x^2\, lx - \tfrac{1}{4} x^2 + C.$$

In derselben Weise würde man $\int x^m\, lx\, dx$ entwickeln können.

Bei der Anwendung der teilweisen Integration auf eine gegebene Differentialfunktion kommt es vor allen Dingen darauf an, die Faktoren u und dv zweckmäßig zu wählen. Ein Beispiel mag dies erläutern.

Es soll die Funktion $x\,e^x\,dx$ integriert werden. Setzte man

$$e^x = u, \qquad x\,dx = dv,$$

so würde sich ergeben

$$\int x\,e^x\,dx = \int e^x\,d\left(\tfrac{1}{2}\,x^2\right) = \tfrac{1}{2}\,x^2 e^x - \tfrac{1}{2}\int x^2 e^x\,dx\,.$$

Wir hätten also die Bestimmung von $\int x\,e^x\,dx$ auf die Bestimmung von $\int x^2 e^x\,dx$ zurückgeführt. Da nun aber das letzte Integral weniger einfach als das ursprüngliche ist, so wären wir auf diesem Wege unserem Ziele nicht näher gekommen. Setzt man dagegen $x = u$, $e^x\,dx = dv$, so ergiebt sich

$$\int x\,e^x\,dx = \int x\,d(e^x) = x\,e^x - \int e^x\,dx = x\,e^x - e^x + C.$$

In ähnlicher Weise findet man

$$\int x\,\sin x\,dx = -\int x\,d(\cos x) = -x\cos x + \int \cos x\,dx =$$
$$= -x\cos x + \sin x + C,$$

$$\int x\,\cos x\,dx = \int x\,d(\sin x) = x\,\sin x - \int \sin x\,dx =$$
$$= x\,\sin x + \cos x + C.$$

Sollen die Integrale

$$\int x^m\,e^x\,dx, \qquad \int x^m\,\sin x\,dx, \qquad \int x^m\,\cos x\,dx$$

bestimmt werden, wo m eine ganze positive Zahl bedeutet, so verfährt man genau wie oben; man erhält dann ein Glied, welches $\int x^{m-1}\,e^x\,dx$, resp. $\int x^{m-1}\cos x\,dx$ oder $\int x^{m-1}\sin x\,dx$ enthält, welches also einfacher ist, als das ursprüngliche Integral. Durch wiederholte Anwendung der teilweisen Integration kann in diesen Fällen die ursprüngliche Funktion vollständig integriert werden.

Auch bei bestimmten Integralen kann die teilweise Integration häufig mit Erfolg benutzt werden. Da die Formel (15) für alle Werte von x gelten muß, so kann man für x einmal a, dann b einführen und die beiden Werte voneinander subtrahieren. Dies giebt

$$\int\limits_a^b u v'\,dx = \left|\, u v\,\right|_{x=a}^{x=b} - \int\limits_a^b v\,u'\,dx\,. \tag{16}$$

Man kann sich auch vorstellen, daß diese Gleichung dadurch entstanden ist, daß man den Zwischenraum zwischen a und b in unendlich viele dx geteilt hat; für jedes dieser dx gilt die Beziehung

$$uv'\, dx = d(uv) - vu'\, dx,$$

woraus durch Addition die Formel (16) entsteht. Aus dieser Formel ergiebt sich z. B.

$$\int_0^p e^{-x^2}\, dx = \left| e^{-x^2} x \right|_{x=0}^{x=p} + 2\int_0^p e^{-x^2} x^2\, dx\,;$$

da für $x = 0$ auch $x\, e^{-x^2} = 0$, so erhält man nach einer einfachen Umstellung

$$\int_0^p e^{-x^2} x^2\, dx = -\tfrac{1}{2} p\, e^{-p^2} + \tfrac{1}{2}\int_0^p e^{-x^2}\, dx\,.$$

Das Integral links ist hierdurch auf ein einfacheres zurückgeführt worden.

§ 194. In den Fällen, wo es nicht möglich ist, die Integration durch direkte Anwendung der Fundamentalformeln (§ 191) zu vollbringen, kommt es im wesentlichen darauf an, die Aufgabe auf die Fundamentalformeln zurückzuführen. Zwei Hilfsmittel, die hierbei Verwendung finden können, haben wir §§ 192 und 193 kennen gelernt. Ein drittes besteht darin, daß man statt x eine neue Variable u, die auf bekannte Weise mit x zusammenhängt, einführt.

Gesetzt, es soll das Integral

$$J = \int f(x)\, dx\,,$$

d. h. die Funktion, deren Differential

$$dJ = f(x)\, dx \tag{17}$$

ist, bestimmt werden. Führt man dann eine in irgend einer Weise mit x zusammenhängende Variable u ein, so läßt sich J auch als eine Funktion von u auffassen. Indem man nun $f(x)$ durch u, und dx durch u und du ausdrückt, erhält man aus (17) einen Ausdruck von der Gestalt

$$F(u)\, du$$

für das dem Zuwachse du entsprechende Differential von J. Es ist daher

$$J = \int F(u)\, du.$$

Ist nun $F(u)$ einfacher als $f(x)$, so läßt sich diese Integration vielleicht ausführen. Man erhält dadurch J zunächst als Funktion von u, kann aber in dieselbe, auf Grund der zwischen u und x bestehenden Beziehung, diese letztere Variable einführen.

Hat die Beziehung zwischen u und x die Gestalt

$$x = \varphi(u),$$

so ist

$$f(x)\, dx = f[\varphi(u)]\, \varphi'(u)\, du\,,$$

also die oben mit $F(u)$ bezeichnete Funktion

$$F(u) = f[\varphi(u)]\, \varphi'(u).$$

Am einfachsten gestaltet sich die Transformation, wenn die gegebene Funktion $f(x)$ sich in zwei Faktoren zerlegen läßt, deren einer der Differentialquotient einer Funktion $\psi(x)$ ist, wenn es sich also etwa um die Integration von

$$\int w\, \psi'(x)\, dx$$

handelt. Setzt man

$$\psi(x) = u\,,$$

so wird das Integral

$$\int w\, du,$$

und die Integration läßt sich ausführen, wenn sich der Faktor w in einfacher Weise durch u ausdrücken läßt.

Die Einführung einer neuen Variablen ist auch bei bestimmten Integralen anwendbar. Wenn, wie wir es oben voraussetzten,

$$f(x)\, dx = F(u)\, du \tag{18}$$

ist, und wenn den für x gegebenen Grenzen x_1 und x_2 die Werte u_1 und u_2 der neuen Variablen entsprechen, so ist

$$\int_{x_1}^{x_2} f(x)\, dx = \int_{u_1}^{u_2} F(u)\, du. \tag{19}$$

Wenn nämlich x mit unendlich kleinen Zunahmen dx aus x_1 in x_2 übergeht, so verwandelt sich u mit den entsprechenden unendlich kleinen Zunahmen du aus u_1 in u_2. Stellt man nun für jedes dx die Gleichung (18) auf und addiert alle diese, so erhält man (19).

§ 195. **Beispiele.** Es soll $\int e^{ax}\,dx$ bestimmt werden. Wir setzen $ax = u$, dann ergiebt sich

$$\int e^{ax}\,dx = \int e^u \frac{du}{a} = \frac{1}{a}\,e^u + C = \frac{1}{a}\,e^{ax} + C.$$

In ähnlicher Weise erhält man, wenn man für u gleich seinen Wert einsetzt,

$$\int \sin ax\,dx = \frac{1}{a}\int \sin ax\,d(ax) = -\frac{1}{a}\cos ax + C,$$

$$\int \cos ax\,dx = \frac{1}{a}\int \cos ax\,d(ax) = \frac{1}{a}\sin ax + C.$$

Die Größe a kann auch negativ sein. Ist beispielsweise $a = -1$, dann geht die erste Formel über in

$$\int e^{-x}\,dx = -\int e^{-x}\,d(-x) = -e^{-x} + C.$$

Um $\int \dfrac{dx}{a+bx}$ zu finden, setzt man $a + bx = u$, dann ist $dx = \dfrac{du}{b}$, also

$$\int \frac{dx}{a+bx} = \frac{1}{b}\int \frac{du}{u} = \frac{1}{b}\,lu + C = \frac{1}{b}\,l(a+bx) + C.$$

In ähnlicher Weise erhält man

$$\int \frac{dx}{(a+bx)^2} = -\frac{1}{b(a+bx)} + C,$$

$$\int \sin(a+bx)\,dx = -\frac{1}{b}\cos(a+bx) + C,$$

$$\int e^{a+bx}\,dx = \frac{1}{b}\,e^{a+bx} + C,$$

$$\int l(1+x)\,dx = \int l(1+x)\,d(1+x) =$$
$$= (1+x)\,l(1+x) - x + C \ (\text{vergl. } \S\,193).$$

Die Einführung einer neuen Variablen leistet auch gute Dienste, wenn x in dem Ausdruck $a + bx + cx^2$ auftritt und sonst keine Funktion von x unter dem Integralzeichen steht. Ist c positiv, dann ist

$$a + bx + cx^2 = \left(a - \frac{b^2}{4c}\right) + \left(x\sqrt{c} + \frac{b}{2\sqrt{c}}\right)^2.$$

Setzt man nun

$$x \sqrt{c} + \frac{b}{2\sqrt{c}} = u$$

und führt diese Variable in das gegebene Integral ein, so kommt die unabhängig Variable nur noch in der zweiten Potenz vor.

Ist c negativ, dann läßt sich eine ähnliche Transformation anwenden.

Es soll z. B. $\int \dfrac{dx}{17 + 12x + 3x^2}$ entwickelt werden. Da

$$17 + 12x + 3x^2 = 5 + 3(x + 2)^2$$

ist, so ergiebt sich, wenn man $x + 2 = u$ setzt,

$$\int \frac{du}{5 + 3u^2} = \tfrac{1}{5} \int \frac{du}{1 + (\sqrt{\tfrac{3}{5}}\,u)^2} = \frac{1}{\sqrt{15}} \int \frac{d\,(\sqrt{\tfrac{3}{5}}\,u)}{(1 + \sqrt{\tfrac{3}{5}}\,u)^2} =$$

$$= \frac{1}{\sqrt{15}} \operatorname{arc\,tg} (\sqrt{\tfrac{3}{5}}\,u) + C,$$

also

$$\int \frac{dx}{17 + 12x + 3x^2} = \frac{1}{\sqrt{15}} \operatorname{arc\,tg} \left[(\sqrt{\tfrac{3}{5}}\,(x + 2) \right] + C.$$

Mittels des Substitutionsverfahrens lassen sich alle diejenigen Integrale vereinfachen, welche nur eine Funktion von x^2 multipliziert mit $x\,dx$ enthalten. Es ist nämlich $x\,dx = \tfrac{1}{2}\,d\,(x^2)$.

Zum Beispiel:

$$\int e^{p\,x^2} x\,dx = \frac{1}{2p} \int e^{p\,x^2} d\,(p\,x^2) = \frac{1}{2p}\,e^{p\,x^2} + C,$$

$$\int \frac{x\,dx}{1 + x^2} = \tfrac{1}{2} \int \frac{d(1 + x^2)}{1 + x^2} = \tfrac{1}{2}\,l\,(1 + x^2) + C.$$

§ 196. Viele Integrale können durch geeignete Kombination der behandelten Methoden — d. h. der Zerlegung in zwei oder mehr Teile (§ 192), der partiellen Integration (§ 193) und der Einführung einer neuen Variablen (§ 194) — berechnet werden.

Um z. B.

$$\int \frac{dx}{1 - x^2}$$

zu entwickeln, geht man aus von

$$\frac{1}{1 - x^2} = \tfrac{1}{2} \left[\frac{1}{1 + x} + \frac{1}{1 - x} \right].$$

Man hat dann

$$\int \frac{dx}{1-x^2} = \tfrac{1}{2}\left[\int \frac{dx}{1+x} + \int \frac{dx}{1-x}\right] =$$

$$= \tfrac{1}{2}\left[l(1+x) - l(1-x)\right] + C = \tfrac{1}{2} l\left(\frac{1+x}{1-x}\right) + C$$

(vergl. § 191).

In ähnlicher Weise ist

$$\int \frac{dx}{x(1+x)} = \int \frac{dx}{x} - \int \frac{dx}{1+x} = l\,x - l(1+x) + C =$$

$$= l\left(\frac{x}{1+x}\right) + C.$$

Um

$$\int \frac{x\,dx}{a + bx + cx^2}$$

zu berechnen, fassen wir $\dfrac{x}{a + bx + cx^2}$ als die Differenz zweier Brüche auf, von denen einer im Zähler den Faktor $b + 2cx$ enthält. Wir schreiben also

$$\int \frac{x\,dx}{a + bx + cx^2} = \frac{1}{2c}\int \frac{b + 2cx}{a + bx + cx^2}\,dx - \frac{b}{2c}\int \frac{dx}{a + bx + cx^2}.$$

Im ersten Integral ist der Zähler $b + 2cx$ gerade der Differentialquotient des Nenners $a + bx + cx^2$. Für dieses Integral findet man daher — indem man den Nenner als neue Variable einführt — den Wert

$$l(a + bx + cx^2),$$

und es wird

$$\int \frac{x\,dx}{a + bx + cx^2} = \frac{1}{2c}\, l(a + bx + cx^2) - \frac{b}{2c}\int \frac{dx}{a + bx + cx^2}.$$

Der Wert des Integrals auf der rechten Seite läßt sich in der § 195 angegebenen Weise berechnen.

§ 197. Im folgenden sollen noch einige häufiger vorkommende Integrale berechnet werden.

Durch partielle Integration erhält man aus

$$\int \sin^m x\,dx$$

(m eine ganze positive oder negative Zahl)

$$\int \sin^m x\,dx = \int \sin^{m-1} x \cdot \sin x\,dx =$$

$$= -\sin^{m-1} x \cos x + (m-1)\int \sin^{m-2} x \cos^2 x\,dx.$$

Da $\cos^2 x = 1 - \sin^2 x$ ist, so ergiebt sich hieraus

$$\int \sin^m x \, dx = - \sin^{m-1} x \cos x + (m-1) \int \sin^{m-2} x \, dx -$$

$$- (m-1) \int \sin^m x \, dx \,.$$

Bringen wir nun das Glied $- (m-1) \int \sin^m x \, dx$ auf die linke Seite, so erhalten wir

$$m \int \sin^m x \, dx = - \sin^{m-1} x \cos x + (m-1) \int \sin^{m-2} x \, dx$$

oder

$$\int \sin^m x \, dx = - \frac{1}{m} \sin^{m-1} x \cos x + \frac{m-1}{m} \int \sin^{m-2} x \, dx. \quad (20)$$

Ist m und $m-2$ positiv, so ist $\int \sin^{m-2} x \, dx$ einfacher als $\int \sin^m x \, dx$; ist m negativ, so gilt das Umgekehrte. Auf jeden Fall können wir also mittels der abgeleiteten „Reduktionsformel" das verwickeltere Integral auf ein einfacheres zurückführen.

Beispiel. Es sei $m = 3$,

$$\int \sin^3 x \, dx = - \tfrac{1}{3} \sin^2 x \cos x + \tfrac{2}{3} \int \sin x \, dx =$$

$$= - \tfrac{1}{3} (\sin^2 x + 2) \cos x + C;$$

für $m = 2$

$$\int \sin^2 x \, dx = - \tfrac{1}{2} \sin x \cos x + \tfrac{1}{2} \int dx = - \tfrac{1}{2} \sin x \cos x + \tfrac{1}{2} x + C.$$

Für höhere Werte von m muß man die Formel (20) wiederholt anwenden. Je nachdem m gerade oder ungerade ist, wird zum Schluß das Integral zurückgeführt auf

$$\int \sin x \, dx = - \cos x + C \quad \text{oder} \quad \int dx = x + C.$$

Ist m negativ, so ist, wie bereits gesagt, $\int \sin^{m-2} x \, dx$ komplizierter als $\int \sin^m x \, dx$. Wir bringen dann das erstere Integral auf die linke Seite von (20) und das andere auf die rechte Seite. Setzt man zu gleicher Zeit $m - 2 = -n$, wo n nun eine positive Zahl bedeutet, dann erhält man

$$\int \frac{dx}{\sin^n x} = - \frac{1}{n-1} \frac{\cos x}{\sin^{n-1} x} + \frac{n-2}{n-1} \int \frac{dx}{\sin^{n-2} x} \cdot \quad (21)$$

Hieraus folgt z. B.

$$\int \frac{dx}{\sin^2 x} = -\cot x + C,$$

$$\int \frac{dx}{\sin^3 x} = -\tfrac{1}{2}\frac{\cos x}{\sin^2 x} + \tfrac{1}{2}\int \frac{dx}{\sin x}.$$

Der Wert von $\int \frac{dx}{\sin x}$ wird im nächsten Paragraphen berechnet werden.

In ähnlicher Weise lassen sich für

$$\int \cos^m x\, dx \quad \text{und} \quad \int \frac{dx}{\cos^n x}$$

Reduktionsformeln aufstellen; wir überlassen dies dem Leser. Übrigens lassen sich diese Integrale durch die Substitution $x = \tfrac{1}{2}\pi - y$ auf (20) und (21) zurückführen.

§ 198.   Um $\int \frac{dx}{\sin x}$ zu berechnen, nehmen wir den halben Bogen, also $\tfrac{1}{2}x$ als neue Variable.   Dann ergiebt sich

$$\int \frac{dx}{\sin x} = \int \frac{d\left(\tfrac{1}{2}x\right)}{\sin\tfrac{1}{2}x \cos\tfrac{1}{2}x} = \int \frac{d\left(\operatorname{tg}\tfrac{1}{2}x\right)}{\operatorname{tg}\tfrac{1}{2}x} = l\,\operatorname{tg}\tfrac{1}{2}x + C.$$

Aus dieser Gleichung folgt ferner

$$\int \frac{dx}{\cos x} = -\int \frac{d\left(\tfrac{1}{2}\pi - x\right)}{\sin\left(\tfrac{1}{2}\pi - x\right)} = -l\,\operatorname{tg}\left(\tfrac{1}{4}\pi - \tfrac{1}{2}x\right) + C =$$
$$= l\,\operatorname{tg}\left(\tfrac{1}{4}\pi + \tfrac{1}{2}x\right) + C.$$

Wir fügen noch ein paar andere einfache Integrale von goniometrischen Funktionen bei:

$$\int \sin x \cos x\, dx = \int \sin x\, d(\sin x) = \tfrac{1}{2}\sin^2 x + C.$$

$$\int \operatorname{tg} x\, dx = \int \frac{\sin x\, dx}{\cos x} = -\int \frac{d(\cos x)}{\cos x} = -l\cos x + C.$$

$$\int \cot x\, dx = \int \frac{\cos x\, dx}{\sin x} = \int \frac{d(\sin x)}{\sin x} = l\sin x + C.$$

$$\int \frac{dx}{\sin x \cos x} = \int \frac{d(\operatorname{tg} x)}{\operatorname{tg} x} = l\,\operatorname{tg} x + C.$$

Führt man bei dem ersten dieser Integrale die Rechnung etwas anders durch, so erhält man scheinbar andere Werte für das Integral.

Man hat nämlich

$$\int \sin x \cos x \, dx = - \int \cos x \, d(\cos x) = - \tfrac{1}{2} \cos^2 x + C,$$

oder auch durch Einführung des doppelten Bogens, also $2x$, als neue unabhängig Variable

$$\int \sin x \cos x \, dx = \tfrac{1}{4} \int \sin 2x \, d(2x) = - \tfrac{1}{4} \cos 2x + C.$$

Da $\sin^2 x + \cos^2 x = 1$ und $\cos 2x = \cos^2 x - \sin^2 x$, so kommen diese verschiedenen Resultate auf ein und dasselbe heraus, nur hat man in den drei Formeln unter C nicht den nämlichen Wert zu verstehen.

Die Einführung des doppelten Bogens kann auch bei der Berechnung anderer Integrale vielfach gute Dienste leisten. Zum Beispiel

$$\int \sin^2 x \cos^2 x \, dx = \tfrac{1}{8} \int \sin^2 2x \, d(2x) =$$
$$= - \tfrac{1}{16} \sin 2x \cos 2x + \tfrac{1}{8} x + C.$$

Wir hätten diesen Ausdruck auch auf Integrale von der Form (20) zurückführen können, wenn wir anstatt $\cos^2 x$ den identischen Wert $1 - \sin^2 x$ gesetzt hätten. Es wäre dann

$$\int \sin^2 x \cos^2 x \, dx = \int \sin^2 x \, dx - \int \sin^4 x \, dx$$

zu berechnen gewesen.

§ 199. Aus den unbestimmten Integralen der verschiedenen goniometrischen Funktionen lassen sich leicht bestimmte Integrale ableiten. Die Werte der letzteren sind besonders einfach, wenn die Grenzen 0, $\tfrac{1}{2}\pi$, π, $\tfrac{3}{2}\pi$ u. s. w. sind.

Beispiele:

$$\int_0^{1/2\pi} \sin x \, dx = 1, \qquad \int_0^{1/2\pi} \cos x \, dx = 1.$$

$$\int_0^{1/2\pi} \sin^2 x \, dx = \tfrac{1}{4}\pi, \qquad \int_0^{1/2\pi} \cos^2 x \, dx = \tfrac{1}{4}\pi,$$

$$\int_0^{1/2\pi} \sin x \cos x \, dx = \tfrac{1}{2},$$

$$\int_0^{1/2\pi} \sin^3 x \, dx = \tfrac{2}{3}, \qquad\qquad \int_0^{1/2\pi} \cos^3 x \, dx = \tfrac{2}{3},$$

$$\int_0^{1/2\pi} \sin^2 x \cos x \, dx = \tfrac{1}{3}, \qquad\qquad \int_0^{1/2\pi} \cos^2 x \sin x \, dx = \tfrac{1}{3},$$

$$\int_0^{1/2\pi} \sin^4 x \, dx = \tfrac{3}{16}\pi, \qquad\qquad \int_0^{1/2\pi} \cos^4 x \, dx = \tfrac{3}{16}\pi,$$

$$\int_0^{1/2\pi} \sin^2 x \cos^2 x \, dx = \tfrac{1}{16}\pi.$$

Setzt man in (20) einmal $x = \tfrac{1}{2}\pi$, darauf $x = 0$ (wobei das erste Glied rechts jedesmal verschwindet) und zieht die beiden Werte von einander ab, so ergiebt sich

$$\int_0^{1/2\pi} \sin^m x \, dx = \frac{m-1}{m} \int_0^{1/2\pi} \sin^{m-2} x \, dx.$$

Ersetzt man hierin m durch $m-2$, dann erhält man

$$\int_0^{1/2\pi} \sin^{m-2} x \, dx = \frac{m-3}{m-2} \int_0^{1/2\pi} \sin^{m-4} x \, dx.$$

Dieser Wert in die vorhergehende Gleichung eingesetzt, giebt

$$\int_0^{1/2\pi} \sin^m x \, dx = \frac{(m-1)(m-3)}{m(m-2)} \int_0^{1/2\pi} \sin^{m-4} x \, dx.$$

Indem man aufs neue die Reduktionsformel (20) anwendet, kann man das Integral $\int_0^{1/2\pi} \sin^{m-4} x \, dx$ in ein anderes Integral $\int_0^{1/2\pi} \sin^{m-6} x \, dx$ umformen. Wenn man dies so oft wie nötig wiederholt, erhält man schließlich, wenn m gerade ist:

$$\int_0^{1/2\pi} \sin^m x \, dx = \frac{(m-1)(m-3)\ldots 3.1}{m(m-2)\ldots 4.2} \int_0^{1/2\pi} dx =$$

$$= \frac{(m-1)(m-3)\ldots 3.1}{m(m-2)\ldots 4.2} \cdot \tfrac{1}{2}\pi,$$

und wenn m ungerade ist:

$$\int\limits_0^{1/2\,\pi} \sin^m x \, dx = \frac{(m-1)\,(m-3)\ldots 2}{m\,(m-2)\ldots 3} \int\limits_0^{1/2\,\pi} \sin x \, dx = \frac{(m-1)\,(m-3)\ldots 2}{m\,(m-2)\ldots 3}\,.$$

Der Leser möge in ähnlicher Weise das Integral

$$\int\limits_0^{1/2\,\pi} \cos^m x \, dx$$

berechnen.

§ 200. Einige der oben behandelten bestimmten Integrale lassen sich durch einfache Betrachtungen unmittelbar ohne Zuhilfenahme des unbestimmten Integrals ableiten.

Wir schicken den Satz voraus, daß

$$\int\limits_0^{1/2\,\pi} \sin^p x \, dx = \int\limits_0^{1/2\,\pi} \cos^p x \, dx \qquad (22)$$

ist. Um dieses zu beweisen, substituieren wir in das letzte Integral $x = \tfrac{1}{2}\pi - y$. Es wird dann

$$\int\limits_0^{1/2\,\pi} \cos^p x \, dx = - \int\limits_{1/2\,\pi}^0 \sin^p y \, dy\,. \qquad (23)$$

Es ist nämlich $dx = - dy$, während für $x = 0$, resp. $\tfrac{1}{2}\pi$, $y = \tfrac{1}{2}\pi$, resp. 0 wird. Da wir nun ferner (vergl. § 184) die Grenzen eines bestimmten Integrals miteinander vertauschen dürfen, wenn wir zu gleicher Zeit das Vorzeichen umkehren, so läßt sich statt (23) schreiben

$$\int\limits_0^{1/2\,\pi} \cos^p x \, dx = \int\limits_0^{1/2\,\pi} \sin^p y \, dy\,, \qquad (24)$$

gerade die zu beweisende Formel. Daß hier in dem einen Integral die Variable mit y und in dem entsprechenden Integral in (22) mit x bezeichnet ist, ist ohne Belang. Im allgemeinen haben die bestimmten Integrale

$$\int\limits_a^b f(x)\, dx \qquad \text{und} \qquad \int\limits_a^b f(y)\, dy$$

nach der Definition (§ 184) dieselbe Bedeutung und also auch denselben Wert.

Übrigens kann man sich von der Richtigkeit der Gleichung (22) auch in folgender Weise überzeugen. Man zerlege bei den beiden Integralen das Intervall zwischen 0 und $\frac{1}{2}\pi$ in solcher Weise in Elemente, daß jedem Element dx des ersten Integrals ein gleiches Element dx des zweiten entspricht, das ebenso weit von $\frac{1}{2}\pi$, wie jenes von 0 entfernt ist. Da dann der Wert von $\sin x$ für das eine Element ebenso groß ist, wie der Wert von $\cos x$ für das andere, so sind auch die entsprechenden Elemente $\sin^p x\, dx$ und $\cos^p x\, dx$ einander gleich; auch die beiden Summen müssen also gleich groß sein.

Aus (22) lassen sich die Werte von $\int\limits_0^{1/2\pi} \sin^2 x\, dx$ und $\int\limits_0^{1/2\pi} \cos^2 x\, dx$ unmittelbar ableiten. Da die beiden Integrale gleich groß sind, so ist jedes derselben gleich der Hälfte ihrer Summe, woraus folgt

$$\int\limits_0^{1/2\pi}\sin^2 x\, dx = \int\limits_0^{1/2\pi}\cos^2 x\, dx = \tfrac{1}{2}\int\limits_0^{1/2\pi}(\sin^2 x + \cos^2 x)\, dx = \tfrac{1}{2}\int\limits_0^{1/2\pi} dx = \tfrac{1}{4}\pi.$$

Denselben Wert haben auch die Integrale zwischen den Grenzen $\frac{1}{2}\pi$ und π, π und $\frac{3}{2}\pi$ u. s. w., also

$$\int\limits_0^{1/2\pi}\sin^2 x\, dx = \int\limits_{1/2\pi}^{\pi}\sin^2 x\, dx = \int\limits_{\pi}^{3/2\pi}\sin^2 x\, dx = \tfrac{1}{4}\pi,$$

$$\int\limits_0^{1/2\pi}\cos^2 x\, dx = \int\limits_{1/2\pi}^{\pi}\cos^2 x\, dx = \int\limits_{\pi}^{3/2\pi}\cos^2 x\, dx = \tfrac{1}{4}\pi.$$

Beweis. Wir setzen $y = \pi - x$, dann ist

$$\int\limits_{1/2\pi}^{\pi}\sin^2 x\, dx = - \int\limits_{1/2\pi}^{0}\sin^2 y\, dy = \int\limits_0^{1/2\pi}\sin^2 y\, dy = \int\limits_0^{1/2\pi}\sin^2 x\, dx.$$

In ähnlicher Weise läßt sich der Beweis führen, wenn die Grenzen π und $\frac{3}{2}\pi$ u. s. w. sind.

§ 201. Bei der Berechnung von bestimmten Integralen ist es häufig von Vorteil, das Integrationsgebiet in kleinere Intervalle zu zerlegen. Bedeutet m eine beliebige Zahl zwischen den Grenzen a und b, so ist

$$\int\limits_a^b f(x)\, dx = \int\limits_a^m f(x)\, dx + \int\limits_m^b f(x)\, dx. \tag{25}$$

Die sich von $x = a$ bis $x = b$ erstreckende Reihe von Elementen $f(x)\,dx$, welche das links stehende Integral zusammensetzen, läßt sich nämlich in zwei Gruppen zerlegen, von denen die eine von $x = a$ bis $x = m$, die andere aber von $x = m$ bis $x = b$ geht. Ist z. B. x die Zeit und $f(x)$ die Geschwindigkeit eines sich bewegenden Punktes, so drückt (25) weiter nichts aus, als daß die zwischen den Zeitpunkten a und b zurückgelegte Bahnlänge die Summe der zwischen den Augenblicken a und m, resp. m und b durchlaufenen Wege ist. Eine ebenso einfache Bedeutung hat die Formel, wenn x die Abscisse und $f(x)$ die Ordinate eines Punktes einer Kurve ist.

Die Formel (25) ergiebt sich auch aus dem Zusammenhange der bestimmten Integrale mit den unbestimmten. Ist das unbestimmte Integral

$$\int f(x)\,dx = F(x) + C,$$

so sind die Werte der in (25) stehenden Glieder

$$F(b) - F(a), \qquad F(m) - F(a), \qquad F(b) - F(m),$$

woraus sich die Formel sofort ergiebt.

Eine ähnliche Formel läßt sich aufstellen, wenn m eine Zahl außerhalb des Intervalls (a, b) ist. Liegt dieselbe an der Seite der Grenze b, so daß das Intervall (a, m) aus den Intervallen (a, b) und (b, m) besteht, so ist [1]

$$\int\limits_a^b f(x)\,dx = \int\limits_a^m f(x)\,dx - \int\limits_b^m f(x)\,dx. \qquad (26)$$

§ 202. Es lassen sich nun die Integrale

$$\int\limits_0^\pi \sin^2 x\,dx, \qquad \int\limits_0^{3/2\pi} \sin^2 x\,dx, \qquad \int\limits_0^{2\pi} \sin^2 x\,dx \ \text{ u. s. w.}$$

und die entsprechenden Integrale mit $\cos^2 x$ leicht entwickeln.

---

[1] Da wir für das letzte Integral in (26) schreiben dürfen

$$\int\limits_b^m f(x)\,dx = - \int\limits_m^b f(x)\,dx,$$

so gelangt man auch in diesem Falle zu der Gleichung (25).

Zerlegt man nämlich bei dem Integral

$$\int_0^\pi \sin^2 x \, dx$$

das Integrationsintervall $(0, \pi)$ in die Intervalle $(0, \frac{1}{2}\pi)$ und $(\frac{1}{2}\pi, \pi)$, so erhält man zwei Integrale, von denen jedes den Wert $\frac{1}{4}\pi$ hat. Also

$$\int_0^\pi \sin^2 x \, dx = \frac{1}{2}\pi \, .$$

Ebenso ist auch

$$\int_0^\pi \cos^2 x \, dx = \frac{1}{2}\pi \, .$$

Auch die Integrale

$$\int_0^{1/2\pi} \sin^4 x \, dx \, , \qquad \int_0^{1/2\pi} \sin^2 x \cos^2 x \, dx \, , \qquad \int_0^{1/2\pi} \cos^4 x \, dx$$

können jetzt berechnet werden. Für das zweite findet man, wenn man $2x = y$ setzt,

$$\int_0^{1/2\pi} \sin^2 x \cos^2 x \, dx = \frac{1}{8} \int_0^\pi \sin^2 y \, dy = \frac{1}{16}\pi \, .$$

Um die beiden anderen zu berechnen, gehen wir aus von der Gleichung

$$\sin^4 x + 2 \sin^2 x \cos^2 x + \cos^4 x = 1.$$

Hieraus ergiebt sich

$$\int_0^{1/2\pi} \sin^4 x \, dx + 2 \int_0^{1/2\pi} \sin^2 x \cos^2 x \, dx + \int_0^{1/2\pi} \cos^4 x \, dx = \frac{1}{2}\pi \, ,$$

oder, da $\displaystyle \int_0^{1/2\pi} \sin^4 x \, dx = \int_0^{1/2\pi} \cos^4 x \, dx$ (§ 200) ist,

$$2 \int_0^{1/2\pi} \sin^4 x \, dx + 2 \int_0^{1/2\pi} \sin^2 x \cos^2 x \, dx = \frac{1}{2}\pi \, ,$$

also

$$\int_0^{1/2\pi} \sin^4 x \, dx + \frac{1}{16}\pi = \frac{1}{4}\pi$$

und
$$\int_0^{1/_2 \pi} \sin^4 x \, dx = \int_0^{1/_2 \pi} \cos^4 x \, dx = \tfrac{3}{16}\pi \, .$$

Zum Schluß machen wir noch darauf aufmerksam, daß man zuweilen direkt erkennen kann, daß ein bestimmtes Integral den Wert Null hat, nämlich dann, wenn man dasselbe derart in Elemente zerlegen kann, daß stets zwei gleich große, aber mit entgegengesetztem Vorzeichen vorkommen. So ist z. B.

$$\int_0^{\pi} \sin^2 x \, \cos x \, dx = 0 \, ,$$

da die Funktion $\sin^2 x \cos x$ für zwei Werte von x, von denen der eine ebensoweit von 0 entfernt ist, wie der andere von π, gleich groß ist, aber entgegengesetztes Vorzeichen hat.

§ 203. Mit Hilfe des § 198 gefundenen können wir die beiden letzten Integrale, welche wir § 191 unter die Fundamentalformeln aufgenommen haben, berechnen. In

$$\int \frac{dx}{\sqrt{x^2 + 1}}$$

setzen wir $x = \operatorname{tg} \varphi$, wodurch das Integral übergeht in

$$\int \frac{d\varphi}{\cos \varphi} = l \operatorname{tg} (\tfrac{1}{4}\pi + \tfrac{1}{2}\varphi) + C \, .$$

Da
$$\operatorname{tg}(\tfrac{1}{4}\pi + \tfrac{1}{2}\varphi) = \operatorname{tg}\varphi + \sec \varphi = x + \sqrt{x^2 + 1} \, ,$$
so ergiebt sich

$$\int \frac{dx}{\sqrt{x^2 + 1}} = l\left[x + \sqrt{x^2 + 1}\right] + C \, .$$

Um
$$\int \frac{dx}{\sqrt{x^2 - 1}}$$

zu entwickeln, setzen wir $x = \sec \varphi$. Die Rechnung ist dann fast dieselbe wie soeben, und es ergiebt sich

$$\int \frac{dx}{\sqrt{x^2 - 1}} = l\left[x + \sqrt{x^2 - 1}\right] + C \, .$$

§ 204. Wir wollen jetzt die in den vorhergehenden Paragraphen entwickelten Formeln zur Lösung von Aufgaben benutzen.

Es soll der Inhalt der Fläche OPB (Fig. 95), die von der Parabel OP, der Achse OB und der Ordinate BP begrenzt wird, berechnet werden. Setzt man $OB = a$, und benutzt man dieselbe Bezeichnungen wie § 58, so ist

$$\text{Inh. } OPB = \int_0^a y\,dx =$$

$$= \int_0^a \sqrt{2px}\,dx.$$

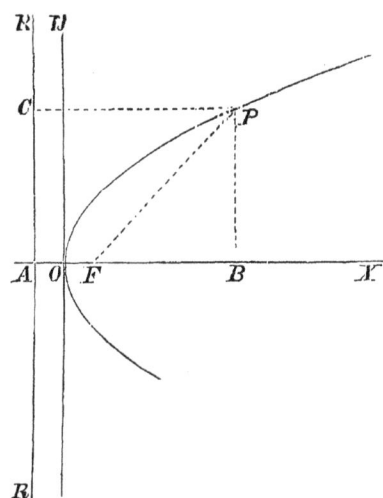

Fig. 95.

Das unbestimmte Integral ist

$$\int \sqrt{2px}\,dx = \sqrt{2p}\int \sqrt{x}\,dx =$$

$$= \tfrac{2}{3} x \sqrt{2px} + C.$$

Hieraus folgt

$$\text{Inh. } OPB = \tfrac{2}{3} a \sqrt{2pa} = \tfrac{2}{3} OB \times BP.$$

Der Flächeninhalt ist also $\tfrac{2}{3}$ von der Fläche des Rechtecks, dessen Seiten OB und BP sind.

Es soll jetzt die Länge des Bogens OP der Parabel berechnet werden.

Nach § 98 ist

$$ds = \frac{dx}{\cos\vartheta},$$

also die Länge des Bogens

$$\int_0^a \frac{dx}{\cos\vartheta}.$$

Mit Hilfe der Formel (§ 112)

$$\operatorname{tg}\vartheta = \sqrt{\frac{p}{2x}}$$

kann man $\cos\vartheta$ durch x ausdrücken. Einfacher wird jedoch die Rechnung, wenn wir nicht x, sondern ϑ als die unabhängige Variable wählen und also dx durch $d\vartheta$ ausdrücken. Aus der letzten Formel ergiebt sich

$$x = \tfrac{1}{2} p \cot^2\vartheta,$$

also
$$dx = - p\,\frac{\cos \vartheta}{\sin^3 \vartheta}\,d\vartheta.$$

Für $x = 0$ wird $\vartheta = \tfrac{1}{2}\pi$, für $x = a$ nimmt der Winkel den Wert ϑ_1 an, welcher der Tangente in P entspricht und sich aus der Gleichung

$$\operatorname{tg} \vartheta_1 = \sqrt{\frac{p}{2\,a}}$$

ermitteln läßt. Man hat also

$$\text{Bogen } OP = - p \int\limits_{1/2\pi}^{\vartheta_1} \frac{d\vartheta}{\sin^3 \vartheta} = p \int\limits_{\vartheta_1}^{1/2\pi} \frac{d\vartheta}{\sin^3 \vartheta}.$$

Nach § 197 und § 198 ist

$$\int \frac{d\vartheta}{\sin^3 \vartheta} = - \tfrac{1}{2}\,\frac{\cos \vartheta}{\sin^2 \vartheta} + \tfrac{1}{2}\,l\,\operatorname{tg} \tfrac{1}{2}\vartheta + C,$$

also

$$\text{Bogen } OP = \tfrac{1}{2} p \left(\frac{\cos \vartheta_1}{\sin^2 \vartheta_1} - l\,\operatorname{tg} \tfrac{1}{2}\vartheta_1 \right)$$

$$= \tfrac{1}{2} p \left\{ \sqrt{\frac{2\,a}{p} \left(1 + \frac{2\,a}{p} \right)} - l \left[\sqrt{1 + \frac{2\,a}{p}} - \sqrt{\frac{2\,a}{p}} \right] \right\}.$$

Rotiert die Figur um die x-Achse, so entsteht ein Umdrehungsparaboloid. Der Inhalt des Raumes zwischen dieser Fläche und einer in B auf OX senkrecht stehenden Ebene ist nach § 188, Formel (10)

$$2\,\pi p \int\limits_0^a x\,dx = \pi p\,a^2.$$

Errichten wir auf dem mit BP beschriebenen Kreise einen Cylinder mit der Höhe OB, so ist der Inhalt dieses Cylinders: $\pi\,BP^2 \times OB = 2\,\pi p\,a \times a = 2\,\pi p\,a^2$, also doppelt so groß, als der des eben betrachteten Rotationskörpers.

Der Teil, welchen die obengenannte, in B errichtete Ebene von der Rotationsfläche abschneidet, ist

$$O = 2\,\pi \int\limits_0^a y\,\frac{dx}{\cos \vartheta} = 2\,\pi \int\limits_0^a \sqrt{2\,p x}\,\frac{dx}{\cos \vartheta},$$

oder, wenn wir wieder ϑ als unabhängig Variable einführen,

$$O = 2\,\pi p^2 \int\limits_{\vartheta_1}^{1/2\pi} \frac{\cos \vartheta}{\sin^4 \vartheta}\,d\vartheta.$$

Das unbestimmte Integral

$$\int \frac{\cos \vartheta}{\sin^4 \vartheta}\, d\vartheta = \int \frac{d(\sin \vartheta)}{\sin^4 \vartheta} = -\tfrac{1}{3}\frac{1}{\sin^3 \vartheta} + C;$$

hieraus folgt

$$O = \tfrac{2}{3}\pi p^2 \left[\frac{1}{\sin^3 \vartheta_1} - 1\right] = \tfrac{2}{3}\pi p^2 \left[\sqrt{\left(1 + \frac{2a}{p}\right)^3} - 1\right].$$

§ 205. Ein weiteres Beispiel entnehmen wir der Physik. AB (Fig. 96) sei ein geradliniger, sich beiderseits bis in die Unendlichkeit erstreckender Stromleiter, von dessen Dicke wir absehen. In der Richtung AB fließt ein elektrischer Strom. PQ ist ein unendlich kleines Stück ds eines zweiten Strom-leiters, der parallel dem ersten liegt und in derselben Richtung, wie der erste, von einem elek-trischen Strom durchflossen wird. Es soll nach dem Gesetz von AMPÈRE (Aufg. 10, S. 252) die Wir-kung von AB auf PQ berechnet werden. Wir fällen aus irgend

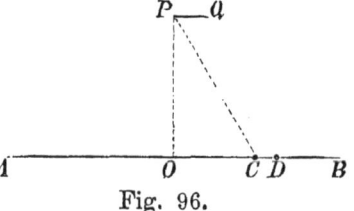

Fig. 96.

einem Punkt von PQ, z. B. aus P auf AB eine Senkrechte, und bestimmen die Lage eines Punktes von AB durch die Ent-fernung x von dem Fußpunkte O, wobei als positive Richtung die des Stromes gewählt werden soll. Zunächst berechnen wir, welche Anziehung oder Abstoßung PQ von irgend einem Ele-mente von AB, etwa von CD erfährt. Es sei $OC = x$, $CD = dx$, $PC = r$, $\angle OPC = \psi$. Sind die Stromintensitäten i und i', dann ziehen sich die beiden Stromelemente nach dem Gesetz von AMPÈRE mit einer Kraft

$$A\,i\,i'\,ds \cdot \frac{2 - 3\sin^2 \psi}{r^2}\, dx$$

an. Diese Kraft können wir in eine parallel PQ und eine zweite senkrecht zu PQ zerlegen; die erste ist

$$A\,i\,i'\,ds \cdot \frac{(2 - 3\sin^2 \psi)\sin \psi}{r^2}\, dx, \qquad (27)$$

die zweite

$$A\,i\,i'\,ds \cdot \frac{(2 - 3\sin^2 \psi)\cos \psi}{r^2}\, dx. \qquad (28)$$

Es gelten, wie man leicht sieht, diese Ausdrücke auch für ein links von O liegendes Element, wenn man für dieses

den Winkel ψ negativ nimmt, dem Differential dx aber immer
das positive Vorzeichen beilegt. Um nun die totale, in Richtung PO wirkende Kraft zu erhalten, wird man alle durch
(28) dargestellte unendlich kleine Kräfte summieren müssen.
Da x hierbei alle Werte von $-\infty$ bis $+\infty$ durchläuft, so
ergiebt sich

$$A\,i\,i'\,ds \int_{-\infty}^{+\infty} \frac{(2 - 3\sin^2\psi)\cos\psi}{r^2}\,dx. \qquad (29)$$

Drückt man hierin r und ψ als Funktionen der unabhängig Variablen x aus, so hat man in diesem Integral nur x
als unabhängige Variable. Es ist, wenn man $PO = l$ setzt,

$$r = \sqrt{l^2 + x^2}, \qquad\qquad \cos\psi = \frac{l}{r}.$$

Einfacher gestaltet sich die Rechnung, wenn man ψ als
unabhängig Variable auffaßt. Aus

$$x = l \cdot \operatorname{tg}\psi$$

folgt
$$dx = \frac{l}{\cos^2\psi}\,d\psi.$$

Ferner ist

$$r = \frac{l}{\cos\psi},$$

und da für $x = -\infty$ und $+\infty$, $\psi = -\tfrac{1}{2}\pi$ bez. $+\tfrac{1}{2}\pi$ wird,
so ist die in Richtung PO wirkende Kraft

$$\frac{A\,i\,i'\,ds}{l} \int_{-\frac{1}{2}\pi}^{+\frac{1}{2}\pi} (2 - 3\sin^2\psi)\cos\psi\,d\psi$$

$$= \frac{A\,i\,i'\,ds}{l}\left\{ \int_{-\frac{1}{2}\pi}^{+\frac{1}{2}\pi} 2\cos\psi\,d\psi - \int_{-\frac{1}{2}\pi}^{+\frac{1}{2}\pi} 3\sin^2\psi\,d(\sin\psi) \right\} = 2\frac{A\,i\,i'\,ds}{l}.$$

In ähnlicher Weise ergiebt sich aus (27) für die in Richtung PQ wirkende Kraft

$$\frac{A\,i\,i'\,ds}{l} \int_{-\frac{1}{2}\pi}^{+\frac{1}{2}\pi} (2 - 3\sin^2\psi)\sin\psi\,d\psi;$$

dieser Ausdruck ist jedoch $= 0$, da für gleiche positive
und negative Werte von ψ die Funktion unter dem Integral-

zeichen denselben Wert, aber mit entgegengesetztem Vorzeichen hat (vergl. § 202).

Liegt PQ nicht parallel AB, sondern senkrecht dazu, und zwar in der Verlängerung von OP, so ergiebt sich für die Anziehung von CD auf PQ

$$3\,A\,i\,i'\,ds.\frac{\sin\psi\cos\psi}{r^2}\,dx.$$

Die Komponenten in Richtung AB und PO sind

$$3\,A\,i\,i'\,ds.\frac{\sin^2\psi\cos\psi}{r^2}\,dx$$

und

$$3\,A\,i\,i'\,ds.\frac{\sin\psi\cos^2\psi}{r^2}\,dx.$$

Integriert man von $-\infty$ bis $+\infty$, so erhält man aus dem letzteren Ausdruck den Wert 0, aus dem ersteren

$$\frac{2\,A\,i\,i'\,ds}{l}.$$

§ 206. Wir haben bis jetzt nur solche Integrale behandelt, die eine einzige unabhängig Variable enthielten. Im folgenden sollen Integrale mit zwei oder noch mehr unabhängig Variablen untersucht werden. Seien x und y zwei unabhängig Variable die durch gleichzeitige Änderungen aus ihren Anfangswerten x_1 und y_1 in x_2 und y_2 übergehen. Wir teilen dann die Änderungen von x und y in unendlich viele unendlich kleine Teile und verstehen unter dx und dy gleichzeitige Zuwächse. Seien ferner zwei Größen X und Y gegeben, die von x und y abhängen (und zwar eine jede im allgemeinen von den beiden unabhängig Variablen). Wir bilden den Ausdruck

$$X\,dx + Y\,dy, \tag{30}$$

indem wir für X und Y die Werte wählen, welche die Funktionen haben, bevor die unabhängig Variablen die Zuwächse dx und dy erfahren. Wir wollen nun für jeden der unendlich kleinen Schritte, in die wir die Gesamtänderung von x und y zerlegt haben, einen ähnlichen Ausdruck wie (30) aufstellen und diese alle addieren.

Diese Summierung hat viel Ähnlichkeit mit der in § 184 behandelten, man nennt die Summe deswegen ebenfalls ein (bestimmtes) Integral und bezeichnet sie mit

$$\int (X\,dx + Y\,dy). \tag{31}$$

Dies Integral unterscheidet sich jedoch wesentlich von den bisher behandelten, nämlich insofern, als man auf sehr verschiedene Weise von den Werten x_1, y_1 zu den Werten x_2, y_2 übergehen kann. Man kann z. B. erst x allein wachsen, und darauf, indem man x konstant läßt, y allein zunehmen lassen, oder umgekehrt, oder man kann x und y gleichzeitig sich ändern lassen, so daß das Verhältnis zwischen dx und dy bei allen Schritten dasselbe ist, oder auf irgend eine andere Weise die Zuwächse von x mit denen von y kombinieren, und dennoch stets von denselben Anfangswerten aus dieselben Endwerte erreichen. Zur Erläuterung betrachten wir x und y als die Koordinaten eines Punktes in einer Ebene (Fig. 97). Die Koordinaten von P_1 seien x_1 und y_1, die Koordinaten von P_2 x_2 und y_2, dann kommt der Übergang von x_1, y_1 in x_2, y_2 auf eine Bewegung von P_1 nach P_2 hinaus. Diese kann jedoch längs unendlich vielen Wegen geschehen. Für jeden „Integrationsweg" hat die Summe (31) einen ganz bestimmten Wert, der aber im allgemeinen je nach dem gewählten Weg verschieden ist. Solche Integrale wie (31) sind also durch die Anfangs- und Endwerte der unabhängig Variablen nicht ganz bestimmt.

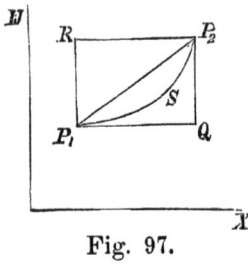

Fig. 97.

Sei beispielsweise $X = y$, $Y = a$ (konstant). Wählt man zunächst den Integrationsweg $P_1\,Q\,P_2$, dessen Seiten parallel mit den Achsen laufen, dann kann man (31) in zwei Teile zerlegen, welche den Linien $P_1\,Q$ und $Q\,P_2$ entsprechen.

Auf der ersten Strecke ist $y = y_1$, also $dy = 0$; für diesen Weg wird also das Integral (31)

$$\int_{x_1}^{x_2} y_1\,dx = y_1\,(x_2 - x_1).$$

Auf der Strecke $Q\,P_2$ ist $x = x_2$, $dx = 0$; dieser Weg liefert also zu der gesuchten Summe den Beitrag

$$\int_{y_1}^{y_2} a\,dy = a\,(y_2 - y_1).$$

Das Resultat der Integration über den ganzen Weg ist also

$$\int\limits_{P_1 Q P_2} (X\,dx + Y\,dy) = y_1\,(x_2 - x_1) + a\,(y_2 - y_1) \tag{32}$$

(um den Integrationsweg anzudeuten, haben wir dem Integralzeichen den Index $P_1 Q P_2$ beigefügt).

Analog findet man

$$\int\limits_{P_1 R P_2} (X\,dx + Y\,dy) = y_2\,(x_2 - x_1) + a\,(y_2 - y_1). \tag{33}$$

Wählt man dagegen den Integrationsweg längs der Geraden $P_1 P_2$, dann besteht zwischen den gleichzeitigen Zuwächsen dx und dy auf der ganzen Strecke die folgende Beziehung:

$$dx = \frac{x_2 - x_1}{y_2 - y_1}\,dy\,,$$

so daß (30) übergeht in

$$\frac{x_2 - x_1}{y_2 - y_1}\,y\,dy + a\,dy\,,$$

und das gesuchte Integral in

$$\int\limits_{P_1 P_2} (X\,dx + Y\,dy) = \frac{x_2 - x_1}{y_2 - y_1}\int\limits_{y_1}^{y_2} y\,dy + a\int\limits_{y_1}^{y_2} dy$$

$$= \tfrac{1}{2}\,(y_2 + y_1)\,(x_2 - x_1) + a\,(y_2 - y_1). \tag{34}$$

Wollten wir schließlich den Wert des Integrals für irgend einen krummlinigen Integrationsweg $P_1 S P_2$ ermitteln, so könnten wir einen Teil des Bogens vom Punkt P_1 an gerechnet, z. B. $P_1 S$, s nennen. Wächst s um ds, dann nehmen x und y (§ 98) um

$$dx = \cos\vartheta\,ds, \qquad\qquad dy = \sin\vartheta\,ds$$

zu, und (30) geht infolgedessen über in

$$(X\cos\vartheta + Y\sin\vartheta)\,ds.$$

Da für jeden Punkt der Kurve X, Y und ϑ bestimmte Funktionen von s sind, so läßt sich, wenn wir den ganzen Bogen durch S bezeichnen, der Wert der Summe

$$\int\limits_{P_1 S P_2} (X\,dx + Y\,dy) = \int\limits_{0}^{S} (X\cos\vartheta + Y\sin\vartheta)\,ds \tag{35}$$

auf eine Integration nach s zurückführen.

Ebenso wie nun die Werte (32), (33) und (34) voneinander verschieden sind, so würde man im allgemeinen auch für jede

Kurve zwischen P_1 und P_2 wieder einen neuen Wert des Integrals erhalten. Dies führt noch zu einem weiteren wichtigen Schluß. Man kann x_1, y_1 in x_2, y_2 auf dem einen Wege übergehen lassen und die Variablen auf einem andern Weg wieder nach den ursprünglichen Werten zurückführen. Geometrisch dargestellt, können wir also z. B. von P_1 nach P_2 (Fig 98) auf dem Wege $P_1 Q P_2$ gelangen und auf dem Wege $P_2 R P_1$ nach dem Anfangspunkt zurückkehren. Da (vergl. § 184) der Wert irgend eines Integrals längs $P_1 R P_2$ gleich

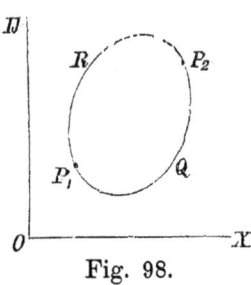

Fig. 98.

ist dem Wert desselben Integrals längs $P_2 R P_1$ aber mit entgegengesetztem Vorzeichen, so ergiebt sich der Wert des Integrals längs der geschlossenen Kurve $P_1 Q P_2 R P_1$ gleich der Differenz der Integrale längs $P_1 Q P_2$ und $P_1 R P_2$. Da diese beiden Integrale im allgemeinen ungleich sind, so schliessen wir, daß der Wert des Integrals von 0 verschieden ist, wenn man von bestimmten Anfangswerten für x und y ausgehend längs einer geschlossenen Kurve nach denselben Anfangswerten zurückkehrt.

In dem oben behandelten Fall (Fig. 97) ergiebt z. B. die Integration längs $P_1 P_2 Q P_1$

$$\tfrac{1}{2}(y_2 - y_1)(x_2 - x_1).$$

§ 207. Diese Auseinandersetzungen können leicht auf den Fall, wo mehr als zwei unabhängig Variable gegeben sind, ausgedehnt werden. Es seien x, y, z .... die unabhängig Variablen und X, Y, Z .... bekannte Funktionen derselben. Gehen die Variablen von den Anfangswerten x_1, y_1, z_1 .... in die Endwerte x_2, y_2, z_2 .... über, so können wir diesen Übergang in unendlich kleine Schritte zerlegen, für jeden derselben, wenn dx, dy, dz .... die gleichzeitigen Zuwächse bedeuten, den Ausdruck

$$X\,dx + Y\,dy + Z\,dz + \;.\,.\,.\,.$$

bilden und schließlich die Summe

$$\int (X\,dx + Y\,dy + Z\,dz + \;.\,.\,.\,.) \tag{36}$$

aufstellen. Der Wert dieses Integrals ist im allgemeinen abhängig von dem Integrationsweg und von 0 verschieden, wenn nach einem Kreislauf die unabhängig Variablen wieder zu ihren Anfangswerten zurückkehren.

Sind drei unabhängig Variable gegeben, so kann man dieselben als Raumkoordinaten auffassen. Jedem Integrationsweg entspricht dann ähnlich wie im letzten Paragraph eine gewisse Linie.

Nur in einem Fall ist der Wert des Integrals unabhängig vom Integrationsweg, nämlich dann, wenn die Funktionen X, Y, Z... als die partiellen Differentialquotienten einer Funktion φ nach x, y, z .... aufgefaßt werden können (vergl. § 164).

Ist nämlich

$$X = \frac{\partial \varphi}{\partial x}, \qquad Y = \frac{\partial \varphi}{\partial y}, \qquad Z = \frac{\partial \varphi}{\partial z} \ldots,$$

dann ist

$$X\,dx + Y\,dy + Z\,dz + \ldots = \frac{\partial \varphi}{\partial x}\,dx + \frac{\partial \varphi}{\partial y}\,dy + \frac{\partial \varphi}{\partial z}\,dz + \ldots$$

der Zuwachs (§ 153), den φ erfährt, wenn x, y, z .... um dx, dy, dz .... wachsen. Da dies für jedes der Elemente des Integrals (36) gilt, so ist die Summe aller Elemente der ganze Zuwachs von φ bei dem Übergang der unabhängig Variablen aus den Anfangswerten x_1, y_1, z_1 .... in ihre Endwerte x_2, y_2, z_2 .... Dieser Zuwachs ist natürlich unabhängig von dem Wege, auf dem der Übergang stattfindet. Kehrt nach einem Kreislauf von Veränderungen φ zu seinem ursprünglichen Wert zurück, dann ist $\int \left(\frac{\partial \varphi}{\partial x}\,dx + \frac{\partial \varphi}{\partial y}\,dy + \frac{\partial \varphi}{\partial z}\,dz + \ldots \right) = 0$, also für diesen Fall auch

$$\int (X\,dx + Y\,dy + Z\,dz + \ldots) = 0.^{[1]}$$

Ist in einer Ebene $X = \frac{\partial \varphi}{\partial x}$, $Y = \frac{\partial \varphi}{\partial y}$ und sucht man den Wert des Integrals (35) für die Kurve $P_1 S P_2$ (Fig. 97), dann ist, wenn man φ als eine Funktion von s ansieht, nach Formel (4), S. 207,

$$X\cos\vartheta + Y\sin\vartheta = \frac{\partial \varphi}{\partial s},$$

---

[1] Hierbei ist vorausgesetzt, daß die Funktion φ eindeutig ist. Ist dies nicht der Fall, dann braucht das Resultat der Integration über eine geschlossene Kurve nicht stets 0 zu sein.

und das Integral

$$\int\limits_{P_1 S P_2} (X\,dx + Y\,dy) = \int\limits_0^s \frac{\partial \varphi}{\partial s}\,ds$$

ist gleich der Differenz der Werte von φ in P_2 und P_1.

§ 208. Einige Beispiele mögen zur Erläuterung des Vorhergehenden dienen. Wir beginnen mit einem Fall aus der Mechanik. Ein Punkt P mit den Koordinaten x, y, z, und auf den eine Kraft K wirkt, erleide die unendlich kleine Verrückung ds in einer Richtung, die mit K einen Winkel ϑ bildet. Die von der Kraft geleistete Arbeit ist sodann

$$K \cos \vartheta\, ds\,. \qquad (37)$$

Sind nun X, Y, Z die Komponenten von K nach den Achsenrichtungen, und dx, dy, dz die bei der Verrückung ds stattfindenden Zunahmen der Koordinaten, so sind die Richtungskonstanten von K und ds

$$\frac{X}{K}, \qquad \frac{Y}{K}, \qquad \frac{Z}{K}$$

und
$$\frac{dx}{ds}, \qquad \frac{dy}{ds}, \qquad \frac{dz}{ds}\,.$$

Leitet man hieraus in der § 73 angegebenen Weise den Wert von $\cos \vartheta$ ab, so findet man für die Arbeit (37) auch den Ausdruck

$$X\,dx + Y\,dy + Z\,dz\,.$$

Durch Integration wird man hieraus die von der Kraft geleistete Arbeit berechnen können, wenn der Punkt eine endliche Strecke von P_1 nach P_2 zurücklegt.

Wären X, Y, Z willkürliche Funktionen der Koordinaten, dann würde diese Arbeit für verschiedene Wege zwischen P_1 und P_2 ungleich sein. Sobald jedoch die Kraftkomponenten (§ 165) als die partiellen Differentialquotienten einer Kraftfunktion φ dargestellt werden können, dann ist die Arbeit unabhängig von dem eingeschlagenen Wege; dieselbe ist dann gleich der Differenz der Werte von φ in P_2 und P_1. Beschreibt der Punkt eine geschlossene Bahn, so ist in diesem Falle die Arbeit 0.

Als zweites Beispiel denken wir uns einen Körper, dessen

Zustand durch die Temperatur t und das Volum v vollständig bestimmt ist.

Änderungen des Zustandes lassen sich dann in der Weise beschreiben, daß man die gleichzeitigen Änderungen von v und t angiebt; unendlich kleine Änderungen sind durch die Zuwächse dv und dt bestimmt.

Im allgemeinen ist, um die Zustandsänderung herbeizuführen, Zufuhr einer gewissen Wärmemenge erforderlich; diese läßt sich, wenn es sich um eine unendlich kleine Änderung handelt, darstellen durch

$$X\,dv + Y\,dt, \tag{38}$$

wo X und Y Funktionen von v und t sind.[1] Die Erfahrung lehrt nun, daß die Wärmemenge, welche man dem Körper zuführen muß, wenn derselbe aus einem bestimmten Anfangszustand in einen bestimmten Endzustand übergeht, abhängig ist von dem Wege, auf welchem die Änderung geschieht. Es können daher X und Y nicht als partielle Differentialquotienten einer Funktion φ aufgefaßt werden, und es ist auch nicht (§ 164) $\dfrac{\partial X}{\partial t} = \dfrac{\partial Y}{\partial v}$. Die mechanische Wärmetheorie lehrt weiter, daß der Ausdruck, welcher entsteht, wenn man (38) durch die absolute Temperatur T (die eine Funktion von t ist) dividiert, als Differential einer Funktion aufgefaßt werden kann. $\dfrac{X}{T}$ und $\dfrac{Y}{T}$ sind also die partiellen Differentialquotienten dieser Funktion nach v und t und sie genügen der Beziehung

$$\frac{\partial}{\partial t}\left(\frac{X}{T}\right) = \frac{\partial}{\partial v}\left(\frac{Y}{T}\right).$$

Der Wert des Integrals

$$\int \frac{X\,dv + Y\,dt}{T}$$

hängt nur von dem Anfangs- und Endzustand des Körpers ab

---

[1] Bisweilen wird für den Ausdruck (38) die Bezeichnuug dQ oder eine ähnliche angewandt. Aus dem Gesagten geht hervor, daß dieses nicht so aufzufassen ist, als wäre Q eine Funktion von v und t, und dQ deren Differential. Das Zeichen dQ bedeutet nichts weiter als „eine unendlich kleine Wärmemenge."

und verschwindet für einen Kreisprozeß, bei dem der Körper schließlich wieder in seinen Anfangszustand zurückkehrt.

Aufgaben.

Es sollen die folgenden Integrale bestimmt werden:

1. $\int \dfrac{dx}{x^5}$;　　2. $\int x \sqrt{x}\, dx$;　　3. $\int \sqrt[3]{x^2}\, dx$;

4. $\int (1 + x^2) \sqrt{x}\, dx$;　　5. $\int \dfrac{1 - x^2}{x}\, dx$;

6. $\int \dfrac{1 - x^n}{1 - x}\, dx$ (n eine positive ganze Zahl);　　7. $\int\limits_a^b \dfrac{dx}{x}$;

8. $\int\limits_1^\infty \dfrac{dx}{x^3}$;　　9. $\int\limits_{p-q}^{p+q} x^2\, dx$;　　10. $\int\limits_0^a \dfrac{a - x}{\sqrt[3]{a} - \sqrt[3]{x}}\, dx$;

11. $\int\limits_0^\infty e^{-px}\, dx$ (p positiv);　　12. $\int\limits_0^1 \dfrac{dx}{\sqrt{1 - x^2}}$;

13. $\int\limits_0^{1/2} \dfrac{dx}{\sqrt{1 - x^2}}$;　　14. $\int\limits_{-1}^{+1} \dfrac{dx}{1 + x^2}$;　　15. $\int\limits_0^1 \dfrac{dx}{\sqrt{1 + x^2}}$;

16. $\int\limits_0^{1/6 \pi} \sin x\, dx$;　　17. $\int\limits_{-a}^{+a} \dfrac{dx}{\cos^2 x}$;　　18. $\int\limits_0^{\frac{\pi}{a}} \sin ax\, dx$;

19. $\int\limits_{-a}^{+a} (e^x + e^{-x})\, dx$.

Durch Einführung einer neuen Variablen und wenn nötig durch Zerlegung der zu integrierenden Funktion sollen die folgenden Integrale berechnet werden:

20. $\int (2 + x)^3 dx$;　　21. $\int \dfrac{5 + 3x}{1 + 2x}\, dx$;　　22. $\int \dfrac{1 + x^2}{1 - x^2}\, dx$;

23. $\int \dfrac{dx}{x(x + 2)}$;　　24. $\int \dfrac{dx}{x^4 - 1}$;　　25. $\int l\left(\dfrac{1 + x}{1 - x}\right) dx$;

26. $\int l(1 - x^2)\, dx$;　　27. $\int\limits_0^{1/2 \pi} \sin(\alpha + x)\, dx$;

28. $\int\limits_0^{1/2\,\pi} \sin(\alpha + x)\cos(\beta + x)\,dx$;   29. $\int\limits_0^{1/2\,\pi} \dfrac{\sin(\alpha + x)}{\cos(\beta + x)}\,dx$;

30. $\int \dfrac{dx}{1 + x + x^2}$;   31. $\int \dfrac{dx}{2x^2 + 12x + 9}$;   32. $\int \dfrac{dx}{1 - x + x^2}$;

33. $\int\limits_0^\infty \dfrac{dx}{\sqrt{(1 + x^2)^3}}\,(x = \operatorname{tg}\varphi)$;   34. $\int\limits_0^{\sqrt{1/2}} \sqrt{1 - 2\,x^2}\,dx$;

35. $\int \dfrac{x^2}{\sqrt{1 - x^2}}\,dx$;   36. $\int \dfrac{dx}{\sqrt{x^2 + 2x + 2}}$;

37. $\int \sin x \sin 2x\,dx$;   38. $\int\limits_0^\infty \dfrac{x\,dx}{a^4 + x^4}$;   39. $\int \dfrac{x\,dx}{\sqrt{1 - x^2}}$;

40. $\int \dfrac{x\,dx}{1 - x^2}$,   41. $\int x \sqrt[3]{p + qx^2}\,dx$;   42. $\int e^{a + bx^2} x\,dx$;

43. $\int e^{x^3} x^2\,dx$;   44. $\int l(1 + x^2)\,x\,dx$;

45. $\int \dfrac{dx}{a \cos^2 x + b \sin^2 x}\,(\operatorname{tg} x = y)$;   46. $\int \dfrac{dx}{a + b \cos^2 x + c \sin^2 x}$;

47. $\int \dfrac{dx}{p + q \cos x}\,(x = 2y)$;   48. $\int \dfrac{dx}{\alpha \sin x + \beta \cos x}$ (man setze

$\alpha = r \cos\varphi$ und $\beta = r \sin\varphi$, vergl. § 30);

49. $\int \dfrac{dx}{a + b \operatorname{tg} x}$ (multipliziere erst Zähler und Nenner mit $\cos x$);

50. $\int \operatorname{tg}^2 x\,dx$;   51. $\int \dfrac{dx}{1 + e^x}\,(e^x = y)$;

52. $\int \dfrac{dx}{e^x + e^{-x}}\,(e^x = y)$.

53. Durch partielle Integration sollen die Werte von

$$\int \operatorname{arc\,sin} x\,dx \quad \text{und} \quad \int \operatorname{arc\,tg} x\,dx$$

berechnet werden.

54. Es soll die partielle Integration in den verschiedenen möglichen Weisen auf die Integrale

$$\int e^{\alpha x} \cos\beta x\,dx \quad \text{und} \quad \int e^{\alpha x} \sin\beta x\,dx \quad (\alpha \text{ und } \beta \text{ Konstanten})$$

angewandt, und aus den Resultaten der Wert dieser Integrale abgeleitet werden.

55. Zu berechnen

$$\int\limits_0^\infty e^{-x} \sin x \, dx \quad \text{und} \quad \int\limits_0^\infty e^{-x} \cos x \, dx \, .$$

56. Es soll eine Reduktionsformel für

$$\int x^m \sin p x \, dx$$

(m und p konstant) aufgestellt werden und mittels derselben der Wert des Integrals für $m = 1$, 2 und 3 ermittelt werden.

57. Es sollen die Integrale

$$\int x^2 e^{-x} \, dx \quad \text{und} \quad \int x^3 \, l x \, dx$$

berechnet werden.

58. Es soll die partielle Integration auf verschiedene Weise auf die Integrale

$$\int x^m e^{\alpha x} \cos \beta x \, dx \quad \text{und} \quad \int x^m e^{\alpha x} \sin \beta x \, dx$$

angewandt und eine Formel gesucht werden, welche die Integrale auf andere mit niederen Exponenten von x zurückführt.

59. Das Integral

$$\int e^{a + b x + c x^2} \, dx$$

soll auf ein einfacheres zurückgeführt werden.

Es sollen berechnet werden

60. $\int\limits_0^{1/2\pi} \sin^6 x \, dx$;   61. $\int\limits_0^\pi \sin^2 x \cos^2 x \, dx$;   62. $\int\limits_0^{1/4\pi} \sin^2 x \, dx$;

63. $\int\limits_0^{1/2\pi} \sin^2 (\alpha + x) \, dx$;   64. $\int\limits_0^{1/2\pi} \sin(\alpha + x) \cos(\beta + x) \, dx$;

65. $\int\limits_0^{\frac{\pi}{h}} \sin^2 h x \, dx$;   66. $\int\limits_0^\pi \sin m x \sin n x \, dx$

(bei dem letzten Integral sind m und n ganze Zahlen, und soll einmal m von n verschieden, das andere Mal $m = n$ sein).

67. Die Gleichung einer Kurve bezogen auf schiefwinkelige Koordinaten sei: $y = f(x)$. Wie berechnet man den Inhalt der Fläche, welche von zwei Ordinaten, der Abscissenachse und der Kurve begrenzt wird?

68. Bei einer Hyperbel sind die Asymptoten als Koordinatenachsen gewählt. Man soll den Inhalt der von der Kurve, zwei Ordinaten und der Abscissenachse begrenzten Fläche berechnen.

69. Die Gleichungen der Ellipse und Hyperbel sind gegeben (§ 54 und § 56). Man soll den Inhalt der Fläche, welche zwischen diesen Kurven, der x-Achse und einer Ordinate liegt, berechnen. Wie groß ist der Flächeninhalt der ganzen Ellipse?

70. Wenn eine Figur in einer Ebene die in § 64 besprochene Formveränderung erleidet, wie ändert sich dann ihr Inhalt?

71. Es soll der Inhalt der Fläche ermittelt werden, die von der Kettenlinie (Aufgabe 21, S. 106), den beiden Koordinatenachsen und einer Ordinate begrenzt wird.

72. Eine Kurve ist durch die Gleichung

$$y = x^3 - 9x^2 + 23x - 15$$

gegeben. Man soll den Inhalt der Fläche berechnen, welche von der Kurve, der Abscissenachse und den Ordinaten $x = 1$ und $x = 3$ begrenzt wird.

73. Den Inhalt eines Sektors zu ermitteln, der von einem Teil der Parabel, der Achse der Kurve und einem aus dem Brennpunkt gezogenen Radiusvektor begrenzt wird. (Man benutze die Polargleichung Aufgabe 24, S. 107.)

74. Es seien x und y die rechtwinkeligen Koordinaten eines Punktes einer Kurve. Welches ist die geometrische Bedeutung von

$$\int_a^b y\,dx,$$

wenn in dem Intervall (a, b) die Ordinate y nicht fortwährend dasselbe Vorzeichen hat?

75. Es soll der Inhalt des von zwei parallelen Ebenen aus einer Kugel herausgeschnittenen Stückes nach der § 188 angegebenen Methode bestimmt werden.

76. Berechne den Inhalt des Körpers, der von einem Rotationsellipsoid und einer senkrecht zur Achse stehenden Ebene begrenzt wird.

77. Bei dem Körper, von dem § 188 die Rede war, sei der Durchschnitt S durch die Formel

$$S = p + qx + rx^2 \qquad (\alpha)$$

(p, q, r konstant) gegeben. Es soll bewiesen werden, daß dann der Inhalt den Wert

$$\tfrac{1}{6} h (G + B + 4 M)$$

hat, wenn man mit G und B die Flächeninhalte der beiden parallelen Grenzflächen bezeichnet, mit h deren Abstand und mit M den Flächeninhalt des zu diesen Ebenen parallelen und in der Mitte zwischen denselben liegenden Querschnittes.

78. Es soll bewiesen werden, daß die Bedingung (α) erfüllt ist bei dem Prismoid, bei der Kugelscheibe und bei den Körpern, die entstehen, wenn ein Rotationsellipsoid, -paraboloid, oder -hyperboloid von zwei senkrecht zur Achse stehenden Ebenen geschnitten wird.

79. Die Kettenlinie (Aufgabe 21, S. 106) dreht sich um die x-Achse. Wie groß ist der Inhalt des Körpers, welcher durch die so entstandene Oberfläche und zwei zur x-Achse senkrechte Ebenen $x = 0$ und $x = a$ begrenzt wird?

80. Die Polargleichung einer Kurve ist: $r = F(\vartheta)$. Wie läßt sich die Länge des Bogens zwischen $\vartheta = \vartheta_1$ und $\vartheta = \vartheta_2$ durch ein Integral darstellen?

81. Es soll die Länge des Bogens OA der Cycloide (Fig. 73, S. 162) berechnet werden. (Man führe den Winkel BMC als unabhängige Variable ein; wächst derselbe beim Fortrollen des Kreises um eine unendlich kleine Grösse, dann beschreibt der Punkt B einen unendlich kleinen Kreisbogen mit dem Mittelpunkt in C).

82. Eine gleichmäßig mit Materie belegte gerade Linienstrecke AB und außerhalb derselben ein Punkt P seien gegeben. Irgend ein Element dx von AB, dessen Abstand von P gleich r ist, zieht P mit einer Kraft $\dfrac{a\,dx}{r^2}$ (a konstant) an. Es sollen die Komponenten der Kraft in Richtung AB und senkrecht dazu, welche die ganze Linie auf P ausübt, ermittelt werden.

83. Ein beweglicher Punkt P wird von einem festen Punkt O mit einer Kraft angezogen, die proportional der

m^{ten} Potenz der Entfernung ist. Welche Arbeit leistet die Kraft, wenn bei einer Bewegung von P der Abstand zwischen P und O von r_1 in r_2 übergeht?

84. Das Volumen einer Gasmasse unter dem Druck p_0 sei v_0. Dehnt sich das Gas aus, so ändern sich der Druck p und das Volumen v nach der Formel

$$\frac{p}{p_0} = \left(\frac{v_0}{v}\right)^k$$

(k konstant). Es leistet das Gas bei der unendlich kleinen Ausdehnung dv die Arbeit $p\,dv$. Welche Arbeit leistet es, wenn sich sein Volum von v_0 auf v_1 vergrößert? Besonderer Fall: $k = 1$.

85. Eine Flüssigkeit strömt durch eine Röhre mit kreisförmigem Querschnitt vom Radius R. Die Bewegung ist überall parallel der Achse der Röhre gerichtet, und die Geschwindigkeit in einem Punkt, dessen Abstand von der Achse r ist, ist gleich $a(R^2 - r^2)$, wo a eine Konstante ist. Welches Flüssigkeitsvolum strömt während der Zeiteinheit durch den Querschnitt? (Man beschreibe in dem zur Achse senkrechten Querschnitt zwei Kreise, konzentrisch zum Umfang der Röhre, mit den Radien r und $r + dr$ und berechne zuerst die Flüssigkeitsmenge, welche durch den schmalen Ring zwischen den beiden Kreisen fließt. Durch Integration findet man dann die gesamte durch den Querschnitt fließende Flüssigkeitsmenge.)

86. Nach dem Torricelli'schen Gesetz fließt unter dem Einfluß der Schwerkraft durch eine kleine Öffnung in einer dünnen Wand pro Zeiteinheit die Flüssigkeitsmenge $a\sqrt{h}$ aus, wo a eine Konstante und h die Höhe des Flüssigkeitsspiegels über der Öffnung bedeuten. Bei einem gegebenen Gefäße ist die Größe des Flüssigkeitsspiegels Q natürlich eine bekannte Funktion der Höhe h. Man soll einen Ausdruck für die Zeit ermitteln, welche nötig ist, damit der Flüssigkeitsspiegel um ein bestimmtes, unendlich kleines Stück sinkt, und ferner für die Zeit, welche nötig ist, damit die Höhe des Flüssigkeitsspiegels über der Öffnung von h_1 auf h_2 sinkt. Besondere Formen des Gefäßes: ein vertikal gestellter Cylinder, ein Kegel, dessen Ausströmungsöffnung in der Spitze liegt, eine Kugel mit der Öffnung im tiefsten Punkt.

87. Eine Funktion $f(x)$ ist gegeben. Es werde das Intervall zwischen einem bestimmten Anfangswerte $x = a$ und einem bestimmten Endwerte $x = b$ in n gleiche Teile zerlegt, und es seien x_1, x_2 .... x_{n-1} die in dieser Weise erhaltenen Zwischenwerte von x, $f(x_1)$, $f(x_2)$, ... $f(x_{n-1})$ die entsprechenden Werte der Funktion, und M das arithmetische Mittel derselben. Den Grenzwert, dem sich M bei fortwährender Zunahme der Zahl n nähert, nennt man den Mittelwert der Funktion für das Intervall (a, b). Es soll bewiesen werden, daß dieser Mittelwert sich durch

$$\frac{\int_a^b f(x)\,dx}{b-a}$$

darstellen läßt.

88. Der Wert I des Integrals

$$\int_a^b f(x)\,dx$$

hängt von den Grenzen a und b ab, ist also eine Funktion von a und b. Welchen Wert haben die partiellen Differentialquotienten $\dfrac{\partial I}{\partial a}$ und $\dfrac{\partial I}{\partial b}$?

Kapitel X.

Doppel- und mehrfache Integrale.

§ 209. Es sei V eine horizontale Ebene. Oberhalb derselben sei eine krumme Fläche S gegeben. In irgend einem Punkt von V sei ein Lot errichtet, welches bis S reicht. Ferner sei durch eine geschlossene Kurve oder gebrochene Linie ein gewisser Teil A der Ebene V abgegrenzt, und hierauf als Grundfläche ein gerader Cylinder, bez. ein Prisma errichtet, der oben durch die Fläche S abgeschnitten wird. Wir stellen uns die Aufgabe, den Inhalt I des so gebildeten Körpers zu bestimmen.

Wir zerlegen die Grundfläche in eine gewisse Anzahl von Teilen, die wir mit ΔV[1] bezeichnen, und den Körper selbst in Cylinder bez. Prismen, welche je auf einem dieser Teile stehen. Offenbar ist der Inhalt von einer dieser Säulen gleich ΔV multipliziert mit einer bestimmten, innerhalb ΔV errichteten Senkrechten, welche natürlich der Gleichung der Fläche S, also $z = f(x, y)$, genügen muss. Nimmt man für diese Senkrechte den Wert von z in einem willkürlich gewählten Punkt innerhalb ΔV oder auf dem Umfang von ΔV, so wird man im allgemeinen einen Fehler begehen. Man wird aber immer für die Höhe, mit der man ΔV multiplizieren muß, um genau den Inhalt der Säule zu erhalten, schreiben dürfen $z + \varepsilon$, wo z der soeben genannte Wert und ε eine nicht näher angebbare Größe ist. Der Inhalt der Säule wird sodann: $z \Delta V + \varepsilon \Delta V$. Wenn wir nun den Inhalt aller Säulen, in die wir unseren Körper zerlegt haben, addieren, so erhalten wir für den Inhalt des ganzen Körpers

$$I = \sum z \, \Delta V + \sum \varepsilon \, \Delta V. \tag{1}$$

Die Größen ε sind in den meisten Fällen schwierig zu berechnen. Je kleiner wir jedoch die Dimensionen von ΔV machen, desto mehr verschwinden die Differenzen zwischen den in den verschiedenen Punkten dieses Flächenteils errichteten Höhen. Nehmen also jene Dimensionen fortwährend ab, so wird schliesslich $\text{Lim } \varepsilon = 0$. Daraus geht hervor, daß (vergl. § 181) auch $\text{Lim} \sum \varepsilon \, \Delta V = 0$ ist. Es ist daher, da ja die Gleichung auch dann gilt, wenn ΔV fortwährend abnimmt,

$$I = \text{Lim} \sum z \, \Delta V.$$

§ 210. Die Analogie zwischen diesem Grenzwert und den Integralen des vorigen Kapitels fällt sofort ins Auge. Auch hier hat man es mit einer unendlichen Anzahl unendlich kleiner Größen (Elemente) zu thun. Ähnlich wie wir in einem Element $f(x) \, dx$ eines gewöhnlichen Integrals unter $f(x)$ nach Belieben den Wert verstehen konnten, welcher der Funktion entweder vor oder nach dem Zuwachse dx zukommt, so können wir jetzt für z den Wert wählen, der einem beliebigen Punkt innerhalb ΔV oder auf dem Umfang dieses Flächenteils ent-

---

[1] ΔV bedeutet nicht den Zuwachs einer Größe, sondern nur einen Teil von V.

spricht. Auch dürfen wir z durch jede Grösse ersetzen, deren
Verhältnis zu z den Grenzwert 1 hat.

In Übereinstimmung mit der Schreibweise der früheren
Paragraphen vertauscht man das Symbol $\varDelta$ mit d[1] und $\varSigma$ mit $\int$
und schreibt also

$$I = \int z\, dV. \tag{2}$$

In einem Punkt unterscheidet sich das Integral (2) von
den früher behandelten. Es nähern sich nämlich alle Dimensionen des Flächenelements dV der 0, und es sind also,
wenn wir diese Dimensionen unendlich klein erster Ordnung
nennen, dV selbst und auch das Element $z\, dV$ unendlich klein
zweiter Ordnung (vergl. § 93). Damit hängt zusammen, daß,
wie sich bald ergeben wird, die Berechnung von (2) zwei aufeinanderfolgende Integrationen der früher behandelten Art er-
fordert.

Die im vorigen Paragraphen eingeführte Größe $\varepsilon\, \varDelta V$ wird,
wenn $\varDelta V$ abnimmt, schließlich unendlich klein dritter Ordnung;
im allgemeinen wird man in einem Element des Integrals
Größen von dieser oder noch höherer Ordnung weglassen dürfen.

§ 211. Die Teilchen $\varDelta V$ brauchen nicht notwendig, solange sie noch endlich ausgedehnt sind, den vorgeschriebenen
Teil A der Ebene, das sogenannte Integrationsgebiet, genau
auszufüllen. Die Summe derselben kann unbedenklich von A
abweichen, vorausgesetzt nur, daß die Abweichung mit zu-
nehmender Anzahl der Teile fortwährend abnimmt; das Integral (2) wird ja immer den Inhalt des Cylinders darstellen,
dessen Basis die Grenze ist, welcher sich der von sämtlichen
$\varDelta V$ eingenommene Teil der Ebene nähert.

Man wird also, welches auch die Gestalt der Grenzlinie
sein mag, den Flächenelementen dV eine einfache Gestalt
geben können. Oft empfiehlt es sich z. B., die Ebene mittels
zweier Systeme von parallelen Linien in Rechtecke zu teilen.
Elemente von dieser Gestalt können, wenn dieselben nur klein
genug gewählt werden, auch einen Flächenteil mit krumm-

---

[1] Von diesem Symbol d gilt dasselbe, was von $\varDelta$ auf der vorigen
Seite erwähnt wurde; dV bedeutet einen unendlich kleinen Teil von V.

liniger Begrenzung mit jedem beliebigen Grade der Annäherung ausfüllen.

§ 212. Viele andere Probleme führen auf Ausdrücke wie
(2). Hierbei braucht das Integrationsgebiet nicht notwendig
eine Ebene zu sein, sondern es läßt sich in der gleichen Weise
auch über eine krumme Fläche integrieren.

Es sei z. B. auf einer Fläche S Materie (oder Elektrizität)
mit der veränderlichen Dichte σ verteilt. Da wir unter Dichte
in einem Punkt die auf einem unendlich kleinen Teil der Oberfläche befindliche Masse bez. Elektrizitätsmenge, dividiert durch
die Größe dieses Oberflächenelements (d. h. die Masse pro
Oberflächeneinheit, berechnet aus der auf einem unendlich
kleinen Oberflächenteil befindlichen Masse), verstehen, so ist
umgekehrt die auf einem Element dS befindliche Masse durch
das Produkt σdS gegeben. Will man hieraus die Masse berechnen, welche sich auf irgend einem endlichen Teil von S
befindet, dann muß man das Integral

$$\int \sigma \, dS$$

für diesen Flächenteil berechnen.

Im allgemeinen wird man, wenn φ irgend eine Funktion
ist, die in jedem Punkte der Oberfläche einen bekannten Wert
hat, die Summe $\int \varphi \, dS$ bilden können. Man sagt sodann, man
habe die Funktion φ über die Fläche S integriert.

Es ist nicht notwendig, daß die Integration auf den von
einer geschlossenen Grenzlinie eingefaßten Teil der Fläche beschränkt bleibt. Oft hat man z. B. über die ganze Oberfläche
einer Kugel zu integrieren. Bei einer Fläche, die sich ins
Unendliche erstreckt, kann man integrieren über ein nur teilweise begrenztes Gebiet, bei einer Ebene z. B. über den Streifen
zwischen zwei parallelen Linien, oder sogar über die Fläche in
ihrer ganzen Ausdehnung. Es kann dabei sehr gut ein endlicher Wert herauskommen, wenn nur die zu integrierende
Funktion in weit entfernten Punkten der Fläche klein genug

wird (vergl. das endliche Integral $\int_0^\infty e^{-\gamma x} dx$). Eine endliche

Elektrizitätsmenge kann sich z. B. unter dem Einfluß
eines äußeren, mit entgegengesetzter Elektrizität beladenen

Punktes P so über eine unendliche Ebene verteilen, daß die
Dichte σ mit der Entfernung von P schnell abnimmt, aber
trotzdem nirgends 0 ist. Selbst wenn wir in diesem Falle das
Integral $\int \sigma dS$ über die unendliche Fläche ausdehnen, erhalten
wir dafür einen endlichen Wert.

§ 213. In ähnlicher Weise, wie wir in den vorhergehenden Paragraphen über eine Fläche integriert haben, können
wir auch über einen begrenzten oder unbegrenzten Raum integrieren.

Es sei φ eine Funktion, die in jedem Punkte des Raumes
einen bekannten Wert hat. Nachdem man den Raum in eine
gewisse Anzahl von Teilen zerlegt hat, kann man den Inhalt
jedes dieser Teile mit dem Werte, den φ irgendwo im Innern
desselben annimmt, multiplizieren und alle so erhaltenen Produkte addieren. Das Resultat nähert sich einem bestimmten
Grenzwerte, wenn man die Dimensionen der Raumteile fortwährend verkleinert, und zwar kommt es, was diesen Wert
betrifft, gar nicht darauf an, welchen der innerhalb eines
Raumteiles vorkommenden Funktionswerte man jedesmal gewählt hat. Jenen Grenzwert nennt man das Integral von φ
über den gegebenen Raum; indem man mit $d\tau$ einen unendlich kleinen Raumteil bezeichnet, schreibt man für das Integral

$$\int \varphi \, d\tau.$$

Ist φ die Dichte der in einem Raum befindlichen Materie
(die Menge der Materie pro Volumeneinheit), so bedeutet das
Integral die Gesamtmenge in dem betrachteten Raum.

Auch bei diesen Integralen ist es nicht notwendig, daß
die Teilchen, in welche wir den Raum geteilt haben, das
Volum genau ausfüllen, solange sie noch endlich sind. Es
genügt, wenn der von sämtlichen Elementen eingenommene
Raum das vorgeschriebene Volum zur Grenze hat.

Sind die Dimensionen jedes Volumelementes unendlich
klein von der ersten Ordnung, so ist ein Element $\varphi d\tau$ des
Raumintegrals unendlich klein von der dritten Ordnung (vergl.
§ 93). In demselben dürfen Größen vierter Ordnung weggelassen
werden.

§ 214. Wir lassen ein paar Beispiele für Raumintegrale
folgen. Wenn eine Anzahl von materiellen Punkten mit den

Massen m_1, m_2, m_3, ... und den Koordinaten x_1, y_1, z_1, x_2, y_2, z_2, ... gegeben sind, so sind die Koordinaten ihres gemeinschaftlichen Schwerpunktes (vergl. **Aufg. 3,** S. 122)

$$\xi = \frac{\Sigma mx}{\Sigma m}, \qquad \eta = \frac{\Sigma my}{\Sigma m}, \qquad \zeta = \frac{\Sigma mz}{\Sigma m}.$$

Befindet sich die Materie nicht in einzelnen Punkten angehäuft, sondern bildet sie ein Kontinuum, das einen gewissen Raum erfüllt, so ist, wenn ϱ die Dichte bedeutet, die Masse in dem Volumelement $d\tau$ gegeben durch $\varrho\,d\tau$, und die Gesamtmasse Σm durch $\int \varrho\,d\tau$.

Auch die übrigen Summen Σmx, Σmy, Σmz lassen sich durch Integrale ersetzen. Die Koordinaten aller Punkte von $d\tau$ unterscheiden sich nämlich voneinander nur um unendlich wenig. Man kann daher auch mit Vernachlässigung von Gliedern höherer Ordnung allen Punkten eines Elementes $d\tau$ dieselben Koordinaten zuerteilen. Den Beitrag, den dieses Element zu Σmx liefert, erhält man daher, wenn man die Masse $\varrho\,d\tau$ mit dem x eines beliebigen Punktes des Elementes multipliziert, und es wird daher

$$\Sigma mx = \int \varrho\,x\,d\tau$$

und ebenso

$$\Sigma my = \int \varrho\,y\,d\tau, \qquad \Sigma mz = \int \varrho\,z\,d\tau.$$

Die Bestimmung des Schwerpunktes ist also auf die Ausrechnung von Integralen zurückgeführt worden.

Unter dem Trägheitsmoment eines materiellen Punktes bezogen auf eine gerade Linie L versteht man bekanntlich das Produkt: Masse multipliziert mit dem Quadrat des Abstandes r von der Geraden. Das Trägheitsmoment eines Systems materieller Punkte ergiebt sich, wenn man für jeden Punkt dieses Produkt bildet und alle so erhaltenen Werte addiert.

Das Trägheitsmoment eines Körpers, welches den Raum stetig erfüllt, von der Dichte ϱ wird also nach dem Vorhergehenden sein

$$\int \varrho\,r^2\,d\tau.$$

Will man ermitteln, welche anziehende oder abstoßende Kraft ein solcher Körper auf einen äußeren materiellen Punkt

P ausübt, so zerlegt man denselben wiederum in unendlich kleine Raumteile. Ist die Dichte und das Gesetz der Anziehung oder Abstoßung bekannt, dann kann man die Ausdrücke für die von einem beliebigen Volumelement auf P nach den drei Koordinatenachsen ausgeübten Kräfte leicht aufstellen. Die Integration über alle Elemente des Körpers liefert dann für jede dieser Richtungen die Totalkraft. Am einfachsten gestaltet sich die Berechnung, wenn sich die Kraftkomponenten in der § 165 angegebenen Weise darstellen lassen, d. h. wenn die Kraft eine Potentialfunktion hat. Es genügt dann nämlich, diese letztere zu bestimmen, was in der Weise geschieht, daß man zunächst die Kraftfunktion bildet, welche der Wirkung eines einzigen Volumelementes entspricht und nachher integriert.

Offenbar lassen sich die in diesem Paragraphen behandelten Aufgaben in ähnlicher Weise lösen, wenn die Materie nicht, wie oben, einen bestimmten Raum erfüllt, sondern auf einer Fläche verteilt ist.

§ 215. Wir wollen jetzt untersuchen, in welcher Weise die Integration über eine Fläche auszuführen ist. Wir beginnen mit dem Fall, wo ein Integral von der Form (2): $\int z\,dV$, wo z eine beliebige bekannte Funktion bedeuten mag, über den durch die geschlossene Linie L (Fig. 99) begrenzten Teil der Ebene berechnet werden soll. Zunächst gilt es festzustellen, in welcher Weise wir die Fläche in Elemente zerlegen sollen. Benutzt man rechtwinkelige Koordinaten, so liegt es nahe, durch eine Reihe von Parallelen zu OX und OY die Fläche in unendlich viele, unendlich kleine Rechtecke zu zerlegen. $PQP'Q'$ sei eins derselben; x und y seien die Koordinaten des Punktes P und $x + dx$, $y + dy$ die Koordinaten von Q', so daß also die

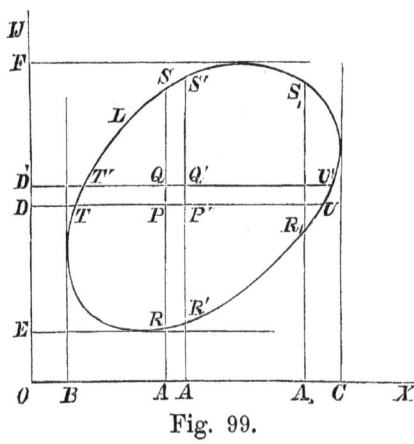

Fig. 99.

unendlich kleinen Seiten PP' und PQ dx bez. dy sind. Hieraus ergiebt sich für das Flächenelement $dV = dx\,dy$ und für ein Element des gesuchten Integrals $z\,dV = z\,dx\,dy$, oder auch, wenn wir den Wert einsetzen, den z im Punkte P hat, und der $f(x, y)$ heißen möge

$$f(x, y)\, dx\, dy. \tag{3}$$

Um nun $\int z\, dV$ zu bestimmen, verfahren wir folgendermaßen. Die durch P parallel zur y-Achse gezogene Linie schneidet den Umfang L in den Punkten R und S. Die Strecke RS zerlegen wir nun in unendlich kleine Teile, wie PQ, und konstruieren auf jedem derselben ein Rechteck, wie $PQP'Q'$, so daß alle diese Rechtecke zwischen den Linien AS und $A'S'$ liegen. Wir dürfen dann annehmen (vergl. § 211), daß diese Elemente zusammen den Streifen $RSS'R'$ bilden. Wir addieren nun zunächst diese Rechtecke, nachdem wir ein jedes mit dem ihm zukommenden Wert von z multipliziert haben. Hierbei bleibt dx konstant und kann also als gemeinschaftlicher Faktor vor das Integralzeichen gesetzt werden; ebenso ist x in $f(x, y)$ als eine konstante Größe zu betrachten.

Die angegebene Summierung reduziert sich also auf eine Integration von (3) nach y zwischen den Grenzen AR und AS. Wir wollen $AR = y_1$ und $AS = y_2$ setzen. Es fragt sich jetzt, welche dieser Größen als obere und welche als untere Grenze zu setzen ist. Da dV als positiv vorausgesetzt wird, so müssen dx und dy dasselbe Vorzeichen haben; am einfachsten macht man beide positiv und legt dementsprechend die Grenzen derart fest, daß beim Übergang von der unteren nach der oberen Grenze y wächst. Als Resultat unserer ersten Summierung erhalten wir

$$dx \int\limits_{y_1}^{y_2} f(x, y)\, dy. \tag{4}$$

Läßt sich diese Integration nach den Regeln des vorigen Kapitels ausführen, so hat man den Anteil gefunden, welchen der Streifen $RSR'S'$ an dem Integral $\int z\, dV$ hat. Das Resultat enthält natürlich dx als Faktor und zweitens eine Größe, die aus doppeltem Grunde von x abhängt. Denn erstens bleibt im allgemeinen bei einer Integration eine in der gegebenen Funktion vorkommende Konstante in dem Resultat bestehen und wird also auch das in $f(x, y)$ vorkommende x in dem Wert von (4) auftreten. Zweitens sind die Grenzen y_1 und y_2 ebenfalls Funktionen von x. Denn hätten wir z. B. an Stelle des

Streifens $R\,R'\,S'\,S$ einen bei $R_1\,S_1$ liegenden betrachtet, so
wären die Grenzen $A_1\,R_1$ und $A_1\,S_1$ gewesen. Der Ausdruck (4)
nimmt also nach der Integration die Gestalt

$$\psi(x)\,dx \qquad\qquad (5)$$

an; dies Resultat gilt für jeden vertikalen Streifen. Es seien
nun unter allen zu $O\,Y$ parallelen Linien die durch B und C
gehenden die äußersten, welche noch einen Punkt mit dem Integrationsgebiet gemein haben (in Fig. 99 sind das natürlich
Berührungslinien der Kurve L) und es sei $OB = \mathrm{x}_1$, $OC = \mathrm{x}_2$,
welche Werte offenbar konstant sind. Zerlegt man $B\,C$
in Elemente dx, so entspricht jedem derselben ein verti-
kaler Streifen und die Addition der Beiträge, welche diese zu
$\int z\,dV$ liefern, besteht in einer gewöhnlichen Integration von
(5) zwischen x_1 und x_2, wobei der kleinste dieser Werte als
untere Grenze zu nehmen ist. Es wird also[1]

$$\int z\,dV = \int_{\mathrm{x}_1}^{\mathrm{x}_2} \psi(x)\,dx,$$

wofür man auch schreibt

$$\int_{\mathrm{x}_1}^{\mathrm{x}_2} dx \int_{y_1}^{y_2} f(x,y)\,dy$$

oder auch

$$\int_{\mathrm{x}_1}^{\mathrm{x}_2} \int_{y_1}^{y_2} f(x,y)\,dx\,dy. \qquad\qquad (6)$$

Derartige Integrale nennt man Doppel-Integrale.[2] Nach
Übereinkunft schreibt man das Differential der Variablen, in

---

[1] Wenn z die in § 209 angegebene Bedeutung hat, dann ist $\int z\,dV$
das Volum eines Körpers und $\psi(x) = \int_{y_1}^{y_2} f(x,y)\,dy$ der Inhalt eines senkrecht zur x Achse durch den Körper gelegten Querschnitts (§ 181). Das
Resultat $\int_{\mathrm{x}_1}^{\mathrm{x}_2} \psi(x)\,dx$ entspricht dem § 188 gefundenen.

[2] Um auszudrücken, daß für die Berechnung eine doppelte Integration nötig ist, kann man auch anstatt $\int z\,dV$ schreiben $\int\int z\,dV$.

Bezug auf welche zuerst integriert wird (also in unserem Falle dy) und ebenso das sich auf die erste Addition beziehende Integralzeichen mit den veränderlichen Grenzen hintenan.

§ 216. Für das Resultat der Summierung ist es gleichgültig, ob man, wie oben, zuerst in Bezug auf y oder ob man in umgekehrter Reihenfolge summiert. Will man zuerst in Bezug auf x summieren, dann betrachtet man y und dy als Konstanten und summiert über alle Rechtecke, wie $PQQ'P'$, die zwischen den Linien TU und $T'U'$ liegen. Die Grenzen sind DT und DU. Diese Größen, die wir x_1 und x_2 nennen wollen, sind Funktionen von y. Aus diesem Grunde, und überdies, weil in $f(x, y)$ die bei der ersten Integration als Konstante angesehene Größe y vorkommt, wird das Resultat der Integration sich als das Produkt einer Funktion von y mit dem Differential dy darstellen. Beachtet man die Bemerkung des vorigen Paragraphen über die Reihenfolge der Differentiale, so ergiebt sich als Resultat der ersten Integration

$$\int_{x_1}^{x_2} f(x, y)\, dy\, dx\,.$$

Dieser Ausdruck bedeutet den Anteil des Streifens $TUT'U'$ an dem Integral $\int z\, dV$. Summiert man über alle derartigen Streifen, oder was dasselbe ist, integriert man in Bezug auf y zwischen den Grenzen $OE = \mathsf{y}_1$ und $OF = \mathsf{y}_2$, den äußersten Werten, die y in unserer Figur hat, so erhält man als Endresultat

$$\int_{\mathsf{y}_1}^{\mathsf{y}_2}\int_{x_1}^{x_2} f(x, y)\, dy\, dx\,.$$

Natürlich muß dies mit (6) übereinstimmen.

§ 217. Bei der Bestimmung der Grenzen hat man nur darauf zu achten, daß alle in dem Integrationsgebiet liegenden rechtwinkeligen Elemente mit berücksichtigt werden. Am einfachsten liegen die Verhältnisse, wenn man über ein Rechteck, dessen Seiten parallel den Koordinatenachsen liegen, zu integrieren hat. Ist die Entfernung der einen zur x-Achse Senkrechten vom Koordinatenursprung $x = a$, die der anderen $x = b$ und ist entsprechend für die beiden anderen Seiten $y = c$

und $y = d$, dann sind, gleichgültig in welcher Reihenfolge man integriert, a und b die Grenzen für x, c und d die Grenzen für y. In diesem besonderen Fall kann man die Reihenfolge der Integrationen umkehren, ohne an den Grenzen etwas ändern zu brauchen. Ist $a = -\infty$, $b = +\infty$, dann erstreckt sich das Integral auf den unendlich langen Streifen zwischen den parallelen Linien, für welche $y = c$ und $y = d$ ist. Integriert man auch in Bezug auf y zwischen $-\infty$ und $+\infty$, dann hat man über die unendliche Ebene in ihrer ganzen Ausdehnung summiert.

Wir lassen jetzt ein etwas komplizierteres Beispiel folgen. Die Gleichung einer Oberfläche sei

$$z = \alpha x^2 + \beta xy + \gamma y^2.$$

Man soll den Inhalt I des Körpers berechnen, dessen Grundfläche das Dreieck OPQ (Fig. 100) ist, der ferner von der genannten Oberfläche und schließlich von drei auf der xy-Ebene senkrechten Ebenen begrenzt wird. Wir legen eine Reihe von parallelen Ebenen, welche auf der xy-Ebene senkrecht stehen und zugleich teils der y-, teils der x-Achse parallel sind, durch den Körper und schneiden so Säulen heraus, deren Volumen jedesmal $z\,dx\,dy$ ist. Indem wir zunächst x und dx konstant lassen, integrieren wir in Bezug auf y zwischen den Grenzen 0 und AR, also wenn man $OP = p$ und $OQ = q$ setzt, zwischen 0 und $\frac{q}{p}(p - x)$. Hierdurch erhält man den Inhalt eines unendlich kleinen Teils des Körpers, dessen Grundfläche der Streifen $ARA'R'$ bildet. Darauf integrieren wir noch in Bezug auf x zwischen den Grenzen 0 und $OP = p$. Man hat also

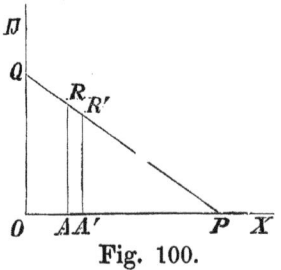

Fig. 100.

$$I = \int_0^p \int_0^{\frac{q}{p}(p - x)} (\alpha x^2 + \beta xy + \gamma y^2)\,dx\,dy.$$

Nun ist

$$\int (\alpha x^2 + \beta xy + \gamma y^2)\,dy = \alpha x^2 y + \tfrac{1}{2}\beta xy^2 + \tfrac{1}{3}\gamma y^3 + C,$$

also

$$\int\limits_{0}^{\frac{q}{p}(p-x)}(\alpha x^2 + \beta xy + \gamma y^2)dy = \alpha x^2 \cdot \frac{q}{p}(p-x) + \tfrac{1}{2}\beta x.\frac{q^2}{p^2}(p-x)^2$$

$$+ \tfrac{1}{3}\gamma \cdot \frac{q^3}{p^3}(p-x)^3 = \tfrac{1}{3}\gamma q^3 - \left(\frac{\gamma q^3}{p} - \tfrac{1}{2}\beta q^2\right)x$$

$$+ \left(\frac{\gamma q^3}{p^2} - \frac{\beta q^2}{p} + \alpha q\right)x^2 - \left(\tfrac{1}{3}\frac{\gamma q^3}{p^3} - \tfrac{1}{2}\frac{\beta q^2}{p^2} + \frac{\alpha q}{p}\right)x^3.$$

Multipliziert man dies mit dx und integriert noch in Bezug auf x zwischen den Grenzen 0 und p, dann erhält man

$$I = \tfrac{1}{24}pq(2\alpha p^2 + \beta pq + 2\gamma q^2).$$

Integriert man erst in Bezug auf x und darauf in Bezug auf y, so wird man dasselbe Resultat erhalten.

§ 218.   In dem folgenden Beispiel ist der Teil der Ebene, über den integriert werden soll, von einer Kurve umgrenzt.

Die Fläche einer Ellipse (Fig. 29 S. 79) sei gleichmäßig mit Materie von der konstanten Dichte σ belegt. Es soll das Trägheitsmoment T der ganzen Masse in Bezug auf eine zur Ebene senkrechten, durch O gehenden Linie berechnet werden. Da das Quadrat der Entfernung eines Elementes von dieser Linie $x^2 + y^2$ ist und die Masse des Elementes $\sigma\,dx\,dy$ beträgt, so haben wir den Ausdruck

$$\sigma(x^2 + y^2)dx\,dy$$

zu integrieren.

Wir wollen mit der Integration nach y anfangen. Aus der Gleichung der Ellipse

$$\frac{x^2}{a^2} + \frac{y^2}{b^2} = 1$$

folgt für die äußersten, zu einem bestimmten x gehörenden Werte von y

$$-\frac{b}{a}\sqrt{a^2 - x^2} \quad \text{und} \quad +\frac{b}{a}\sqrt{a^2 - x^2}.$$

Die äußersten Werte von x sind $-a$ und $+a$. Wir erhalten also

$$T = \sigma \int\limits_{-a}^{+a} \int\limits_{-\frac{b}{a}\sqrt{a^2-x^2}}^{+\frac{b}{a}\sqrt{a^2-x^2}} (x^2 + y^2)\,dx\,dy.$$

Da

$$\int_{-\frac{b}{a}\sqrt{a^2-x^2}}^{+\frac{b}{a}\sqrt{a^2-x^2}} (x^2+y^2)\,dy = 2\frac{b}{a}\,x^2\sqrt{a^2-x^2} + \tfrac{2}{3}\frac{b^3}{a^3}\sqrt{(a^2-x^2)^3}$$

ist, so folgt

$$T = 2\,\frac{b}{a}\,\sigma\int_{-a}^{+a} x^2\sqrt{a^2-x^2}\,dx + \tfrac{2}{3}\frac{b^3}{a^3}\,\sigma\int_{-a}^{+a}\sqrt{(a^2-x^2)^3}\,dx.$$

Setzt man $x = a\sin\varphi$, so wird (vergl. § 199)

$$\int_{-a}^{+a} x^2\sqrt{a^2-x^2}\,dx = a^4\int_{-\frac{1}{2}\pi}^{+\frac{1}{2}\pi}\sin^2\varphi\cos^2\varphi\,d\varphi = \tfrac{1}{8}\pi a^4,$$

$$\int_{-a}^{+a}\sqrt{(a^2-x^2)^3}\,dx = a^4\int_{-\frac{1}{2}\pi}^{+\frac{1}{2}\pi}\cos^4\varphi\,d\varphi = \tfrac{3}{8}\pi a^4,$$

und hieraus folgt

$$T = \tfrac{1}{4}\pi a b(a^2 + b^2)\sigma.$$

§ 219. Das folgende Beispiel zeigt, wie zu verfahren ist, wenn das Integrationsgebiet nicht durch eine geschlossene Linie, die durch eine einzige Gleichung dargestellt wird, begrenzt wird.

Es soll das Integral

$$I = \int x^2 y\,dV,$$

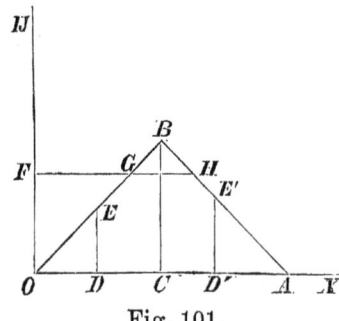

Fig. 101.

für das gleichschenklige rechtwinkelige Dreieck OAB (Fig. 101) mit der Hypotenuse $OA = 2a$ berechnet werden. Nimmt man für x einen Wert, der kleiner als OC ist, z. B. OD, dann sind die Grenzen für y 0 und $DE = OD = x$; wählt man dagegen für x einen Wert, der größer als OC ist, z. B. OD', dann sind die Grenzen für y 0 und $D'E' = AD' = 2a - x$. Ein Streifen längs DE von der Breite dx liefert also für I den Beitrag

$$\int_0^x x^2 y\, dx\, dy = \tfrac{1}{2} x^4\, dx,$$

ein ähnlicher Streifen längs $D'E'$

$$\int_0^{2a-x} x^2 y\, dx\, dy = \tfrac{1}{2} x^2 (2a-x)^2\, dx.$$

Die ersteren Streifen erstrecken sich von $x = 0$ bis $x = a$; sie geben also für das gesuchte Integral

$$\tfrac{1}{2} \int_0^a x^4\, dx = \tfrac{1}{10} a^5.$$

Ebenso erhält man für die letzteren Streifen, die das Dreieck BCA erfüllen,

$$\tfrac{1}{2} \int_a^{2a} x^2 (2a-x)^2\, dx = \tfrac{4}{15} a^5.$$

I ist die Summe dieser beiden Resultate, also $\tfrac{11}{30} a^5$.

Auf einfachere Weise erhält man dasselbe Resultat, wenn man zuerst in Bezug auf x integriert. Die Grenzen eines beliebigen horizontalen Streifens, z. B. eines bei GH liegenden, sind $FG = OF = y$ und $FH = 2a - y$. Bei der Integration mit Hilfe von horizontalen Streifen braucht man also das Integrationsgebiet nicht erst in zwei Dreiecke zu zerlegen; man erhält sofort

$$I = \int_0^a \int_y^{2a-y} x^2 y\, dy\, dx = \tfrac{11}{30} a^5.$$

§ 220. Die in § 215 stillschweigend gemachte Voraussetzung, daß eine Parallele zur y-Achse die gegebene Kurve nur in zwei Punkten schneidet, ist nicht immer erfüllt. Eine solche Linie kann, nachdem sie die Kurve in zwei Punkten geschnitten (vergl. Fig. 102), aufs neue in die Figur eintreten, um sie bei einem vierten Schnittpunkt zu verlassen; sie kann auch sechs Punkte mit der Kurve gemeinschaftlich haben. In diesen Fällen setzt sich der Streifen, welcher durch zwei unendlich nahe Parallele aus der Figur herausgeschnitten wird, aus zwei oder mehr Stücken zusammen, deren jedes einen Beitrag zu dem Integral liefert. Wird z. B. $x = OA$, $dx = AA'$

gesetzt und soll in Bezug auf y integriert werden, dann sind die
Grenzen zunächst AP und AQ und ferner AR und AS. Die Re-

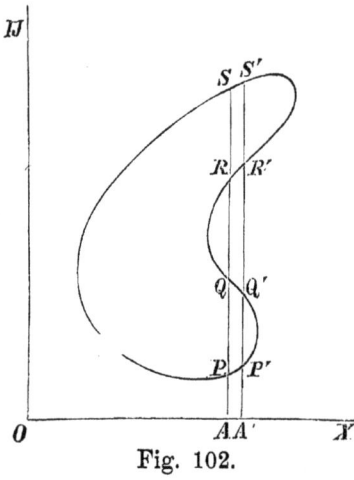

Fig. 102.

sultate dieser beiden Integrationen
müssen addiert werden, um den
Beitrag zu erhalten, welchen der
durch die Parallelen AS und $A'S'$
aus der Figur herausgeschnittene
Streifen zu dem Integral liefert.

§ 221. Soll über eine Ebene
integriert werden, in der die Lage
eines Punktes mittels Polarkoordi-
naten r und ϑ (§ 69) festgelegt ist,
dann teilt man die Fläche nicht
in unendlich kleine Rechtecke $dx\,dy$,
sondern man bildet Flächenelemente, indem man aus dem Pol
eine Reihe von Radiivektoren zieht und um den Pol als Mittelpunkt eine Serie von Kreisen beschreibt. Auf diese Weise
erhält man Flächenelemente wie $PQQ'P'$ (Fig. 103). Seien r
und ϑ die Koordinaten von P, $r + dr$ und $\vartheta + d\vartheta$ die Koordinaten von Q' (dr und $d\vartheta$ sollen stets positiv sein und ϑ
positiv in der Richtung entgegengesetzt der Bewegung eines

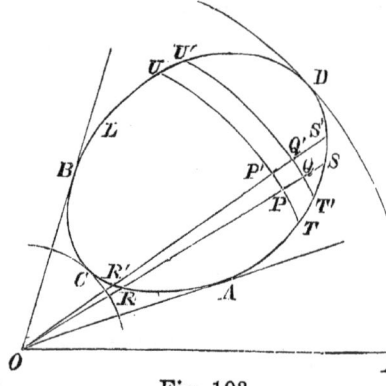

Fig. 103.

Uhrzeigers). Dann ist bis auf
eine Größe von höherer Ordnung
$$dV = PQP'Q' = r\,dr\,d\vartheta.$$

Es möge zunächst, wie in
Fig. 103, der Pol O außerhalb
des von der Kurve L einge-
schlossenen Integrationsgebietes
liegen. Wir summieren bei kon-
stantem ϑ und $d\vartheta$ über alle
Elemente, die zwischen den
Linien OS und OS' liegen. Bei
dieser Integration in Bezug auf r sind OR und OS die Grenzen,
welche selbstverständlich Funktionen von ϑ sind. Hat man
durch diese Summation den von dem Streifen $RSR'S'$ herrührenden Teil des Integrals

$$\int z\,dV$$

oder, wenn $z = f(r, \vartheta)$ ist, des Integrals

$$\int f(r, \vartheta) r \, d\vartheta \, dr$$

ermittelt, dann müssen noch die Beiträge aller Streifen summiert werden. Dies geschieht, indem man nach ϑ zwischen den äußersten Werten von ϑ, nämlich XOA und XOB, integriert.

Will man umgekehrt mit der Integration in Bezug auf ϑ beginnen, wobei zunächst r und dr konstant bleiben, so muß man zunächst alle Elemente, die auf dem Streifen $TUT'U'$ zwischen den beiden Kreisen mit den Radien r und $r + dr$ liegen, berücksichtigen. Die Grenzen von ϑ sind hierbei die Winkel, welche die Radiivektoren von T und U mit OX bilden, und die natürlich Funktionen von r sind. Bei der hierauf folgenden Integration in Bezug auf r sind die Grenzen die äußersten Werte von r, also die Radien der Kreise, welche den Umfang L der Figur berühren, OC und OD.

§ 222. Etwas anders liegen die Verhältnisse, wenn der Pol innerhalb des Integrationsgebietes liegt (Fig. 104). Wir können dann wieder durch eine Reihe von Kreisen und Radiivektoren Flächenelemente aus der Ebene herausschneiden. Summieren wir zunächst einmal alle Beiträge, welche ein Streifen zwischen zwei benachbarten Radiivektoren, deren einer etwa OP ist, liefert, oder, was dasselbe ist, integrieren wir zunächst bei konstanten ϑ und $d\vartheta$ in Bezug auf r zwischen den Grenzen $r = 0$ und $r = OP$, dann müssen wir nachher noch in Bezug auf ϑ zwischen den

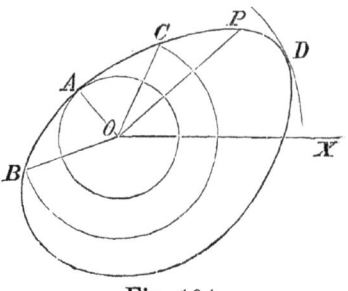

Fig. 104.

Grenzen 0 und 2π integrieren, um $\int z \, dV$ vollständig zu erhalten.

Integriert man umgekehrt zuerst in Bezug auf ϑ, also bei konstanten r und dr, dann muß man das Integral in zwei Teile zerlegen. Die erste Integration kommt in diesem Fall auf die Summation der Beiträge aller Flächenelemente hinaus, welche sich in einem von zwei konzentrischen Kreisen begrenzten Ringe befinden. Ist r kleiner als OA, wo A der Punkt der Kurve ist, welcher dem Pol am nächsten liegt, so

muß die Integration in Bezug auf ϑ zwischen 0 und 2π ausgeführt werden. Integriert man das so erhaltene Resultat
nochmals in Bezug auf r zwischen den Grenzen $r = 0$ und
$r = OA$, so erhält man den Anteil, welchen die Kreisfläche
OA an dem Integral $\int z\,dV$ hat.

Ist dagegen r größer als OA, so sind die konzentrischen
Kreise nicht mehr geschlossen. Es sei z. B. $r = OB$; dann muß
man nach ϑ integrieren zwischen den Werten, welche dieser
Winkel in den Schnittpunkten B und C des Kreises mit der Kurve
besitzt, also zwischen dem negativen stumpfen Winkel XOB und
dem positiven spitzen Winkel XOC. Das so erhaltene Integral
muß nun nochmals nach r zwischen OA (kleinster Wert von r,
daher untere Grenze) und OD (größter Wert von r, daher
obere Grenze) integriert werden. Man erhält auf diese Weise
den Anteil an dem Integral $\int z\,dV$, welcher von dem außerhalb des Kreises OA liegenden Teil der Figur herrührt.

Würde ein um O beschriebener Kreis oder ein Radiusvektor die Peripherie der gegebenen Figur in mehreren Punkten,
als oben vorausgesetzt, schneiden, so müßten die Grenzen in
ähnlicher Weise wie in § 220 festgelegt werden.

§ 223. Besonders einfach liegen die Verhältnisse beim Gebrauch von Polarkoordinaten, wenn über einen Kreissektor
oder Kreis integriert werden soll, dessen Mittelpunkt mit dem
Pol zusammenfällt. Bei einem Kreissektor
sind die Grenzen von ϑ offenbar die beiden
Winkel, welche die zwei den Sektor begrenzen-
den Radien mit der Achse bilden und ist
nach r zwischen 0 und dem Radius des
Kreises zu integrieren. Bei einem vollen
Kreise hat man für ϑ die Grenzen 0 und
2π. Wird zwischen $\vartheta = 0$ und $\vartheta = 2\pi$,
$r = 0$ und $r = \infty$ integriert, dann erstreckt
sich die Summation über eine unendlich

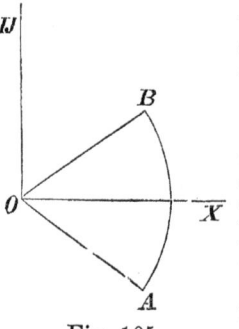

Fig. 105.

große Ebene. Da in allen diesen Fällen die Grenzen Konstanten
sind, so kann man die Reihenfolge der Integrationen umkehren,
ohne etwas an den Grenzen ändern zu brauchen (vergl. § 217).

Beispiel. Der Kreissektor OAB (Fig. 105) sei gleichmäßig mit Materie belegt. Es sollen die Koordinaten seines
Schwerpunktes ermittelt werden. Die beiden rechtwinkligen

Koordinatenachsen legen wir so, daß die x-Achse den Winkel des Sektors halbiert; dann ist offenbar $\Sigma my = 0$, d. h. der Schwerpunkt liegt auf der x-Achse. Sein Abstand von O ist gegeben durch die Gleichung

$$\xi = \frac{\sigma \int x\, dV}{\Sigma m},$$

wo σ die konstante Dichte bedeutet. Wir setzen $OA = R$ und $\angle XOB = \alpha$, dann ist $\Sigma m = \sigma R^2 \alpha$; außerdem führen wir noch Polarkoordinaten ein, so daß $x = r \cos \vartheta$ wird. Durch Einsetzen dieses Wertes ergiebt sich

$$\int x\, dV = \int_{-\alpha}^{+\alpha} \int_0^R r^2 \cos \vartheta\, d\vartheta\, dr = \tfrac{1}{3} R^3 \int_{-\alpha}^{+\alpha} \cos \vartheta\, d\vartheta = \tfrac{2}{3} R^3 \sin \alpha,$$

so daß

$$\xi = \tfrac{2}{3} R \frac{\sin \alpha}{\alpha}$$

wird.

§ 224. In dem folgenden Beispiel ist die Bestimmung der Grenzen weniger einfach. Es soll über das rechtwinklige Dreieck OAB (Fig. 106), dessen eine Seite mit der polaren Achse zusammenfällt, integriert werden. Wir setzen $OA = a$, $\angle AOB = \varphi$, und können nun zuerst bei konstantem ϑ (z. B. $\vartheta = AOC$) in Bezug auf r zwischen den Grenzen 0 und $OC = a \sec \vartheta$ und darauf in Bezug auf ϑ zwischen den Grenzen 0 und φ integrieren. Will man dagegen zuerst nach ϑ integrieren, dann hat man zu unterscheiden, ob $r <$ oder $> a$ ist. Wir zerlegen jetzt durch den Kreisbogen AD das Dreieck in zwei Teile. Bei dem einen, dem Sektor OAD, sind die Grenzen $\vartheta = 0$ und $\vartheta = \varphi$, $r = 0$ und $r = a$, bei

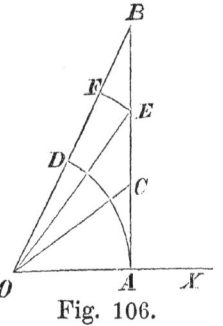

Fig. 106.

dem anderen Teile wächst, wenn r einen konstanten Wert, etwa OE, hat, ϑ von $\angle AOE = \arccos \dfrac{a}{r}$ bis φ. Nachher hat man noch in Bezug auf r zwischen den Grenzen $OA = a$ und $OB = a \sec \varphi$ zu integrieren.

§ 225. Wir wollen jetzt ein paar Fälle behandeln, bei denen über eine Kugeloberfläche zu integrieren ist. Wir nehmen auf derselben einen festen Punkt P (Fig. 107) an und ziehen durch diesen einen größten Kreis PA (vergl. § 70).

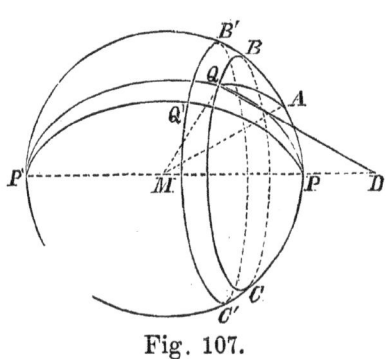

Dann ist die Lage irgend eines Punktes, z. B. Q, durch den sphärischen Abstand $PQ = \vartheta$ und den Winkel φ, den PQ mit PA bildet, bestimmt. Diesen Koordinaten entsprechend zerlegen wir die Kugeloberfläche in Elemente, indem wir durch P eine Serie von größten Kreisen legen und senkrecht zu diesen eine Schar von Kreisen ziehen,

Fig. 107.

deren Pol P ist. Zwischen zwei der letzteren, BQC und $B'Q'C'$, mit den sphärischen Radien ϑ und $\vartheta + d\vartheta$ liegt ein unendlich schmaler Ring, dessen Oberfläche

$$2\pi R^2 \sin\vartheta \, d\vartheta$$

ist, wo R den Radius der Kugel bedeutet. Durch die aus P gezogenen größten Kreise wird dies ringförmige Element in unendlich kleine Teile der zweiten Ordnung zerlegt. Die Oberfläche irgend eines desselben, z. B. des bei Q mit den Koordinaten ϑ und φ zwischen den Kreisen PQP' und $PQ'P'$, die mit PA die Winkel φ und $\varphi + d\varphi$ bilden, gelegenen Flächenelements ist

$$dS = R^2 \sin\vartheta \, d\vartheta \, d\varphi.$$

Soll nun das Integral

$$\int f(\vartheta, \varphi) \, dS$$

über irgend einen Teil der Kugeloberfläche ausgewertet werden, dann muß zweimal, nach ϑ und φ integriert werden, wobei die Grenzen ähnlich wie in den §§ 215 und 221 zu bestimmen sind. Für die ganze Kugel sind die Grenzen $\varphi = 0$ und $\varphi = 2\pi$, $\vartheta = 0$ und $\vartheta = \pi$. Die Integration kann wieder in zweierlei Weise vorgenommen werden. Entweder integriert man zuerst in Bezug auf φ, was auf die Berechnung von $\int f(\vartheta, \varphi) \, dS$ für irgend ein ringförmiges Element, z. B. $BB'C'C$, herauskommt, oder man integriert zuerst in Bezug auf ϑ; dann berechnet man zunächst $\int f(\vartheta, \varphi)\, dS$ für einen unendlich kleinen Sektor, wie $PQP'Q'$. Nachher muß natürlich noch in Bezug auf ϑ, bez. im letzteren Fall in Bezug auf φ integriert werden.

§ 226. Ein Beispiel aus des Physik möge zur Erläuterung dienen. Auf einer **Kugelfläche** befindet sich eine in bekannter Weise verteilte Elektrizitätsmenge. Welche Wirkung übt dieselbe auf die in einem äußeren Punkt D (Fig. 107) befindliche Elektrizitätseinheit aus? Nennen wir dS irgend ein Flächenelement der Kugel, r dessen Entfernung von D und σ die Dichte der Ladung, dann ist die mit entgegengesetztem Vorzeichen versehene Kraftfunktion[1] (vergl. § 165), die sogenannte Potentialfunktion in D

$$V = \int \frac{\sigma\, dS}{r},$$

wo über die ganze Oberfläche zu integrieren ist.

Wir nehmen zunächst an, daß die Dichte überall gleich groß ist, und wählen der Einfachheit wegen den Punkt, wo die Verbindungslinie von D mit dem Mittelpunkt die Oberfläche schneidet, zum Pol P. Man erreicht hierdurch den Vorteil, daß r nicht von φ, sondern nur von ϑ abhängt. Wir setzen ferner $MD = l$. Aus dem $\triangle MDQ$ folgt

$$r^2 = l^2 + R^2 - 2lR\cos\vartheta. \tag{7}$$

Setzen wir in das obige Integral den im vorigen Paragraphen gefundenen Wert für dS ein, so ergiebt sich

$$V = \sigma R^2 \int_0^\pi \int_0^{2\pi} \frac{\sin\vartheta\, d\vartheta\, d\varphi}{r}.$$

---

[1] Nach dem Coulomb'schen Gesetz stoßen sich die Elektrizitätsmengen $\sigma\, dS$ und 1 in der Entfernung r mit einer Kraft $\dfrac{\sigma\, dS}{r^2}$ ab. Die Kraftfunktion ist also nach § 165 $-\dfrac{\sigma\, dS}{r}$.

Durch Integration in Bezug auf φ geht dieser Ausdruck über in

$$V = 2 \pi \sigma R^2 \int_0^\pi \frac{\sin \vartheta \, d\vartheta}{r} \, . \tag{8}$$

Um dieses Integral zu berechnen, wählen wir anstatt ϑ den Abstand r als unabhängig Variable, wobei wir die aus (7) sich ergebende Beziehung

$$r \, dr = l R \sin \vartheta \, d\vartheta$$

benutzen. Die neuen Grenzen erhalten wir, wenn wir in (7) ϑ einmal gleich 0, das andere Mal gleich π setzen; wir finden dann $r = l - R$ und $r = l + R$, welche Werte sich übrigens auch sofort aus der Figur ergeben. Die Gleichung (8) geht hierdurch über in

$$V = \frac{2 \pi \sigma R}{l} \int_{l-R}^{l+R} dr = \frac{4 \pi \sigma R^2}{l} \, .$$

§ 227. Zweitens wollen wir den Fall behandeln, daß die Dichte dem Kosinus des sphärischen Abstandes $QA = \psi$ von einem festen Punkte A der Fläche proportional ist. Die eine Hälfte der Kugel hat dann eine positive, die andere eine negative Ladung; der größte Kreis, dessen Pol A ist, trennt die beiden Hälften voneinander. Längs dieses Kreises ist $\sigma = 0$; die größte Dichte findet sich in A und in dem diametral gegenüberliegenden Punkt. Nennt man die Dichte in A σ_0, so ist in jedem anderen Punkte

$$\sigma = \sigma_0 \cos \psi.$$

Um nun die Potentialfunktion für den Punkt D zu berechnen, wählen wir wieder den D zugekehrten Punkt P zum Pol; überdies legen wir den größten Kreis, von welchem an wir φ rechnen, durch A. Setzen wir noch $\angle AMD = \alpha$, so folgt aus dem sphärischen Dreieck QAP

$$\cos \psi = \cos \alpha \cos \vartheta + \sin \alpha \sin \vartheta \cos \varphi.$$

Die Potentialfunktion ist also:

$$V = \sigma_0 R^2 \int_0^\pi \int_0^{2\pi} \frac{\cos \alpha \cos \vartheta + \sin \alpha \sin \vartheta \cos \varphi}{r} \sin \vartheta \, d\vartheta \, d\varphi.$$

Integriert man zuerst nach φ, so liefert das zweite Glied des Zählers den Wert 0; also:

$$V = 2 \pi \, \sigma_0 \, R^2 \cos \alpha \int\limits_0^\pi \frac{\cos \vartheta \, \sin \vartheta \, d\vartheta}{r}.$$

Hier wollen wir wieder r als unabhängig Variable einführen, wobei für $\cos \vartheta$ der aus (7) sich ergebende Wert zu setzen ist. Schließlich wird

$$V = \frac{\pi \, \sigma_0 \cos \alpha}{l^2} \int\limits_{l-R}^{l+R} \{(l^2 + R^2) - r^2\} \, dr = \tfrac{4}{3} \frac{\pi \sigma_0 \, R^3 \cos \alpha}{l^2}.$$

Wir überlassen es dem Leser, die Potentialfunktion zu berechnen, welche die beiden betrachteten Elektrizitätsverteilungen in einem inneren Punkte hervorbringen. Liegt letzterer auf der Linie MP in der Entfernung l vom Mittelpunkte, so hat man die abgeleiteten Formeln nur insofern zu ändern, daß man bei der letzten Integration als untere Grenze $R - l$ statt $l - R$ nimmt.

§ 228. Wenn man zur Ortsbestimmung eines Punktes auf einer Ebene oder einer Kugeloberfläche andere Koordinaten als die in den vorhergehenden Paragraphen angewandten benutzt, dann ist die Fläche auch in anderer Weise in Elemente zu zerlegen. Gegeben sei, um einen ganz allgemeinen Fall zu behandeln, eine willkürliche Fläche S, über die das Integral $\int \varphi \, dS$ berechnet werden soll. Man kann dann zunächst zwei Größen α und β einführen, durch welche die Lage des Punktes P auf der Fläche bestimmt ist, und welche wir daher Koordinaten nennen dürfen.[1] Ist für eine derselben, z. B. α, ein bestimmter Wert gegeben, dann kann der Punkt noch verschiedene Lagen haben, die aber alle auf einer bestimmten Linie liegen. Hat man es z. B. mit einer Ebene zu thun, sind α und β die Abstände von zwei festen Punkten A und B und ist der Wert von α bekannt, dann liegt P auf dem mit dem Radius α um A geschlagenen Kreise. Ebenso entspricht im allgemeinen jedem Wert von α eine bestimmte Linie. Wir

---

[1] α und β können z. B. die längs der Oberfläche gemessenen Abstände von zwei festen Punkten, oder von zwei festliegenden Linien sein, oder eine andere Bedeutung haben.

können uns nun eine große Anzahl derartiger Linien, unendlich nahe bei einander, gezogen denken. In ähnlicher
Weise können wir ein System von Linien ziehen, welche die
Eigenschaft haben, daß in allen Punkten einer und derselben
Linie $_\beta$ denselben Wert besitzt, während bei dem Übergang
zu der nächstfolgenden diese Größe sich um unendlich wenig
ändert. Durch die beiden Systeme von Linien wird die Fläche
in viereckige Elemente zerlegt. Diese müssen dann zur Berechnung von $\int \varphi \, dS$ benutzt werden.

Sind die Koordinaten von zwei Eckpunkten eines solchen
Vierecks, welche einander gegenüberliegen, α und β bez. $\alpha + d\alpha$
und $\beta + d\beta$, dann wird man in jedem speziellen Fall die
Größe dS des Viereckchens berechnen können, wobei man es
als eben ansehen und unendlich kleine Größen höherer als
der zweiten Ordnung weglassen darf. Das Resultat wird sowohl der Größe $d\alpha$ als auch $d\beta$ proportional sein und also
die Form

$$dS = f(\alpha, \beta) \, d\alpha \, d\beta$$

annehmen.

Ist nun auch φ als Funktion der Koordinaten gegeben,
dann wird

$$\int \varphi \, dS = \int\int F(\alpha, \beta) f(\alpha, \beta) \, d\alpha \, d\beta.$$

Es muß jetzt sowohl nach β, als auch nach α integriert
werden. Bei der ersten Integration sind α und $d\alpha$ konstant;
man erhält so den Anteil an $\int \varphi \, dS$, der von dem Streifen
zwischen zwei benachbarten Linien des ersten der obengenannten Systeme herrührt. Eine Summierung über alle Streifen
dieser Art, eine Integration also in Bezug auf α, giebt dann
das vollständige Resultat.

Die Grenzen sind in ähnlicher Weise wie in §§ 215 und
221 festzulegen. Es braucht übrigens wohl kaum erwähnt zu
werden, daß man bei gehöriger Wahl dieser Grenzen die
Reihenfolge der Integration umkehren und also auch schreiben
kann

$$\int \varphi \, dS = \int\int F(\alpha, \beta) f(\alpha, \beta) \, d\beta \, d\alpha.$$

§ 229. Wenn eine Funktion φ über einen Raum, der
von einer Fläche S begrenzt wird, integriert werden soll, dann

hängt die Art, wie derselbe in Elemente zu zerlegen ist, wieder von dem benutzten Koordinatensystem ab. Am einfachsten liegen die Verhältnisse bei rechtwinkligen Koordinaten. Bei diesen zerlegt man durch eine Schar von Flächen, die senkrecht zur x-, y- und z-Achse stehen, das Volum in unendlich kleine rechtwinklige Parallelepipede. Sind die Koordinaten eines Eckpunktes von irgend einem solchen Parallelepipedon, z. B. von P (Fig. 108), x, y, z und die des gegenüberliegenden Eckpunktes $x + dx$, $y + dy$, $z + dz$ (man sorge dafür, daß dx, dy, dz stets positiv sind), dann ist das Volumelement

$$d\tau = dx\,dy\,dz.$$

Ist ferner φ als eine Funktion von x, y, z gegeben, also $\varphi = F(x, y, z)$ und multipliziert man $d\tau$ mit dem Wert, der dem Eckpunkt P entspricht, dann wird

$$\int \varphi\,d\tau = \int F(x, y, z)\,dx\,dy\,dz.$$

Wir wollen nun zuerst in Bezug auf z integrieren, indem wir x, y, dx und dy konstant lassen, oder was dasselbe ist, wir summieren über alle Elemente, welche in der Richtung der z-Achse neben einander liegen, die also auf der x, y-Ebene senkrecht stehende Säule mit der rechteckigen Grundfläche $CD = dx\,dy$ ausfüllen. Natürlich dürfen wir nur über die Elemente summieren, welche innerhalb des gegebenen Körpers liegen; die Grenzen von z sind also die Werte $CA = z_1$, und $CB = z_2$, welche diese Variable in den Schnittpunkten der Säulenseite CB mit der Oberfläche S hat.[1] Die Größen z_1 und z_2 sind im allgemeinen

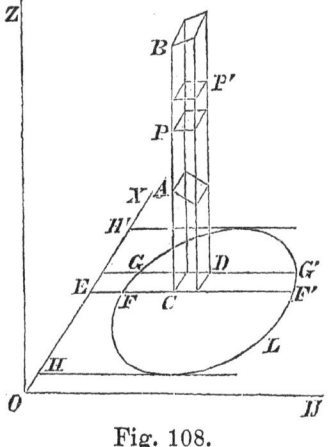

Fig. 108.

Funktionen der Koordinaten x und y, da die Oberfläche S von den in den verschiedenen Punkten auf der x, y-Ebene errichteten

---

[1] Hierbei ist der Einfachheit wegen angenommen, daß eine senkrecht auf die x, y-Ebene errichtete Linie die Oberfläche S nur in zwei Punkten schneidet. Ist eine größere Zahl von Schnittpunkten vorhanden, dann ist ähnlich wie in § 220 zu verfahren.

Senkrechten ungleich lange Stücke abschneidet. Als Resultat
der ersten Integration erhalten wir einen Ausdruck von der
Form

$$f(x, y)\, dx\, dy. \tag{9}$$

Jetzt gilt es, über alle Säulen zu summieren, in die wir
das Volum des Körpers zerlegen können. Man beachte dabei,
daß, wenn man alle Punkte des Körpers auf die x, y-Ebene
projiziert, die Projektionen innerhalb einer geschlossenen Linie
L liegen. Die Grundflächen $dx\, dy$ der Säulen füllen die von
L begrenzte Fläche aus; wir brauchen daher den Ausdruck (9)
nur noch über diese Fläche zu integrieren. Wir integrieren
z. B. zuerst in Bezug auf y zwischen den Grenzen $EF = y_1$
und $EF'' = y_2$ (Funktionen von x) und erhalten dadurch den
Anteil, den eine unendlich dünne Scheibe zwischen den durch
FF' und GG' parallel zu OZ gelegten Ebenen an dem Integral hat. Dieser Anteil hat die Form: $\psi(x)\, dx$. Integrieren
wir schließlich noch in Bezug auf x zwischen $OH = \mathrm{x}_1$ und
$OH' = \mathrm{x}_2$ (x_1 und x_2 sind Konstanten), dann haben wir unser
Integral vollständig berechnet. Diese Auseinandersetzungen
lassen sich in die Gleichung

$$\int \varphi\, d\tau = \int_{\mathrm{x}_1}^{\mathrm{x}_2} \int_{y_1}^{y_2} \int_{z_1}^{z_2} F(x, y, z)\, dx\, dy\, dz$$

zusammenfassen. Über die Reihenfolge, in der bei diesem
dreifachen Integral die Differentiale dx, dy, dz, sowie die
denselben entsprechenden Integrationszeichen zu schreiben
sind, gilt das in § 215 Gesagte. Übrigens kann die Reihenfolge geändert werden, wenn man nur die Integrationsgrenzen
jedesmal in passender Weise wählt. Sind die Grenzen Konstanten, dann braucht man an denselben nichts zu ändern, wenn
man die Reihenfolge der drei Integrationen ändert. Der Körper
ist in diesem Fall ein Parallelepipedon, dessen Kanten den
Koordinatenachsen parallel laufen. Sind bei jeder Integration
die Grenzen $-\infty$ und $+\infty$, dann erhält man den Wert von
$\int \varphi\, d\tau$ für den ganzen unendlichen Raum.

§ 230. Zur Erläuterung diene das folgende Beispiel.
Gegeben sei ein dreiachsiges Ellipsoid (§ 79), welches gleich-

mäßig mit Materie erfüllt ist; es soll das Trägheitsmoment in Bezug auf eine der Achsen berechnet werden.

Die Gleichung der Oberfläche des Ellipsoids sei

$$\frac{x^2}{a^2} + \frac{y^2}{b^2} + \frac{x^2}{c^2} = 1.$$

Die Grenzen von z bei konstantem x und y sind

$$- c \sqrt{1 - \frac{x^2}{a^2} - \frac{y^2}{b^2}} \quad \text{und} \quad + c \sqrt{1 - \frac{x^2}{a^2} - \frac{y^2}{b^2}}.$$

Will man jetzt nach y integrieren, so muß man beachten, daß die Projektion des Ellipsoids auf die x, y-Ebene eine Ellipse ist, deren Gleichung

$$\frac{x^2}{a^2} + \frac{y^2}{b^2} = 1$$

ist, so daß die Grenzen von y

$$- b \sqrt{1 - \frac{x^2}{a^2}} \quad \text{und} \quad + b \sqrt{1 - \frac{x^2}{a^2}}.$$

sind. Schließlich sind die äußersten Werte von x — a und $+ a$. Das Trägheitsmoment in Bezug auf die x-Achse ist jetzt, wenn ϱ die konstante Dichte bedeutet,

$$T = \varrho \int_{-a}^{+a} \int_{-b\sqrt{1 - \frac{x^2}{a^2}}}^{+b\sqrt{1 - \frac{x^2}{a^2}}} \int_{-c\sqrt{1 - \frac{x^2}{a^2} - \frac{y^2}{b^2}}}^{+c\sqrt{1 - \frac{x^2}{a^2} - \frac{y^2}{b^2}}} (y^2 + z^2)\, dx\, dy\, dz \qquad (10)$$

Da die beiden ersten Integrationen von (10) das Trägheitsmoment einer unendlich dünnen elliptischen Scheibe bezogen auf eine senkrecht zur Scheibe durch den Mittelpunkt gezogene Achse geben, so muß das Resultat dieser beiden Integrationen mit dem des § 218 übereinstimmen; man hat in den Formeln jenes Paragraphen nur x, y, a, b mit y, z, $b \sqrt{1 - \frac{x^2}{a^2}}$ und $c \sqrt{1 - \frac{x^2}{a^2}}$ zu vertauschen. Demzufolge geht die Formel (10) über in

$$T = \tfrac{1}{4} \pi \varrho\, b\, c\, (b^2 + c^2) \int_{-a}^{+a} \left(1 - \frac{x^2}{a^2}\right)^2 dx = \tfrac{4}{15} \pi \varrho\, a\, b\, c\, (b^2 + c^2).$$

Da der Inhalt I des Ellipsoids $\int\int\int dx\,dy\,dz$ mit denselben Grenzen wie (10) ist, woraus sich nach der Integration

$$I = \tfrac{4}{3}\pi\,abc$$

ergiebt, so ist die Masse des Ellipsoids

$$M = \tfrac{4}{3}\pi\varrho\,abc$$

und daher

$$T = \tfrac{1}{5}M(b^2 + c^2).$$

§ 231. Rechnet man mit räumlichen Polarkoordinaten r, ϑ, φ (§ 81), dann kann das Volum des Körpers, über den integriert werden soll, in folgender Weise in Elemente zerlegt werden. Aus einer beliebigen durch den Körper gelegten Ebene (Fig. 109) werden durch die aus O gezogenen Radiivektoren und durch die um O geschlagenen Kreise unendlich kleine Flächenelemente herausgeschnitten (vergl.

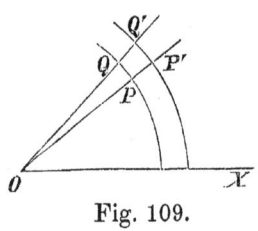

Fig. 109.

§ 221). Eins derselben, z. B. $PQQ'P'$ ist $= r\,dr\,d\vartheta$. Rotiert nun die in dieser Weise entstandene Figur um die Achse OX, dann beschreibt $PQQ'P'$ ein ringförmiges Volumelement, welches durch ein System von durch OX gelegten Ebenen in unendlich kleine Teile dritter Ordnung zerlegt wird. Zwei dieser Ebenen, welche mit einer festliegenden, durch OX gehenden Ebene die Winkel φ und $\varphi + d\varphi$ bilden, schneiden aus dem obengenannten Ring ein Element heraus, dessen Inhalt $r^2 \sin\vartheta\,dr\,d\vartheta\,d\varphi$ ist. Die Koordinaten zweier einander gegenüberliegenden Ecken dieses Elementes seien r, ϑ, φ und $r + dr$, $\vartheta + d\vartheta$, $\varphi + d\varphi$, dann erhalten wir für das Raumintegral einen Ausdruck von der Form

$$\int\int\int F(r, \vartheta, \varphi)\,r^2 \sin\vartheta\,dr\,d\vartheta\,d\varphi.$$

Man kann natürlich in ähnlicher Weise, wie früher, die Reihenfolge der Integrationen beliebig verändern, wenn man nur die Grenzen passend wählt.

Um die Bedeutung der verschiedenen Integrationen klarzulegen, bemerken wir, daß die oben eingeführten Elemente durch die Durchschneidung dreier Systeme von Oberflächen entstehen. Es sind dies 1. Kugeln, deren Mittelpunkt O ist, 2. Umdrehungskegel mit der Achse OX, 3. durch OX gehende

Ebenen. Integriert man nun zunächst in Bezug auf r, dann berücksichtigt man alle Volumelemente, welche sich in einer der Pyramiden befinden, die durch die Umdrehungskegel und die durch OX gehenden Ebenen gebildet werden; integriert man weiter in Bezug auf φ, dann summiert man über alle derartige Pyramiden, welche zwischen zwei benachbarten Umdrehungskegeln liegen. Bei der Integration in Bezug auf ϑ durchwandert man schließlich das ganze Volum des Körpers. Würde man mit der Integration nach φ anfangen, während man r und ϑ konstant läßt, so würde man zunächst das obengenannte ringförmige Element berücksichtigen.

Über die Grenzen gilt Ähnliches wie früher; wir erwähnen nur noch, daß, wenn über den ganzen unendlichen Raum integriert werden soll, die Grenzen für r 0 und ∞, für ϑ 0 und π, für φ 0 und 2π sind.

§ 232. Mit der zuletzt besprochenen Zerlegung des Raumes in Elemente ist die folgende nahe verwandt.

Wir beschreiben (Fig. 110) um O als Mittelpunkt eine Kugel S mit dem Radius 1 und zerlegen die Oberfläche derselben in Elemente dS. Auf jedes dS als Grundfläche, z. B. auf AB, konstruieren wir eine Pyramide mit der Spitze in O und verlängern sie bis in die Unendlichkeit. Schließlich denken wir uns eine Reihe von konzentrischen Kugeln mit dem Mittelpunkt O. Durch dieselben werden aus den Pyramiden Stücke herausgeschnitten, z. B. $PQQ'P'$

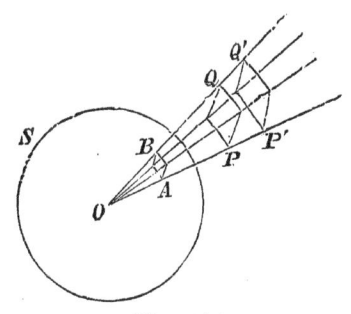

Fig. 110.

$= r^2\,dS\,dr$. Wir können zunächst in Bezug auf r integrieren. Liegt O außerhalb des Integrationsgebietes, dann sind die Grenzen von r die Stücke, welche die Oberfläche des gegebenen Raumes von OP abschneidet. Liegt O dagegen innerhalb des Integrationsgebietes, dann ist die untere Grenze von r 0. Schließlich muß noch über die Kugeloberfläche integriert werden.

Wird die letztere auf die in § 225 besprochene Weise in Elemente zerlegt, dann ergiebt sich dieselbe Zerlegung des Raumes, welche wir im vorigen Paragraphen behandelt haben. Wir machen noch zum Schluß auf die Ähnlichkeit zwischen

dem in § 229 und dem hier befolgten Verfahren aufmerksam.
Wie dort jeder Punkt des Körpers auf die Ebene XOY pro-
jiziert wurde, so wird hier jeder Punkt perspektivisch auf die
Kugeloberfläche S projiziert.

§ 233. In den bis jetzt betrachteten Integralen waren
die Integrationsvariablen Größen, durch welche die Lage eines
Punktes in einer Fläche oder einem Raum bestimmt wurde.
Es können aber auch diese Variablen eine andere Bedeutung
haben, und die Zahl derselben kann beliebig groß sein. Der
Ausdruck

$$\int_{x_1}^{x_2} \int_{y_1}^{y_2} \int_{z_1}^{z_2} \int_{u_1}^{u_2} F(x, y, z, u)\, dx\, dy\, dz\, du \qquad (11)$$

z. B. bedeutet, daß die gegebene Funktion zuerst bei konstant
gehaltenen x, y, z, dx, dy, dz, nach u zwischen den Grenzen
u_1 und u_2, dann, während x, y, dx, dy konstant bleiben, nach
z zwischen z_1 und z_2 integriert werden soll u. s. w. Es sind
dabei u_1 und u_2 gegebene Funktionen von x, y, z; z_1 und z_2
gegebene Funktionen von x und y; y_1 und y_2 Funktionen von
x, und schließlich x_1 und x_2 Konstanten. Die Ergebnisse der
drei ersten Integrationen haben die Form $\varphi(x, y, z)\, dx\, dy\, dz$,
$\chi(x, y)\, dx\, dy$, $\psi(x)\, dx$, während die letzte Integration zu einer
bestimmten konstanten Zahl führt.

Damit die Grenzen angegeben werden können, muß in
irgend einer Weise das „Integrationsgebiet", d. h. der Inbegriff
aller zulässigen Werte von x, y, z, u angegeben sein. Folgendes Beispiel möge das erläutern und zu gleicher Zeit zeigen,
daß man, ohne an dem Resultat etwas zu ändern, die Reihenfolge der Integrationen ändern kann, wenn nur jedesmal die
Grenzen gehörig gewählt werden.

Es seien $\varDelta x$, $\varDelta y$, $\varDelta z$, $\varDelta u$ vier beliebige konstante
Größen. Nachdem wir diese gewählt haben, können wir eine
mit der Differenz $\varDelta x$ ansteigende und sich von $-\infty$ bis $+\infty$
erstreckende Reihe von Werten der ersten unabhängig Variablen
bilden. Ebenso können wir auch für jede der drei anderen
Variablen eine Reihe von Werten aufstellen, derart, daß in
diesen Reihen die Differenzen $\varDelta y$, $\varDelta z$ und $\varDelta u$ bestehen.

Wir können nun aus jeder der so gebildeten Reihen einen
beliebigen Wert herausgreifen, diese vier Werte von x, y, z, u

als ein zusammengehöriges Wertsystem betrachten und den demselben entsprechenden Wert einer gegebenen Funktion $F(x, y, z, u)$ ins Auge fassen. Es sollen die so erhaltenen Funktionswerte mit $\varDelta x\, \varDelta y\, \varDelta z\, \varDelta u$ multipliziert und dann zu einander addiert werden, und zwar sollen dabei alle Wertsysteme berücksichtigt werden, welche der Bedingung genügen, daß der Ausdruck

$$\frac{x^2}{\alpha^2} + \frac{y^2}{\beta^2} + \frac{z^2}{\gamma^2} + \frac{u^2}{\delta^2} < 1 \tag{12}$$

ist, wo α, β, γ, δ gegebene konstante Zahlen sind. Wir erhalten dann eine bestimmte Summe S, und es soll nun schließlich der Grenzwert ermittelt werden, dem diese sich nähert, wenn man $\varDelta x$, $\varDelta y$, $\varDelta z$, $\varDelta u$ fortwährend abnehmen läßt.

Diese Aufgabe können wir in folgender Weise lösen. Wir greifen aus den drei ersten Reihen, nämlich aus den Reihen für x, y, z, beliebige Werte heraus, welche aber der Bedingung genügen müssen, daß sich denselben noch Werte von u in der Weise hinzufügen lassen, daß der Bedingung (12) genügt wird. Offenbar ist dazu erforderlich, daß

$$\frac{x^2}{\alpha^2} + \frac{y^2}{\beta^2} + \frac{z^2}{\gamma^2} < 1 \tag{13}$$

ist.

Wir können nun die für x, y, z herausgegriffenen Werte mit einigen Werten aus der Reihe für u kombinieren, nämlich mit allen Werten, welche zwischen

$$-\delta \sqrt{1 - \frac{x^2}{\alpha^2} - \frac{y^2}{\beta^2} - \frac{z^2}{\gamma^2}} \quad \text{und} \quad +\delta \sqrt{1 - \frac{x^2}{\alpha^2} - \frac{y^2}{\beta^2} - \frac{z^2}{\gamma^2}}$$

liegen. Zur Abkürzung schreiben wir statt dieser Ausdrücke u_1 und u_2, und für die Summe der Ausdrücke

$$F(x, y, z, u)\, \varDelta x\, \varDelta y\, \varDelta z\, \varDelta u,$$

insoweit dieselben den soeben genannten Wertsystemen (alle mit denselben x, y, z, aber mit verschiedenen u) entsprechen:

$$\varDelta x\, \varDelta y\, \varDelta z \sum_{u_1}^{u_2} F(x, y, z, u)\, \varDelta u \tag{14}$$

Jedes System von Werten von x, y, z, das mit der Bedingung (13) verträglich ist, liefert einen derartigen Beitrag zu der gesuchten Summe S. In diesem Beitrage steckt immer der Faktor $\varDelta x \, \varDelta y \, \varDelta z$; übrigens hängt der Wert desselben davon ab, welche Werte man für x, y, z gewählt hat. Um nun die ganze Summe S zu erhalten, brauchen wir nur einen Ausdruck wie (14) für alle mit (13) verträglichen Systeme (x, y, z) aufzustellen und dann zu addieren. Dabei können wir nun zunächst bei bestimmten Werten von x und y, welche der Bedingung

$$\frac{x^2}{\alpha^2} + \frac{y^2}{\beta^2} < 1$$

genügen, stehen bleiben, und diese Werte mit allen zulässigen Werten von z kombinieren. Addieren wir nun alle in dieser Weise erhaltenen Ausdrücke (14), so können wir die Summe darstellen in der Form

$$\varDelta x \, \varDelta y \sum_{z_1}^{z_2} \left(\varDelta z \sum_{u_1}^{u_2} F(x, y, z) \, \varDelta u \right),$$

wo z_1 und z_2 die äußersten mit (13) verträglichen Werte von z sind, also die Werte

$$-\gamma \sqrt{1 - \frac{x^2}{\alpha^2} - \frac{y^2}{\beta^2}} \quad \text{und} \quad +\gamma \sqrt{1 - \frac{x^2}{\alpha^2} - \frac{y^2}{\beta^2}},$$

und das Zeichen $\sum\limits_{z_1}^{z_2}$ bedeutet, daß die Summierung sich erstrecken soll über alle der gewählten Reihe angehörige Werte von z, welche zwischen z_1 und z_2 liegen.

Es ist leicht, diese Betrachtung weiter zu führen, und man gelangt dann schließlich zu folgendem Ausdruck für S:

$$S = \sum_{x_1}^{x_2} \left[\varDelta x \sum_{y_1}^{y_2} \left\{ \varDelta y \sum_{z_1}^{z_2} \left(\varDelta z \sum_{u_1}^{u_2} F(x, y, z, u) \, \varDelta u \right) \right\} \right],$$

wo

$$y_1 = -\beta \sqrt{1 - \frac{x^2}{\alpha^2}}, \; y_2 = +\beta \sqrt{1 - \frac{x^2}{\alpha^2}},$$

$$x_1 = -\alpha, \qquad x_2 = +\alpha.$$

Wenn wir nun die Differenzen $\varDelta x$, $\varDelta y$, $\varDelta z$, $\varDelta u$ sich der Null nähern lassen, so verwandeln sich alle die oben angegebenen Summen in Integrale, und der Grenzwert von S wird gerade das vierfache Integral (11). Um das einzusehen, wird es genügen, die erste Summation

$$\sum_{u_1}^{u_2} F(x, y, z, u) \, \varDelta u$$

zu betrachten. Da hier x, y, z konstant sind, so ist $F(x, y, z, u)$ eine Funktion von der einzigen Variablen u, und es handelt sich also schließlich um die Summe einer unendlich großen Anzahl äquidistanter Werte dieser Funktion, jeder multipliziert mit dem Differential du; dieselben liegen zwischen den Grenzen u_1 und u_2. Diese Summe ist eben das bestimmte Integral

$$\int_{u_1}^{u_2} F(x, y, z, u)\, du.$$

Daß man die Summe S auch ebenso gut berechnen kann, indem man z. B. zuerst nach z und dann nach x, u und y integriert, dürfte nach dem Vorhergehenden unmittelbar einleuchten, nur müssen die Grenzen dann anders gewählt werden.

§ 234. Wir geben noch ein paar Beispiele für doppelte und mehrfache Integrale. Wenn in zwei dünnen Leitungsdrähten s und s' elektrische Ströme von bekannter Intensität fließen, und man die Kraft berechnen will, die der zweite Draht auf den ersten in irgend einer Richtung ausübt, dann teilt man zweckmäßig die beiden Drähte in Stromelemente ds und ds'. Kennt man die Wirkung in der gewählten Richtung, welche ds' auf ds ausübt, dann findet man die gesuchte Kraft durch eine Integration in Bezug auf s und s'. Die Reihenfolge der beiden Integrationen ist dabei willkürlich. Integriert man zuerst in Bezug auf s', dann erhält man die Kraft, die das Element ds von dem ganzen Strom s' erfährt; integriert man umgekehrt zuerst in Bezug auf s, dann ist das Resultat die Kraft, welche von einem Element ds' auf den ganzen Stromleiter s ausgeübt wird.

Will man in ähnlicher Weise die Kraft nach einer bestimmten Richtung berechnen, die zwei materielle Körper A und B, deren Teilchen sich nach einem bekannten Gesetz anziehen, aufeinander ausüben, dann zerlegt man beide in Volumelemente. Sind die Koordinaten eines Punktes in A x, y, z und in B x', y', z', dann ist der Inhalt eines solchen Volumelementes $dx\, dy\, dz$ bez. $dx'\, dy'\, dz'$.

Für die Wirkung zwischen diesen beiden Volumelementen läßt sich dann aus dem gegebenen Gesetz ein Ausdruck ableiten, der sowohl $dx\, dy\, dz$, als auch $dx'\, dy'\, dz'$ als Faktor enthält. Eine sechsfache Integration nach x, y, z, x', y', z' liefert die gesuchte Gesamtwirkung.

Wir denken uns schließlich eine Gasmasse, deren Moleküle sich in allen möglichen Richtungen geradlinig bewegen. Die Bewegung eines jeden Moleküls ist durch die Komponenten ξ, η, ξ seiner Geschwindigkeit nach drei zu einander senkrechten Achsen bestimmt. Diese Größen sind nicht für alle Teilchen gleich groß. Wir teilen die Moleküle in Gruppen, die z. B. dadurch charakterisiert sein können, daß die Geschwindigkeitskomponenten der Moleküle, welche zu einer Gruppe gehören, zwischen ξ und $\xi + d\xi$, η und $\eta + d\eta$, ζ und $\zeta + d\zeta$ liegen. Will man die eine oder andere Wirkung der Bewegung der Moleküle berechnen, z. B. den Druck gegen eine feste Wand, dann wird man erst die Wirkung der Teilchen einer einzelnen Gruppe berechnen und dann nach ξ, η, ζ integrieren.

§ 235. Da die Rechenoperationen bei den mehrfachen Integralen dieselben sind wie bei den einfachen, so lassen sich selbstverständlich alle Regeln des vorigen Kapitels auch behufs Entwickelung mehrfacher Integrale anwenden. Wir brauchen darauf nicht näher einzugehen. Nur bei der teilweisen Integration (§ 193) wollen wir noch einen Augenblick verweilen.

Es sei z. B. die Aufgabe gestellt, das Integral

$$\int \varphi \frac{\partial \psi}{\partial x} d\tau$$

(φ und ψ sind Funktionen von x, y, z und $d\tau = dx\,dy\,dz$) für den in § 229 betrachteten, von einer Fläche S begrenzten Raum zu berechnen. Wir verfahren dann folgendermaßen: Wir integrieren zuerst in Bezug auf z, also über die unendlich kleine Säule (Fig. 108) mit der Grundfläche CD, welche Säule von der Fläche S bei A und B geschnitten wird. Durch teilweise Integration ergiebt sich

$$\int \varphi \frac{\partial \psi}{\partial z} dz = \varphi\,\psi - \int \psi \frac{\partial \varphi}{\partial z} dz.$$

Setzt man hierin einmal $z = z_1$, das andere Mal $z = z_2$ (§ 229) und zieht die Resultate von einander ab, dann erhält man

$$\int_{z_1}^{z_2} \varphi \, \frac{\partial \psi}{\partial z} \, dz = (\varphi \, \psi)_B - (\varphi \, \psi)_A - \int_{z_1}^{z_2} \psi \, \frac{\partial \varphi}{\partial z} \, dz$$

und nach Multiplikation mit dem konstanten Faktor $dx \, dy$

$$\int_{z_1}^{z_2} \varphi \, \frac{\partial \psi}{\partial z} \, dx \, dy \, dz = \tag{15}$$

$$= (\varphi \, \psi)_B \, dx \, dy - (\varphi \, \psi)_A \, dx \, dy - \int_{z_1}^{z_2} \psi \, \frac{\partial \varphi}{\partial z} \, dx \, dy \, dz \, .$$

In diesen Formeln dienen die Indices A und B zur Bezeichnung der Werte, welche die Funktion $\varphi \, \psi$ in den Punkten A und B annimmt.

Die Säule, über die wir integriert haben, schneidet aus der Oberfläche S die in Fig. 108 bei A und B angedeuteten Elemente heraus, deren Projektion das Rechteck $CD = dx \, dy$ ist. Nennt man dS_A das Oberflächenelement bei A, dann ist $dx \, dy = dS_A \times$ Kosinus des Winkels zwischen dS_A und der x, y-Ebene, also $= dS_A \times$ Kosinus des Winkels, den die Normale auf S mit der z-Achse bildet. Ähnliches gilt von dS_B. Der Kosinus muß dabei stets positiv gewählt werden, da wir alle Flächenelemente und auch dx und dy als positive Größen der Rechnung zu Grunde legen.

Wir ziehen nun in jedem Punkt der Oberfläche die Normale, und zwar in Bezug auf den Integrationsraum nach außen. Die Winkel, welche diese Linien mit den positiven Achsen bilden, mögen λ, μ, ν heißen, dann ist ν in A stumpf, in B spitz, so daß wir haben:

$$dx \, dy = (\cos \nu \, dS)_B = - (\cos \nu \, dS)_A,$$

wo dS das eine Mal dS_A und das andere Mal dS_B bedeutet.

Für die Gleichung (15) kann deswegen auch geschrieben werden:

$$\int_{z_1}^{z_2} \varphi \, \frac{\partial \psi}{\partial z} \, dx \, dy \, dz = \tag{16}$$

$$= (\varphi \, \psi \cos \nu \, dS)_B + (\varphi \, \psi \cos \nu \, dS)_A - \int_{z_1}^{z_2} \psi \, \frac{\partial \varphi}{\partial z} \, dx \, dy \, dz \, .$$

Eine analoge Beziehung kann für jede der auf der x, y-Ebene senkrecht stehenden Säulen, in die wir den Körper zerlegt haben, aufgestellt werden. Addieren wir dann alle diese Gleichungen, dann geht das erste Glied von (16) in das Integral

$$\int \varphi \frac{\partial \psi}{\partial x} \, d\tau$$

und das letzte Glied auf der rechten Seite in

$$\int \psi \frac{\partial \varphi}{\partial x} \, d\tau$$

über. Beide Integrale sind über den ganzen vorgeschriebenen Raum auszudehnen. In betreff der übrigbleibenden Glieder in (16) beachte man, daß jede kleine Säule zwei Elemente dS aus der Oberfläche herausschneidet und daß alle diese Elemente zusammen die ganze Oberfläche bilden. Beim Summieren aller der mit $(\varphi \psi \cos \nu \, dS)_B + (\varphi \psi \cos \nu \, dS)_A$ übereinstimmenden Glieder erhält man daher

$$\int \varphi \, \psi \cos \nu \, dS,$$

welches Integral für die ganze Oberfläche berechnet werden muß. Das Endresultat ist also

$$\int \varphi \frac{\partial \psi}{\partial x} \, d\tau = \int \varphi \, \psi \cos \nu \, dS - \int \psi \frac{\partial \varphi}{\partial x} \, d\tau.$$

Derartige Beziehungen zwischen Oberflächen- und Raumintegralen spielen in der mathematischen Physik eine große Rolle.

Dem Leser bleibe es überlassen, Ausdrücke wie $\varphi \frac{\partial \psi}{\partial x} \, d\tau$ und $\varphi \frac{\partial \psi}{\partial y} \, d\tau$ partiell nach x bez. y zu integrieren, sowie nachzuweisen, daß das oben erhaltene Resultat noch gilt, wenn eine mit der z-Achse parallele Linie die Oberfläche in mehr als zwei Punkten schneidet.

Aufgaben.

1. Ein gerader Cylinder, dessen in der x, y-Ebene gelegene Basis die Fläche der Ellipse $\frac{x^2}{a^2} + \frac{y^2}{b^2} = 1$ ist, wird durch eine Fläche, deren Gleichung

$$z = p x^2 + q y^2$$

ist, geschnitten. Wie groß ist das Volum des durch die Fläche abgeschnittenen Stücks des Cylinders?

2. Die Achsen zweier Umdrehungscylinder, deren Radien gleich groß (= a) sind, schneiden sich unter einem rechten Winkel. Wie groß ist das Volum des beiden gemeinsamen Stücks?

3. Zwei Massen m und m' in Abstand r ziehen einander mit einer Kraft $= \frac{m\,m'}{r^2}$ an. (Dieses Gesetz werde auch in den folgenden Aufgaben angenommen.) Es soll die Anziehung ermittelt werden, die eine homogene[1] Kreisfläche mit dem Radius a auf die Masseneinheit ausübt, die sich auf der Achse des Kreises in einem Abstand h vom Mittelpunkte befindet. Flächendichte (auch in späteren Aufgaben) σ.

4. Es soll die Anziehung einer homogenen quadratischen Platte (Seitenlänge a) auf die Masseneinheit berechnet werden, die sich auf der im Mittelpunkt O errichteten Senkrechten im Abstand h von O befindet.

5. Wie groß ist die Anziehung eines homogenen Umdrehungscylinders (Radius a, Höhe H) auf eine Masseneinheit, die auf der Verlängerung der Achse in einem Abstand h von der Endfläche des Cylinders liegt? Die Dichte sei (auch in den späteren Aufgaben) ϱ.

6. Es soll der Schwerpunkt ermittelt werden von

a) einer homogenen ebenen Fläche, welche die Gestalt eines Trapezes hat (parallele Seiten a und b, Höhe H),

b) einem homogenen abgestumpften Kegel (Radien der beiden Endflächen R_1 und R_2, Höhe H),

c) dem Körper, dessen Volum § 204 berechnet wurde.

7. Es soll die Abscisse des Schwerpunktes des Körpers berechnet werden, wovon in Aufgabe 77 S. 302 die Rede war.

8. Wenn eine ebene Figur um eine in ihrer Ebene gelegene Achse rotiert, dann ist das Volum des Umdrehungskörpers gleich dem Volum dieser Figur multipliziert mit dem Wege, den der Schwerpunkt zurücklegt. Wie läßt sich dies beweisen?

---

[1] Homogen bedeutet, daß die Dichte überall gleich groß ist. In den folgenden Aufgaben wird stets die homogene Verteilung der Materie vorausgesetzt.

9. Es soll bewiesen werden, daß der zwischen zwei senkrecht zur Achse stehenden Ebenen gelegene Teil einer Umdrehungsoberfläche gleich ist der Länge des korrespondierenden
Teils des Meridians multipliziert mit dem Wege, den der
Schwerpunkt dieses Linienteils bei der Umdrehung zurücklegt.

10. Ein rechtwinkliger Cylinder mit beliebiger Grundfläche
wird von einer zur Achse des Cylinders geneigten Ebene geschnitten. Es soll bewiesen werden, daß das Volum des abgeschnittenen Stückes des Cylinders gleich ist dem Produkt
aus dem Inhalt der Grundfläche und der Länge der auf die
Grundfläche im Schwerpunkt derselben errichteten Senkrechten.

11. Das Trägheitsmoment eines Systems von materiellen
Punkten, deren Gesamtmasse M ist, in Bezug auf eine durch
den Schwerpunkt gehende Achse ist T. Es soll bewiesen
werden, daß das Trägheitsmoment in Bezug auf eine parallele,
im Abstand h von der ersten befindliche Achse $T + Mh^2$ ist.

12. Es soll das Trägheitsmoment berechnet werden:

a) von der Fläche eines gleichseitigen Dreiecks (Seitenlänge a) in Bezug auf eine Seite und in Bezug auf eine in
einem Eckpunkt auf der Fläche errichteten Senkrechten,

b) von einem regelmäßigen n-Eck (Radius des umgeschriebenen Kreises R) in Bezug auf eine im Mittelpunkt auf
der Fläche errichteten Senkrechten,

c) von einem rechtwinkligen Parallelepiped in Bezug auf
die Kanten (Kantenlängen a, b und c),

d) von einem Umdrehungscylinder (Radius R, Höhe H)
in Bezug auf die Achse und einen Durchmesser der Grundfläche,

e) von einem Umdrehungskegel (Höhe H, halber Scheitelwinkel α) in Bezug auf die Achse und eine in der Spitze
senkrecht zur Achse errichteten Linie,

f) von einem Kugelsegment (Radius des Kugel R, Höhe
des Segments H) in Bezug auf die Achse.

13. Auf einer Kugeloberfläche S (Radius 1) ist ϑ_1 der
sphärische Abstand eines Punktes von einem festliegenden Punkte
und ϑ_2 der Abstand von einem zweiten festliegenden Punkt,
der 90^0 von dem ersten entfernt ist. Es sollen die Integrale

$$\int \cos^2 \vartheta_1 \, dS, \quad \int \cos^4 \vartheta_1 \, dS, \quad \int \cos^2 \vartheta_1 \cos^2 \vartheta_2 \, dS$$

für die ganze Kugeloberfläche berechnet werden.

14. Die Flächendichte einer elektrischen Ladung auf einer Kugelfläche sei $\sigma = \frac{1}{2}\sigma_0 (3 \cos^2 \psi - 1)$, wo σ_0 eine Konstante ist und ψ dieselbe Bedeutung hat wie in § 227. Welchen Ausdruck erhält man für das Potential?

15. Auf einer Kugel mit dem Radius R sei die elektrische Ladung E verteilt, so daß die Dichte umgekehrt proportional der dritten Potenz des Abstandes r von einem festen Punkt ist. Die Entfernung des letzteren vom Mittelpunkt ist a. Wie groß ist die Dichte in jedem Punkt?

16. Es soll die Richtigkeit der folgenden Gleichungen bewiesen werden — die Bedeutung der Symbole ist dieselbe wie in § 235 —:

a)
$$\int \frac{\partial \varphi}{\partial x} d\tau = \int \varphi \cos \lambda \, dS.$$

b)
$$\int \left(X \frac{\partial \varphi}{\partial x} + Y \frac{\partial \varphi}{\partial y} + Z \frac{\partial \varphi}{\partial z} \right) d\tau =$$
$$= \int \varphi (X \cos \lambda + Y \cos \mu + Z \cos \nu) \, dS -$$
$$- \int \varphi \left(\frac{\partial X}{\partial x} + \frac{\partial Y}{\partial y} + \frac{\partial Z}{\partial z} \right) d\tau .$$

c)
$$\int \left(\frac{\partial^2 \varphi}{\partial x^2} + \frac{\partial^2 \varphi}{\partial y^2} + \frac{\partial^2 \varphi}{\partial z^2} \right) d\tau = \int \frac{\partial \varphi}{\partial n} dS.$$

d)
$$\int \varphi \left(\frac{\partial^2 \psi}{\partial x^2} + \frac{\partial^2 \psi}{\partial y^2} + \frac{\partial^2 \psi}{\partial z^2} \right) d\tau =$$
$$= \int \varphi \frac{\partial \psi}{\partial n} dS - \int \left(\frac{\partial \varphi}{\partial x} \frac{\partial \psi}{\partial x} + \frac{\partial \varphi}{\partial y} \frac{\partial \psi}{\partial y} + \frac{\partial \varphi}{\partial z} \frac{\partial \psi}{\partial z} \right) d\tau =$$
$$= \int \left(\varphi \frac{\partial \psi}{\partial n} - \psi \frac{\partial \varphi}{\partial n} \right) dS + \int \psi \left(\frac{\partial^2 \varphi}{\partial x^2} + \frac{\partial^2 \varphi}{\partial y^2} + \frac{\partial^2 \varphi}{\partial z^2} \right) d\tau .$$

Hier sind φ, ψ, X, Y, Z Funktionen der Koordinaten, n ist die Richtung der auf der Oberfläche nach außen errichteten Normalen. (In den drei letzten Gleichungen zerlege man die gegebenen Integrale in drei Teile und integriere diese partiell nach x, bez. y und z.)

Kapitel XI.

Die Taylor'sche Reihe.

§ 236. Nach den früheren Auseinandersetzungen läßt sich die Zunahme einer Funktion $F(x)$ für den Fall, daß x von irgend einem Wert a in irgend einen zweiten b übergeht, darstellen als die Summe unendlich kleiner Teile, deren jeder sich ergiebt, indem man einen Zuwachs dx mit dem Wert des Differentialquotienten $F'(x)$ multipliziert, d. h.

$$F(b) - F(a) = \int_a^b F'(x)\,dx. \tag{1}$$

Es soll jetzt gezeigt werden, daß sich für das rechtsstehende Integral noch ein anderer Ausdruck ableiten läßt.

Wir gehen zu dem Zweck aus von dem Satz: Macht man in einer Summe alle Glieder zu groß oder zu klein, so erhält man auch für die Summe ein zu großes bez. zu kleines Resultat. Die Worte „groß“ und „klein“ werden hier im allgebraischen Sinne gebraucht, d. h. von zwei Zahlen, auch von negativen, ist diejenige die größere, welche in der sich von $-\infty$ bis $+\infty$ erstreckenden Zahlenreihe $+\infty$ am nächsten steht. Lassen sich nun zwei Funktionen $\varphi(x)$ und $\psi(x)$ angeben, derart, daß für alle Werte von x zwischen a und b die Ungleichheit

$$\varphi(x) > F'(x) > \psi(x)$$

besteht, dann muß auch (wir setzen vorläufig $a < b$, also dx positiv)

$$\int_a^b \varphi(x)\,dx > \int_a^b F'(x)\,dx > \int_a^b \psi(x)\,dx \tag{2}$$

sein. Läßt sich das erste und letzte Integral ermitteln, dann haben wir zwei Grenzen gefunden, zwischen denen $F(b) - F(a)$ liegen muß. Offenbar gilt (2) auch dann noch, wenn $F'(x)$ für einzelne Werte von x gerade gleich $\varphi(x)$ oder $\psi(x)$ wird; es darf nur nicht in dem Intervall von a bis b $F'(x) > \varphi(x)$ oder $< \psi(x)$ werden.

Am einfachsteu lassen sich die beiden Grenzen berechnen, wenn wir $\varphi(x)$ und ebenso $\psi(x)$ gleich einer Konstanten setzen, und zwar $\varphi(x) = M$, gleich dem größten Wert, den die Funktion $F'(x)$ in dem Intervall $b - a$ annehmen kann, und $\psi(x) = N$, dem kleinsten Wert der Funktion in demselben Intervall.[1] Die Ungleichung (2) geht hierdurch über in

$$(b - a) M > \int_a^b F'(x)\,dx > (b - a) N.$$

Hieraus folgt, daß $F(b) - F(a)$ gleich sein muß $(b - a)$ multipliziert mit einer gewissen zwischen M und N liegenden Zahl P. Ist die Funktion $F'(x)$ kontinuierlich (§ 103) — und dies wollen wir von allen in diesem Kapitel zu betrachtenden Funktionen voraussetzen —, dann muß sie alle Werte zwischen dem größten M und dem kleinsten N durchlaufen, wenn x von a bis b zunimmt, und also auch wenigstens einmal $= P$ werden. Hieraus ergiebt sich, daß zwischen a und b eine Zahl c existieren muß, die in $F'(x)$ für x eingesetzt, bewirkt, daß

$$F(b) - F(a) = (b - a) F'(c)$$

wird. Da wir nun jede zwischen a und b liegende Zahl durch $a + \vartheta(b - a)$ darstellen können, wo ϑ einen positiven echten Bruch bedeutet, so muß auch ein derartiger Bruch ϑ existieren, der

$$F(b) = F(a) + (b - a) F''[a + \vartheta(b - a)] \qquad (3)$$

macht.

Diese Gleichung läßt sich leicht geometrisch deuten. Sei $y = F''(x)$ die Gleichung der Kurve in Fig. 93, S. 254, und also $F(b) - F(a)$ der Flächeninhalt der § 181 betrachteten Figur, die von der Kurve, der x-Achse und den zu den Abscissen $OA = a$ und $OB = b$ gehörenden Ordinaten AP und BQ begrenzt wird, dann ist $F(b) - F(a) = AB$ multipliziert mit einer zwischen A und B liegenden Ordinate, also $= (b - a) F'(c)$, wenn wir die Abscisse der betreffenden Ordinate c nennen. In ähnlicher Weise existiert unter den verschiedenen Geschwindigkeiten, die ein beweglicher Punkt innerhalb eines

---

[1] Es wird hierbei vorausgesetzt, daß die Funktion $F'(x)$ zwischen $x = a$ und $x = b$ niemals unendlich wird. Wir setzen dasselbe von allen im weiteren vorkommenden Funktionen voraus.

gewissen Zeitintervalls annehmen kann, sicher eine, die, mit
der Länge des Zeitintervalls multipliziert, gerade den zurückgelegten Weg liefert.

ϑ ist nach dem Vorhergehenden eine zwischen 0 und 1
liegende Zahl; je nach der Funktion und den für a und b
gewählten Werten ist der Wert von ϑ ein verschiedener. In
der Folge werden wir allerlei zwischen a und b liegende
Zahlen durch $a + \vartheta(b - a)$ bezeichnen, so daß ϑ in den verschiedenen Formeln nicht denselben Bruch zu bedeuten braucht.

Ist b nur wenig von a verschieden, dann ändert sich auch
$F'(x)$ nur wenig, wenn x aus a in b übergeht. In diesem
Fall dürfen wir in erster Annäherung von der Änderung von
$F'(x)$ absehen, und es gilt daher die Gleichung

$$F(b) = F(a) + (b - a)F'(a) \qquad (4)$$

(vergl. § 99) oder auch

$$F(b) = F(a) + (b - a)F'(b).$$

§ 237. Ebenso wie in Gleichung (1) $F(b)$ gleich war dem
Anfangswert $F(a)$ vermehrt um die Summe der Zuwächse
$F'(x)\,dx$, können wir uns auch denken, daß jeder Wert $F'(x)$, der
in (1) vorkommt, aufgebaut ist aus dem Anfangswert $F'(a)$ und
einer Reihe von Zuwächsen, deren jeder sich ergiebt, wenn
wir einen Zuwachs dx mit dem Differentialquotienten von $F'(x)$,
d. h. mit $F''(x)$ multiplizieren. (Wir bezeichnen die erste,
zweite, dritte u. s. w. abgeleitete Funktion durch $F'(x)$, $F''(x)$,
$F'''(x)$, $F^{IV}(x) \ldots F^{(n)}(x)$). Um dieses auszudrücken, schreiben
wir zunächst für (1)

$$F(b) = F(a) + \int_a^b F'(\xi)\,d\xi \,{}^1 \qquad (5)$$

und substituieren hierin

---

¹ Es ist, wie bereits § 200 bemerkt wurde, vollkommen gleichgültig,
mit welchem Buchstaben man in einem bestimmten Integral die unabhängig Variable bezeichnet; es hat also $\int_a^b F'(\xi)\,d\xi$ dieselbe Bedeutung,
wie $\int^b F'(x)\,dx$.

$$F'(\xi) = F'(a) + \int\limits_a^\xi F''(x)\,dx\,,$$

so daß

$$F(b) = F(a) + (b-a)\,F'(a) + \int\limits_a^b d\xi \int\limits_a^\xi F''(x)\,dx\,. \qquad (6)$$

Auf dieses doppelte Integral wenden wir nun eine ähnliche Betrachtung an, wie auf die in (1) vorkommende Summe. Es sei jetzt M der größte und N der kleinste aller Werte, die $F''(x)$ annimmt, wenn x das Intervall von a bis b durchläuft, dann ist auch für das kleinere Intervall von a bis ξ

$$M > F''(x) > N.$$

Hieraus folgt

$$(\xi - a)\,M > \int\limits_a^\xi F''(x)\,dx > (\xi - a)\,N,$$

$$\int\limits_a^b (\xi - a)\,M\,d\xi > \int\limits_a^b d\xi \int\limits_a^\xi F''(x)\,dx > \int\limits_a^b (\xi - a)\,N\,d\xi$$

oder

$$\tfrac{1}{2}(b-a)^2\,M > \int\limits_a^b d\xi \int\limits_a^\xi F''(x)\,dx > \tfrac{1}{2}(b-a)^2\,N.$$

Das letzte Glied in (6) muß also gleich sein dem Produkt aus $\tfrac{1}{2}(b-a)^2$ und einer zwischen M und N liegenden Zahl, die wir P nennen wollen. Da die Funktion $F''(x)$ als kontinuierlich vorausgesetzt wird, so muß sie alle Werte zwischen dem größten M und dem kleinsten N durchlaufen, wenn x von a bis b zunimmt, sie muß also auch wenigstens einmal $= P$ werden. Wir können daher analog wie im vorigen Paragraphen für P den Ausdruck $F''[a + \vartheta\,(b-a)]$ schreiben. Hierdurch geht (6) über in

$$F(b) = F(a) + (b-a)\,F'(a) + \tfrac{1}{2}(b-a)^2\,F''[a + \vartheta\,(b-a)]. \quad (7)$$

Ist das Intervall $b - a$ sehr klein, so dürfen wir $F''(x)$ als konstant betrachten und (7) ersetzen durch

$$F(b) = F(a) + (b-a)\,F'(a) + \tfrac{1}{2}(b-a)^2\,F''(a).$$

Diese Gleichung ist genauer als (4), da man der Veränder-
lichkeit von $F'(x)$, wenn auch nur annähernd, Rechnung getragen hat.

§ 238. Diese Betrachtungen lassen sich noch weiter fortsetzen. Wir können uns nämlich wieder denken, daß jeder Wert
von $F''(x)$ in (6) aus dem Anfangswert $F''(a)$ und einer Reihe
von Zuwächsen $F'''(x)\,dx$ besteht, so daß also $F(b)$ sich aus
diesen letzteren Größen und ferner aus $F''(a)$, $F'(a)$ und $F(a)$ aufbaut.[1] Ist nun M der größte und N der kleinste Wert von
$F'''(x)$ in dem betreffenden Intervall, dann ist das Resultat
für $F(b)$ zu groß, wenn man einmal $F'''(x)$ durch M ersetzt,
zu klein, wenn man N für $F'''(x)$ einführt. Um das Resultat,
zu dem diese Betrachtung führt, zu erhalten, können wir
in der Beweisführung des vorigen Paragraphen b, F, F', F''
durch die Größen ξ, F', F'', F''' ersetzen. Es ergiebt sich
dann, daß $F'(\xi)$ kleiner sein muß als

$$F'(a) + (\xi - a)\,F''(a) + \tfrac{1}{2}(\xi - a)^2\,M.$$

Führt man diesen Ausdruck an Stelle von $F'(\xi)$ in
das letzte Glied von (5) ein, so erhält man den folgenden zu
großen Wert für $F(b)$

$$F(a) + (b - a)\,F'(a) + \frac{(b - a)^2}{1 \cdot 2}\,F''(a) + \frac{(b - a)^3}{1 \cdot 2 \cdot 3}\,M.$$

Ersetzt man hierin M durch N, so ergiebt sich ein zu
kleiner Wert für $F(b)$. Aus beiden Ungleichheiten folgt

$$F(b) = F(a) + (b - a)\,F'(a) + \frac{(b - a)^2}{1 \cdot 2}\,F''(a) +$$
$$+ \frac{(b - a)^3}{1 \cdot 2 \cdot 3}\,F'''[a + \vartheta(b - a)].$$

Diese Formel ermöglicht es, indem man die äußersten
Werte von $F^{IV}(x)$ einführt, die Funktion $F'(x)$ zwischen zwei
Grenzen einzuschließen und also durch Substitution in (5) zwei
neue Grenzen für $F(b)$ zu gewinnen. Indem man auf diese
Weise fortfährt, erhält man schließlich

$$F(b) = F(a) + (b - a)\,F'(a) + \frac{(b-a)^2}{1 \cdot 2}\,F''(a) + \frac{(b-a)^3}{1.2.3}\,F'''(a) + \ldots.$$
$$+ \frac{(b - a)^{n-1}}{1 \cdot 2 \ldots (n-1)}\,F^{(n-1)}(a) + \frac{(b - a)^n}{1 \cdot 2 \ldots n}\,F^{(n)}[a + \vartheta(b - a)].$$

$$(8)$$

---

[1] Dieses Verfahren ist mit der § 18 mitgeteilten Ableitung der
Formel (23) S. 28 offenbar nahe verwandt.

Hier bedeutet n eine beliebige Zahl. Ersetzt man a durch x und b durch $x + h$, dann geht (8) über in

$$F(x+h) = F(x) + hF'(x) + \frac{h^2}{1 \cdot 2} F''(x) + \frac{h^3}{1 \cdot 2 \cdot 3} F'''(x) + \cdots$$
$$+ \frac{h^{n-1}}{1 \cdot 2 \ldots (n-1)} F^{(n-1)}(x) + \frac{h^n}{1 \cdot 2 \ldots n} F^{(n)}(x + \vartheta h). \tag{9}$$

Diese Reihe heißt die TAYLOR'sche.

Macht man in (8) $a = 0$ und ersetzt b durch x, dann ergiebt sich die MAC LAURIN'sche Reihe:

$$F(x) = F(0) + x F'(0) + \frac{x^2}{1 \cdot 2} F''(0) + \frac{x^3}{1 \cdot 2 \cdot 3} F'''(0) + \cdots$$
$$+ \frac{x^{n-1}}{1 \cdot 2 \cdot 3 \ldots (n-1)} F^{(n-1)}(0) + \frac{x^n}{1 \cdot 2 \cdot 3 \ldots n} F^{(n)}(\vartheta x). \tag{10}$$

Es bedarf noch der Erwähnung, daß Formel (8) ebensogut gilt, wenn $b < a$, als wenn $b > a$ ist. Im ersten Fall ist in (1) dx negativ, aber dies ist auf die Beweisführung, abgesehen davon, daß einzelne der Zeichen $>$ und $<$ umgekehrt werden müssen, ohne Einfluß. Infolge der Allgemeingültigkeit von (8) können ferner h in (9) und x in (10) sowohl negativ wie positiv sein.

§ 239. Gegeben sei die Funktion: $y = F(x)$. Durch wiederholte Differentiation ergeben sich die abgeleiteten Funktionen $F'(x)$, $F''(x)$, $F'''(x) \ldots$. Führt man in diese für x den Wert 0 ein, dann erhält man für die Koeffizienten aller Potenzen von x in (10), mit Ausnahme der höchsten x^n konstante Zahlen. Setzt man

$$\frac{F^{(n)}(\vartheta x)}{1 \cdot 2 \ldots n} x^n = R_n, \tag{11}$$

dann kann man für (10) auch schreiben

$$F(0) + F'(0)x + \frac{F''(0)}{1 \cdot 2} x^2 + \cdots + \frac{F^{(n-1)}(0)}{1 \cdot 2 \ldots (n-1)} x^{n-1} = F(x) - R_n. \tag{12}$$

Da man die Reihe auf der linken Seite so weit fortsetzen kann, als man will, wenn man nur die willkürliche Zahl n immer größer und größer wählt, so drängt sich die Frage auf, was aus der Summe dieser Reihe wird, wenn man (für irgend einen bestimmten Wert von x) n stets größer werden läßt. Die Antwort hierauf hängt von der Größe von R_n ab. Da man den

Wert von ϑ nicht kennt, so läßt sich auch der genaue Wert von R_n nicht berechnen. In manchen Fällen läßt sich aber beweisen, daß, welchen Wert zwischen 0 und 1 ϑ auch haben mag, R_n bei fortwährender Zunahme von n sich dem Grenzwert 0 nähert. In diesem Fall nähert sich die Summe der Reihe (12) dem bestimmten Werte $F(x)$. Man sagt dann, daß die Reihe konvergiert, nennt jenen Wert $F(x)$ die Summe der unendlichen Reihe und schreibt demgemäß

$$F(x) = F(0) + x\,F'(0) + \frac{x^2}{1\,.\,2}\,F''(0) + \frac{x^3}{1\,.\,2\,.\,3}\,F'''(0) + \ldots \quad (13)$$

Die Möglichkeit, auf diese Weise die Funktion $F(x)$ in eine Reihe mit steigenden Potenzen von x zu entwickeln, beruht darauf, daß, wenn man die Funktion aus ihrem Anfangswert bei $x = 0$ und ihren successiven Differentialquotienten aufbaut (§§ 236—238), der Einfluß der letzteren um so kleiner wird, je höher die Ordnung der Differentialquotienten ist. Bricht man, wie in (12), die Reihe bei dem n^{ten} Gliede ab, dann stellt die Größe R_n das dar, was noch an der Reihe fehlt, um $F(x)$ zu erhalten. Man nennt deswegen R_n das Restglied der Reihe.

Es giebt auch Fälle, wo bei wachsendem n R_n sich nicht 0 nähert, sondern stets größer wird. Es nähert sich dann die linke Seite von (12) nicht mehr einem bestimmten Grenzwert. Man nennt solche Reihen divergente. Für diese gilt die Gleichung (13) nicht.

Ähnliche Betrachtungen gelten auch für die Reihen (8) und (9). Wenn in (9) bei wachsendem n das letzte Glied sich 0 nähert, dann kann man $F(x + h)$ in eine konvergierende Reihe nach steigenden Potenzen von h entwickeln. Es ist dann

$$F(x + h) = F(x) + h\,F'(x) + \frac{h^2}{1\,.\,2}\,F''(x) + \ldots$$

§ 240. Im folgenden sollen einige Beispiele für die Mac Laurin'sche Reihe gegeben werden.

Gegeben sei

$$F(x) = e^x.$$

Da alle abgeleiteten Funktionen gleich e^x sind (§ 102), so ist $F(0) = F'(0) = F''(0) = \ldots = 1$. Es nimmt also die

Reihe (10) eine sehr einfache Gestalt an. Für das Restglied ergiebt sich

$$R_n = \frac{x^n}{1 \cdot 2 \cdot 3 \ldots n} e^{\vartheta x}.$$

Um den Wert dieses Restgliedes für große Werte von n zu ermitteln, betrachten wir zunächst einmal den Bruch, welcher sich auch schreiben läßt

$$\frac{x^n}{1 \cdot 2 \cdot 3 \ldots n} = \frac{x}{1} \cdot \frac{x}{2} \cdot \frac{x}{3} \cdots \frac{x}{n}. \qquad (14)$$

Es läßt sich leicht nachweisen, daß dieser Ausdruck, welcher Wert x auch beigelegt werden mag, für $n = \infty$ gleich 0 ist. Setzt man nämlich in (14) für n nacheinander immer größere Zahlen ein, dann treten zwar stets neue Faktoren auf, die aber wegen des Nenners immer kleiner werden. Es kann daher bei hinreichendem Wert von n das Produkt (14) so klein werden, wie man nur wünscht. Dies ergiebt sich unmittelbar, wenn man zunächst das Produkt bei einem Faktor $< \frac{1}{2}$ abbricht — dazu braucht man nur $n > 2x$ zu machen — und dann den Wert P des Produktes berechnet. Setzt man dann die Reihe der Faktoren noch weiter fort, so sind alle neu hinzukommende $< \frac{1}{2}$; der Grenzwert des Produktes ist also 0, da dieses schon der Fall wäre, wenn die Faktoren, mit denen P multipliziert wird, nicht $< \frac{1}{2}$, sondern $= \frac{1}{2}$ wären. Auch $\mathrm{Lim}\, R_n$ muß daher 0 sein, da $e^{\vartheta x}$ zwischen 1 und e^x liegt, also jedenfalls einen endlichen Wert hat.

Die Reihe (13) konvergiert also in diesem Falle, und man hat für jeden Wert von x

$$e^x = 1 + \frac{x}{1} + \frac{x^2}{1 \cdot 2} + \frac{x^3}{1 \cdot 2 \cdot 3} + \frac{x^4}{1 \cdot 2 \cdot 3 \cdot 4} + \cdots \qquad (15)$$

Diese Formel giebt z. B. für $x = 1$

$$e = 1 + 1 + \frac{1}{1 \cdot 2} + \frac{1}{1 \cdot 2 \cdot 3} + \frac{1}{1 \cdot 2 \cdot 3 \cdot 4} + \cdots$$

Mit Hilfe dieser Reihe läßt sich die Grundzahl e mit jeder beliebigen Genauigkeit berechnen. Der Leser möge dies selbst ausführen. Wir bemerken noch, daß, wenn man das Restglied R_n auch nicht kennt, doch, sobald man eine Zahl Q, die gewiß größer als $F^n(\vartheta x)$ ist, angeben kann, sich behaupten läßt, daß R_n kleiner als $\dfrac{Q}{1 \cdot 2 \cdot 3 \ldots n} x^n$ ist. Man kann auf diese Weise beurteilen, wie weit man die Reihe fortsetzen muß, um die gewünschte Genauigkeit zu erreichen.

Als zweites Beispiel diene die Funktion

$$F(x) = \sin x.$$

Es ist

$$F(0) = 0, \qquad\qquad F'(0) = 1,$$
$$F''(0) = 0, \qquad\qquad F'''(0) = -1 \text{ u. s. w.,}$$

und je nach dem Wert von n

$$R_n = \pm \sin \vartheta x \frac{x^n}{1.2.3 \ldots n} \quad \text{oder} \quad \pm \cos \vartheta x \frac{x^n}{1.2.3 \ldots n}.$$

Da $\sin \vartheta x$ und $\cos \vartheta x$ höchstens 1 sein können, so nähert sich mit wachsendem n das Restglied dem Grenzwerte 0. Für jeden Wert von x gilt also die Reihe

$$\sin x = x - \frac{x^3}{1.2.3} + \frac{x^5}{1.2.3.4.5} - \frac{x^7}{1.2 \ldots 7} + \cdots \quad (16)$$

Ebenso findet man für jeden Bogen

$$\cos x = 1 - \frac{x^2}{1.2} + \frac{x^4}{1.2.3.4} - \frac{x^6}{1.2 \ldots 6} + \cdots \quad (17)$$

Da die Formeln (15), (16) und (17) für jeden Wert von x gelten, so kann man x auch durch ax ersetzen, wodurch man Reihen für e^{ax}, $\sin ax$ und $\cos ax$ erhält. Schreibt man für x in (15) $x\,la$, dann ist die Summe der Reihe gleich a^x.

§ 241. In einigen Fällen empfiehlt es sich, eine andere Formel für das Restglied R_n anzuwenden. Um zu derselben zu gelangen, kehren wir noch einmal zu der Gleichung (6) zurück. In dem letzten Gliede

$$R = \int\limits_a^b d\xi \int\limits_a^\xi F''(x)\,dx \quad (18)$$

derselben treten alle Werte auf, welche die Funktion $F''(x)$ in dem Intervall (a, b) annimmt. Wir wollen nun zunächst ermitteln, wie oft oder in welchem Maße diese verschiedenen Werte an dem Doppelintegral beteiligt sind. Es genügt hierzu, die Reihenfolge der beiden Integrationen umzukehren; läßt man nämlich bei der ersten Integration x konstant, so bedeutet dies, daß man alle Elemente des Doppelintegrals, in welchen dasselbe $F''(x)$ vorkommt, zusammenfaßt.

Es fragt sich nun, welche Grenzen bei der Integration zunächst nach ξ und dann nach x einzuführen sind. Betrachtet man x und ξ als die rechtwinkligen Koordinaten in einer Hilfsfigur, so entspricht den Grenzen in (18) ein gewisses Integrationsgebiet, und zwar hat dieses, wie man ohne Mühe finden wird, die Gestalt eines rechtwinkligen gleichschenkligen Dreiecks, dessen Seiten den Gleichungen

$$x = a, \quad \xi = b \quad \text{und} \quad \xi = x$$

genügen. (Man zeichne selbst die Figur.) Daraus folgt, daß bei konstantem x die Variable ξ von x bis b geht, während a und b die äußersten Werte von x sind.[1] Es ergiebt sich mithin

$$R = \int\limits_a^b \int\limits_x^b F''(x)\,dx\,d\xi.$$

Diese Formel hat noch den Vorteil, daß sich die erste Integration wirklich ausführen läßt. Dadurch erhalten wir

$$R = \int\limits_a^b (b - x)\,F''(x)\,dx,$$

und also statt (6)

$$F(b) = F(a) + (b - a)\,F'(a) + \int\limits_a^b (b - x)\,F''(x)\,dx. \tag{19}$$

Hieraus folgt nun wieder eine Gleichung, die $F'''(x)$ enthält. Da (19) allgemeingültig ist, so dürfen wir nämlich schreiben

$$F'(\xi) = F'(a) + (\xi - a)\,F''(a) + \int\limits_a^\xi (\xi - x)\,F'''(x)\,dx,$$

und, indem wir dieses in (5) einsetzen,

$$F(b) = F(a) + (b - a)\,F'(a) + \frac{(b - a)^2}{1\cdot 2}\,F''(a) +$$
$$+ \int\limits_a^b d\xi \int\limits_a^\xi (\xi - x)\,F'''(x)\,dx.$$

Hier vertauschen wir ähnlich wie oben die beiden Integrationen und führen die eine, nach ξ, aus. Das letzte Glied wird dann

---

[1] Es läßt sich dieses auch wohl ohne eine geometrische Darstellung einsehen. Die Figur dient nur zur Erläuterung.

$$\int_a^b \int_x^b (\xi - x)\, F'''(x)\, dx\, d\xi = \frac{1}{2} \int_a^b (b - x)^2\, F'''(x)\, dx,$$

und also

$$F(b) = F(a) + (b - a)\, F'(a) + \frac{(b - a)^2}{1 \cdot 2}\, F''(a) +$$

$$+ \frac{1}{1 \cdot 2} \int_a^b (b - x)^2\, F'''(x)\, dx.$$

Ein weiterer Schritt besteht darin, daß man hier F, F', F'', F''' durch F', F'', F''', F^{IV} und b durch ξ ersetzt, den dadurch gefundenen Wert in (5) substituiert und die Integration nach ξ vornimmt. In dieser Weise kann man fortfahren; es ergiebt sich dann wieder die Gleichung (8), mit dem Unterschiede jedoch, daß statt des letzten Gliedes der Ausdruck

$$R_n = \frac{1}{1 \cdot 2 \ldots (n - 1)} \int_a^b (b - x)^{n-1}\, F^{(n)}(x)\, dx$$

herauskommt.

Wollte man das hier auftretende Integral in der Weise zwischen zwei Grenzen einschließen, daß man für $F^{(n)}(x)$ einmal den größten und dann den kleinsten Wert dieser Funktion einführte, so käme man auf die frühere Gestalt des Restgliedes zurück. Wir können das Integral aber auch darstellen als das Produkt von $b - a$ und den Wert der Funktion $(b - x)^{n-1}\, F^{(n)}(x)$ für einen nicht näher angebbaren Wert von x zwischen a und b. Schreibt man für letzteren $a + \vartheta(b - a)$, so wird

$$b - x = (1 - \vartheta)(b - a),$$

und also das Integral

$$(1 - \vartheta)^{n-1} (b - a)^n\, F^{(n)}[a + \vartheta(b - a)].$$

Wir erhalten schließlich

$$R_n = \frac{(1 - \vartheta)^{n-1}(b - a)^n}{1 \cdot 2 \ldots (n - 1)}\, F^{(n)}[a + \vartheta(b - a)],$$

und für die Mac Laurin'sche Reihe

$$R_n = \frac{(1 - \vartheta)^{n-1}\, F^{(n)}(\vartheta x)}{1 \cdot 2 \ldots (n - 1)}\, x^n. \tag{20}$$

§ 242. Es sei jetzt

$$F(x) = (1 + x)^m,$$

wo m eine beliebige positive oder negative, ganze oder gebrochene Zahl bedeutet. Substituiert man in die Funktion und in die Differentialquotienten $x = 0$, so erhält man

$$F(0) = 1, \quad F'(0) = m, \quad F''(0) = m(m - 1),$$

$$F'''(0) = m(m - 1)(m - 2) \text{ u. s. w.;}$$

sobald für $n = \infty$, $\mathrm{Lim}\, R_n = 0$ ist, gilt also die Entwicklung

$$(1 + x)^m = 1 + \frac{m}{1}x + \frac{m(m-1)}{1 \cdot 2}x^2 +$$

$$+ \frac{m(m-1)(m-2)}{1 \cdot 2 \cdot 3}x^3 + \text{u. s. w.,} \tag{21}$$

die Binomialreihe für einen beliebigen Exponenten.[1]

Um das Restglied R_n zu berechnen, wollen wir zunächst die Formel (11), welche jetzt in

$$R_n = \frac{m(m-1)\ldots(m-n+1)}{1 \cdot 2 \ldots n}(1 + \vartheta x)^{m-n} x^n \tag{22}$$

übergeht, anwenden.

Legt man hier n immer grössere Werte bei, so wird im allgemeinen ϑ nicht dieselbe Zahl bleiben; wir können jedoch, wenn wir untersuchen wollen, was für sehr große n aus R_n sind, uns vorstellen, daß von Anfang an der Bruch ϑ den Wert hat, den er schließlich für $n = \infty$ annimmt, und von dem wir wissen, daß er zwischen 0 und 1 liegt.

Es läßt sich nun zeigen, daß für

$$0 < x < + 1$$

$\mathrm{Lim}\, R_n = 0$ ist, und also die Formel (21) gilt. Wenn man in (22) n durch $n + 1$ ersetzt und das Verhältnis zwischen dem neuen Restgliede R_{n+1} und dem alten R_n betrachtet, so ergibt sich

$$\frac{R_{n+1}}{R_n} = \frac{m - n}{n + 1} \cdot \frac{x}{1 + \vartheta x}. \tag{23}$$

---

[1] Ist m eine ganze positive Zahl, so bricht die Reihe von selbst ab. Man kommt dann auf die für jeden Wert von x geltende endliche Binomialformel (§ 3) zurück.

Wenn nun x zwischen 0 und $+1$ liegt, so ist der Bruch $\frac{x}{1+\vartheta x} < 1$. Der Grenzwert des Faktors $\frac{m-n}{n+1}$ ist -1, wenn n fortwährend wächst. Ist also α der Wert von $\frac{x}{1+\vartheta x}$, so ist für $n = \infty$

$$\operatorname{Lim} \frac{R_{n+1}}{R_n} = -\alpha.$$

Das Verhältnis der Werte von R_n, welche zwei aufeinander folgenden Werten von n entsprechen, wird also schließlich, dem absoluten Werte nach, < 1.

Von einem gewissen Werte von n an muß also R_n, wenn man zu noch höheren Werten von n übergeht, fortwährend sinken; es läßt sich nachweisen, daß das Restglied sich daher wirklich dem Grenzwerte 0 nähert.[1]

§ 243.　Die Binomialreihe konvergiert ebenfalls und die Entwickelung (21) ist richtig für negative, zwischen 0 und -1 liegende Werte von x. Wollen wir dieses beweisen, so läßt uns jedoch die Formel (22) im Stich, da wir nicht beweisen können, daß der absolute Wert des in (23) vorkommenden Bruches

$$\frac{x}{1+\vartheta x}$$

---

[1] Es sei β eine beliebige Zahl zwischen 1 und α, also

$$\alpha < \beta < 1.$$

Da das Verhältnis der absoluten Werte von R_{n+1} und R_n — welche wir mit $[R_{n+1}]$ und $[R_n]$ bezeichnen wollen — beliebig nahe an α herangebracht werden kann, so muß dasselbe von einem gewissen Werte von n, beispielsweise von dem Werte μ an, unter der Zahl β bleiben. Es ist also

$$[R_{\mu+1}] < \beta[R_\mu], \quad [R_{\mu+2}] < \beta[R_{\mu+1}] \text{ u. s. w.,}$$

woraus folgt, daß $[R_{\mu+1}]$, $[R_{\mu+2}]$, $[R_{\mu+3}]$ u. s. w. kleiner sind als

$$\beta[R_\mu], \quad \beta^2[R_\mu], \quad \beta^3[R_\mu] \text{ u. s. w.}$$

Da nun, wegen $\beta < 1$, für $k = \infty$

$$\operatorname{Lim} \beta^k = 0$$

ist, so muß auch

$$\operatorname{Lim} [R_{\mu+k}] = 0$$

sein, d. h.

$$\operatorname{Lim} R_n = 0.$$

auch jetzt < 1 ist. Gerade in diesem Falle können wir uns aber der Formel (20) bedienen. Aus derselben leiten wir zunächst ab

$$R_n = \frac{m(m-1)\ldots(m-n+1)}{1 \cdot 2 \ldots (n-1)} (1 - \vartheta)^{n-1} (1 + \vartheta x)^{m-n} x^n,$$

und sodann, wenn wir wieder annehmen, daß der Bruch ϑ immer den Wert hat, den er schließlich annimmt,

$$\frac{R_{n+1}}{R_n} = \frac{m-n}{n} \frac{1 - \vartheta}{1 + \vartheta x} x.$$

Ist nun x negativ, aber dem absoluten Werte nach < 1, so ist der Nenner des zweiten Bruches ebenso wie der Zähler positiv. Es ist aber

$$1 + \vartheta x > 1 - \vartheta,$$

so daß der absolute Wert des Faktors

$$\frac{1 - \vartheta}{1 + \vartheta x} x$$

eine gewisse Zahl $\alpha < 1$ ist. Weiter können wir dann schließen wie im letzten Paragraphen.

Das Ergebnis unserer Untersuchung ist also, daß die Formel (21) für jeden Wert von m gilt, wenn x zwischen -1 und $+1$ liegt. Man gelangt in dieser Weise z. B. zu den folgenden Reihenentwickelungen

$$\sqrt{(1+x)} = (1+x)^{1/2} = 1 + \tfrac{1}{2}x - \tfrac{1}{4} \cdot \tfrac{1}{2}x^2$$
$$+ \tfrac{1}{8}\frac{1 \cdot 3}{2 \cdot 3}x^3 - \tfrac{1}{16} \cdot \frac{1 \cdot 3 \cdot 5}{2 \cdot 3 \cdot 4}x^4 + \cdots$$

$$\frac{1}{(1+x)^2} = (1+x)^{-2} = 1 - 2x + 3x^2 - 4x^3 + 5x^4 - \cdots$$

$$\frac{1}{\sqrt[3]{(1+x)^2}} = (1+x)^{-2/3} = 1 - \tfrac{1}{3} \cdot \tfrac{2}{1}x + \tfrac{1}{9}\frac{2 \cdot 5}{1 \cdot 2}x^2$$
$$- \tfrac{1}{27}\frac{2 \cdot 5 \cdot 8}{1 \cdot 2 \cdot 3}x^3 + \tfrac{1}{81}\frac{2 \cdot 5 \cdot 8 \cdot 11}{1 \cdot 2 \cdot 3 \cdot 4}x^4 \cdots.$$

Ist der absolute Wert von $x > 1$, so steigt R_n bei wachsendem n; die in (21) rechts stehende Reihe divergiert und die Formel darf nicht angewandt werden.

Wir bemerken zum Schluß noch, daß mittels der Formel (21) auch $(a+b)^m$ in eine Reihe entwickelt werden kann, indem man, wenn $b < a$ ist, für x in (21) $\dfrac{b}{a}$ setzt und das Resultat mit a^m multipliziert.

§ 244. Es soll $l(1 + x)$ nach steigenden Potenzen von x entwickelt werden. Wir benutzen wieder die MAC LAURIN'sche Reihe oder Formel (13). Aus $F(x) = l(1 + x)$ folgt $F'(x) = \dfrac{1}{1 + x}$,

$$F''(x) = -\frac{1}{(1 + x)^2}, \quad F'''(x) = \frac{2}{(1 + x)^3}, \dots F^n(x) = \pm\frac{2.3\dots(n-1)}{(1 + x)^n}.$$

Das Restglied nimmt eine ähnliche Gestalt an wie bei $(1 + x)^m$ und es läßt sich zeigen, daß auch hier, wenn x zwischen -1 und $+1$ liegt, $\operatorname{Lim} R_n = 0$ ist. Da nach obigem

$$F(0) = 0, \qquad\qquad F'(0) = 1,$$
$$F''(0) = -1, \qquad\qquad F'''(0) = 1.2, \text{ u. s. w.,}$$

so gilt für die genannten Werte von x die Reihe

$$l(1 + x) = x - \frac{x^2}{2} + \frac{x^3}{3} - \frac{x^4}{4} + \cdots \qquad (24)$$

Diese Reihe giebt also die natürlichen Logarithmen aller Zahlen zwischen 0 und 2. Daraus können die Logarithmen aller anderen Zahlen abgeleitet werden, worauf wir aber nicht näher eingehen wollen. Wir bemerken nur noch, daß, wenn die natürlichen Logarithmen bekannt, sich die BRIGGS'schen aus denselben leicht berechnen lassen (vergl. § 15).

§ 245. Um die cyklometrischen Funktionen in Reihen zu entwickeln, könnten wir genau so verfahren, wie in den vorhergehenden Paragraphen. Schneller kommen wir zum Ziel, wenn wir uns die Eigenschaft zu nutze machen, daß ihre Differentialquotienten algebraische Funktionen sind, die sich leicht in Form von Reihen darstellen lassen. Aus diesen letzteren ergeben sich durch Integration ähnliche Reihen für die cyklometrischen Funktionen.

Wenn die Funktion $F'(\xi)$ sich in der § 239 besprochenen Weise in eine Reihe entwickeln läßt, wenn also

$$F'(\xi) = A + B\xi + C\xi^2 + \dots + K\xi^{n-1} + R_n$$

ist, wo A, B, $C \dots K$ bekannte Koeffizienten sind, so ergiebt sich durch Substitution in

$$F(x) = F(0) + \int_0^x F'(\xi)\,d\xi \qquad (25)$$

die Gleichung

$$F(x) = F(0) + Ax + \tfrac{1}{2}Bx^2 + \tfrac{1}{3}Cx^3 + \cdots$$

$$+ \frac{1}{n}Kx^n + \int_0^x R_n\,d\xi. \qquad (26)$$

Hierin ist das Restglied R_n eine unbekannte Funktion von ξ. Wenn man jedoch x einen solchen Wert zuschreibt, daß für alle Werte von ξ zwischen 0 und x und auch für 0 und ξ selbst die Reihe für $F(\xi)$ konvergiert, dann nähern sich beim Wachsen von n die Werte von R_n, die in dem Integral $\int_0^x R_n\,d\xi$ vorkommen, alle dem Grenzwerte 0, also auch das Integral selbst. Deshalb konvergiert die Reihe (26) und ist

$$F(x) = F(0) + Ax + \tfrac{1}{2}Bx^2 + \tfrac{1}{3}Cx^3 + \cdots,$$

d. h. man kann in (25) die unendliche Reihe für $F'(\xi)$ substituieren und Glied für Glied integrieren.

Es sei nun

$$F(x) = \text{arc}\sin x,$$

dann ist

$$F'(\xi) = \frac{1}{\sqrt{1-\xi^2}} = (1-\xi^2)^{-1/2}.$$

Wir wählen das positive Vorzeichen, verstehen also unter $\text{arc}\sin x$ einen Bogen, dessen Kosinus positiv ist (vergl. § 107). Wenn nun $-1 < \xi < +1$ ist, giebt die Binomialformel

$$F'(\xi) = 1 + \tfrac{1}{2}\xi^2 + \frac{1\cdot3}{2\cdot4}\xi^4 + \frac{1\cdot3\cdot5}{2\cdot4\cdot6}\xi^6 + \cdots$$

Wir setzen $\text{arc}\sin(0) = 0$, was erlaubt ist, da der Kosinus von 0 positiv ist, und substituieren den letzten Ausdruck in Gleichung (25). Als Resultat ergiebt sich

$$\text{arc}\sin x = x + \tfrac{1}{3}\cdot\tfrac{1}{2}x^3 + \tfrac{1}{5}\cdot\frac{1\cdot3}{2\cdot4}x^5 + \tfrac{1}{7}\cdot\frac{1\cdot3\cdot5}{2\cdot4\cdot6}x^7 + \cdots \qquad (27)$$

Dadurch, daß wir $\text{arc}\sin(0) = 0$ setzten, haben wir jede Unbestimmtheit in der Bedeutung von $\text{arc}\sin x$ eliminiert, da man sich bei der Anwendung von (25) vorstellen muß, daß $F(x)$ durch kontinuierliche Veränderung aus $F(0)$ entsteht. Arc sin x ist also ein Bogen im ersten positiven oder im ersten negativen Quadranten.

Vermittelst einer analogen Betrachtung erhält man

$$\operatorname{arc\,tg} x = x - \tfrac{1}{3}x^3 + \tfrac{1}{5}x^5 - \tfrac{1}{7}x^7 + \cdots, \qquad (28)$$

wo x wieder zwischen -1 und $+1$ liegen muß und unter
$\operatorname{arc\,tg} x$ wieder ein Bogen im ersten positiven oder negativen
Quadranten zu verstehen ist.

Aus (27) und (28) läßt sich leicht die Zahl π berechnen.
Setzt man z. B. in (27) $x = \tfrac{1}{2}$, so ergiebt sich

$$\tfrac{1}{6}\pi = \tfrac{1}{2} + \tfrac{1}{3} \cdot \tfrac{1}{2}(\tfrac{1}{2})^3 + \tfrac{1}{5} \cdot \tfrac{1 \cdot 3}{2 \cdot 4}(\tfrac{1}{2})^5 + \cdots.$$

Es läßt sich zeigen, daß die Formeln (27) und (28) auch
noch gelten, wenn $x = -1$ oder $+1$ ist. Wenn $x = +1$ ist,
so erhält man aus (27)

$$\tfrac{1}{2}\pi = 1 + \tfrac{1}{3} \cdot \tfrac{1}{2} + \tfrac{1}{5}\frac{1 \cdot 3}{2 \cdot 4} + \cdots,$$

und aus (28)

$$\tfrac{1}{4}\pi = 1 - \tfrac{1}{3} + \tfrac{1}{5} - \tfrac{1}{7} + \cdots$$

§ 246. Wir sahen § 121, daß, wenn für einen gewissen
Wert $x = a$ der Differentialquotient $F'(x)$ verschwindet, die
Funktion $F(x)$ ein Maximum oder ein Minimum sein kann,
und § 143, daß dies wirklich der Fall ist, sobald für $x = a$
der zweite Differentialquotient einen positiven oder negativen
Wert hat. Den Fall, daß auch dieser Differentialquotient verschwindet, haben wir damals nicht in Betracht gezogen. Wir
können ihn jetzt mit Hilfe der Taylor'schen Reihe behandeln.

Gegeben sei die Funktion $F(x)$, deren $(n-1)$ erste Differentialquotienten für $x = a$ gleich 0 sind und deren n^{ter} Differentialquotient also der erste ist, welcher nicht verschwindet.
Aus der Gleichung (9) folgt

$$F(a + h) - F(a) = \frac{h^n}{1 \cdot 2 \cdot 3 \ldots n} F^{(n)}(a + \vartheta h).$$

Von dem Vorzeichen des Gliedes auf der rechten Seite
hängt es ab, ob $F(x)$ zu- oder abnimmt, wenn x von a in
$a + h$ übergeht. Für sehr kleine Werte von h muß das Vorzeichen von $F^{(n)}(a + \vartheta h)$ dasselbe sein, wie von $F^{(n)}(a)$. Ist
nun n eine gerade Zahl, dann stimmt das Vorzeichen von
$F(a + h) - F(a)$, gleichgültig, ob h positiv oder negativ ist,
mit dem Vorzeichen von $F^{(n)}(a)$ überein und ist daher $F(x)$

für $x = a$ ein Maximum, wenn $F^{(n)}(a)$ negativ, dagegen ein Minimum, wenn $F^{(n)}(a)$ positiv ist.

Ist dagegen die erste Abgeleitete, welche nicht verschwindet, von ungerader Ordnung, so besteht für $x = a$ weder ein Maximum noch ein Minimum, weil das Vorzeichen von $F(a + h) - F(a)$ positiv ist für positive Werte von h und negativ für negative Werte von h, oder umgekehrt.

§ 247. Mit Hilfe der Taylor'schen Reihe läßt sich auch der Grenzwert des Verhältnisses zweier Funktionen, $f(x)$ und $F(x)$, ermitteln, die für $x = a$ beide 0 werden. Setzt man $x = a + h$, so braucht man nämlich nur den Wert von

$$\text{Lim} \frac{f(a + h)}{F(a + h)}, \text{ für Lim } h = 0$$

zu ermitteln. Man entwickele mit Hilfe von (9) Zähler und Nenner. Wir wollen annehmen, daß für $x = a$ nicht bloß $f(x)$ und $F(x)$ verschwinden, sondern auch eine gewisse Zahl der abgeleiteten Funktionen $f'(x)$, $F'(x)$, u. s. w. Es sei n die erste Zahl, für welche $f^{(n)}(a)$ und $F^{(n)}(a)$ nicht beide den Wert 0 haben, dann kann man schreiben

$$f(a + h) = \frac{h^n}{1 \cdot 2 \cdot 3 \ldots n} f^{(n)}(a + \vartheta h),$$

$$F(a + h) = \frac{h^n}{1 \cdot 2 \cdot 3 \ldots n} F^{(n)}(a + \vartheta' h),$$

also

$$\text{Lim} \frac{f(a + h)}{F(a + h)} = \text{Lim} \frac{f^{(n)}(a + \vartheta h)}{F^{(n)}(a + \vartheta' h)} = \frac{f^{(n)}(a)}{F^{(n)}(a)},$$

oder, wie man auch wohl kürzer schreibt

$$\frac{f(a)}{F(a)} = \frac{f^{(n)}(a)}{F^{(n)}(a)} .$$

Ist z. B. $f(x) = x - \sin x$ und $F(x) = x^3$ und $a = 0$, dann sind die beiden ersten Abgeleiteten bei beiden Funktionen $= 0$. Da $f'''(0) = 1$ und $F'''(0) = 6$, so ist für $x = 0$

$$\text{Lim} \frac{x - \sin x}{x^3} = \tfrac{1}{6} .$$

Am einfachsten ist natürlich die Rechnung, wenn schon die ersten Abgeleiteten $f'(a)$ und $F'(a)$ nicht $= 0$ sind. Offenbar ist im allgemeinen der gesuchte Grenzwert endlich, wenn der erste Differentialquotient, welcher nicht verschwindet, bei beiden Funktionen von derselben Ordnung ist. Erreicht man dagegen bei der wiederholten Differentiation und Substitution $x = a$ bei dem Nenner eher einen von 0 verschiedenen Wert als bei dem Zähler, dann ist $f^{(n)}(a) = 0$ und der Grenzwert des Verhältnisses ebenfalls 0; im entgegengesetzten Fall wird das Verhältnis ∞.

§ 248. Auch eine Funktion von mehreren unabhängig veränderlichen Größen läßt sich in eine Reihe entwickeln. Wir beschränken uns zunächst auf zwei unabhängig Variable.

Es sei z irgend eine Funktion von x und y, z. B.

$$z = F(x, y),$$

und es handle sich darum, den Zuwachs $\varDelta z$, den z erleidet, wenn man, von bestimmten Anfangswerten ausgehend, zu gleicher Zeit x um h und y um k zunehmen läßt, in einer Reihe darzustellen.

Es sei also

$$\varDelta z = F(x + h, y + k) - F(x, y)$$

zu entwickeln. Zu diesem Zwecke nehmen wir zunächst an, daß sich allein x ändere. Für den Wert, den z dadurch erreicht, erhalten wir nach dem Taylor'schen Lehrsatze (y als konstant betrachtet) unter der Voraussetzung, daß die Reihe konvergiert, was in jedem einzelnen Fall zu prüfen ist,

$$F(x + h, y) = F(x, y) + h\,F_x{}'(x, y) + \frac{h^2}{1 \cdot 2}\,F_{xx}{}''(x, y) +$$

$$+ \frac{h^3}{1 \cdot 2 \cdot 3}\,F_{xxx}{}'''(x, y) + \cdots, \tag{29}$$

wo die den Zeichen F', F'', F''' angehängten Indices x, xx, xxx bedeuten, daß einmal, bez. zwei-, bez. dreimal nach x zu differentiieren ist. Analog hiermit wollen wir z. B. mit $F_{xxy}{}'''$ die Funktion bezeichnen, die man erhält, wenn man zweimal nach x und einmal nach y differentiiert. Die eingeklammerten x und y sollen anzeigen, daß man für die betreffenden Funktionen die Werte zu nehmen hat, welche den ursprünglichen Werten x und y der unabhängig Variablen entsprechen.

Ersetzt man in der Gleichung (29) y durch $y + k$, so geht dieselbe über in

$$F(x + h, y + k) = F(x, y + k) + h\,F_x{}'(x, y + k) +$$

$$+ \frac{h^2}{1 \cdot 2}\,F_{xx}{}''(x, y + k) + \frac{h^3}{1 \cdot 2 \cdot 3}\,F_{xxx}{}'''(x, y + k) + \cdots$$

Offenbar kann man hier das erste Glied rechter Hand, sowie auch die Koeffizienten von h, h^2, h^3, ... nach dem Taylor'schen Lehrsatz entwickeln — natürlich Konvergenz der verschiedenen Reihen vorausgesetzt —, wobei man beachten muß, daß jetzt x als eine Konstante aufgefaßt werden muß, während y jedesmal um k zunimmt. Es ergiebt sich dann

$$F(x, y + k) = F(x, y) + F_y'(x, y)k + F_{yy}''(x, y)\frac{k^2}{1 \cdot 2} + \cdots$$

$$F_x'(x, y + k) = F_x'(x, y) + F_{xy}''(x, y)k + F_{xyy}'''(x, y)\frac{k^2}{1 \cdot 2} + \cdots$$

$$F_{xx}''(x, y + k) = F_{xx}''(x, y) + F_{xxy}'''(x, y)k + F_{xxyy}^{IV}(x, y)\frac{k^2}{1 \cdot 2} + \cdots$$

u. s. w.

Dies in (29) substituiert, ergiebt:

$$F(x + h, y + k) = F(x, y) + F_x'(x.y)h + F_y'(x, y)k +$$
$$+ F_{xx}''(x, y)\frac{h^2}{1 \cdot 2} + F_{xy}''(x, y)hk + F_{yy}''(x, y)\frac{k^2}{1 \cdot 2} + \cdots \quad (30)$$

Für die totale Zunahme $\varDelta z$ von $z = F(x, y)$ hat man also in bequemer Bezeichnung:

$$\varDelta z = \frac{\partial x}{\partial x}h + \frac{\partial x}{\partial y}k + \frac{\partial^2 x}{\partial x^2} \cdot \frac{h^2}{1 \cdot 2} + \frac{\partial^2 x}{\partial x \partial y}hk + \frac{\partial^2 x}{\partial y^2} \cdot \frac{k^2}{1 \cdot 2} + \cdots \ (31)$$

Für die verschiedenen Differentialquotienten sind hier die Werte einzusetzen, welche den Anfangswerten x und y entsprechen. Sind die Anfangswerte der unabhängig Variablen 0, die Endwerte x und y, so verwandelt sich (30) in

$$F(x, y) = F(0, 0) + \frac{\partial F}{\partial x}x + \frac{\partial F}{\partial y}y +$$
$$+ \tfrac{1}{2}\left(\frac{\partial^2 F}{\partial x^2}x^2 + 2\frac{\partial^2 F}{\partial x \partial y}xy + \frac{\partial^2 F}{\partial y^2}y^2\right) + \quad \Big\} \ (32)$$
$$+ \tfrac{1}{6}\left(\frac{\partial^3 F}{\partial x^3}x^3 + 3\frac{\partial^3 F}{\partial x^2 \partial y}x^2 y + 3\frac{\partial^3 F}{\partial x \partial y^2}xy^2 + \frac{\partial^3 F}{\partial y^3}y^3\right) + \cdots,$$

wo alle Abgeleiteten für die Werte $x = 0$ und $y = 0$ berechnet werden müssen, so daß alle Koeffizienten Konstanten sind.

Ähnliche Entwickelungen gelten auch, wenn man es mit mehr als zwei unabhängig Variablen zu thun hat.

§ 249. Das im letzten Paragraphen behandelte Problem läßt sich auch in folgender Weise lösen, wodurch man eine bessere Einsicht in das Bildungsgesetz der Reihen gewinnt.

Es sei φ die gegebene Funktion der unabhängig Veränderlichen x, y, z, u, .. (vergl. § 157). Es soll die Zunahme $\varDelta\varphi$ berechnet werden, welche stattfindet, wenn, von bestimmten Anfangswerten x, y, z, u, .. aus, die Variablen gleichzeitig die endlichen Zuwächse $\varDelta x$, $\varDelta y$, $\varDelta z$, $\varDelta u$, ... erleiden. Wir wollen uns vorstellen, daß diese Änderungen allmählich vor sich gehen, und zwar in solcher Weise, daß zwischen den gleichzeitigen Änderungen von x, y, z, u, .. fortwährend dieselben Verhältnisse bestehen, so daß, wenn z. B. x den n^{ten} Teil der ganzen Zunahme erreicht hat, auch y, z, u, .. gerade den n^{ten} Teil ihrer Zunahmen erhalten haben. Wir dürfen dann sagen, daß bei dem Übergang von x, y, z, u, .. in $x + \varDelta x$, $y + \varDelta y$, $z + \varDelta z$, $u + \varDelta u$, .. die unabhängig Variablen sich fortwährend in derselben Richtung ändern. Diese Richtung h bestimmen wir nun, wie in § 157, durch die Größen α, β, γ, δ, .., welche $\varDelta x$, $\varDelta y$, $\varDelta z$, $\varDelta u$, ... proportional sind und die so gewählt sind, daß die Summe ihrer Quadraten gleich 1 ist. Setzen wir dann weiter

$$\varDelta x = \alpha\varepsilon, \quad \varDelta y = \beta\varepsilon, \quad \varDelta z = \gamma\varepsilon, \quad \varDelta u = \delta\varepsilon, \ldots, \qquad (33)$$

so bestimmt ε die Größe der Änderung.

Wenn wir einmal die Anfangswerte und die Richtung der Änderungen festgelegt haben, hängt offenbar der Wert der Funktion nur noch von der Variablen ε ab. Da nun das gesuchte $\varDelta\varphi$ dadurch hervorgebracht wird, daß diese Veränderliche von 0 bis zu dem in (33) vorkommenden Werte wächst, so können wir $\varDelta\varphi$ mittels der Mac Laurin'schen Reihe für eine einzige unabhängige Variable entwickeln. Wir setzen voraus, daß die Reihe konvergiert — was natürlich in jedem Falle zu untersuchen ist — und schreiben also

$$\varDelta\varphi = \varepsilon\frac{\partial\varphi}{\partial\varepsilon} + \frac{1}{1.2}\varepsilon^2\frac{\partial^2\varphi}{\partial\varepsilon^2} + \frac{1}{1.2.3}\varepsilon^3\frac{\partial^3\varphi}{\partial\varepsilon^3} + \cdots, \qquad (34)$$

wo für $\dfrac{\partial\varphi}{\partial\varepsilon}$, $\dfrac{\partial^2\varphi}{\partial\varepsilon^2}$, .. die für $\varepsilon = 0$ geltenden Werte einzusetzen sind.

Eine aufmerksame Betrachtung lehrt nun, daß diese Differentialquotienten gerade das sind, was wir §§ 157 und 167 mit $\dfrac{\partial\varphi}{\partial h}$, $\dfrac{\partial^2\varphi}{\partial h^2}$ bezeichnet haben.

Also:

$$\Delta\varphi = \varepsilon\frac{\partial\varphi}{\partial h} + \frac{1}{1.2}\varepsilon^2\frac{\partial^2\varphi}{\partial h^2} + \frac{1}{1.2.3}\varepsilon^3\frac{\partial^3\varphi}{\partial h^3} + \cdots \qquad (35)$$

Das erste Glied rechts wird hier erhalten, indem man φ zunächst nach der Richtung h differenziert und das Ergebnis mit ε multipliziert, eine Operation, die wir mit $\varepsilon\frac{\partial}{\partial h}$ andeuten können. Abgesehen von den Zahlenfaktoren ergeben sich die weiteren Glieder der Reihe, wenn man diese Operation zwei oder drei Mal u. s. w. anwendet.

Nun ist aber, wie § 167 gezeigt wurde, die Operation $\frac{\partial}{\partial h}$ gleichbedeutend mit der durch

$$\alpha\frac{\partial}{\partial x} + \beta\frac{\partial}{\partial y} + \gamma\frac{\partial}{\partial z} + \delta\frac{\partial}{\partial u} + \cdots$$

angezeigten. Demzufolge läßt sich die Operation $\varepsilon\frac{\partial}{\partial h}$ durch

$$\alpha\,\varepsilon\frac{\partial}{\partial x} + \beta\,\varepsilon\frac{\partial}{\partial y} + \gamma\,\varepsilon\frac{\partial}{\partial z} + \delta\,\varepsilon\frac{\partial}{\partial u} + \cdots,$$

oder, wegen der Beziehungen (33) durch

$$\Delta x.\frac{\partial}{\partial x} + \Delta y.\frac{\partial}{\partial y} + \Delta z.\frac{\partial}{\partial z} + \Delta u.\frac{\partial}{\partial u} + \cdots$$

ersetzen.

Zeigen wir nun Wiederholungen dieser Operation durch die Indices 2, 3, ... an (vergl. § 167), so erhalten wir statt (35) die übersichtliche Gleichung

$$\Delta\varphi = \left(\Delta x.\frac{\partial}{\partial x} + \Delta y.\frac{\partial}{\partial y} + \Delta z.\frac{\partial}{\partial z} + \cdots\right)\varphi +$$

$$+ \frac{1}{1.2}\left(\Delta x.\frac{\partial}{\partial x} + \Delta y.\frac{\partial}{\partial y} + \Delta z.\frac{\partial}{\partial z} + \cdots\right)^2\varphi +$$

$$+ \frac{1}{1.2.3}\left(\Delta x.\frac{\partial}{\partial x} + \Delta y.\frac{\partial}{\partial y} + \Delta z.\frac{\partial}{\partial z} + \cdots\right)^3\varphi + \cdots,$$

eine Gleichung, aus welcher leicht (31) abgeleitet werden kann.

§ 250. Geht man von dem Werte einer Funktion aus, welcher bestimmten Werten der unabhängig Variablen entspricht, so läßt sich nach dem Vorhergehenden, wenn die unabhängig Variablen um ein geringes zu- oder abnehmen, der neue Wert der Funktion in eine Reihe entwickeln. Hiervon macht man in der Physik ausgiebig Gebrauch. Wenn z. B. ein elastischer fester Körper eine bestimmte Formänderung erleiden soll, so sind die hierzu erforderlichen Kräfte Funktionen der Größen oder Parameter,[1] welche die Deformation bestimmen. Von diesen Funktionen weiß man a priori nichts oder sehr wenig, aber man kann, wenn die Formänderungen sehr klein sind, die Kräfte in Reihen nach den wachsenden Potenzen der genannten Parameter entwickeln. In jedem besonderen Fall hat man dann nur die Koeffizienten in den Reihen auf experimentellem Wege zu bestimmen, um ein Urteil über den Zusammenhang zwischen den Deformationen und den Kräften zu gewinnen.

Wir führen noch ein zweites Beispiel an. Man denke sich ein System einer großen Anzahl materieller Teilchen, die unter dem Einfluß von gegenseitigen Anziehungen und Abstoßungen bestimmte Gleichgewichtslagen einnehmen. Werden die Teilchen aus diesen Lagen verschoben, und zwar in ungleichem Maße (man denke an die schwingenden Bewegungen eines elastischen Körpers), dann ändern sich auch die Kräfte, welche die Teilchen aufeinander ausüben. Um die auf ein bestimmtes Teilchen wirkende Kraft vollständig zu berechnen, würde man wissen müssen, wie die Teilchen im Raum verbreitet sind, wie sie sich verschieben und endlich, wie die gegenseitige Wirkung von dem Abstand abhängt. Das Theorem von TAYLOR ermöglicht es, auch ohne das man dies alles weiß, eine für viele Probleme ausreichende Theorie aufzustellen. Die Komponenten der Verschiebungen der Teilchen sind nämlich Funktionen ihrer Koordinaten in der Gleichgewichtslage, und wenn man annimmt, das auf ein Teilchen P nur die unmittelbar herumliegenden wirken, so kann man die Unterschiede ihrer Verschiebungen, verglichen mit der von P in eine, nach steigenden Potenzen der Unterschiede der Koordinaten fortlaufende Reihe entwickeln. Hierdurch erzielt man eine erste Vereinfachung. Eine zweite erhält man, wenn man annimmt, daß die Veränderung der Abstände der Teilchen sehr klein ist, verglichen mit den Abständen selbst; man kann dann nämlich auch für die Veränderungen, welche die Anziehungen oder Abstossungen durch die Verschiebungen erfahren, aus dem Theorem von TAYLOR einen Ausdruck ableiten.

---

[1] Diese Parameter sind z. B. die Änderungen, welche die Dimensionen oder gewisse Winkel des Körpers erleiden.

Wir machen zum Schluß noch darauf aufmerksam, daß, wenn man eine Funktion in eine Reihe entwickelt, die Eigenschaften der Funktion oft einen Schluß auf die Gestalt der Reihe zulassen. Weiß man z. B., daß die Funktion $F(x, y, z, u, ..)$ unverändert bleibt, wenn x sein Vorzeichen ändert, dann dürfen in der Reihe von Mac Laurin nur gerade Potenzen von x auftreten. Umgekehrt kommen in der Reihe nur ungerade Potenzen von x vor, wenn bei Änderung des Vorzeichens von x auch die Funktion ihr Vorzeichen wechselt, dabei aber denselben Wert behält (vergl. die Reihen für $\sin x$ und $\cos x$).

Aufgaben.

1. Es soll bewiesen werden, daß für das Restglied der Taylor'schen Reihe auch

$$R_n = \frac{(1 - \vartheta)^{n-p} h^n}{1 \cdot 2 \ldots (n-1) p} f^{(n)} (x + \vartheta h)$$

geschrieben werden kann, wo ϑ zwischen 0 und 1 liegt und p eine willkürliche Zahl bedeutet. (Für $p = n$ und $p = 1$ erhält man die Formeln §§ 239 und 241).

2. Von einer Funktion $F(x)$ ist bekannt, daß sie in die konvergente Reihe

$$F(x) = A_0 + A_1 x + A_2 x^2 + A_3 x^3 + \cdots$$

entwickelt werden kann. Differentiiere diese Reihe wiederholt nach x und beweise mittels der Substitution $x = 0$, daß

$$A_0 = F(0), \quad A_1 = F'(0), \quad A_2 = \frac{F''(0)}{1 \cdot 2} \text{ u. s. w.}$$

3. Es soll aus der Mac Laurin'schen Reihe die Taylor'sche abgeleitet werden.

4. Es sollen die folgenden Funktionen in unendliche Reihen entwickelt werden:

a) $\dfrac{1}{\sqrt{1 + x^2}} + \dfrac{1}{\sqrt{1 - x^2}}$;　　b) $e^x + e^{-x}$;　　c) $\sin x \cos x$;

d) $\cos^3 x$;　e) $\sqrt{1 + 2 \cos x}$;　f) $\operatorname{tg} a x$;　g) $e^{a x} \sin \beta x$;

h) $e^{a x} \cos \beta x$;　i) $l \sin x$;　j) $l \left[x + \sqrt{1 + x^2} \right]$.

5. Es soll bewiesen werden, daß

$$l\,z = 2\left[\frac{z-1}{z+1} + \frac{1}{3}\left(\frac{z-1}{z+1}\right)^3 + \frac{1}{5}\left(\frac{z-1}{z+1}\right)^5 + \cdots\right].$$

6. Wieviel Glieder muß man berücksichtigen, um mittels der Reihe

$$e = 1 + \frac{1}{1.2} + \frac{1}{1.2.3} + \frac{1}{1.2.3.4} + \cdots$$

e bis auf 7 Dezimalen genau zu berechnen?

7. Berechne durch Reihenentwickelung $\log 102$ bis auf 7 Dezimalen genau.

8. Die Koordinaten eines Punktes x, y, z erfahren die kleinen Zunahmen α, β, γ. Wie groß ist der Zuwachs des Abstandes r des Punktes vom Koordinatenursprung? Es dürfen hierbei die Glieder, die in Bezug auf α, β, γ von der dritten oder noch höherer Ordnung sind, vernachlässigt werden.

9. Berechne in analoger Weise den Zuwachs von $\frac{1}{r}$.

10. Ermittele den Grenzwert der folgenden Ausdrücke für die dahintergesetzten Werte von x:

a) $\dfrac{e^x - 1}{x - 1}\,(x = 0)$;   b) $\dfrac{a^x - x^n}{l\,(a^n) - l\,(x^n)}\,(x = a)$;

c) $\dfrac{\operatorname{tg} x - x}{x^2 \operatorname{tg} x}\,(x = 0)$;   d) $\dfrac{e^x - e^{\sin x}}{x^3}\,(x = 0)$;

e) $\dfrac{1}{x} - \dfrac{1}{e^x - 1}\,(x = 0)$;   f) $x\,l\,x\,(x = 0)$;

g) $x^x\,(x = 0)$,   h) $\dfrac{l\,x}{\cot x}\,(x = 0)$.

Kapitel XII.

Hilfsmittel für die Integration.

§ 251. Im folgenden sollen einige Methoden und Resultate der Integralrechnung näher besprochen werden.

Wir erwähnen zunächst, dass eine rationale algebraische Funktion sich in allen Fällen integrieren läßt. Von ganzen Funktionen (Polynomen, § 3) leuchtet dies wohl sofort ein.

Gebrochene Funktionen lassen sich, wenn sie eine kompliziertere Form haben, in der § 7 angegebenen Weise zerlegen. Man gelangt dabei zu Integralen von der Gestalt

$$\int \frac{p + q\,x}{(a + b\,x + c\,x^2)^n}\,d\,x \quad \text{und} \quad \int \frac{d\,x}{(a + b\,x)^n},$$

wo n eine positive ganze Zahl, die auch gleich 1 sein kann, bedeutet.

Das letzte Integral kann leicht nach der Substitutionsmethode entwickelt werden; für das erstere hat man [1]) (vergl. das letzte Beispiel, § 196):

$$\int \frac{p + q\,x}{(a + b\,x + c\,x^2)^n}\,d\,x = -\frac{q}{2\,c\,(n - 1)(a + b\,x + c\,x^2)^{n-1}} +$$

$$+ \left(p - \frac{b\,q}{2\,c}\right)\int \frac{d\,x}{(a + b\,x + c\,x^2)^n}$$

und, wenn $n = 1$:

$$\int \frac{p + q\,x}{a + b\,x + c\,x^2}\,d\,x = \frac{q}{2\,c}\,l(a + b\,x + c\,x^2) +$$

$$+ \left(p - \frac{b\,q}{2\,c}\right)\int \frac{d\,x}{a + b\,x + c\,x^2}.$$

Es handelt sich also nur noch um die Bestimmung des Integrals $\int \frac{d\,x}{\tau^n}$, wenn man zur Abkürzung $a + b\,x + cx^2 = \tau$ setzt.

Es besteht nun die Reduktionsformel

$$\int \frac{d\,x}{(a + b\,x + c\,x^2)^n} = \int \frac{d\,x}{\tau^n} = \frac{b + 2\,c\,x}{(n - 1)\,\lambda\,\tau^{n-1}} + \frac{2\,c\,(2\,n - 3)}{(n - 1)\,\lambda}\int \frac{d\,x}{\tau^{n-1}}, \quad (1)$$

wo

$$\lambda = 4\,a\,c - b^2.$$

Es kann also $\int \frac{d\,x}{\tau^n}$ auf $\int \frac{d\,x}{\tau}$ zurückgeführt werden, dessen Wert (§ 195) bekannt ist. Man hat nämlich für $\lambda > 0$

$$\int \frac{d\,x}{a + b\,x + c\,x^2} = \frac{2}{\sqrt{\lambda}}\,\text{arc tg}\,\frac{b + 2\,c\,x}{\sqrt{\lambda}} + C;$$

für $\lambda = 0$

$$\int \frac{d\,x}{a + b\,x + c\,x^2} = -\frac{2}{b + 2\,c\,x} + C$$

und für $\lambda < 0$

---

1) Viele Gleichungen, die wir in diesem Kapitel ohne Beweis anführen, lassen sich dadurch verifizieren, daß man die beiden Seiten nach der unabhängig Variablen differentiiert.

$$\int \frac{dx}{a + bx + cx^2} = - \frac{1}{\sqrt{-\lambda}} l \left(\frac{\sqrt{-\lambda} + b + 2cx}{\sqrt{-\lambda} - b - 2cx} \right) + C$$

oder

$$= - \frac{1}{\sqrt{-\lambda}} l \left(\frac{b + 2cx + \sqrt{-\lambda}}{b + 2cx - \sqrt{-\lambda}} \right) + C,$$

je nachdem $\sqrt{-\lambda} >$ oder $< b + 2cx$ ist.

Mit Hilfe dieser Resultate lassen sich alle zu Anfang dieses Paragraphen genannten Integrale durch algebraische, cyklometrische und logarithmische Funktionen darstellen.

§ 252. Unter den Integralen von irrationalen algebraischen Funktionen können diejenigen, welche nur irgend eine Wurzel aus einer linearen Form $a + bx$ enthalten, leicht auf Integrale von rationalen Funktionen zurückgeführt werden, wenn man jene Wurzel als neue Veränderliche einführt. Etwas weniger einfach sind die Integrale, welche eine Quadratwurzel aus einem Ausdruck vom 2ten Grade enthalten. Als Grundform derselben kann man das Integral

$$\int \frac{dx}{\sqrt{a + bx + cx^2}} \qquad (2)$$

betrachten, dessen Wert (vergl. § 195) für $c > 0$

$$\int \frac{dx}{\sqrt{a + bx + cx^2}} = \frac{1}{\sqrt{c}} l [b + 2cx + 2\sqrt{c} \sqrt{a + bx + cx^2}] + C$$

und für $c < 0$

$$\int \frac{dx}{\sqrt{a + bx + cx^2}} = \frac{1}{\sqrt{-c}} \arcsin \frac{-b - 2cx}{\sqrt{b^2 - 4ac}} + C.$$

Da Formel (1) für alle Werte von n, auch gebrochene und negative, gültig ist, wobei nur zu beachten ist, daß, wenn n negativ, das letzte Integral als das weniger einfache aus der Gleichung aufgelöst werden muß, so kann man, sobald $n = p + \frac{1}{2}$ ist, wo p eine ganze positive oder negative Zahl bedeutet, auch das Integral $\int \frac{dx}{\tau^n}$ auf (2) reduzieren. So ist z. B.

$$\int \sqrt{a + bx + cx^2} \, dx = \frac{b + 2cx}{4c} \sqrt{a + bx + cx^2}$$

$$+ \frac{\lambda}{8c} \int \frac{dx}{\sqrt{a + bx + cx^2}}.$$

Man begegnet auch Fällen, wo unter dem Integralzeichen ausser $\sqrt{a + bx + cx^2}$ und einer ganzen Potenz von $a + bx + cx^2$ noch im Zähler oder Nenner eine ganze Potenz von x vorkommt.

Es leistet dann die folgende Reduktionsformel gute Dienste:

$$\int x^m \tau^n \, dx = \frac{x^{m-1} \tau^{n+1}}{(2n+m+1)c} - \frac{(n+m)b}{(2n+m+1)c} \int x^{m-1} \tau^n \, dx -$$

$$- \frac{(m-1)a}{(2n+m+1)c} \int x^{m-2} \tau^n \, dx. \tag{3}$$

Sie gilt für jedes Vorzeichen von m, nur muß für negative Werte das letzte Integral als das weniger einfache aus der Formel berechnet werden.

In einigen Fällen kommt man mit der Gleichung (3) nicht zum Ziel; es ist z. B. unmöglich, mittels derselben den Faktor x im Integral

$$\int \frac{dx}{x\sqrt{a + bx + cx^2}}$$

aus dem Nenner verschwinden zu lassen.

Setzt man aber $x = \frac{1}{z}$, so geht dieses Integral über in

$$- \int \frac{dz}{\sqrt{c + bz + az^2}},$$

welches leicht integriert werden kann.

Man kann übrigens alle Integrale, die $\sqrt{a + bx + cx^2}$ enthalten, durch die Substitution von § 195 auf Integrale mit $\sqrt{1 + y^2}$, $\sqrt{1 - y^2}$, oder $\sqrt{y^2 - 1}$ zurückführen. Setzt man hierin $y = \operatorname{tg} \varphi$, $y = \sin \varphi$, bez. $y = \sec \varphi$, so erhält man oft ziemlich einfache Integrale mit goniometrischen Funktionen (vergl. § 203).

Die Integrale von einigermaßen verwickelteren irrationalen Funktionen, z. B. schon diejenigen, bei welchen unter dem Quadratwurzelzeichen ein Ausdruck vom 3ten oder 4ten Grad steht, lassen sich mit Hilfe der in diesem Paragraphen auseinandergesetzten Methoden nicht entwickeln; dieselben können überhaupt nicht, wie die einfacheren, mittels algebraischer, logarithmischer oder cyklometrischer Funktionen dargestellt werden. Man kann in diesen Fällen weiter nichts thun als daß man die Integrale durch geeignete Substitutionen auf möglichst einfache Grundformen zurückführt. Diese letzteren, die unbestimmten Integrale nämlich, sind dann Funktionen von x, die sich nicht mittels der in Kap. I und II eingeführten Zeichen darstellen lassen. Nichtsdestoweniger kann man, etwa durch Entwickelung in unendlich fortlaufende Reihen, den Wert derartiger Funktionen für bestimmte Werte der unabhängig Variablen kennen lernen. Abgesehen von der additiven Konstante, ist in diesem Sinne jedes unbestimmte Integral, ebensogut wie $\sin x$, $l\,x$ oder $\operatorname{arc\,tg} x$ eine bekannte Funktion.

§ 253. Die Reduktionsformeln für $\int \sin^m x\,d x$ und $\int \cos^m x\,d x$ (§ 197) sind besondere Fälle der Formel:

$$\int \sin^p x \cos^q x\,d x$$

$$= -\frac{\sin^{p-1} x \cos^{q+1} x}{p+q} + \frac{p-1}{p+q} \int \sin^{p-2} x \cos^q x\,d x,$$

$$= \frac{\sin^{p+1} x \cos^{q-1} x}{p+q} + \frac{q-1}{p+q} \int \sin^p x \cos^{q-2} x\,d x,$$

die für negative Werte von p oder q umzukehren sind. Mit Hilfe dieser Gleichungen läßt sich das Integral

$$\int \sin^p x \cos^q x\,d x,$$

wenn p und q ganze positive oder negative Zahlen sind, auf eine der Formeln von § 198 zurückführen.

Uebrigens lässt sich jedes Integral mit goniometrischen Funktionen in ein algebraisches verwandeln, wenn man eine der Funktionen als neue Variable einführt. Welche Substitution die geeignetste ist, hängt natürlich von der Form des gesuchten Integrals ab. In

$$\int \frac{d x}{(a \sin^2 x + b \cos^2 x)^n} \tag{4}$$

würde man $\operatorname{tg} x$ als neue Veränderliche zu wählen haben. Hat man in dieser Weise (4) gefunden, so kennt man auch das Integral

$$\int \frac{d x}{(p + q \cos x)^n},$$

welches sich durch Einführung von $\frac{1}{2} x$ als Integrationsvariable auf (4) reduzieren läßt.

§ 254. Mittels partieller Integration ergiebt sich

$$\int x^m e^x \, dx = x^m e^x - m \int x^{m-1} e^x \, dx,$$

$$\int x^m \sin x \, dx = - x^m \cos x + m \int x^{m-1} \cos x \, dx,$$

$$\int x^m \cos x \, dx = x^m \sin x - m \int x^{m-1} \sin x \, dx.$$

Diese Reduktionsformeln sind in den folgenden allgemeineren Gleichungen enthalten:

$$\int x^m e^{\alpha x} \cos \beta x \, dx = \frac{x^m e^{\alpha x} (\alpha \cos \beta x + \beta \sin \beta x)}{\alpha^2 + \beta^2} -$$

$$- \frac{m}{\alpha^2 + \beta^2} \left[\alpha \int x^{m-1} e^{\alpha x} \cos \beta x \, dx + \beta \int x^{m-1} e^{\alpha x} \sin \beta x \, dx \right],$$

$$\int x^m e^{\alpha x} \sin \beta x \, dx = \frac{x^m e^{\alpha x} (- \beta \cos \beta x + \alpha \sin \beta x)}{\alpha^2 + \beta^2} +$$

$$+ \frac{m}{\alpha^2 + \beta^2} \left[\beta \int x^{m-1} e^{\alpha x} \cos \beta x \, dx - \alpha \int x^{m-1} e^{\alpha x} \sin \beta x \, dx \right].$$

Alle diese Formeln gelten auch für $m = 0$; die beiden letzten geben in diesem Falle die Werte von

$$\int e^{\alpha x} \cos \beta x \, dx \quad \text{und} \quad \int e^{\alpha x} \sin \beta x \, dx.$$

Wenn m negativ ist, so ergeben sich nach der Umkehrung der Gleichungen Reduktionsformeln für

$$\int \frac{e^x}{x^n} \, dx, \quad \int \frac{\sin x}{x^n} \, dx \quad \text{u. s. w.}$$

Dieselben versagen jedoch, wenn $n = 1$. Die Integrale

$$\int \frac{e^x}{x} \, dx, \quad \int \frac{\sin x}{x} \, dx, \quad \int \frac{\cos x}{x} \, dx$$

gehören eben zu denjenigen, die nicht mittels der Funktionen, die wir kennen gelernt haben, dargestellt werden können.

§ 255. In einigen Fällen, in denen das unbestimmte Integral sich nicht durch die uns zur Verfügung stehenden Funktionen ausdrücken läßt, kann man doch bei speziellen Werten der Grenzen das bestimmte Integral berechnen. Als Beispiel diene das Integral

$$\int_0^\infty e^{-x^2} \, dx,$$

welches in der Wahrscheinlichkeitsrechnung und in einigen physikalischen Theorien vorkommt. Sein Betrag I kann durch den folgenden Kunstgriff berechnet werden. Ist y eine zweite Variable, so hat man

$$\int_0^\infty e^{-y^2}\,dy = \int_0^\infty e^{-x^2}\,dx = I.$$

Für das Produkt der beiden Integrale läßt sich schreiben

$$I^2 = \int_0^\infty e^{-x^2}\,dx \cdot \int_0^\infty e^{-y^2}\,dy = \int_0^\infty \int_0^\infty e^{-(x^2+y^2)}\,dx\,dy. \qquad (5)$$

Wenn wir nämlich in dem Doppelintegral die Integration nach y ausführen, so ergiebt sich

$$e^{-x^2}\,dx \cdot \int_0^\infty e^{-y^2}\,dy, \quad \text{d. h. } I \cdot e^{-x^2}\,dx.$$

Die Integration nach x liefert dann

$$I\int_0^\infty e^{-x^2}\,dx = I^2.$$

Der Wert des Doppelintegrals läßt sich nun durch Einführung einer neuen Veränderlichen ermitteln. Wir betrachten zu dem Zweck x und y als die rechtwinkligen Koordinaten eines Punktes P in einer Ebene V, dessen Abstand vom Ursprung r sei. Dann ist

$$I^2 = \int e^{-r^2}\,dV,$$

wenn man die Integration über den vierten Teil der Ebene ausdehnt.

Es liegt nun nahe, das in der Weise auszuführen, dass man diesen Quadranten mittels um O beschriebener Kreise in Elemente zerlegt. Zwischen zwei Kreisen mit den Radien r und $r + dr$ liegt der Flächenteil $\frac{1}{2}\pi r\,dr$. Das Integral (5) wäre also

$$I^2 = \tfrac{1}{2}\pi \int_0^\infty e^{-r^2} r\,dr. \qquad (6)$$

Indessen bedarf dieses noch der Rechtfertigung. Die gesuchte Größe I kann als der Grenzwert angesehen werden, dem sich das Integral

$$\int_0^p e^{-x^2}\, dx$$

nähert, wenn p immer größer und größer wird. Analog ist das Doppelintegral (5) der Grenzwert von

$$\int_0^p \int_0^p e^{-(x^2+y^2)}\, dx\, dy,$$

d. h. I^2 ist der Wert von $\int e^{-r^2} dV$, wenn man dieses Integral über ein unendlich großes Quadrat erstreckt. Dagegen ist in (6)

$$\tfrac{1}{2}\pi \int_0^\infty e^{-r^2}\, r\, dr$$

der Grenzwert, dem sich der Ausdruck

$$\tfrac{1}{2}\pi \int_0^q e^{-r^2}\, r\, dr$$

nähert, wenn q immer größer und größer wird. In Gleichung (6) ist I^2 daher der Wert von $\int e^{-r^2} dV$, wenn man dieses Integral für einen unendlich großen Kreissektor berechnet. Es erhebt sich also die Frage, ob das Integral für ein unendlich großes Quadrat und für den unendlich großen Sektor denselben Wert annimmt. Wir konstruieren ein Quadrat $OABC$ (Fig. 111) mit den Seiten p und schlagen um O zwei Kreise mit den Radien $OA = p$ und $OB = p\sqrt{2}$. Dann wird offenbar die Integration

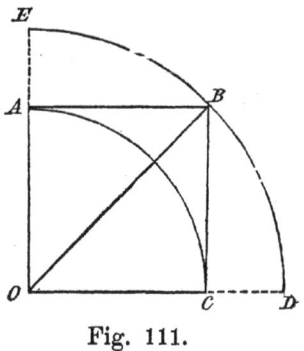

Fig. 111.

der Funktion e^{-r^2} über das Quadrat $ABCO$ einen Wert ergeben zwischen den Werten, welche man erhält, wenn man einmal über den Sektor OAC und dann über den Sektor OED integriert. Nähert sich nun das Integral

$$\tfrac{1}{2}\,\pi \int\limits_{0}^{q} e^{-r^2}\, r\, dr$$

einem bestimmten Grenzwert, wenn $q = \infty$ wird, so gilt dieser für beide Sektoren, also auch für das unendlich große Quadrat. Die obige Frage muß also bejaht werden.

Das unbestimmte Integral in (6) ist

$$\int e^{-r^2}\, r\, dr = -\tfrac{1}{2}\, e^{-r^2}\,;$$

hieraus folgt

$$\int\limits_{0}^{\infty} e^{-r^2}\, r\, dr = \tfrac{1}{2}\,,$$

und

$$I^2 = \tfrac{1}{4}\,\pi\,,$$

also

$$I = \int\limits_{0}^{\infty} e^{-x^2}\, dx = \tfrac{1}{2}\,\sqrt{\pi}\,. \tag{7}$$

Hieraus ergiebt sich weiter, wenn α eine positive Zahl ist, durch Einführung einer neuen Variablen $x\sqrt{\alpha}$

$$\int\limits_{0}^{\infty} e^{-\alpha x^2}\, dx = \frac{1}{2}\,\sqrt{\frac{\pi}{\alpha}}\,. \tag{8}$$

§ 256. Mit Hilfe dieser Resultate lassen sich auch alle Integrale von der Form

$$\int\limits_{0}^{\infty} e^{-\alpha x^2}\, x^m\, dx\,, \tag{9}$$

für ganze positive Werte von m ableiten. Durch partielle Integration findet man nämlich

$$\int e^{-\alpha x^2}\, x^m\, dx = -\frac{1}{2\,\alpha}\, e^{-\alpha x^2}\, x^{m-1} + \frac{m-1}{2\,\alpha}\int e^{-\alpha x^2}\, x^{m-2}\, dx\,. \tag{10}$$

Hieraus ergiebt sich eine Reduktionsformel für das bestimmte Integral, wenn man einmal $x = \infty$ und dann $x = 0$ setzt und die Resultate voneinander subtrahiert. Das erste Glied auf der rechten Seite von (10) nimmt für $x = \infty$ die unbestimmte Form $0 \times \infty$ an. Man kann indes beweisen, daß beim Wachsen von x der erste Faktor $e^{-\alpha x^2}$ in viel höherem Maße abnimmt, als der zweite x^{m-1} zunimmt, so daß der Grenzwert des Produktes 0 ist.[1]

Da das Produkt auch für $x = 0$ verschwindet, so folgt aus (10)

$$\int_0^\infty e^{-\alpha x^2} x^m \, dx = \frac{m-1}{2\alpha} \int_0^\infty e^{-\alpha x^2} x^{m-2} \, dx.$$

Durch diese Formel wird, wenn m gerade, das Integral schliesslich auf (8) zurückgeführt, wenn m dagegen ungerade, auf den Ausdruck

$$\int_0^\infty e^{-\alpha x^2} x \, dx,$$

dessen Wert aus dem unbestimmten Integral abgeleitet werden kann.

---

[1] Wir betrachten zu dem Zweck den einfacheren Ausdruck

$$e^{-y} y^p, \qquad (11)$$

wo p eine positive Zahl bedeutet, und stellen uns vor, daß y von einem gewissen positiven Wert ab jedesmal um eine Einheit zunimmt. Ist zuerst $y = k$, darauf $y = k + 1$, so erhält man für (11) erst

$$e^{-k} k^p,$$

und dann

$$e^{-(k+1)} (k+1)^p.$$

Der letzte Ausdruck entsteht aus dem ersten durch Multiplikation mit dem Faktor

$$\frac{1}{e} \left(\frac{k+1}{k} \right)^p. \qquad (12)$$

Ist k sehr groß, so nähert sich (12) dem Wert $\frac{1}{e}$. Hieraus folgt, daß man für k stets eine solche Zahl k_0 angeben kann, daß (12) unterhalb einer bestimmten, zwischen 1 und $\frac{1}{e}$ liegenden Zahl μ $\left(\text{z. B. } \mu = \frac{1}{2} \right)$ liegt. Wird nun zunächst in (11) $y = k_0$ gesetzt, dann ist das Produkt gleich einem endlichen Wert, welcher, wenn y weiter stets um 1 zunimmt, fortwährend mit Faktoren, die kleiner als μ sind, multipliziert werden muß. Der Grenzwert des Produktes muß deshalb 0 sein. Wie hoch also auch der Exponent p sein möge, die Zunahme des Faktors y^p in (11) kann die Abnahme von e^{-y} nicht aufwiegen. Da nun durch die Substitution $\alpha x^2 = y$ die Größe $e^{-\alpha x^2} x^{m-1}$ in (11) übergeführt werden kann, so nähert sich beim Wachsen von x auch diese Größe der Null.

§ 257. Das Integral (9) kann noch auf andere Weise berechnet werden.

Wenn nämlich in einer Funktion die Konstante α vorkommt, so hängt auch das zwischen den Grenzen p und q genommene Integral dieser Funktion — p und q sollen unabhängig von α sein — von α ab. Man kann dies ausdrücken durch die Formel

$$\int_p^q f(x,\,\alpha)\,d x = F(\alpha). \qquad (13)$$

Die Funktion $F(\alpha)$ kann nach α differentiiert werden und zwar folgenderweise. Wir teilen das Intervall von p bis q in Elemente dx, und betrachten die Summe aller zu diesen Elementen gehörenden Größen $f(x,\,\alpha)\,d x$. Diese Summe, deren Wert eben $F(\alpha)$ ist, differentiieren wir Glied für Glied in Bezug auf α. Eins der Glieder giebt $\frac{\partial}{\partial \alpha}[f(x,\,\alpha)]\,d x$, wobei unter x und dx dasselbe zu verstehen ist, wie in dem Gliede selbst. Die Summe der Differentialquotienten bildet wieder ein Integral zwischen den Grenzen p und q; d. h. es ist

$$\int_p^q \frac{\partial}{\partial \alpha}[f(x,\,\alpha)]\,d x = F'(\alpha).$$

Da nun $\frac{\partial}{\partial \alpha}[f(x,\,\alpha)]$ eine andere Funktion von x ist, als $f(x,\,\alpha)$ selbst, so hat man mittels der Differentiation aus (13) ein neues Integral abgeleitet.

Mittels dieses Kunstgriffes läßt sich $\int_0^\infty e^{-\alpha x^2}\,x^m\,d x$ für gerade m leicht berechnen. Wir gehen zu dem Zweck aus von (8)

$$\int_0^\infty e^{-\alpha x^2}\,d x = \frac{1}{2}\sqrt{\frac{\pi}{\alpha}}$$

und differentiieren nach α. Wir erhalten dann

$$\int_0^\infty \frac{\partial}{\partial \alpha}[e^{-\alpha x^2}]\,d x = -\int_0^\infty e^{-\alpha x^2}\,x^2\,d x = -\frac{1}{4}\sqrt{\frac{\pi}{\alpha^3}},$$

also

$$\int_0^\infty e^{-\alpha x^2} x^2 \, dx = \frac{1}{4} \sqrt{\frac{\pi}{\alpha^3}} \, .$$

Aus diesem Integral findet man auf analoge Weise die Werte von

$$\int_0^\infty e^{-\alpha x^2} x^4 \, dx, \quad \int_0^\infty e^{-\alpha x^2} x^6 \, dx$$

u. s. w. Wir überlassen es dem Leser, diese Resultate mit denen, welche die Reduktionsformeln des vorigen Paragraphen liefern, zu vergleichen.

§ 258. Wenn andere Methoden versagen, kann man seine Zuflucht zu einer Entwickelung der zu integrierenden Funktion in eine unendliche Reihe nehmen. Um z. B.

$$\int \frac{e^x}{x} \, dx$$

zu berechnen (§ 254), substituiert man (§ 240)

$$e^x = 1 + x + \frac{x^2}{1.2} + \frac{x^3}{1.2.3} + \cdots + \frac{x^{n-1}}{1.2.3 \ldots (n-1)} + R_n,$$

wo R_n eine Funktion von x ist, die beim Wachsen von n sich dem Wert Null nähert. Indem man Glied für Glied integriert, erhält man

$$\int \frac{e^x}{x} \, dx = lx + x + \frac{x^2}{1.2^2} + \frac{x^3}{1.2.3^2} + \cdots$$

$$\cdots + \frac{x^{n-1}}{1.2 \ldots (n-2)(n-1)^2} + \int \frac{R_n}{x} \, dx \, . \tag{14}$$

Das letzte Glied enthält eine unbestimmte Konstante. Wir können z. B. annehmen, daß die Funktion, deren Differentialquotient $\frac{R_n}{x}$ ist, für $x = 0$ den Wert C hat. Für irgend einen anderen Wert von x ist jene Funktion dann gleich C vermehrt um den Zuwachs, den sie erfährt, wenn x von 0 in den angenommenen Wert übergeht, also gleich

$$C + \int_0^x \frac{R_n}{x} \, dx \,.[1]$$

---

[1] In diesem Ausdruck sind sowohl die verschiedenen Werte, welche die unabhängig Veränderliche in dem Integrationsintervall annimmt, als

Für (14) kann man deshalb schreiben

$$\int \frac{e^x}{x} d x = C + l\,x + x + \frac{x^2}{1.2^2} + \frac{x^3}{1.2.3^2} + \cdots$$

$$\cdots + \frac{x^{n-1}}{1.2 \ldots (n-2)(n-1)^2} + \int_0^x \frac{R_n}{x} d x.$$

Aus der Formel für R_n (§ 240) folgt, daß der Grenzwert von $\frac{R_n}{x}$ für jeden Wert von x, auch für $x = 0$, sich bei wachsendem n dem Wert 0 nähert. Deshalb muß auch für jeden Wert der oberen Grenze die Summe

$$\int_0^x \frac{R_n}{x} d x$$

für $n = \infty$ den Grenzwert 0 haben, so daß die Reihe in der obenstehenden Gleichung konvergiert, und

$$\int \frac{e^x}{x} d x = C + l\,x + x + \frac{x^2}{1.2^2} + \frac{x^3}{1.2.3^3} + \cdots$$

wird.

§ 259. Als zweites Beispiel diene die Bestimmung des Umfanges P einer Ellipse. Wenden wir die Bezeichnungen des § 54 an und setzen $\frac{c}{a} = \varepsilon$, so ist

$$P = 4 \int_0^a \sqrt{\frac{a^2 - \varepsilon^2 x^2}{a^2 - x^2}} d x,$$

oder, wenn man die Substitution $x = a \sin \varphi$ benutzt,

$$P = 4 a \int_0^{\frac{1}{2}\pi} \sqrt{1 - \varepsilon^2 \sin^2 \varphi}\, d \varphi. \tag{15}$$

Aus der Binomialformel folgt

$$\sqrt{1 - \varepsilon^2 \sin^2 \varphi} = 1 - \frac{1}{2} \varepsilon^2 \sin^2 \varphi - \frac{1}{2.4} \varepsilon^4 \sin^4 \varphi -$$

$$- \frac{1.3}{2.4.6} \varepsilon^6 \sin^6 \varphi - \cdots,$$

auch der Endwert derselben durch x bezeichnet, was wohl kaum zu einer Verwechselung Anlaß geben wird. Übrigens hätte man den unter dem Integralzeichen stehenden Buchstaben x auch durch einen anderen ersetzen können.

welche Gleichung für jeden Wert von φ gültig ist, da stets $\varepsilon \sin \varphi < 1$ ist. Durch eine ähnliche Betrachtung, wie die im letzten Paragraphen mitgeteilte, läßt sich nun zeigen, daß man, um $\dfrac{P}{4a}$ zu erhalten, nur jedes Glied der Reihe mit $d\varphi$ zu multiplizieren und zwischen 0 und $\frac{1}{2}\pi$ zu integrieren braucht. Man findet also unter Berücksichtigung des § 199 Gefundenen

$$P = 2\pi a \left| 1 - \left(\frac{1}{2}\right)^2 \frac{\varepsilon^2}{1} - \left(\frac{1.3}{2.4}\right)^2 \frac{\varepsilon^4}{3} - \left(\frac{1.3.5}{2.4.6}\right)^2 \frac{\varepsilon^6}{5} - \dots \right].$$

Das Integral $\int \sqrt{1 - \varepsilon^2 \sin^2 \varphi}\, d\varphi$ und die hiermit verwandten

$$\int \frac{d\varphi}{\sqrt{1 - \varepsilon^2 \sin^2 \varphi}} \quad \text{und} \quad \int \frac{d\varphi}{(1 + \lambda \sin^2 \varphi)\sqrt{1 - \varepsilon^2 \sin^2 \varphi}}$$

kommen in vielen Aufgaben vor. Da die Bestimmung der Länge eines elliptischen Bogens auf ein solches Integral hinauskommt, so nennt man sie **elliptische Integrale**.

§ 260. Ebenso wie in den behandelten Beispielen kann man auch in vielen anderen Fällen die Funktion unter dem Integralzeichen nach steigenden Potenzen, sei es der unabhängig Variablen, sei es einer Konstanten, entwickeln und so für das Integral eine konvergierende Reihe aufstellen, so daß man, wenn man nur genug Glieder addiert, den Wert desselben mit jedem Grad von Genauigkeit bestimmen kann.

Ein anderes Mittel, um einen angenäherten Wert für ein bestimmtes Integral zu finden, ergiebt sich unmittelbar aus der Auffassung des Integrals als eine Summe unendlich vieler Glieder. Ist z. B. für jeden Augenblick die Geschwindigkeit eines beweglichen Punktes gegeben, so wird man einen Näherungswert für den in einem bestimmten Zeitraume zurückgelegten Weg erhalten, wenn man dieses Intervall in kleine Zeitteilchen zerlegt, für jedes derselben den Weg berechnet, als wäre die Bewegung gleichförmig, und schließlich addiert. Man wird sich weniger von der Wirklichkeit entfernen, wenn man die Bewegung während jedes Zeitteilchens als gleichförmig beschleunigt oder verzögert betrachtet, und noch weniger, wenn man annimmt, es sei die Geschwindigkeit eine quadratische Funktion der Zeit.

Natürlich sind derartige Näherungsrechnungen auch bei bestimmten Integralen, welche eine andere Bedeutung haben, anwendbar. Handelt es sich um die Bestimmung des Inhaltes eines Flächenteiles wie $APQB$ (Fig. 93, S. 254), und zerlegt man diesen in vertikale Streifen, so kann man die obere Begrenzung jedes Streifens ersetzen durch eine zur x-Achse parallele Gerade (erste Näherung), resp. eine zu OX geneigte Gerade (zweite Näherung) oder durch einen Parabelbogen (dritte Näherung).

Wir erwähnen noch folgendes. Soll das Integral

$$I = \int_m^n f(x)\,dx$$

ermittelt werden, so kann man, wenn die Grenzen m und n nicht zu weit auseinander liegen (größere Integrationsintervalle kann man zerlegen und jedes der entsprechenden Teilintegrale für sich behandeln), die Funktion $f(x)$ annähernd (vergl. § 22) als eine quadratische Funktion

$$\varphi(x) = a + bx + cx^2$$

darstellen. In derselben lassen sich die Koeffizienten so bestimmen, daß für drei Werte von x die Funktion $f(x)$ genau erhalten wird. Wir wählen für jene Werte von x die beiden äußersten, m und n, und den in der Mitte zwischen diesen liegenden Wert, so daß für diese drei Werte

$$\varphi(x) = f(x)$$

wird.

Der gesuchte angenäherte Wert des Integrals ist nun

$$\int_m^n (a + bx + cx^2)\,dx,$$

was man leicht berechnen kann. Das Resultat läßt sich schreiben in der Form (vergl. Aufg. 77, S. 302)

$$I = \tfrac{1}{6}(n - m)\left[\varphi(m) + 4\varphi\{\tfrac{1}{2}(m + n)\} + \varphi(n)\right]$$

oder

$$I = \tfrac{1}{6}(n - m)\left[f(m) + 4f\{\tfrac{1}{2}(m + n)\} + f(n)\right].$$

Dies Ergebnis können wir benutzen, um näherungsweise den Flächeninhalt irgend einer Figur, bei welcher die begrenzende Kurve nur durch die Ordinaten einzelner Punkte gegeben zu sein braucht, zu bestimmen. Man teile die Grundlinie IP (Fig. 112) in eine gerade, aber sonst beliebige Anzahl gleicher Teile h und ziehe durch die Teilpunkte Parallele zu der y-Achse. Setzt man $IA = y_0$, $KB = y_1$, $LC = y_2$ u. s. w., so ist näherungsweise

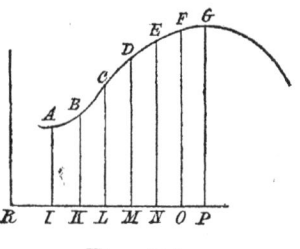

Fig. 112.

$$IACL = \tfrac{1}{3} h (y_0 + 4 y_1 + y_2),$$
$$LCEN = \tfrac{1}{3} h (y_2 + 4 y_3 + y_4),$$
$$NEGP = \tfrac{1}{3} h (y_4 + 4 y_5 + y_6).$$

Durch Addition ergiebt sich

$$IAGP = \tfrac{1}{3} h (y_0 + 4 y_1 + 2 y_2 + 4 y_3 + 2 y_4 + 4 y_5 + y_6).$$

Hätte man die Basis in eine beliebige andere gerade Anzahl (n) Teile geteilt, so hätte man analog erhalten

$$IAGP = \tfrac{1}{3} h (y_0 + 4 y_1 + 2 y_2 + 4 y_3 + 2 y_4 + 4 y_5 + \ldots + y_n) \quad (16)$$

Diesem Resultate entspricht folgende Gleichung, in der vorausgesetzt ist, daß man das Integrationsintervall $n - m$ in eine gerade Anzahl gleicher Teile h zerlegt hat

$$\int_m^n f(x)\, dx = \tfrac{1}{3} h \, [\, f(m) + 4 f(m + h) + 2 f(m + 2h) +$$
$$+ 4 f(m + 3h) + 2 f(m + 4h) + \ldots$$
$$+ 2 f(n - 2h) + 4 f(n - h) + f(n)\,].$$

Der hierin ausgedrückte Satz heißt die Simpson'sche Regel.

§ 261. Auch ohne Berechnung, mit Hilfe von eigens zu diesem Zwecke konstruierten Apparaten läßt sich der Wert von Integralen ermitteln.

Ein solcher von James Thomson erfundener Integrationsapparat ist folgendermaßen eingerichtet. Ein horizontaler Umdrehungscylinder C, dessen Axe man sich in Fig. 113 senkrecht zur Ebene der Zeichnung zu denken hat, ist frei um seine Achse, und eine ebene runde Scheibe AB um die in ihrem Mittelpunkt O errichtete Senkrechte OL drehbar. Die Ebene steht ebenfalls senkrecht zur Ebene der Figur und ist der Achse des Cylinders parallel, aber in Bezug auf den Horizont geneigt. Eine Kugel K drückt

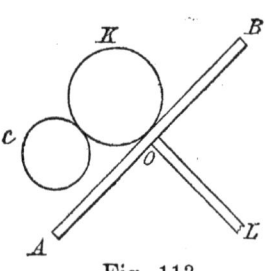

Fig. 113.

vermöge ihrer Schwere auf den Cylinder und die Ebene; sie läßt sich in der Richtung senkrecht zur Zeichnung verschieben; geschieht dies, so beschreiben die beiden Berührungspunkte gerade Linien, und der Apparat ist so eingerichtet, daß die eine dieser Linien gerade durch den Mittelpunkt der Scheibe geht. Während die Kugel verschoben wird, kann sie sich frei um ihren, jenen Linien parallelen Durchmesser drehen; und in den Berührungspunkten ist die Reibung genügend, um vermittelst der Kugel die Umdrehung der Scheibe auf den Cylinder zu übertragen.

Es sei nun y eine gegebene Funktion der Zeit t, und es werde nach dem Wert des Integrals $\int y\,dt$ gefragt. Man erteile der Scheibe eine konstante Winkelgeschwindigkeit ω und verschiebe die Kugel fortwährend so, daß der Abstand ihres Mittelpunktes von der mittleren Lage, in der K das Centrum der Scheibe berührt, $= cy$ (c konstant) sei. Der Berührungspunkt der Kugel mit der Scheibe, also auch der mit dem Cylinder, hat dann eine Geschwindigkeit $c\omega y$. Ist der Radius des Cylinders $= a$, so ist die Winkelgeschwindigkeit des letzteren $\frac{c\omega}{a}y$. Zwischen den Augenblicken t_1 und t_2 wird also der Cylinder sich um einen Winkel

$$\frac{c\omega}{a}\int_{t_1}^{t_2} y\,dt$$

drehen; liest man diesen Winkel an einer passend angebrachten Teilung ab, so hat man auch den Wert des Integrals

$$\int_{t_1}^{t_2} y\,dt.$$

Außer diesem existieren noch verschiedene andere Integrierapparate. Hierher gehören unter anderem die **Planimeter**, welche man benutzt, **um** einer Zeichnung (z. B. einer Karte) den Inhalt eines begrenzten Teiles zu entnehmen.

Aufgaben.

Es sollen die folgenden Integrale berechnet werden:

1. $\int \dfrac{dx}{1 + x^3}$;   2. $\int \dfrac{dx}{1 - x^6}$;   3. $\int \dfrac{x^2\,dx}{(x + 1)(x + 2)(x + 3)}$;

4. $\int \dfrac{dx}{(a^2 + x^2)^2}$;   5. $\int \dfrac{\sqrt{a^2 - x^2}}{x}\,dx$;   6. $\int \dfrac{x\,dx}{\sqrt{(1 - x^2)^5}}$;

7. $\int \dfrac{dx}{\sqrt{(a + bx + cx^2)^3}}$;   8. $\int \dfrac{dx}{\sin^3 x \cos^3 x}$;

9. $\int\limits_{0}^{1/2\,\pi} \sin^5 x \cos^3 x\,dx$;   10. $\int \dfrac{dx}{(a + b \cos x)^2}$.

11. Es sollen Reduktionsformeln für

$$\int \frac{dx}{(1 + x^2)^n} \quad \text{und} \quad \int \frac{dx}{x^n \sqrt{a^2 - x^2}}$$

aufgestellt werden.

12. Es soll der Werth der folgenden Integrale berechnet werden:

$$\int\limits_{-\infty}^{+\infty} e^{-2x^2}\,dx, \qquad \int\limits_{-\infty}^{+\infty} e^{1 - 3x^2}\,dx, \qquad \int\limits_{-\infty}^{+\infty} e^{1 - 4x - 4x^2}\,dx.$$

13. Die Schwingungsdauer T eines mathematischen Pendels von der Länge l ist gegeben durch die Formel

$$T = 2\sqrt{\frac{l}{g}} \int\limits_{0}^{1/2\,\pi} \frac{d\varphi}{\sqrt{1 - \sin^2 \tfrac{1}{2}\,\alpha \sin^2 \varphi}},$$

wo α die größte Abweichung aus der Gleichgewichtslage darstellt. Es soll T in eine Reihe nach steigenden Potenzen von $\sin^2 \tfrac{1}{2}\,\alpha$ entwickelt werden.

Kapitel XIII.

Die Fourier'sche Reihe.

§ 262. In § 46 (vergl. § 66) wurde nachgewiesen, daß
man durch Addition von goniometrischen Funktionen kompliziertere Funktionen erhalten kann, die mit den goniometrischen
die Eigenschaft der Periodizität gemein haben. So besitzt eine
Reihe, deren Glieder die mit konstanten Koeffizienten multi-
plizierten Sinus der Vielfachen von x enthalten, die Periode 2π.
Dasselbe gilt, wenn auch Glieder mit den Cosinus der Vielfachen von x auftreten und wenn ein konstantes Glied vorkommt. Von FOURIER wurde nun nachgewiesen, daß man
jede willkürliche Funktion von x, deren Periode 2π ist, durch
eine solche Reihe mit unendlich vielen Gliedern darstellen
kann, daß also, wenn $f(x)$ eine solche Funktion bedeutet, die
Koeffizienten so gewählt werden können, daß für jeden Wert
von x

$$f(x) = a + b_1 \cos x + b_2 \cos 2x + b_3 \cos 3x + \ldots$$
$$+ c_1 \sin x + c_2 \sin 2x + c_3 \sin 3x + \ldots \quad (1)$$

ist.

Die Integralrechnung setzt uns in Stand, wenn wir die
Möglichkeit dieser Entwickelung voraussetzen, den Wert der
Koeffizienten zu bestimmen.

Wir schicken die Bemerkung voraus, daß, eben weil 2π
die Periode von $f(x)$ ist, die Reihe (1) für alle Werte von x
gilt, sobald sie für irgend ein Intervall, dessen Anfangs- und
Endpunkt um 2π voneinander entfernt sind, z. B. für das
Intervall $x = -\pi$ bis $x = +\pi$ gilt. Wir beschränken uns
daher auf dieses Intervall. Innerhalb desselben kann die
Funktion $f(x)$ jeden willkürlichen Verlauf nehmen, so daß für
$-\pi < x < +\pi$ jede Funktion, mag sie periodisch sein oder
nicht, nach Formel (1) entwickelt werden kann.

§ 263. Wir wollen zuerst versuchen, das konstante Glied a
zu bestimmen. Man sieht leicht ein, daß dasselbe im allgemeinen auftreten muß; denn wäre $a = 0$, so würde, da jedes
Glied der Reihe zwischen $x = -\pi$ und $x = +\pi$ positive und
negative Werte in gleichem Maße annimmt, dasselbe von $f(x)$

gelten müssen, was im allgemeinen nicht der Fall ist. Die Funktion $f(x)$ kann z. B. im ganzen Intervall positiv sein, oder es können die positiven Werte überwiegen. Beides ist nur möglich, wenn a positiv ist.

Um nun a zu bestimmen, multipliziere man die Gleichung (1) mit dx und integriere zwischen den Grenzen $-\pi$ und $+\pi$. Alle Glieder mit einem Sinus oder Cosinus geben dann 0, aber aus dem ersten Glied entsteht $2\pi a$, so daß

$$a = \frac{1}{2\pi} \int_{-\pi}^{+\pi} f(x)\, dx \qquad (2)$$

sein muß. Ist $f(x)$ gegeben, so ist dieses Integral eine bestimmte konstante Zahl.

§ 264. In analoger Weise lassen sich alle anderen Koeffizienten in (1) ermitteln, z. B. der Koeffizient b_m von $\cos mx$. Man multipliziere zu dem Zweck die Gleichung nicht bloß mit dx, sondern überdies noch mit einem anderen Faktor, der so gewählt wird, daß, wenn man zwischen $-\pi$ und $+\pi$ integriert, alle Glieder mit Ausnahme von dem mit b_m wegfallen. Man beachte dabei, daß im vorigen Paragraphen alle Glieder mit einem Sinus oder Cosinus beim Integrieren 0 lieferten, weil sie in dem Integrationsintervall in gleichem Maße positive und negative Werte hatten. Damit also jetzt b_m nicht verschwindet, wird man mit einer solchen Größe multiplizieren müssen, daß dieser Umstand bei $\cos mx$ wegfällt. Dies ist der Fall, wenn man $\cos mx\, dx$ als Faktor wählt. Denn es ist (§ 200)

$$\int_{-\pi}^{+\pi} \cos^2 mx\, dx = \pi\,.$$

Die übrigen Glieder verschwinden, denn man hat, wenn n irgend eine von m verschiedene ganze Zahl bedeutet:

$$\int_{-\pi}^{+\pi} \cos mx \cos nx\, dx = \tfrac{1}{2}\int_{-\pi}^{+\pi} \cos(m+n)x\, dx +$$

$$+ \tfrac{1}{2}\int_{-\pi}^{+\pi} \cos(m-n)x\, dx = 0,$$

da die beiden Integrale mit $\cos (m + n) x$ und $\cos (m - n) x$ verschwinden. Ebenso ist

$$\int\limits_{-\pi}^{+\pi} \cos m\,x \sin n\,x\,d\,x = \tfrac{1}{2} \int\limits_{-\pi}^{+\pi} \sin (m + n) x\,d\,x -$$

$$- \tfrac{1}{2} \int\limits_{-\pi}^{+\pi} \sin (m - n) x\,d\,x = 0,$$

welch letztere Formel auch gilt, wenn $n = m$ ist.

Da also durch die angegebene Operation auf der rechten Seite von (1) nur $b_m \pi$ herauskommt, so erhält man

$$b_m = \frac{1}{\pi} \int\limits_{-\pi}^{+\pi} f(x) \cos m\,x\,d\,x. \qquad (3)$$

Da man hierin für m nacheinander 1, 2, 3 u. s. w. ein-setzen kann, so lassen sich alle Koeffizienten b_1, b_2, b_3, ... berechnen. Wir bemerken noch, daß, wenn man die Formel auch für $m = 0$ anwendet, und also aus derselben einen Koeffi-zienten b_0 ableitet, das erste Glied a in (1) durch $\tfrac{1}{2} b_0$ ersetzt werden darf.

In ähnlicher Weise läßt sich der Koeffizient von $\sin m\,x$, also c_m, bestimmen. Man multipliziere zu dem Zweck (1) mit $\sin m\,x\,d\,x$ und integriere wieder zwischen $-\pi$ und $+\pi$. Da

$$\int\limits_{-\pi}^{+\pi} \sin^2 m\,x\,d\,x = \pi$$

und, wenn m und n voneinander verschieden sind,

$$\int\limits_{-\pi}^{+\pi} \sin m\,x \sin n\,x\,d\,x = 0,$$

so ergiebt sich

$$c_m = \frac{1}{\pi} \int\limits_{-\pi}^{+\pi} f(x) \sin m\,x\,d\,x. \qquad (4)$$

§ 265. Als Beispiel setzen wir

$$f(x) = x.$$

Man findet dann leicht, daß

$$b_m = \frac{1}{\pi} \int_{-\pi}^{+\pi} x \cos m\, x\, d\, x = 0,$$

$$c_m = \frac{1}{\pi} \int_{-\pi}^{+\pi} x \sin m\, x\, d\, x = -\frac{2}{m} \quad \text{oder} \quad +\frac{2}{m},$$

je nachdem m gerade oder ungerade ist.

Nach dem Theorem von FOURIER muß also für alle Werte von x zwischen $-\pi$ und $+\pi$

$$\tfrac{1}{2} x = \sin x - \tfrac{1}{2} \sin 2\,x + \tfrac{1}{3} \sin 3\,x - \tfrac{1}{4} \sin 4\,x + \ldots \qquad (5)$$

sein. In Fig. 114 ist dieses Resultat graphisch dargestellt. Die punktierten Sinusoïden stellen die drei ersten Glieder der

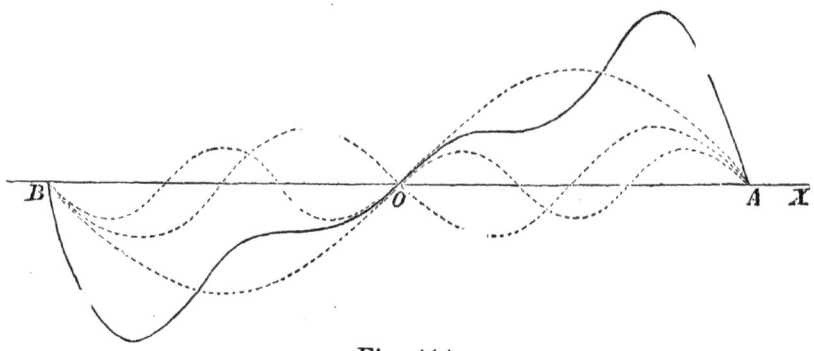

Fig. 114.

Reihe dar; durch Zusammensetzung derselben (§ 66) ist die ausgezogene Linie entstanden. In ihrem mittleren Teil nähert sich die letztere einer Geraden, deren Gleichung

$$y = \tfrac{1}{2} x$$

ist.

Als zweites Beispiel setzen wir $f(x) = x^2$. Es ergiebt sich

$$a = \frac{1}{2\,\pi} \int_{-\pi}^{+\pi} x^2\, d\, x = \tfrac{1}{3}\,\pi^2,$$

$$b_m = \frac{1}{\pi} \int_{-\pi}^{+\pi} x^2 \cos m\, x\, d\, x = +\frac{4}{m^2} \quad \text{oder} \quad -\frac{4}{m^2},$$

25*

je nachdem m gerade oder ungerade ist.   Ferner findet man

$$c_m = \frac{1}{\pi} \int\limits_{-\pi}^{+\pi} x^2 \sin m\, x\, d\, x = 0\,,$$

so daß für $-\pi < x < +\pi$

$$\tfrac{1}{4} x^2 - \tfrac{1}{12} \pi^2 = -\cos x + \tfrac{1}{4}\cos 2\, x - \tfrac{1}{9}\cos 3\, x + \tag{6}$$
$$+ \tfrac{1}{16}\cos 4\, x - \ldots$$

In Fig. 115 stellen die punktierten Linien wieder die drei ersten Glieder dar.   Die daraus zusammengesetzte Kurve nähert sich der Parabel

$$y = \tfrac{1}{4} x^2 - \tfrac{1}{12} \pi^2\,.$$

Substituiert man in (5) und (6) für x irgend einen Bruchteil von π, so erhält man Reihen, aus denen sich der Wert von π oder von π^2 berechnen läßt (vergl. § 245).

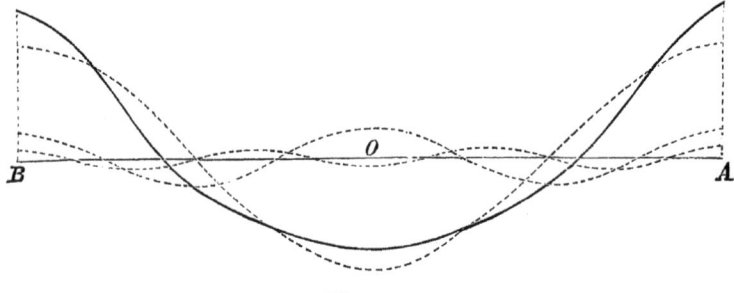

Fig. 115.

Daß in der Reihe (5) nur die Sinus und in (6) nur die Cosinus auftreten, rührt daher, daß die linke Seite von (5) bei Umkehrung des Vorzeichens von x ebenfalls ihr Vorzeichen wechselt — ihr absoluter Wert bleibt ungeändert —, während die linke Seite von (6) dabei dasselbe Vorzeichen behält.

Im allgemeinen werden, wenn $f(x)$ die erste Eigenschaft hat, von den Elementen des Integrals $\int\limits_{-\pi}^{+\pi} f(x)\cos m\, x\, d\, x$ sich gegenseitig je zwei aufheben, so daß $b_m = 0$ wird.   Bleibt dagegen beim Wechsel des Vorzeichens von x sowohl das Vorzeichen als auch der Wert der Funktion ungeändert, so wird aus ähnlichem Grunde $c_m = 0$ sein.   In der Entwickelung einer willkürlichen Funktion, der weder die eine noch die andere Eigenschaft zukommt, treten sowohl Glieder mit Sinus als auch mit Cosinus auf.

Übrigens gelten die Gleichungen (5) und (6) nur innerhalb des angewiesenen Intervalles. Überschreitet man dasselbe, so wiederholt sich die der Reihe entsprechende Curve, da ja eine jede der Linien, aus denen sie zusammengesetzt ist, die Periode 2π besitzt. Im ersten Beispiel (Gleich. 5) folgen also Teile von geraden Linien aufeinander, im zweiten parabolische Bögen. Mit anderen Worten, die Reihen (5) und (6) stellen periodische Funktionen dar, die für $-\pi < x < +\pi$ den durch $f(x) = \frac{1}{2}x$ oder $f(x) = \frac{1}{4}x^2 - \frac{1}{12}\pi^2$ bestimmten Verlauf nehmen. Im ersten Beispiele muß diese periodische Funktion für $x = \pm\,\pi$, $\pm\,3\,\pi$ u. s. w. diskontinuierlich sein und aus dem Wert $\frac{1}{2}\pi$ in $-\frac{1}{2}\pi$ überspringen. Die Reihe (5) kann natürlich für diese Werte von x nicht gleichzeitig beide Werte annehmen, thatsächlich ist sie, wie man leicht einsieht, $= 0$. Sobald jedoch x nur wenig größer oder kleiner ist als die Werte, bei denen die Diskontinuität auftritt, stellt die Reihe den Wert der oben genannten periodischen Funktion dar.

§ 266. Die Auseinandersetzungen am Anfange dieses Kapitels können nicht als ein Beweis für das Theorem von Fourier gelten, denn die Möglichkeit der Reihenentwickelung wurde unbewiesen angenommen. Da ein vollständiger Beweis zu weit führen würde, so wollen wir uns damit begnügen, einigermaßen zu erläutern, warum die Reihe, deren Koeffizienten durch (3) und (4) gegeben sind, konvergiert und warum ihre Summe $f(x)$ ist.

Eine unendliche Reihe konvergiert, wenn die Summe S_n ihrer n ersten Glieder sich bei zunehmendem n einem bestimmten Grenzwert nähert. Dazu ist erforderlich, daß die neu hinzutretenden Glieder schließlich nur noch einen sehr geringen Einfluß auf S_n ausüben. Die Glieder der Reihe, die vielleicht, von dem ersten ab gerechnet, eine Zeit lang wachsen können, müssen also schließlich immer kleiner werden. Dies ist wirklich bei der Reihe von Fourier der Fall; denn für $m = \infty$ ist sowohl Lim b_m, als auch Lim $c_m = 0$. Um dies einzusehen, betrachten wir die Integrale (3) und (4) etwas genauer. Die Funktionen $\cos m\,x$ und $\sin m\,x$ werden, wenn x

von $-\pi$ in $+\pi$ übergeht, wiederholt gleich 0, indem sie ihr Vorzeichen wechseln, und zwar geschieht dies für Werte von x, die in den Abständen $\frac{\pi}{m}$ voneinander entfernt liegen. Ist nun m sehr groß, so wächst die Anzahl dieser Intervalle $\frac{\pi}{m}$, während ein jedes sehr klein wird. Die Werte, welche $f(x)$ in zwei aufeinander folgenden Intervallen annimmt, unterscheiden sich dann nur sehr wenig voneinander. Wäre $f(x)$ gleich einer Konstanten, so würden. wie sich leicht nachweisen läßt, zwei aufeinander folgende Intervalle gleiche Beiträge für die Summe (3) oder (4), aber mit entgegengesetztem Vorzeichen liefern. Hieraus folgt, daß wenn m sehr groß ist und $f(x)$ irgend eine kontinuierliche Funktion bedeutet, die Teile, welche in den Summen (3) und (4) von zwei aufeinander folgenden Intervallen herrühren, einander beinahe aufheben. Es müssen daher b_m und c_m sehr klein werden, und zwar um so kleiner, je größer m ist.

§ 267. Nachdem wir so die Möglichkeit der Konvergenz dargethan haben, wollen wir die Summe einer endlichen Anzahl von Gliedern bilden und zeigen, daß sich diese Summe einem bestimmten Grenzwerte nähert, wenn die Anzahl der Glieder zunimmt. Gehen wir also aus von der Reihe

$$\tfrac{1}{2} b_0 + b_1 \cos x + b_2 \cos 2 x + b_3 \cos 3 x + \ldots$$
$$+ c_1 \sin x + c_2 \sin 2 x + c_3 \sin 3 x + \ldots,$$

in welcher die Koeffizienten die Werte

$$b_m = \frac{1}{\pi} \int_{-\pi}^{+\pi} f(\xi) \cos m\,\xi\, d\,\xi$$

und

$$c_m = \frac{1}{\pi} \int_{-\pi}^{+\pi} f(\xi) \sin m\,\xi\, d\,\xi$$

haben.

(In den beiden letzten Formeln haben wir nicht, wie in (3) und (4), x, sondern ξ für die Integrationsvariable geschrieben, um in der Folge Verwechselungen zu vermeiden). Wir legen nun x einen bestimmten, bei der folgenden Betrachtung feststehenden Wert zwischen $-\pi$ und $+\pi$ bei und bilden die Summe S_n der Reihe, bis zu den Gliedern, welche $\cos nx$ und $\sin nx$ enthalten. Zu dem Zweck setzen wir die Werte der Koeffizienten in die Reihe ein, schreiben den konstanten Cosinus und Sinus unter das Integralzeichen und vereinigen schließlich alle Glieder zu einem einzigen Integral nach ξ. Es ergiebt sich so

$$
\left.
\begin{aligned}
S_n &= \frac{1}{\pi} \int_{-\pi}^{+\pi} f(\xi) \left[\tfrac{1}{2} + \cos \xi \cos x + \ldots + \cos n\xi \cos nx \right. \\
&\qquad\qquad \left. + \sin \xi \sin x + \ldots + \sin n\xi \sin nx\right] d\xi \\
&= \frac{1}{\pi} \int_{+\pi}^{+\pi} f(\xi) \left[\tfrac{1}{2} + \cos(\xi - x) + \ldots + \cos n(\xi - x)\right] d\xi
\end{aligned}
\right\} \quad (7)
$$

oder [1]

$$
S_n = \frac{1}{\pi} \int_{-\pi}^{+\pi} f(\xi) \, \frac{\sin(n + \tfrac{1}{2})(\xi - x)}{2 \sin \tfrac{1}{2}(\xi - x)} \, d\xi. \qquad (8)
$$

Diese Gleichung gilt für alle Werte von $\xi - x$, auch für $\xi - x = 0$, wenn man in diesem Falle für den Bruch seinen Grenzwert $n + \tfrac{1}{2}$ nimmt. Es sind ja, wenn $\xi - x = 0$, alle Cosinus in (7) 1, so daß $f(\xi) d\xi$ in jener Gleichung wirklich mit $n + \tfrac{1}{2}$ multipliziert ist.

Der Ausdruck (8) hängt ausser von x noch von n ab. Wir wollen jetzt untersuchen, welchen Wert er annimmt, wenn n fortdauernd zunimmt.

---

[1] Um die Summe s der Reihe

$$
\cos a + \cos 2a + \cos 3a + \ldots + \cos na
$$

zu bestimmen, multipliziert man dieselbe mit $2 \sin \tfrac{1}{2} a$. In dem dadurch entstehenden Ausdruck

$$
2s \cdot \sin \tfrac{1}{2} a = 2 \sin \tfrac{1}{2} a \cos a + 2 \sin \tfrac{1}{2} a \cos 2a + \ldots + 2 \sin \tfrac{1}{2} a \cos na
$$

ersetze man die Glieder rechts durch

$$
\sin \tfrac{3}{2} a - \sin \tfrac{1}{2} a, \quad \sin \tfrac{5}{2} a - \sin \tfrac{3}{2} a, \ldots \sin(n + \tfrac{1}{2}) a - \sin(n - \tfrac{1}{2}) a.
$$

Man erhält dann

$$
2s \cdot \sin \tfrac{1}{2} a = \sin(n + \tfrac{1}{2}) a - \sin \tfrac{1}{2} a,
$$

folglich

$$
s = \frac{\sin(n + \tfrac{1}{2}) a}{2 \sin \tfrac{1}{2} a} - \tfrac{1}{2}.
$$

§ 268. Um diese Frage zu beantworten, betrachten wir
den Verlauf der Funktion

$$\frac{\sin (n + \tfrac{1}{2})(\xi - x)}{2 \sin \tfrac{1}{2}(\xi - x)} . \tag{9}$$

Wenn ξ das Intervall von $- \pi$ bis $+ \pi$ durchläuft, wird der
Zähler dieses Bruches wiederholt gleich 0. Zuerst tritt dieser
Fall ein, wenn $\xi = x$ ist, ferner für alle Werte von ξ, die
man hieraus durch jedesmalige Addition oder Subtraktion von
$\dfrac{2\,\pi}{2\,n + 1}$ erhält, also für

$$\xi = x + \frac{2\,\pi}{2\,n + 1}, \quad \xi = x + \frac{4\,\pi}{2\,n + 1} \quad \text{u. s. w.}$$

und

$$\xi = x - \frac{2\,\pi}{2\,n + 1}, \quad \xi = x - \frac{4\,\pi}{2\,n + 1} \quad \text{u. s. w.}$$

Verschwindet der Zähler, während der Nenner von 0 verschieden ist, so ist der Wert des Bruches 0. Dies ist der
Fall für alle obengenannten Werte mit Ausnahme des ersten,
wenn $\xi = x$ ist. In diesem letzteren Falle ist auch der Nenner 0;
für den Bruch ist dann, wie bereits bemerkt, $n + \tfrac{1}{2}$ zu setzen.

Jedesmal, wenn die Funktion (9) 0 wird, wechselt sie ihr
Vorzeichen.

Teilen wir also das ganze Intervall von $- \pi$ bis $+ \pi$ in
kleinere, und zwar in ein Intervall von $x - \dfrac{2\,\pi}{2\,n + 1}$ bis $x + \dfrac{2\,\pi}{2\,n + 1}$
und in Intervalle, welche halb so breit wie dieses letztere sind,
so wird die Funktion (9) in den aufeinander folgenden Intervallen abwechselnd das positive und negative Vorzeichen haben.
In jedem Intervall ist der absolute Wert der Funktion einmal
ein Maximum; bei dem zuerstgenannten liegt dieses Maximum
genau, bei den anderen nahezu in der Mitte.

Fig. 116 diene zur Erläuterung. Die Abscissen stellen
die Werte von ξ, die Ordinate die von (9) dar. (Der Ursprung
und auch die Punkte, für welche $\xi = - \pi$ und $\xi = + \pi$ ist,
liegen außerhalb der Figur.)

In A ist $\xi = x$, ferner ist

$$PA = AQ = QR = RS = \frac{2\,\pi}{2\,n + 1}$$

und

$$Aa = n + \tfrac{1}{2}.$$

Diese Figur kann nun auch zur Veranschaulichung von (8) dienen. Man denke sich nämlich, daß in jedem Punkt der Ebene der Wert der Funktion $f(\xi)$ aufgezeichnet sei (längs jeder Ordinate ist der Wert von $f(\xi)$ derselbe). Dann ist das Integral in (8) das Oberflächenintegral $\int f(\xi)\,dV$, bezogen auf die Fläche $PaQbRcS$ u. s. w., welche durch die krumme Linie und die Achse AD begrenzt wird. Es ist das so zu verstehen, daß man die Beiträge, welche die oberhalb der Abscissenachse liegenden Flächenteile, wie PaQ, RcS liefern, mit dem positiven Vorzeichen, und die von den unteren Flächenteilen, wie QbR herrührenden Beiträge mit dem negativen Vorzeichen in Rechnung bringt.

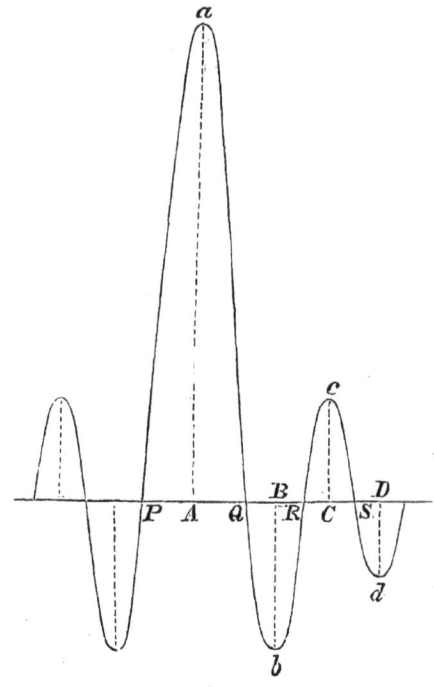

Fig. 116.

Offenbar ist der Wert von $f(\xi)$ in irgend einem Punkte unabhängig von n. Es ändert sich daher, wenn n zunimmt, nur das Integrationsgebiet. Während bei A die Maximum-Ordinate bestehen bleibt, rücken die Schnittpunkte der krummen Linie mit der x-Achse näher aneinander, wenn n zunimmt, denn der Abstand dieser Schnittpunkte ist stets $\dfrac{2\pi}{2n+1}$. Ferner wird mit wachsendem n das Maximum bei $A = n + \frac{1}{2}$ stets größer, ebenso die unmittelbar nach rechts und links folgenden Maxima; aber die Maxima, die in einem endlichen Abstand von A liegen, nehmen nicht in gleicher Weise zu, wie das bei A. Betrachten wir z. B. einen im Abstand $\frac{1}{100}\pi$ von A gelegenen Punkt T. Ist $n = 1000$, dann liegt in der Nähe jenes Punktes das 10te Maximum von A ab gerechnet (wenn man das bei A gelegene nicht mitzählt). Den Wert dieses Maximums erhält man annähernd, indem man in (9)

$\xi - x = \frac{21}{2001}\pi$ setzt; er ist ungefähr gleich 30, während das
Maximum bei A gleich $1000 + \frac{1}{2}$ ist. Ist dagegen $n = 100\,000$,
dann liegt in der Nähe desselben Punktes T das 1000ste Maximum, dessen Betrag wieder ungefähr 30 ist, während das
Maximum bei A gleich $100\,000 + \frac{1}{2}$ ist.

Man kann nun nachweisen, daß die Teile des Integrationsgebietes, die in einem endlichen Abstand von A entfernt liegen, beim Wachsen von n je länger, je weniger zum
Oberflächenintegral $\int f(\xi)\,dV$ beitragen. Zunächst beachte man,
daß der Inhalt der etwas von A entfernten, abwechselnd ober-
und unterhalb der Achse gelegenen Figuren stets kleiner wird,
wenn n zunimmt, da ihre Breite längs der Achse stets abnimmt,
während die Höhe, die Maximumordinate, nach dem Vorhergehenden nicht in demselben Maße zunimmt. Deshalb werden auch die
Beiträge, welche diese Figuren für das Integral $\int f(\xi)\,dV$
liefern, stets kleiner. Dazu kommt noch, daß, wenn n sehr
groß ist, der Nenner des Bruches (9) innerhalb zweier aufeinander folgender Intervalle beinahe konstant, etwa $= p$ bleibt,
so daß die Kurve (Fig. 116) in endlicher Entfernung von A beinahe
mit der Sinusoïde $\dfrac{1}{p}\sin(n + \tfrac{1}{2})(\xi - x)$ zusammenfällt. Zwei
aufeinander folgende ober- und unterhalb der Achse gelegene
Flächenteile besitzen daher beinahe denselben Inhalt. Die Beiträge, welche diese beiden zum Integral $\int f(\xi)\,dV$ liefern,
sind beinahe gleich; da sie aber entgegengesetztes Vorzeichen
haben, so heben sie sich beinahe gegenseitig auf. Aus diesem
Grund verschwindet in $\int f(\xi)\,dV$ der Einfluß des Integrationsgebietes, welches um eine endliche Strecke von A entfernt ist.

Anders liegen die Verhältnisse bei den Teilen des Integrationsgebietes, welche in unmittelbarer Nähe von A liegen.
Auch hier nimmt mit wachsendem n die Breite eines Intervalles längs der Achse fortwährend ab. Da aber die Höhe
fortwährend zunimmt, so bleiben diese Teile endlich. Überdies nehmen auch die Differenzen in den Werten der Maxima
hier stets zu, so daß die von den verschiedenen Teilen des
Integrationsgebietes in der Nähe von A herrührenden Beiträge
für $\int f(\xi)\,dV$ sich nicht gegenseitig aufheben.

Hieraus geht hervor, daß das Integral (8) einen endlichen
Wert behalten kann. Da nun in dem Oberflächenintegral

$\int f(\xi)\, dV$ alle Werte, welche $f(\xi)$ in endlicher Entfernung von $\xi = x$ annimmt, einen bei wachsendem n stets abnehmenden Einfluß haben, so ist es wohl begreiflich, daß nur der Wert für $\xi = x$, d. h. $f(x)$, für den schließlichen Wert des Integrals maßgebend ist. Das Integral muß also ebenso groß sein, als wenn alle $f(\xi)$ dem $f(x)$ gleich wären. Ersetzen wir in (8) $f(\xi)$ durch $f(x)$, so erhalten wir für das Integral

$$f(x) \int\limits_{-\pi}^{+\pi} \frac{\sin\left(n + \tfrac{1}{2}\right)(\xi - x)}{2 \sin \tfrac{1}{2}(\xi - x)}\, d\xi,$$

das ist
$$\pi\, f(x),$$

wie man leicht findet, wenn man den Bruch unter dem Integralzeichen wieder durch die Reihe ersetzt, an deren Stelle er getreten war.

Es ergiebt sich somit

$$\operatorname{Lim} S_n = f(x),$$

womit die Richtigkeit der FOURIER'schen Reihe bewiesen ist.

§ 269. In dem Beweis, den wir hier in seinen Hauptzügen mitgeteilt haben, wurde in Bezug auf die Funktion $f(x)$ **nur** vorausgesetzt, daß sie für jeden Wert von x zwischen $-\pi$ und $+\pi$ einen einzigen Wert annimmt. Dabei braucht die Beziehung zwischen $f(x)$ und x nicht in dem ganzen Inter-

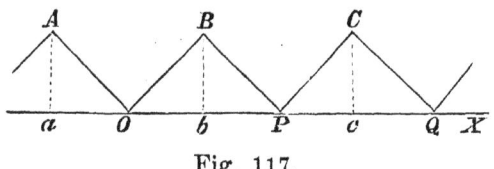

Fig. 117.

vall von $-\pi$ bis $+\pi$ dieselbe zu sein; die Kurve $f(x)$ kann aus verschiedenen krummen oder geraden Linien zusammengesetzt sein.

Nehmen wir z. B. an, daß die Funktion $f(x) = -x$ zwischen $-\pi$ bis 0, daß sie dagegen $= +x$ zwischen $x = 0$ und $+\pi$ sei, so entsteht die gebrochene Linie AOB (**Fig. 117**), in der $Oa = Ob = \pi$. Es ist dann

$$\int\limits_{-\pi}^{+\pi} f(x)\cos m\,x\,d\,x = \int\limits_{-\pi}^{0} f(x)\cos m\,x\,d\,x + \int\limits_{0}^{\pi} f(x)\cos m\,x\,d\,x$$

$$= -\int\limits_{-\pi}^{0} x\cos m\,x\,d\,x + \int\limits_{0}^{\pi} x\cos m\,x\,d\,x$$

$$= 2\int\limits_{0}^{\pi} x\cos m\,x\,d\,x =$$

$= 0$, wenn m gerade, dagegen $= -\dfrac{4}{m^2}$, wenn m ungerade. Ferner ist

$$\int\limits_{-\pi}^{+\pi} f(x)\sin m\,x\,d\,x = 0$$

und

$$\int\limits_{-\pi}^{+\pi} f(x)\,d\,x = \pi^2 .$$

Die FOURIER'sche Reihe wird dann

$$f(x) = \tfrac{1}{2}\,\pi - \frac{4}{\pi}\cos x - \frac{4}{9\,\pi}\cos 3\,x - \frac{4}{25\,\pi}\cos 5\,x - \ldots$$

Der Leser möge sich selbst durch eine graphische Darstellung davon überzeugen, daß man durch Zusammensetzung einer geraden Linie ($y = \tfrac{1}{2}\pi$) und der den weiteren Gliedern entsprechenden Sinusoïden die gebrochene Linie $A\,O\,B$ und wenn man sich nicht auf das Intervall $-\pi$ bis $+\pi$ beschränkt, die ganze gebrochene Linie $A\,O\,B\,P\,C\,..$ erhält.

Zum Schluß erwähnen wir noch, daß die Funktion $f(x)$ sogar nicht kontinuierlich zu sein braucht, sondern an irgend einer Stelle einen Sprung zeigen darf, vorausgesetzt nur, daß sie nirgends unendlich groß wird. Die Integrale (3) und (4) lassen sich auch dann auswerten und die Beweisführung des vorigen Paragraphen bleibt unverändert. Wenn indes für x der Wert eingesetzt wird, bei dem die Funktion aus einem Wert p in einen anderen q sprungweise übergeht, so ist in Fig. 116 links von der Ordinate $A\,a$ die Funktion $f(\xi) = p$ und auf der anderen Seite $f(\xi) = q$. Zieht man dies bei der Berechnung des Oberflächenintegrals $\int f(\xi)\,d\,V$ in Betracht, so ergiebt sich, daß die Summe der FOURIER'schen Reihe für diesen Wert von x weder p noch q, sondern $\frac{1}{2}(p+q)$ ist. Analog giebt die FOURIER'sche Reihe, wenn die Funktion $f(x)$ für $x = -\pi$ und $x = +\pi$ nicht denselben Wert annimmt, für diese beiden Werte $\frac{1}{2}[f(-\pi)+f(+\pi)]$ (vergl. das erste Beispiel § 265).

Sei beispielsweise, zwischen $x = -\pi$ und $x = 0$, $f(x) = -a$. zwischen $x = 0$ und $x = +\pi$ dagegen $f(x) = +a$ (a konstant). so ergiebt sich

$$\int_{-\pi}^{+\pi} f(x) \sin m\, x\, dx = 2\,a \int_{0}^{\pi} \sin m\, x\, dx = \frac{4\,a}{m}, \text{ oder } = 0,$$

je nachdem m ungerade oder gerade ist.

Ferner ist

$$\int_{-\pi}^{+\pi} f(x) \cos m\, x\, dx = 0,$$

so daß

$$f(x) = \frac{4\,a}{\pi}\left(\sin x + \tfrac{1}{3}\sin 3\,x + \tfrac{1}{5}\sin 5\,x + \ldots\right).$$

Die durch Zusammensetzung der entsprechenden Sinusoïden erhaltene Linie fällt für alle Werte von x mit Ausnahme von $0, \pm\pi, \pm 2\pi, \ldots$ mit einer der geraden Linien AB, CD, $A'B'$, $C'D'$ u. s. w. (Fig. 118) zusammen ($OP = OQ = \pi$, $OB = OC = a$). Für $x = 0, \pm\pi$ u. s. w. ist die Reihe gleich 0, also gleich der halben Summe von $+a$ und $-a$.

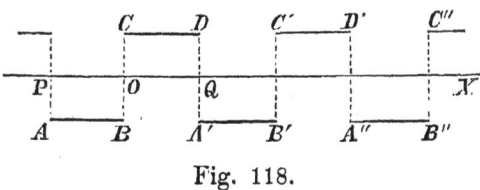

Fig. 118.

§ 270. Durch einen einfachen Kunstgriff läßt sich Gleichung (1) derart erweitern, daß sie nicht nur für $-\pi < x < +\pi$, sondern für jedes beliebige Intervall gilt. Sei z. B. die Funktion $F(x)$ zwischen den Grenzen $x = -h$ und $x = +h$ gegeben. Setzt man $x = \frac{h}{\pi}x'$, dann ist $F(x) = F\left(\frac{h}{\pi}x'\right)$, wofür man auch $f(x')$ schreiben kann. Da nun, wenn x das Intervall von $-h$ bis $+h$ durchläuft, x' von $-\pi$ bis $+\pi$ variiert, so kann man für alle Werte von x zwischen $-h$ und $+h$ die Funktion $f(x')$ nach Gleichung (1) entwickeln. Es ergiebt sich dann

$$f(x') = \tfrac{1}{2} b_0 + b_1 \cos x' + b_2 \cos 2\,x' + b_3 \cos 3\,x' + \dots$$
$$+ c_1 \sin x' + c_2 \sin 2\,x' + c_3 \sin 3\,x' + \dots, \tag{10}$$

wo

$$b_m = \frac{1}{\pi} \int\limits_{-\pi}^{+\pi} f(x') \cos m\,x'\,d\,x' \,,$$

$$\left.\vphantom{\int\limits_{-\pi}^{+\pi}}\right\} \tag{11}$$

$$c_m = \frac{1}{\pi} \int\limits_{-\pi}^{+\pi} f(x') \sin m\,x'\,d\,x' \,.$$

Ersetzt man nun in (10) $f(x')$ durch $F(x)$ und x' durch $\dfrac{\pi x}{h}$, dann wird für jeden Wert von x zwischen $-h$ und $+h$

$$F(x) = \tfrac{1}{2} b_0 + b_1 \cos \frac{\pi x}{h} + b_2 \cos \frac{2\,\pi x}{h} + b_3 \cos \frac{3\,\pi x}{h} + \dots$$
$$+ c_1 \sin \frac{\pi x}{h} + c_2 \sin \frac{2\,\pi x}{h} + c_3 \sin \frac{3\,\pi x}{h} + \dots, \tag{12}$$

während nach Einführung von x (11) übergeht in

$$b_m = \frac{1}{h} \int\limits_{-h}^{+h} F(x) \cos \frac{m\,\pi x}{h}\,d\,x \,,$$

$$\left.\vphantom{\int\limits_{-h}^{+h}}\right\} \tag{13}$$

$$c_m = \frac{1}{h} \int\limits_{-h}^{+h} F(x) \sin \frac{m\,\pi x}{h}\,d\,x \,.$$

Ist $F(x)$ periodisch mit der Periode h, dann gilt Gleichung (12) für alle Werte von x und man erhält daher den für die Physik überaus wichtigen Satz, daß man jede willkürliche periodische Funktion, deren Periode $T\,(= 2\,h)$ ist, durch goniometrische Funktionen mit den Perioden T, $\tfrac{1}{2}T$, $\tfrac{1}{3}T$, $\tfrac{1}{4}T$ u. s. w. ausdrücken kann.

Übrigens kann man durch die Gleichung (12) auch den Wert jeder Funktion zwischen den willkürlichen Werten α und β der unabhängigen Variablen durch goniometrische Funktionen darstellen. Man führe zu dem Zweck $x' = x - \tfrac{1}{2}(\alpha + \beta)$ als neue Veränderliche ein und beachte, daß dieses x' zwischen

$-\frac{1}{2}(\beta - \alpha)$ und $+\frac{1}{2}(\beta - \alpha)$ variieren kann. Setzt man also $\frac{1}{2}(\beta - \alpha) = h$, dann kann man direkt Gleichung (12) benutzen.

§ 271. Die Entwickelungen des vorigen Paragraphen gelten, wie groß die Zahl h auch sein mag; ja man kann selbst zu dem Grenzfall $h = \infty$ übergehen, wobei sich dann ergiebt, daß sich jede beliebige Funktion in ihrer vollen Ausdehnung mittels goniometrischer Funktionen darstellen läßt.

Um den Übergang zur Grenze für $h = \infty$ auszuführen, schreiben wir zunächst statt (13)

$$b_m = \frac{1}{h} \int\limits_{-h}^{+h} F(\xi) \cos \frac{m \pi \xi}{h} \, d\xi,$$

$$c_m = \frac{1}{h} \int\limits_{-h}^{+h} F(\xi) \sin \frac{m \pi \xi}{h} \, d\xi,$$

und substituieren diese Werte in (12), wobei wir unter x einen bestimmten Wert verstehen. Wir erhalten dann

$$F(x) = \frac{1}{h} \left[\frac{1}{2} \int\limits_{-h}^{+h} F(\xi) \, d\xi + \int\limits_{-h}^{+h} F(\xi) \cos \frac{\pi}{h} (\xi - x) \, d\xi + \right.$$

$$\left. + \int\limits_{-h}^{+h} F(\xi) \cos 2 \frac{\pi}{h} (\xi - x) \, d\xi + \ldots \right],$$

oder kürzer ausgedrückt

$$F(x) = \frac{1}{h} \left[\frac{1}{2} \int\limits_{-h}^{+h} F(\xi) \, d\xi + \right.$$

$$\left. + \sum_{m=1}^{m=\infty} \int\limits_{-h}^{+h} F(\xi) \cos \frac{m \pi}{h} (\xi - x) \, d\xi \right]. \tag{14}$$

Setzt man $\frac{m \pi}{h} = \lambda$, so ist jedes Glied der rechts stehenden Summe von der Form

$$\int\limits_{-h}^{+h} F(\xi) \cos \lambda (\xi - x) \, d\xi.$$

Betrachtet man x und h als Konstanten, so ist dieses Integral eine bestimmte Funktion von λ, etwa $\varphi(\lambda)$. In Gleichung (14) müssen jetzt für λ die Werte 0, $\dfrac{\pi}{h}$, $\dfrac{2\pi}{h}$, $\dfrac{3\pi}{h}$ .... gesetzt werden. Konstruiert man eine Kurve, indem man als Abscissen λ und als Ordinaten $\varphi(\lambda)$ benutzt und zieht eine Reihe von Ordinaten im Abstand $\dfrac{\pi}{h}$ voneinander, beginnend mit $\lambda = 0$, dann ist die Summe dieser Ordinaten gleich dem Ausdruck in der Klammer in Gleichung 14. (Die erste Ordinate muß noch mit $^1/_2$ multipliziert werden.) Multipliziert man diese Summe mit dem Abstand der Ordinaten voneinander, also mit $\dfrac{\pi}{h}$, so ergiebt sich der Wert von $\pi F(x)$. Läßt man jetzt h wachsen, so verändert sich zunächst die Funktion $\varphi(\lambda)$, von welcher wir aber annehmen wollen, daß sie endlich bleibt, selbst wenn h unendlich wird. Schließlich verwandelt sich $\varphi(\lambda)$ in

$$\psi(\lambda) = \int\limits_{-\infty}^{+\infty} F(\xi) \cos \lambda (\xi - x)\, d\xi .$$

Um nun hieraus wieder $\pi F(x)$ zu berechnen, muß man zwischen $\lambda = 0$ und $\lambda = \infty$ die zu der Linie $\psi(\lambda)$ gehörigen Ordinaten ziehen, und zwar in den unendlich kleinen Abständen $\dfrac{\pi}{h}$, und die Summe der Ordinaten mit diesem Abstande $\dfrac{\pi}{h}$ multiplizieren. Hierbei ist es offenbar gleichgültig, ob man die erste Ordinate ganz oder halb in Rechnung bringt. Das Resultat der Summation kann dargestellt werden durch

$$\int\limits_{0}^{\infty} \psi(\lambda)\, d\lambda ,$$

und man erhält also

$$F(x) = \frac{1}{\pi} \int\limits_{0}^{\infty} d\lambda \int\limits_{-\infty}^{+\infty} F(\xi) \cos \lambda (\xi - x)\, d\xi . \tag{15}$$

Jedes Glied dieses Integrals, nämlich

$$d\lambda \int\limits_{-\infty}^{+\infty} F(\xi) \cos \lambda (\xi - x)\, d\xi ,$$

wofür man auch schreiben kann

$$\cos \lambda\, x \cdot d\lambda \int_{-\infty}^{+\infty} F(\xi) \cos \lambda\, \xi\, d\xi + \sin \lambda\, x \cdot d\lambda \int_{-\infty}^{+\infty} F(\xi) \sin \lambda\, \xi\, d\xi,$$

ist eine goniometrische Funktion von x mit der Periode $\frac{2\pi}{\lambda}$. Die Gleichung (15) lehrt daher, daß man für alle Werte von x eine jede Funktion betrachten kann als die Summe einer unendlich grossen Anzahl von goniometrischen Funktionen, deren Amplituden unendlich klein sind, während die Perioden unendlich wenig voneinander verschieden sind und alle möglichen Werte haben können.

Aufgaben.

1. Es soll bewiesen werden, daß für $0 < x < \pi$ jede Funktion dargestellt werden kann durch eine der Reihen

$$F(x) = \tfrac{1}{2} b_0 + b_1 \cos x + b_2 \cos 2x + b_3 \cos 3x + \ldots.$$

$$F(x) = c_1 \sin x + c_2 \sin 2x + c_3 \sin 3x + \ldots,$$

wo

$$b_m = \frac{2}{\pi} \int_0^{\pi} F(x) \cos m\, x\, d x,$$

$$c_m = \frac{2}{\pi} \int_0^{\pi} F(x) \sin m\, x\, d x$$

ist.

2. Es sollen die Koeffizienten in der Reihe (1) (§ 262) für

$$F(x) = x^3 \quad \text{und} \quad F(x) = x \sin x$$

bestimmt werden.

3. Desgleichen für $F(x) = \sin k\, x$ (k gleich einer ganzen Zahl).

4. Welche Vereinfachung erfährt das Resultat von § 271, wenn $F(x) = F(-x)$ ist?

5. Es soll bewiesen werden, daß für alle positiven Werte von x

$$F(x) = \frac{2}{\pi} \int\limits_{0}^{\infty} \cos \lambda \, x \, d\lambda \int\limits_{0}^{\infty} F(\xi) \cos \lambda \, \xi \, d\xi =$$

$$= \frac{2}{\pi} \int\limits_{0}^{\infty} \sin \lambda \, x \, d\lambda \int\limits_{0}^{\infty} F(\xi) \sin \lambda \, \xi \, d\xi$$

ist.

6. Es soll bewiesen werden, daß

$$F(x,y) = \frac{1}{\pi^2} \int\limits_{0}^{\infty} \int\limits_{0}^{\infty} \int\limits_{-\infty}^{+\infty} \int\limits_{-\infty}^{+\infty} F(\xi, \eta)$$

$$\cos \lambda \, (\xi - x) \cos \mu \, (\eta - y) \, d\lambda \, d\mu \, d\xi \, d\eta$$

ist.

Kapitel XIV.

Differentialgleichungen.

§ 272. Ist eine Funktion durch die Gleichung

$$y = f(x)$$

gegeben, so läßt sich aus derselben ableiten

$$\frac{dy}{dx} = f'(x), \quad \frac{d^2 y}{dx^2} = f''(x) \text{ u. s. w.,}$$

und es lassen sich dann durch Kombination dieser Gleichungen mehr oder weniger einfache Beziehungen zwischen $x, y, \frac{dy}{dx}$ u.s.w. ableiten, welchen Beziehungen jedes System von zu einander gehörenden Werten dieser Größen genügt.

Aus $y = e^x$ folgt z. B.

$$\frac{dy}{dx} = y, \tag{1}$$

aus $y = x^m$

$$\frac{dy}{dx} = m \frac{y}{x} \tag{2}$$

und aus $y = e^x \sin x$

$$\frac{d^2 y}{dx^2} - 2 \frac{dy}{dx} + 2y = 0. \tag{3}$$

Ähnliche Beziehungen können auch zwischen den partiellen Differentialquotienten bestehen, wenn man es mit mehr als einer unabhängig Variablen zu thun hat. Aus $z = e^{\alpha x + \beta y}$ folgt z. B.

$$\frac{\partial^2 z}{\partial x^2} = \alpha^2 e^{\alpha x + \beta y}, \qquad \frac{\partial^2 z}{\partial y^2} = \beta^2 e^{\alpha x + \beta y},$$

und

$$\beta^2 \frac{\partial^2 z}{\partial x^2} = \alpha^2 \frac{\partial^2 z}{\partial y^2}.$$

Jede Gleichung, welche wenigstens einen Differentialquotienten enthält — sie kann auch deren mehrere enthalten und dürfen auch die Veränderlichen selbst in der Gleichung vorkommen — heißt eine Differentialgleichung. Während wir in den obigen Beispielen eine derartige Gleichung aus einer gegebenen Beziehung zwischen den Variablen abgeleitet haben, kommt es auch oft vor, daß gerade die Differentialgleichung der unmittelbare Ausdruck der Bedingungen eines Problems ist. Bewegt sich z. B. ein materieller Punkt auf einer Geraden unter dem Einfluß einer Kraft, die eine Funktion des Ortes, wo sich der Punkt gerade befindet, oder was dasselbe ist, des Abstandes s von einem festen Punkt der Bahn ist, so ist auch die Beschleunigung eine Funktion von s, was man durch die Differentialgleichung: $\frac{d^2 s}{d t^2} = F(s)$ ausdrücken kann.

§ 273. Man unterscheidet gewöhnliche Differentialgleichungen und partielle Differentialgleichungen. Ist y eine Funktion von nur einer Variablen x, und kommen also in der Differentialgleichung nur die nach dieser einen Variablen x genommenen Differentialquotienten vor, so heißt die Gleichung eine gewöhnliche Differentialgleichung. Ist dagegen die Funktion von mehreren Variablen abhängig und enthält die Differentialgleichung die partiellen Differentialquotienten nach diesen Variablen, so heißt die Gleichung eine partielle Differentialgleichung.

Man teilt die Differentialgleichungen in verschiedene Ordnungen ein nach der Ordnung des höchsten Differentialquotienten. Eine Differentialgleichung von der n^{ten} Ordnung ist also eine solche, in welcher ein oder mehr Differentialquotienten von der n^{ten} Ordnung, aber keine höheren vorkommen. So sind z. B. die folgenden Differentialgleichungen von der ersten Ordnung:

$$(4\,y^2 + x^2)\,\frac{d\,y}{d\,x} + (2\,x\,y + 3\,x^2) = 0\,,$$

und

$$y\,\sqrt{1 + \left(\frac{d\,y}{d\,x}\right)^2} - 3 = 0\,.$$

Die Gleichung

$$\frac{d^2\,y}{d\,x^2} = -\,a\left[1 + \left(\frac{d\,y}{d\,x}\right)^2\right]^{3/2}$$

ist von der zweiten Ordnung, die Gleichung

$$\frac{d^n\,y}{d\,x^n} + a\,\frac{d^{n-1}\,y}{d\,x^{n-1}} + b\,\frac{d^{n-2}\,y}{d\,x^{n-2}} + \cdots = 0$$

ist von der n^{ten} Ordnung.

Man unterscheidet schließlich l i n e a r e Differential-gleichungen und n i c h t l i n e a r e. In einer linearen Gleichung kommen die abhängig Variablen und ihre Differentialquotienten nur in erster Potenz vor und keine Produkte der Funktion mit den Differentialquotienten oder der Differentialquotienten untereinander. Eine gewöhnliche lineare Differentialgleichung n^{ter} Ordnung ist danach von der Form:

$$a_0\,\frac{d^n\,y}{d\,x^n} + a_1\,\frac{d^{n-1}\,y}{d\,x^{n-1}} + a_2\,\frac{d^{n-2}\,y}{d\,x^{n-2}} + \cdots$$

$$\cdots + a_{n-2}\,\frac{d^2\,y}{d\,x^2} + a_{n-1}\,\frac{d\,y}{d\,x} + a_n\,y = X\,,$$

wo a_0, a_1, a_2, $\ldots a_n$, X Funktionen von x allein oder konstante Grössen sind. Ist $X = 0$, enthält also die Gleichung kein Glied, welches von der gesuchten Funktion y frei ist, sondern sind durch die Differentialgleichung nur Glieder, welche die gesuchte Funktion und ihre Differentialquotienten linear enthalten, in Verbindung miteinander gebracht, so heißt die lineare Gleichung h o m o g e n.

§ 274. Ist eine Differentialgleichung gegeben, so besteht offenbar eine gewisse Beziehung zwischen den Veränderlichen. Man kann demnach die Aufgabe stellen, diese Beziehung durch eine Gleichung zwischen den Variablen selbst, ohne Differentialquotienten auszudrücken. Diese neue Gleichung nennt man die Auflösung oder auch die Integralgleichung der gegebenen Differentialgleichung. Unter der A u f l ö s u n g oder I n t e g r a t i o n der Differentialgleichung versteht man die Operationen, mit deren Hilfe man aus der Differentialgleichung zu der Beziehung zwischen den Variablen selbst gelangt.

Ist z. B. die Gleichung

$$\frac{dy}{dx} = F(x) \qquad (4)$$

gegeben, so erhält man mit Hilfe der Integralrechnung unmittelbar

$$y = \int F(x)\,dx + C.\,[1]$$

Diese Gleichung ist offenbar, welchen Wert die Konstante C auch haben mag, eine Auflösung der Differentialgleichung (4). Ebenso wie in diesem Beispiele ist auch im allgemeinen eine Funktion durch eine Differentialgleichung nicht ganz bestimmt. So wird z. B., wie sich leicht nachweisen läßt, Gleichung (1) § 272 genügt durch $y = C\,e^x$, Gleichung (2) durch $y = C\,x^m$ und (3) durch $y = e^x\,(C_1 \sin x + C_2 \cos x)$, welche Werte man den Konstanten auch zuerkennen mag. (Hinfort soll C, nötigenfalls mit einem Index oder mit Accenten, stets eine unbestimmte Konstante darstellen.)

Daß in den Integralgleichungen unbestimmte Konstanten auftreten, liegt übrigens in der Natur der Sache. Gesetzt, wir haben eine gewöhnliche Differentialgleichung erster Ordnung. Wir können uns immer vorstellen, daß dieselbe nach $\frac{dy}{dx}$ aufgelöst, und daß also dieser Differentialquotient als eine Funktion von x und y gefunden sei

$$\frac{dy}{dx} = f(x, y). \qquad (5)$$

Die Beziehung zwischen x und y ist uns hierdurch völlig bekannt, sobald wir den zu einem bestimmten Wert $x = a$ (etwa $x = 0$, oder $x = 1$) gehörigen Wert y_0 von y kennen. Erteilen wir nämlich, von a ausgehend, der unabhängig Variablen den unendlich kleinen Zuwachs δ, so folgt aus (5) für den entsprechenden Zuwachs von y:

$$\varepsilon = f(a, y_0)\,\delta.$$

---

[1] Hinfort wollen wir unter $\int F(x)\,dx$ nicht alle, sondern nur einen der Werte des unbestimmten Integrals verstehen, sodaß in diesem Ausdruck noch keine unbestimmte Konstante vorkommt.

Wir kennen jetzt zwei neue zusammengehörige Werte $a + \delta$ und $y_0 + \varepsilon$. Eine zweite unendlich kleine Zunahme von x, etwa δ', führt zu einem Zuwachse von y, für den wir nach (5) schreiben dürfen

$$\varepsilon' = f(a + \delta, y_0 + \varepsilon)\,\delta',$$

und der uns also auch bekannt wird. So gelangen wir zu einem dritten Wertepaar $a + \delta + \delta'$, $y_0 + \varepsilon + \varepsilon'$, und indem wir in dieser Weise fortfahren, können wir den allmählichen Änderungen von y Schritt für Schritt folgen.

Die Unbestimmtheit der Auflösung besteht nun darin, daß man den zu $x = a$ gehörigen Wert y_0 willkürlich wählen kann.

Geometrisch läßt sich das Gesagte wie folgt erläutern. Wenn x und y rechtwinklige Koordinaten in einer Ebene sind, so läuft die Frage nach der Beziehung zwischen x und y darauf hinaus, daß man den Lauf einer Kurve zu bestimmen hat. Die Gleichung (5) zeigt uns nun in jedem Punkte der Ebene die Richtung der Kurve an. Wenn uns diese Richtung gegeben ist, so können wir zwar von einem beliebigen Punkte aus nur eine einzige Kurve ziehen; da wir aber den Anfangspunkt nach Belieben wählen können, erhalten wir nicht eine einzige Kurve, sondern eine ganze Schar von krummen Linien. Hat die gegebene Differentialgleichung die Gestalt (4), dann muß in allen Punkten einer zu der y-Achse parallelen Linie, die Richtung der durch dieselben gehenden Kurven dieselbe sein. Daraus geht hervor, daß die eine Kurve aus der anderen durch eine Verschiebung (ohne Änderung der Form) in Richtung der y-Achse erhalten wird, und das ist es eben, was durch die jetzt additiv auftretende Konstante in der Integralgleichung ausgedrückt wird.

Erst wenn für C aus irgend einer Nebenbedingung, z. B. daraus, daß die Kurve durch einen gegebenen Punkt gehen soll, ein bestimmter Wert abgeleitet ist, ist jede Unbestimmtheit in der Integralgleichung beseitigt.

Solange die Konstante C einen beliebigen Wert hat, nennt man die Auflösung der Differentialgleichung eine allgemeine, und dementsprechend heißt das Integral dann das allgemeine Integral. Wenn dagegen der Wert der Integrationskonstanten bestimmt ist, so nennt man das Integral ein partikuläres Integral.

§ 275. Ähnliches wie von den Gleichungen erster Ordnung gilt auch von denen höherer Ordnung. Ist in einer gewöhnlichen Differentialgleichung $\frac{d^n y}{d x^n}$ der höchste Differentialquotient, so können wir die zu einem bestimmten Wert $x = a$ gehörenden Werte von y, $\frac{d y}{d x}$, ... $\frac{d^{n-1} y}{d x^{n-1}}$, beliebig wählen, etwa die Werte y_0, $\left(\frac{d y}{d x}\right)_0$, ... $\left(\frac{d^{n-1} y}{d x^{n-1}}\right)_0$. Dadurch ist dann der weitere Verlauf von y völlig bestimmt. Zunächst läßt sich nämlich der Wert von $\frac{d^n y}{d x^n}$, der zu $x = a$ und den vorher gewählten Werten der übrigen Größen paßt, aus der Differentialgleichung berechnen; es sei dieser Wert $\left(\frac{d^n y}{d x^n}\right)_0$. Erteilt man dann x den unendlich kleinen Zuwachs δ, so ergeben sich als neue Werte von y, $\frac{d y}{d x}$, ... $\frac{d^{n-1} y}{d x^{n-1}}$

$$y_1 = y_0 + \delta \left(\frac{d y}{d x}\right)_0, \quad \left(\frac{d y}{d x}\right)_1 = \left(\frac{d y}{d x}\right)_0 + \delta \left(\frac{d^2 y}{d x^2}\right)_0, \cdots$$

$$\left(\frac{d^{n-1} y}{d x^{n-1}}\right)_1 = \left(\frac{d^{n-1} y}{d x^{n-1}}\right)_0 + \delta \left(\frac{d^n y}{d x^n}\right)_0.$$

Hieraus berechnen wir nun wieder mittels der Differentialgleichung den neuen Wert $\left(\frac{d^n y}{d x^n}\right)_1$ des n^{ten} Differentialquotienten. Dadurch sind wir dann im Stande die Veränderungen zu berechnen, welche durch einen zweiten unendlich kleinen Zuwachs von x hervorgebracht werden, und so können wir fortfahren.

Die Werte y_0, $\left(\frac{d y}{d x}\right)_0$, ... $\left(\frac{d^{n-1} y}{d x^{n-1}}\right)_0$ können bei diesem Verfahren nach Belieben gewählt werden. Diese Größen, oder eine gleiche Anzahl anderer, die mit ihnen in irgend einem Zusammenhange stehen, müssen daher in der Integralgleichung als unbestimmte Konstanten auftreten. Wie man sieht, ist die Anzahl dieser Konstanten bei einer gewöhnlichen Differentialgleichung der Ordnungszahl n gleich.

Das einfachste Beispiel einer Gleichung von der n^{ten} Ordnung ist

$$\frac{d^n y}{d x^n} = F(x),$$

wo im zweiten Gliede nur x vorkommt. Man findet hieraus y, indem man n-mal hintereinander nach x integriert. Dies giebt

$$\frac{d^{n-1} y}{d x^{n-1}} = \int F(x) \, d x + C_1 \, ,$$

$$\frac{d^{n-2} y}{d x^{n-2}} = \int d x \int F(x) \, d x + C_1 \, x + C_2$$

$$\text{u. s. w.,}$$

so daß in y zum Schluß n unbestimmte Konstanten auftreten.

Da nach dem Obigen das Integral einer Gleichung n^{ter} Ordnung n unbestimmte Konstanten enthält, so kann man auch umgekehrt schließen, daß man die allgemeine Auflösung einer Gleichung n^{ter} Ordnung gefunden hat, in der alle partikuläre Lösungen enthalten sind, sobald man in irgend einer Weise zu einer Gleichung zwischen x und y mit n Konstanten gelangt ist.

§ 276. Das oben in Bezug auf das Auftreten der unbestimmten Konstanten Auseinandergesetzte wird noch bestätigt, wenn man sich das Ziel setzt, eine Differentialgleichung aufzusuchen, deren allgemeine Auflösung eine gegebene Gleichung mit einer Konstanten C ist. Wenn

$$F(x, y, \; C) = 0$$

ist, dann hat man

$$\frac{\partial F}{\partial x} + \frac{\partial F}{\partial y} \frac{d y}{d x} = 0.$$

Eliminiert man aus diesen beiden Gleichungen C, so erhält man eine Beziehung zwischen x, y, und $\frac{d y}{d x}$, die gültig ist, welchen Wert man auch C beilegen mag, also die gesuchte Differentialgleichung.

Geht man von einer Gleichung zwischen x und y mit n unbestimmten Konstanten aus, dann kann man daraus durch wiederholte Differentiation n andere Gleichungen ableiten. Eliminiert man aus diesen und der ursprünglichen Gleichung die Konstanten, so ergiebt sich eine Differentialgleichung von der n^{ten} Ordnung, deren allgemeine Auflösung eben die gegebene Gleichung ist.

§ 277. Im folgenden sollen einige Fälle besprochen werden, in denen die Auflösung einer Differentialgleichung ziemlich leicht gelingt.

Gegeben sei

$$X + Y \frac{dy}{dx} = 0$$

oder

$$X\,dx + Y\,dy = 0, \qquad (6)$$

wo X nur von x und Y nur von y abhängen soll. Man bilde die Summe der unbestimmten Integrale $\int X\,dx$ und $\int Y\,dy$. Die Gleichung enthält links das Differential dieser Summe und sagt also aus, daß bei den gleichzeitigen Änderungen von x und y die erwähnte Summe konstant bleibt. Also

$$\int X\,dx + \int Y\,dy = C.$$

So folgt z. B. aus

$$x\,dx + y\,dy = 0,$$
$$x^2 + y^2 = C.$$

Manche Gleichungen, die nicht gerade die Form von (6) haben, lassen sich hierauf zurückführen. Um z. B. die Gleichung

$$y\,dx - x\,dy = 0$$

aufzulösen, dividiere man durch xy. Man erhält dann

$$\frac{dx}{x} - \frac{dy}{y} = 0,$$

woraus folgt

$$lx - ly = lC$$

oder

$$\frac{x}{y} = C.^{[1]}$$

Um das Resultat so einfach wie möglich zu gestalten, ist für die unbestimmte Konstante in der vorletzten Gleichung lC geschrieben worden, was natürlich erlaubt ist, da man jede konstante Zahl als den Logarithmus einer anderen konstanten Zahl ansehen kann.

---

[1] Zur Übung möge der Leser, auch in den späteren Beispielen, aus der Auflösung wieder die Differentialgleichung ableiten.

§ 278. Zur Übung mögen folgende Aufgaben dienen. Man soll die Gleichung derjenigen Kurven suchen, deren Subnormale in allen Punkten denselben Wert p hat.

Die gesuchten Kurven sind charakterisiert durch die Gleichung (vergl. § 111)

$$S_n = y\,\frac{d\,y}{d\,x} = p.$$

Hieraus folgt

$$y\,d\,y = p\,d\,x,$$

$$y^2 = 2\,p\,x + C.$$

Die Kurven, welche die verlangte Eigenschaft haben, sind also (§ 58) Parabeln, bei denen der Brennpunkt um die Strecke $\frac{1}{2}\,p$ vom Scheitel entfernt ist, deren Symmetrieachse mit der Abscissenachse zusammenfällt und deren Scheitelpunkt eine beliebige Lage auf dieser Achse hat.

Wenn eine vollkommen biegsame Schnur an ihren Endpunkten befestigt ist, so senkt sie sich vermöge ihrer eigenen Schwere. Es soll die Form der Kurve bestimmt werden. Offenbar liegt dieselbe in der Vertikalebene, welche durch die Aufhängepunkte geht.

Man lege in dieser Ebene zwei rechtwinklige Achsen $O\,X$ und $O\,Y$, wovon die erstere nach rechts, die letztere nach oben zeigt. Es seien x und y die Koordinaten eines Kurvenpunktes, und ϑ der Winkel, den die nach rechts gezogene Tangente in diesem Punkt mit $O\,X$ bildet (Drehungsrichtung wie in § 50).

Es besteht nun in der Schnur an allen Stellen eine gewisse Spannung, deren Wert im Punkte (x, y) wir S nennen wollen, d. h. der rechts von diesem Punkte liegende Teil zieht an dem links liegenden mit einer Kraft S, und erleidet von dem linken Teil eine gleiche Kraft in entgegengesetzter Richtung. Zerlegen wir diese Kräfte nach den Richtungen $O\,X$ und $O\,Y$, so erhalten wir für die Komponenten der zuerstgenannten Kraft

$$A = S\cos\vartheta, \qquad B = S\sin\vartheta \qquad (7)$$

und für die zweite Kraft $-A$ und $-B$. Die Werte von A und B in verschiedenen Punkten unterscheiden wir durch angehängte Indices.

Es seien M und N zwei beliebige Punkte der Schnur, deren zweiter am meisten nach rechts liegt, und also das größte x hat; P sei das Gewicht des Teiles MN. Auf diesen Teil wirken außer der Schwerkraft die Spannungen der rechts und links an denselben grenzenden Teile, also parallel zu OX die Kräfte A_n und $-A_m$, und in der Richtung OY die Kräfte B_n und $-B_m$.

Da nun sowohl die horizontalen, wie auch die vertikalen Kräfte sich das Gleichgewicht halten müssen, erhalten wir die Bedingungen

$$A_n - A_m = 0,$$
$$B_n - B_m = P.$$

Die erste Gleichung lehrt uns, daß die horizontale Spannungscomponente an allen Stellen denselben Wert hat, daß also A konstant ist.

Die zweite Gleichung wenden wir auf einen unendlich kleinen Teil der Schnur, dessen Länge ds und dessen Projektion auf OX gleich dx sei, an. Wenn wir das Gewicht pro Längeneinheit mit p bezeichnen (es sei dies eine Konstante) und berücksichtigen, daß

$$B = A \operatorname{tg} \vartheta,$$

so verwandelt sich die Gleichung in

$$A \, d\,(\operatorname{tg} \vartheta) = p \, ds,$$

oder wenn man mit dx dividiert

$$A \, \frac{d \operatorname{tg} \vartheta}{d x} = \frac{p}{\cos \vartheta},$$

$$\frac{d \vartheta}{\cos \vartheta} = \frac{p}{A} \, d x,$$

woraus folgt (§ 198)

$$l \operatorname{tg} \left(\tfrac{1}{4} \pi + \tfrac{1}{2} \vartheta \right) = \frac{p}{A} (x + C)$$

oder

$$\operatorname{tg} \left(\tfrac{1}{4} \pi + \tfrac{1}{2} \vartheta \right) = e^{\frac{p}{A} (x + C)}$$

$$\operatorname{tg} \vartheta = \tfrac{1}{2} \left[e^{\frac{p}{A} (x + C)} - e^{-\frac{p}{A} (x + C)} \right],$$

$$\frac{d y}{d x} = \tfrac{1}{2} \left[e^{\frac{p}{A} (x + C)} - e^{-\frac{p}{A} (x + C)} \right].$$

Eine nochmalige Integration liefert dann die Gleichung für die Kurve, nämlich

$$y = \frac{A}{2p}\left[e^{\frac{p}{A}(x+C)} + e^{-\frac{p}{A}(x+C)}\right] + C'.$$

Die Größen A, C und C' können bestimmt werden, wenn die Koordinaten der Aufhängepunkte und die Länge der Schnur gegeben sind. Wir überlassen dem Leser, dies weiter zu untersuchen und zugleich durch Verschiebung der Koordinatenachsen die Formel auf die Gleichung (Aufgabe 21, S. 106) der Kettenlinie zurückzuführen.

§ 279. Ein drittes Beispiel entlehnen wir der Elektricitätslehre. Ein elektrisierter Körper verliert seine Ladung allmählich infolge mangelhafter Isolierung. Hierbei soll der Elektricitätsverlust proportional der gerade vorhandenen Ladung sein, kann also, wenn diese $= E$ ist, während der Zeit dt durch $a\,E\,dt$ dargestellt werden (a konstant). Die Differentialgleichung

$$\frac{dE}{dt} = -aE$$

giebt uns E als Funktion der Zeit. Schreibt man hierfür

$$\frac{dE}{E} = -a\,dt$$

und integriert, so ergiebt sich

$$lE = lC - at,$$

also

$$E = C\,e^{-at}.$$

Die Konstante C hat eine einfache Bedeutung, sie stellt nämlich die Größe der Ladung zur Zeit $t = 0$ dar.

Der Leser behandle in ähnlicher Weise die Aufgaben §§ 11 und 13 und vergleiche das Obenstehende mit den Ausführungen in § 11.

§ 280. Die Differentialgleichungen der vorigen Paragraphen hatten die Form

$$f(x)\,dx = \varphi(y)\,dy,$$

oder konnten auf einfache Weise auf diese Form gebracht werden. Jede Seite dieser Gleichung enthält nur eine der beiden Variablen und ihr Differential. Man sagt deshalb, die Variablen seien gesondert oder getrennt. Zuweilen, wenn die Trennung der Variablen nicht unmittelbar möglich ist, gelingt sie doch, wenn man vorher eine neue Veränderliche einführt. Dies ist der Fall bei allen Gleichungen, die auf die Form

$$\frac{dy}{dx} = F\left(\frac{y}{x}\right)$$

gebracht werden können. Substituiert man hierin

$$y = ux,$$

wo auch u eine Funktion von x ist, so erhält man die Gleichung

$$u + x\frac{du}{dx} = F(u),$$

deren allgemeines Integral

$$\int \frac{du}{F(u) - u} = lx + C$$

ist. Nach der Integration hat man bloß $u = \frac{y}{x}$ zu setzen, um die verlangte Beziehung zwischen x und y zu erhalten.

§ 281. Auch wenn die Veränderlichen nicht getrennt werden können, kann man zuweilen die Integration unmittelbar ausführen.

Jede Gleichung der ersten Ordnung kann auf die Form

$$X dx + Y dy = 0 \tag{8}$$

gebracht werden, wo X und Y im allgemeinen sowohl x als auch y enthalten. Läßt sich nun eine Funktion φ angeben, deren vollständiges Differential $= X dx + Y dy$ ist (§ 153, vergl. auch § 164), so ist

$$\varphi = C$$

die Auflösung der gegebenen Differentialgleichung. So folgt z. B. aus

$$(2x + y)dx + (x + 2y)dy = 0,$$
$$x^2 + xy + y^2 = C.$$

Die Integration läßt sich ebenfalls leicht ausführen, wenn die Gleichung die Gestalt

$$d\varphi = F(x)dx$$

hat (φ eine Funktion von x und y) und im allgemeinen bei einer Gleichung von der Form

$$d\varphi + d\psi + d\chi + \ldots = 0,$$

wenn ψ und χ ebenso wie φ Funktionen von x und y sind. Aus der ersten Gleichung folgt

$$\varphi = \int F(x)\,dx + C$$

und aus der letzten

$$\varphi + \psi + \chi + \ldots = C.$$

§ 282. Nur in den seltensten Fällen läßt sich Gleichung (8) in der angegebenen Weise integrieren. Zuweilen gelingt dies aber nach vorhergehender Multiplikation mit einer passend gewählten Größe, welche man sodann den **integrierenden Faktor** der Gleichung nennt. Ist z. B. die Gleichung

$$\frac{dy}{dx} + X_1 y = X_2 \qquad\qquad (9)$$

gegeben, wo X_1 und X_2 Funktionen von x allein sind, dann läßt sich ein integrierender Faktor φ angeben, der ebenfalls nur von x abhängt. Nach der Multiplikation mit diesem Faktor geht (9) über in

$$X_1 y \varphi\,dx + \varphi\,dy = X_2 \varphi\,dx. \qquad\qquad (10)$$

In dieser Gleichung ist die linke Seite ein totales Differential, wenn $X_1 y \varphi$ und φ als die partiellen Differentialquotienten nach x und y einer und derselben Funktion aufgefaßt werden können. Dazu ist nach § 164 nötig, daß

$$\frac{\partial (X_1 y \varphi)}{\partial y} = \frac{\partial \varphi}{\partial x}$$

oder

$$X_1 \varphi = \frac{d\varphi}{dx} \qquad\qquad (11)$$

ist, welcher Bedingung Genüge geleistet wird durch

$$l\varphi = \int X_1\,dx \quad \text{oder} \quad \varphi = e^{\int X_1\,dx}.$$

Dies in (10) eingesetzt liefert

$$d\left(y\,e^{\int X_1\,dx}\right) = X_2\,dx \cdot e^{\int X_1\,dx},$$

eine Gleichung, die unmittelbar integriert werden kann.

§ 283. Zu einer Gleichung von der Form (9) gelangt man, wenn man die Strömung einer Flüssigkeit durch eine cylindrische Röhre, deren Länge l sehr groß ist im Vergleich zum Radius R des kreisförmigen Querschnittes, untersucht. Zwischen den

beiden Enden der Röhre herrsche der Druckunterschied P.
Die Bewegung finde überall in Richtung der Achse statt.
Wegen der Reibung ist die Geschwindigkeit in der Achse am
größten, an den Wänden ist sie dagegen, falls wir es mit
einer benetzenden Flüssigkeit zu thun haben, Null. Die Geschwindigkeit v ist also eine Funktion des Abstandes r von
der Achse. In der Hydrodynamik wird nun gelehrt, daß die
Funktion v der Gleichung

$$\frac{d^2 v}{d r^2} + \frac{1}{r} \frac{d v}{d r} = - \frac{P}{l \mu},$$

wo μ den sogenannten Reibungskoeffizienten bedeutet, genügen
muß. Da diese Gleichung v selbst nicht enthält, kann sie
durch die Substitution $\frac{d v}{d r} = v'$ auf

$$\frac{d v'}{d r} + \frac{1}{r} v' = - \frac{P}{l \mu}$$

zurückgeführt werden, was von der Form (9) ist. Der integrierende Faktor ist hier r und das Integral von

$$r \frac{d v'}{d r} + v' = - \frac{P}{l \mu} r$$

ist

$$v' r = - \frac{P}{2 l \mu} r^2 + C,$$

d. h.

$$\frac{d v}{d r} = - \frac{P}{2 l \mu} r + \frac{C}{r},$$

woraus durch abermalige Integration folgt

$$v = - \frac{P}{4 l \mu} r^2 + C l r + C'.$$

Da in der Achse (für $r = 0$) die Geschwindigkeit nicht ∞
werden kann, so muß $C = 0$ sein; C' ergiebt sich aus der Bedingung, daß für $r = R$ (an der Wand) v verschwinden muß.
Man findet schließlich

$$v = \frac{P}{4 l \mu} (R^2 - r^2).$$

Vergl. ferner Aufgabe 85, S. 303.

§ 284. In vielen Fällen läßt sich, nachdem die Auflösung
einer Differentialgleichung, wie in den vorhergehenden Paragraphen, auf eine gewöhnliche Integration oder, wie man auch

sagt, auf eine Quadratur[1] zurückgeführt worden ist, diese
letzte Operation nicht ausführen. Schon hieraus erhellt es,
daß die durch die Differentialgleichung bestimmte Funktion
sich nicht immer mit Hilfe der einfachen Funktionen von
Kap. I und II darstellen läßt. Die mit der Auflösung der
Differentialgleichungen verbundenen Schwierigkeiten werden
aber noch durch den Umstand vergrößert, daß man vielfach
nicht einmal zu einer Quadratur gelangen kann. Trotzdem
ist die abhängig Veränderliche in einer Differentialgleichung
eine (abgesehen von den Konstanten) ganz bestimmte Funktion.
Können wir eine Gleichung nicht auflösen, so liegt es allein
daran, daß die Funktion durch die uns zu Gebot stehenden
Symbole nicht dargestellt werden kann. In solchen Fällen
kann man für die Funktion, welche der Gleichung genügt,
ein neues Symbol einführen, aus der Gleichung die Eigenschaften der Funktion ableiten, und (z. B. durch Reihenentwickelung) für jeden Wert der unabhängig Veränderlichen den
der Funktion bestimmen. Man kann dann diese Funktion als
ebensogut bekannt betrachten, als die in Kap. I und II eingeführten.

§ 285. Die linearen Differentialgleichungen mit konstanten
Koeffizienten (§ 273) sind von besonderer Wichtigkeit. Sind
in der linearen Gleichung

$$\frac{d^n y}{d x^n} + X_1 \frac{d^{n-1} y}{d x^{n-1}} + \cdots + X_{n-1} \frac{d y}{d x} + X_n y + X_{n+1} = 0,$$

$X_1, X_2 \ldots$ willkürliche Funktionen von x, so kann die Gleichung nur integriert werden, wenn sie von der ersten Ordnung ist (§ 282), sind dagegen $X_1, X_2, \ldots$ Konstanten, so
läßt sie sich, wie im folgenden gezeigt werden soll, stets auflösen, selbst dann noch, wenn das Glied X_{n+1} eine Funktion
von x ist. Einstweilen nehmen wir an, daß das Glied X_{n+1}
nicht vorkommt. Ist nun die Gleichung von der ersten Ordnung, also

$$\frac{d y}{d x} + a y = 0,$$

---

1) Diese Bezeichnung rührt daher, daß die Inhaltsbestimmung einer
ebenen Figur (das Ermitteln eines inhaltsgleichen Quadrates) auf eine
Integration führt, und daß umgekehrt jedes Integral als ein Inhalt aufgefaßt werden kann.

so ergiebt sich die Auflösung unmittelbar durch Trennung der Veränderlichen (§ 280). Wir gehen daher gleich zu den Gleichungen der 2ten Ordnung über und betrachten zunächst die Gleichung

$$\frac{d^2 y}{d x^2} = a y. \tag{12}$$

§ 286. Es ist nicht schwierig, ein Paar partikuläre Integrale zu ermitteln. Sei zunächst a positiv $= p^2$, so sieht man leicht ein, daß der Gleichung

$$\frac{d^2 y}{d x^2} = p^2 y \tag{13}$$

Genüge geleistet wird durch

$$y = e^{p x} \quad \text{und} \quad y = e^{-p x}.$$

Ferner genügen der Gleichung (13) die Ausdrücke

$$y = C e^{p x} \quad \text{und} \quad y = C' e^{-p x}$$

und auch

$$y = C e^{p x} + C' e^{-p x}.$$

Da die letzte Gleichung zwei unbestimmte Konstanten enthält, so ist sie die allgemeine Auflösung der Gleichung (13) (vergl. § 275).

Wie bei dieser linearen Gleichung 2ter Ordnung, so kann auch bei jeder anderen linearen Gleichung, die kein Glied ohne y oder einen Differentialquotienten enthält, also bei jeder homogenen linearen Gleichung aus einer Funktion, welche der Gleichung genügt, durch Multiplikation mit einer willkürlichen Konstanten eine andere gewonnen werden, die ebenfalls die Gleichung befriedigt; und ebenso wie hier, ist auch die Summe verschiedener so gewonnener Funktionen eine Auflösung der Gleichung.

In ähnlicher Weise kann man vorgehen, wenn der Koeffizient a in (12) negativ $= -p^2$ ist; die Auflösung besteht jetzt aber aus goniometrischen Funktionen.

Der Gleichung

$$\frac{d^2 y}{d x^2} = -p^2 y \tag{14}$$

wird nämlich Genüge geleistet durch

$$y = \sin p x \quad \text{und} \quad y = \cos p x$$

und die allgemeine Auflösung ist also jetzt

$$y = C \sin p x + C' \cos p x.$$

Gleichungen von der Form (14) kommen sehr häufig vor. Wenn z. B. ein materieller Punkt P sich längs einer geraden Linie bewegt unter dem Einfluß einer Kraft, die fortdauernd nach einem festen Punkt O dieser Linie gerichtet und proportional dem Abstand $OP = x$ ist, dann ist, wenn man noch durch das Vorzeichen von x die Richtung angiebt, die Kraft $= -kx$ (k positive Konstante). Andererseits ist die Kraft gleich dem Produkt aus der Masse des Punktes und seiner Beschleunigung $\frac{d^2 x}{d t^2}$ (als unabhängig Veränderliche wird die Zeit gewählt), so daß

$$m \frac{d^2 x}{d t^2} = -kx \qquad (15)$$

ist. Hieraus folgt

$$x = C \sin \sqrt{\frac{k}{m}}\, t + C' \cos \sqrt{\frac{k}{m}}\, t, \qquad (16)$$

wo C und C' bestimmt werden können, sobald für irgend einen Augenblick der Ort und die Geschwindigkeit des Punktes gegeben sind.

Die beiden Glieder in (16) können zu einer einzigen goniometrischen Funktion vereinigt werden (vergl. § 46). Die Bewegung ist eine einfach harmonische, deren Periode $2 \pi \sqrt{\frac{m}{k}}$ ist.

In der Gleichung (12) hängt es nach dem Vorhergehenden von dem Vorzeichen von a ab, ob die Auflösung aus exponentiellen oder goniometrischen Funktionen besteht. Ähnlich liegen die Verhältnisse bei vielen anderen Gleichungen; je nach dem Wert und dem Vorzeichen der in der Differentialgleichung auftretenden Konstanten erhält man in der Auflösung Funktionen der einen oder anderen Art. Durch Einführung von sogenannten komplexen Größen kann man nun die Behandlung der linearen Gleichungen mit konstanten Koeffizienten sehr vereinfachen.

§ 287. Eine komplexe Größe oder Zahl ist eine Zusammenstellung zweier Zahlen, die man, da sie nicht dieselbe Rolle spielen, dadurch voneinander unterscheidet, daß man der einen den Buchstaben i hinzufügt, und die man durch das Zeichen $+$, das hier also keine Addition bedeutet, aneinander heftet, also z. B. $a + bi$, oder, wie man auch schreibt, $a + ib$. Die Zahlen a und b können sowohl positiv als auch negativ sein; ist b negativ, etwa $-c$, so stellt man den komplexen Ausdruck nicht durch $a + (-c)i$, sondern durch $a - ci$ dar.

In $a + bi$ nennt man a den **reellen** und bi den **imaginären** Teil, und auch wohl die Zahl b den Koeffizienten des imaginären Teiles.

Ist eine der Zahlen Null, so wird die Ziffer 0 nicht hingeschrieben, sondern einfach der eine Teil in dem komplexen Ausdruck weggelassen. Für $a = 0$ wird derselbe also bi; man nennt diesen Ausdruck eine **rein imaginäre** Zahl.

Hat b den Wert 1 oder -1, so schreibt man kurz $a + i$, oder $a - i$. In dem ersten Ausdruck steht also i statt $1i$; man nennt das die **imaginäre Einheit**.

Heisst es, zwei komplexe Größen seien einander gleich, so versteht man darunter, daß sowohl die reellen Teile für sich, als auch die imaginären Teile für sich einander gleich sind. Die Gleichung
$$a + bi = a' + b'i$$
bedeutet also, daß
$$a = a' \quad \text{und} \quad b = b' \text{ ist.}$$

Hängen a und b beide von einer Größe x ab, so daß der Ausdruck die Gestalt
$$\varphi(x) + \psi(x)i$$
hat, so nennt man denselben eine **komplexe Funktion** von x.

Wenn zwei komplexe Zahlen gegeben sind, so hindert uns natürlich nichts daran, mit den vier darin enthaltenen Zahlen beliebige Rechenoperationen vorzunehmen, und zwei Resultate, die man in dieser oder jener Weise aus den Zahlen abgeleitet hat, zu einer neuen komplexen Zahl zu kombinieren.

Einige besonders einfache Operationen mit zwei, oder auch mehreren komplexen oder imaginären Zahlen, bez. mit einer solchen Zahl und einer gewöhnlichen (reellen) hat man nun als Addition, Subtraktion, Multiplikation und Division definiert.

§ 288. Was die drei zuerst genannten Operationen betrifft, so hat man sich darüber geeinigt, diese gerade so auszuführen, als ob i ein gewöhnlicher Zahlenfaktor wäre, nur dass man, sobald i^2 auftritt, dieses durch den Faktor -1 ersetzt. Demgemäß ersetzt man i^3 durch $i^2 i$ oder $-i$, i^4 durch $i^2 i^2$ oder $-1 \times -1 = +1$, i^5 durch i, u. s. w.

In dieser Weise führt die Addition, Subtraktion und Multiplikation zweier komplexen Zahlen, und auch die Multiplikation mehrerer solcher Zahlen, sowie die Erhebung auf eine Potenz immer wieder zu einem komplexen Ausdruck.

Beispiele für die Multiplikation. Es ist

$$i^2 = i \times i = -1$$

und ebenso

$$(-i)^2 = -i \times -i = -1.$$

In diesem Sinne kann man sagen, es sei i oder $-i$ die Quadratwurzel aus -1.

Ferner ist

$$(a + b\,i)(c + d\,i) = (a\,c - b\,d) + (a\,d + b\,c)\,i$$
$$(p + i\,q)(p - i\,q) = p^2 + q^2.$$

Ist in der quadratischen Gleichung

$$x^2 + q_1\,x + q_0 = 0$$
$$q_1^2 - 4\,q_0 < 0,$$

so kann derselben durch keine gewöhnliche oder reelle Zahl für x genügt werden. Setzt man nun aber für x eine der komplexen Zahlen

$$x_1 = -\tfrac{1}{2}q_1 + \tfrac{1}{2}i\sqrt{4\,q_0 - q_1^2}, \quad x_2 = -\tfrac{1}{2}q_1 - \tfrac{1}{2}i\sqrt{4\,q_0 - q_1^2}, \quad (17)$$

und entwickelt man deren Quadrat nach der angegebenen Regel, so wird die Gleichung befriedigt. Man nennt daher x_1 und x_2 die komplexen Wurzeln der Gleichung. Weiter zeigt es sich, daß sich die linke Seite der Gleichung als das Produkt von $x - x_1$ und $x - x_2$, d. h. als

$$\{x + \tfrac{1}{2}q_1 - \tfrac{1}{2}i\sqrt{4\,q_0 - q_1^2}\}\{x + \tfrac{1}{2}q_1 + \tfrac{1}{2}i\sqrt{4\,q_0 - q_1^2}\}$$

darstellen läßt. In dem Falle also, wo wir eine rationelle Funktion zweiten Grades nicht in zwei reelle Faktoren zerlegen konnten, läßt sich dieselbe als ein Produkt zweier komplexer Faktoren auffassen.

Wir erwähnten § 5, daß man jedes Polynom in Faktoren zerlegen kann, die höchstens vom zweiten Grade sind. Wendet man auf jeden Faktor, den wir damals nicht weiter zerlegen konnten, das soeben Gesagte an, so ergiebt sich, daß man jedes Polynom in lineare Faktoren zerlegen kann, unter welchen einige aber komplex sein können. Hiermit hängt es zusammen, daß jedes Polynom n^{ten} Grades n Wurzeln hat, wenn man auch komplexe Wurzeln zuläßt. Sind diese n Wurzeln des Polynoms (4) S. 4 x_1, x_2 .... x_n, so läßt sich für das Polynom schreiben

$$(x - x_1)(x - x_2) \cdot \ldots \cdot (x - x_n).^1$$

Es ist hierbei zu bemerken, daß die komplexen Wurzeln immer paarweise zusammengehören, wie oben die Ausdrücke (17). Man nennt zwei derartige komplexe Größen, die sich nur durch das Vorzeichen des imaginären Teiles voneinander unterscheiden konjugiert.

Unter dem Quotienten

$$\frac{a + b\,i}{c + d\,i}, \tag{18}$$

von zwei komplexen Größen $a + b\,i$ und $c + d\,i$ versteht man einen komplexen Ausdruck, der, mit $c + d\,i$ multipliziert, $a + b\,i$ ergiebt. Aus dieser Definition läßt sich ableiten, daß man in (18) die beiden Ausdrücke, den „Zähler" und den „Nenner", mit derselben komplexen Größe multiplizieren darf, ohne etwas an dem Quotienten zu ändern. Diesen Satz benutzt man, um in einfachster Weise den Quotienten zu bestimmen. Man multipliziert nämlich Zähler und Nenner mit $c - d\,i$, und erhält dann

$$\frac{a + b\,i}{c + d\,i} = \frac{a\,c + b\,d}{c^2 + d^2} + \frac{b\,c - a\,d}{c^2 + d^2}\,i.$$

Schließlich definieren wir

$$\sqrt[n]{(a + b\,i)}$$

als eine komplexe Größe, die, zur n^{ten} Potenz erhoben, den gegebenen Ausdruck $a + b\,i$ wieder liefert. Es läßt sich eine komplexe Größe, die dieser Bedingung genügt, auch wirklich angeben, doch wollen wir dabei nicht länger verweilen.

Da die Differentiation in einer Subtraktion besteht, so liegt in dem oben Gesagten schon enthalten, was man unter

---

¹ Es ist hierbei zu bemerken, dass einige der Grössen x_1, x_2 ... x_n einander gleich sein können (vgl. § 4). Man sagt dann, es habe die Gleichung einige gleiche Wurzeln; nur wenn man jede dieser Wurzeln für sich mitzählt, wird die Anzahl aller Wurzeln n.

dem Differential und dem Differentialquotienten einer komplexen Funktion von x zu verstehen hat. Man hat den reellen Teil und den Koeffizienten des imaginären Teiles jeden für sich zu differentiieren. Also

$$\frac{d}{dx}[\varphi + i\,\psi] = \frac{d\varphi}{dx} + i\frac{d\psi}{dx} \tag{19}$$

und in derselben Weise

$$\frac{d^2}{dx^2}[\varphi + i\,\psi] = \frac{d^2\varphi}{dx^2} + i\frac{d^2\psi}{dx^2} \quad \text{u. s. w.}$$

Sagt man, es genüge die komplexe Funktion $y = \varphi + i\,\psi$ der linearen homogenen Differentialgleichung mit konstanten und reellen Koeffizienten

$$a_0\frac{d^n y}{dx^n} + a_1\frac{d^{n-1}y}{dx^{n-1}} + \dots + a_{n-1}y = 0,$$

dann bedeutet dieses, daß

$$a_0\left[\frac{d^n\varphi}{dx^n} + i\frac{d^n\psi}{dx^n}\right] + a_1\left[\frac{d^{n-1}\varphi}{dx^{n-1}} + i\frac{d^{n-1}\psi}{dx^{n-1}}\right] + \dots$$

$$\dots + a_{n-1}[\varphi + i\,\psi] = 0,$$

oder

$$a_0\frac{d^n\varphi}{dx^n} + a_1\frac{d^{n-1}\varphi}{dx^{n-1}} + \dots + a_{n-1}\varphi = 0.$$

und

$$a_0\frac{d^n\psi}{dx^n} + a_1\frac{d^{n-1}\psi}{dx^{n-1}} + \dots + a_{n-1}\psi = 0.$$

Man hätte also ebensogut sagen können, daß die Funktionen φ und ψ jede für sich der Differentialgleichung genügen. Unter dem unbestimmten Integral

$$\int(\varphi + i\,\psi)\,dx$$

versteht man eine komplexe Funktion, deren Differentialquotient $\varphi + i\,\psi$ ist. Für dieselbe läßt sich, wie aus dem in (19) ausgedrückten Satz hervorgeht, schreiben

$$\int\varphi\,dx + i\int\psi\,dx.$$

Ebenso hat das bestimmte Integral mit den reellen Grenzen a und b

$$\int_a^b (\varphi + i\,\psi)\,dx$$

die Bedeutung

$$\int_a^b \varphi\,dx + i \int_a^b \psi\,dx\,.$$

§ 289. Bis jetzt war die Rede von algebraischen Operationen, denen komplexe Größen unterworfen werden sollten. Man hat nun aber auch für andere Funktionen von komplexen Veränderlichen Definitionen eingeführt, die sich soviel wie möglich an die Definitionen der entsprechenden Funktionen mit reellen Variablen anschließen.

Wir brauchen hier nur die exponentiellen Funktionen näher zu betrachten.

Wenn a eine reelle Zahl ist, so könnte man

$$y = e^{ax}$$

definieren als die Funktion, die der Differentialgleichung

$$\frac{dy}{dx} = a\,y$$

genügt und für $x = 0$ den Wert 1 annimmt.

Analog wollen wir nun

$$y = e^{iax}$$

definieren als eine komplexe Funktion, die der Differentialgleichung

$$\frac{dy}{dx} = i\,a\,y \tag{20}$$

genügt, und für $x = 0$ den Wert 1 hat.

Es sei diese Funktion $P + iQ$, dann findet man durch Substitution in (20)

$$\frac{dP}{dx} + i\frac{dQ}{dx} = i\,a\,(P + iQ) = -\,aQ + i\,aP,$$

woraus folgt

$$\frac{dP}{dx} = -\,aQ, \qquad \frac{dQ}{dx} = a\,P.$$

Substituiert man den Wert von Q aus der vorletzten Gleichung in die letzte, so ergiebt sich

$$\frac{d^2 P}{d x^2} = - a^2 P,$$

so daß [vergl. Gleich. (14)]

$$P = C \sin a x + C' \cos a x \qquad (21)$$

und also

$$Q = - C \cos a x + C' \sin a x \qquad (22)$$

sein muß. Da für $x = 0$, $e^{iax} = P + iQ$ den Wert 1 haben muß, so folgt für diesen Wert

$$P = 1 \quad \text{und} \quad Q = 0.$$

Das ist nur möglich, wenn $C = 0$ und $C' = 1$, so daß man

$$e^{iax} = \cos a x + i \sin a x \qquad (23)$$

setzen muß. Hierin kann x jede positive oder negative Zahl bedeuten. Für $a = 1$ ergiebt sich

$$e^{ix} = \cos x + i \sin x. \qquad (24)$$

Vermöge der getroffenen Festsetzungen bleibt die durch die Gleichung $\frac{d}{d x} (e^{ax}) = a e^{ax}$ ausgedrückte Haupteigenschaft der exponentiellen Funktionen bei imaginärem a bestehen.

Auch andere Eigenschaften der exponentiellen Funktionen gelten unverändert, wenn der Exponent eine imaginäre Größe ist. So findet man z. B. durch Ausmultiplikation

$$(\cos x + i \sin x)(\cos x' + i \sin x') = (\cos x \cos x' - \sin x \sin x') +$$
$$+ i (\sin x \cos x' + \cos x \sin x') = \cos (x + x') + i \sin (x + x'),$$

also

$$e^{ix} e^{ix'} = e^{i(x + x')}. \qquad (25)$$

Leicht kann man hieraus ableiten

$$\frac{e^{ix}}{e^{ix'}} = e^{i(x - x')}.$$

Man findet weiter durch wiederholte Anwendung von (25) für jeden ganzen positiven Wert von m

$$(e^{ix})^m = e^{imx},$$

d. h. $$(\cos x + i \sin x)^m = \cos m x + i \sin m x,$$

die wichtige Gleichung von MOIVRE.

Z. B. ist für $m = 3$

$$\cos 3x + i \sin 3x = (\cos x + i \sin x)^3,$$

also

$$\cos 3x + i \sin 3x = \cos^3 x + 3 \cos^2 x \cdot i \sin x +$$
$$+ 3 \cos x \cdot (i \sin x)^2 + (i \sin x)^3,$$
$$\cos 3x + i \sin 3x = \cos^3 x - 3 \cos x \sin^2 x +$$
$$+ i [3 \cos^2 x \sin x - \sin^3 x].$$

Wirklich ist

$$\cos 3x = \cos^3 x - 3 \cos x \sin^2 x,$$
$$\sin 3x = 3 \cos^2 x \sin x - \sin^3 x.$$

In ähnlicher Weise kann man die MOIVRE'sche Gleichung anwenden, um $\sin 4x$, $\cos 4x$ u. s. w. zu finden.

Man kann auch mit Ausdrücken operieren, wo der Exponent von e komplex ist. Wir definieren e^{p+qi} als das Produkt von e^p und e^{qi} und setzen demgemäß

$$e^{p+qi} = e^p \cdot e^{qi} = e^p \cos q + i e^p \sin q.$$

Aus dieser Definition kann man leicht ableiten, daß die Regeln, welche durch die folgenden Gleichungen

$$e^a \cdot e^b = e^{a+b}, \quad (e^a)^m = e^{am},$$
$$\frac{d}{dx}(e^{ax}) = a e^{ax}, \quad \frac{d^2}{dx^2}(e^{ax}) = a^2 e^{ax} \text{ u. s. w.}$$

ausgedrückt werden, auch gelten, wenn a eine willkürliche komplexe Zahl bedeutet. Aus der vorletzten Gleichung folgt noch, daß auch die Formel

$$\int e^{ax} dx = \frac{1}{a} e^{ax} + C$$

allgemein gültig ist. Setzt man $a = \alpha + i\beta$ (α und β konstante Zahlen), dann wird dieses

$$\int e^{\alpha x}(\cos \beta x + i \sin \beta x) dx = e^{\alpha x} \frac{(\cos \beta x + i \sin \beta x)}{\alpha + i\beta} + C =$$
$$= e^{\alpha x} \frac{(\cos \beta x + i \sin \beta x)(\alpha - i\beta)}{\alpha^2 + \beta^2} + C =$$
$$= e^{\alpha x} \frac{(\alpha \cos \beta x + \beta \sin \beta x) + i(-\beta \cos \beta x + \alpha \sin \beta x)}{\alpha^2 + \beta^2} + C.$$

Diese Formeln stehen im Einklang mit dem früher (Aufgabe 54, S. 299 und § 254) Gefundenen.

§ 290. Kehren wir jetzt zur Gleichung (12) zurück. Wenn $a = -p^2$ ist, dann genügt nach dem Vorhergehenden die Funktion

$$y = e^{ipx}$$

der Gleichung. Der komplexe Ausdruck

$$y = \cos px + i \sin px$$

ist also eine Auflösung von (14). Da dies aber bedeutet, daß der reelle und der imaginäre Teil, ein jeder für sich, der Gleichung genügt, so müssen

$$y = \cos px \quad \text{und} \quad y = \sin px$$

partikuläre Auflösungen sein, woraus dann wieder die allgemeine Auflösung zusammengesetzt werden kann. Dies ist kein neues Resultat, denn wir haben bei der Auseinandersetzung über die Bedeutung von e^{iax} schon die auf anderem Wege erhaltene Auflösung der Gleichung (14) benutzt.

Folgendes ist nun aber ein Beispiel von einer noch nicht von uns aufgelösten Gleichung, die wir jetzt mit Hilfe der komplexen Grössen leicht behandeln können.

Auf einen materiellen Punkt wirke, wie in § 286, eine Kraft, die seinem Abstand von der Gleichgewichtslage proportional ist. Die Bewegung des Punktes werde aber durch Reibung oder durch den Widerstand des Mittels, in welchem die Schwingungen vor sich gehen, gedämpft, so daß derselbe endlich ganz zur Ruhe kommt. Die Reibung sei proportional der Geschwindigkeit, also gleich $- l \frac{dx}{dt}$, wo l eine Konstante bedeutet und das negative Vorzeichen eingeführt ist, weil der Widerstand der Bewegung entgegengesetzt gerichtet ist. Die Bewegungsgleichung ist also

$$m \frac{d^2x}{dt^2} + l \frac{dx}{dt} + kx = 0. \tag{26}$$

Wir probieren, ob dieser Gleichung die Funktion

$$x = e^{pt} \tag{27}$$

genügt, wo p eine reelle, imaginäre oder komplexe Konstante bedeutet. Bildet man die ersten und zweiten Differentialquotienten von (27) und substituiert sie in (26), so folgt

$$m p^2 + l p + k = 0,$$

also, wenn man $\frac{l}{m} = l'$ und $\frac{k}{m} = k'$ setzt,

$$p = -\tfrac{1}{2}l' \pm \tfrac{1}{2}\sqrt{l'^2 - 4k'}.$$

Ist nun der Widerstand nicht zu groß, dann sind die beiden Werte von p komplex, nämlich

$$p = -\tfrac{1}{2}l' \pm \tfrac{1}{2}i\sqrt{4k' - l'^2}.$$

Der Gleichung (26) wird deswegen genügt durch

$$x = e^{\left[-\frac{1}{2}l' + \frac{1}{2}i\sqrt{4k' - l'^2}\right]t}, \tag{28}$$

also durch

$$x = e^{-\frac{1}{2}l't}\cos\left[\tfrac{1}{2}t\sqrt{4k' - l'^2}\right] + i\,e^{-\frac{1}{2}l't}\sin\left[\tfrac{1}{2}t\sqrt{4k' - l'^2}\right]. \tag{29}$$

In dem letzten Ausdruck müssen nun sowohl der reelle als auch der imaginäre Teil, jeder für sich, der Gleichung genügen. Man erhält also zwei partikuläre Auflösungen (die man auch aus der zweiten komplexen Auflösung würde ableiten können), und durch Addition derselben die allgemeine Auflösung

$$x = e^{-\frac{1}{2}l't}\left\{C\cos\left[\tfrac{1}{2}t\sqrt{4k' - l'^2}\right] + C'\sin\left[\tfrac{1}{2}t\sqrt{4k' - l'^2}\right]\right\},$$

in welcher Gleichung die Konstanten C und C' wieder aus der Anfangslage und der Anfangsgeschwindigkeit des Punktes bestimmt werden können.

Wir erinnern daran, daß die Gültigkeit von (28) darauf beruht, daß auch für komplexe Werte von p, $\frac{d}{dt}(e^{pt}) = p\,e^{pt}$ ist, und dies ist der Fall, eben weil man übereingekommen ist, unter (28) den Ausdruck (29) zu verstehen.

Nach der eben auseinandergesetzten Methode kann auch die allgemeine Gleichung

$$\frac{d^n y}{dx^n} + a_1\frac{d^{n-1}y}{dx^{n-1}} + \ldots + a_{n-1}\frac{dy}{dx} + a_n y = 0, \tag{30}$$

wenn alle Koeffizienten Konstanten sind, behandelt werden. Der Gleichung genügt

$$y = e^{px},$$

wenn p die Bedingungsgleichung

$$p^n + a_1 p^{n-1} + \ldots + a_{n-1}p + a_n = 0 \tag{31}$$

erfüllt. Hat man diese letztere Gleichung aufgelöst, dann entspricht jeder reellen Wurzel p_1 eine Auflösung

$$y = e^{p_1 x}$$

und jedem Paar komplexer Wurzeln $\alpha + \beta i$ und $\alpha - \beta i$ ein Paar Auflösungen

$$y = e^{\alpha x} \cos \beta x \quad \text{und} \quad y = e^{\alpha x} \sin \beta x.$$

Man erhält also, wenn die Wurzeln von (31) alle voneinander verschieden sind, n partikuläre Auflösungen. Multipliziert man diese mit unbestimmten Konstanten, und addiert sie alle, so erhält man eine Auflösung von (30), welche, da sie die erforderliche Anzahl von Konstanten enthält, die allgemeine Auflösung sein muss.

§ 291. Die Gleichung (30) kann auch nach einer anderen Methode aufgelöst werden, die zugleich benutzt werden kann, wenn (31) gleiche Wurzeln hat und wenn auf der rechten Seite der Differentialgleichung ein Glied ohne y und ohne einen Differentialquotienten vorkommt, welches also eine Funktion von x ist, d. h. wenn gegeben ist:

$$\frac{d^n y}{d x^n} + a_1 \frac{d^{n-1} y}{d x^{n-1}} + \cdots + a_{n-1} \frac{d y}{d x} + a_n y = X.$$

Wir führen eine Schreibweise analog der in § 167 benutzten ein. Wenn nämlich von dem Differentialquotienten einer Funktion y diese Funktion selbst, mit irgend einer Größe p_1 multipliziert, subtrahiert werden soll, so werden wir das Resultat in der Form

$$\left(\frac{d}{d x} - p_1 \right) y \tag{32}$$

darstellen. Soll diese Größe (32) nach x differentiert und von dem Resultat das Produkt aus (32) und einer Zahl p_2 subtrahiert werden, so schreiben wir analog

$$\left(\frac{d}{d x} - p_2 \right) \left(\frac{d}{d x} - p_1 \right) y. \tag{33}$$

In ähnlicher Weise läßt sich ausdrücken, daß derartige Operationen öfters wiederholt werden sollen.

Entwickelt man (32), so ergiebt sich

$$\frac{d y}{d x} - p_1 y,$$

und aus (33), wenn p_1 und p_2 konstante Größen sind,

$$\frac{d^2 y}{d x^2} - (p_1 + p_2) \frac{d y}{d x} + p_1 p_2,$$

was man auch durch die Formel

$$\left(\frac{d}{d x} - p_2\right)\left(\frac{d}{d x} - p_1\right) y = \left[\frac{d^2}{d x^2} - (p_1 + p_2)\frac{d}{d x} + p_1 p_2\right] y$$

ausdrücken kann. Vergleicht man dies mit der Gleichung

$$(p - p_2)(p - p_1) = p^2 - (p_1 + p_2)p + p_1 p_2,$$

dann leuchtet ein, daß die Entwickelung von (33) analog ist der Entwickelung eines Produktes.

Der Leser wird sich leicht überzeugen können, daß dies auch noch gilt, wenn Operationen der besprochenen Art noch öfter mit der Funktion y vorgenommen werden.

Seien nun p_1, p_2, $p_3 \ldots p_n$ die reellen oder komplexen Wurzeln von (31), dann kann man für das erste Glied auch schreiben (§ 288)

$$(p - p_1)(p - p_2) \ldots (p - p_n)$$

und hieraus folgt für das erste Glied von (30) der Ausdruck

$$\left(\frac{d}{d x} - p_1\right)\left(\frac{d}{d x} - p_2\right) \ldots \left(\frac{d}{d x} - p_n\right) y.$$

Die Gleichung

$$\frac{d^n y}{d x^n} + a_1 \frac{d^{n-1} y}{d x^{n-1}} + \ldots + a_{n-1} \frac{d y}{d x} + a_n y = X, \quad (34)$$

worin das zweite Glied eine Funktion von x ist, kann also ersetzt werden durch

$$\left(\frac{d}{d x} - p_1\right)\left(\frac{d}{d x} - p_2\right) \ldots \left(\frac{d}{d x} - p_n\right) y = X. \quad (35)$$

Diese Gleichung giebt uns direkt Auskunft, welche Operationen man mit y vornehmen muß, um X zu erhalten. Hat man nun die Differentialgleichung aufzulösen, d. h. bei gegebenem X die Funktion y zu bestimmen, so hat man nur alle diese Operationen successive umzukehren, was wirklich möglich ist.

§ 292. Setzt man nämlich

$$\left(\frac{d}{dx} - p_2\right) \cdots \cdot \left(\frac{d}{dx} - p_n\right) y = \varphi \,,$$

dann geht (35) über in

$$\frac{d\varphi}{dx} - p_1\,\varphi = X,$$

welche Gleichung nach der Methode von § 282 aufgelöst werden kann (der integrierende Faktor ist $e^{-p_1 x}$). Hierdurch erhält man φ als eine Funktion X_1 von x, die eine unbestimmte Konstante enthält. Indem man nun weiter

$$\left(\frac{d}{dx} - p_3\right) \cdots \cdot \left(\frac{d}{dx} - p_n\right) y = \varphi_1$$

setzt, findet man

$$\frac{d\varphi_1}{dx} - p_2\,\varphi_1 = X_1 \,,$$

welche Gleichung, auf dieselbe Weise behandelt, φ_1 liefert. Setzt man die Rechnung in ähnlicher Weise fort, so erhält man schließlich y. Da bei jeder weiteren Integration eine unbestimmte Konstante hinzutritt, so gelangt man wirklich zu der allgemeinen Auflösung mit n Konstanten. Die Methode bleibt anwendbar, wenn einige der Größen p_1, p_2, $\cdots \cdot p_n$ einander gleich sind. Kommen unter den Wurzeln von (31) komplexe Ausdrücke vor, so bleibt ebenfalls das Gesagte gültig. Die Größen $e^{-p_1 x}$, $e^{-p_2 x}$ u. s. w. sind auch dann noch die integrierenden Faktoren, sofern man ihnen die in § 289 angegebene Bedeutung beilegt. Als Resultat erhält man einen komplexen Ausdruck für y; berücksichtigt man jedoch, daß der reelle Teil für sich der Gleichung genügen muss, so ergiebt sich eine Auflösung für die Gleichung mit reellen Größen.

§ 293. Um die vorhergehenden Betrachtungen zu erläutern, kehren wir nochmals zu dem schwingenden Punkt zurück (§ 286), nehmen aber an, daß auf ihn noch eine Kraft wirkt, die eine gegebene periodische Funktion der Zeit ist. Die Bewegungsgleichung ist dann

$$\frac{d^2 x}{dt^2} + k' x = a \cos 2\pi \frac{t}{T} \,,$$

wo α und T bekannte Konstanten sind, und $k' = \dfrac{k}{m}$. Hierfür kann auch geschrieben werden

$$\left(\frac{d}{dt} + i\sqrt{k'}\right)\left(\frac{d}{dt} - i\sqrt{k'}\right)x = \alpha \cos 2\pi \frac{t}{T}.$$

Setzt man

$$\left(\frac{d}{dt} - i\sqrt{k'}\right)x = \varphi,$$

dann wird

$$\frac{d\varphi}{dt} + i\sqrt{k'}\,\varphi = \alpha \cos 2\pi \frac{t}{T}.$$

Der integrierende Faktor ist

$$e^{i\sqrt{k'}.t} = \cos(\sqrt{k'}.t) + i\sin(\sqrt{k'}.t),$$

und die Integration giebt

$$e^{i\sqrt{k'}.t}\varphi = \alpha \int \cos 2\pi \frac{t}{T} \cdot e^{i\sqrt{k'}.t}\,dt + C =$$

$$= \alpha \frac{e^{i\sqrt{k'}.t}\left(i\sqrt{k'}\cos 2\pi \frac{t}{T} + \frac{2\pi}{T}\sin 2\pi \frac{t}{T}\right)}{\frac{4\pi^2}{T^2} - k'} + C,$$

oder

$$\varphi = \alpha \frac{i\sqrt{k'}\cos 2\pi \frac{t}{T} + \frac{2\pi}{T}\sin 2\pi \frac{t}{T}}{\frac{4\pi^2}{T^2} - k'} + Ce^{-i\sqrt{k'}t}.$$

Es muß jetzt noch die Gleichung

$$\frac{dx}{dt} - i\sqrt{k'}.x = \varphi$$

integriert werden. Der integrierende Faktor ist hier $e^{-i\sqrt{k'}.t}$ und man findet

$$e^{-i\sqrt{k'}.t}x = \int \varphi\, e^{-i\sqrt{k'}.t}\,dt + C',$$

woraus folgt

$$x = \alpha \frac{\cos 2\pi \frac{t}{T}}{k' - \frac{4\pi^2}{T^2}} + \frac{iC}{2\sqrt{k'}}e^{-i\sqrt{k'}.t} + C'e^{i\sqrt{k'}.t}.$$

Entwickelt man die beiden letzten Glieder und ersetzt man die Koeffizienten von $\cos\sqrt{k'}.t$ und $\sin\sqrt{k'}.t$ durch C'' und C''' (diese Größen können dann reell sein), so ergiebt sich

$$x = \alpha \frac{\cos 2\pi \frac{t}{T}}{k' - \frac{4\pi^2}{T^2}} + C'' \cos(\sqrt{k'}.\, t) + C''' \sin(\sqrt{k'}.\, t),$$

worin die Konstanten C'' und C''' aus der Anfangslage und der Anfangsgeschwindigkeit des Punktes ermittelt werden können.

Aus der Formel ergiebt sich, daß der Punkt eine zusammengesetzte Bewegung ausführt. Die beiden letzten Glieder stellen Schwingungen dar, deren Periode nur von der Intensität der nach der Gleichgewichtslage wirkenden Kraft abhängt, Schwingungen, wie sie auch ohne die Wirkung der Kraft $m\,\alpha \cos 2\pi \frac{t}{T}$ bestehen könnten (freie Schwingungen). Hierzu kommt noch eine schwingende Bewegung (erzwungene Schwingungen), deren Periode mit der der Kraft $m\,\alpha \cos 2\pi \frac{t}{T}$ übereinstimmt und deren Amplitude desto größer wird, je weniger sich die Periode der freien Schwingung $\frac{2\pi}{\sqrt{k'}}$ von der Periode T der Kraft unterscheidet.

§ 294. Alle oben besprochenen Gleichungen können übrigens auch ohne Einführung von komplexen Größen aufgelöst werden. Wenn in der Gleichung

$$\frac{d^2 y}{d x^2} + a_1 \frac{d y}{d x} + a_2 y = 0 \qquad (36)$$

$$a_1^2 < 4\, a_2$$

ist und sie daher nach der Methode von §§ 291 und 292 nicht auf zwei Gleichungen der ersten Ordnung mit reellen Koeffizienten reduziert werden kann, so kann man leicht unmittelbar ein partikuläres Integral von der Form

$$y = e^{\alpha x} \cos \beta x$$

finden. Substituiert man dies in (36), so ergiebt sich nach Division mit $e^{\alpha x}$

$$[(\alpha^2 - \beta^2) + a_1 \alpha + a_2] \cos \beta x - [2\,\alpha\,\beta + a_1\,\beta] \sin \beta x = 0.$$

Dieser Gleichung ist genügt, wenn

$$(\alpha^2 - \beta^2) + a_1 \alpha + a_2 = 0$$

und

$$2\,\alpha + a_1 = 0,$$

also

$$\alpha = -\tfrac{1}{2} a_1,$$

$$\beta = \tfrac{1}{2} \sqrt{4\, a_2 - a_1^2}.$$

Führt man für α und β diese Werte ein, dann läßt sich leicht nachweisen, daß auch

$$y = e^{\alpha x} \sin \beta x$$

der Gleichung genügt und daß also

$$y = C e^{\alpha x} \cos \beta x + C' e^{\alpha x} \sin \beta x \qquad (37)$$

die allgemeine Auflösung ist.

Es möge dem Leser überlassen bleiben, die Aufgabe von § 290 nach der eben angegebenen Methode zu lösen und nachzuweisen, daß man auf diese Weise zu demselben Resultat gelangt, wie bei Benutzung von komplexen Größen.

§ 295. Durch einen einfachen Kunstgriff kann nun weiter die Gleichung

$$\frac{d^2 y}{d x^2} + a_1 \frac{d y}{d x} + a_2 y = X, \qquad (38)$$

wo das zweite Glied X irgend eine Funktion von x ist, aufgelöst werden. Man setze vorläufig zu dem Zweck $X = 0$ und suche das allgemeine Integral von (36); dasselbe ist uns durch Formel (37) gegeben. Es läßt sich nun nachweisen, daß eine Auflösung der Gleichung (38) gefunden werden kann, wenn man in (37) der Konstanten C und C' durch zwei passend gewählte Funktionen von x — dieselben mögen u_1 und u_2 heißen — ersetzt.

Man setze zur Abkürzung

$$e^{\alpha x} \cos \beta x = y_1 \quad \text{und} \quad e^{\alpha x} \sin \beta x = y_2,$$

so haben wir also in (38) zu substituieren

$$y = u_1 y_1 + u_2 y_2.$$

Aus dieser Gleichung folgt zunächst

$$\frac{d y}{d x} = u_1 \frac{d y_1}{d x} + u_2 \frac{d y_2}{d x} + y_1 \frac{d u_1}{d x} + y_2 \frac{d u_2}{d x}.$$

Durch eine neue Differentiation würde man hieraus $\dfrac{d^2 y}{d x^2}$ finden. Um nun zu bewirken, daß dabei keine Glieder mit $\dfrac{d^2 u_1}{d x^2}$ und $\dfrac{d^2 u_2}{d x^2}$ auftreten, unterwerfen wir u_1 und u_2 der Bedingung

$$y_1 \frac{d u_1}{d x} + y_2 \frac{d u_2}{d x} = 0. \qquad (39)$$

Dadurch wird

$$\frac{dy}{dx} = u_1 \frac{dy_1}{dx} + u_2 \frac{dy_2}{dx}$$

und

$$\frac{d^2y}{dx^2} = u_1 \frac{d^2y_1}{dx^2} + u_2 \frac{d^2y_2}{dx^2} + \frac{dy_1}{dx}\frac{du_1}{dx} + \frac{dy_2}{dx}\frac{du_2}{dx}.$$

Substituiert man nun die Werte von y, $\dfrac{dy}{dx}$ und $\dfrac{d^2y}{dx^2}$ in (38), dann erhält man, wenn man berücksichtigt, daß

$$\frac{d^2y_1}{dx^2} + a_1 \frac{dy_1}{dx} + a_2 y_1 = 0$$

und

$$\frac{d^2y_2}{dx^2} + a_1 \frac{dy_2}{dx} + a_2 y_2 = 0$$

ist ($y = y_1$ und $y = y_2$ sind ja Auflösungen von (36)),

$$\frac{dy_1}{dx}\frac{du_1}{dx} + \frac{dy_2}{dx}\frac{du_2}{dx} = X, \qquad (40)$$

welche Gleichung, mit (39) verbunden, u_1 und u_2 so bestimmt, daß der gegebenen Differentialgleichung Genüge geleistet wird. Da nämlich die beiden Unbekannten $\dfrac{du_1}{dx}$ und $\dfrac{du_2}{dx}$ sich aus (39) und (40) ermitteln lassen, so ergeben sich auch ohne Schwierigkeiten u_1 und u_2.

Um schließlich die allgemeine Gleichung (34) ohne komplexe Größen aufzulösen, beachte man, dass das erste Glied der Gleichung (31) stets in reelle Faktoren ersten und zweiten Grades zerlegt werden kann (§ 5), und daß also auch die Operation, die man in (34) mit y vornehmen muß, um X zu erhalten, in eine Anzahl von Einzeloperationen zerlegt werden kann, welche sich durch die Symbole

$$\frac{d}{dx} - p,$$

und

$$\frac{d^2}{dx^2} - p\frac{d}{dx} + q$$

darstellen lassen.

Wenn man dann weiter, ähnlich wie in § 292, von der gegebenen Funktion X zu der unbekannten y gelangen will, so hat man nur Gleichungen von der Form

$$\frac{d\,\varphi}{d\,x} - p\,\varphi = F\,(x)$$

und

$$\frac{d^2\,\varphi}{d\,x^2} - p\,\frac{d\,\varphi}{d\,x} + q\,\varphi = F(x)$$

aufzulösen, was nach dem oben gesagten ohne Einführen von komplexen Größen geschehen kann.

§ 296. Wir gehen jetzt über zu den Gleichungen, welche neben einer einzigen unabhängig Variablen mehrere abhängig Veränderliche enthalten. Hierhin gehörige Fälle haben wir schon in § 289 (P und Q) und im vorigen Paragraphen (u_1 und u_2) kennen gelernt. Ist die Anzahl der Differentialgleichungen gleich der Anzahl der abhängig Variablen, dann läßt sich durch eine der Auseinandersetzung von § 274 ähnliche Betrachtung nachweisen, daß diese letzteren soweit bestimmt sind, als das überhaupt mittels Differentialgleichungen geschehen kann. Die Differentialgleichungen sind aufgelöst, wenn es entweder gelungen ist, jede abhängig Variable für sich durch die unabhängig Variable auszudrücken, oder eine genügende Anzahl von Gleichungen (ohne Differentialquotienten) zwischen den verschiedenen Veränderlichen abzuleiten. Natürlich werden dabei eine gewisse Anzahl willkürlicher Konstanten auftreten.

Folgendes ist ein einfaches Beispiel derartiger sogenannten „simultanen" Differentialgleichungen.

In zwei Gefäßen, deren Inhalt v_1 und v_2 ist, befindet sich ein und dasselbe Gas, aber unter den verschiedenen Drucken P_1 und P_2. Dieselben werden miteinander durch eine Kapillare in Verbindung gesetzt, wodurch in der Zeiteinheit eine Menge Gas aus dem einen Gefäß in das andere strömt, die, in Gewichtseinheiten ausgedrückt, proportional der Differenz der Quadrate der Drucke ist. Wie groß sind die Drucke p_1 und p_2 in den beiden Gefässen, nachdem das Gas t·Sekunden übergeströmt ist?

Die Gasmenge, welche während der unendlich kleinen Zeit $d\,t$ durch die Kapillare fließt, ist gleich

$$a\,(p_1^2 - p_2^2)\,d\,t,$$

wo a eine Konstante bedeutet. Andererseits ist sie gleich

$$b\, v_2\, \frac{d\, p_2}{d\, t}\, d\, t$$

und auch

$$-\, b\, v_1\, \frac{d\, p_1}{d\, t}\, d\, t,$$

wenn b die Gasmenge bedeutet, die unter dem Drucke 1 das Volum 1 ausfüllt. Wir wollen nämlich die Temperatur als konstant betrachten, so daß die in einem bestimmten Raum befindliche Gasmenge dem Drucke proportional ist.

Es ergeben sich somit die Gleichungen

$$\frac{d\, p_1}{d\, t} = -\, \frac{a}{b\, v_1}\, (p_1^2 - p_2^2) \tag{41}$$

und

$$\frac{d\, p_2}{d\, t} = \frac{a}{b\, v_2}\, (p_1^2 - p_2^2). \tag{42}$$

Hieraus folgt zunächst

$$p_1\, v_1 + p_2\, v_2 = C, \tag{43}$$

eine Gleichung, welche aussagt, daß die totale Masse des Gases unverändert bleibt. Die Konstante C berechnet sich aus den Anfangsdrucken P_1 und P_2 mittels der Gleichung

$$C = P_1\, v_1 + P_2\, v_2.$$

Multipliziert man nun ferner die Gleichung (41) mit $p_2\, v_1\, v_2$, und (42) mit $p_1\, v_1\, v_2$ und subtrahiert (42) von (41), so ergiebt sich unter Berücksichtigung von (43)

$$v_1\, v_2\left(p_2\, \frac{d\, p_1}{d\, t} - p_1\, \frac{d\, p_2}{d\, t}\right) = -\, \frac{a}{b}\, C(p_1^2 - p_2^2),$$

oder nach Division mit p_2^2, wenn man $\frac{p_1}{p_2} = x$ setzt,

$$v_1\, v_2\, \frac{d\, x}{d\, t} = -\, \frac{a}{b}\, C(x^2 - 1).$$

Die Auflösung dieser Gleichung ist

$$\tfrac{1}{2}\, v_1\, v_2\, l\left(\frac{x+1}{x-1}\right) = \frac{a}{b}\, C\, t + C',$$

so daß, wenn man C' aus dem Anfangszustand bestimmt,

$$l\, \frac{p_1 + p_2}{p_1 - p_2} - l\, \frac{P_1 + P_2}{P_1 - P_2} = \frac{2\, a}{b\, v_1\, v_2}\, C\, t$$

wird. Durch diese Gleichung und Gleichung (43) werden p_1 und p_2 völlig als Funktionen von t bestimmt.

Ebenso wie in diesem Beispiel muß man auch in anderen Fällen danach trachten, durch geschickte Kombination der Gleichungen zu anderen zu gelangen, die integriert werden können.

§ 297. Zu einem System von simultanen Differential-gleichungen führen die meisten Aufgaben aus der Mechanik. Es sei z. B. ein System materieller Punkte mit den Massen m_1, $m_2, \ldots$ gegeben, die sich unter dem Einfluß von teils äußeren, teils inneren Kräften bewegen. Es besteht dann für jeden Punkt die bekannte Beziehung zwischen seiner Beschleunigung und der Kraft, welcher er unterworfen ist. Führt man ein rechtwinkliges Koordinatensystem ein und nennt man die Koordinaten der Punkte bez. x_1, y_1, z_1, x_2, y_2, $z_2 \ldots$, welche Größen alle von der Zeit abhängen, so sind die Beschleunigungen in Richtung der Achsen $\dfrac{d^2 x_1}{d t^2}$, $\dfrac{d^2 y_1}{d t^2}$ u. s. w. Die Produkte aus diesen Beschleunigungen und den entsprechenden Massen müssen gleich den Komponenten der Kräfte, welche auf die Punkte wirken, sein. Nennen wir die in den Achsenrichtungen auf den ersten Punkt wirkenden Kräfte X_1, Y_1, Z_1, und die auf den zweiten Punkt wirkenden X_2, Y_2, Z_2 u. s. w., so erhalten wir die Bewegungsgleichungen

$$\left. \begin{array}{lll} m_1 \dfrac{d^2 x_1}{d t^2} = X_1, & m_1 \dfrac{d^2 y_1}{d t^2} = Y_1, & m_1 \dfrac{d^2 z_1}{d t^2} = Z_1 \\[2mm] m_2 \dfrac{d^2 x_2}{d t^2} = X_2, & m_2 \dfrac{d^2 y_2}{d t^2} = Y_2, & m_2 \dfrac{d^2 z_2}{d t^2} = Z_2 \end{array} \right\} \quad (44)$$

u. s. w.

In der Regel sind X_1, Y_1, Z_1 u. s. w. bekannte Funktionen der Koordinaten.

Aus diesen Gleichungen können wir nun einige Folgerungen ziehen, die in vielen Fällen gültig sind und die Behandlung von Aufgaben aus der Mechanik und Physik sehr vereinfachen.

§ 298. Durch Addition erhält man zunächst aus (44)

$$\frac{d^2}{d t^2} (m_1 x_1 + m_2 x_2 + \ldots) = X_1 + X_2 + \ldots = \sum X,$$

und zwei analoge Gleichungen, die sich auf die y- und z-Achse beziehen. Diese Formeln lassen sich bedeutend vereinfachen, wenn man die Coordinaten x, y, z des Massenmittelpunktes des Systems (vergl. Aufg. 3, S. 122), die natürlich auch Funktionen der Zeit sind, einführt. Man erhält dann, wenn man die Summe aller Massen M nennt,

$$M\frac{d^2\,x}{d\,t^2} = \sum X, \quad M\frac{d^2\,y}{d\,t^2} = \sum Y, \quad M\frac{d^2\,z}{d\,t^2} = \sum Z. \qquad (45)$$

Diese Gleichungen sagen aus, daß der Schwerpunkt sich so bewegt, als ob die ganze Masse des Systems in ihm aufgehäuft wäre und alle Kräfte auf ihn wirkten.

Die Auflösung der Bewegungsgleichungen wird jedoch durch diese Gleichungen (45) nur dann vereinfacht, wenn dieselben sich integrieren lassen. Am einfachsten liegen die Verhältnisse, wenn nur innere Kräfte zwischen den Punkten wirken. Ist dabei die Wirkung stets entgegengesetzt gleich der Gegenwirkung, so ist $\sum X = \sum Y = \sum Z = 0$ und aus (45) folgt

$$\frac{d^2\,x}{d\,t^2} = 0, \quad \frac{d^2\,y}{d\,t^2} = 0, \quad \frac{d^2\,z}{d\,t^2} = 0, \qquad (46)$$

d. h. der Schwerpunkt erfährt keine Beschleunigung, er muß sich also entweder mit konstanter Geschwindigkeit längs einer Geraden bewegen oder in Ruhe sein, was auch aus der Auflösung der Differentialgleichungen (46) folgt

$$x = C_1\,t + C'_1, \quad y = C_2\,t + C'_2, \quad z = C_3\,t + C'_3,$$

wo eventuell C_1, C_2, $C_3 = 0$ sein können.

§ 299. Wir wollen noch eine zweite Folgerung aus unseren Bewegungsgleichungen ziehen. Ein einzelner Punkt soll sich jetzt in einer ebenen Fläche (der $x\,y$-Ebene) bewegen unter dem Einfluß einer Kraft, deren Richtung fortdauernd durch einen festen Punkt geht. Wird dieser letztere zum Ursprung der Koordinaten gewählt, dann sind die Kraftkomponenten proportional x und y, also

$$\frac{d^2\,x}{d\,t^2} : \frac{d^2\,y}{d\,t^2} = x : y.$$

Hieraus folgt

$$x\frac{d^2\,y}{d\,t^2} - y\frac{d^2\,x}{d\,t^2} = 0.$$

Hierfür kann man auch schreiben

$$\frac{d}{d\,t}\left(x\,\frac{d\,y}{d\,t} - y\,\frac{d\,x}{d\,t}\right) = 0,$$

woraus durch Integration

$$x\,\frac{d\,y}{d\,t} - y\,\frac{d\,x}{d\,t} = C$$

gefunden wird.

Die Bedeutung dieser Formel wird durch Einführung von Polarkoordinaten r und ϑ (§ 69) sofort in die Augen springen. Man findet dann nämlich

$$\tfrac{1}{2}\,r^2\,d\,\vartheta = \tfrac{1}{2}\,C\,d\,t.$$

Das erste Glied stellt den Inhalt des unendlich kleinen Sektors dar, welcher während der Zeit $d\,t$ von dem von O nach dem beweglichen Punkt gezogenen Radiusvektor beschrieben wird, und da nach der Formel dieser Sektor gleich ist dem Produkt aus der verflossenen Zeit und der Konstanten $\tfrac{1}{2}\,C$, so müssen auch die in endlichen Zeiten durchlaufenen Sektoren proportional den verflossenen Zeiten sein (zweites KEPPLER'sche Gesetz).

§ 300. Einen dritten Satz wollen wir für einen im Raum sich bewegenden Punkt beweisen.

Multiplizieren wir die Bewegungsgleichungen

$$m\,\frac{d^2\,x}{d\,t^2} = X, \quad m\,\frac{d^2\,y}{d\,t^2} = Y, \quad m\,\frac{d^2\,z}{d\,t^2} = Z$$

bez. mit $\dfrac{d\,x}{d\,t}, \dfrac{d\,y}{d\,t}, \dfrac{d\,z}{d\,t}$, und addieren dann, so ergiebt sich

$$\frac{d}{d\,t}\left[\tfrac{1}{2}\,m\left\{\left(\frac{d\,x}{d\,t}\right)^2 + \left(\frac{d\,y}{d\,t}\right)^2 + \left(\frac{d\,z}{d\,t}\right)^2\right\}\right] =$$
$$= X\,\frac{d\,x}{d\,t} + Y\,\frac{d\,y}{d\,t} + Z\,\frac{d\,z}{d\,t}. \tag{47}$$

Man nennt das halbe Produkt aus der Masse und dem Quadrat der Geschwindigkeit die lebendige Kraft. Bezeichnen wir diese Größe mit T und multiplizieren wir (47) mit $d\,t$, so erhalten wir

$$d\,T = X\,d\,x + Y\,d\,y + Z\,d\,z, \tag{48}$$

d. h. der Zuwachs an lebendiger Kraft während einer unendlich kleinen Zeit ist gleich der während jener Zeit von der auf den Punkt wirkenden Kraft geleisteten Arbeit. Da dieser Satz für jedes Zeitelement gilt, so kann er auch auf endliche Zeitintervalle übertragen werden.

Soll dieses Resultat bei der Auflösung der Bewegungsgleichungen von Nutzen sein, so muß man die während eines Zeitintervalles geleistete Arbeit berechnen können. Dies ist möglich, wenn eine Kraftfunktion φ (§ 165) besteht. Die Arbeit ist dann gleich dem Zuwachs dieser Funktion während des betreffenden Intervalles (§ 208), und dieser Zuwachs muß also dann nach Gleichung (48) gleich dem Zuwachs von T sein. Analytisch ausgedrückt, wenn

$$X = \frac{\partial \varphi}{\partial x}, \quad Y = \frac{\partial \varphi}{\partial y}, \quad Z = \frac{\partial \varphi}{\partial z}$$

ist, so kann man für (47) schreiben (wenn φ eine Funktion von x, y, z ist, die allein durch Vermittelung dieser Größen von t abhängt)

$$\frac{dT}{dt} = \frac{d\varphi}{dt},$$

woraus folgt

$$T = \varphi + C.$$

§ 301. In den bisher besprochenen Aufgaben hingen die abhängig Variablen nur von einer einzigen unabhängig Veränderlichen ab; in vielen Aufgaben treten jedoch mehrere unabhängig Veränderliche auf, und es muß die Funktion aus Beziehungen zwischen ihren partiellen Differentialquotienten abgeleitet werden. Ein paar Beispiele sollen zur Erläuterung dienen, in welcher Weise derartige partielle Differentialgleichungen aufgestellt und nachher aufgelöst werden.

In einem cylindrischen, sich bis in die Unendlichkeit erstreckenden Rohr werde das Gleichgewicht der in demselben sich befindenden Luft gestört, so daß dieselbe in Bewegung gerät. Im Gleichgewichtszustand sei der Druck überall p_0 und die Dichte ϱ_0, welche Größen bei der Störung in p und ϱ übergehen. Ein Luftteilchen, das sich zur Zeit t in einem bestimmten Punkt der Röhre befindet, besitze die Geschwindigkeit u, deren Richtung parallel der Achse der Röhre sei. Offenbar wird man die durch die Störung hervorgerufenen Zustandsänderungen genau verfolgen können, wenn man in jedem Punkt und zu jedem Augenblick p, ϱ und u kennt. Wir wollen jetzt die vereinfachende Voraussetzung machen, daß der Zustand des Gases in allen Punkten eines senkrecht zur Achse gelegenen Querschnittes derselbe ist. Legen wir die x-Achse in Richtung der Rohrachse, so sind dann die Veränderlichen Funktionen von x und t. Um nun die Beziehung zwischen den abhängig und unabhängig Variablen aufzustellen, muß uns zunächst das Gesetz bekannt sein, nach welchem sich der Druck mit der Dichte ändert. Als erste Gleichung haben wir also

$$p = F(\varrho). \tag{49}$$

Eine zweite Gleichung, und zwar eine partielle Differential-gleichung, ergiebt sich, wenn wir die durch die Bewegung der Luft hervorgerufene Dichtigkeitsänderung näher betrachten.

Durch einen im Abstand x vom Ursprung gelegenen Quer-schnitt S der Röhre strömt in Richtung der positiven x-Achse in der Zeit $d\,t$ eine Luftmenge, deren Masse $S\varrho\,u\,d\,t$ ist. Durch einen im Abstand $x + d\,x$ befindlichen Querschnitt fließt in derselben Zeit die Luftmenge $S\varrho'u'd\,t$, wo die Striche die Werte von ϱ und u in den Punkten dieses Querschnittes an-zeigen. Nun ist

$$\varrho'\,u' - \varrho\,u = \frac{\partial\,(\varrho\,u)}{\partial\,x}\,d\,x.$$

In dem Raume zwischen den beiden Querschnitten wird also in der Zeit $d\,t$ die Luftmenge um $S\dfrac{\partial\,(\varrho\,u)}{\partial\,x}\,d\,x\,d\,t$ ver-mindert. Hieraus folgt

$$\frac{\partial\,\varrho}{\partial\,t} = -\,\frac{\partial\,(\varrho\,u)}{\partial\,x}. \tag{50}$$

Eine dritte Gleichung ergiebt sich aus dem Zusammen-hang zwischen der Beschleunigung eines Teiles der Luftmasse und der darauf wirkenden Kraft. Die Beschleunigung ist (vergl. § 155)

$$\frac{\partial\,u}{\partial\,t} + u\,\frac{\partial\,u}{\partial\,x},$$

und da zwischen den beiden oben betrachteten Querschnitten eine Masse gleich $S\varrho\,d\,x$ sich befindet, so muß darauf in Richtung der x-Achse eine Kraft

$$S\varrho\left(\frac{\partial\,u}{\partial\,t} + u\,\frac{\partial\,u}{\partial\,x}\right)d\,x$$

wirken. Dieselbe kann nur aus den Drucken, welche die
zwischen den beiden Querschnitten liegende Masse von den
benachbarten Schichten erleidet, herrühren. Nun ist p der
Druck auf die Einheit der Fläche, die Differenz der beiden
Drucke, welche in entgegengesetzter Richtung wirken, ist also

$$- S \frac{\partial p}{\partial x} \, d x,$$

so daß sich ergiebt

$$\varrho \left(\frac{\partial u}{\partial t} + u \frac{\partial u}{\partial x} \right) = - \frac{\partial p}{\partial x}. \tag{51}$$

Die erhaltenen Gleichungen genügen, um, sobald p, ϱ und u
für alle Punkte der Röhre und für einen bestimmten Augenblick gegeben sind, die Zustandsänderungen Schritt für Schritt
zu verfolgen.

§ 302. Die Gleichungen erfahren eine erhebliche Vereinfachung, wenn die Störungen des Gleichgewichtes sehr klein
sind. Es ist dann u sehr klein und ebenso, wenn wir

$$\varrho = \varrho_0 \, (1 + s)$$

setzen, die Größe s. (s nennt man die Kondensation oder Verdichtung.) Wir brauchen dann von diesen Größen nur die
ersten Potenzen zu berücksichtigen; höhere Potenzen und die
Produkte dieser Größen miteinander können wir vernachlässigen. Es folgt dann aus (49)

$$p = p_0 + F'(\varrho_0) \, \varrho_0 \, s,$$

also wenn wir

$$F'(\varrho_0) = a^2$$

setzen (diese Größe muß nämlich positiv sein, weil bei Ver-
größerung der Dichte auch der Druck zunimmt)

$$p = p_0 + a^2 \varrho_0 \, s.$$

Zweitens erhält man aus (50) und (51), wenn man berücksichtigt, daß von Größen, die stets und an allen Stellen sehr
klein sind, auch die Differentialquotienten wenig von Null abweichen,

$$\frac{\partial s}{\partial t} = - \frac{\partial u}{\partial x}, \qquad \frac{\partial u}{\partial t} = - a^2 \frac{\partial s}{\partial x}, \tag{52}$$

woraus man noch die einfachen Beziehungen

$$\frac{\partial^2 s}{\partial t^2} = a^2 \frac{\partial^2 s}{\partial x^2}, \qquad \frac{\partial^2 u}{\partial t^2} = a^2 \frac{\partial^2 u}{\partial x^2} \tag{53}$$

ableiten kann.

§ 303. Diese Gleichungen sind denen der §§ 286 und 290 einigermaßen ähnlich. Es ergiebt sich auch hier, ebenso wie dort, die allgemeine Auflösung durch Addition einer genügenden Anzahl partikulärer Auflösungen. Die letzteren können in ähnlicher Weise, wie in § 290, gefunden werden.

Setzen wir

$$s = p\, e^{\alpha x + \beta t + \gamma}, \qquad u = q\, e^{\alpha x + \beta t + \gamma},$$

so wird den Gleichungen (52) Genüge geleistet, wenn

$$\beta p = -\alpha q, \qquad \beta q = -a^2 \alpha p$$

ist. Daraus folgt

$$\beta^2 = a^2 \alpha^2, \qquad \beta = \pm a\alpha, \qquad q = \mp a p.$$

Setzen wir noch $\gamma = \alpha\delta$, dann erhalten wir also zwei partikuläre Auflösungen, die für jeden Wert von p, α und δ den Gleichungen genügen, nämlich

$$s = p\, e^{\alpha(x - a t + \delta)}, \qquad u = a p\, e^{\alpha(x - a t + \delta)}$$

und

$$s = p\, e^{\alpha(x + a t + \delta)}, \qquad u = -a p\, e^{\alpha(x + a t + \delta)}.$$

Die Bewegungszustände, welche durch diese Gleichungen dargestellt werden, kommen in Wirklichkeit nicht vor. Wir gelangen besser zum Ziel, wenn wir die Gleichungen dadurch umformen, daß wir α gleich einer imaginären Größe $= i\,\alpha'$ setzen und von den hierdurch entstehenden komplexen Ausdrücken nur die reellen Teile nehmen.

Man findet dann

$$s = p \cos \alpha\,(x - a t + \delta), \quad u = a p \cos \alpha'(x - a t + \delta) \qquad (54)$$

und

$$s = p \cos \alpha'(x + a t + \delta), \quad u = -a p \cos \alpha'\,(x + a t + \delta). \qquad (55)$$

Wenn wir in diesen Ausdrücken x als eine Konstante betrachten, so sind s und u periodische Funktionen von t, deren Periode $\dfrac{2\pi}{\alpha' a}$ ist. Die Bewegung eines jeden Luftteilchens in den Auflösungen (54) und (55) ist also eine einfach harmonische, da u durch eine einzige goniometrische Funktion von t dargestellt wird.

Auch in Bezug auf x sind s und u periodische Funktionen. An Stellen, die um $\dfrac{2\pi}{\alpha}$ (Wellenlänge) voneinander entfernt

sind, ist der Zustand der Luft zu ein und derselben Zeit der
nämliche. Bei der durch (54) gekennzeichneten Bewegung
wiederholt sich der Zustand, der in irgend einem Augenblick
in einem beliebigen Punkt besteht, nach einer Zeit τ in
einem Punkt, der in Richtung der positiven x-Achse in einem
Abstand $a\,\tau$ vom ersten gelegen ist; es pflanzen sich also hier
die Schwingungen mit der Geschwindigkeit a in Richtung der
positiven x-Achse fort. In derselben Weise ergiebt sich, daß
in (55) sich die Schwingungen in entgegengesetzter Richtung
fortpflanzen.

§ 304. Durch Addition verschiedener Auflösungen von
derselben Art wie (54) und (55) (mit verschiedenen Werten
von p, α' und δ) erhält man allgemeinere Auflösungen der
Bewegungsgleichungen. Man kann es dabei so einrichten, daß
die Auflösung den Zustand zu Anfang des Versuches, z. B.
zur Zeit $t = 0$, wiedergiebt, so daß die erhaltene Auflösung
die Bewegungen darstellt, die aus diesem Anfangszustand entstehen. Der Einfachheit halber wollen wir annehmen, daß zur
Zeit $t = 0$ die Luft überall in Ruhe ist, also $u = 0$, und daß s
als irgend eine Funktion von x durch die Gleichung

$$s = F(x)$$

gegeben ist.

Wenn wir nun zunächst die Auflösungen (54) und (55)
zusammensetzen, so ergiebt sich

$$\left. \begin{aligned} s &= p \cos \alpha'\,(x - a\,t + \delta) + p \cos \alpha'\,(x + a\,t + \delta), \\ u &= a\,p \cos \alpha'\,(x - a\,t + \delta) - a\,p \cos \alpha'\,(x + a\,t + \delta). \end{aligned} \right\} \quad (56)$$

Da hier für $t = 0$ auch $u = 0$ ist, so ist der einen Bedingung genügt, wenn wir weiter nur analoge Ausdrücke wie
diese addieren. Um auch der anderen Bedingung zu genügen,
beachte man, daß aus (56) für $t = 0$ folgt

$$s = 2\,p \cos \alpha'\,(x + \delta) \qquad (57)$$

und daß also eine Summe von Auflösungen, wie (56), mit verschiedenen Werten von α' und δ für $t = 0$

$$s = \sum 2\,p \cos \alpha'\,(x + \delta) \qquad (58)$$

giebt. In der That können nun die verschiedenen Werte von
p, α' und δ so gewählt werden, daß diese letzte Summe den
vorgeschriebenen Wert $F(x)$ annimmt; denn, wie in § 271 be-

wiesen, kann mit Hilfe der FOURIER'schen Reihe jede willkürliche Funktion $F(x)$ als die Summe einer unendlich grossen Anzahl goniometrischer Funktionen dargestellt werden. Sind auf diese Weise die Werte ermittelt, welche p, α' und δ in jedem Glied von (58) haben müssen, dann entsprechen jedem Glied die bekannten Ausdrücke (56), und deren Summe stellt den gesuchten Bewegungszustand dar.

Das Endresultat erhält man auf einfache Weise, wenn man beachtet, daß die beiden Glieder, woraus s in (56) zusammengesetzt ist, aus (57) erhalten werden können, wenn man in der einen Hälfte des letzten Ausdruckes x durch $x - a\,t$, in der anderen x durch $x + a\,t$ ersetzt. Da nun dies von jedem Glied gilt, aus dem die Summe (58) zusammengesetzt ist, so ergiebt sich schließlich auch die Summe aller Ausdrücke (56), also der Totalwert von s, indem man in die beiden Hälften der Summe (58), also von $F(x)$, die ebenerwähnten Werte substituiert. Hierdurch erhält man als Resultat

$$s = \tfrac{1}{2} F(x - a\,t) + \tfrac{1}{2} F(x + a\,t), \qquad (59)$$

welche Gleichung aussagt, daß die eine Hälfte der anfänglichen Verdichtung sich mit der Geschwindigkeit a in Richtung der positiven x-Achse, die andere Hälfte mit der gleichen Geschwindigkeit in Richtung der negativen x-Achse fortpflanzt.

Die Geschwindigkeit der Luftteilchen ist in jedem Augenblick und in jedem Punkt gegeben durch

$$u = \tfrac{1}{2} a\,F(x - a\,t) - \tfrac{1}{2} a\,F(x + a\,t). \qquad (60)$$

§ 305. Das erhaltene Endresultat kann noch auf einfachere Weise, als oben, abgeleitet werden. Führt man nämlich in die Gleichungen (53) anstatt x und t die Größen

$$x - a\,t = \xi_1 \quad \text{und} \quad x + a\,t = \xi_2$$

als unabhängig Veränderliche ein, so lassen sich die partiellen Differentialquotienten nach x und t in den Differentialquotienten nach ξ_1 und ξ_2 ausdrücken; es verwandelt sich dann die erste der Gleichungen (53) in

$$\frac{\partial^2 s}{\partial \xi_1\, \partial \xi_2} = 0.$$

Die allgemeine Auflösung dieser Gleichung ist nun leicht zu finden. Da nämlich $\frac{\partial s}{\partial \xi_1}$ beim Differentiieren nach ξ_2 Null geben soll, so darf dieser Ausdruck ξ_2 nicht enthalten; er kann jedoch jede willkürliche Funktion von ξ_1 sein. Man setze deshalb

$$\frac{\partial s}{\partial \xi_1} = f(\xi_1). \tag{61}$$

Diese Bedingung wird befriedigt durch

$$s = \int f(\xi_1)\, d\xi_1,$$

welche Funktion von ξ_1 wir $\varphi(\xi_1)$ nennen wollen.

Der Gleichung (61) wird jedoch auch Genüge geleistet, wenn man zu dem soeben gefundenen Wert von s noch eine Größe addiert, die beim Differentiieren nach ξ_1 Null giebt. Diese kann eine willkürliche Funktion von ξ_2, etwa $\psi(\xi_2)$ sein. Da auch $\varphi(\xi_1)$, als Integral der willkürlichen Funktion $f(\xi_1)$, ebenso wie diese selbst unbestimmt ist, so ergiebt sich als allgemeine Auflösung

$$s = \varphi(x - a\,t) + \psi(x + a\,t) \tag{62}$$

mit zwei unbestimmten Funktionen.

Aus (52) folgt weiter

$$u = a\,\varphi(x - a\,t) - a\,\psi(x + a\,t) + a\,C. \tag{63}$$

Soll nun für $t = 0$, $u = 0$ und $s = F(x)$ sein, so lassen sich die Funktionen φ und ψ leicht ermitteln. Aus (63) folgt nämlich für $t = 0$

$$u = a\,[\varphi(x) - \psi(x) + C].$$

Soll überall $u = 0$ sein, so muß $\varphi(x) = \psi(x) - C$ sein. Für $t = 0$ ist daher

$$s = 2\,\psi(x) - C,$$

und ist nun $s = F(x)$, so müssen

$$\varphi(x) = \tfrac{1}{2} F(x) - \tfrac{1}{2} C \quad \text{und} \quad \psi(x) = \tfrac{1}{2} F(x) + \tfrac{1}{2} C$$

sein, wodurch man wieder zu den Formeln (59) und (60) gelangt.

§ 306. Wir führen noch ein zweites Beispiel einer partiellen Differentialgleichung an. Ein vertikal gestellter Cylinder (Querschnitt = 1) ist mit einer Salzlösung gefüllt, deren Konzentration am Boden größer ist, als am offenen Ende. Die

Konzentration soll in allen Punkten eines horizontalen Querschnittes gleich groß sein; sie ist daher eine Funktion der Höhe z vom Boden ab gerechnet. Außerdem hängt sie von der Zeit ab, da das Salz durch Diffusion aus den konzentrierteren Stellen zu den verdünnteren übergeht.

Wir definieren zunächst die Konzentration s als die in Gewichtsteilen ausgedrückte Salzmenge, welche in der Volumeinheit vorhanden ist. Weiter machen wir von einem experimentell bewiesenen Satz Gebrauch, nach dem die in der Zeiteinheit durch die Querschnittseinheit diffundierende Salzmenge proportional dem Konzentrationsgefälle in einer Richtung senkrecht zum Querschnitt ist. Den Proportionalitätsfaktor, den sogenannten Diffusionskoeffizienten, wollen wir mit k bezeichnen.

Aus diesem Gesetz folgt, daß die Salzmenge, welche während der Zeit dt durch irgend einen in der Höhe z oberhalb des Bodens befindlichen Querschnitt nach oben diffundiert, gleich

$$- k \frac{\partial s}{\partial x} \, dt$$

ist. Die Differenz der Salzmengen, welche durch zwei in den Höhen z und $z + dz$ befindliche Querschnitte diffundieren, ist

$$- k \frac{\partial^2 s}{\partial x^2} \, dz \, dt.$$

Um diesen Betrag nimmt die Salzmenge zwischen den beiden Querschnitten ab; hieraus folgt

$$\frac{\partial s}{\partial t} = k \frac{\partial^2 s}{\partial x^2}. \tag{64}$$

Diese Gleichung bestimmt den Verlauf der Diffusion in jedem Punkt der Röhre. Um aber über die Erscheinung vollständig orientiert zu sein, müssen wir noch den Anfangszustand kennen, und müssen wir außerdem wissen, was am Boden und am Ende der Röhre vor sich geht.

Was den ersten Punkt betrifft, so wollen wir annehmen, daß für $t = 0$ die Konzentration überall uns bekannt ist, daß also für $t = 0$

$$s = F(z) \tag{65}$$

ist. Da weiter am Boden kein neues Salz hinzugeführt wird (es soll dort auch kein Vorrat von festem Salz liegen), so muß in dem unmittelbar am Boden befindlichen Querschnitt die Diffusion zu allen Zeiten Null sein. Also für alle Werte von t ist

$$\frac{\partial s}{\partial z} = 0, \text{ für } z = 0. \tag{66}$$

Was das obere offene Ende der Röhre betrifft, so wollen wir annehmen, es sei das ganze Rohr in eine große Masse reinen Wassers untergetaucht. Ist dann der Querschnitt nicht allzu groß, dann können wir annehmen, daß jedes Salzteilchen, sobald es nach oben gelangt, unmittelbar darauf weggeführt wird, so daß dort die Konzentration Null bleibt. Ist h die Höhe der Röhre, so muß also für jeden Wert von t

$$s = 0, \text{ für } z = h \tag{67}$$

sein.

Es gilt jetzt eine Auflösung von (64) zu finden, die den Nebenbedingungen (65), (66) und (67) genügt.

§ 307. Eine partikuläre Auflösung von (64) ist

$$s = p\, e^{\alpha z + \beta t},$$

wenn $\beta = k\,\alpha^2$ ist (p ist eine unbestimmte Zahl). Macht man α imaginär, etwa $= i\,\alpha'$, so müssen der reelle und der imaginäre Teil, jeder für sich, der Differentialgleichung genügen, sodaß man die beiden für unsere Zwecke geeigneteren Auflösungen

$$s = p\, e^{-k\,\alpha'^2 t} \cos \alpha'\, z \tag{68}$$

und

$$s = p\, e^{-k\,\alpha'^2 t} \sin \alpha'\, z$$

erhält. Bei (68) ist die Bedingungsgleichung (66) erfüllt; wir brauchen also auf diese letztere nicht weiter zu achten, wenn wir nur Ausdrücke, wie (68), zu einander addieren. Wählen wir dabei für α' solche Werte, daß $\cos \alpha' h = 0$ ist, also

$$\alpha' = \frac{\pi}{2\,h} \text{ oder } \frac{3\,\pi}{2\,h} \text{ oder } \frac{5\,\pi}{2\,h} \text{ u. s. w.,}$$

dann wird auch (67) Genüge geleistet. Wir brauchen jetzt nur noch in

$$s = p_1 e^{-\frac{\pi^2}{4\,h^2}k\,t} \cos \frac{\pi z}{2\,h} + p_2 e^{-\frac{9\,\pi^2}{4\,h^2}k\,t} \cos 3\,\frac{\pi z}{2\,h} + $$
$$+ p_3 e^{-\frac{25\,\pi^2}{4\,h^2}k\,t} \cos 5\,\frac{\pi z}{2\,h} + \text{ u. s. w.} \tag{69}$$

die Koeffizienten p so zu bestimmen, daß auch (65) erfüllt wird, daß also

$$F(z) = p_1 \cos \frac{\pi z}{2h} + p_2 \cos 3 \frac{\pi z}{2h} + p_3 \cos 5 \frac{\pi z}{2h} + \text{u. s. w.} \qquad (70)$$

ist, damit (69) die Auflösung der Aufgabe darstellt.

§ 308. Die gegebene Funktion $F(z)$ läßt sich wirklich für alle Werte von z zwischen 0 und h in eine Reihe von der Form (70) entwickeln. Diese Entwickelung ist im vorigen Kapitel nicht besprochen; da aber die Koeffizienten in (70) sich in genau der gleichen Weise wie die Koeffizienten der dort behandelten Reihen bestimmen lassen und die Richtigkeit der Entwickelung sich wie in den §§ 267 und 268 beweisen läßt, so überlassen wir dies dem Leser, und erwähnen nur, daß die Werte der Koeffizienten

$$p_1 = \frac{2}{h} \int_0^h F(z) \cos \frac{\pi z}{2h} \, dz, \qquad p_2 = \frac{2}{h} \int_0^h F(z) \cos 3 \frac{\pi z}{2h} \, dz \text{ u. s. w.}$$

sind. Sind diese Integrale berechnet, so giebt (69) den ganzen Lauf der Erscheinung wieder. Will man z. B. die Salzmenge q berechnen, die von $t = 0$ bis $t = T$ durch irgend einen Querschnitt diffundiert, so hat man nur in Betracht zu ziehen, daß die Diffusion in einem Zeitelement beträgt

$$- k \frac{\partial s}{\partial z} \, dt = \frac{k\pi}{2h} \left[p_1 \, e^{-\frac{\pi^2}{4h^2} kt} \sin \frac{\pi z}{2h} + \right.$$

$$+ 3 p_2 \, e^{-\frac{9\pi^2}{4h^2} kt} \sin 3 \frac{\pi z}{2h} +$$

$$\left. + 5 p_3 \, e^{-\frac{25\pi^2}{4h^2} kt} \sin 5 \frac{\pi z}{2h} + \text{u. s. w.} \right].$$

Integriert man diesen Ausdruck zwischen den Grenzen 0 und T, so ergiebt sich

$$q = \frac{2h}{\pi} \left[p_1 \left(1 - e^{-\frac{\pi^2}{4h^2} kT} \right) \sin \frac{\pi z}{2h} + \right.$$

$$\left. + \tfrac{1}{3} p_2 \left(1 - e^{-\frac{9\pi^2}{4h^2} kT} \right) \sin 3 \frac{\pi z}{2h} + \text{u. s. w.} \right].$$

Setzt man hierin $z = h$, so findet man, wieviel Salz aus der Röhre hinaus diffundiert ist, nämlich

$$Q = \frac{2h}{\pi}\left[p_1 \left(1 - e^{-\frac{\pi^2}{4h^2}kT} \right) - \frac{1}{3} p_2 \left(1 - e^{-\frac{9\pi^2}{4h^2}kT} \right) + \right.$$
$$\left. + \frac{1}{5} p_3 \left(1 - e^{-\frac{25\pi^2}{4h^2}kT} \right) - \text{u. s. w.} \right].$$

Es wird dem Leser nicht schwer fallen, hieraus abzuleiten, daß die Salzmenge, welche noch in der Röhre vorhanden ist, dargestellt wird durch

$$Q' = \frac{2h}{\pi}\left[p_1 e^{-\frac{\pi^2}{4h^2}kT} - \frac{1}{3} p_2 e^{-\frac{9\pi^2}{4h^2}kT} + \right.$$
$$\left. + \frac{1}{5} p_3 e^{-\frac{25\pi^2}{4h^2}kT} - \text{u. s. w.} \right].$$

§ 309. Die vorstehenden Aufgaben werden dem Leser einen Begriff gegeben haben, wie einfache partielle Differentialgleichungen aufgelöst werden können. Gleichungen, wie die in den vorhergehenden Paragraphen behandelten, welche die Differentialquotienten linear und mit einem konstanten Koeffizienten multipliziert enthalten, kommen sehr häufig vor (z. B. in der Theorie der Wärmeleitung, der Hydrodynamik und der Elastizität). Vielfach sind sie allerdings, wenn noch eine größere Anzahl von unabhängig Variablen, z. B. die drei Koordinaten x, y, z und die Zeit t auftreten, von verwickelterer Form. In all diesen Fällen kann man damit anfangen, partikuläre Integrale zu suchen, woraus dann allgemeinere sich zusammensetzen lassen. Oft bestehen die partikulären Auflösungen aus exponentiellen Größen, wie $e^{\alpha x + \beta y + \gamma z + \delta t}$, oder aus den goniometrischen, die hieraus durch Einführung von komplexen Größen entstehen. In einigen Fällen muß man jedoch von andersgestalteten partikulären Lösungen ausgehen, z. B. bei der Gleichung

$$\frac{\partial^2 \varphi}{\partial x^2} + \frac{\partial^2 \varphi}{\partial y^2} + \frac{\partial^2 \varphi}{\partial z^2} = 0,$$

die in der Theorie der Elektrizität und des Magnetismus eine wichtige Rolle spielt. Hier ist $\varphi = \frac{1}{r}$ eine Auflösung, wenn r den Abstand des Punktes mit den Koordinaten x, y, z von einem festen Punkt bedeutet. (Vergl. Aufgabe 2, S. 250.)

Bei der Auflösung von Aufgaben, die zu linearen partiellen Differentialgleichungen mit konstanten Koeffizienten führen, liegt die Hauptschwierigkeit in der Regel darin, die verschiedenen partikulären Auflösungen auf solche Weise miteinander zu kombinieren, daß die der Differentialgleichung hinzugefügten Nebenbedingungen erfüllt werden. Aus den oben besprochenen Beispielen wird man ersehen haben, wie hierbei die FOURIER'sche Reihe oft gute Dienste leistet. Ist die Aufgabe offenbar ganz bestimmt, wie in jenen Beispielen, und hat man die partikulären Auflösungen so miteinander kombiniert, daß die zum Schluß erhaltene Auflösung auch allen Nebenbedingungen genügt, so kann man sicher sein, daß die letztere die einzig mögliche Auflösung ist.

Aufgaben.

1. Es sollen die folgenden Differentialgleichungen aufgelöst werden:

a) $(1 + x^2) y \, dx - (1 - y^2) x \, dy = 0$;

b) $\sin x \cos y \, dx - \cos x \sin y \, dy = 0$;

c) $\varphi(y) \, dx + \psi(x) \, dy = 0$;

d) $x y (y \, dx + x \, dy) + x^3 \, dx = 0$;

e) $(y - x) \, dy + y \, dx = 0$ (§ 280);

f) $(8 y + 10 x) \, dx + (5 y + 7 x) \, dy = 0$;

g) $\dfrac{dy}{dx} + \dfrac{x}{1 + x^2} y = \dfrac{1}{2 x (1 + x^2)}$.

2. Desgleichen die Gleichungen:

a) $\dfrac{d^2 y}{dx^2} - 5 \dfrac{dy}{dx} + 4 y = 0$;   b) $\dfrac{d^2 y}{dx^2} - 5 \dfrac{dy}{dx} + 4 y = x$;

c) $\dfrac{d^2 y}{dx^2} + y = x$;   d) $\dfrac{d^2 y}{dx^2} + 2 \dfrac{dy}{dx} + y = 0$.

3. Bei welcher krummen Linie ist die Länge der Normalen, gerechnet bis zum Schnittpunkt mit der x-Achse, konstant?

4. Bei welcher Linie bildet die Tangente überall denselben Winkel mit dem nach einem festen Punkt gezogenen Radiusvektor? (Man benutze Polarkoordinaten.)

5. In einer vertikalen Röhre befindet sich eine Gasmasse, die überall dieselbe Temperatur hat und auf welche die Schwer-

kraft überall mit derselben Intensität wirkt. Es sollen die
Dichte ϱ und der Druck p als Funktionen der Höhe z über
dem Boden ermittelt werden. Dabei ist $p = a\varrho$ ($a =$ konst.)
und die Beschleunigung der Schwerkraft g. (Man beachte, daß
eine unendlich dünne horizontale Schicht von der Differenz der
Drucke, die sie beiderseits erfährt, getragen wird.)

6. Zwei vertikale cylindrische Gefäße, die durch ein hori-
zontales Kapillarrohr miteinander verbunden sind, sind mit ein
und derselben Flüssigkeit auf ungleiche Höhe gefüllt. Durch die
Kapillare strömt in der Zeiteinheit ein Flüssigkeitsvolum, das
proportional der Höhendifferenz in den beiden Gefäßen ist
(Proportionalitätsfaktor α). Die horizontalen Querschnitte der
Gefäße seien S_1 und S_2 und die Höhen der Flüssigkeitsspiegel
über der Kapillaren für $t = 0$ H_1 und H_2. Es sollen diese
Höhen für einen beliebigen Zeitmoment berechnet werden.

7. Es soll die Bewegung des § 286 betrachteten Punktes
untersucht werden, wenn außer der in diesem Paragraphen
angenommenen Kraft noch die Kräfte von § 290 und § 293
wirken.

8. Es soll dieselbe Aufgabe gelöst werden, wenn auf den
Punkt die Kraft von § 286 und überdies zwei Kräfte, $\alpha_1\, m \cos 2\,\pi\, \dfrac{t}{T_1}$
und $\alpha_2\, m \cos 2\,\pi\, \dfrac{t}{T_2}$, wirken.

9. Es sollen für die Gleichung

$$\frac{\partial^2 \varphi}{\partial x^2} + \frac{\partial^2 \varphi}{\partial y^2} + \frac{\partial^2 \varphi}{\partial z^2} = 0$$

Auflösungen gesucht werden, welche die Form $\varphi = F(r)$, bez.
$x f(r)$ und $\psi(\varrho)$ haben, wo $r = \sqrt{x^2 + y^2 + z^2}$ und $\varrho = \sqrt{x^2 + y^2}$
ist. (Durch Substitution von $\varphi = F(r)$ u. s. w. in die Glei-
chung, erhält man eine gewöhnliche Differentialgleichung; bei
dieser Substitution achte man besonders auf die Größen
$\dfrac{1}{r}\, F'(r)$, $\dfrac{1}{r} f'(r)$ und $\dfrac{1}{\varrho}\, \psi'(\varrho)$ und suche in erster Linie diese
zu bestimmen.)

10. Die Aufgabe von § 304 soll für den Fall gelöst
werden, daß für $t = 0$ überall $s = 0$, aber $u = f(x)$ ist.

11. Desgleichen für den Fall, daß für $t = 0$, $s = F(x)$
und $u = f(x)$ ist.

12. Wie groß wird in der Aufgabe von §§ 306 — 308 der Wert von Q', wenn für $t = 0$ die Röhre bis zu $^2/_3$ der Höhe mit einer Salzlösung, deren Konzentration s_0 ist, und darüber mit reinem Wasser gefüllt ist?

13. In einem langen cylindrischen Stab, dessen Querschnitt $= 1$ ist, ändert sich in der Längsrichtung die Temperatur τ von Punkt zu Punkt, während sie in jedem hierzu senkrechten Querschnitt an allen Stellen gleich ist. Die Wärmemenge, welche in der Zeiteinheit durch solch einen Querschnitt fließt, ist proportional dem in der Längsrichtung des Stabes bestehenden Temperaturgefälle. Der Proportionalitätsfaktor sei k. Die durch die Temperaturerhöhung hervorgerufene Ausdehnung des Stabes soll vernachlässigt werden und an der Oberfläche des Stabes soll Wärme weder aufgenommen noch abgegeben werden. Die Wärmemenge γ, welche nötig ist, um die Temperatur der Volumeinheit um einen Grad zu erhöhen, sei bekannt. Es soll eine Differentialgleichung aufgestellt werden, welche τ als Funktion von Ort und Zeit bestimmt (vergl. die Aufgabe § 306).

Auflösungen der Aufgaben.

Kapitel I.

2. $y^n + c\,p_{n-1}\,y^{n-1} + \ldots + c^{n-1}p_1\,y + c^n p_0 = 0.$

3. Setzt man $a = \tfrac{2}{3}$, so wird die neue Gleichung

$$y^3 - \tfrac{43}{3}\,y + \tfrac{520}{27} = 0.$$

4. $\dfrac{\frac{1}{2}}{x-4} - \dfrac{\frac{1}{6}}{x+2} - \dfrac{\frac{1}{3}}{x+5}\,; \qquad \dfrac{1}{(x+1)^3} - \dfrac{1}{(x+1)^2} + \dfrac{1}{x+1}\,;$

$$\dfrac{\frac{5}{2}\,x + 3}{x^2 + x + 1} + \dfrac{-\frac{5}{2}\,x + 3}{x^2 - x + 1}.$$

5. $\tfrac{1}{30}\,n\,(n+1)\,(2\,n+1)\,(3\,n^2 + 3\,n - 1).$

Kapitel II.

1. Man setze $\cos x = \pm\sqrt{1 - \sin^2 x}$, wodurch man eine quadratische Gleichung zur Bestimmung von $\sin x$ erhält, oder man führe die beiden durch $a = m \cos p$, $b = m \sin p$ (vergl. § 30) bestimmten Hülfsgrößen m und p ein. Die Unbekannte x ergiebt sich dann aus der Gleichung $\cos(x - p) = \dfrac{c}{m}$.

2. $2\,r \sin \dfrac{180^0}{7} = 0{,}868\,r.$

3. Es sei $\angle A\,O\,C = x$, $\angle B\,O\,C = y$. Die Summe und die Differenz dieser Unbekannten berechnet man aus

$$x + y = \varphi, \quad \operatorname{tg} \tfrac{1}{2}(x - y) = \dfrac{m - n}{m + n}\,\operatorname{tg} \tfrac{1}{2}\,\varphi \quad \text{(vergl. § 37\,b)}.$$

4. Setzt man $\angle A\,O\,C = x$, $\angle B\,O\,C = y$, so ist

$$x + y = \varphi, \quad \operatorname{tg} \tfrac{1}{2}(x - y) = \dfrac{b - a}{b + a}\,\cot \tfrac{1}{2}\,\varphi.$$

6. $A\,C = \sqrt{A\,B^2 + A\,D^2 + 2\,A\,B \times A\,D \cos A}.$

7. a) $\tfrac{1}{2}\,a\,b \sin C$; \qquad b) $\tfrac{1}{2}\,a^2\,\dfrac{\sin B \sin C}{\sin(B + C)}.$

8. Die gesuchten Entfernungen sind die Wurzeln der Gleichung

$$x^2 - 2\,a\,x \cos \varphi + a^2 = r^2.$$

10. $\text{arc cos} \frac{1}{3} = 70^0 \, 32'$; $2 \, \text{arc cos} \sqrt{\frac{1}{3}} = 109^0 \, 28'$.

11. Die gesuchte Projektion x wird gefunden aus der Gleichung

$$\cos a = \cos p \cos q + \sin p \sin q \cos x.$$

12. 1. Man dividiere Zähler und Nenner durch $x - 5$. Als Grenzwert ergiebt sich 6; 2. $\frac{3}{2}$; 3. $\frac{a}{c}$ wenn $m = n$; 0 wenn $m < n$, und ∞ wenn

$m > n$ ist; 4. $\text{Lim} \dfrac{\sin a \, x}{x} = a \, \text{Lim} \dfrac{\sin a \, x}{a \, x} = a$; 5. 1;

6. $\text{Lim} \dfrac{1 - \cos x}{x^2} = \text{Lim} \frac{1}{2} \left(\dfrac{\sin \frac{1}{2} x}{\frac{1}{2} x} \right)^2 = \frac{1}{2}$; 7. Man setze $x - \pi = x'$, dann

ist der gesuchte Grenzwert $- \text{Lim} \dfrac{\sin 3 \, x'}{x'}$ für $x' = 0$, also $- 3$;

8. Setze $1 - 3 \, x = \dfrac{1}{1 + \varepsilon}$, der Grenzwert ist e^{-3};

9. $\text{Lim} (1 + a \sin x)^{\frac{1}{x}} = \text{Lim} \left[(1 + a \sin x)^{\frac{1}{a \sin x}} \right]^{a \frac{\sin x}{x}} = e^a$;

10. $\text{Lim} (1 + x^2)^{\frac{1}{x}} = \text{Lim} \left[(1 + x^2)^{\frac{1}{x^2}} \right]^x = \text{Lim} \, e^x = 1$;

11. $\text{Lim} (1 + x)^{\frac{1}{x^2}} = \infty$.

13. Wir wählen auf jeder der beiden Linien L_1 und L_2 von dem Schnittpunkt ab die eine Richtung als die positive. Es sei $O \, A = x$, $O \, B = y$, dann muss, wenn $A \, B = a$ und der Winkel zwischen den Linien $= \vartheta$ gesetzt wird,

$$x^2 + y^2 - 2 \, x \, y \cos \vartheta = a^2$$

sein. Der äusserste Abstand, den A von O erreichen kann, ist $a \, \text{cosec} \, \vartheta$. Führt also A eine einfache harmonische Bewegung aus, dann muss

$$x = a \, \text{cosec} \, \vartheta \cos 2 \, \pi \left(\frac{t}{T} + p \right)$$

sein. Aus der obenstehenden Gleichung folgt dann

$$y = a \, \text{cosec} \, \vartheta \cos \left[2 \, \pi \left(\frac{t}{T} + p \right) \pm \vartheta \right],$$

sodaß also auch B eine harmonische Bewegung ausführt. Ist $\vartheta = \frac{1}{2} \pi$, dann wird $x = a \cos 2 \, \pi \left(\frac{t}{T} + p \right)$, $y = \pm a \sin 2 \, \pi \left(\frac{t}{T} + p \right)$. Der Winkel zwischen $A \, B$ und L_1 ist dann $2 \, \pi \left(\frac{t}{T} + p \right)$. Die aus O

auf $A \, B$ gefällte Senkrechte $\pm a \sin 2 \, \pi \left(\frac{t}{T} + p \right) \cos 2 \, \pi \left(\frac{t}{T} + p \right)$.

16. Wenn α, β, γ, δ untereinander commensurabel sind.

17. Die beiden Gleichungen ergeben sich aus den Formeln für den Sinus und die Tangente der Summe zweier Winkel (§ 34 und § 35). In der ersten Gleichung muss das Vorzeichen von $\sqrt{1 - x^2}$ und $\sqrt{1 - y^2}$

dasselbe sein, wie das der Kosinus der Bögen, die im ersten Gliede vorkommen. Die Formeln sind allgemein gültig in dem Sinne, dass, wenn man für jedes Glied auf der linken Seite unter den unendlich vielen Werten einen auswählt, die Summe einer der vielen Werte sein wird, die der Bogen auf der rechten Seite annehmen kann. Versteht man jedoch unter arc sin x oder arc tg x stets einen Bogen zwischen $-\frac{1}{2}\pi$ und $+\frac{1}{2}\pi$, dann ist, wenn das Vorzeichen von x und y dasselbe ist, bei der ersten Formel noch die Bedingung $x^2 + y^2 < 1$, bei der zweiten $xy < 1$ einzuführen.

Kapitel III.

1. $\pm \frac{1}{2}(x_1 y_2 - x_2 y_1).$

2. $\pm \frac{1}{2}[(x_1 y_2 - x_2 y_1) + (x_2 y_3 - x_3 y_2) + (x_3 y_1 - x_1 y_3)].$

3. $\dfrac{m_2 x_1 + m_1 x_2}{m_2 + m_1}, \quad \dfrac{m_2 y_1 + m_1 y_2}{m_2 + m_1}$ und $\dfrac{m_2 x_1 - m_1 x_2}{m_2 - m_1}, \quad \dfrac{m_2 y_1 - m_1 y_2}{m_2 - m_1}.$

4. a) $\dfrac{y}{y_1} = \dfrac{x}{x_1}$; b) $\dfrac{y - y_1}{y_2 - y_1} = \dfrac{x - x_1}{x_2 - x_1}$; c) $A(x - x_1) + B(y - y_1) = 0.$

5. In: $y = px + q$ bestimme man p und q so, dass von den Achsen die Stücke a und b abgeschnitten werden. Man findet für die Gleichung:

$$\frac{x}{a} + \frac{y}{b} = 1.$$

8. a) $B(x - x_1) - A(y - y_1) = 0$; b) $\dfrac{B(Bx_1 - Ay_1) - AC}{A^2 + B^2}$ und

$\dfrac{A(Ay_1 - Bx_1) - BC}{A^2 + B^2}$;   c) $\dfrac{Ax_1 + By_1 + C}{\sqrt{A^2 + B^2}}.$

9. $(x - a)^2 + (y - b)^2 = r^2.$

10. $A = C.$ $B = 0.$

12. Die drei Fälle treten ein, je nachdem

$$a^2 p^2 + b^2 - q^2 >, = \text{ oder } < 0 \text{ ist.}$$

13. Wenn die kleine Axe $2b$ den Winkel zwischen den positiven Axen OX' und OY' halbiert, dann wird die Gleichung

$$(x'^2 + y'^2)\left(\frac{1}{a^2} + \frac{1}{b^2}\right) - 2x'y'\left(\frac{1}{a^2} - \frac{1}{b^2}\right) = 2.$$

15. Die Koordinaten des Scheitels der Parabel sind

$$\frac{-v^2 \sin^2 \alpha}{2g} \quad \text{und} \quad \frac{v^2 \sin \alpha \cos \alpha}{g}.$$

16. Es sei (Fig. 33 S. 82) RR die gegebene gerade Linie, $AF = d$, das gegebene Verhältnis $PF : PC = \varepsilon$. Man wähle A zum Ursprung und AR zur y-Achse. Die Gleichung ist dann: $(x - d)^2 + y^2 = \varepsilon^2 x^2$. Wenn ε nicht gleich 1 ist, so wird die x-Achse in zwei Punkten geschnitten. Man verschiebe die y-Achse nach dem Punkt, der gleich weit von den beiden letzteren entfernt ist. Es ergiebt sich dann, daß die Linie für $\varepsilon < 1$

eine Ellipse, für $\varepsilon > 1$ eine Hyperbel ist. Für $\varepsilon = 1$ ist sie eine Parabel (§ 58). In jedem Fall ist F ein Brennpunkt der Kurve.

18. Die Gleichung lautet: $(x^2 + y^2 + a^2)^2 - 4a^2 x^2 = b^4$.

19. $\left(\dfrac{x^2}{a^2} - \dfrac{y}{2\,a} \cos 4\,\pi p - \dfrac{1}{2} \right)^2 = \dfrac{1}{4} \sin^2 4\,\pi p \left(1 - \dfrac{y^2}{a^2} \right)$. Für $p = 0$,
Parabel.

22. Man fälle aus dem Pol ein Lot auf die betreffende Linie. Die Länge des Lotes sei δ, und der Winkel, den es mit der Achse bildet a. Die Gleichung lautet dann: $r = \delta \sec (\vartheta - a)$.

23. Radius a; Radiusvektor des Mittelpunktes b. Gleichung: $r^2 - 2\,b\,r \cos \vartheta = a^2 - b^2$. Besonderer Fall: Der Pol befinde sich auf dem Umfang.

24. Man berücksichtige Aufgabe 16. Man wähle F (Fig. 33 S. 82) zum Pol, FA zur Achse, dann wird $r = \dfrac{p}{1 + \varepsilon \cos \vartheta}$. Dabei ist $p = \varepsilon\,d$ die Ordinate im Brennpunkt. Man leite die Gleichung $r = \dfrac{p}{1 + \varepsilon \cos \vartheta}$ auch aus der auf rechtwinklige Koordinaten bezogenen Gleichung ab.

26. Man nenne eine nördliche geographische Breite positiv, eine südliche negativ. Aus dem sphärischen Dreieck, dessen Eckpunkte die gegebenen Punkte und der Nordpol sind, ergiebt sich für den Kosinus des gesuchten Bogens

$$\sin b_1 \sin b_2 + \cos b_1 \cos b_2 \cos (l_1 - l_2).$$

Kapitel IV.

1. Wenn eine auf der Ebene errichtete Normale mit den Achsen die Winkel α, β, γ bildet, so ist

$$I_{y,\,z} = I \cos \alpha, \qquad I_{z,\,x} = I \cos \beta, \qquad I_{x,\,y} = I \cos \gamma.$$

2. Kombiniere die Resultate von Aufgabe 1, Kap. III und Aufgabe 1, Kap. IV.

3. $\dfrac{m_1 x_1 + m_2 x_2 + \dots + m_n x_n}{m_1 + m_2 + \dots + m_n}$, u. s. w.

4. $\dfrac{A x_1 + B y_1 + C x_1 + D}{\sqrt{A^2 + B^2 + C^2}}$.

5. $\dfrac{x}{a} + \dfrac{y}{b} + \dfrac{z}{c} = 1$.

6. $x + y + z = 0$.

7. $(x - a)^2 + (y - b)^2 + (z - c)^2 = a^2 + b^2 + c^2$.

9. Wenn bei der Auseinanderziehung der Ursprung an seiner Stelle bleibt, so ist die Verschiebung jedes Punktes

$$(p - 1)(x \cos \alpha + y \cos \beta + z \cos \gamma).$$

Die neuen Koordinaten x', y', z', sind gegeben durch

$$x' = x + (p - 1) \cos \alpha \, (x \cos \alpha + y \cos \beta + z \cos \gamma), \text{ u. s. w.}$$

Hieraus folgt

$$x = x' + \left(\frac{1}{p} - 1 \right) \cos \alpha \, (x' \cos \alpha + y' \cos \beta + z' \cos \gamma), \text{ u. s. w.}$$

Durch Substitution dieser Werte in $F(x, y, z) = 0$ entsteht eine neue Gleichung, welche x', y', z' enthält und welche die neue Oberfläche darstellt.

11. § 79 und Aufgabe 8, Kap. IV.

12. $y^2 + z^2 = 2 p x$ (§ 58).

13. Durch neun Punkte, da in der Gleichung $A_1 x^2 + A_2 y^2 + A_3 z^2 + 2 B_1 y z + 2 B_2 z x + 2 B_3 x y + 2 C_1 x + 2 C_2 y + 2 C_3 z + D = 0$ neun Verhältnisse der Koeffizienten vorkommen.

14. $\sqrt{r_1^2 + r_2^2 - 2 r_1 r_2 \left[\cos \vartheta_1 \cos \vartheta_2 + \sin \vartheta_1 \sin \vartheta_2 \cos (\varphi_1 - \varphi_2) \right]}$.

15. Wenn $a > b > c$ ist, so muß die gesuchte Ebene die Richtung der y-Achse enthalten. Ihre Lage wird durch die Gleichung

$$\frac{\cos^2 \varphi}{a^2} + \frac{\sin^2 \varphi}{c^2} = \frac{1}{b^2}$$

bestimmt, wo φ den Winkel bedeutet, welchen die Ebene mit der x, y-Ebene bildet.

16. Man wähle zum Ursprung den Punkt der z-Achse, dessen Abstand von der gegebenen Linie möglichst klein ist. Es sei d der Abstand und α der Winkel, den die Linie mit der Achse bildet. Die Entfernung irgend eines Punktes der sich bewegenden Linie von der Achse ist dann $\varrho = \sqrt{d^2 + z^2 \, \mathrm{tg}^2 \alpha}$. Die Gleichung des Meridians ist

$$\frac{\varrho^2}{d^2} - \frac{z^2 \, \mathrm{tg}^2 \alpha}{d^2} = 1 \, ;$$

diese Linie ist also eine Hyperbel.

Kapitel V.

1. $3 a t^2$.

2. $\mathrm{tg}\, \vartheta = 3 \alpha x^2 + 2 \beta x$.

3. Wenn die beiden Koordinatenachsen den Winkel α miteinander bilden und die Tangente mit der x-Achse den Winkel ϑ, dann ist

$$\frac{\sin \vartheta}{\sin (\alpha - \vartheta)} = \frac{d y}{d x}, \quad \text{oder} \quad \cot \vartheta = \cot \alpha + \frac{1}{\sin \alpha} \frac{d x}{d y}.$$

5. Für die Ordinate findet man die Gleichung: $y = 3 a x^2$; die Kurve ist also eine Parabel.

6. Der Inhalt der senkrecht auf der x-Achse stehenden Endfläche.

7. Von der ersten Ordnung, da $\dfrac{l (1 + \delta)}{\delta} = l \left[(1 + \delta)^{\frac{1}{\delta}} \right]$ ist, dessen Grenzwert beim Abnehmen von δ gleich 1 ist, und $\operatorname{cosec} \delta - \cot \delta = \mathrm{tg}\, \tfrac{1}{2} \delta$ ist.

8. $(b + 2 c t + 3 d t^2) \tau$.

10. Die Kosinusse dieser Winkel verhalten sich wie du zu dv oder wie $1 : F'(u)$.

12. Daß die Kosinusse der Winkel, welche die Tangente mit dem Radiusvektor und mit der Achse, auf der die Brennpunkte liegen, bildet, sich wie ε zu 1 verhalten.

Kapitel VI.

1. $12x^2 - \dfrac{15}{2} x \sqrt{x} + 4x - \dfrac{15}{2} \sqrt{x} - 2 + \dfrac{3}{2\sqrt{x}}$.

2. $- \dfrac{11}{5 x^3 \sqrt[5]{x}}$.   3. $- \dfrac{1 + 2x}{3 x \sqrt[3]{x}}$.   4. $\dfrac{-3 - \sqrt[3]{x} + \sqrt[3]{x^2} + 3x}{6 x \sqrt[3]{x}}$.

5. $b p q\, x^{p-1}(a + b x^p)^{q-1}$.   6. $\dfrac{1 - 2x - x^2}{(1 + x^2)^2}$.   7. $\dfrac{2 n\, x^{2n-1}}{(1 + x^2)^{n+1}}$.

8. $(a + x)[a b + (3 b - 2 a) x - 4 x^2]$.   9. $- \dfrac{n(b + 2 c x)}{(a + b x + c x^2)^{n+1}}$.

10. $[a + (n + 1) b x + (2 n + 1) c x^2](a + b x + c x^2)^{n-1}$.

11. $(1 + x^2)(1 - x + x^2)^2(-3 + 10 x - 7 x^2 + 10 x^3)$.

12. $- \dfrac{1 + 12 x + 4 x^2}{(1 + x + 2 x^2)^2}$.   13. $- \dfrac{x}{\sqrt{1 - x^2}}$.   14. $\dfrac{2 + x}{2 \sqrt{(1 + x)^3}}$.

15. $\dfrac{1}{(1 - x)\sqrt{1 - x^2}}$.   16. $\dfrac{\sqrt{a x} - a}{2(\sqrt{a} + \sqrt{x})^2 \sqrt{x(a + x)}}$.

17. $\dfrac{x^2(-3 + x^3)}{(1 + x^3)\sqrt[3]{(1 - x^6)^2}}$.   18. $\dfrac{a}{\sqrt{(a + b x^2)^3}}$.

19. $\dfrac{b + 2 c x}{2 \sqrt{a + b x + c x^2}}$.   20. $\dfrac{3 a + 2 b x + c x^2}{3 \sqrt[3]{(a + b x + c x^2)^4}}$.

21. $\dfrac{3}{5 \sqrt[5]{(1 + 3 x)^4}}$.   22. $\dfrac{x - \sqrt{1 - x^2}}{[x + \sqrt{1 - x^2}]^2 \sqrt{1 - x^2}}$.

23. $\dfrac{n[x + \sqrt{1 - x^2}]^{n-1}[-x + \sqrt{1 - x^2}]}{\sqrt{1 - x^2}}$.

24. $- \dfrac{2 x}{\sqrt{1 - x^4} - (1 - x^4)}$.

25. $(m - 1) x^{m-2}(a + b x^n)^{\frac{p}{q}} + b n\, \dfrac{p}{q} x^{m+n-2}(a + b x^n)^{\frac{p}{q} - 1}$.

26. $6 x\, e^{3 x^2}$.   27. $(q + 2 r x)e^{p + q x + r x^2}$.   28. $\dfrac{l a}{x^2} a^{-\frac{1}{x}}$.

29. $\dfrac{4}{(e^x + e^{-x})^2}$.   30. $\dfrac{1}{(1 + x)^2} \cdot e^{\frac{x}{1 + x}}$.

31. $-\dfrac{x\,l\,p}{\sqrt{1 - x^2}} \cdot p^{\sqrt{1 - x^2}}$.   32. $l\,x$.   33. $\dfrac{2\,b\,x}{a + b\,x^2}$.

34. $\dfrac{q + 2\,r\,x}{p + q\,x + r\,x^2}$.   35. $\dfrac{e^x - e^{-x}}{e^x + e^{-x}}$.   36. $\dfrac{\beta}{\sqrt{\alpha^2 + \beta^2\,x^2}}$.

37. $(2\,x - 1)\,e^{2\,x} + 4\,(x + 1)\,e^x + 1$.   38. $e^x\left(l\,x + \dfrac{1}{x}\right)$.

39. $-\dfrac{\sqrt{b^2 - 4\,a\,c}}{a + b\,x + c\,x^2}$.   40. $3 \sin 6\,x$.

41. $(p \cos^2 x - q \sin^2 x) \sin^{p-1} x \cos^{q-1} x$.   42. $-\dfrac{\sin 2\,\alpha}{\sin^2 (\alpha + x)}$.

43. $\dfrac{x \cos x - \sin x}{x^2}$.   44. $x^{m-1}(m \sin p\,x + p\,x \cos p\,x)$.   45. $\operatorname{tg}^2 x$.

46. $\dfrac{n \cos n\,x \sin x - \sin n\,x \cos x}{\sin^2 x}$.   47. $\dfrac{\sin^2 a \sin 2\,x}{\sin^2 (a + x) \sin^2 (a - x)}$.

48. $-\dfrac{\sin x \cos x}{\sqrt{\sin (p + x) \sin (p - x)}}$.   49. $-\dfrac{a \sin x \cos x}{\sqrt{1 - a \sin^2 x}}$.

50. $\dfrac{2\,a\,[2\,a + (1 + a^2)\cos x]}{[1 + a^2 + 2\,a \cos x]^2}$.   51. $-\dfrac{\sec^2 (\sqrt{1 - x})}{2\sqrt{1 - x}}$.

52. $-\dfrac{4 \sin 2\,a \cos 2\,x}{(\sin 2\,a + \sin 2\,x)^2}$.   53. $\dfrac{\sin x}{\cos^2 x}$.   54. $e^{\alpha\,x}(\alpha \cos \beta x - \beta \sin \beta x)$.

55. $\dfrac{e^x (\cos x - \sin x) - e^{2\,x}}{(1 + e^x \sin x)^2}$.   56. $\sec^2 x \cdot e^{1 + \operatorname{tg} x}$.

57. $\dfrac{2\,\alpha\,\beta}{\alpha^2 \cos^2 x - \beta^2 \sin^2 x}$.   58. $\dfrac{1}{\sin x}$.   59. $\dfrac{a}{\sqrt{1 - a^2\,x^2}}$.

60. $-\dfrac{1}{1 + x^2}$.   61. $\operatorname{arc} \sin x$.   62. $\dfrac{2\,(1 - 2\,x^2)}{\sqrt{1 - x^2}}$.

63. $\sqrt{\dfrac{-c}{a + b\,x + c\,x^2}}$.   64. $\dfrac{\varepsilon^2 - 1}{(1 + \varepsilon \cos x)^2}$.

65. $-\,a\,e^{-\lambda t}\left[\lambda \cos 2\,\pi \left(\dfrac{t}{T} + p\right) + \dfrac{2\,\pi}{T} \sin 2\,\pi \left(\dfrac{t}{T} + p\right)\right]$ und

$a\,e^{-\lambda t}\left[\left(\lambda^2 - \dfrac{4\,\pi^2}{T^2}\right) \cos 2\,\pi \left(\dfrac{t}{T} + p\right) + \dfrac{4\,\pi\,\lambda}{T} \sin 2\,\pi \left(\dfrac{t}{T} + p\right)\right]$.

66. Benutzt man die Gleichung von § 56, dann ist $\operatorname{tg}\vartheta = \dfrac{b^2\,x}{a^3\,y}$, woraus folgt, daß die Tangente den Winkel zwischen den Leitstrahlen

halbiert (vergl. § 113 und Aufgabe 10, Kap. V). Benutzt man die § 62 abgeleitete Gleichung, so wird (vergl. Aufgabe 3, Kap. V)

$$\frac{\sin \vartheta}{\sin (\alpha - \vartheta)} = - \frac{y'}{x'}.$$

67. Die Projektionen der Geschwindigkeit auf die Koordinatenachsen sind

$$- \frac{2 \pi a}{T} \sin 2 \pi \left(\frac{t}{T} + p\right) \quad \text{und} \quad - \frac{4 \pi a}{T} \sin 4 \pi \frac{t}{T}.$$

68. $\operatorname{tg} \vartheta = \frac{1}{2}(e^{h x} - e^{-h x})$.

69. Bei den drei Linien ist die trigonometrische Tangente des Winkels zwischen der Berührungslinie und dem Leitstrahl (§ 96) ϑ, $- \vartheta$ und $\frac{1}{b}$.

70. $d p : d v : d T = - k p : v : (1 - k) T$.

71. Stromstärke i, Widerstand w; $d i = - \dfrac{i}{w} d w$.

72. $\delta \log e$.

73. $d n = - \dfrac{n^3 \lambda_0^2}{n_0^2 \lambda^3} \cdot \dfrac{d \lambda}{2 \sqrt{1 - \dfrac{\lambda_0^2}{\lambda^2}}}$.

74. Die Abstände des leuchtenden Punktes und des Bildes vom optischen Mittelpunkt der Linse seien a und b. Die Verschiebung des Bildes wird gefunden, indem man die des leuchtenden Punktes mit $\dfrac{b^2}{a^2}$ multipliziert.

75. Man findet diesen Winkel (in Bruchteilen des Radius ausgedrückt), indem man die Differenz der Wellenlängen λ mit $\dfrac{\sin A}{\cos i' \cos r} \dfrac{d n}{d \lambda}$ (§ 126) multipliziert. Dabei muß $\dfrac{d n}{d \lambda}$ aus der Dispersionsformel berechnet werden (vergl. Aufgabe 73).

76. Es seien b, m und n positiv. Maximum für $x = \dfrac{m b}{m + n}$.

77. Die Linie muß mit $X O$ einen Winkel bilden, dessen Tangente $= \sqrt[3]{\operatorname{tg} P O X}$ ist.

78. Höhe $= \dfrac{2}{\sqrt{3}} \times$ Radius der Kugel.

79. Der gesuchte Punkt liegt gleichweit entfernt von den Projektionen der gegebenen Punkte auf die Linie.

80. Die gesuchten Werte sind die Wurzeln der Gleichung $\operatorname{tg} x = x$. Man findet dafür, indem man erst den Versuch mit einigen Werten von x macht und darauf dieselben verbessert (vergl. § 120), 0; $1{,}4304 \pi$; $2{,}4590 \pi$; $3{,}4709 \pi$ u. s. w.

81. Die Sinusse der Winkel, die $A_1 P$ und $P A_2$ mit einer Senkrechten auf L bilden, müssen sich verhalten, wie $v_1 : v_2$.

82. $t = -\dfrac{b}{2\,c}$.

Kapitel VII.

1. $\dfrac{1}{2\sqrt{x}}$, $\quad -\dfrac{1}{4\,x\sqrt{x}}$, $\quad \dfrac{3}{8\,x^2\sqrt{x}}$ u. s. w.,

$$b\,p\,(a + b\,x)^{p-1}, \quad b^2\,p\,(p-1)\,(a + b\,x)^{p-2} \text{ u. s. w.,}$$

$$\dfrac{1}{x}, \quad -\dfrac{1}{x^2}, \quad \dfrac{2}{x^3} \text{ u. s. w.,}$$

$$b\cos(a + b\,x), \quad -b^2\sin(a + b\,x), \quad -b^3\cos(a + b\,x) \text{ u. s. w.,}$$

$$m\sin^{m-1}x\cos x, \quad m\,(m-1)\sin^{m-2}x - m^2\sin^m x,$$

$$[m\,(m-1)\,(m-2)\sin^{m-3}x - m^3\sin^{m-1}x]\cos x \text{ u. s. w.,}$$

$$m\,x^{m-1}\sin p\,x + p\,x^m\cos p\,x,$$

$$m\,(m-1)\,x^{m-2}\sin p\,x + 2\,p\,m\,x^{m-1}\cos p\,x - p^2\,x^m\sin p\,x \text{ u. s. w.,}$$

$$e^{p\,x}(p\cos q\,x - q\sin q\,x), \quad e^{p\,x}[(p^2 - q^2)\cos q\,x - 2\,p\,q\sin q\,x] \text{ u. s. w.,}$$

2. $e^{u}\left[\left(\dfrac{d\,u}{d\,x}\right)^2 + \dfrac{d^2\,u}{d\,x^2}\right]$, $\quad -\sin u\left(\dfrac{d\,u}{d\,x}\right)^2 + \cos u\,\dfrac{d^2\,u}{d\,x^2}$,

$$-\dfrac{2\,u}{(1 + u^2)^2}\left(\dfrac{d\,u}{d\,x}\right)^2 + \dfrac{1}{1 + u^2}\dfrac{d^2\,u}{d\,x^2},$$

$$\dfrac{1}{v}\dfrac{d^2\,u}{d\,x^2} - \dfrac{2}{v^2}\dfrac{d\,u}{d\,x}\dfrac{d\,v}{d\,x} + \dfrac{2\,u}{v^3}\left(\dfrac{d\,v}{d\,x}\right)^2 - \dfrac{u}{v^2}\dfrac{d^2\,v}{d\,x^2},$$

$$v\,w\,\dfrac{d^2\,u}{d\,x^2} + w\,u\,\dfrac{d^2\,v}{d\,x^2} + u\,v\,\dfrac{d^2\,w}{d\,x^2} + 2\,u\,\dfrac{d\,v}{d\,x}\dfrac{d\,w}{d\,x} + 2\,v\,\dfrac{d\,w}{d\,x}\dfrac{d\,u}{d\,x} + 2\,w\,\dfrac{d\,u}{d\,x}\dfrac{d\,v}{d\,x}.$$

3. Differentiire die Formeln, die in Aufgabe 3, S. 122 erhalten wurden, nach der Zeit; man erhält dadurch die gesuchten Geschwindigkeits- und Beschleunigungskomponenten.

4. Bei beiden Linien ist (§§ 55 und 56) der Krümmungsradius

$$\varrho = -\dfrac{(a^4\,y^2 + b^4\,x^2)^{3/2}}{a^4\,b^4}.$$

5. $\varrho = \dfrac{(x^2 + y^2)^{3/2}}{2\,x\,y}$.

6. $\dfrac{d^2\,y}{d\,x^2} = -(m-1)\dfrac{b^{2\,m}\,x^{m-2}}{a^m\,y^{2\,m-1}}$.

7. $\dfrac{d^2\,y}{d\,x^2} = -\dfrac{b}{a^2\sin^3\vartheta}$.

9. $\dfrac{d^3 y}{d x^3} = \dfrac{\left(\dfrac{d x}{d \lambda}\right)^2 \dfrac{d^3 y}{d \lambda^3} - \dfrac{d x}{d \lambda} \dfrac{d y}{d \lambda} \dfrac{d^3 x}{d \lambda^3} + 3 \dfrac{d y}{d \lambda} \left(\dfrac{d^2 x}{d \lambda^2}\right)^2 - 3 \dfrac{d x}{d \lambda} \dfrac{d^2 x}{d \lambda^2} \dfrac{d^2 y}{d \lambda^2}}{\left(\dfrac{d x}{d \lambda}\right)^5}.$

10. m muß die Gleichung: $A m^2 + B m + C = 0$ befriedigen.

12. Wenn x von $-\infty$ bis $+\infty$ übergeht, dann beginnt die Funktion mit dem Wert 1 und steigt bis $x = -\frac{1}{2}(1 + \sqrt{5})$, wo sie den Wert $+\infty$ erreicht. Jetzt springt y plötzlich von $+\infty$ zu $-\infty$ über und steigt aufs neue, bis für $x = 0$ ein Maximum $= -1$ erreicht wird. Dann sinkt die Funktion, wird $= -\infty$ für $x = \frac{1}{2}(-1 + \sqrt{5})$, springt darauf über in $+\infty$ und sinkt aufs neue, bis $x = 2$ wird. Hier ist ein Minimum $= \frac{3}{8}$ erreicht; jetzt folgt ein fortlaufendes Steigen, bis für $x = \infty$ die Funktion den Wert 1 annimmt.

13. Für $x = \frac{1}{3}\pi$ Maximum.

14. Wir beschränken uns auf $v > b$. Für $v = b$ wird $p = \infty$, für $v = \infty$ ist $p = 0$. Der Verlauf von p wird weiter bestimmt durch

$$\frac{d p}{d v} = \frac{1}{(v - b)^2} \left\{ 2 a \cdot \frac{(v - b)^2}{v^3} - R(1 + \alpha t) \right\}.$$

Die hier vorkommende Funktion $\dfrac{(v - b)^2}{v^3}$ ist 0 für $v = b$, steigt dann,

bis für $v = 3b$ ein Maximum $= \dfrac{4}{27 b}$ erreicht wird, und sinkt darauf, um

für $v = \infty$ den Wert 0 zu erreichen. Ist nun $R(1 + \alpha t) > \frac{8 a}{27 b}$, dann

liegt $R(1 + \alpha t)$ sogar oberhalb des Maximums von $2 a \dfrac{(v - b)^2}{v^3}$, sodaß,

wenn v zunimmt, p stets sinkt. Ist dagegen $R(1 + \alpha t) < \dfrac{8 a}{27 b}$, dann nimmt p für kleine und ebenso für sehr große Werte von v ab; nur in der Nähe von $v = 3b$ steigt p. Der Druck hat dann ein Minimum und ein Maximum für die beiden Werte von v, die $2 a \dfrac{(v - b)^2}{v^3} = R(1 + \alpha t)$ machen.

Kapitel VIII.

1.[1) 1. $m x^{m-1} y^n$, $n x^m y^{n-1}$, $m(m-1) x^{m-2} y^n$,
$m n x^{m-1} y^{n-1}$, $n(n-1) x^m y^{n-2}$;

2. $\dfrac{1}{2\sqrt{x y}}$, $-\dfrac{1}{2}\sqrt{\dfrac{x}{y^3}}$, $-\dfrac{1}{4\sqrt{x^3 y}}$, $-\dfrac{1}{4\sqrt{x y^3}}$, $\dfrac{3}{4}\sqrt{\dfrac{x}{y^5}}$;

[1) Die Differentialquotienten sind hier angegeben in der Reihenfolge: $\dfrac{\partial F}{\partial x}$, $\dfrac{\partial F}{\partial y}$, $\dfrac{\partial^2 F}{\partial x^2}$, $\dfrac{\partial^2 F}{\partial x \partial y}$, $\dfrac{\partial^2 F}{\partial y^2}$.

3. $y\,F'(x\,y),\ x\,F'(x\,y),\ y^2\,F''(x\,y),\ F'(x\,y)+x\,y\,F''(x\,y),\ x^2\,F''(x\,y)$;

4. $F'(x+y),\ F'(x+y),\ F''(x+y),\ F''(x+y),\ F''(x+y)$;

5. $m\,x^{m-1}\cos p\,y,\ -p\,x^m\sin p\,y,\ m\,(m-1)\,x^{m-2}\cos p\,y,$

$$-p\,m\,x^{m-1}\sin p\,y,\ -p^2\,x^m\cos p\,y\,;$$

6. $m\,x^{m-1}\,e^{p\,y},\ p\,x^m\,e^{p\,y},\ m\,(m-1)\,x^{m-2}\,e^{p\,y},$

$$p\,m\,x^{m-1}\,e^{p\,y},\ p^2\,x^m\,e^{p\,y}\,;$$

7. $p\,e^{p\,x}\cos q\,y,\ -q\,e^{p\,x}\sin q\,y,\ p^2\,e^{p\,x}\cos q\,y,\ -p\,q\,e^{p\,x}\sin q\,y,$

$$-q^2\,e^{p.x}\cos q\,y\,;$$

8. $\alpha\,z,\ \beta\,z,\ \alpha^2\,z,\ \alpha\,\beta\,z,\ \beta^2\,z\ (z=e^{\alpha\,x+\beta\,y})$;

9. $(2\,\alpha\,x+\beta\,y)\,z,\ (\beta\,x+2\,\gamma\,y)\,z,\ [2\,\alpha+(2\,\alpha\,x+\beta\,y)^2]\,z,$

$$[\beta+(2\,\alpha\,x+\beta\,y)(\beta\,x+2\,\gamma\,y)]\,z,\ [2\,\gamma+(\beta\,x+2\,\gamma\,y)^2]\,z,$$

$$(z=e^{\alpha\,x^2+\beta\,x\,y+\gamma\,y^2})\,;$$

10. $\dfrac{y}{x^2+y^2},\ -\dfrac{x}{x^2+y^2},\ -\dfrac{2\,x\,y}{(x^2+y^2)^2},\ \dfrac{x^2-y^2}{(x^2+y^2)^2},\ \dfrac{2\,x\,y}{(x^2+y^2)^2}$;

11. $\dfrac{x}{r},\ \dfrac{y}{r},\ \dfrac{r^2-x^2}{r^3},\ -\dfrac{x\,y}{r^3},\ \dfrac{r^2-y^2}{r^3}$;

12. $-\dfrac{x}{r^3},\ -\dfrac{y}{r^3},\ \dfrac{3\,x^2-r^2}{r^5},\ \dfrac{3\,x\,y}{r^5},\ \dfrac{3\,y^2-r^2}{r^5}$;

13. $\dfrac{x}{r}\,F'(r),\ \dfrac{y}{r}\,F'(r),\ \dfrac{1}{r}\,F'(r)-\dfrac{x^2}{r^3}\,F'(r)+\dfrac{x^2}{r^2}\,F''(r),$

$$-\dfrac{x\,y}{r^3}\,F'(r)+\dfrac{x\,y}{r^2}\,F''(r),\ \dfrac{1}{r}\,F'(r)-\dfrac{y^2}{r^3}\,F'(r)+\dfrac{y^2}{r^2}\,F''(r).$$

3. $\dfrac{2}{r},\ \dfrac{1}{r^2},\ \dfrac{2}{r}\,F'(r)+F''(r).$

4. $x\left[\dfrac{4}{r}\,F'(r)+F''(r)\right],\ x\,y\left[\dfrac{6}{r}\,F'(r)+F''(r)\right].$

6. $\dfrac{\partial\,\varphi}{\partial\,x}=\dfrac{x}{r}\,\dfrac{\partial\,\varphi}{\partial\,r}-\dfrac{y}{r^2}\,\dfrac{\partial\,\varphi}{\partial\,\vartheta},\ \dfrac{\partial^2\,\varphi}{\partial\,x^2}=\dfrac{y^2}{r^3}\,\dfrac{\partial\,\varphi}{\partial\,r}+2\,\dfrac{x\,y}{r^4}\,\dfrac{\partial\,\varphi}{\partial\,\vartheta}+$

$$+\dfrac{x^2}{r^2}\,\dfrac{\partial^2\,\varphi}{\partial\,r^2}-2\,\dfrac{x\,y}{r^3}\,\dfrac{\partial^2\,\varphi}{\partial\,r\,\partial\,\vartheta}+\dfrac{y^2}{r^4}\,\dfrac{\partial^2\,\varphi}{\partial\,\vartheta^2},\ \dfrac{\partial^2\,\varphi}{\partial\,x\,\partial\,y}=-\dfrac{x\,y}{r^3}\,\dfrac{\partial\,\varphi}{\partial\,r}+$$

$$+\dfrac{2\,y^2-r^2}{r^4}\,\dfrac{\partial\,\varphi}{\partial\,\vartheta}+\dfrac{x\,y}{r^2}\,\dfrac{\partial^2\,\varphi}{\partial\,r^2}+\dfrac{x^2-y^2}{r^3}\,\dfrac{\partial^2\,\varphi}{\partial\,r\,\partial\,\vartheta}-\dfrac{x\,y}{r^4}\,\dfrac{\partial^2\,\varphi}{\partial\,\vartheta^2},$$

oder $\dfrac{\partial \varphi}{\partial x} = \cos \vartheta \, \dfrac{\partial \varphi}{\partial r} - \sin \vartheta \, \dfrac{1}{r} \dfrac{\partial \varphi}{\partial \vartheta}$, $\dfrac{\partial^2 \varphi}{\partial x^2} = \sin^2 \vartheta \, \dfrac{1}{r} \dfrac{\partial \varphi}{\partial r} +$

$+ \, 2 \sin \vartheta \cos \vartheta \, \dfrac{1}{r^2} \dfrac{\partial \varphi}{\partial \vartheta} + \cos^2 \vartheta \, \dfrac{\partial^2 \varphi}{\partial r^2} - 2 \sin \vartheta \cos \vartheta \, \dfrac{1}{r} \dfrac{\partial^2 \varphi}{\partial r \, \partial \vartheta} +$

$+ \, \sin^2 \vartheta \, \dfrac{1}{r^2} \dfrac{\partial^2 \varphi}{\partial \vartheta^2}$, $\dfrac{\partial^2 \varphi}{\partial x \, \partial y} = - \sin \vartheta \cos \vartheta \, \dfrac{1}{r} \dfrac{\partial \varphi}{\partial r} +$

$+ \, (\sin^2 \vartheta - \cos^2 \vartheta) \dfrac{1}{r^2} \dfrac{\partial \varphi}{\partial \vartheta} + \sin \vartheta \cos \vartheta \, \dfrac{\partial^2 \varphi}{\partial r^2} +$

$+ \, (\cos^2 \vartheta - \sin^2 \vartheta) \dfrac{1}{r} \dfrac{\partial^2 \varphi}{\partial r \, \partial \vartheta} - \sin \vartheta \cos \vartheta \, \dfrac{1}{r^2} \dfrac{\partial^2 \varphi}{\partial \vartheta^2}$.

7. $\dfrac{\partial^2 \psi}{\partial x^2} + \dfrac{\partial^2 \psi}{\partial y^2} + \dfrac{\partial^2 \psi}{\partial z^2} = \dfrac{2}{r} \dfrac{\partial \psi}{\partial r} + \dfrac{\partial^2 \psi}{\partial r^2} + \dfrac{\cos \vartheta}{r^2 \sin \vartheta} \dfrac{\partial \psi}{\partial \vartheta} +$

$+ \, \dfrac{1}{r^2} \dfrac{\partial^2 \psi}{\partial \vartheta^2} + \dfrac{1}{r^2 \sin^2 \vartheta} \dfrac{\partial^2 \psi}{\partial \varphi^2}$.

8. $\alpha^2 = A \beta^2 + B \beta$.

9. μ und l sollen dieselbe Bedeutung haben, wie in § 163; μ' und l' seien die entsprechenden Größen für den zweiten Magneten. Wir bezeichnen die Richtungen der Magnete durch h und h'; dieselben sollen die Winkel α, β, γ, α', β' und γ' mit den Koordinatenachsen bilden. Wenn die Magnete sich in den Punkten (x, y, z) und (x', y', z') im Abstand r voneinander befinden, so ist die in Richtung der x-Achse auf den zweiten Magneten wirkende Kraft

$$\mu \mu' l l' \left(\alpha \dfrac{\partial}{\partial x} + \beta \dfrac{\partial}{\partial y} + \gamma \dfrac{\partial}{\partial z} \right) \left(\alpha' \dfrac{\partial}{\partial x'} + \beta' \dfrac{\partial}{\partial y'} + \gamma' \dfrac{\partial}{\partial z'} \right) \left(\dfrac{x' - x}{r^3} \right) =$$

$$= \mu \mu' l l' \dfrac{\partial^2}{\partial h \, \partial h'} \left(\dfrac{x' - x}{r^3} \right).$$

11. Wenn ϑ der ursprüngliche Wert des Winkels ist, dann ist der gesuchte Zuwachs

$$\cot \vartheta \, [\delta (\cos^2 \alpha + \cos^2 \alpha') + \varepsilon (\cos^2 \beta + \cos^2 \beta') + \zeta (\cos^2 \gamma + \cos^2 \gamma')] -$$

$$- \dfrac{2}{\sin \vartheta} \, [\delta \cos \alpha \cos \alpha' + \varepsilon \cos \beta \cos \beta' + \zeta \cos \gamma \cos \gamma'].$$

12. Die halben Achsen des Ellipsoïds seien $1 + \alpha$, $1 + \beta$, $1 + \gamma$ (α, β, γ unendlich klein). In einem Punkte, dessen Koordinaten x, y, z sind, ist der gesuchte Winkel

$$2 \sqrt{(\alpha - \beta)^2 x^2 y^2 + (\beta - \gamma)^2 y^2 z^2 + (\gamma - \alpha)^2 z^2 x^2}.$$

14. Die beiden Hauptkrümmungsradien haben dieselbe Länge; da ihr Vorzeichen entgegengesetzt ist, so ist die mittlere Krümmung 0.

15. Die Kraftfunktion ist $- p \cdot \dfrac{x}{r^3}$.

16. Die Koordinate des gesuchten Punktes in Bezug auf eine der Achsen ist das arithmetische Mittel der Koordinaten der gegebenen Punkte in Bezug auf dieselbe Achse.

17. $\dfrac{\partial p}{\partial t} = - \dfrac{\partial v}{\partial t} : \dfrac{\partial v}{\partial p}$.

Kapitel IX.

1. $-\dfrac{1}{4\,x^4} + C.$ 2. $\frac{2}{5}\,x^2\,\sqrt{x} + C.$ 3. $\frac{3}{5}\,x\sqrt[3]{x^2} + C.$

4. $(\frac{2}{3}\,x + \frac{2}{7}\,x^3)\sqrt{x} + C.$ 5. $l\,x - \frac{1}{2}\,x^2 + C.$

6. $x + \frac{1}{2}\,x^2 + \frac{1}{3}\,x^3 + \ldots + \dfrac{1}{n}\,x^n + C.$ 7. $l\left(\dfrac{b}{a}\right).$ 8. $\frac{1}{2}.$

9. $2\,p^2\,q + \frac{2}{3}\,q^3.$ 10. $\frac{47}{20}\,a\,\sqrt[3]{a^2}.$ 11. $\dfrac{1}{p}.$ 12. $\frac{1}{2}\,\pi.$ 13. $\frac{1}{6}\,\pi.$

14. $\frac{1}{2}\,\pi.$ 15. $l(1 + \sqrt{2}).$ 16. $1 - \frac{1}{2}\sqrt{3}.$ 17. $2\,\mathrm{tg}\,a.$

18. $\dfrac{2}{a}.$ 19. $2\,(e^a - e^{-a}).$ 20. $\frac{1}{4}\,(2 + x)^4 + C.$

21. $\frac{3}{2}\,x + \frac{7}{4}\,l\,(1 + 2\,x) + C.$ 22. $-x + l\left(\dfrac{1+x}{1-x}\right) + C.$

23. $\frac{1}{2}\,l\left(\dfrac{x}{x+2}\right) + C.$ 24. $-\frac{1}{4}\,l\left(\dfrac{1+x}{1-x}\right) - \frac{1}{2}\,\mathrm{arc\,tg}\,x + C$

25. $(1 + x)\,l\,(1 + x) + (1 - x)\,l\,(1 - x) + C.$

26. $(1 + x)\,l\,(1 + x) - (1 - x)\,l\,(1 - x) - 2\,x + C.$

27. $\sin\alpha + \cos\alpha.$ 28. $\frac{1}{4}\,\pi\sin(\alpha - \beta) + \frac{1}{2}\cos(\alpha + \beta).$

29. $\cos(\alpha - \beta)\,l\,(-\cot\beta) + \frac{1}{2}\,\pi\sin(\alpha - \beta).$ (Dies gilt indes nur so lange, als in dem Intervall von $x = 0$ bis $x = \frac{1}{2}\pi$ der Nenner $\cos(\beta + x)$ nicht 0 wird. Wäre dies der Fall, dann würde die Funktion unter dem Integralzeichen unendlich gross werden und dabei das Zeichen ändern. Die Summe verliert dann ihre Bedeutung.)

30. $\dfrac{2}{\sqrt{3}}\,\mathrm{arc\,tg}\,\dfrac{1 + 2\,x}{\sqrt{3}} + C$ 31. $-\dfrac{1}{6\sqrt{2}}\,l\left(\dfrac{2\,x + 6 + 3\sqrt{2}}{2\,x + 6 - 3\sqrt{2}}\right).$

32. $\sqrt{\frac{4}{3}}\,\mathrm{arc\,tg}\,\sqrt{\frac{4}{3}}\,(x - \frac{1}{2}) + C.$ 33. 1.   34. $\dfrac{\pi}{4\sqrt{2}}.$

35. $-\frac{1}{2}\,x\sqrt{1 - x^2} + \frac{1}{2}\,\mathrm{arc\,sin}\,x + C.$ 36. $l\,[x + 1 + \sqrt{x^2 + 2\,x + 2}].$

37. $\frac{1}{2}\sin x - \frac{1}{6}\sin 3\,x + C$ 38. $\dfrac{\pi}{4\,a^2}.$ 39. $-\sqrt{1 - x^2} + C.$

40. $-\frac{1}{2}\,l\,(1 - x^2) + C.$ 41. $\dfrac{3}{8\,q}\,\sqrt[3]{(p + q\,x^2)^4} + C.$

42. $\dfrac{1}{2\,b}\,e^{a + b\,x^2} + C.$ 43. $\frac{1}{3}\,e^{x^3} + C.$

44. $\frac{1}{2}\,[(1 + x^2)\,l\,(1 + x^2) - x^2] + C.$ 45. $\dfrac{1}{\sqrt{a\,b}}\,\mathrm{arc\,tg}\left(\sqrt{\dfrac{b}{a}}\cdot\mathrm{tg}\,x\right) + C.$

(Hierbei ist vorausgesetzt, dass a und b dasselbe Vorzeichen haben.)

46. $\dfrac{1}{\sqrt{(a+b)(a+c)}}$ arc tg $\left(\sqrt{\dfrac{a+c}{a+b}}\,\operatorname{tg} x\right) + C$ (wenn $a+b$ und $a+c$

dasselbe Vorzeichen haben).

47. $\dfrac{2}{\sqrt{p^2-q^2}}$ arc tg $\left(\sqrt{\dfrac{p-q}{p+q}}\,\operatorname{tg} \tfrac{1}{2} x\right) + C$ (wenn $p^2 > q^2$ ist).

48. Das Integral wird

$$\frac{1}{r}\, l \operatorname{tg} \tfrac{1}{2} (x + \varphi) + C.$$

49. $a = r \sin \varphi$, $b = r \cos \varphi$. Das Integral ist

$$\frac{1}{r}\left[\cos \varphi\, l \sin (x + \varphi) + (x + \varphi) \sin \varphi\right] + C.$$

50. $\operatorname{tg} x - x + C.$ 51. $x - l(1 + e^x) + C.$ 52. arc tg $(e^x) + C.$

53. x arc $\sin x + \sqrt{1 - x^2} + C$ und x arc tg $x - \tfrac{1}{2} l(1 + x^2) + C.$

54. Vergl. § 254.

55. Der Wert der beiden Integrale ist $\tfrac{1}{2}$.

56. $\displaystyle\int x^m \sin p\, x\, d x = - \frac{1}{p} x^m \cos p\, x + \frac{m}{p} \int x^{m-1} \cos p\, x\, d x,$

$\displaystyle\int x^m \cos p\, x\, d x = \frac{1}{p} x^m \sin p\, x - \frac{m}{p} \int x^{m-1} \sin p\, x\, d x.$

57. $-(x^2 + 2 x + 2) e^{-x} + C$ und $\tfrac{1}{4} x^4 l\, x - \tfrac{1}{16} x^4 + C.$

58. Vergl. § 254.

59. Ist c positiv, dann setze man $x\sqrt{c} + \dfrac{b}{2\sqrt{c}} = y$, wodurch das

Integral $\dfrac{1}{\sqrt{c}}\, e^{a - \frac{b^2}{4c}} \displaystyle\int e^{y^2}\, d y$ wird. Eine ähnliche Umformung gilt, wenn c negativ ist.

60. $\tfrac{5}{32} \pi$.   61. $\tfrac{1}{8} \pi$.   62. $-\tfrac{1}{4} + \tfrac{1}{8} \pi$.   63. $\tfrac{1}{4} \pi + \sin \alpha \cos \alpha$.

64. $\tfrac{1}{4} \pi \sin (\alpha - \beta) + \tfrac{1}{2} \cos (\alpha + \beta)$.   65. $\dfrac{\pi}{2 h}\cdot$

66. 0, wenn $m >$ oder $< n$ ist, $\tfrac{1}{2} \pi$, wenn $m = n$.

67. a und b seien der Anfangs- und Endwert der Abscisse und α der Winkel zwischen den Koordinatenachsen, so ist der gesuchte Inhalt

$$I = \sin \alpha \int_a^b f(x)\, d x.$$

68. Gleichung der Hyperbel: $y = \dfrac{p}{x}$; $I = p \sin \alpha\, l\left(\dfrac{b}{a}\right)\cdot$

69. Es sei p die zur Endordinate gehörende Abscisse, dann ist bei der Ellipse der gesuchte Inhalt

$$\frac{b}{a} \int_{-a}^{p} \sqrt{a^2 - x^2}\, dx = a\, b\left[\tfrac{1}{2} \arcsin\left(\frac{p}{a}\right) + \tfrac{1}{4}\pi + \tfrac{1}{2}\frac{p}{a}\sqrt{1 - \frac{p^2}{a^2}}\right],$$

wenn $\arcsin \dfrac{p}{a}$ im ersten positiven oder negativen Quadranten gewählt wird. Inhalt der Ellipse $\pi\, a\, b$. Bei der Hyperbel ist der gesuchte Inhalt

$$\frac{b}{a} \int_{a}^{p} \sqrt{x^2 - a^2}\, dx = \tfrac{1}{2}\frac{b\, p\sqrt{p^2 - a^2}}{a} - \tfrac{1}{2}a\, b\, l\left[\frac{p}{a} + \sqrt{\frac{p^2}{a^2} - 1}\right].$$

70. Der Inhalt verändert sich in demselben Verhältnis, wie die Dimensionen in der Richtung, in welcher die Figur auseinandergezogen oder zusammengedrückt wird.

71. Ist a die zur Endordinate gehörende Abscisse, so ist der Inhalt

$$\frac{1}{2\, h^2}\left(e^{h\, a} - e^{-h\, a}\right).$$

72. 4.

73. Winkel des Sektors α. Inhalt $\tfrac{1}{12} p^2 \operatorname{tg} \tfrac{1}{2}\alpha\, (2 + \sec^2 \tfrac{1}{2}\alpha)$.

74. Die krumme Linie, die x-Achse, die Anfangs- und Endordinate bilden zwei oder mehr Figuren, welche teils auf der positiven, teils auf der negativen Seite der Achse liegen. Wenn die Inhalte dieser Figuren ebenso mit dem positiven bez. negativen Vorzeichen versehen werden, dann stellt das Integral die algebraische Summe derselben dar.

76. Wenn eine Ellipse mit den Achsen $2\, a$ und $2\, b$ sich um die erstere dreht, und der Umdrehungskörper durch eine senkrecht zur Achse und im Abstand p vom Mittelpunkt gelegene Ebene geschnitten wird, dann sind die Inhalte der beiden Teile

$$\pi\, b^2\,(a - p) - \tfrac{1}{3}\pi\,\frac{b^2}{a^2}\,(a^3 - p^3)\quad\text{und}\quad \pi\, b^2\,(a + p) - \tfrac{1}{3}\pi\,\frac{b^2}{a^2}\,(a^3 + p^3).$$

79. $\dfrac{\pi}{8\, h^3}\left\{e^{2\, h\, a} - e^{-2\, h\, a} + 4\, h\, a\right\}.$

80. $\displaystyle\int_{\vartheta_1}^{\vartheta_2} \sqrt{[F(\vartheta)]^2 + [F'(\vartheta)]^2}\, d\vartheta.$

81. Nach der Schreibweise von § 114 ist

$$\text{Bogen } O\, A = 2\, r \int_{0}^{\pi} \sin \tfrac{1}{2}\lambda\, d\lambda = 4\, r.$$

82. Es sei l die Senkrechte von P auf $A\, B$, und das Element $d\, x$ befinde sich auf $A\, B$ im Punkt Q. Ferner sei ψ der Winkel (positiv oder negativ je nach der Richtung), den $P\, Q$ mit l bildet, und schließ-

lich ψ_1 und ψ_2 die Werte von ψ in den äußersten Punkten A und B, dann sind die gesuchten Kraftkomponenten

$$\frac{a}{l}\left(\cos\psi_1 - \cos\psi_2\right) \quad \text{und} \quad \frac{a}{l}\left(\sin\psi_2 - \sin\psi_1\right).$$

83. Die Anziehung in der Entfernung 1 sei $\varkappa$. Die gesuchte Arbeit ist

$$\frac{\varkappa}{m+1}\left(r_1^{m+1} - r_2^{m+1}\right).$$

84. $\dfrac{p_0\,v_0}{k-1}\left[1 - \left(\dfrac{v_0}{v_1}\right)^{k-1}\right]$. Für $k=1$: $p_0\,v_0\,l\left(\dfrac{v_1}{v_0}\right)$.

85. $\frac{1}{2}\pi\,a\,R^4$.

86. $\dfrac{1}{a}\displaystyle\int_{h_2}^{h_1}\frac{Q}{\sqrt{h}}\,dh$. Bei einem Cylinder ist Q konstant, bei einem Kegel $Q = c\,h^2$ (c konstant), bei einer Kugel mit dem Radius R ist $Q = \pi\,h\,(2R-h)$. In diesen drei Fällen wird die Ausströmungszeit bezw.

$$\frac{2\,Q}{a}\left(\sqrt{h_1} - \sqrt{h_2}\right), \qquad \frac{2\,c}{5\,a}\left(h_1^2\sqrt{h_1} - h_2^2\sqrt{h_2}\right),$$

$$\frac{\pi}{a}\left\{\tfrac{4}{3}R\left(h_1\sqrt{h_1} - h_2\sqrt{h_2}\right) - \tfrac{2}{5}\left(h_1^2\sqrt{h_1} - h_2^2\sqrt{h_2}\right)\right\}.$$

88. $\dfrac{\partial I}{\partial a} = -f(a)$, $\qquad \dfrac{\partial I}{\partial b} = f(b)$.

Kapitel X.

1. $\frac{1}{4}\pi\,a\,b\,(a^2\,p + b^2\,q)$.

2. $\frac{16}{3}\,a^3$.

3. $2\,\pi\,\sigma\left\{1 - \dfrac{h}{\sqrt{h^2 + a^2}}\right\}$.

4. $\sigma\left\{2\,\pi - 8\arcsin\left[\tfrac{1}{2}\sqrt{2}\,\dfrac{h}{\sqrt{h^2 + \frac{1}{4}a^2}}\right]\right\}$ (arc sin im ersten Quadranten).

5. $2\,\pi\,\varrho\left\{H + \sqrt{h^2 + a^2} - \sqrt{(h+H)^2 + a^2}\right\}$.

6. a) Abstand des Schwerpunktes von der Seite a: $\dfrac{\frac{1}{3}a + \frac{2}{3}b}{a+b}\,H$;

   b) Abstand von der Grundfläche: $\frac{1}{4}H \cdot \dfrac{R_1^2 + 2R_1R_2 + 3R_2^2}{R_1^2 + R_1R_2 + R_2^2}$;

   c) Der Schwerpunkt liegt (Fig. 95, S. 287) auf $\frac{2}{3}$ der Linie OB, von O ab gerechnet.

7. Wenn G, B und M die Inhalte der Grund-, Ober- und Mittelfläche darstellen, und h die Höhe ist, dann liegt der Schwerpunkt im Abstand $\dfrac{2M + B}{G + 4M + B}\cdot h$ von der Grundfläche.

Register.

Abgeleitete Funktion 132, 204.
Abhängige Größe 1.
Abscisse 74.
Achse 36, 73.
Änderungsgeschwindigkeit einer Funktion 132.
Äquipotentielle Fläche 229.
Algebraische Funktion 2.
— Größe eines Vektors 38.
Allgemeines Integral 406.
Amplitude 66.
Analytische Geometrie der Ebene 72.
— — des Raumes 107.
Anfangspunkt der Koordinaten 73.
Anomalie 102.
Arithmetische Reihen 26.
— — höherer Ordnung 29.
Asymptoten 82.

Basis eines Logarithmensystems 23.
Berührungsebene 210.
Berührungslinie 128.
Beschleunigung 133, 187.
Bestimmtes Integral 258.
Binom 2.
Binomialreihe 353.
Binomischer Lehrsatz 4.
Brennpunkt 79, 80.
Briggs'sche Logarithmen 24.

Cykloide 162.
Cyklometrische Funktionen 68.
Cylindrische Fläche 116.

Derivierte Funktion 132.
Differential 132.
Differentialgleichungen 402.
—, partielle 403, 440.
—, simultane 435.
— verschiedener Ordnung 403.
Differentialquotient 132.
— höherer Ordnung 178.

Differentialrechnung 124.
Differenzen 27.
Divergenz 348.
Doppel-Integrale 304, 312.
Durchschnitt 112.

Ebene 112.
Einwertige Funktion 15.
Element 135, 258.
Ellipse 78.
Ellipsoid 118.
Elliptisches Integral 379.
Entwickelte Funktion 25.
Exponentielle Funktion 15.

Fourier'sche Reihe 384.
Funktion 1.

Ganze Funktion 2.
Gebrochene Funktion 2.
Geometrische Reihen 27.
Geometrischer Ort 82.
Geschwindigkeit 124.
Gewicht einer Messung 243.
Gewöhnliche Differentialgleichung 403.
Gleichung 1.
— der Bahn 85.
Goniometrische Funktion 36.
Grad 2.
Graphische Darstellung 72.
— Interpolation 101.
Grenze 258.
Grenzwert 14.
— des Verhältnisses zweier Funktionen, die für einen bestimmten Wert der unabhängig Variablen beide 0 werden 13, 359.

Harmonische Bewegung 65.
— Punktreihe 70.
— Strahlenbüschel 70.

Hauptkrümmungsradius 234.
Hauptnormalschnitt 234.
Homogen 339, 404.
Hyperbel 80.
—, gleichseitige 90.
Hyperbolische Spirale 107.

Imaginär 6, 419.
Inhalt 260, 263.
Integral, bestimmtes 258.
—, elliptisches 379.
—, unbestimmtes 267.
Integralrechnung 253.
Integrationsgebiet 306.
Integrierender Faktor 414.
Interpolation 41.
Irrational 2.

Kanten 58.
Kantenwinkel 58.
Kegelfläche 116.
Kegelschnitt 83.
Kettenlinie 106.
Komplex 6, 418.
Komponente 47.
Konjugierte komplexe Größen 421.
Konkav 179.
Kontinuierliche Funktion 149.
Konvergenz 348.
Konvex 179.
Koordinaten, rechtwinklige 73, 108.
—, schiefwinklige 88.
Koordinatenachse 73, 108.
Koordinatenebene 107.
Koordinatentransformation 83, 118.
Kosekante 39.
Kosinus 38.
Kosinusformel 54, 60, 61.
Kotangente 39.
Kraftfunktion 229.
Krümmung 179, 181, 232.
Krümmungskreis 186.
Krümmungsmittelpunkt 186.
Krümmungsradius 184.
Kurve doppelter Krümmung 115.

Leitlinie 116.
Leitstrahl 79, 80, 101.
Lemniscate 106.
Limes 14.
Lineare Differentialgleichung 404.
— Funktion 78.
— Gleichung 78.
Logarithmen 23.
Logarithmische Spirale 107.

Mac Laurin's Reihe 347.
Maximum 168, 199, 235, 358.
Mehrfache Integrale 304.
Mehrwertige Funktion 15, 152.
Meridiandurchschnitt 117.
Methode der kleinsten Quadrate 238.
Minimum 168, 199, 235, 358.
Mittelpunkt 86.
Mittlere Krümmung der Fläche 235.

Natürliche Logarithmen 24.
Normale 158, 210.
Normalschnitt 233.

Oberfläche 111.
Ordinate 74.
Ordnung 27, 135, 178, 403.

Parabel 82.
Parallelkoordinaten 73.
Parameter 78.
Partialbrüche 10.
Partielle Differentialgleichung 403, 440.
— Differentialquotienten 203.
— Integration 271.
Partikuläres Integral 406.
Periode 64.
Phase 66.
Planimeter 383.
Polare Achse 102.
Polarkoordinaten 101, 121.
Polynom 2.
Potentialfunktion 229.
Progression 26.
Projektion 38.

Quadrate, Methode der kleinsten 238.
Quadratur 416.

Radiusvektor 79, 80, 101.
Rational 2.
Reell 419.
Reihe 26.
Restglied 348.
Resultierender Vektor 47.
Richtungskonstanten 108.

Schwingende Bewegung 65.
Schwingungsdauer 66.
Seite 58.
Sekante 39.
Simpson'sche Regel 381.
Simultane Differentialgleichungen 435.

Sinus 39.
Sinusoide 96.
Sinusregel 53, 60.
Sphärische Trigonometrie 58.
Spirale 102.
Subnormale 159.
Substitutionsmethode 273.
Subtangente 159.

Tangente 39, 128, 158.
TAYLOR'sche Reihe 342.
Teilweise Integration 271.
Totales Differential 215.
Transcendente Funktion 2.
Trennung der Variablen 412.
Trigonometrie 52.

Umdrehungscylinder 115.
Umdrehungsellipsoid 118.
Umdrehungskegel 115.
Umdrehungsoberfläche 117.
Unabhängige Größe 1.

Unbestimmtes Integral 267.
Unentwickelte Funktion 25.
Ursprung der Koordinaten 73.

Variable 1.
Vektor 38.
Veränderliche 1.
Vertauschung der Grenzen 259.

Wellenlänge 96.
Wellenlinie 96.
Wendepunkt 180.
Winkel 36, 58.
Wurzel 4.

Zerlegung des Integrationsgebiets 283.
Zunahme 125.
Zusammensetzung von Vektoren 47.
Zuwachs 125.
Zweiwertige Funktion 15.

Druckfehler.

Seite 21, 6te Zeile von unten statt $- \alpha \delta$ lies $1 - \alpha \delta$.

Lightning Source UK Ltd.
Milton Keynes UK
UKHW020225091218
333599UK00007B/464/P